# 中国工程院重点咨询项目

# 中国大城市连绵区的规划与建设

"我国大城市连绵区的规划与建设问题研究"项目组　著

中国建筑工业出版社

图书在版编目（CIP）数据

中国大城市连绵区的规划与建设／"我国大城市连绵区的规划与建设问题研究"项目组著. —北京：中国建筑工业出版社，2013.5
（中国城市规划设计研究院科研报告丛书）
ISBN 978-7-112-15174-5

Ⅰ.①中…　Ⅱ.①我…　Ⅲ.①大城市—城市规划-研究-中国②大城市-城市建设-研究-中国　Ⅳ.①TU984.2

中国版本图书馆CIP数据核字（2013）第039335号

　　本书是由多位"两院"院士领衔主持，由住房和城乡建设部、中国城市规划设计研究院、国家发改委宏观经济研究院、北京大学、清华大学、同济大学、英国加的夫大学等国内外40多名专家学者，呕心沥血多年完成的权威著作。它从大城市连绵区的概念、经济、人口、土地、交通、生态环境、文化休闲旅游、城乡统筹与新农村建设、区域协调与管理体制、国内外典型案例研究等视角着手，从国家长远和全局利益出发，并充分考虑区域自然生态承载能力、完善综合交通运输体系、实施"集中基础上的分散化"空间战略、建立区域协调机构和机制、大城市连绵区今后健康发展的重大战略等方面，对我国大城市连绵区发展概况及趋势，发展中存在的主要问题，在转型发展背景下进行的尝试和探索进行了全面系统的研究，对如何推动我国大城市连绵区的健康发展提出了富有建设性的政策建议。

　　本书是中国工程院的院士重大咨询课题"我国大城市连绵区的规划与建设问题研究（2006-X-07）"，经修订、完善后结集出版的，它为国家"十二五"规划的制订发挥了积极的作用，获得了2011年度的华夏建设科学技术一等奖。本书所反映的我国大城市连绵区转型发展面临的挑战、机遇、实践和探索对全国各地开展的理论研究和规划工作将起到很好的参考借鉴作用，对我国的城市规划与发展具有重要的指导意义；它将使广大的城乡规划工作者和相关领域的专家学者，能够不断地跟进、深化和细化该领域的研究工作，继续拓展研究视野，加强国内外学术和政策交流，形成具有中国特色的大城市连绵区发展的理论支撑体系，为国家制定更有针对性、实效性、实施性的大城市连绵区发展战略贡献力量，为推动我国规划建设行业的技术发展、扩大专业的社会影响发挥积极作用。

策　　划：张惠珍
责任编辑：董苏华
责任设计：董建平
责任校对：陈晶晶　关　健


中国城市规划设计研究院科研报告丛书
中国工程院重点咨询项目

中国大城市连绵区的规划与建设
"我国大城市连绵区的规划与建设问题研究"项目组　著
＊
中国建筑工业出版社出版、发行（北京西郊百万庄）
各地新华书店、建筑书店经销
北京嘉泰利德公司制版
北京盛通印刷股份有限公司印刷
＊
开本：880×1230毫米　1/16　印张：28　插页：18　字数：656千字
2014年3月第一版　2014年3月第一次印刷
定价：95.00元
ISBN 978-7-112-15174-5
　　　　（23271）

# 序

　　大城市连绵区的形成和发展，是城镇化、工业化和社会经济发展到一定阶段的产物，是自然地理、历史传统、人口流动、技术进步、规划建设等综合作用的结果。从世界主要发达国家的发展进程来看，大城市连绵区以汇集区域总体力量的方式，在参与国际竞争、提高国家软硬实力、优化区域发展布局等方面，发挥着不可替代的突出作用。

　　我国大城市连绵区的快速发展，是改革开放以来国家经济和城镇空间布局发生的最为引人瞩目的重大变化之一。特别是以珠江三角洲、长江三角洲和京津唐为代表的三大城市连绵区，在推进改革开放、带动中国崛起、实现体制机制创新、推动人民财富增长等方面，发挥了突出的战略作用。在国际政治经济形势日益复杂的今天，中国建设小康社会和实现转型发展也进入了关键的阶段。实现大城市连绵区持续健康发展，推动这些地区率先实现现代化，是引领国家延续"中国奇迹"、完成中华民族伟大复兴的重大战略性问题。

　　如何从规划和建设问题着手，推动我国大城市连绵区的健康协调发展，是国家有关部门和学术界长期关注的热点问题。自2006年起，在中国工程院的支持下，在"两院"院士、原建设部副部长周干峙和中国工程院院士、原中国城市规划设计研究院院长邹德慈两位业界资深专家主持下，汇聚中国城市规划设计研究院、国家发改委宏观经济研究院、北京大学、同济大学、英国加的夫大学等国内外40多名专家学者几年心血的这部学术著作，终于和读者见面了。研究从大城市连绵区的概念、经济、人口、土地、交通、生态环境、文化休闲旅游、城乡统筹与新农村建设、区域协调与管理体制、国内外典型案例研究等视角着手，对我国大城市连绵区发展概况及趋势，发展中存在的主要问题，以及在转型发展背景下各大城市连绵区进行的尝试和探索进行了全面系统的研究。研究还从国家长远和全局利益出发，从充分考虑区域自然生态承载能力、完善综合交通运输体系、实施"集中基础上的分散化"空间战略、建立区域协调机构和机制等方面，对如何推动我国大城市连绵区的健康发展提出了富有建设性的政策建议。

  今后 20 年时间，仍是我国实现全面发展的战略机遇期，也是我国大城市连绵区发展和整合的关键时期。希望以本报告的结集出版为契机，广大的城乡规划工作者和相关领域的专家学者，能够不断地跟进、深化和细化该领域的研究工作，继续拓展研究视野，加强国内外学术和政策交流，形成具有中国特色的大城市连绵区发展的理论支撑体系，为国家制定更有针对性、实效性、实施性的大城市连绵区发展战略贡献力量。

  是为序。

2012年 11月22日

---

仇保兴，住房和城乡建设部副部长。

# 出版说明

　　大城市连绵区的形成与发展，是世界城镇化进程的重要特征，也是国际区域经济发展的重要趋势之一。以美国东北海岸、英格兰东南部和日本东海道等为代表的世界级大城市连绵区，在全球城镇体系中占据着重要的枢纽地位，是国家参与全球竞争的主要基地。

　　自改革开放以来，随着社会经济的快速发展，在我国东南沿海地区，也形成了以珠江三角洲、长江三角洲、京津唐、山东半岛、辽中南和福建海峡西岸为典型代表的六个大城市连绵区。它们在推动改革开放、带动全国的城镇化、提升国家综合国力等方面发挥了重要的战略性作用。我国是一个幅员广阔、地域特色明显的人口大国，也是政治大国、文化大国和经济实力急剧崛起的最大的发展中国家，有必要、也有条件从全球政治、经济、文化联系的高度，参与国际事务和社会分工，逐步获取应有的发展空间。大城市连绵区就是我国最有条件代表国家核心利益，参与这些国际分工和竞争的主体。在国际政治经济风云不断变幻的今天，国家采取必要的政策措施，支持这些地区长期健康、快速地发展，是关系国家全局和长远的重大战略性问题。

　　因此，中国工程院在 2006 年启动了重大院士咨询课题"我国大城市连绵区的规划与建设问题研究（2006-X-07）"，希望对关系我国大城市连绵区健康发展的重大战略问题进行全面系统性的研究。课题由中国工程院院士、中国城市规划设计研究院学术顾问邹德慈，"两院"院士、建设部原副部长周干峙担任负责人，中国城市规划设计研究院王凯副院长担任项目的执行负责人。项目还邀请了"两院"院士、清华大学吴良镛教授，中国工程院院士、北京大学唐孝炎教授和北京大学周一星教授等三位具有深厚学术造诣的学者担任顾问。中国城市规划设计研究院、国家发改委宏观经济研究院、北京大学、同济大学、英国加的夫大学等国内外 40 多名专家学者，经过两年多的辛苦努力，项目于 2008 年通过了中国工程院组织的评审，获得了与会专家的高度评价。在全国政协原副主席、中国工程院原院长徐匡迪的安排下，项目成果还向国务院主要领导进行了书面汇报，并批转国家发改委、住房城乡建设部和国土资源部研究，为国家"十二五"规划的制订发挥了积极的作用。项目还获得了 2011 年度的华夏建设科学技术一等奖，为推动规划建设行业的技术发展、扩大专业的社会影响，发挥了积极作用。

　　由于综合报告成文较早（2009 年 4 月完成），难以反映近几年我国大城市连绵区规划和建设的最近情况，经项目组研究，决定撰写"转型发展背景下近几年我国大城市连绵区规划与建设的新发展"一文，以期能够集中反映自 2008 年以来我国大城市连绵区转型发展面临的挑战、机遇、实践和探索。

　　今后 10 年，是我国大城市连绵区发展和整合的关键时期。当前国际国内社会、经济及政治形势发展的新变化，对我国大城市连绵区健康发展形成极大挑战，迫切需要国家层面的战略来应对。为更好地与同行交流大城市连绵区规划和建设问题的研究成果，听取各方面专家、学者和关心我国大城市连绵区发展问题的同志们的宝贵意见，我们将部分研究成果经修订后结集出版，希望能对各地开展的理论研究和规划工作起到参考作用。

　　此外，中国科学院地理研究所原所长陆大道院士、胡序威研究员和樊杰研究员，建设部原总规划师陈为邦教授和原城乡规划司副司长张勤教授，国务院发展研究中心李善同研究员，南京大学地理与海洋科学学院原院长崔功豪教授，清华大学建筑学院副院长毛其智教授，中国社科院城市发展与环境研究所副所长魏后凯研究员，中国科学院南京地理与湖泊研究所姚士谋研究员，北京大学城市与环境学院吕斌教授，同济大学建筑与规划学院赵民教授，中国工程院二处高占军处长等在研究过程提出了宝贵意见，在此一并表示感谢。

　　由于结集出版较为仓促，书中存在的不足和错误之处，还请广大的同行和读者批评、指正。

"我国大城市连绵区的规划与建设"课题组

2012 年 11 月

# 撰写人员

■ **"中国大城市连绵区的规划与建设"综合报告**
邹德慈　中国工程院院士、中国城市规划设计研究院学术顾问
王　凯　中国城市规划设计研究院副院长、教授级高级规划师
陈　明　中国城市规划设计研究院高级规划师、博士
李　浩　中国城市规划设计研究院高级规划师、博士
马克尼　中国城市规划设计研究院规划师

■ **转型发展背景下近几年中国大城市连绵区规划与建设的新发展**
邹德慈　中国工程院院士、中国城市规划设计研究院学术顾问
王　凯　中国城市规划设计研究院副院长、教授级高级规划师
陈　明　中国城市规划设计研究院高级规划师、博士
马克尼　中国城市规划设计研究院规划师

■ **专题报告一　中国大城市连绵区经济发展研究**
王　凯　中国城市规划设计研究院副院长、教授级高级规划师
陈　明　中国城市规划设计研究院高级规划师、博士
彭实铖　国家发改委地区司　城市规划师

■ **专题报告二　中国大城市连绵区人口发展研究**
史育龙　国家发改委宏观经济研究院科研部副主任，研究员
欧阳慧　国家发改委国土开发与地区经济研究所城镇发展室副主任，副研究员

■ **专题报告三　中国大城市连绵区土地利用研究**
李　迅　中国城市规划设计研究院副院长、教授级高级规划师
靳东晓　中国城市规划设计研究院城建所副所长、教授级高级规划师
高世明　中国城市规划设计研究院城建所高级规划师、博士
张永波　中国城市规划设计研究院城建所，城市规划师
许顺才　中国城市规划设计研究院城乡所，教授级高级规划师
陈　烨　中国城市规划设计研究院，规划师

■ **专题报告四　中国大城市连绵区综合交通研究**
　　孔令斌　中国城市规划设计研究院副总规划师、教授级高级规划师
　　王战权　中国城市规划设计研究院高级规划师，博士

■ **专题报告五　中国大城市连绵区生态环境保护研究**
　　宋豫秦　北京大学环境科学与工程学院，教授
　　张力小　北京师范大学环境学院，副教授
　　曹明兰　北京大学环境科学与工程学院，博士研究生

■ **专题报告六　中国大城市连绵区文化休闲旅游研究**
　　周建明　中国城市规划设计研究院旅游规划研究中心主任、教授级高级规划师
　　胡文娜　中国城市规划设计研究院，规划师
　　郭　磊　中国城市规划设计研究院，规划师
　　黄　玫　中国城市规划设计研究院，规划师
　　陈　勇　中国城市规划设计研究院，规划师
　　谢丽波　中国城市规划设计研究院，规划师

■ **专题报告七　中国大城市连绵区城乡统筹与新农村建设研究**
　　蔡立力　中国城市规划设计研究院城乡所所长、教授级高级规划师
　　谭　静　中国城市规划设计研究院，城市规划师
　　曹　璐　中国城市规划设计研究院，城市规划师

■ **专题报告八　中国大城市连绵区区域协调与管理体制研究**
　　李　迅　中国城市规划设计研究院副院长、教授级高级规划师
　　曹传新　中国城市规划设计研究院，高级规划师、博士

■ **专题报告九　国外大城市连绵区案例研究**
　　第一部分　美国东北海岸大城市连绵区
　　邹德慈　中国工程院院士、中国城市规划设计研究院学术顾问
　　陈熳莎　世界银行城市专家
　　李　浩　中国城市规划设计研究院，高级规划师、博士
　　第二部分　英格兰东南部大城市连绵区区域空间战略及管治机制
　　于　立　英国加的夫大学城市与区域规划学院，国际中心主任
　　第三部分　德国鲁尔大城市连绵区
　　于　泓　同济大学建筑与城市规划学院，博士研究生

第四部分　日本东海道大城市连绵区的发展与规划

王　德　同济大学建筑与城市规划学院，教授

刘　律　同济大学建筑与城市规划学院，硕士研究生

冈本耕平　日本名古屋大学环境学院地理系，教授

森田匡俊　日本名古屋大学环境学院地理系，博士研究生

李　强　日本名古屋大学环境学院社会基础设施规划系，博士

刘　锴　日本神户大学工学院交通工程系，博士

■ **专题报告十　大城市连绵区相关概念研究**

邹德慈　中国工程院院士、中国城市规划设计研究院学术顾问

李　浩　中国城市规划设计研究院，高级规划师、博士

# 总　目　录

# 第一篇

# "中国大城市连绵区的规划与建设"综合报告

# 目 录

# 前　言

　　城镇化是伴随工业化进程的人类社会发展过程和趋势。积极稳妥地推进我国的城镇化，是调整和优化经济结构、转变经济增长方式和解决"三农"问题，实现"小康"目标的必然结果和重要途径。

　　大城市连绵区的形成与发展，是世界城镇化进程的重要特征，也是国际区域经济发展的重要趋势之一。大城市连绵区（Megalopolis，或称都市连绵区）是指"以若干个几十万以至百万以上人口的大城市为中心，大小城镇呈连绵状分布的高度城市化地带"（《中国大百科全书》，1988）。它是世界城镇化发展的一种高级空间形态，在全球城镇体系中占据着重要的枢纽地位，并日益成为各国参与全球竞争的主体。

　　大城市连绵区是一种特殊的城市（镇）群类型[①]。随着我国社会经济发展水平的提高，城镇化进程的加快，大城市连绵区也正在成为我国城镇化发展的一个主要载体，成为提高国家竞争力、推动社会经济均衡发展及健康城镇化的重要途径。

　　我国政府对大城市连绵区的发展十分重视。国家"十一五"经济社会发展规划明确提出"要把城市群作为推进城镇化的主体形态，逐步形成以沿海及京广京哈线为纵轴，长江及陇海线为横轴，若干城市群为主体，其他城市和小城镇点状分布，永久耕地和生态功能区相间隔，高效协调可持续的城镇化空间格局。"并提出"珠江三角洲、长江三角洲、环渤海地区，要继续发挥对内地经济发展的带动和辐射作用，加强区内城市的分工协作和优势互补，增强城市群的整体竞争力。"党的十七大报告又明确提出"遵循市场经济规律，突破行政区划界限，形成若干带动能力强、联系紧密的经济圈和经济带。"要求"走中国特色的城镇化道路，按照统筹城乡、布局合理、节约土地、功能完善、以大带小的原则，促进大中小城市和小城镇协调发展。以增强综合承载能力为重点，以特大城市为依托，形成辐射作用大的城市群，培育新的经济增长极。"

　　基于对党和国家上述要求的认识，我国大城市连绵区的空间结构正处于发展和整合的关键时期，存在大量的规划与建设问题需要研究；当前国际国内社会、经济及政治形势发展的一些新变化，形成对我国大城市连绵区发展的挑战，迫切需要国家层面的战略应对。因此，中国工程院于2006年6月启动"我国大城市连绵区的规划与建设问题研究"重大咨询项目，聚集数十位专家学者对这一问题作了深入研究，经过两年时间，形成了综合报告和十一个专题报告，并对我国大城市连绵区的健康发展提出若干建议。

---

　　①　大城市连绵区是一个学术概念比较严谨的定义，其往往具有比较明确的地域范围和边界，它的范围与政府确定的"城市（镇）群"规划范围，是两个相关但不完全一致的范畴。政府在确定城市（镇）群规划范围时，除了参照学术意义上的大城市连绵区边界以外，还要根据规划的目的和任务对规划范围进行相应的调整，这使得政府在确定城市（镇）群规划范围时，往往具有一定的随意性。因此"城市（镇）群"的概念要比"大城市连绵区"更为宽泛。

# 一、国际大城市连绵区发展概况

## （一）世界城镇化的主要趋势

1. 世界城镇化的重心正在向发展中国家转移

纵观世界城镇化发展的基本历程，全球已经历过三次城镇化浪潮。第一次城镇化浪潮发端于欧洲，以英国为代表，伴随着工业革命，1750年英国城镇化率为20%，1850年达到50%，到1950年基本进入城镇化发展的成熟阶段，历时200年。第二次城镇化浪潮是以美国为代表的北美洲城镇化，1860年美国城镇化率为20%，到1950年达到71%，美国经历100年的时间进入城镇化发展的成熟阶段。第三次城镇化浪潮以日本、前苏联、拉美诸国等为代表。日本1920年时城镇化率为18%，到1970年时达到72%，50年时期就基本完成了城镇化过程；前苏联1920年城镇化率为20%，在计划经济体制和工业化的强力推动下，1980年时城镇化率达到了60%以上，用60年时间基本完成了城镇化过程；拉美诸国在1930年时的城镇化率为20%左右，目前也逐渐步入城镇化发展的成熟阶段。中国现代社会的城镇化发展，其主要进程只经历了50多年，1949年新中国成立时，城市人口只占全国人口10%左右，经过一段曲折的历程，半个世纪后，比例提高到40%左右。目前，我国的城镇化正处于加速发展阶段，由于我国人口众多，中国的城镇化发展对世界城镇化发展的影响举世瞩目，正因如此，2000年诺贝尔经济学奖获得者、世界银行首席经济学家斯蒂格利茨提出影响21世纪人类进程的有两件大

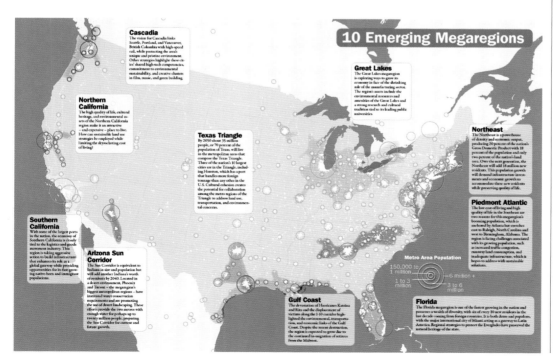

图1-1-1 美国10个大城市连绵区的空间分布
资料来源：The National Committee for America 2050. America 2050: A Prospectus [R]. 2007.

事，一是以美国为首的新技术革命，另一个是中国的城镇化。根据专家预计，今后世界城镇化的重心将转向发展中国家。

2. 大城市连绵区成为城镇化发展的高级空间形态

近几十年来，世界城镇化发展的区域化态势日益显著。一方面是由于人类社会科学技术及交通、通信手段的迅猛发展，促使城市日常社会、经济活动的空间不断扩大，现代城市的功能逐步向更大的区域范围拓展；另一方面，城市与城市之间的相互联系和影响日益密切，一定地域范围内的诸多大、中、小城市相互交织，形成复杂的区域城市网络。在此背景下，世界上一些自然地理环境优越、区位良好、历史文化发达的高度城镇化地区，纷纷出现大城市连绵区这种最高级的城镇化空间形态。

美国以东北海岸、中西部地区、加利福尼亚州南部、墨西哥湾等为代表的十大大城市连绵区，居住着 1.97 亿人口，几乎占美国人口总数的 68%，聚集了 80% 人口在百万以上的大城市；欧洲以英格兰东南部、德国莱茵 - 鲁尔、莱茵 / 美因、荷兰兰斯塔德、法国巴黎地区、比利时中部、爱尔兰大都柏林、瑞士北部地区等为代表的 8 个大城市连绵区，是欧洲由伯明翰、巴黎、米兰、汉堡和阿姆斯特丹构成的最为繁荣的"西北欧五边形"的主要组成部分，总人口达 7200 万，以占欧盟 20% 的国土面积产出了 50% 的 GDP 总量。

3. 大城市连绵区成为各国参与国际竞争的主体

大城市连绵区的发展水平往往代表着一个国家的发展水平。它的经济总量巨大，关乎国家经济运行的全局和安全。它的发展状况直接影响着国家发展的全局，是国家安全的核心。它对全球经济的发展起着重要的支配、控制的作用，并对全球的政治格局产生重要的影响。因此，这些地区是国家经济的命脉所在，是国家参与全球经济一体化和国际竞争的主要基地。迅速提高这些地区的发展水平，防止出现有关问题就成为关系国家全局长远的重大战略性的问题。

## （二）国外大城市连绵区发展的几个典型案例

图 1-1-2　欧洲 8 个大城市连绵区的空间分布
资料来源：根据彼得·霍尔等编著：多中心大城市——来自欧洲巨型城市区域的经验 [M]，北京：中国建筑工业出版社，2010 年版所提出的相关概念绘制。

国际上比较典型的大城市连绵区，主要以美国东北海岸大城市连绵区、英格兰东南部大城市连绵区、德国莱茵 - 鲁尔大城市连绵区、日本东海道大城市连绵区等为代表。

1. 美国东北海岸大城市连绵区

美国东北海岸大城市连绵区是指美国东北部大西洋沿海地区的一个狭长区域（图 1-1-3），以波士顿、纽约、费城、巴尔的摩、华盛顿等 5 个大城市区为核心，跨越 12 个州和 1 个特区，南北绵延的距离长达 800 公里。该区域土地面积不到全国的 2%（18 万平方公里），但集聚了全国近 18% 的人口（5200 万）和 25% 以上的 GDP（3.2 万亿美元），在世界经济中占据 6% 的份额。当前，该区域已经形成了以金融、保险、房地产、教育、医疗、信息专业和技术服务等知识密集型产业为核心的产业体系。

当前，该地区面临的主要问题是郊区无序蔓延引起的生态系统退化、土地资源浪费和交通拥堵加剧。1982—1997 年，在人口只增长 7% 的情况下，城镇建设用地却增长了 39%。2004 年，该地区因高速公路拥堵造成损失 149 亿美元。郊区化还引起机动车行驶里程增加，造成能源的大量消耗。以人均汽油消费来看，美国是欧洲的 4 倍，是亚洲城市的 9 倍，严重影响国际能源安全和政治格局。

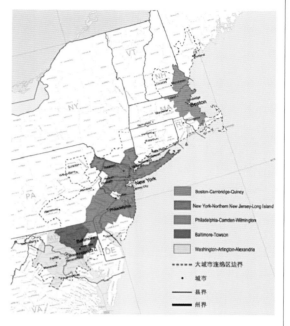

**图 1-1-3　美国东北海岸大城市连绵区**
资料来源：根据 U.S. Census Bureau, Census 2000 绘制。

针对上述问题，近年来美国开始重视区域的统筹协调发展，提出"精明增长"（Smart Growth）发展理念，对土地开发数量、时机、区位和性质进行调控，通过划定"城市服务边界"来约束郊区无序蔓延。在"城市服务边界"以外，州政府不再负担给水排水等基础设施建设所需费用。以民间团体为主体的非官方联盟组织，为不同主体提供协商的平台，将联邦、州、地方等不同层面的规划、政策协调和衔接起来。近年来，以特定问题为导向的地方政府间合作越来越普遍，如针对交通拥堵、污染、温室气体排放等特定问题进行非正式的合作，针对跨区域的公共机构和基础设施进行统筹等。

2. 英格兰东南部大城市连绵区

以伦敦为中心的英格兰东南部大城市连绵区，总面积为 2.73 万平方公里（图 1-1-4），现有人口 1898 万，是英国经济和社会发展水平最高的地区，其 GDP 占据全英国 15% 的份额，也是公司总部的主要聚集地。这里集聚了全国约四分之一的研发活动，有 24 所大学，71 所学院和再教育机构，有 11 处"国家杰出自然景观保护区"。该地区还是英国与欧洲联系的桥头堡，坐落在欧洲最主要的经济发展地区——"蓝色香蕉"范围内（图 1-1-5），是英国通往欧洲的主要商务通道和英法海峡的主要联系走廊。

英国是现代城市规划的发源地，具有重视发挥规划作用的长期传统。其利用规划手段来引导产业布局、促进萧条地区的发展，采用绿带控制大城市的郊区蔓延、通过新城开发缓解老城压力等做法，对世界的影响非常深远。近年来，政府开始重视区域规划。2004 年，"区域空间战略"具有了法定地位，对区域层面的指导作用开始强化。

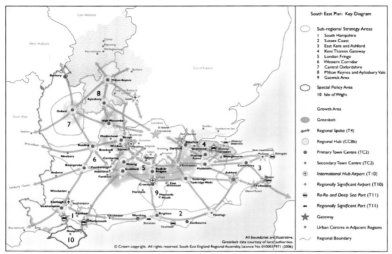
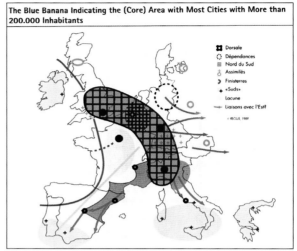

**图 1-1-4 英格兰东南部大城市连绵区（左）**
资料来源：英格兰东南部区域空间发展战略（2006-2020）。

**图 1-1-5 欧盟"蓝色香蕉"发展区（右）**
资料来源：Toward an American Spatial Development Perspective，University of Pennsylvania，Department of Planning，Spring 2004.

英格兰东南部区域议会（the South East England Regional Assembly）于 2006 年 3 月组织编制完成了"区域空间战略（2006—2026）"，在各个次区域层面和经济发展、住房、交通、旅游、文化等领域提出规划对策，住房问题是其关注的核心内容之一。该战略还重视了该地区与相邻区域在经济、住房、交通、自然资源等方面进行联系与合作。

与中国目前高速的城镇化进程不同，英国的城市已经进入成熟的发展阶段，变化并不剧烈。但是英国的规划体系包括法规一直处于反思、改革、创新之中，并根据条件变化不断作出调整。

3. 德国莱茵 - 鲁尔大城市连绵区

德国莱茵 - 鲁尔大城市连绵区包括 20 个市，11 个地区，总面积 7100 平方公里（图 1-1-6）。2004 年，该地区人口 1150 万，占全国的 13%。莱茵 - 鲁尔大城市连绵区以莱茵河、鲁尔河为纽带，主要经济中心城市有多特蒙德、波鸿、埃森、杜伊斯堡、科隆和波恩等。这个区域早在中世纪时期就形成了比较密集的居民点，现在依然是世界上最大的工业地区之一。鲁尔是世界上最大和开发最早的煤矿之一，依托煤炭资源发展的钢铁、化工等重工业曾在世界举足轻重，影响力长达百年以上。自 20 世纪 60 年代以来重工业持续衰退，整个区域进入艰难的转型并取得卓有成效的复兴。莱茵 - 鲁尔大城市连绵区的区域规划与管制历经多轮变迁。1966 年，鲁尔矿区住区联盟（SVR）编制了联邦德国区域规划史上第一个具有法律效力的区域性总体规划——鲁尔区的地区发展规划（GEP）。该规划主要宗旨是发展新兴工业，改善区域经济部门结构和扩建交通运输网，控制核心城市的工业和人口增长，在具有全区意义的中心地区增设服务性部门，在工业中心和城镇间营造绿地或保持开敞的空间，在利伯河以北和鲁尔河谷地及其周围丘陵地带开辟旅游和休憩地，为人们提供休闲和娱乐的场所。鲁尔区的地区发展规划在交通规划的实施和绿地保护方面取得了很好的成效。

2004 年，鲁尔区域协会（RVR）成立。这个组织的职能是统筹管理鲁尔区的市场，管理环境和休憩设施的设置，制定空间秩序规划，负责地区的地理测绘和地理信息系

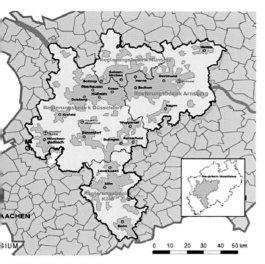 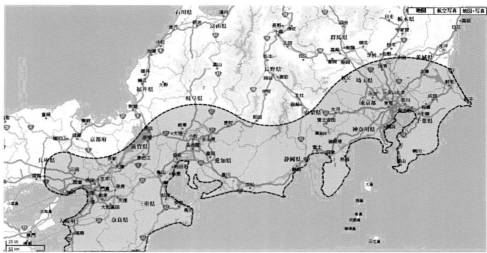

图1-1-6 德国莱茵-鲁尔大城市连绵区（左）
资料来源：依据法定的莱茵-鲁尔大城市区范围绘制。

图1-1-7 日本东海道大城市连绵区（右）
资料来源：根据日本东海道范围自绘。

统管理。鲁尔区域协会希望将鲁尔区变成一个统一的行政管区，行使统一的区域规划和管理权。尽管对这样一个设想还存在很多争议，但其意义在于：改变该地区被四个"管区"的区域规划所割裂的局面，有效整合地区资源，并且探索地区的深入合作机制，为未来的区域管理改革做好准备工作。

4. 日本东海道大城市连绵区

日本东海道大城市连绵区指"从东京到大阪"的太平洋沿岸带状地域，包括京叶、京埼、东京、横滨、静冈、名古屋、岐阜、京都、大阪等地区（图1-1-7）。该区域面积7.14万平方公里，占全日本的20%；人口超过6000万，占全日本的50%以上。集中了全日本2/3的工业企业、3/4的工业产值、2/3的国民收入、80%以上的金融、教育、出版、信息和研究机构。全日本12个人口在百万以上的大城市中的11个分布在该区域。

在经济高速发展时期，该地区也出现了许多问题：（1）东京商务功能不断集聚，迫使居住功能转向城市远郊地区；（2）大量农村人口转移到东京、大阪等大城市，造成人满为患，穷人居住环境恶劣。农村人口的流失导致农村生活困难，村落社会大量解体；（3）高速工业化时期片面追求经济高增长，导致环境迅速恶化。进入20世纪80年代，在大量生产、大量消费理念引导下，生活垃圾规模越来越大，新的污染现象不断出现；（4）产业与人口大量集中，使区域抵抗自然及人为灾害的能力显著降低。

为此，日本政府采取了积极措施：（1）通过国土综合开发，实施人口和产业疏散，解决过度集中导致的地价飞涨和功能单一问题。在大城市连绵区内部，以首都圈规划为代表，强调分散东京都的功能，形成水平网络型的城市结构关系；（2）以提高用地效率（容积率），并配合高效的公共交通系统来解决住房和交通问题。日本较早认识到小汽车无法解决大城市连绵区的交通问题，很早就提出城市交通以公共交通为主，大城市交通又以轨道交通为主的方针和策略，从而有效地缓解了区域的交通问题；（3）认真解决生态与环境问题。自1967年颁布《环境污染控制基本法》以来，日本先后颁布了近30部相关的法律法规，基本解决了生态与环境问题；（4）通过建立国土开发新结构和大规模的产业开发项目来解决地区差异问题，通过"生活圈"的建设来振兴地方经济，控制人口和产业向大城市集中，推进国土的均衡发展。

### （三）大城市连绵区发展的基本特点

对国际大城市连绵区的研究表明，其发展呈现出一定的特点和规律性，主要表现在：

1. 大城市连绵区是特定地区必然出现的一种城镇化发展现象

大城市连绵区是某一国家或地区内城镇化发展进入成熟阶段后必然出现的一种城镇化发展现象，它往往是在经济高度发展条件下自然形成和发展的，不以人的主观意志为转移。大城市连绵区的形成与发展对区域地理环境有较高的要求，并非所有的地区都能形成大城市连绵区，平原（盆地、三角洲）的地形环境和沿海的地理区位是其重要的区域环境要求。大城市连绵区常常出现在人类文明发达地区，区域社会经济发展的文化传统是大城市连绵区发展的基础和内在动力，也往往是全球或大区域的交通门户所在，反过来，大城市连绵区也是人类文化创新与发展的摇篮。

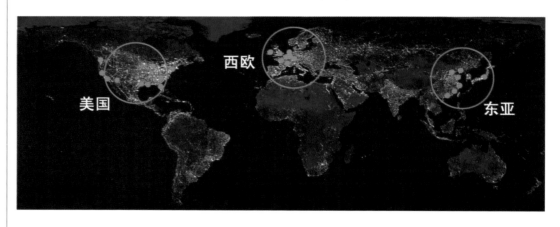

**图 1-1-8 全球大城市连绵区空间分布示意图**
资料来源：中国城市规划设计研究院绘制。

2. 大城市连绵区的形成与发展需要经历漫长的历史过程

大城市连绵区的形成是一个相当漫长的历史过程，其发展既要经历起步、加速发展、走向成熟等不同的成长阶段，也会出现低谷甚或走向衰败，因此大城市连绵区的规划与建设不可能一蹴而就，必须准确把握其阶段性特征。美国东北海岸自1957 年被戈特曼[①] 界定为大城市连绵区（Megalopolis）以来，经过 50 年的发展，逐步由传统的重型工业区演变为以金融、医疗、教育、信息服务业等为主的产业结构和空间特征。日本东海道大城市连绵区由日本的钢铁和石化基地，经过战后经济萧条期、两次石油危机、经济结构的深刻变革等严峻考验，终于成长为世界著名的金融、贸易和研发中心。经过漫长的历史过程，英国东南部地区也由一个传统的工业区发

---

① 法国城市地理学家戈特曼（Jean Gottmann）在 1942 年从纽约到华盛顿的一次旅行时，发现了大城市沿海岸线城市高密度分布的现象，于 1957 年发表《大城市连绵区：美国东北海岸的城市化》一文，开创了大城市连绵区研究领域。戈特曼曾预言全球将会出现美国东北部大西洋沿岸、北美 5 大湖地区、日本太平洋沿岸、欧洲西北部地区、英国以伦敦为中心的区域、中国长三角等 6 个大城市连绵区。

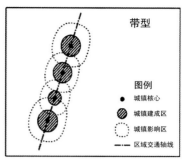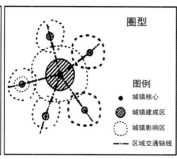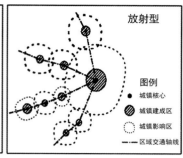

**图1-1-9 大城市连绵区空间形态的三种基本类型示意图**
资料来源：中国城市规划设计研究院绘制。

展为金融、贸易、科技、文化创意等为主导的地区，2012年伦敦奥运会主要场馆就坐落在原先的老工业区里。

3. 大城市连绵区的空间形态呈现出几种基本类型

大城市连绵区的空间形态主要受到自然地理环境、交通运输网络、城市间的竞争与合作关系等因素的影响，不同国家或地区内大城市连绵区的空间形态格局呈现出一定的规律性，其基本类型可分为带型、圈型和放射型等（图1-1-9）。但是，"相似的形态背后，有着各不相同的故事"。一些空间形态相似的大城市连绵区，其空间结构和空间形态的形成和演化机制往往是不相同的，不可混为一谈。世界上并不存在绝对理想的大城市连绵区空间形态模式，不同国家或地区内大城市连绵区的空间形态问题，只能通过深入分析本国或本地区实际状况的方法而加以研究和解决。

4. 不同国家的大城市连绵区具有较大的差异性

由于国情、文化背景及体制方面存在着较大的差异，各国的大城市连绵区具有较大的差异性（表1-1-1）。如美国的大城市连绵区，人口和城镇空间的密度较低，在广阔的绿野之上集聚着一些不规则的"边缘城镇"（Edge Cities）或"新城区"（New Downtowns），对私人汽车具有高度的依赖性。欧洲的大城市连绵区，人口和城镇空间的密度处于中等水平，空间形态多以绿带（green belts）或其他形式的约束而呈现出相对的规则化，并以中等尺度的国家商贸城镇或所规划的新城（new towns）为中心集聚。东亚（日本、中国大陆东部沿海地区以及台湾西部沿海地区）的大城市连绵区，人口和城镇空间的密度相对较高，大城市连绵区的空间尺度和人口规模相对较大，空间形态呈现城镇空间与乡村空间的网络化交织，土地利用效率较高。

**美国、欧洲和中国大城市连绵区比较** 表1-1-1

| 地区 | 面积（万平方公里） | 人口规模（万人） | 人口密度（人/平方公里） |
|---|---|---|---|
| 美国的十大大城市连绵区 | 6.2—31.1 | 410—4918 | 58—271 |
| 欧洲的八大大城市连绵区 | 0.78—4.30 | 164—1898 | 210—1017 |
| 中国的六大大城市连绵区 | 5.48—11.08 | 2731—9540 | 349—830 |

注：美国和欧洲大城市连绵区为2000年度数据，中国大城市连绵区为2006年度数据。
资料来源：美国和欧洲的数据根据2008年香港"特大城市区域国际研究会"相关论文整理。

5. 大城市连绵区的发展呈现出显著的多中心趋势

世界大城市连绵区的发展呈现出显著的多中心趋势。在大城市连绵区的区域层面，随着经济活动从主要城市向较小城市的扩散，使得既有的城市等级体系不断地重构，低端的服务功能从等级较高的中心城市向等级较低的一般城市扩散。多中心发展的原因，一方面在于，伴随着区域城镇化发展的成熟，核心城市的功能逐渐从"集聚"为主走向"扩散"；另一方面则是因为，作为大城市连绵区核心内涵的城市外部信息交换活动，正日益受到新技术发展的影响而走向区域化，高速铁路等区域性快速廊道的建设和交通、通信成本的降低也在起着相同的作用。其结果是，随着时间的积累，越来越多的居住和就业将分布于最大的核心城市以外，同时其他较小的城市和城镇将变得日益网络化，甚至绕开中心城市直接交换信息，从而使得这些区域表现出更为明显的多中心特征。

基于对大城市连绵区发展态势的认识，"欧洲多中心"（Europe Polynet）研究提出的大城市连绵区发展战略，主要是"集中基础上的分散化"（Concentrated Deconcentration），即城市功能在一个广阔的区域空间尺度上进行扩散，但是同时又在这个城市区域内的特定节点（单个城市）上重新集聚。传统的中心区依然重要，但它们不再是经济活动唯一的集聚点。"集中基础上的分散化"，有利于区域经济的可持续发展和保持良好的生态环境，也是避免空间发展失衡的重要策略。

6. 区域空间规划与管治是促进大城市连绵区健康发展的重要手段

区域空间规划、建设与管治的理念与做法对大城市连绵区的发展有着非常深远的影响，近年来世界各国的大城市连绵区发展对此越发重视。日本东海道大城市连绵区长期重视以城际轨道交通为重点的公共交通建设，在相当程度上缓解了区域矛盾，推迟了问题显现的时间和阶段，提高了区域承载能力。近年来，美国东北海岸大城市连绵区对城际铁路的规划与建设问题也空前重视。再如，德国莱茵-鲁尔、英格兰东南部和美国东北海岸大城市连绵区不断地探索通过区域规划、管治和机构调整来有效地协调利益各方的行为，期望通过发挥合力来推动大城市连绵区更和谐发展。

需要注意的是，由于大城市连绵区的空间发展在很大程度上是市场自发作用的结果，因此各国大城市连绵区在发展中都面临着区域管治的困难。为了解决和促进跨领域的活动，整合现有的政策方法和手段是必需的，它有助于协调跨领域的城市空间发展，建立城市间互补的关系。

# 二、中国大城市连绵区的发展概况及趋势

## （一）中国大城市连绵区沿我国东部海岸递次分布

我国的大城市连绵区主要分布在经济发达的东部沿海地区。改革开放以来，随着工业化和市场化快速推进，产业和城市功能不断集聚与扩散，区域交通网络迅速发展，

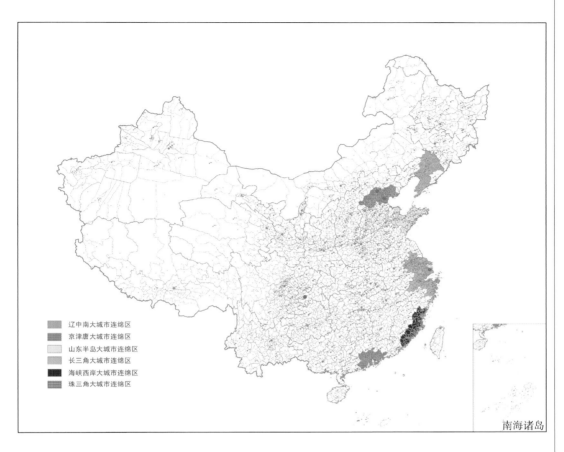

辽中南大城市连绵区
京津唐大城市连绵区
山东半岛大城市连绵区
长三角大城市连绵区
海峡西岸大城市连绵区
珠三角大城市连绵区

南海诸岛

**图1-2-1 中国大城市连绵区的空间分布**
资料来源：中国城市规划设计研究院绘制。

我国东南沿海地区由北到南，依次分布着辽中南、京津唐、山东半岛、长三角、海峡西岸和珠三角六大大城市连绵区（图1-2-1）。其中，长三角、珠三角两个大城市连绵区已经基本形成；京津唐地区正处于大城市连绵区的加速形成过程中；辽中南、山东半岛、海峡西岸地区已显现大城市连绵区空间形态的雏形[①]（表1-2-1）。

我国地处内陆的成渝、中原、武汉、长株潭、关中等地区，城镇密集分布及紧密发展的态势也日益明显，未来有发展为大城市连绵区的潜力，但目前尚缺乏形成大城市连绵区的一些必要条件[②]，总体还处于与大城市连绵区有所不同的、较低一层次的城市集群的空间形态，暂不在本项目研究之列。

---

① 珠三角和长三角地区，人口密度、人均GDP水平和城镇分布的密集程度，明显处于领先地位，从空间上已形成连绵发展的态势；京津唐地区的上述指标，虽与长三角和珠三角存在差距，但明显高于其他三个地区，从空间上看，城镇连绵发展的态势正在加速形成；而辽中南、山东半岛和海峡西岸地区，在上述指标方面与前三者存在明显差距，城镇密集发展的态势尚未形成。例如，长江三角洲的上海和泛珠江三角洲的深圳/香港正成为世界门户港地区。

② 城市群即城镇分布较为密集的地区，它一般具有城镇化水平较高、大中小城镇数量众多、城镇间社会经济联系密切、区域一体化程度较高等基本特征。大城市连绵区是城市群的最高层次。除了具有城市群的一般特征之外，大城市连绵区更是城镇化发展的一种高级形态，具有更高的城镇化水平以及城镇间更为密切的社会经济联系，它往往是某一国家或地区经济最为发达的区域。大城市连绵区通常具有近海的地理区位特征，具有国际性海港和空港等大型区域性基础设施，作为一个国家或地区对内、对外发展的"跳板"和"中枢"，能够同时利用国际国内两个市场，在全球的经济和城镇体系中占据重要的地位。

中国六大大城市连绵区的基本情况一览表（2006 年）　　　表 1-2-1

| 名称 | 地域范围 | 总人口（万人） | 总面积（平方公里） | 人口密度（人/平方公里） | 地区生产总值（亿元） | 人均生产总值（元） |
|---|---|---|---|---|---|---|
| 长三角大城市连绵区（已形成） | 上海市、江苏省中南部 8 市（南京、扬州、泰州、南通、镇江、常州、无锡、苏州）、浙江北部 7 市（杭州、嘉兴、湖州、宁波、绍兴、舟山、台州），共 16 市 | 9540 | 110821 | 784 | 39613 | 41522 |
| 珠三角大城市连绵区（已形成） | 广东省广州、深圳、珠海、佛山、江门、东莞、中山、高要市、四会市、惠州市区、肇庆市区、惠东县、博罗县等 13 市县 | 4403 | 54743 | 830 | 21417 | 48645 |
| 京津唐大城市连绵区（快速形成中） | 北京、天津两个直辖市以及河北省的唐山、保定、廊坊等 3 市 | 4877 | 70729 | 690 | 16513 | 33859 |
| 辽中南大城市连绵区（正在孕育） | 辽宁省的沈阳、大连、营口、鞍山、抚顺、辽阳、本溪、铁岭、盘锦等 9 市 | 2850 | 81673 | 349 | 8767 | 30761 |
| 山东半岛大城市连绵区（正在孕育） | 山东省的济南、青岛、淄博、东营、烟台、潍坊、威海、日照等 8 个设区城市 | 4244 | 73311 | 579 | 14488 | 34138 |
| 海峡西岸大城市连绵区（正在孕育） | 福建省的福州、厦门、莆田、泉州、漳州、宁德等 6 市 | 2731 | 54542 | 501 | 6257 | 20153 |
| 六大大城市连绵区合计 | | 28645 | 445819 | 643 | 107055 | 37373 |

数据来源：根据 2007 年度各省统计年鉴数据自算。

## （二）中国大城市连绵区在国家社会经济发展中发挥着不可替代的重要作用

### 1. 提升我国综合实力，参与全球分工和竞争

改革开放以来，我国国际化程度不断提高，大城市连绵区通过吸引外资、积极参与全球产业分工，经济实力迅速增长，成为提升我国综合国力的增长极和推进器。根据本咨询项目所确定的研究范围，2006 年我国六大大城市连绵区的国内生产总值达到 10.7 万亿元，人均国内生产总值达到 37373 元，突破了 5000 美元，是全国人均国内生产总值的 2.3 倍，整体上已进入了工业化的中高级发展阶段；其中珠江三角洲、长江三角洲人均国内生产总值达到 7000 美元，进入了工业化的高级发展阶段。我国六大大城市连绵区以占全国 4.6% 的国土面积，承载了 21.1% 的全国总人口，吸引了 95% 以上的外商直接投资，实现了全国 90% 以上的进出口总额，创造了 51.1% 的国内生产总值。

近几年，大城市连绵区的制造业已从一般加工业向先进制造业转移，从劳动密集型产业向资本技术知识密集型产业转移，产业重型化的趋势越发明显，产业跨地区的分工与协作特征愈发显现，有效地带动了广大中西部地区的发展，实现了进出口结构

的优化和升级。近年来,随着空客公司总装线、大飞机项目、运载火箭项目等纷纷在大城市连绵区落户,大城市连绵区参与国际分工与竞争、充分体现国家核心利益的态势越发显现。此外,随着北京奥运会、上海世博会以及大批具有国际影响力的会议会展在大城市连绵区的筹备和举办,以文化为载体的国家软实力迅速提升,极大地提升了我国的国际声望和国际影响力,带动了国家竞争力的快速提高。

2. 带动全国的城镇化,形成梯度城镇化格局

改革开放以来,我国人口进一步向大城市连绵区集中,跨省迁入人口规模不断扩大,有力地促进了区域人口的合理流动和转移,带动了全国城镇化水平的提高,形成了梯度的城镇化格局(表1-2-2)。2000年,我国六大大城市连绵区跨省净迁入人口规模为1958万人,到2005年已经上升到4434万人,年均增加483万人,年均增速达到17.4%。2000年六大大城市连绵区跨省净迁入人口占全国跨省迁移人口的比重为57.6%,到2005年已上升到92.8%。显然,六大大城市连绵区已经成为我国跨省迁入人口的集中分布区域。但是,跨省迁入人口在六大大城市连绵区的分布并不平衡。长三角、珠三角分别集中了跨省外来人口总量的39.91%和35.68%,两者合计达到75.59%,其余四个大城市连绵区合计不足四分之一。

**2000年以来中国大城市连绵区人口净迁入状况(万人)** 表1-2-2

| | 京津唐 | 长三角 | 珠三角 | 山东半岛 | 辽中南 | 海峡西岸 |
|---|---|---|---|---|---|---|
| 2000年 | 210.61 | 464.97 | 1164.53 | 2.73 | 39.46 | 75.97 |
| 2005年 | 431 | 1745 | 1560 | 6 | 40.6 | 224 |
| 年均增长率(‰) | 15.40 | 30.28 | 6.02 | 17.06 | 5.07 | 24.14 |

资料来源:2000年第五次人口普查资料;2005年全国及各省1%人口抽样调查数据公报。

大城市连绵区这种在城镇化中的突出作用,为农村和欠发达地区剩余劳动力提供巨大的就业空间;实现了劳动力由农村向城市、由生态脆弱地区向发达地区的空间转移;构建了我国东、中、西部由高到低的、与生态资源承载能力和经济社会发展水平相适应的梯度推进的城镇化格局。但是从长远来看,吸纳大量跨省迁入人口的趋势也是不可能长久持续的。

3. 落实科学发展观,实现可持续发展的先导区

大城市连绵区历来是人类先进科技文明的"孵化器"。如世界上的摩天大楼、电梯、交通红绿灯等新事物,都是在大城市连绵区(尤其是美国东北海岸大城市连绵区)首先出现,然后才逐渐在其他地区应用和普及。我国六大大城市连绵区是我国经济发展水平最高的地区,也是我国教育、人才、科技、创新能力最强的地区,是我国高新技术产业发展的集中区域,这种态势在珠三角、长三角和京津唐三大大城市连绵区尤其明显(表1-2-3)。长三角已形成我国高新技术产业发展最为密集的地区,并在不断地探索我国高新技术产业协调发展模式;珠三角集中了6个国家级高新技术产业开发区,12个国家"863"成果转化基地,是全球最大的信息产品制造业基地之一;京津唐集中

了全国最具优势的科技教育资源，以中关村为代表的高科技产业区具有很强的竞争力。因此，六大大城市连绵区是我国目前最有实力、最有条件、最有可能探索和实践可持续发展道路的"试验"区域，正确引导它们的科学发展，实现以创新带动，而不是能源资源高度依赖型的发展方式，不仅具备扎实的基础和条件，更有利于"以点带面"，引领和促进全国实现经济增长和城乡建设发展模式的根本性转变。

中国各大区域科技指标比较                                       表 1-2-3

| | 科技资源指数 | 科技产出指数 | 科技贡献指数 | 科技能力指数 |
|---|---|---|---|---|
| 全国平均 | 35.6 | 23.32 | 43.39 | 34.10 |
| 东部地区 | 46.37 | 36.01 | 53.47 | 45.28 |
| 中部地区 | 27.88 | 18.24 | 41.43 | 29.18 |
| 西部地区 | 28.34 | 13.19 | 36.02 | 25.88 |
| 环渤海连绵区 | 52.07 | 42.66 | 55.07 | 49.93 |
| 长三角连绵区 | 47.87 | 40.09 | 56.61 | 48.18 |
| 珠三角连绵区 | 46.68 | 46.52 | 50.99 | 48.06 |

注：此处中部地区包括湖北、河南、湖南、安徽、江西五省（不含山西）。环渤海连绵区指北京、天津、河北、辽宁、山东等5省市。
资料来源：中国科学院可持续发展战略研究组编著. 2002年中国可持续战略发展报告 [R]. 北京：科学出版社，2002.

近年来，我国大城市连绵区在经济实力不断增强的同时，对统筹城乡和区域发展、构建和谐社会也十分重视，在改善人居环境、提高公共服务水平、保障外来务工人员合法权益、完善外来人口管理制度、解决外来人口子女教育问题等方面，摸索出了许多成功的经验和做法。从苏南开始并逐渐推广至整个长三角的"新市民运动"，为外来务工人员提供了较强的归属感，有力地促进了和谐社会的建设。同时，通过深化城乡体制改革、加强农村公共设施投入、建立城乡统一的劳动力市场、完善农村养老和医疗等社会保障制度、建设农村社区等措施，缩小了城乡生活质量差距，为经济与社会统筹、城乡统筹奠定了良好基础。

### （三）中国大城市连绵区的发展是多种因素综合作用的结果

我国大城市连绵区发展的动力机制，呈现出比国外大城市连绵区更为复杂的特征。自改革开放以来，我国经济发展空前提速，农业的现代化、工业化、城镇化、信息化等西方长达百年、交替演化的过程在我国呈现出相互交织、同时演化、时空范围大大压缩的特点，再加上体制创新所释放出的制度活力，使我国大城市连绵区各相关要素间碰撞、融合、矛盾、竞争相当激烈，在加速我国大城市连绵区快速形成的同时，也使得西方国家在不同发展时期、不同发展阶段交替出现的问题和矛盾在我国大城市连绵区中呈现出同时涌现的现象，动力机制也呈现出更为复杂的特征。

改革开放后，我国大城市连绵区快速发展的动因主要是：

1. 先天优越的自然地理禀赋是大城市连绵区形成和发展的基础条件

"平原"（盆地）、"沿海"等自然地理环境是大城市连绵区孕育的先决条件；悠久的历史文化、传统的农业基础、发达的商贸和密集的城镇体系等对大城市连绵区的形成与发展具有重要影响。例如长三角开发历史悠久，长期以来一直是我国经济社会的重要核心区，是历史上的吴越文化和近代的民族工商业以及乡镇企业的发源地。上海以及周边地区（长三角）自上世纪起已在全国占有重要地位。特别是改革开放以后，发展优势日益明显，一直是我国经济重心地区之一。又如珠三角地区冲积平原面积达1.5万平方公里，温热多雨，农业发达，早在西汉时期广州就已是海上"丝绸之路"的起点，唐代时就已是全国最大的港口。16世纪时，珠三角在对外交往中已经成为我国近代资本主义的经济萌芽地区之一。20世纪以来，珠三角在海外华侨资本的大量投资下，兴办起了现代化工厂，开启了落后旧中国工业化的先河。改革开放后，特别由于毗邻港澳的优势，使珠三角得到前所未有的发展。

京津唐地区大体是历史上的京畿地区。北京和天津两大城市历史上关系就比较密切，明初设立的天津卫是护卫京畿的海上门户。漕运和盐运带动了天津商业和手工业的发展；1860年第二次鸦片战争后，天津被辟为北方的对外通商口岸，随着京沈、京包、京汉和津浦铁路的陆续兴建，天津港腹地不断扩大，成为华北、西北最为重要的集散中心。新中国成立后，北京作为首都的地位，集中政治、经济、文化、教育、科技的优势，促进了地区的进一步发展。近年来，北京的产业转型和结构优化明显提速，服务业增加值占GDP比重在全国率先超过70%；天津也随着滨海新区的开发和开放，进入了新的发展时期。

2. 改革开放和经济全球化是连绵区经济快速发展的主要动力

对外开放以来，我国放弃了优先发展重工业的赶超型战略，从根本上动摇了经济发展中存在的市场扭曲、资源误配和效率低下等问题，为发挥我国劳动力资源丰富廉价的比较优势提供了可能。20世纪80年代，国际上工业技术的成熟和自由贸易体系的形成带来了经济全球化和信息化的潮流，是我国大城市连绵区能在充分利用国际资本和市场的有利条件下迅速发展，能在新兴工业化的较高层次上展开的有利机遇。

珠三角大城市连绵区的形成和海峡西岸大城市连绵区的孕育与我国始于广东、福建的对外开放政策直接相关。珠三角与港澳历史上就有着传统的紧密联系，两地交通往来便利，居民生活习俗相似、语言相通，这些都是该地区获得外来资本、技术和信息的基础，也是发展经济得天独厚的优势。20世纪80年代，以深圳、珠海设立经济特区为契机，港澳大量中小企业转移到珠三角，从"前店后厂"模式到"你中有我，我中有你"的紧密合作，从初期的"引进来"到20世纪90年代中后期的"走出去"，珠三角以港澳作为连接世界经济的桥梁，外向型经济得到迅猛的发展。外资分布的空间差异在很大程度上引导了珠江三角洲大城市连绵区空间的演化方向，呈现出明显的"香港"指向型。随着CEPA的实施，香港作为经济中心，将对珠三角地区具有更强大的辐射和扩散功能，也必将引导珠三角地区更深地融入全球经济一体化之中（表1-2-4）。

珠三角地区主要经济指标占广东及全国的比重　　　　表 1—2—4

| 年份 | 珠三角占广东省比重（%） | | | 珠三角占全国比重（%） | | |
|---|---|---|---|---|---|---|
| | GDP | 出口 | 利用外资 | GDP | 出口 | 利用外资 |
| 1985 | 47.7 | 28.4 | 47.2 | 2.6 | 3.4 | 3.3 |
| 1990 | 52.6 | 55.2 | 70.4 | 3.4 | 6.0 | 16.5 |
| 1995 | 55.9 | 76.7 | 76.0 | 4.7 | 13.0 | 14.9 |
| 2000 | 68.0 | 81.5 | 70.9 | 6.7 | 31.0 | 17.8 |
| 2001 | 76.4 | 92.2 | 86 | 8.2 | 34.0 | 21.1 |
| 2002 | 78.6 | 95.2 | 90.1 | 8.7 | 34.1 | 28.6 |
| 2003 | 80.0 | 95.1 | 90.5 | 9.0 | 34.6 | 27.5 |
| 2006 | 82.5 | 95.6 | 89.9 | 10.2 | 29.8 | 18.8 |

资料来源：恩莱特、张家敏等著．香港与珠三角：经济互动 [M]．香港：三联书店（香港）有限公司，2005．
2006 年数据来自《2007 长江和珠江三角洲及港澳特别行政区统计年鉴》。

1990 年上海浦东的开发开放，带动了长三角的巨大的经济变革。浦东开发战略的实施，促进了城市空间结构调整，进而带动了经济结构的调整；长三角的其他城市充分利用浦东开发的机遇和毗邻上海的区位优势，通过设立国家、省、市等各级开发区，以优惠政策和新成长空间吸引外资进入，苏州工业园区、昆山经济开发区等成为集聚外资的典型。长三角也因此成功实现了乡镇企业与外资的嫁接，推动了计划经济向市场经济的转型，促进了所有制结构的多样化。长三角还将引进外资和技术与产业结构调整相结合，实现了经济结构优化：以电子工业为主体的高新技术产业规模不断扩大，电力、冶金、石化、机械等传统产业技术进步明显。

辽中南大城市连绵区是在新中国成立初期东北重工业基地 5—6 个密集型工业港口城市的基础上发展起来的。改革开放和国家"振兴东北"战略的实施，为辽中南带来巨大的动力。1988 年国务院批准辽东半岛对外开放，继大连以后，沈阳也获得了对外开放城市的管理权限，从此，辽中南地区逐步形成了以沈阳为核心，大连为龙头，南北呼应，整个东北（包括内蒙古东四盟在内）为腹地的对外开放格局。2006 年，辽中南大城市连绵区实际吸引外资直接投资 57.2 亿美元，占东北地区的 59.3%；对外贸易实现 443.1 亿美元，占东北地区的 64.1%。

3. 体制改革形成大城市连绵区发展的巨大活力

一是乡镇企业的发展有力地推动了城乡经济一体化。乡镇企业快速发展，使工业化的主力由城市工业转变为城市工业与乡村工业并重，标志着区域劳动空间分工进入新的发展阶段。在长三角，自 20 世纪 80 年代起，上海大量的技术人员以"星期日工程师"的形式涌入到江浙的中小城镇和乡村，为乡镇企业提供技术和管理方面的支撑，这种"横向联合"为苏南和浙北、浙东北地区的乡镇企业利用核心城市的人才技术资源提供了便利。乡镇企业对推动小城镇发展、增强区域内部的垂直分工和水平分工、形成大城市连绵区的地域结构发挥了积极作用。

二是以市场为特征的改革，激发了城市发展的活力，核心大城市在改革中不断受益，其经济影响范围不断超越其行政管辖范围，产业结构不断升级，空间用地结构也不断得到优化。大城市制造业的不断向外疏解带动了外围城镇的经济活力，第三产业的聚心强化不断扩大其对外围城镇的服务和辐射功能。另外，核心城市还以"农家乐"、短途游等多种方式带动周边风貌、特色、资源鲜明的村镇和小城市快速发展，并融入到整个区域的发展之中；都市型、观光型等多种农业发展模式，在服务核心城市、自身获得发展的同时，也为大城市连绵区提供了半自然生态景观，保持了地域风貌的完整和多样。

三是农村体制改革的不断深入推动了农村剩余劳动力的流动。农村经济体制改革的不断深入，农村土地流转制度的不断探索，农村社会结构的深刻变革，农村劳动力职业教育和培训体系的不断强化，城乡统一的劳动力市场的不断推进，将广大农民从土地的束缚中解放出来，农民大规模、大空间的流动，带动了大城市连绵区的快速发展。当然，由于城乡统筹发展还面临着众多制度的约束，农民的市民化在短期内还难以得到合理的解决，大规模的人口空间流动，给城乡基础设施、社会公共服务、管理体制衔接等，都带来很多困难。

四是投融资体制的改革带动了基础设施的大发展。以 BOT 模式推动的交通基础设施，密切了大城市连绵区城际间的交通联系，大量综合性交通枢纽的开发，为城镇功能区域化，区域功能城镇化提供了强有力的依托网络，同时也为提高大城市连绵区的承载功能、整合大城市连绵区城镇功能提供了可能。投融资体制改革还推动了大规模的开发区建设及其功能设施的不断完善。开发区的建设推动了经济要素的重组和土地利用的变化，对所在区域的经济、社会、实体空间的演化具有很强的催化和带动效应，成为改变大城市连绵区城镇职能结构的重要载体。

4. 综合交通运输网络对大城市连绵区的发展有重要的促进作用

大城市连绵区交通运输网络向高速化方向发展，大大缩短了区域城镇间的时空距离，推动大城市连绵区内各城市的功能整合。一方面，高速化的交通运输网络使大城市的极化作用进一步增强，区域服务职能加速向中心城市集中；另一方面，快速化的城市交通扩大了中心城市服务职能的扩散范围，促进了区域城市职能的整合，使得经济活动可以在更大范围内进行组织，增强各类服务、居住和就业功能选址的灵活性，引导城镇空间实现更合理的布局。未来，随着我国长三角、珠三角和京津唐三大城市连绵区城际轨道交通网规划的实施，各连绵区内的主要城市都被纳入两小时交通圈内，上海 - 南京 - 杭州、北京 - 天津、广州 - 深圳的核心地位会更加突出，经济活动组织的范围将扩大到整个连绵区范围，带动整个区域功能布局的优化。

交通运输网络结构和布局的变化，会直接引起区域城镇关系布局发生重大变化，改变大城市连绵区区域城镇的空间结构。以长三角为例，随着交通网络的发展，新的运输通道改变了原来交通走廊布局，区域交通格局的变化导致城镇空间格局发生质的变化。如长三角大城市连绵区内跨杭州湾通道、长江口跨江通道等的建设，彻底打破了长三角传统的"之"字形的交通走廊布局（图 1-2-2）。

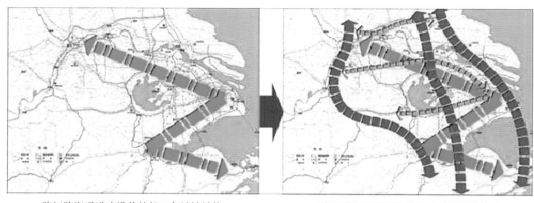

**图1-2-2 长三角交通走廊与城镇关系**
资料来源：中国城市规划设计研究院绘制。

跨江跨海通道建设前的长三角城镇结构　　　　　　跨江跨海通道建设后的长三角城镇结构

5. 政府通过规划不断地推动大城市连绵区的发展

规划作为重要公共政策的认知已经得到越来越多的认同。在《全国城镇体系规划（2006—2020）》指导下，中央政府联合地方政府共同编制了许多跨省区市的城镇群规划；省级政府联合地方政府编制了省内城镇群规划或都市圈规划。东部地区的城镇群规划更多体现率先发展和转型发展的要求，更加注重功能整合、对外关系和对内协调。在推动规划实施方面，不同层级政府之间的协商、协调机制已经提上日程，并取得了一定的成果，如长三角通过设立三个层面的常设机构来促进交流与合作，而珠三角通过立法层面的推动则更具典型意义。

改革开放以来，随着珠江三角洲地区经济的快速增长与城市化进程的加速演绎，区域与区域之间、区域与城市之间、城市与城市之间的矛盾日益加剧，增长模式与资源环境之间、产业结构层次与区域竞争力提升之间、行政分割与协调发展之间的冲突与摩擦也不断升级。为此，广东省建委于1995年组织编制了珠江三角洲城市群地区的第一版规划，即《珠江三角洲经济区城市群规划——协调与可持续发展（1995—2010）》。该规划将珠江三角洲经济区作为一个地域整体，对各项要素的布局进行了整合与协调；同时，为防止城镇空间无序蔓延，创新性地提出了都会区、市镇密集区、开敞区、生态敏感区四种不同功能用地的模式，以及分区开发的若干策略，在一定程度上优化了区域空间结构，缓和了区域矛盾。2003年广东省再次组织编制《珠江三角洲城镇群协调发展规划（2004—2020）》，该规划提出了"强化中心，打造脊梁；提升西部，优化东部；拓展内陆，培育滨海；扶持外圈，整合内圈，保育生态，改善环境"的空间发展总体战略。在这一战略的指导下，对珠三角大城市连绵区的区域空间结构、产业空间结构以及生态环境体系，交通运输体系进行了总体布局，同时还提出了相应的空间管治措施。

## （四）中国大城市连绵区的发展趋势

1. 在世界城镇体系中的地位将不断加强

我国是一个幅员广阔、地域特色明显的人口大国，也是政治大国、文化大国和经济实力急剧崛起的最大的发展中国家，有必要也有条件从全球政治、经济、文化联系的高度，参与国际事务和社会分工，逐步获取应有的发展空间。改革开放30年，我国的综合国力得到了极大的提高，对世界政治和经济影响力持续增强。

伴随着中国的崛起，我国沿海大城市连绵区中必将会有更多的城市迈入全球城市和区域性国际城市的体系中，北京、上海、天津、杭州、南京、广州、深圳、沈阳、大连、青岛、福州、厦门等核心城市的国际影响力不断增强，在国际政治、经济、文化等交往节点功能日益加强。随着核心城市的国际化程度日益提高，其对区域经济、城镇和空间的组织和整合能力将更为突出，引导大城市连绵区在国际中发挥更为重要的作用。香港和澳门特区，长期以来就是引领珠三角对外开放的引擎。随着珠三角大城市连绵区区域整体实力的增强和核心城市对外节点功能的不断强化，粤港澳在新的历史时期形成的更高层次的战略合作，将会推动其在世界城镇体系中获得更加有利的竞争地位。福建海峡西岸大城市连绵区整体实力的增强和对外交往的日益活跃，使其与海峡对岸的台北、台中和高雄等滨海城市经贸和人员往来更加密切，未来极有可能形成涵盖海峡两岸主要城市在内的更大范围的大城市连绵区，通过发挥两岸区域的整体合力，在全球经济体系中获取更加有利的发展空间。

同时也应看到，伴随中国这样一个具有世界影响力的大国的崛起，其对既有的国际政治和经济格局带来极大的冲击，遏制与竞争将会始终伴随着中国的发展进程。大城市连绵区作为国家核心利益的典型代表，是国际竞争的最前沿，未来的发展将面临极大的挑战。

2. 在国家城镇化战略中继续发挥核心作用

2007年，我国城镇化率达到44.9%，在今后相当长的一段时期内，我国城镇化率仍将年均增长0.8—1个百分点，城镇建设用地还将会保持适度的增长。根据建设部《全国城镇体系规划（2005—2020）》的研究，我国未来城镇发展布局的地区主要分布在东部沿海经济发达地区，尤其在6大城市连绵区内。这些地区工农业发达，交通等基础设施好，人口密集，劳动力丰富，知识、科技密集，教育发达，文化积淀深厚，城市发展的相对成本较低，同原有城镇经济紧密相连，仍然会是中国未来城镇发展最优先选择的区域。因此，随着我国城镇化的持续推进，人口和产业将进一步集聚和扩散，大城市连绵区的进一步发展是不可避免的。

3. 制度创新将给区域带来持续的发展活力

区域统筹协调发展的制度创新和综合试验将会为大城市连绵区发展带来新的活力。目前，在大城市连绵区内开展的天津滨海新区、上海浦东新区和深圳特区的综合配套改革试验等将会给区域的发展带来新的活力；香港、澳门与祖国内地CEPA的实施、农村金融服务的创新、农村土地改革的试验、城乡统筹发展的进一步推动等，都将为大城市连绵区的城乡关系、城镇关系、布局优化、功能整合等带来更多的期望。另外，经济长期快速发展所带来的利益主体多元化，自下而上的"话语权"的加重，又不断地推动着大城市连绵区管治模式的创新。

总之，我国要实现大国的崛起和振兴，就必须参与经济全球化带来的对战略性资源的竞争，就必须不断提高在国际分工中的地位，就必须以国家软实力的展示和输出来维护国家核心利益。大城市连绵区作为我国发展最核心的战略性区域，在国家参与全球竞争和实现和平崛起的进程中负有不可替代的重要职责。

# 三、当前中国大城市连绵区发展中的主要问题

## （一）经济发展高度依赖资源投入，创新能力不足，缺乏全球竞争力

1. 经济发展高度依赖能源资源和廉价劳动力投入，难以长期持续发展

我国大城市连绵区的快速发展，在很大程度上是建立在廉价的土地、能源、劳动力和低环保要求基础上的。珠江三角洲 GDP 每增加一个百分点要消耗耕地 5.08 万亩。1990 年珠三角的耕地面积为 15388.7 平方公里，1995 年减少为 11436.1 平方公里，到 2002 年仅剩 9864.1 平方公里。目前，珠三角已经陷入用地紧张、环境容量趋于饱和的境地，区域可建设用地潜力仅占全部可建设用地的 40%，东莞、珠海和中山不到 25%。照此趋势，到 2020 年深圳、东莞、中山等城市将无地可用（图 1-3-1）。

从建设用地利用效率来看，我国也明显低于发达国家和地区。以 2002 年数据为例，日本东京工业区的地均产出为 50 亿元 / 平方公里，长三角大城市连绵区内土地利用效率最高的上海浦东"一江三桥"开发区地均产出也只有 34 亿元 / 平方公里，江苏沿江地区的开发区只有 3.21 亿元 / 平方公里左右，而杭州市区的开发区只有 2.73 亿元 /

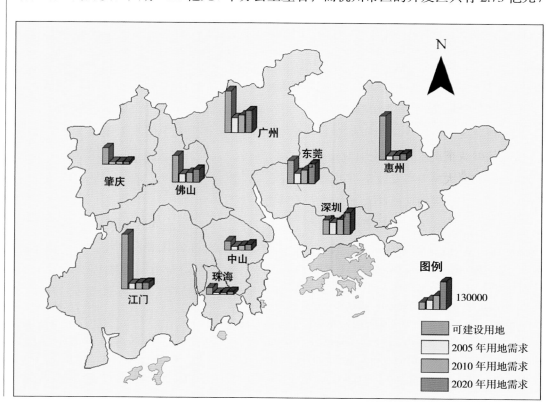

**图 1-3-1 珠三角城镇建设用地供需比较**
资料来源：珠江三角洲城镇群协调发展规划（2004—2020）。

平方公里。近几年,随着国家土地政策的收紧,大城市连绵区地均产出已有较大增长,但与发达国家相比仍有较大差距。但由于前些年经济增长方式粗放所带来的土地资源过快消耗,大城市连绵区普遍存在着产业后备用地不足、众多国家鼓励的新型制造企业无法落地的窘境。

2. 自主创新能力不足,在国际产业链分工中地位不高

在全球产业分工体系中,我国大城市连绵区已经成为名副其实的"世界工厂",电子计算机、电子元器件、纺织品、服装、家具、玩具、五金机械等众多产品产量已经位居全球第一,附加值较高的机电产品已经取代劳动密集型产品,成为珠三角、长三角、京津唐大城市连绵区最主要的出口产品。如2007年,长三角机电出口总额达到了2957亿美元,占全部出口总额的49.1%,珠三角机电出口总额达到了2532亿美元,占全部出口总额的68.6%。但是,外资企业,尤其是跨国公司是机电出口的主导力量,几乎占据大城市连绵区机电出口的半壁江山。在合资企业中,CPU、集成电路、通用软件等核心技术往往由外方母公司掌握,因此大部分的技术利润由外商拥有,当地只能以各种租金、国家规定各种税费和劳务人员的工资为主要收入,与所付出的资源与环境代价极不相称。

我国大城市连绵区企业技术创新能力的普遍不足,难以在出口总量的扩张中获得技术溢价。珠三角的企业技术水平达到国际先进水平的只占24.7%,达到国际领先水平的只占5.7%,有77.3%的出口额是由来源于国外或港澳台地区的技术创造的。深圳市作为珠三角高新技术产业最发达的城市,真正掌握核心技术的产品产值不足10%,加工装配形成的产值比重超过70%。美国从IT产业的研发、设计、技术标准和销售中得到的利润达60%,日、韩、泰等国家可得到30%的利润,中国在加工装配中得到的利润仅为10%。因此,从国际产业链来看,我国大城市连绵区的制造业只处于中低端环节,产品的研发、设计和市场营销网络由国际跨国集团所控制,产品生产过程中的关键材料、关键零部件大量由国际采购,先进生产装备的70%从国外进口,国家从大城市连绵区参与全球经济一体化分工中获利不多。

3. 核心城市国际商务服务功能弱,聚集全球战略性资源能力不强

世界主要大城市连绵区的核心城市都是世界城市,如纽约、伦敦、东京、巴黎等,居于世界城市体系的最高层次。世界城市是人流、资金流、物质流、信息流等多种流汇集的主要节点,不但是世界金融保险商务活动的中心,而且还引领文化创意产业的发展潮流。如果以国家首位城市来比较,美国纽约的GDP相当于上海的40倍,北京的75倍,广州的87倍。日本东京的GDP,占整个日本GDP总量的26%,相当于上海的20倍,北京的30倍,广州的37倍。英国伦敦的GDP占整个英国GDP总量的22%,相当于上海的5.5倍,北京的9.5倍,广州的10.5倍。法国巴黎的GDP,占整个法国GDP总量的18%,相当于上海的4.0倍,北京的7.2倍,广州的7.9倍。如以人均GDP来计算,则差距更大。

上海虽以打造"四大中心"为目标,但其国际性功能并不强。从产业结构来看,

上海第三产业比重还不到 50%，而纽约、伦敦和东京等城市中，仅金融、文化传媒和医疗服务三大高端服务业占城市经济总量的比重就超过 50%。在外资银行数、证券年交易额、外汇日交易额等反映金融国际交融程度的指标方面，上海比纽约、伦敦、东京等世界闻名的国际性大城市低很多（表 1-3-1）。

上海与世界城市部分经济指标比较　　　表 1-3-1

| 指标 | 纽约 | 伦敦 | 东京 | 香港 | 新加坡 | 上海 |
|---|---|---|---|---|---|---|
| GDP（亿美元） | 26000/2001 | 3131/2001 | 11000/2001 | 1121/1993 | 553/1993 | 909/2004 |
| 人均 GDP（美元） | 22041/1988 | 27500/1992 | 47177/1990 | 18683/1993 | 19750/1993 | 6745/2004 |
| 服务业占 GDP 比重 % | 86.8/1989 | 86.5/1987 | 80.7/1990 | 78.8/1992 | 72.3/1990 | 47.9/2004 |
| 服务业从业人员比重 % | 88.7/1993 | 86.2/1995 | 76.2/1991 | 78.5/1994 | 65.8/1993 | 54.2/2004 |
| 外汇日交易额(亿美元) | 2440/1994 | 4640/1994 | 1610/1995 | 910/1994 | 1050/1995 | 2.46/1999 |
| 证券年交易额(亿美元) | 89452/1999 | 33993/1999 | 16756/1999 | 2300/1999 | 1074/1999 | 76717/2004 |
| 离岸金融月交易额（亿美元） | 4690/1986 | 11569/1994 | 7262/1994 | 7061/1994 | — | 0 |
| 外国银行数（家） | 374/1994 | 429/1994 | 90/1993 | 303/1994 | 169/1994 | 75/2004 |
| 世界 500 强总部（家） | 38/1996 | 27/1996 | 92/1996 | — | — | 0 |
| 进出口总额（亿美元） | 1000/1986 | — | — | 2716/1993 | 1590/1993 | 1600/2004 |
| 港口年吞吐量(万标箱) | 213/1992 | — | 335/1992 | 797/1992 | 1590/1993 | 1455/2004 |
| 空港年人流量（万人次） | 7479/1990 | 6423/1990 | 6185/1990 | 1868/1990 | 1440/1990 | 3596/2004 |
| 政务电子化程度 | 50%/2000 | 40%/2001 | 2003 年 3000 多项网上政府业务 | — | 130 多项网上公共服务 | 10%（估计数） |
| 家庭上网率 % | 70/2000 | 30/2000 | 25/2000 | — | 42/1999 | 19/2000 |

资料来源：景体华主编. 2004—2005 年中国区域经济发展报告 [R]. 北京：社会科学文献出版社，2005.

## （二）城市间缺乏协调，城乡空间拓展盲目无序

在大城市连绵区，由于政府间缺乏必要的协调，导致产业结构雷同和城镇用地蔓延，拓展无序，空间开发秩序紊乱，城乡关系紧张。由于许多城市社会服务与基础设施的规划布局中比较普遍地存在着各自为政、恶性竞争，如苏南地区，纺织、化工等是许多城镇的主导产业，造成了资源的极大浪费，降低了区域整体竞争力。还有如珠三角，该地区城镇建设用地面积 1990 年时为 1066.9 平方公里，1995 年增加至 2673.7 平方公里，2002 年已达 3862.7 平方公里，短短 12 年间扩张超过了 3 倍（图 1-3-2）。沿海部分城市为弥补建设用地的缺口，大力围涂造地，这样虽然在一定程度上缓解了土地不足的矛盾，但是却带来海洋生物多样性受损，局部近岸海域环境恶化等现象，同时海涂的过度围垦也加剧了台风、飓风和海啸等自然灾害的风险。

长三角大城市连绵区在空间扩展过程中，由于缺乏区域性的空间调控手段和机制，导致一些具有重要区域生态环境意义的地区面临巨大压力。如在太湖、长江、杭州湾

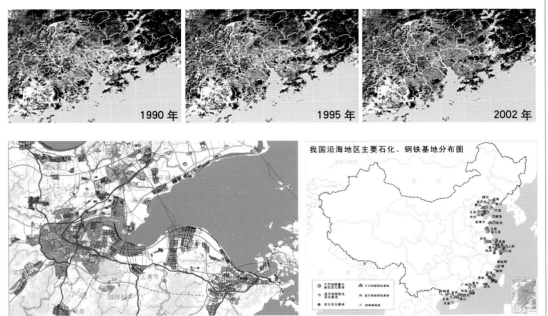

图 1-3-2 1990 年、1995 年和 2002 年珠三角的建设用地扩张态势
资料来源：中国城市规划设计研究院绘制。

图 1-3-3 沿杭州湾开发情况（左）
资料来源：中国城市规划设计研究院绘制。

图 1-3-4 沿海钢铁和石化项目建设情况（右）
资料来源：中国城市规划设计研究院绘制。

沿岸等地区，周边城市为达到自身利益的最大化，几乎都以蚕食岸线资源实现城市扩张。环太湖各市（包括产业）的空间布局，都尽可能地向太湖伸展，对太湖造成很大的压力。太湖久治无功，已经严重威胁到沿湖城市的饮用水安全。杭州湾沿湾各市也同样对沿湾的岸线资源加大了开发的力度，各市提出的新规划产业区范围达 3750 平方公里，超过了环杭州湾地区县城以上中心城市新一轮城市总体规划用地规模（约 2000 平方公里），直接对杭州湾的水环境、滩涂资源保护造成很大的压力（图 1-3-3）。

沿海 6 个大城市连绵区还将工业结构重型化作为产业结构调整的方向，把钢铁、石化这类资源依赖性强和高耗水特征的产业作为其重点发展的领域，并在沿海、沿江地区广为布局，使得沿海滩涂的资源开发极为无序。据不完全统计，6 个大城市连绵区在沿海共规划钢铁类项目 26 项，钢铁总产量在 1 亿吨以上；规划石化类（包含炼油、精细化工、LNG 等项目在内）项目 63 项，其中百万吨乙烯项目有 12 个，不含乙烯的大型炼化一体化项目有 4 个（截至 2006 年年底，见图 1-3-4）。重化工业在沿海岸线的过度开发，既影响宝贵的岸线资源在生产、生活和休闲方面进行合理的配置，也加大了近海海域的环保和安全压力。

## （三）环境保护不力，可持续发展能力受到严重削弱

### 1. 水资源保护与利用不力，跨区域的水污染非常严重

我国人均水资源量只有世界人均水平的 1/4，加之水资源时空分布不均衡，大城市连绵区的水资源问题非常突出，其核心城市均属缺水严重地区。如京津唐大城市连绵区，1997-2004 年连续经历了 8 个枯水年[1]，目前的人均水资源占有量只有 317 立方米，相当

---

[1] 其中 1997 年、1999 年、2001 年、2002 年均为特枯水年。

于全国平均水平的 1/7，其中北京、天津的人均水资源占有量只有 200 立方米和 160 立方米，不足世界人均水平的 1/50。长三角大城市连绵区的上海，被联合国列为全球未来六大缺水城市之一。辽中南大城市连绵区的大连市，山东半岛大城市连绵区的青岛市和烟台市，均属严重缺水城市。必须强调的是，目前我国各大城市连绵区虽然均面临极端严重的缺水局面，但并未出现断水危机，这主要得益于外地常年为各个城市提供的大量"隐形水"[①]，这些"隐形水"固定在粮食、食品、蔬菜、衣物等商品之中。如这些供给一旦出现波动，大城市连绵区必然会引发严重的生存危机。

大城市连绵区地下水超量开采造成区域性的地下水位下降，引发大面积"漏斗区"，导致了地面沉降、房屋断裂等灾害的发生。长三角地区地下水超量开采造成的地面沉降面积达 8000 平方公里，形成了上海市区、苏锡常和杭嘉湖等 3 个区域性沉降中心，最严重的漏斗中心（无锡洛社）地下水已降至 -84 米。京津唐大城市连绵区 2004 年地下水超采量已达 41.55 亿立方米，形成了面积达 7500 平方公里，包括北京、天津、唐山、保定、廊坊在内的深水地下漏斗。这些地区过量开采地下水，不完全是因为水源性缺水导致的，更多的是因为水质性缺水导致城市没有合格的地表水源，不得不过量开采地下水。

我国的大城市连绵区基本依附于长江、珠江、海河、淮河等几大水系分布，连绵区范围内河流水系的污染比较严重。以 2005 年数据为例，辽河约 70% 以上断面为 IV 类以上水质，其中 40% 的断面为劣 V 类水质。海河水系劣 V 类水体占 54% 左右，淮河、辽河水系的劣 V 类水体分别为 32% 和 40%。目前只有珠江水系的广东段和长江水系的上海段污染稍轻。由于污染的跨区域性质，大城市连绵区治理水体污染困难很大，严重地威胁着中下游地区的供水安全。太湖蓝藻的集中暴发，严重影响了环太湖城市正常的生产和生活秩序。辽河在流经人口密集的城市连绵区后，污染物含量迅速提高（图 1-3-5）。这种情况在我国各个大城市连绵区普遍存在。

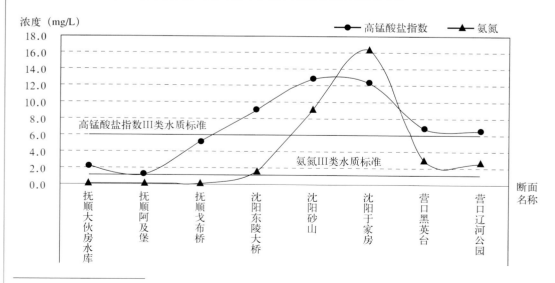

**图 1-3-5 2006 年辽河高锰酸盐指数、氨氮浓度沿程变化**

① 某区域因输入耗水型产品，可使本地的用水需求显著减少。

**2. 近海水域污染严重，有些地方已呈"海洋荒漠化"特征**

大城市连绵区的近海水域污染也非常严重。全国近岸海域严重污染海域主要分布在辽东湾、渤海湾、长江口、杭州湾、江苏近岸、珠江口和部分大中城市近岸局部水域，与六大城市连绵区关系密切。排放入海的主要污染物包括石油烃、重金属污染物及有机物污染物等。这些不易分解的有毒物质进入海洋后，极容易引起大面积海域严重缺氧，从而造成海鸟与海洋生物大量死亡。长三角大城市连绵区近海水域还普遍受到无机氮和活性磷酸盐的影响，2005年最大超标倍数分别为11.1倍和3.1倍。珠三角大城市连绵区2006年污水入海总量达82.98亿吨，而在5年前，这个数字只有50亿吨左右。中国约53%的排污口邻近海域生态环境质量处于差和极差状态，海域生物质量低劣，底栖经济贝类几近绝迹。渤海湾由于是半封闭的内海，水体交换能力差，完成一次水体交换需要30年以上的时间，更加剧了污染的治理难度。

尤为严重的是，由于污染的不断加重，有些大城市连绵区近海海域已经呈现出"海洋荒漠区"的特征。"海洋荒漠区"特指海洋因受污染而形成的低氧、缺氧区域。由于缺乏必要的氧气，水生生物往往无法生存，所以也被称为"死海区"。2006年10月，联合国环境规划署发布的报告中，将长江口和珠江口明确列入了新增加的"海洋荒漠区"名单中。2005年，国家环境保护总局对长三角附近海域采样表明，在3.8万平方公里海域范围内，有三分之一的面积没有任何底栖生物，"海洋荒漠化"现象已十分严重（图1-3-6）。

**3. 气温升高以及大气污染呈现区域化和复合化的特征**

我国大城市连绵区许多城市的夏季伏天日气温在35℃以上的天数逐渐增多，很多城市的日气温频频刷新当地的气象记录，夏季高温已经成为北京、上海、广州等的灾害性天气特征之一。这种现象的出现，很大程度上因为大城市连绵区热岛效应的日益肆虐。由于人口、建筑和城镇的密集分布及机动车的大量使用，工厂生产、交通运输和居民生活产生出大量的热能以及氮氧化物、二氧化碳和粉尘等排放物，加之大面积的混凝土、柏油路面、各种建筑墙面等不透水地表的存在，绿地、林木和水体的减少，从而导致了气温的不断上升。

复合型大气污染是目前我国大城市连绵区大气污染的共同特征，尤以长三角、京津唐和珠三角三大城市连绵区最为典型。它是在我国尚未解决燃煤造成的二氧化硫和可吸入颗粒物污染的前提下，随着机动车保有量快速增长，光化学污染日趋严重的形势

**图1-3-6　中国近海海域环境质量图**

资料来源：国家海洋局．2005年中国海洋环境质量公报。

下产生的新型大气污染。我国大城市连绵区大规模、复合型大气污染属全球罕见，已成为制约可持续发展的重要因素。

"大气灰霾"现象在大城市连绵区也愈演愈烈。近年来我国京津唐、珠三角、长三角等地区的大气灰霾现象日益严重。据北京市近十年来的观测，北京市灰霾日的总天数每年均在 120 天左右，在市区有时甚至出现能见度低于 2000 米的情况。广州市 2002 年的灰霾天气为 85 天，2003 年增加到 98 天，2007 年达到 131 天。深圳市更为严重，2004 年的有霾天数共 187 天，创下 50 年以来的最高纪录。灰霾天气的频繁出现，主要是由于气象条件及日益增高细粒子浓度所诱导的，如人类活动排放的化石燃料细粒子、机动车尾气细颗粒、公路交通扬尘、建筑施工粉尘以及城市与区域排放的大量气态污染物经化学反应转化为二次细粒子。灰霾天气严重影响交通安全，并容易引起呼吸道疾病，甚至影响区域气候乃至极端气候条件发生。此外，长三角、珠三角、海峡西岸大城市连绵区等地还存在着严重的酸雨污染问题。

### （四）基础设施系统性不强，综合交通运输网络体系尚未完全建立

1. 属地化管理导致交通设施共享性差，区域协调难度加大

大城市连绵区的大型交通基础设施管理上虽然隶属于所在城市，但其服务范围却是整个区域，是区域所有城市对外交通系统的重要组成部分。因此，这些设施应按服务区域的原则来组织交通网络，但目前的属地化管理使设施以所在城市为主构建其交通组织系统，无法按照设施的服务范围进行规划和组织。结果，由于不拥有区域大型对外交通设施的城市无法获得服务上的保障，纷纷考虑建设自己的机场、港口等设施，造成设施越多，各自的运量越少，服务水平越低，导致设施服务的恶性竞争和低水平重复建设。以港口为例，长期以来各地区对港口的竞相建设极大地影响了港口整体作用的发挥，造成航运中心和深水大港脱节、港口岸线利用疏密失衡、江海联运低效运行。如上海虽要打造国际航运中心，但其行政区内并没有建设全球综合性枢纽港，尤其是缺失大型集装箱枢纽港的条件。现在的大小洋山港和临港新城区难以满足全球化对中国东南沿海"世界工厂"的客观需要。宁波港作为潜在的大型集装箱枢纽港，其可用的深水岸线已非常有限，宁波舟山港的建设也只是"权宜之计"。江苏省则试图建设沿江大型集装箱枢纽港"群"，形成"自己的"港口支撑系统。显然，上海、浙江、江苏在港口建设方面的主要形式仍未脱离基于自身利益考虑的独立发展模式。

2. 城市交通与区域交通组织混乱，专项交通规划之间缺乏衔接

在大城市连绵区，随着城市空间的拓展，区域交通与城市交通逐步成为一体，呈现了"区域交通城市化，城市交通区域化"的特征。区域交通在特征和组织上向城市交通衔接，城市交通则向区域交通延伸。区域交通与城市交通一体化发展，是区域一体化发展的保障。但由于缺乏应对交通特征转变的规划，缺乏区域层面的交通组织，城市交通和区域交通还是采用各自的规划和组织，这种各自为政的状况与目前大城市连绵区交通发展趋势不相符，不利于大城市连绵区的发展。

目前，以大城市连绵区为对象的区域交通规划已经起步，城际轨道交通规划、公路网络规划等各自面向大城市连绵区的规划已在编制和实施。但这些交通专项规划之间缺乏协调，也缺乏对城镇发展的理解，规划仍然是传统以单个城市为节点规划的延续，并没有考虑大城市连绵区城镇职能的分工、区域交通需求的转型，以及与城镇空间发展的配合等。如在长三角大城市连绵区，由于各专项交通规划间缺乏协调，江苏省纵向已建5条平行的高速公路，正在规划和建设还有3条铁路，再加上原有的普通铁

图 1-3-7 江苏省公路网、铁路网规划图
资料来源：中国城市规划设计研究院绘制。

路，造成了用地大规模的分割而且不能相互联系（图1-3-7）。大城市连绵区中心城市的高速铁路站点，本应成为能够与民航枢纽、市区轨道和公共交通、区域客运枢纽等无缝连接、换乘通畅的综合交通网络的枢纽，但目前高铁站点的选择大都远离中心城区，影响了综合交通运输整体效益的发挥。

3. 铁路发展滞后，制约综合交通运输网络的构建

长期以来，我国对各种交通运输方式都是分部门进行管理，缺乏协调配合、有机衔接的机制，导致交通运输基础设施的规划、建设和管理很难做到统筹协调、一体化运作，行业发展极不平衡。目前，铁路作为综合交通运输主要的运输方式之一，具有节能、高效和环保的突出优势，但与公路、民航的快速发展相比，我国铁路体制改革滞后、融资渠道不畅、建设速度缓慢、运输能力严重不足，极大地制约了我国轨道交通的发展和综合交通运输网络的构建。

铁路运力的不足，导致一些适合铁路运输的货物不得不通过公路运输，既提高了运输成本，也不利于构建我国节能减排式的绿色交通体系。城际轨道交通网络建设的滞后，导致各大城市连绵区缺乏区域性的高等级商务客流组织系统，核心城市、产业区和机场间的联系主要依赖高速公路组织客流，但受到高速公路交通量迅速增长和城市交通状况的影响，这种组织方式的服务水平持续下降。

## （五）缺乏整体的区域发展空间政策，有效的区域规划体制亟待建立

1. 大城市连绵区规划缺乏法律依据

从国家层面上，理顺跨行政区域的区域规划在整个国家空间规划体系中的地位是当务之急。目前，虽已完成"珠三角城镇群区域协调发展规划"的编制，京津唐和长三角的城镇群规划也正在编制过程中，但国家和地方法律法规缺乏该类区域规划的组

织编制、规划管理等程序性规定，在法律层面上也没有相应的规定和解释，导致跨行政区域的大城市连绵区的区域协调规划没有权威性的法律地位，也缺乏可操作性的法律条文解释。结果，此类规划编制完成后，大部分只能停留在区域协调研究层面，无法具体实施。

**2. 各类跨区域的综合和专项规划缺乏协调**

当前大城市连绵区空间规划工作存在严重的重复与矛盾，其中涉及空间资源配置的主要有建设部门组织编制的城镇群规划，国土部门组织编制的土地利用总体规划和发改委组织开展的区域规划，在部门利益主导的影响下，三大规划缺乏沟通，各自为政，在空间上缺少综合协调，产生了宏观上的各种区域性规划内容相分离的现象，给大城市连绵区空间规划的编制、管理和实施工作增加了困难。此外，各专项规划工作也存在着部门意识"过强"，缺乏与空间规划的协调。以交通规划为例，铁道部门的铁路运输交通规划、交通部门的公路运输交通规划、水运部门的水运港口规划以及城市内部的交通运输规划等各自为政，存在严重的相互矛盾与冲突。部门之间相互争夺区域规划空间的现象，导致大量工作重复，资源浪费，互不协调，严重影响规划的科学性、实用性和权威性。

**3. 保障区域规划实施的机制不健全**

长期以来，我国政府注重投资项目建设和城市建设，对健全保障区域规划实施的机制不够重视，通过区域规划引导合作制度安排尚不健全，中央政府、省政府对跨行政区域的大城市连绵区规划的实施管理，没有相应的有效调控手段。区域规划作为重要的公共政策，要通过综合协调和运用，才能保证规划得到很好贯彻实施并能够引导区域的建设和发展。我国能源、交通、水利、电力等重大国家资金投资建设的基础设施项目，都是在各自专项规划与地方规划和区域规划相互脱节的状态下实施的。由于缺乏各个部门之间的配合与协作机制，也缺乏统一的项目基金激励和约束机制，因而也就无法通过行政、税收、投资、法律等手段的有效结合形成合力，保障区域规划的贯彻和实施。

# 四、推动中国大城市连绵区健康发展的对策建议

## （一）充分认识大城市连绵区现象产生的必然性和必要性，把促进大城市连绵区的健康发展列入国家发展基本战略

大城市连绵区由于人口、产业、城镇等各种物质要素的高度聚集，对资源环境造成了很大压力。但由于它在经济上的集约和高效，使其又成为世界各国参与国际竞争的主体。因此，大城市连绵区的产生与发展体现出了很强的客观规律性，是工业化和城镇化发展到一定阶段后必然的结果。

未来我国大城市连绵区的发展水平和国际竞争力，将在很大程度上影响和决定着我

国在世界经济、政治、文化格局中的地位。因此，国家应该采取必要的政策措施，进一步提高我国大城市连绵区的发展水平和国际竞争力。改革开放和经济全球化使我国的经济总量迅速增长，经济发展水平不断提高，但必须注意的是，过多地依赖国外投资和海外市场的发展模式会造成对跨国公司和西方国家的依附性增强，使国家经济独立能力丧失。而且，对于中国这样一个大国，其快速发展本身也会对国际经济格局产生重大影响，竞争与遏制将伴随中国参与全球化进程的始终。因此，大城市连绵区的发展就需要体现出国家的核心利益，尽其最大可能消除全球化给我国发展所带来的负面影响，注重通过文化、教育、价值观等软实力的塑造，提高我国大城市连绵区的国际竞争力。

当然，受历史和现实条件的影响，不同国家或地区的大城市连绵区具有显著的差异性，不能不顾现实条件和基础进行盲目的模仿和照搬。美国由于用地条件优越、资源富集、环境承载能力强，因此其东北海岸大城市连绵区的发展更多地采取郊区蔓延式的扩张模式，其所带来的能源、资源和土地的消耗强度，对我国这样一个人多地少、耕地资源匮乏的国家，显然是无法承受的。因此，我国的大城市连绵区应根据自身的经济、社会及资源环境现状和条件，寻找符合中国国情的发展道路。尤其需要要注意的是，大城市连绵区自身有它的发育规律和条件，要避免地方政府不顾及当地的发展条件盲目追求。

**（二）建立综合交通运输体系，提高大城市连绵区的运行效率和服务水平**

建议编制整个大城市连绵区的综合交通运输总体规划，并报上级政府主管部门审批，形成具有法律效力的规划，体现出交通运输总体规划的权威性和指导作用。在其统一指导下，按照规划要求，铁路、公路、民航、水运、城际轨道等各运输行业分别编制各自的中长期发展规划，使总体规划与部门规划相互协调、保持一致，保证各种运输方式协调发展。要保证综合交通运输总体规划与其他相关行业发展规划的相互衔接和协调统一，并将其作为各城市进行空间和城市规划、交通规划的依据。在综合交通规划的基础上，各城市的规划管理部门要在城市总体规划、边界地区分区规划、详细规划上相互参与，实现开发上的协调和统一。

要通过城市共建、相互参股、实现联营等多种方式，实现大型交通基础设施的共享，提高设施的整体服务范围和水平。在集疏运和关联的交通设施建设上，区域大型交通基础设施要与区域的骨干网络衔接。要建立大城市连绵区统一的交通规划、建设信息平台，通过平台定期发布信息，实现区域内部交通规划和建设信息的共享。要注重资源环境约束，在满足交通需求的情况下，尽量选择节约土地资源，对环境影响小、可持续发展的轨道交通方式。

**（三）在核心城市实施"集中基础上的分散化"空间战略，推动网络型的空间结构体系**

我国大城市连绵区核心城市的规模已相当可观，后续的发展不应再鼓励城市规模的简单扩张，而更应强调城市功能的高端化和城市网络结构的合理化。在核心城市实施"集中基础上的分散化"空间发展战略，是推动核心城市功能升级、引导产业合理布局、增强区域综合承载力的有效手段。要在构筑大城市连绵区内部高效的交通和信息网络基础上，实现较低端的生产和服务功能向较低等级的周边城市扩散，给核心城市腾出空间接纳更为高端和核心的功能，既实现"聚心强化"，又在区域尺度上有效地扩展城市功能。

核心城市应将服务业作为产业发展的重点，加强国际战略性资源的聚集能力，以此提高我国大城市连绵区的国际竞争力。要将引资重点由普通制造业转向知名的服务业跨国公司，鼓励龙头服务企业以品牌、专利等知识产权为纽带，实现跨省市、跨行业进行兼并和重组，形成服务业合理竞争与互补的发展格局，并推动整个区域实现产业布局的优化，产业结构的升级。核心城市还应加强自主创新资金投入和公共技术平台的建设，形成高新技术产业、企业发展的技术标准体系，高新技术科研成果的推广与普及体系，加强自主知识产权和自主品牌能力的建设。

外围城市应通过吸引核心城市的居住、就业功能，并在政府投资有效地引导下，适当提高开发强度，完善城市功能和增强城市活力，使其成为大城市连绵区网络化的重要节点。要调整充实已有的高技术开发区，加强研发、中试和展览展示及各类总部基地的建设，提高入区高技术企业的门槛，形成产业特色鲜明的开发区，提高我国大城市连绵区在全球价值链分工中的地位，实现由加工组装型向精密制造型的升级。

在构筑多中心体系形态结构的同时，建立起有机疏散又紧密联系的城镇功能网络结构，有效增强区域的综合承载能力。

### （四）充分考虑区域自然生态资源的承载力，实现城乡统筹、区域统筹及人与环境协调发展

大城市连绵区是我国城市和乡村经济都高度发达、城乡发展意愿因难以协调而矛盾冲突比较激烈的特殊区域。要在统筹城乡和统筹区域的基础上，实现区域利益的最大化。应建立公共服务设施配置的区域标准，不宜简单按照国家的标准去配套村、乡、镇等的基本服务设施。

要充分考虑大城市连绵区的生态支撑条件，明确区域的自然本底状况和自然资本储量，以此作为城市连绵区空间规模、人口规模、功能定位、产业构成等的依据。对维系区域生态系统具有重大意义的生态过渡带、生态节点、景观廊道等，要禁止或严格控制与生态保护原则相违背的开发建设活动。森林、湿地、水域、绿地等生态敏感地带，具有维持生物多样性、涵养水分与水文循环、保护土壤与维持土壤肥力、净化环境、维持大气化学的平衡与稳定等重要作用，尤其需要加以保护。要积极推动相关城市在水源地的保护与共建领域开展合作，保护大城市连绵区的用水安全。要加强区域合作，建立区域性的水环境污染预警系统，提供区域内水质水量特征突然变化的直接信息，以便在污染事故发生前采取相应行动，减少污染带来的损失。

乡村地区承担着城市污染物的稀释和净化作用，是区域生态环境变化的警报器，因此解决乡村自身的环境问题是保障整个区域环境质量的关键。要实施对农业用地的

有效保护，维持大城市连绵区不同功能的有效分割，避免城市建成区因过度连绵而成为一体，从而保持疏密有致、景观多样的开敞空间。水稻在蓄积洪水、净化大气水体、减轻热岛效应、防止水土流失方面发挥着不可替代的作用，应将其纳入城乡生态工程建设体系、城市中绿色隔离带的组成部分尤应加以保护。农作物本身也是绿化的一部分，地少的平原地区的农村应强调农田林网建设，不能过分强调森林覆盖率指标，这样可保留大片农田，使粮食安全和环境友好统一起来。

注意保护大城市连绵区内的风景名胜、历史文化遗址、遗存、自然保护区等。我国大城市连绵区在这方面的资源是非常丰富的。

### （五）建立地区内的协调机构和机制，加强部门分工与协作，增强大城市连绵区规划的可操作性

改革现有的规划组织方式，建立统一、完整、多层面的国家空间规划体系。从全国国土整治纲要到区域规划和地方规划，应分别形成从指导性到操作性和控制性层层约束，上下位规划有序衔接的合理体系。跨省域的大城市连绵区空间规划，建议由国务院组织发展和改革委员会、建设部门与国土部门等共同编制；或者在国务院直接成立一个空间规划的领导机构，下面设立办公室来牵头组织编制；还可考虑由国务院授权某一个城市代表国务院来牵头组织编制规划，从而形成一个统一的、对各部门均具有约束力的区域规划，彻底改变目前各部门针对同一个地区分头规划、政出多门的组织方式。相应地，省域范围内的大城市连绵区空间规划，也可参照上述办法，由各相关部门或机构来共同编制和实施。

应根据大城市连绵区经济、社会、生态环境与产业、交通发展的背景和要求，划定连绵区及其主要核心城市的发展边界；通过划定区域绿地、经济振兴扶持区、城镇发展提升区、一般性政策区、重大产业聚集区、区域性重大交通枢纽和交通通道地区、相邻城市规划建设协调区等，强化区域的政策分区，通过区域补贴、税收、财政、产业、土地、投资等各方面政策的协调，对不同的政策分区实施不同的引导和控制要求；应建立重大建设项目的多城市、多部门、多领域的综合研究论证制度，加强重大项目建设的选址、监测和实施管理；建立区域共同发展基金制度和完善区域投资机制，为区域性的公共服务设施、环境设施、基础设施等提供建设资金，避免重复建设，优化资金使用；建立有利于区域协调与合作的公众参与机制，充分发挥各级地方政府、企业和公众参与规划编制和实施的积极性。

## 五、结语

大城市连绵区是城镇化发达地区的一种趋势和结果，是国家进入城镇化高级阶段后出现的一种地域特征，它将进一步促进社会经济和科学文化的提高，在国家社会经济发展中发挥着不可替代的重要作用。在经济全球化不断深化的今天，大城市连绵区

已经和将继续成为国家参与全球分工与竞争、体现国家核心利益的重要载体。对于我国这样一个正处于工业化和城镇化快速推进阶段的发展中大国，大城市连绵区必须在提升我国综合国力、带动全国的城镇化、引导国家实现可持续发展方面发挥战略性的作用。然而，大城市连绵区在发展过程中也极易出现一系列负面问题，给社会、生态、环境、资源和文化等带来很大的影响和冲击，如果引导和处置不当，还有可能带来非常严重的经济和社会危机，需要引起我们高度的重视。因此，需要我们在深入认识大城市连绵区发展规律的基础上，通过法律、政策、规划、建设等形成合力，不断地推动其持续、稳定、健康的发展。

# 参考文献

[1] Jean Gottmann. Mealopolis : or the urbanization of the northeastern seaboard[J]. economic geography，1957（3）:189–200.

[2] Jean Gottmann. Megalopolis: The Urbanized Northeastern Seaboard of the United States [M]. New York: The Twentith Century Fund，1961.

[3] Jean Gottmann. Megalopolis Revisited: Twenty–Five Years Later[M]. Maryland: University of Maryland，Institute for Urban Studies，1987.

[4] Gottman，J. and Harper，R.A. Since Megalopolis: the urban writings of Jean Gottmann. Baltimore: Johns Hopkins University Press，1990.

[5] Osborn，EJ. and Whittick，A. The new towns: the answer to megalopolis[M]. London: Leonard Hill，1963.

[6] （美）Lewis Mumford 著，宋俊岭、倪文彦译．城市发展史——起源、演变和前景 [M]. 北京：中国建筑工业出版社，2005.

[7] （英）Peter Hall 著，邹德慈，李浩，陈熳莎译．城市和区域规划（第 4 版）[M]. 北京：中国建筑工业出版社，2008.

[8] 柴彦威，史育龙．日本东海道大城市带的形成、特征及其研究动态 [J]. 国外城市规划，1997( 2 ): 16–22.

[9] 崔功豪．中国城镇发展研究 [M]. 北京：中国建筑工业出版社，1992.

[10] 崔功豪等．区域分析与规划 [M]. 北京：高等教育出版社，1999.

[11] 代合治．中国城市群的界定及其分布研究 [J]. 地域研究与开发，1998，17（2）：40–43，55.

[12] 单锦炎．浅谈城镇密集地区实施城镇群规划的措施保障 [J]. 城市规划，1999，23（9）:19–20.

[13] 冯春萍，宁越敏．美日大城市带内部的分工与合作 [J]. 城市问题，1998（2）：59–63.

[14] 盖文启．我国沿海城市群可持续发展问题探析 [J]. 地理科学，2000，20（3）：274–228.

[15] 顾朝林，经济全球化与中国城市发展 [M]. 北京：商务印书馆，1999.

[16] 顾朝林，中国城镇体系——历史·现状·展望 [M]. 北京：商务印书馆，1992.

[17] 广东省建委等．珠江三角洲经济区城市群规划——协调与发展 [M]. 北京：中国建筑工业出版社，1999.

[18] 国家发改委. 长江三角洲综合研究报告（初稿）.

[19] 建设部. 长江三角洲城镇群规划（讨论稿）.

[20] 侯晓虹. 福厦城市群体的发展与空间结构 [J]. 经济地理，1992，12（3）:72-77.

[21] 胡序威，周一星，顾朝林等. 中国沿海城镇密集地区空间集聚与扩散研究 [M]. 北京：科学出版社，2000.

[22] 胡序威. 区域和城市研究 [M]. 北京：科学出版社，1998.

[23] 黄光宇. 区域规划概论 [M]. 北京：中国建筑工业出版社，1984.

[24] 黄鹏. 国外大城市区治理模式 [M]. 南京：东南大学出版社，2003.

[25] 李红卫. Global-Region in China——以中国珠江三角洲为例的区域空间发展研究 [D]. 博士后研究工作报告. 上海：同济大学，2005.

[26] 李晓江. 城镇密集地区与城镇群规划——实践与认知 [J]. 城市规划学刊，2008（1），总第 173 期.

[27] 刘荣增. 城镇密集区发展演化机制与整合 [M]. 北京：经济科学出版社，2003.

[28] 南京大学城市与区域规划系长江三角洲城镇群规划组. 国内外城镇密集地区比较研究（讨论稿）.

[29] 宁越敏，施倩，查志强. 长江三角洲都市连绵区形成机制与跨区域规划研究 [J]. 城市规划，1998（1）:16-20.

[30] 齐康，段进. 城市化进程与城市群空间分析 [J]. 城市规划汇刊，1997（1）:1-4.

[31] 史育龙，周一星. 戈特曼关于大城市带的学术思想评价 [J]. 经济地理，1996，16（3）:32-36.

[32] 史育龙，周一星. 关于大城市带（都市连绵区）研究的论争及近今进展述评 [J]. 国外城市规划，1997（2）:2-11.

[33] 吴良镛. 发达地区城市化进程中建筑环境的保护与发展 [M]. 北京：中国建筑工业出版社，1999.

[34] 吴良镛. 人居环境科学导论 [M]. 北京：中国建筑工业出版社，2001.

[35] 姚士谋，朱英明，陈振光. 中国城市群 [M]. 北京：中国科学技术出版社，2001.

[36] 于洪俊，宁越敏. 城市地理概论 [M]. 合肥：安徽科学出版社，1983.

[37] 张京祥. 城镇群体空间组合 [M]. 南京：东南大学出版社，2000.

[38] 赵永革. 论中国都市连绵区的形成、发展及意义 [J]. 地理学与国土研究，1995，11（1）:15-22.

[39] 中国城市规划设计研究院. 海峡西岸城镇群协调发展规划总报告. 2007 年 11 月.

[40] 周干峙. 高密集连绵网络状大城市地区的新形态——珠江三角洲地区城市化的结构 [J]. 城市发展研究，2003，10（2）:10-11.

[41] 周一星，杨焕彩. 山东半岛城市群发展战略研究 [M]. 北京：中国建筑工业出版社，2004.

[42] 朱英明. 城市群经济空间分析 [M]. 北京：科学出版社，2004.

[43] 邹德慈. 城市规划导论 [M]. 北京：中国建筑工业出版社，2002.

[44] 南京大学城市与区域规划系长江三角洲城镇群规划组. 国内外城镇密集地区比较研究（讨论稿）.

[45] 于达维. 海洋荒漠 [J]. 财经，2008（9）.

# 附图　中国六大大城市连绵区空间示意图

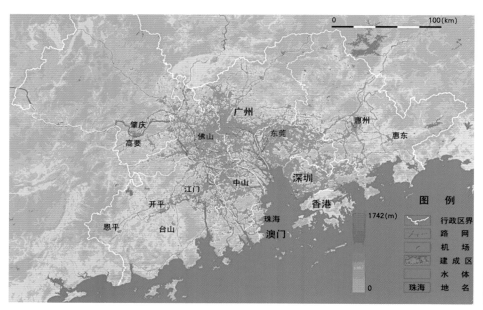

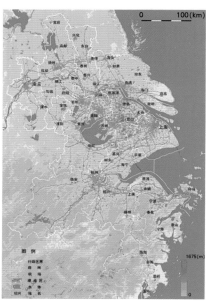

附图1-1　珠三角大城市
连绵区（左）

附图1-2　长三角大城市
连绵区（右）

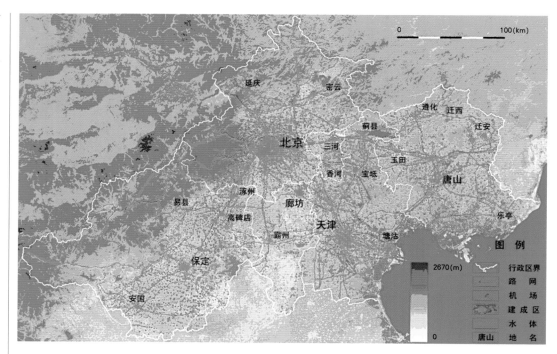

附图1-3　京津唐大城市
连绵区

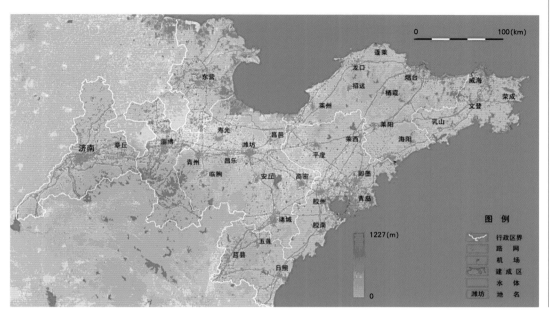

附图1-4 山东半岛大城市连绵区

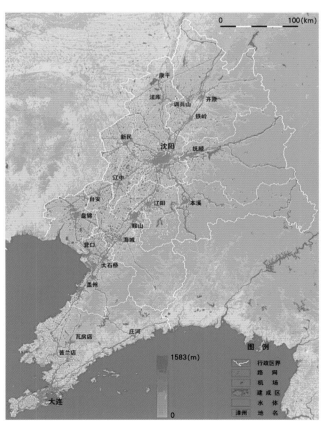

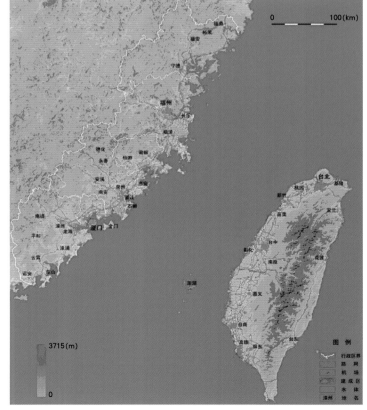

附图1-5 辽中南大城市连绵区（左）

附图1-6 海峡西岸大城市连区（右）

# 第二篇

# 转型发展背景下近几年中国大城市连绵区规划与建设的新发展

# 目　录

以长三角、珠三角、京津唐、山东半岛、海峡西岸和辽中南等为代表的我国六大大城市连绵区[①]，是改革开放以来国家城镇化和工业化的主要区域，也是未来国家参与国际竞争的主要基地。中国工程院重大咨询课题"我国大城市连绵区的规划和建设问题研究（2006-X-07）"项目组在对上述六大大城市连绵区进行了系统研究后认为，要充分发挥它们参与全球分工与竞争的战略性作用，通过转变发展方式、加强区域协调、落实空间规划、构建网络型空间等，来实现我国大城市连绵区全面、协调和可持续发展。研究还提出，今后10年，是我国大城市连绵区发展和整合的关键时期。

当前国际国内社会、经济及政治形势发展的新变化，对我国大城市连绵区发展带来变化，迫切需要国家层面的战略来应对。特别是2008年年底爆发国际金融危机以来，国际国内发生的一系列深刻变化，必将对我国大城市连绵区的发展带来长远影响。各大城市连绵区努力顺应形势变化，因势利导，在推动转型发展、优化资源配置、完善体制机制、深化区域规划等方面，进行大量的实践和探索，为东部地区率先实现转型发展积蓄力量。在国家面临转型发展的大背景下，通过大城市连绵区的引领和带动是国家完成转型发展的必由之路。

# 一、转型发展是中国大城市连绵区面临的艰难挑战

## （一）全球经济发展格局面临重大调整

2008年年底爆发的金融危机，使得由东亚生产、欧美过度消费、能源资源输出国供给原料的全球经济发展格局受到巨大冲击，世界经济增长模式进入艰难的调整过程。在国际经济发展格局面临调整的大背景下，中国作为全球最大出口国，在内需长期乏力的局面下，延续依赖海外市场消化国内过剩产能的发展模式将备受质疑，也是不可持续的。我国六个大城市连绵区既往的成功经验，在很大程度上是依托了东部地区率先进行改革开放的政策环境，发挥了土地和劳动力廉价丰富的比较优势，抓住融入世界自由贸易体系的契机，最终以"世界工厂"的角色定位，深刻全面地融入到全球经济体系，并将比较优势发挥到了极致。然而，这种既往成功发展道路所带来的路径依赖、体制机制惯性，在转型发展的大背景下将成为沉重的历史包袱。因此，这就决定了大城市连绵区的转型发展道路将非常艰难。

## （二）国家传统的经济发展方式已不可持续

过度依赖投资和出口拉动的经济增长模式、自主创新能力不足的痼疾，使我国在一个比较长的时期处在国际产业链的低端，资源能源的消耗与国家付出的环境代价极

---

[①] 在此次研究中，我们提出我国大城市连绵区的概念是"至少应有2个市区常住人口在百万人口以上的特大城市，城镇密度应达到50个/万平方公里以上，人口密度应达到350人/平方公里以上的大中小城镇呈连绵状分布的高度城市化地带"。以此概念界定，长三角、珠三角、京津唐、山东半岛、海峡西岸和辽中南等6大区域，是我国可作为大城市连绵区的城镇化地带。

不相称。与发达国家相比，我国单位 GDP 的废水排放量要高出 4 倍，单位工业产值的固体废弃物要高出 10 倍以上，给原本就很脆弱的生态环境带来很大压力[①]。2010 年，我国二氧化碳排放量高达 68 亿吨[②]，高居世界第一。在全球气候问题日益政治化的背景下，我国未来发展面临着越来越大的国际压力。尤其需要高度关注的是，2010 年，我国 45 种主要矿产资源只有 11 种能依靠国内保障供应；到 2020 年，这一数字将减少到 9 种；到 2030 年，将只有 2—3 种。特别是石油、铁、锰、铅、钾盐等大宗矿产，后备储量已严重不足，无法满足经济社会发展需要，供需缺口将持续加大[③]，严重影响国家的经济战略安全。

### （三）国内空间发展和开放格局已经出现变化

大城市连绵区是我国对外开放的先发地区，对外开放优势一直在其经济社会发展、空间拓展和人口集聚过程中发挥着突出作用。随着中国 2010 年取代日本，成为全球第二大经济体后，中国的国际政治和经济影响力不断增强，发展所面临的国际关系也更加复杂。改变过度倚重沿海的发展格局，实现全方位的开发开放，是国家发展进入新阶段后，维护国家地缘政治安全、扩大对外影响、加强对外辐射和带动的必由之路。

近几年，国家对构筑更加均衡、全面开放的空间发展格局高度重视，中西部一大批城镇密集地区已经具备发展为大城市连绵区的基本条件，沿海沿边及内陆的全方位开发开放，已经对国家偏重沿海 6 个大城市连绵区的发展格局形成竞争。适应新的发展格局，寻求新的突破方向，是大城市连绵区必须直面的问题。

1. 城镇密集地区的布局更加均衡

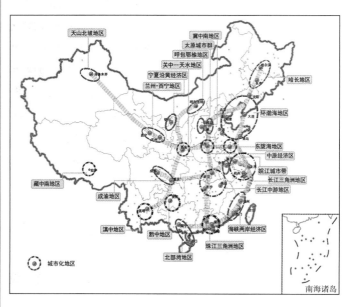

**图 2-1-1　国家"十二五"规划确定的城市化地区**

资料来源：依据国家"十二五"规划由中国城市规划设计研究院绘制。

自国家"十一五"规划将城市群作为推进城镇化的主体空间形态以来，国家和各级地方政府对城市群的发展高度重视。在国家"十二五"规划中，城镇化战略和布局基本延续了国家"十一五"规划的指导思想，对国家城镇空间格局进一步明确和具体化。"十二五"规划确定的 21 个城市化地区，将作为未来国家经济和人口集聚的优化和重点地区进行开发和建设（图 2-1-1）。

① 根据网络相关资料整理。
② 潘家华，王汉青，梁本凡. 中国低碳发展面临的三大挑战 [J]. 载经济，2011 年第 3 期。
③ 李善同，刘云中等 .2030 年的中国经济 [M]. 北京：经济科学出版社，2011 年版，P308。

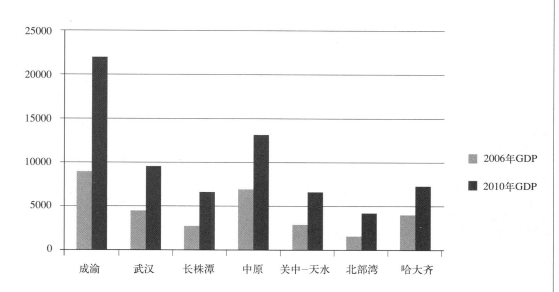

图 2-1-2 2006 年、2010 年 7 个城镇密集区 GDP（亿元）
资料来源：中国城市规划设计研究院自算。

为落实国家"十一五"、"十二五"规划，促进区域统筹协调发展，国家和省级地方政府，针对 54 个城镇发育比较密集的空间（经济区、城市群、都市圈、城市化地区等），相继出台了区域规划和相关的政策性文件。尤其在中西部地区，以长株潭、武汉城市圈、成渝城镇群、北部湾、关中－天水经济区和中原经济区等为代表的国家级政策区，近年来的发展成就更是引人瞩目。2010 年，7 个有代表性的城市密集地区，以占全国 5.98% 的面积，创造了全国 15.7% 的生产总值，体现了良好的发展局面。7 个城镇密集区 GDP 见图 2-1-2。

从劳动力的供给看，中西部剩余劳动力源源不断流入 6 个大城市连绵区的局面已经改变，中西部对劳动力的吸引力不断增强。2010 年，在全国 2.42 亿农民工中，在东部就业的比重为 66.9%，比 2006 年下降 3.2 个百分点；与之相反，在中、西部就业的比重分别为 16.9% 和 15.9%，比 2006 年提高了 2.1 个百分点和 1.0 个百分点。2010 年，农民工在长三角地区就业的有 5810 万人，占全国比重的 24%，在珠三角地区务工的农民工为 5065 万人，占全国比重的 20.9%，分别比 2009 年下降 0.2 和 0.5 个百分点。

依据此次研究确定的大城市连绵区标准，成渝城镇群、中原经济区、关中－天水经济区、武汉城市圈和长株潭经济区已经符合大城市连绵区的标准（表 2-1-1）。这些大城市连绵区竞争性地域空间的出现，既是国家实现转型发展的必然过程，也是推动沿海大城市连绵区转型发展的必要手段。

2. 内陆对外开放高地正在形成

截至 2011 年年底，国家在内陆及陆路边境地区的广西凭祥、黑龙江绥芬河、重庆、成都、郑州和西安等地，设立了国家级综合保税区，为进一步提升区域的对外开放水平和层次、实施重点区域带动战略意义重大。国务院还在 2010 年设立重庆两江新区，使其成为自上海浦东新区、天津滨海新区之后国家创立的第三个国家级新区。两江新区以长江上游地区的金融中心和创新中心、内陆地区对外开放的重要门户为重点，探索内陆地区"对外开放、后来居上"的发展路径（图 2-1-3）。

中国城镇密集区基本情况一览表　　　　　　　　　　表 2-1-1

| 名称 | 地域范围 | 人口（万人） | 总面积（平方公里） | 人口密度（人/平方公里） | 城镇数（个） | 城镇密度（个/万平方公里） | 地区生产总值（亿元） |
|---|---|---|---|---|---|---|---|
| 成渝城镇群 | 包括四川省15个地市和重庆市27个区县，即：四川省的成都、德阳、眉山、内江、资阳、自贡、宜宾、泸州、遂宁、南充、广安、达州全部，绵阳市涪城区、游仙区、江油市、安县、梓橦县、三台县、盐亭县，雅安市雨城区、名山县，乐山市市中区、沙湾区、五通桥区、金口河区、夹江县、井研县、犍为县；重庆市主城9区、万盛区、双桥区、涪陵区、长寿区、江津区、永川区、合川区、南川区、綦江县、潼南县、铜梁县、大足县、荣昌县、璧山县、万州区、梁平县、垫江县、开县 | 8713 | 169000 | 516 | 1870 | 110.7 | 21988 |
| 武汉城市圈 | 包括湖北省的武汉、黄石、鄂州、孝感、黄冈、咸宁、仙桃、潜江、天门等9市 | 3024 | 57700 | 524 | 319 | 55.3 | 9636 |
| 长株潭经济区 | 包括湖南省的长沙、株洲和湘潭3市 | 1365 | 28097 | 486 | 188 | 66.9 | 6717 |
| 中原经济区 | 包括河南省的郑州、洛阳、开封、新乡、焦作、许昌、平顶山、漯河、济源等9市 | 4153 | 58700 | 707 | 363 | 61.8 | 13317 |
| 关中－天水经济区 | 包括陕西省的西安市、宝鸡市、咸阳市、铜川市、渭南市和杨凌区，甘肃省天水市 | 2666 | 69884 | 381 | 462 | 66.1 | 6653 |
| 北部湾（广西）城镇群 | 包括广西壮族自治区的南宁、北海、钦州、防城港、玉林、崇左6市 | 1963 | 72700 | 270 | 308 | 42.4 | 4275 |
| 哈大齐城镇群 | 包括哈尔滨、大庆和齐齐哈尔 | 1819 | 117563 | 155 | 173 | 14.7 | 7396 |

注：（1）成渝城镇群范围，依据建设部编制的《成渝城镇群规划（2006—2020）》确定；武汉城市圈和长株潭经济区范围，依据国家发改委编制的"两型社会"综合配套改革示范区范围确定；中原经济区和关中－天水经济区范围，依据国家发改委公布的区域性政策性文件确定；北部湾（广西）经济区的范围，依据建设部编制的《北部湾（广西）城镇群规划（2007—2020）》确定；哈大齐城镇群范围，依据黑龙江省研究的哈大齐工业走廊的行政范围确定。

（2）人口为 2010 年数据，根据国家"六普"人口数据搜集整理；建制镇数据，根据中国行政区划网（www.xzqh.org）搜集整理；人口密度和城镇密度数据，由课题组自算。

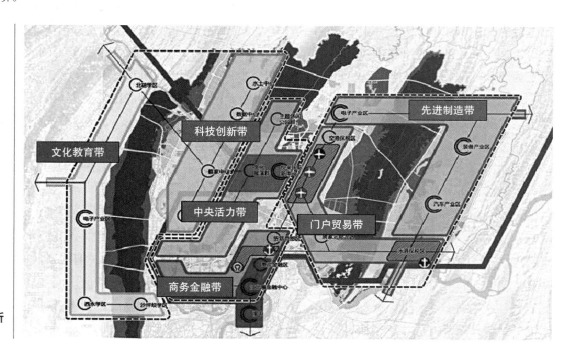

图 2-1-3　重庆两江新区规划结构示意图

3. 沿海沿边的开发开放向纵深拓展

2008 年，国家批准实施《广西北部湾经济区发展规划》，推动该地区建成中国与东盟开放合作的物流基地、商贸基地、加工制造基地和信息交流中心，成为带动、支撑西部大开发的战略高地和重要国际区域经济合作区。2009 年，国家出台了《中国图们江区域合作开发规划纲要》，希望进一步深化东北亚地区的合作，构筑我国面向东北亚开放的重要门户。2010 年，国家出台《海南国际旅游岛建设发展规划纲要》，提出将海南建成世界一流的海岛休闲度假旅游胜地，国际经济合作和文化交流的重要平台，全方位开展区域性、国际性经贸文化交流活动及高层次外交外事活动，使海南成为我国立足亚洲、面向世界的重要国际交往平台。此外，国务院还相继发布了推动辽宁沿海、江苏沿海、山东半岛蓝色经济区、浙江沿海、福建海峡西岸、河北沿海、广东沿海等地开发开放的政策性文件，拓展了 6 个大城市连绵区的区域边界，使得沿海发展比较薄弱的地区得到了国家政策支持，有利于拓展和完善沿海发展布局，也有利于国家探索发展海洋经济实现经济转型的新路径。

4. 边疆地区正在构筑新一轮的开放格局

对我国这样一个周边国家政治局势复杂、文化宗教多元化的发展中大国而言，实现边疆地区稳定和持续发展尤其重要。近年来，推动新疆和西藏两个少数民族自治区实现跨越式发展和长治久安，成为国家重要的核心发展战略。在国家援助发展的大背景下，以乌鲁木齐为中心的天山北坡和以拉萨为中心的藏中南地区，已具备了影响地缘经济和政治格局的基本条件。2011 年，国家还相继出台促进云南、内蒙古等省区加快发展的政策性文件，以推动边疆地区的进一步开发开放。把云南省建设成为面向东南亚、南亚开放的重要桥头堡，有利于提升我国沿边开放质量和水平，进一步形成全方位对外开放新格局，加强与周边国家的互利合作，增进睦邻友好。推进内蒙古加快转变经济发展方式、深化改革开放，有利于构筑我国北方重要的生态安全屏障，形成我国对内对外开放新格局，促进区域协调发展，加强民族团结和边疆稳定。

# 二、转型发展也是大城市连绵区自身面临的迫切要求

## （一）社会经济进入新阶段，对管理和服务提出新要求

2010 年，我国大城市连绵区人均 GDP 已经达到 5.97 万元，接近 1 万美元，是全国平均水平的 2 倍，已率先完成进入上中等收入国家的历史性跨越。收入和生活水平持续提高，市民社会的逐步成熟，对大城市连绵区规划建设、管理和服务水平都提出了新的更高的要求。

城乡居民收入水平的提高，导致机动化程度快速提高，对防治空间污染和城市的郊区化、提高交通综合管理和服务能力提出新要求。需求结构和消费模式发生变化，文化、休闲、健身、娱乐、旅游等新的消费热点将会激发并产生新的功能区，对大城

市连绵区的空间规划和管制提出新要求，也会对区域发展的动力和方式带来巨大改变。居民生活质量的提高，对提高城乡宜居水平的要求也将更加迫切。关注民生、参与社会的市民精神的不断成熟，居民对参与规划和社会管理的要求越来越迫切。城乡居民维权意识的强化，使大城市连绵区依靠体制缺陷，压低土地成本、压低环境成本进行空间和经济扩张的发展道路受到遏制。

新二元结构的社会矛盾需要破题。在大城市连绵区，外来人口与本地户籍人口间的待遇差别，是制约社会和谐的主要矛盾。2010年，1980年后出生的新生代农民工总人数达到8487万，已占全部外出农民工总数的58.4%，成为外出农民工的主体，他们中的40%左右在珠三角和长三角工作和生活。新生代农民工普遍受过一定教育，对自身权利和平等融入城市有着强烈诉求，如果其享有与当地市民平等待遇的正当要求长期得不到满足，势必影响社会的稳定。此外，北京、上海、广州等大城市还聚居着几万到十几万的"蚁族"（对受过高等教育、低收入、在城乡结合部群居的群体的简称），其贫困和管理问题也需要得到重视和解决。

### （二）要素价格快速提高，低成本经济发展方式难以持续

随着人民币汇率不断上升，劳动力价格持续上涨，土地价格持续走高，大城市连绵区依赖廉价土地和中西部廉价剩余劳动力的传统发展模式已经走到尽头。以工业用地价格为例，2005—2011年，环渤海地区（包括京津唐、辽中南和山东半岛三个大城市连绵区的部分城市）的工业用地价格增长了53.1%，长三角大城市连绵区的工业用地价格增长了24.4%，珠三角大城市连绵区的工业用地价格增长了50.9%，远高于西北和西南地区同期工业地价18.6%的同期涨幅（图2-2-1）。再以劳动力价格为例，自2003年以来，我国农民工的工资收入水平进入了上涨通道，年平均增长率基本达到10%以上，2010年与2011年的涨幅甚至达到了19.3%和21.2%（图2-2-2）。土地、工资等生产要素价格的快速上涨，使大城市连绵区中大量缺乏品牌和自主技术，长期徘徊在产业链低端的外向型企业生存艰难。从2010年农民工工资水平看，东、中、西部的工资水

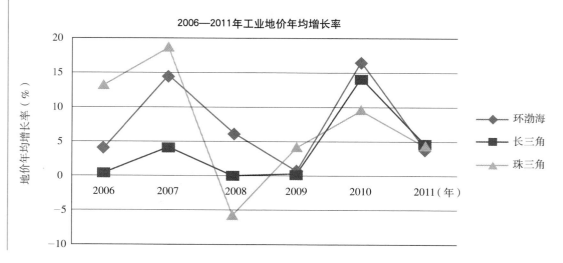

**图2-2-1 三大大城市连绵区工业地价年均增长率（2006—2011年）**

数据来源：根据中国城市地价动态监测网（http://www.landvalue.com.cn）相关数据整理计算。

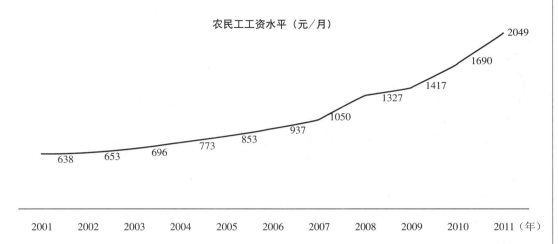

图 2-2-2　2001—2011
年我国农民工工资水平变
化情况
数据来源：2001—2008 年的
数据，来自国家统计局调查
资料。2009 年数据，来自
国家统计局农民工监测调查
报告（2009 年）。2010 年和
2011 年数据，来自人力和社
会保障部发布的农民工工资
统计数据。

平分别为 1696 元 / 月、1632 元 / 月和 1643 元 / 月，已无明显差距[①]。中西部大城市连绵区的快速形成和发展，农民工省际流动获得净福利的趋同，使大城市连绵区的发展遭遇转型的瓶颈。2010 年，6 个大城市连绵区实现地区生产总值 19.1 万亿元，占全国的比重为 48.0%，与 4 年前相比已经下降了 3.1 个百分点。

### （三）人口高度集聚，"城市病"不断向区域蔓延

1. 人口向大城市连绵区集聚的态势依然显著

2010 年，六大大城市连绵区人口总量达到 3.2 亿人，占全国总人口的比重为 23.9%，比 2006 年提高了 2.7 个百分点。与 2006 年相比，2010 年珠三角、长三角和京津唐三个大城市连绵区的人口在 4 年间分别增长了 20.9%、14.7% 和 12.8%，辽中南、海峡西岸和山东半岛三个大城市连绵区的人口在 4 年间也分别增长了 7.7%、6.9% 和 3.1%（图 2-2-3）。特别是连绵区内的核心城市，人口规模的增长更是惊人。从 2006 年到 2010 年，北京人口由 1581 万人增长到 1961 万人，天津由 1075 万人增长到 1294 万人，4 年分别增长了 24% 和 20.4%，远超京津唐的平均增长水平。广州由 975 万人增长到 1270 万人，增长了 30%，深圳由 847 万人增长到 1036 万人，增长了 22.3%，远超珠三角的平均增幅。苏州由 810 万人增长到 1047 万人，增长了 29.3%，上海人口由 1815 万增长到 2302 万人，增长了 26.8%，远超长三角平均增幅。杭州由 773 万人增长到 870 万人，4 年增长了 12.5%，宁波由 671.6 万人增长到 760.6 万人，4 年增长了 13.3%，南京也由 719 万人增加到 801 万人，增长了 11.4%，也基本达到了长三角的平均增幅。

2. 基础设施和公共服务压力凸显

大城市连绵区人口规模的持续增长，给地方政府的基础设施、交通、医疗、教育等公共服务带来很大压力，交通拥堵、保障性住房短缺、贫富差距显著加剧、环境质量下降，"城市病"问题严重。北京 2010 年机动车已经突破 500 万辆，上班出行平均

---

① 2010 年的相关数据，引自国家统计局发布的 2010 年农民工监测报告。2006 年的相关数据，引自韩俊、崔传义和金三林负责的国务院发展研究中心"现阶段我国农民工就业和流动的主要特点"课题组研究成果。

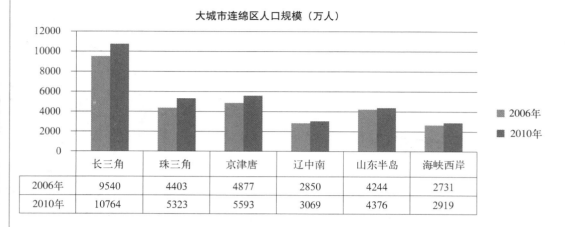

**图 2-2-3　2006 年和 2010 年我国大城市连绵区的人口规模**

数据来源：2006 年数据，来自相关省市的统计年鉴。2010 年数据，根据相关省市 2011 年统计公报和"六普"人口数据计算。

大城市连绵区人口规模（万人）

| | 长三角 | 珠三角 | 京津唐 | 辽中南 | 山东半岛 | 海峡西岸 |
|---|---|---|---|---|---|---|
| 2006年 | 9540 | 4403 | 4877 | 2850 | 4244 | 2731 |
| 2010年 | 10764 | 5323 | 5593 | 3069 | 4376 | 2919 |

时间近一小时，交通拥堵日趋严重，不得不实行家庭汽车摇号限购政策。上海高峰时段中心区路段拥堵比例占 55%，交叉口拥堵比例占 60%，浦西中心城区地面道路车速小于 15 公里 / 小时，"三纵三横"主干道车速小于 20 公里 / 小时。

3. 资源和环境问题日益尖锐

北京市年均可利用水资源仅为 26 亿立方米，实际年均用水约 36 亿立方米，超出部分靠消耗水库库容、超采地下水以及应急水源常态化维持，北京的供水安全已受到严重威胁。2009 年，北京日产垃圾 1.83 万吨，但垃圾处理能力仅 1.27 万吨 / 日。按照现在垃圾产生量和填埋速度，北京已深陷"垃圾围城"的窘境，全市大部分垃圾填埋场将在 4-5 年内填满封场。仅解决 2011—2020 年的垃圾填埋问题，北京将需要 3200 亩土地。

4. 住房问题不断恶化

目前，大城市连绵区房价普遍高涨，保障性住房严重不足，本地户籍的住房困难群体也只有约 30% 纳入到保障性住房体系，因此大部分城市的经济适用房、廉租房等公共住房不对农民工开放，农民工住房仍游离于城镇住房保障体系之外。由于经济收入低下，农民工只能租住城市中条件最差、租金最低的房屋。住房和城乡建设部 2009 年的调研显示，广东省广州、东莞和深圳 3 个外来人员集中的城市，69% 的外来务工人员居住在"城中村"，广州超过 1/4 的外来人口人均居住面积在 5 平方米以下。北京有 59.9% 的进城务工人员居住在简陋的平房中。虽有 26.7% 居住在楼房中，但绝大多数属于"城中村"中农民自行建设的多层劣质小楼。还有 8.8% 居住在地下室[①]。

## （四）体制机制不配套，空间资源优化配置难度大

1. 优质公共资源没有实现在区域统筹配置

受行政区经济分割、区域服务设施属地化管理等因素影响，大城市连绵区的优质公共服务及其设施还高度集中在核心城市和核心地区，难以在区域层面实现统筹配置。

---

① 卫欣 . 北京外来农民工居住特征研究 [D]. 北京大学博士学位论文，2008.

北京 2000—2010 年，昌平、大兴和通州等新城成为北京人口增速最高的地区，以工业和住宅用地为主的新城新增用地，约占全市用地增量的 40% 左右。北苑、酒仙桥、东坝、清河等原城郊边缘地区，已成为比较成熟的居住区。然而，人口和用地在城市新区的扩张，并没有带来城市功能的有效疏散。目前，全市公共服务、商业金融、教育等核心功能仍然高度集聚于中心城区。2004—2010 年间，全市共安排重点项目 1018 项，在新城发展区仅占 21.2%，而且还是以工业项目为主，服务业的重点项目仍然主要分布在中心城区。在"十一五"重点建设的六大高端功能区，除空港、亦庄外，均处于中心城范围。河北廊坊地区的三河、大厂和香河"北三县"，已经成为与北京同城化发展的重要区域，但其县、镇级的公共服务配置水平，根本无法满足区域经济社会一体化发展的需要。如三河县燕郊镇，35 万常住人口中有半数来自北京，88% 的购房者来自北京，77.2% 的工作地点在北京五环以内[①]，成为北京的典型"卧城"，但目前通勤只有北京的 930 路公交，上下班高峰期有上千人候车场面，被号称为全国最挤的公交车（图 2-2-4）。

2. 新城和战略性节点实施效果不佳

区域规划缺乏实施机制，对市场力量缺乏有效引导，导致新城和节点实施效果不佳。在城郊结合部大型房地产、乡镇工业园区和"小产权房"等开发建设项目的引导下，大城市连绵区核心城市基本沿袭了外延扩张式的发展路径，导致规划确定的新城、节点和网络型结构并未形成，不利于城乡空间结构的优化。如上海虽然确定了市域"1966"城乡规划体系的基本框架（即 1 个中心城、9 个新城、60 个左右新市镇、600 个左右中心村），新城是人口和功能集聚的重点。然而，9 个新城与中心城区之间缺乏点到点的轨道交通，与中心城交通枢纽之间换乘也不便捷。新城配套的工业区，由于单一功能占地规模过大，就业空间与生活空间融合度不足，一定程度上造成了新城生活区吸引力不足。以嘉定新城为例，近几年嘉定全区常住人口增加了 25%，但嘉定新城却仅仅增长了 11%，低于全区平均水平，而马陆、江桥、安亭几个镇的常住人口的增长却超过了 40%。从住宅的开发量来看，近几年上海城市边缘区大板块开发量为 2850 万平方米，而 9 个新城的开发量仅达到 1620

---

① 数据来源：根据北京市社会科学院经济所对 2007、2008、2009 年燕郊购房人群做的问卷调查统计（每年 1000 份调查问卷）统计分析。

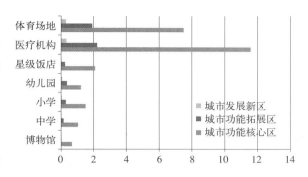

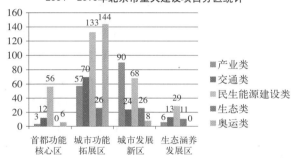

**2004—2010年北京市重大建设项目分区统计**

**图 2-2-4　北京公共服务设施密度（上）和重大建设项目分区统计（下）**

资料来源：中国城市规划设计研究院"首都经济区空间发展战略研究"。

**图 2-2-5　上海空间发展战略结构图**

资料来源：余斯佳.上海市城市总体规划实施评估 [M]/ 载中国城市科学研究会等编.中国城市规划发展报告（2009—2010）.北京：中国建筑工业出版社，2010.

万平方米，仅为前者的1/2强。因此，上海人口的疏散过多集聚在城市近郊区而没有导向新城也就并不奇怪。

### 3. 用地"碎片化"缺乏有效的制度破解

"城中村"、"城郊村"更新困难，不利于空间功能的提升。大城市连绵区是我国外来人口的主要聚集地，"城中村"和"城郊村"是外来人口主要的居住区，向这些群体出租物业是这些都市村庄原住民的主要收入来源。在宁波甬江、庄桥、洪塘等城乡结合部，向外来人口租房带来的财产性收入，每年可达到1.4亿元以上，占到农民年收入的13.2%，对收入不很稳定的近郊农民有很大的吸引力。"城中村"和"城郊村"规划管理薄弱，违章违法建筑众多，公共服务和设施严重不足，成为城市公共服务和社会管理的"死角"。但是，由于原住民能通过出租物业得到巨额收益，因此普遍对空间整合和优化存在隐性抗拒心理。

乡镇小型民营企业规模小，实力弱，难以承受集中入园成本。长三角、珠三角和海峡西岸大城市连绵区还是我国乡镇企业和块状经济的发源地，各乡镇和村庄普遍存在着生产生活组团混杂、碎片化生长的空间混乱局面。以宁波为例，24个主要的产业园区，入园企业1.6万家，提供了68.7万个就业岗位，但分别只占到宁波市域的34%和37.7%，大量就业和企业布局散布在乡镇和村庄。如慈溪市烟墩村是塑料加工专业村，2800人的村庄共有个私小企业227家，除十多家规模较大的搬迁至镇里的工业区，其余仍散落在院落，产品随意堆放，环境问题严重。在宁波鄞州区五乡镇，分散在各村的工业企业总产值占全镇的66%，远远超过镇区及镇工业园区。

## 三、近几年中国大城市连绵区转型发展的实践和探索

### （一）成为引领国家转型发展的政策实践和探索区

#### 1. 国家对大城市连绵区提出了新的发展要求

2009年和2010年，国务院分别发布《珠江三角洲地区改革发展规划纲要（2008—2020)》和《长江三角洲地区区域规划》。在珠三角规划纲要中，提出要加快珠江三角洲地区的改革发展，推进珠江三角洲地区经济结构战略性调整，将珠三角建设成为"探索科学发展模式试验区，深化改革先行区，扩大开放的重要国际门户，世界先进制造业和现代服务业基地，全国重要的经济中心"。在《长江三角洲地区区域规划》中，规划要求长三角地区"在科学发展、和谐发展、率先发展、一体化发展方面走在全国前列，努力建设成为实践科学发展观的示范区、改革创新的引领区、现代化建设的先行区、国际化发展的先导区，为我国全面建设小康社会和实现现代化作出更大贡献"。由于两大城市连绵区地处区域发展的核心，理应成为落实国家区域发展战略的先行区和领头羊。

#### 2. 国家级新区成为探索转型发展的先行区

探索进一步开发开放和国际合作的发展路径。2011年，国务院印发了《关于横琴

开发有关政策的批复》。批复同意在珠海横琴实行比经济特区更加特殊的优惠政策，以加快横琴开发，构建粤港澳紧密合作新载体，重塑珠海发展新优势，促进澳门经济适度多元发展和维护港澳地区长期繁荣稳定。同年，国务院还批准了《平潭综合实验区总体发展规划》，同意福建平潭实施全岛放开，在通关模式、财税支持、投资准入、金融保险、对台合作、土地配套等方面赋予比经济特区更加特殊、更加优惠的政策。深圳前海新区规划正在编制，未来将成为探索港深紧密合作、承担人民币出海的金融创新历史重任。

探索推进陆海统筹发展的新格局。浙江舟山群岛新区是第四个国家新区，也是第一个以海洋经济为主题的国家新区。新区是在国家保障经济安全、实施海洋战略、深化沿海开放的背景下设立的。浙江舟山群岛新区的战略任务包括四个方面：第一，建成中国大宗商品储运中转加工交易中心，保障国家经济安全。第二，打造中国重要的现代海洋产业基地，引领国家海洋经济开发。第三，构建东部地区重要的海上开放门户，进一步促进对外开放。第四，创新海岛模式，建设中国陆海统筹发展先行区。未来，新区还将以国际化、休闲化为导向，结合舟山群岛海洋旅游综合改革试验区建设，打造世界一流的休闲度假群岛、东南亚著名的宗教文化胜地、长三角重要的休闲旅游目的地。

3. 积极探索和完善区域协调机制

2010 年，京津唐签订了两市一省城乡规划合作框架协议，建立了三方规划联席会议制度，主要研究、协调有关区域交通、重大基础设施、生态环境保护、水资源综合开发利用、海岸线资源保护与利用等跨区域重要的城乡规划，以及影响区域发展的重大建设项目选址，协商推进区域一体化发展和规划协作的有关重大事宜，建立统一的信息库，实现资源共享。珠三角、闽东南分别建立了城市规划局长联席会制度和城市联盟，促进了交通基础设施对接和资源环境共同保护利用。

生态补偿机制在稳步推进。北京河北签署合作框架协议，"十二五"期间，北京将投资 8 亿元用于营造 80 万亩生态水源保护林。天津市 2009—2012 年每年安排 2000 万元用于河北生态补偿。北京市还与张家口市、承德市分别成立了水资源环境治理合作协调小组，制定了《北京市与周边地区水资源环境治理合作资金管理办法》，2005—2009 年，北京市每年安排 2000 万元资金用于支持张家口、承德地区水资源保护项目。

大城市连绵区还普遍加强了"同城化"和"一体化"进程的协作。如广（州）佛（山）、厦（门）漳（州）等在构筑"无障碍"的组合城市，沈（阳）抚（顺）等在推进同城化进程中，都建立了政府间的协作机制，加强基础设施、公共服务、产业合作等领域的统筹协调。广州、佛山两市签订了《广州市佛山市同城化建设合作框架协议》，以"区域同城、产业融合、交通一体、设施共享、环境齐治"为目标，共同编制同城化规划，建立了区域生态资源的共同保护机制，以珠江水系为主要骨架，构建区域的绿色生态架构，实现广佛区域绿地一体化。统筹布局和建设基础设施和公共服务设施，促进基础设施一体化，形成多中心、网络化的大城市城镇空间结构。广州和佛山两市规划部门共同成立了路网衔接沟通协调小组，落实了 55 处对接通道的线位，强化了两市 7 条轨道交通的衔接[①]。

**4. 行政区划调整助推空间资源优化配置**

调整行政区划，是近期核心大城市优化空间资源配置的重要举措。2010 年 7 月，北京市原东城和崇文区、原西城和宣武区合并，成立新的东城区和西城区，期望突破原有行政区划的制约，促进北部的优势资源向南部辐射延伸，实现整体提升、联动发展，提高首都功能核心区的发展水平。此外，北京市还正式推动大兴区和亦庄开发区行政资源的整合，二者共同承担打造城市南部制造业新区的重任，成为北京新的"增长极"。

上海在 2009 年实现了浦东新区与南汇区的合并，2011 年 6 月，又撤销卢湾区和黄浦区，成立了新的黄浦区。深圳经济特区也在 2010 年正式扩容，范围从原来的罗湖、福田、南山、盐田四区扩大到全市，特区面积增加 5 倍。厦门经济特区在 2010 年 7 月扩大到全市，面积增加了 11 倍。天津在 2009 年 11 月撤销塘沽区、汉沽区、大港区，设立天津市滨海新区，以原三个区的行政区域为滨海新区的行政区域。这些行政区域的合并和重组，有利于摆脱行政区域对发展造成的制约，形成发展合力，是政府面对新的发展形势和要求主动谋变的结果。

**5. 不断完善外来人口"市民化"机制**

完善对外来务工人员的服务机制。珠三角大城市连绵区已经推行了免费的外来人口登记管理 IC 系统，通过给 IC 卡持有者提供就业、就医、培训、港澳通行等相关服务功能，使外来人员申领 IC 卡的积极性大增，有效地提高了人口管理的水平。在东莞，市政府不断完善"新莞人"的管理体制机制，将全市范围内包括市外流动人员在内的广大农民工大规模地、一视同仁地纳入全市医保体系。同时，政府还完善有关的落户程序和相关政策，积极稳定地推进户籍制度改革，吸纳就业相对稳定、居所相对固定的外来人员入户，并积极筹措资金，将近 1/3、18 万外来务工人员学龄子女纳入公办学校读书。

大城市连绵区除北京、上海等个别城市外，全面推行了外来务工人员积分落户办法。各城市根据财政保障能力和城市承载能力，因地制宜地推出了外来人员积分入户政策。以宁波为例，根据外来人员持居住证和工作年限、居住条件、信用记录、专业技能、教育水平、荣誉称号（优秀党员、劳动模范、技术能手等）、社会服务（志愿服务、义务献血等）、参加社会保障状况等，制定了入户积分标准，并对核心城区、其他县市（区）和乡镇制定了梯度积分政策，使外来务工人员入户做到了政策透明、稳妥有序和循序渐进。

### （二）核心城市高度关注世界城市建设问题

大城市连绵区是国家中心城市的主要集聚地，因此也是建设世界城市的先发地区。近年来，以北京、上海、广州、深圳、天津等为代表的国家中心城市，以实现国家核心利益为目标，结合自身的资源禀赋和国家战略要求，在世界城市建设中不断尝试和探索。

---

① 广佛同城化规划编制工作情况汇报 . 广州市规划局，2009 年 .

**1. 新一轮城市总体规划和战略研究高度重视世界城市建设**

北京作为国家首都，以及中国教育、科技最发达和人才最集中的地方，已经具备了建设有中国特色世界城市的良好基础和现实可能。顺应国情国力和国际地位的变化，着眼于强化大国首都职能，在更高的层次上参与国际竞争与合作，是近几年北京市研究的重点。上海作为国家经济中心城市，目前正围绕着"将上海基本建成与我国经济实力和人民币国际地位相适当的国际金融中心、具有全球航运资源配置能力的国际航运中心"的目标，深入展开经济转型、空间发展、社会建设等领域的研究工作。在新一轮的广州总体规划（2010—2020年）中，也提出将广州建设成为具有重要国际功能的国家中心城市，如成为具有国际航运中心、国际交往中心、亚洲物流中心等职能的综合性门户城市，具备国际商贸会展中心功能的南方经济中心等。在深圳总规（2007—2020年）中，深圳提出要建设具有中国特色的国际化城市，并与香港共建世界级都市区。天津、宁波、大连、青岛等城市，则充分发挥港口优势，把建设国际港口城市作为其建设世界城市的主要着力点。

**2. 举办"大事件"成为建设世界城市的重要举措**

举办国际关注的"大事件"，是城市增强世界影响力的重要举措，也是城市建设、城市经济、城市文化和城市治理的重要"催化剂"，对加快建设世界城市更是难得的历史机遇。北京奥运会、上海世博会、广州亚运会、天津G20峰会、大连夏季达沃斯论坛、深圳世界大学生运动会等，都是近年来大城市连绵区在核心城市举办的重要"大事件"。众多的"大事件"成功举办，除了扩大城市的世界影响力外，还对完善核心城市的空间结构、优化空间资源配置，发挥了积极的作用。如上海通过举办世博会，将黄浦江两岸受污染并布满工厂、仓库、码头的工业地带转化为城市公共开放空间，5.28平方公里的园区大部分将被开发为综合性的、高密度的城市中心延伸区，充分发挥滨水用地的公共效益，为上海城市空间的内生型拓展和城市空间品质的提升提供了契机。

亚运会的建设为加快广州重点地区发展、进一步引导城市空间结构调整优化创造了机遇。根据城市总体规划和城市发展战略规划的相关内容，广州规划了"两心一走廊"的亚运会重点发展地区空间格局（"两心"指天河新城市中心和白云新城，"一走廊"为奥体新城、大学城、亚运城等构成的发展走廊），旨在进一步完善城市功能，带动城市新区发展，完善城市的多中心结构[①]（图2-3-1）。

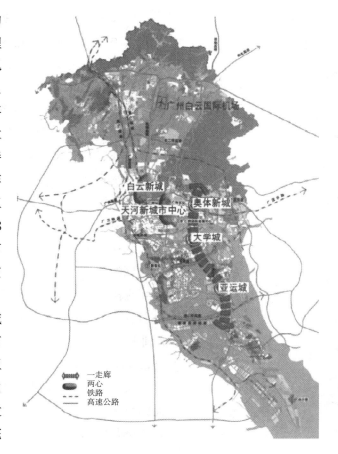

**图2-3-1 亚运会重点发展地区空间格局**

资料来源：中国城市规划设计研究院绘制。

一走廊
两心
铁路
高速公路

---

[①] 陈建华、李晓晖. 2010广州亚运会与广州城市发展 [J]. 城市规划，2009增刊，5.

## （三）积极应对"后工业化"社会的转型和发展需要

### 1. 低碳生态城市建设方兴未艾

为应对能源资源紧张和全球气候变化的压力，我国许多城市掀起了生态城市建设的热潮，各大城市连绵区的热情尤其高涨，在不同地区、从不同尺度纷纷展开相关的实践。2007、2008 年，中国政府先后与新加坡和瑞典两国政府签署协议，共建中新天津生态城和曹妃甸国际生态城。2010 年，住房城乡建设部先后与深圳和无锡签署协议，由部与城市人民政府合作共建国家低碳生态示范市（区）。目前，深圳已经在光明新区、坪山新区全面开展了建设绿色城市、低冲击开发示范试验等探索，并着手启动中荷（欧）合作低碳城、蛇口网谷低碳生态国际化社区的规划研究，以及在规划管理操作层面落实低碳生态目标的法定图则和城市更新编制指引等项目实践。2010 年，北京市与芬兰合作，在门头沟区共建"中芬生态谷"。其他实践如北京长辛店低碳社区、北京通州生态低碳国际新城、上海南桥低碳生态新城等纷纷开工建设。在山东半岛大城市连绵区，东营低碳生态科技园、潍坊滨海经济技术开发区也在进行低碳生态城市的试点和示范工作。

### 2. 有序推动城市旧区的保护和更新改造

由于我国大城市连绵区率先进入了城市经济的转型，大量的旧居住区、旧工业区、老商业区、老码头区、历史文化街区和老仓储区等城市旧区的更新改造成为近年来规划和建设的重点。

沈阳铁西区是我国著名的老工业基地，自 20 世纪 90 年代起，随着国企改革的深入展开，许多大型骨干国营企业因历史包袱沉重、经营不善而陷入困境，厂房闲置、用地废弃、发展陷入萧条。在国家和地方政府的鼓励和支持下，铁西区大力推行废弃工业用地的"退二进三"，以企业的搬迁改造和技术升级为核心，强化区域整体发展动力，持续优化区域环境，改善居住条件；挖掘铁西文化，建设工业主题博物馆和工业文化遗址，使铁西区的发展重新焕发生机。

北京在旧工业区更新改造中处于全国领先水平。除著名的 798 创意产业区外，随着首钢的搬迁，其旧厂区的更新改造规划已通过专家评审。规划确定首钢及其协作发展区应作为"北京城市西部的综合服务中心"和"后工业文化创意产业区"，重点引导"创意产业密集区、新技术研发与总部经济区、现代服务业密集区和水岸经济区"四大产业区发展。北京焦化厂原址将重点发展现代高端服务业，以文化创意产业为主导的都市型绿色产业园。首钢二通厂将建为国家级的动漫产业基地。

长三角大城市连绵区的无锡市，是我国近现代民族工业重要的发祥地之一。近年来，无锡市通过重点普查新中国成立前民族工商业企业，新中国成立后 50 年代的工商企业和改革开放期间的乡镇企业，以及相关的民居、社会事业、环境等，认定了申新三厂、振新纱厂、开源机器厂等 180 余幢老厂房。在普查认定的基础上，市政府先后分两批公布了 34 处无锡工业遗产保护名录，作为城市未来保护和有机更新的主要功能载体。

2009 年，广东省出台《关于推进"三旧"改造促进节约集约用地的若干意见》，在全国率先启动城乡区域"三旧"（旧城区、旧厂房、城中村）改造工作，计划用三年时间完成1133平方公里的用地改造，其中珠三角有600多平方公里。通过两年多的摸索，已经摸索出了政府主导、村集体主导和政府与村集体合作等各种模式，在"三旧"改造中突出功能优化和产业结构升级，把整治改造的主要目标用在改善民生和环境上，并通过整治改造，实现区域功能和产业结构的升级优化转型。在"三旧"改造中，政府通过依法、合理、有效地行使行政权，使"三旧"整治改造作为改善民生、提升城市品质的关键环节[①]。

3. 全力推动创新创意产业发展

北京在产业转型发展方面走在了全国的前列。2010年，北京第三产业增加值占地区生产总值的比重达到75%。其中，文化创意产业实现增加值1692.2亿元，占地区生产总值的比重为12.3%，高居全国首位；高技术产业实现增加值866.5亿元，占地区生产总值的比重为6.3%。北京中关村成为国家首个推进自主创新发展的示范园区。2006—2010年，北京分四批公布了30个市级文化创意产业聚集区，涉及影视、动漫、旅游文化、国际展览、时尚设计、古玩交易、出版发行等数十个门类（图2-3-2）。

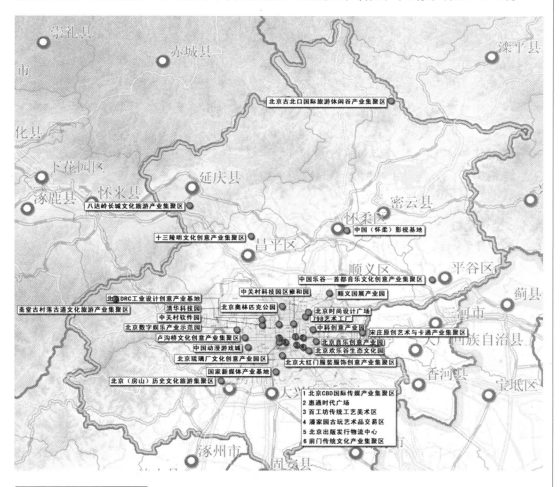

**图2-3-2　北京创新创意产业产业集聚区**

资料来源：中国城市规划设计研究院绘制。

---

① 加快城乡经济社会发展一体化，"三旧"改造工作情况。广州市国土房管局城市更新改造办公室，2009年。

长三角产业转型发展的步伐也很快。2009年，上海完成结构调整项目近850项，淘汰产值296亿元，创意产业增加值达到1148亿元，占全市GDP比重7.7%以上，从业人员95万人，正在成为上海的支柱产业之一。常州已经拥有国家级创意产业基地4个，形成了以软件、动漫、网络游戏为特色的产业集群，其中拥有软件企业130余家，年产动画片能力在10000分钟以上。宁波近年来也形成了"天工之城DIY街区"、"134创新谷"、"三厂时尚创新街区"等为重点的10大创意产业街区，主要集中在城市主要中心区周边、历史地段、滨水地区（如湾头、月湖、慈城等）、城市的棕地改造区（江北老工业区）、大学等周边地区，成为宁波产业转型发展的重要基地。

**4. 深入开展宜居城市和优质生活圈的建设**

自北京在全国率先提出建设宜居城市以来，大城市连绵区中的许多城市，如大连、杭州、天津等20多个城市均把建设宜居城市作为发展目标。这与大城市连绵区城乡居民物质生活水平在全国处于领先、对城乡环境品质有更高要求是直接相关的。

珠三角大城市连绵区启动优质生活圈的规划和建设。2012年，国内首个以生活质量提升而不是区域发展为核心诉求的跨界合作规划——《粤港澳共建优质生活圈专项规划》编制完成。规划由广东省住房城乡建设厅、香港环境局和澳门运输公务司三方共同组织编制。规划认为"优质生活圈"应实现生态系统安全可靠，自然环境健康洁净，经济发展低碳、可持续，居民能够获得多样就业岗位保证体面的生活，空间环境舒适宜居，交通系统绿色、高效，社会和谐安宁，公共服务便利。三方以建设"优质生活圈"为目标，在环境生态、低碳发展、文化民生、土地利用、交通组织等五个领域建立了合作方向。

高度关注休闲和娱乐空间的规划和建设。珠三角在2010年完成了2372公里的区域绿道网的建设，将具有较高自然和历史文化价值的各类郊野公园、自然保护区、风景名胜区、历史古迹等重要节点串联起来，同时配套完善设施，并对绿道控制区实行空间管制，融合环保、旅游、运动、休闲和科普等多种功能，在构筑区域生态安全网络的同时，为广大城乡居民提供多功能的生活公共空间。长三角各市绿道网络也在加速构建之中，整个区域的绿道网络将在几年后成型。如杭州正围绕"三江（新安江、富春江、钱塘江）两岸"绿道建设，加快绿道旅游区建设，通过长达231公里绿道"主轴"，将"三江两岸"两侧的主要城镇、村庄、风景名胜区、重要功能区"串珠成链"。宁波则在全市域范围，以历史文化名城名镇为重点，建设"三城九镇"历史文化展示区，整治滨水滨海空间。并在中心城市，形成由一环（围绕三江片地区）、三江、两带（滨海廊道）为骨架绿道体系，着重打造步行及自行车交通为主的慢行廊道（图2-3-3），串联都市、自然景观及人文景观，围绕城市中心区、历史名镇名村及风景区等大尺度绿化，建设核心步行区。

大城市连绵区率先启动PM2.5的监测和治理。近年来大气污染呈现复合化和区域化特征，大气灰霾成为影响经济发达地区空气质量的头号因素，严重影响宜居城市建设。2011年，国家率先在珠江三角洲、长江三角洲、京津唐等重点地区和直辖市、省会城

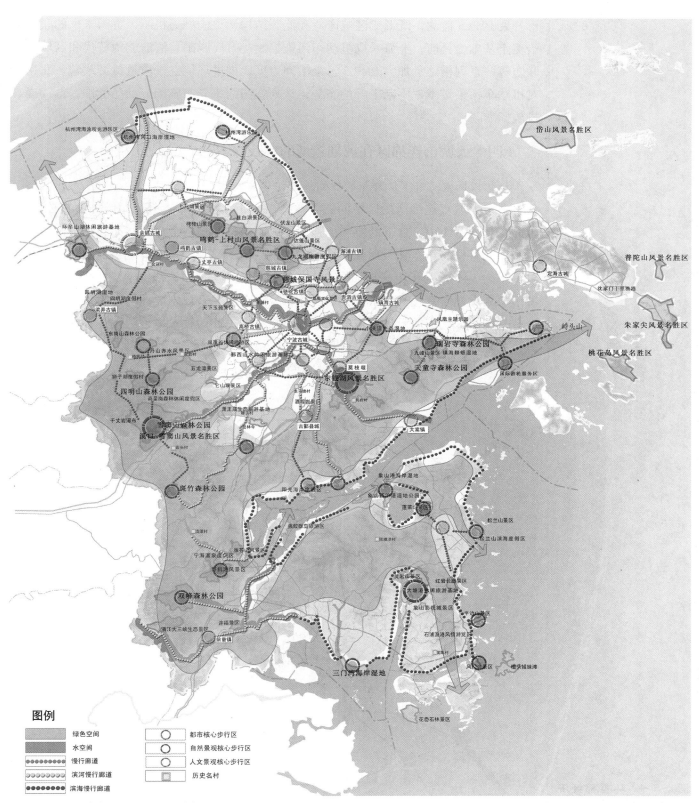

**图例**

| | |
|---|---|
| | 绿色空间 |
| | 水空间 |
| | 慢行廊道 |
| | 滨河慢行廊道 |
| | 滨海慢行廊道 |

| | |
|---|---|
| ◯ | 都市核心步行区 |
| ◯ | 自然景观核心步行区 |
| ◯ | 人文景观核心步行区 |
| ▢ | 历史名村 |

**图 2-3-3　宁波中心城区慢行系统规划**

资料来源：中国城市规划设计研究院绘制。

市开展 PM2.5 监测，既形成区域产业和能源结构调整的倒逼机制，也为未来的联防联治奠定基础。目前，上海采取机动车污染控制、电厂脱硝、清洁能源替代和区域联控联防等一系列措施，加大 PM2.5 污染治理力度，推进环境空气质量持续改善。北京针对机动车污染贡献率不断上升的态势，计划在国内率先实施国五油品标准，继续提高排放标准。

## （四）大城市连绵区在规划领域的实践探索

### 1. 积极探索"自下协作"的规划编制组织方式

由于大城市连绵区的区域问题日益突出，相关各方都认识到加强协作的必要性，因此在规划工作中，自下的协作加强，形成了新的规划组织模式。如北京市规划委员会和河北省住房城乡建设厅在联合组织编制《首都区域空间战略研究（2011—2030）》时（图 2-3-4），为了更好地加强协作，组织单位还邀请了清华大学、北京大学、中国城市规划设计研究院、北京市规划设计研究院和河北省规划设计研究院等五家对该地区有长期跟踪研究的设计单位参与该项工作。通过共同技术平台的建设，促进区域共识，为解决区域生态、水资源、能源、交通（机场、港口、轨道、高速公路）、产业协调、城镇发展等问题，以及日后的规划执行提供了良好的基础。

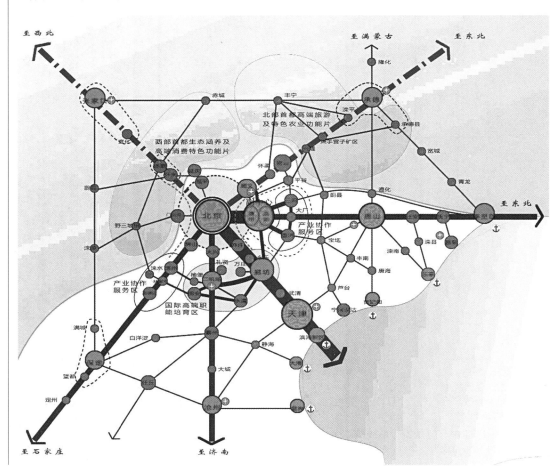

**图 2-3-4　环首都经济圈规划空间结构图**
资料来源：中国城市规划设计研究院绘制。

### 2.高度关注对不同地区的差异化引导

在河北环首都圈规划（2011—2030）中，规划基于"对接北京、面向区域、构筑河北新兴增长极"的总体发展要求，面对区域差异提出"因地制宜，差异化分类对接"的空间发展策略，根据地理区位、交通条件、生态适宜性和产业基础等方面的差异性，将环首都地区划分为四类空间类型（图2-3-5），并以四市中心城区和与北京直接接壤的前沿地带为重点，进行差异化的空间对接。其中：一类地区为前沿地带的东南部平原地区，区位优势最佳，对接首都一体化发展的前沿地区，城镇产业发展的重点地区，以承接首都人口疏散、高端产业配套和专业性生产服务业发展为主；二类地区为前沿地带的西北部山地区域，生态环境与资源特色突出，区位条件较好，肩负首都生态屏障的重要职责，以对接首都休闲商务、高端消费、高端旅游和特色林果农牧产品等特

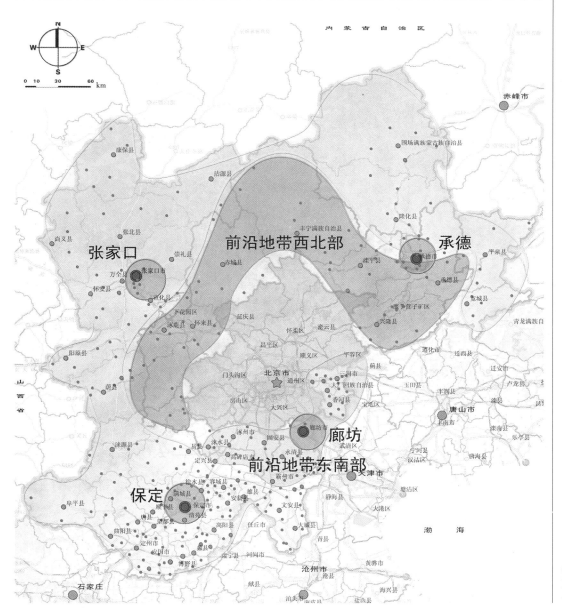

**图2-3-5 环首都地区差异化空间对接示意图**
资料来源：中国城市规划设计研究院绘制。

色产业发展为主；三类地区为四市的中心城区，城市建设水平相对较高、综合承载和服务辐射能力相对较强，以承接北京的现代制造业转移和积极发展生产性服务业为主；除前沿地带和四市中心城区以外的其他县（区、市），以高端休闲旅游和特色农业对接为主。

3. 深入开展大城市连绵区的次区域规划

针对大城市连绵区重点区域，通过编制次区域规划来落实上位规划，是实现大城市连绵区整体发展战略的重要措施。如在河北沿海城镇带规划中，规划立足京津冀世界级城镇群建设的总目标，依据国家转型发展的新要求，确定了河北沿海地区的发展

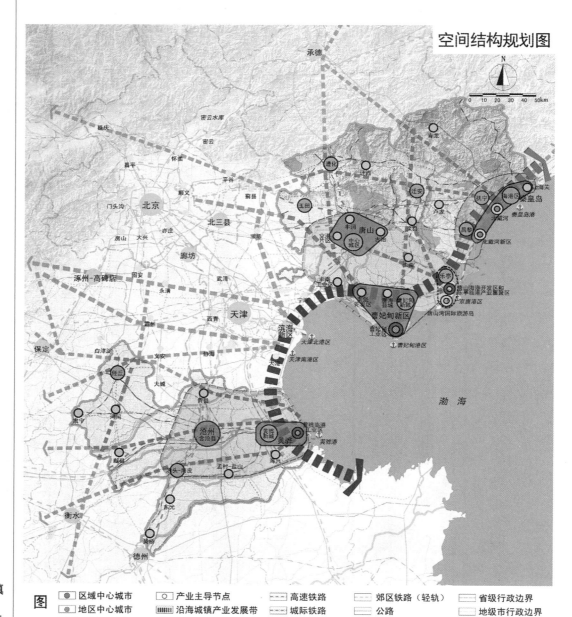

图 2-3-6 河北沿海城镇
带规划（2010—2030 年）
资料来源：中国城市规划设
计研究院绘制。

图例

区域中心城市　　产业主导节点　　高速铁路　　郊区铁路（轻轨）　　省级行政边界
地区中心城市　　沿海城镇产业发展带　城际铁路　　公路　　地级市行政边界
一般县（市）　　都市区　　普通铁路　　机场　　县级行政边界
旅游服务主导节点　疏港运输通道　　高速公路　　港口　　规划范围

目标为："中国沿海科学发展示范区，京津冀地区新的增长极，河北省经济社会发展战略引擎"。规划提出积极转变发展模式，实施"内聚提升，对接开放，转型跨越"三大战略，并确定了"一带、三区，多节点、多通道"的空间结构（图2-3-6）。一带：沿海城镇产业发展带；三区：唐山、秦皇岛、沧州三个都市区。多节点：重要城镇节点——区域中心城市、地区中心城市和一般县（市），专业性节点——北戴河新区、唐山湾国际旅游岛等；多通道：连接沿海港口与腹地及节点城市的多条疏港运输通道。

4. 科学编制大城市连绵区各类专项规划

科学编制大城市连绵区编制各类专项规划，是落实区域发展目标、增强规划实施性和操作性的重要探索和尝试。珠江三角洲绿道网总体规划、粤港澳共建优质生活圈专项规划等，都是这两年涌现出的重点突出、社会反响强烈的区域专项规划，为落实大城市连绵区转型发展的相关目标发挥了积极作用。此外，珠三角地区还编制了基础设施、产业布局、基本公共服务、生态环境保护和城乡规划等五个一体化规划，这些规划也成为贯彻《珠三角改革发展规划纲要（2008—2020）》的重要专项规划。以《珠江三角洲城乡规划一体化（2009—2020）》为例，该规划在探索大城市连绵区构筑高效率、绿色低碳的城乡一体化发展模式方面走在了全国的前列。规划重点提出了区域性交通走廊和集聚中心体系，其中区域性交通走廊将与TOD城镇开发模式相结合（图2-3-7）。为配合集聚中心的发展，规划还加强了镇行政体制的改革研究，如通过建设城市（镇）增长区，撤销镇一级行政区划，设立街道办事处等，强化城市的统筹协调能力。

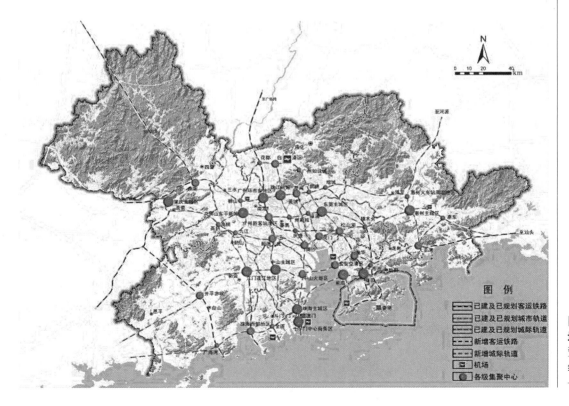

**图2-3-7　珠江三角洲区域交通走廊与集聚中心图**

资料来源：引自广东省政府编制《珠江三角洲城乡规划一体化（2009—2020）》规划。

## 四、结语

　　志存高远，方能卓越。依靠改革开放的先发惯性优势，我国大城市连绵区已经取得先发优势，完成了量的积累。未来的发展，需要依靠转型和体制机制的创新才能带动质的飞跃。在国际政治经济格局面临重大调整的背景下，中国实现大国崛起的理想已经逐步由图景走向现实，大城市连绵区使命光荣，责任重大。在国家空间发展和开放格局更加均衡、传统发展要素向中西部地区不断转移情境下，大城市连绵区的发展又一次走到了历史的十字街头。突破对传统发展路径的依赖，探索后工业化社会的发展道路，实现以人为本的社会管理模式，建立优化空间资源配置的体制机制，必然是一个壮士断腕、凤凰涅槃的艰苦过程。从长远看，大城市连绵区只有实现上述的转型发展目标，才能在新一轮的国际国内竞争再次获得先机、赢得优势，并为长远的发展奠定坚实基础。

## 参考文献

[1] 李凤桃.城市行政区划的新一轮合并 [J]. 中国经济周刊，2011 年.

[2] 李善同，刘云中等著.2030 年的中国经济 [M]. 北京：经济科学出版社.

[3] 俞斯佳.上海市城市总体规划实施评估.载中国城市规划发展报告（2009—2010）[R]. 北京：中国建筑工业出版社，2010.

[4] 徐泽，陈明.城镇化发展与区域规划.载中国城市规划发展报告（2011—2112）[R]. 北京：中国建筑工业出版社，2012.

[5] 中国城市规划设计研究院.首都区域空间战略——北京国际化和区域化的路径与空间（内部讨论稿），2012 年.

[6] 中国城市规划设计研究院、宁波市城市规划研究中心.宁波 2030 城市发展战略（内部讨论稿），2011 年.

[7] 中国城市规划设计研究院.上海城市空间发展战略研究（内部讨论稿）.

[8] 陈建华，李晓晖.2010 广州亚运会与广州城市发展 [J]. 城市规划，2009，（B03）.

[9] 廖远涛，易晓峰等.广州 2010 年"亚运城市"行动计划 [J]. 城市规划，2009，（B03）.

[10] 住房和城乡建设部课题组."十二五"中国城镇化发展战略研究报告 [R]. 北京：中国建筑工业出版社，2011.

[11] 卢华翔，焦怡雪等著.进城务工人员住房问题调查研究 [M]. 北京：商务印书馆，2011.

[12] 李晓江，郑德高，陈勇.国家新区规划与国家空间发展战略的演进 [M]. 中国城市科学研究会等编：中国城市规划发展报告（2011—2112）.北京：中国建筑工业出版社，2012.

# 第三篇

# 中国大城市连绵区规划与建设研究专题报告

专题报告一

中国大城市连绵区经济发展研究

# 目　录

# 一、全球化与经济转型背景下大城市连绵区经济发展轨迹

## （一）大城市连绵区经济与产业发展特征

### 1. 经济总量大、增长速度快、发展态势好，整体进入工业化中高级阶段

改革开放以来，我国沿海大城市连绵区经济呈现十分强劲的高速增长势头，作为引领中国经济增长火车头的龙头地位彰显。2005年，六大大城市连绵区的国内生产总值达到86417亿元，占全国的47.0%。人均国内生产总值达到31140元，接近4000美元，是全国人均国内生产总值的2.2倍，已整体进入了工业化中高级阶段。其中，珠江三角洲、长江三角洲人均国内生产总值达到5000美元，进入了工业化高级阶段（表3-1-1-1）。

中国各大城市连绵区基本情况统计（2005年）　　　　表3-1-1-1

| 城市 | 年末总人口（万人） | 土地面积（平方公里） | 人口密度（人/平方公里） | 地区生产总值（亿元） | 人均生产总值（元） |
|---|---|---|---|---|---|
| 长三角 | 8684 | 110821 | 784 | 33963 | 39112 |
| 珠三角 | 4546 | 54743 | 830 | 13090 | 40134 |
| 京津唐 | 4776 | 68815 | 694 | 14271 | 29881 |
| 辽中南 | 2833 | 81673 | 347 | 7403 | 26129 |
| 山东半岛 | 4212 | 73311 | 575 | 12249 | 29083 |
| 海峡西岸 | 2700 | 54542 | 495 | 5441 | 20153 |
| 合计 | 27751 | 443905 | 625 | 86417 | 31140 |

资料来源：根据相关省市统计年鉴数据自算。

沿海大城市连绵区也是我国产业结构调整与优化升级的先行区域。六大大城市连绵区呈现一产比重持续下降，二、三产比重稳步攀升，共同推进区域经济发展的鲜明特征。截至2005年末，京津唐出现了"三、二、一"的结构特征，其他五大大城市连绵区的三次产业结构表现出"二、三、一"的产业发展格局，除辽中南外，其余各大城市连绵区的非农化比例均高于全国平均水平，是我国工业化和城市化快速发展的引领区（表3-1-1-2）。

中国各大城市连绵区产业结构比较　　　　表3-1-1-2

| | 第一产业（%） | 第二产业（%） | 第三产业（%） |
|---|---|---|---|
| 全国平均水平 | 12.5 | 47.3 | 40.3 |
| 长三角 | 4.11 | 55.04 | 40.85 |
| 珠三角 | 3.15 | 50.59 | 46.26 |
| 京津唐 | 5.20 | 42.63 | 52.17 |
| 辽中南 | 16.20 | 49.99 | 41.91 |
| 山东半岛 | 8.15 | 58.29 | 33.57 |
| 海峡西岸 | 10.73 | 50.58 | 38.70 |

资料来源：根据相关省市统计年鉴数据自算。

与此同时，大城市连绵区三次产业内部结构也得到了明显改善。在第一产业内部，传统的粮食作物、棉花、桑蚕等比重迅速缩小，蔬菜、园艺等城郊型农业发展迅速。在第二产业内部，以电子、电气、汽车、医药、通用设备制造业为代表的先进制造业发展迅速，超过了纺织服装、金属冶炼等传统支柱产业，信息通信、生物医药、光机电一体化、新材料等新兴产业正在成为主导产业。在第三产业内部，金融、保险、物流、旅游、会展、房地产等现代服务业发展迅速。

2. 各具特色的产业集群已经形成，比较优势和竞争优势突出

依托园区和块状经济，我国大城市连绵区形成了特色鲜明的产业门类。以长三角为例，上海的汽车、造船、大型成套设备制造业、航空航天为主体的现代装备制造业，以及芯片设计、生产、封装、测试产业链在全国占有重要地位；杭州的软件业，绍兴的纺织业、袜业和领带业，泰州的家用电器，宁波的塑料制品和手机制造等具有重要的国内外影响力；苏州的电子信息制造产业等已成为全球重要的生产基地。珠江三角洲东岸的东莞、深圳、惠州以电子通信设备制造业为主的"广东电子信息产业走廊"已是全国最大的电子通信制造业基地。珠江三角洲西岸的珠海、中山、顺德、江门已形成以家庭耐用与非耐用消费品、五金制品为主的产业带。珠江三角洲中部的广州、佛山、肇庆是传统的电气机械、钢铁、纺织、建材产业带。此外，京津唐大城市连绵区的电子通信制造、高新技术、钢铁、石化和医药制造等产业，辽中南大城市连绵区的钢铁、石化、装备制造、农产品生产和加工业，海峡西岸大城市连绵区的服装、电子产业以及山东半岛大城市连绵区的家电制造、农副产品加工、海洋产业和石油化工等产业均在全国占有重要的地位（表3-1-1-3）。

中国各大城市连绵区工业支柱产业一览表　　　　表3-1-1-3

| | 工业支柱产业 |
| --- | --- |
| 长三角 | 电子信息及器材、电气、汽车、医药、通用设备制造业 |
| 珠三角 | 电子信息业、电气机械及专用设备、石油及化学、纺织服装、食品饮料、建筑材料 |
| 京津唐 | 电子信息及器材制造、交通运输设备制造、黑色金属冶炼及压延业、化学原料、电力 |
| 辽中南 | 黑色金属冶炼及压延业、交通运输设备制造、石油化工、炼焦及核燃料加工、化学原料制造 |
| 山东半岛 | 家电制造、电子信息、石油开采和加工、交通运输设备制造、农副产品加工 |
| 海峡西岸 | 电子信息及器材、非金属矿物制品、纺织服装、皮革制品、农副产品加工 |

资料来源：根据互联网有关资料整理。

3. 外向型经济成为推动大城市连绵区经济发展和产业结构优化升级的重要力量

我国东部沿海地区先行的倾斜型发展政策顺应了全球化的形势，外向型经济是我国大城市连绵区发展的外在动力。2005年度，长三角地区吸引外资已达260.26亿美元，占全国当年吸引外资总额的40.79%，珠三角吸引外资规模为110.6亿美元，占全国的17.33%。即使是利用外资最少的辽中南大城市连绵区，其利用外资规模也达34.2亿美元（表3-1-1-4）。这6大城市连绵区2005年度实际使用的外资占到了全国利用外资

水平的 95.99%。与此同时，外商投资规模的迅速扩大，大幅度提高了我国的对外贸易水平，外贸已经成为拉动地区经济增长和产业升级的重要动力，并且与地区经济的增长和地区产业结构的升级呈现明显的正相关关系（表 3-1-1-5）。

2005 年度城市群实际利用外资统计　　　　　　　　　表 3-1-1-4

| | 2005 年实际利用外资（亿美元） | 占全国的比重（%） |
| --- | --- | --- |
| 长三角 | 260.26 | 40.79 |
| 珠三角 | 110.6 | 17.33 |
| 京津唐 | 76.6 | 12.02 |
| 辽中南 | 34.2 | 5.36 |
| 山东半岛 | 78.6 | 12.32 |
| 海峡西岸 | 52.1 | 8.17 |
| 合计 | 612.46 | 95.99 |

资料来源：根据相关省市统计年鉴数据自算。

2005 年度各大城市连绵区外贸易进出口统计（亿美元）　　　表 3-1-1-5

| | 外贸进出口总额 | 占全国的比重（%） |
| --- | --- | --- |
| 山东半岛 | 662.7 | 4.66 |
| 海峡西岸 | 533.2 | 3.75 |
| 珠三角 | 4279.8 | 30.1 |
| 辽中南 | 363.4 | 2.56 |
| 长三角 | 5024.8 | 35.3 |

注：珠三角所用的数据用广东省的数据代替。
资料来源：根据相关省市统计年鉴数据自算。

近几年来，随着大城市连绵区的外商投资领域从一般加工业逐渐向先进制造业转移，从劳动密集型产业向资本技术知识密集型产业转移，产业重型化的趋势越发明显，产业分工与协作的特征愈发显现，带动了产业内贸易的大幅度提升，同时也带动了我国进出口结构的优化和升级。除了劳动密集型产品在国际上继续保持强大的竞争力外，附加值较高的机电产品类已是我国最大的出口门类，而原油、铁矿石等基础原材料的进口金额则不断提高。

4. 大城市连绵区产业高度聚集提高了整体经济效益

大城市连绵区的产业高度聚集推动了这些地区劳动生产率的提高。这种聚集可以通过以下三个方面发挥经济优势：一是企业内部的规模经济，即随着生产厂商的规模扩大，其产品平均成本也随之下降；二是由于大城市连绵区内含有同一行业的许多企业，该区域通过共享基础设施、知识外溢、交流和具有广大的熟练劳动力市场，由此降低了单个企业产品的平均成本；三是由于城市规模的扩大和多样化的经济活动在城市的聚集，从而有利于多元经济主体共享专业化投入、经济服务以及其他基础设施。

范剑勇对全国主要的 283 个城市劳动生产率进行了研究，并将这些城市归并到沿海、东北、中部、西南与西北五个地区[①]，通过计算算术平均值发现，我国这五大地区的劳动生产率、职工工资和非农就业密度存在着很大的差异。沿海地区无论是在劳动生产率、职工工资，还是在非农就业密度方面，都远远领先于其他地区。从具体数据值来看，我国沿海地区 2004 年的劳动生产率已达 187384 元 / 年·人，远远高于中部地区的 104524 元 / 年·人，西南地区的 98479 元 / 年·人和西北地区的 90733 元 / 年·人。如果沿海地区再剔除掉经济发展相对滞后的河北省和海南省，该指标将会更高（表 3-1-1-6）。

**2004 年中国各主要地区的主要生产率指标均值** 表 3-1-1-6

| | 劳动生产率 | 职工工资 | 非农就业密度 |
|---|---|---|---|
| 沿海 | 187383.7 | 15948.67 | 64.83 |
| 东北三省 | 107306.00 | 11891.88 | 22.2 |
| 中部 | 104523.96 | 11803.95 | 36.86 |
| 西南 | 98478.53 | 12895.97 | 18.74 |
| 西北 | 90732.73 | 13680.99 | 15.53 |

注：劳动生产率、职工工资的单位为元 / 年·人，就业密度的单位是人·年 / 平方公里。
数据转引自：范剑勇. 产业集聚与地区间劳动生产率差异 [J]. 经济研究，2006，（11）。

大城市连绵区也是我国高新技术的主要发展基地，这种态势在珠三角、长三角和京津唐三大核心区尤为明显。以柳卸林、胡志坚为首的中国科技发展战略研究课题组对中国的区域创新能力的研究表明，中国区域创新能力从东部沿海地区向西部内陆地区由高到低呈梯次分布，沿海地区表现出强劲的创新能力（表 3-1-1-7）。沿海地区特别是大城市连绵区已经成为创新密集区。

**几大区域科技指标比较** 表 3-1-1-7

| | 科技资源指数 | 科技产出指数 | 科技贡献指数 | 科技能力指数 |
|---|---|---|---|---|
| 全国平均 | 35.6 | 23.32 | 43.39 | 34.10 |
| 东部 | 46.37 | 36.01 | 53.47 | 45.28 |
| 中部 | 27.88 | 18.24 | 41.43 | 29.18 |
| 西部 | 28.34 | 13.19 | 36.02 | 25.88 |
| 环渤海 | 52.07 | 42.66 | 55.07 | 49.93 |
| 长三角 | 47.87 | 40.09 | 56.61 | 48.18 |
| 珠三角 | 46.68 | 46.52 | 50.99 | 48.06 |

注：此处中部包括湖北、河南、湖南、安徽、江西五省。
资料来源：中国科学院可持续发展战略研究组编著. 2002 年中国可持续战略发展报告. 北京：科学出版社，2002.

---

[①]（1）东北地区:黑龙江、吉林、辽宁省;（2）东部沿海各省:河北、山东、江苏、浙江、广东、福建、海南省;（3）中部省份:山西、河南、安徽、湖北、湖南和江西省;（4）西北地区：内蒙古、陕西、宁夏、甘肃、青海、新疆、西藏;（5）西南地区：四川、云南、贵州、广西。

长三角大城市连绵区是我国高新技术产业发展最为密集的地区。上海建有漕河泾高新技术开发区、浦东张江高科技和金桥现代科技园等高新园区；江苏形成以国家级高新技术产业开发区、经济技术开发区为核心，沪宁沿线高新技术产业带为主线，沿江两岸为辐射走廊，其他地区不断培育新增长点的高新技术产业发展格局；浙江形成以杭州、宁波为两极，依托杭甬线，以高新技术产业开发区、经济技术开发区、保税区为基础的高新技术产业布局。苏州、无锡、常州 3 市的苏锡常火炬带创造了我国高新技术产业协调发展新模式。

珠江三角洲集中了 6 个国家级、3 个省级高新技术产业开发区，2 个国家软件园，12 个国家"863"成果转化基地，国家级的大学科技园和 IC 设计产业化基地各 1 个。目前，珠江三角洲电子及通信设备制造业产值占全国的比重超过三成，是世界最大的信息产品制造业基地之一。

京津唐地区集中了全国最具有优势的科技教育资源，以北京中关村高科技园区（一区七园）为代表，以京津高科技产业走廊等为依托，高新技术产业具有很强的竞争力。近年来，外商投资正大举向我国沿海城市群地区转移，主要集中在重化工和信息产业方面，为未来高新技术产业的持续发展提供了强劲的动力（表 3-1-1-8）。

长三角国家级高新区主要产业和产品　　　　　　表 3-1-1-8

| 高新区名称 | 主要高新技术产业 | 主要产品 |
| --- | --- | --- |
| 漕河泾新兴技术开发区 | 信息产业、新材料、现代生物医药 | 通讯产品、光纤、医药 |
| 张江高科技园区 | 生物医药、微电子、信息产业 | 医药、软件、电子元器件 |
| 金桥现代科技园 | 轿车、微电子、通信设备、精细化工 | 轿车、电子与通信产品等 |
| 南京高新区 | 电子信息、生物工程与医药、新材料 | 电子与微电子产品、医药 |
| 杭州高新区 | 通信、计算机软件、机电一体化、新材料、生物医药 | 通信产品、电子信息 |
| 苏州高新区 | 电子信息、精密机械、精细化工 | 电子信息、生物医药 |
| 无锡高新区 | 电子信息、精密机械、机电一体化、精细化工 | 电子信息、机电产品 |
| 常州高新区 | 电子、工程机械、生物医药、精细化工 | 电子产品、机械、医药 |

资料来源：依据网上资料搜集、整理。

## （二）大城市连绵区发展轨迹研究

### 1. 工业化是大城市连绵区形成发展的内在驱动力

国内外大城市连绵区的兴起、发展都是以工业化为基础和先导的。英国是世界上最早开始工业化的国家，在工业革命的推动下，英国的城市化进程十分迅速，曼彻斯特、伯明翰、利物浦等一大批工业城市迅速崛起、成长，在英格兰东南部还逐步形成了大城市连绵区。随着资本、工厂、人口向城市的迅速集中，在德国的莱茵 - 鲁尔地区、法国巴黎地区、美国东北海岸和中西部等地区，也形成了城市密集地区，出现了大城市连绵区现象。

（1）美国东北海岸大城市连绵区

美国东北海岸大城市连绵区发展分为四个阶段：

19世纪初至1870年是初步扩展阶段，以贸易、行政功能为主的各个城市独立发展，港口城市的迅速发展逐渐显示其对外交流功能和外向型经济职能的重要性。

1871—1920年是区域性城市体系形成阶段，以钢铁为主的重工业的发展使城市规模迅速扩大，带动了制造业的发展，同时铁路交通运输网络的形成加强了城市之间的联系，形成了以纽约、费城两个特大城市为核心的区域城市发展轴线，各个城市的建成区基本成型。

1921—1950年是大城市连绵区的形成阶段，中心城市规模进一步扩大，单个城市的向心集聚到顶点，城市之间的职能联系更为密切，第三产业发展强劲，区域城市体系的枢纽作用得到充分体现。

1951年后是大城市连绵区成熟阶段，郊区化的出现导致了都市区的空间范围进一步扩展，沿着发展轴紧密相连。从美国东北海岸大城市连绵区的发展情况来看，第二阶段的重化工业阶段和第三阶段的高加工度化的工业发展阶段推动了大城市连绵区第三产业的发展和城镇职能的优化，为下阶段发展打下了坚实基础。

（2）莱茵－鲁尔大城市连绵区

德国莱茵－鲁尔大城市连绵区的兴起、衰退和复兴都与工业化息息相关的。莱茵－鲁尔地区煤炭资源丰富，工业用水充足，水陆交通方便，并可借助莱茵河航运之便利，使用法国洛林的铁矿石，工业发展条件十分优越。莱茵－鲁尔大城市连绵区正是伴随着煤炭、钢铁、化学、机械制造等重化工业的发展而形成壮大。20世纪50年代后期，随着石油、天然气的大量开采和利用，以及新一轮科技革命浪潮的冲击，鲁尔老工业基地的经济结构、传统产业和产品销售市场受到严重挑战，工厂倒闭，工人大量失业，人口大量外流，大城市连绵区的发展陷入低谷。20世纪60年代后，德国政府通过各种方式对老工业基地进行改造。经过数十年持续不断的发展，鲁尔地区逐步实现了经济结构转型和城市环境转变，大城市连绵区重新焕发青春。

（3）珠三角大城市连绵区

1980年以来是珠三角工业化快速发展的时期，形成了以电子、家电、纺织服装、食品饮料等主导优势产业，基本完成了以轻纺工业为核心的工业化目标，并逐步形成了一批在国内外市场有较强竞争力的大企业。同时，以制造业为依托的服务业如金融、贸易、物流、通信、咨询等也迅速发展起来，使城市的服务功能越来越突出。目前，珠三角的工业开始由核心城市向周边城市扩散，交通网络和产品市场的拓展，区域城市化达到了很高水平。根据第五次人口普查数据，珠三角总人口达4078万人，城市化率达到50%以上。

（4）长三角大城市连绵区

长三角的发展也是与工业化直接相关的。长三角是中国最大的加工制造业基地，其纺织、服装、机械、电子、钢铁、汽车、石化等制造业在全国占有重要地位。同时，长三角地区还是全国重要的电子通信、生物医药、新材料等诸多高新技术制造业基地，以微电子、光纤通信、生物工程、海洋工程等为代表的高新技术产业居全国领先地位。工业经济的迅速增长，为长三角地区的城市建设、交通基础设施建设提供了雄厚的资金，为区域城市化提供了契机。同时，第三产业服务业的发展不仅为新兴工业化提供了必要的支撑和动力，而且使市场一体化、城乡一体化趋向更高阶段。如今，长三角地区成为了城镇分布密度极高，城市等级序列十分完善的较为成熟的大城市连绵区。在长三角 10 万平方公里土地上分布着大中小城市 54 个，建制镇超过千座，是我国最为密集的城市发展地区。

（5）辽中南大城市连绵区

辽中南大城市连绵区是我国发育较早的城市密集地区。从 20 世纪 30 年代到 50 年代，沈阳、大连和鞍山等地区工业的快速发展使辽宁在较短的时间内完成了工业化初级阶段，成为全国最大的以原材料加工和装备制造业为主的重化工业基地，成为全国工业化水平最高的省。随着工业化的迅速推进，"一五"期间，辽宁的城镇化率由 24% 一路攀升到近 30%，是全国城镇化最快的地区之一。到改革开放前，该地区城市化率在全国始终保持着较高的水平，城镇密度达到 210 个/万平方公里，几乎是全国平均水平的 3 倍。

改革开放以来，由于东北地区众多企业破产倒闭，老工业基地发展陷入困境，经济增长速度长期低于全国平均水平，城市出现衰退，城市化发展受到严重制约，一些资源型城市由于经济转型没有及时跟上，出现了城市人口数量减少、城市萎缩等现象，这也从另一个方面充分地说明了工业化是一个大城市连绵区形成发展的内在驱动力。

2. 外向型经济是大城市连绵区发展的外在带动力

珠三角和海峡西岸大城市连绵区的快速形成是与始于广东、福建的我国对外开放政策直接相关的。珠三角与港澳历史上就有着传统的紧密联系，该区域的发展不能忽视其与珠港澳关系中的传统优势。第二次世界大战以后，香港利用其在远东政治、经济、贸易中的特殊地位以及国际产业结构调整与转移之机，迅速发展成为国际重要的贸易中心、航运中心、金融中心、旅游中心和信息中心。澳门则经济发达，信息灵通。珠三角地区毗邻港澳，交通方便，两地居民生活习俗相似，语言相通，这些都是该地区获得外资、外来技术和信息的良好机会，也是发展经济的一个得天独厚的优势。20世纪 80 年代，以深圳、珠海特区设立经济特区为契机，港澳大量中小企业移师珠三角，从"前店后厂"模式到"你中有我，我中有你"的紧密合作，从初期的"引进来"到20 世纪 90 年代中后期的"走出去"，珠三角以港澳作为联系世界经济的桥梁，外向型经济得到迅猛的发展，特别是 FDI 成为推动区域经济增长的主要动力。研究表明，广东省的 FDI 投入对 GDP 的回报率是 0.5919，即当 FDI 的投入每增加 1% 时，GDP 将增长 0.5919%；在对外贸易方面，FDI 每增加 1 亿美元，可使广东进出口额增加 4.8349 亿美元，其中出口增加 2.6767 亿美元，进口增加 2.1582 亿美元[①]。随着 CEPA 的实施，香

---

① 数据来源：恩莱特、张家敏等著. 香港与珠三角：经济互动 [M]. 香港：三联书店（香港）有限公司，2005.

港作为经济中心，将对珠三角地区具有更强大的辐射和扩散功能，也必将引导珠三角地区更深地融入全球经济一体化中（表3-1-1-9）。

珠三角地区主要经济指标占广东及全国的比重　　　表3-1-1-9

| 年份 | 珠三角占广东省比重（%） | | | 珠三角占全国比重（%） | | |
|---|---|---|---|---|---|---|
| 1980 | GDP | 出口 | 利用外资 | GDP | 出口 | 利用外资 |
| 1985 | 47.7 | 28.4 | 47.2 | 2.6 | 3.4 | 3.3 |
| 1990 | 52.6 | 55.2 | 70.4 | 3.4 | 6.0 | 16.5 |
| 1995 | 55.9 | 76.7 | 76.0 | 4.7 | 13.0 | 14.9 |
| 2000 | 68.0 | 81.5 | 70.9 | 6.7 | 31.0 | 17.8 |
| 2001 | 76.4 | 92.2 | 86 | 8.2 | 34.0 | 21.1 |
| 2002 | 78.6 | 95.2 | 90.1 | 8.7 | 34.1 | 28.6 |
| 2003 | 80.0 | 95.1 | 90.5 | 9.0 | 34.6 | 27.5 |

资料来源：恩莱特、张家敏等著．香港与珠三角：经济互动[M]．香港：三联书店（香港）有限公司，2005年1月版。

长三角的发展与1990年上海浦东的开发开放直接相关。浦东新区自1990年开始启动到2002年底，吸引了82个国家和地区的外商前来投资，已有外资金融机构56家，2002年外资工业企业产值占浦东新区工业总产值的68%，外资对GDP的贡献达到50%，新区基本形成了以跨国公司投资和服务贸易为主的开放格局。在浦东新区的引领下，上海和长三角地区已成为继珠三角之后的另一个我国对外开放的前沿地区，并在进入新世纪后，取代珠三角成为我国吸引外资和对外贸易最大的地区，而这与浦东的开发与开放是密不可分的。

辽中南大城市连绵区的发展也是与该地区的外向型经济的发展密不可分。1984年，该地区的大连成为沿海14个对外开放城市之一，随后国务院批准营口也享受沿海开放城市的某些政策。1988年国务院批准辽东半岛对外开放，沈阳获得了对外开放城市的管理权限，因此，辽中南地区逐步形成以大连为龙头，沈阳、大连南北呼应，包括内蒙古东四盟在内的整个东北地区为腹地的对外开放格局。2005年，辽中南大城市连绵区实际吸引外资直接投资34.2亿美元，占东北地区的59.3%；对外贸易实现363.4亿美元，占东北地区的63.6%。

3. 产业集群是大城市连绵区发展的强力催化剂

在经济全球化和区域经济一体化的背景下，从世界范围看，产业集群已成为一种全球性的经济发展潮流，产业集群对区域经济的发展格局产生着极为重要和深远的影响，成为一个国家和地区竞争实力的象征。由于产业的集聚，即产业的上、下游之间、整体与零部件之间、制造业与生产性服务业之间的相互依存、衔接与空间上的合理组合，形成低成本、高效率、紧密型的产业带，产业带又把多个城市聚合而成为一个联系紧密的城镇密集地区。产业集聚与产业带的形成是城镇密集地区构筑核心竞争力的基础。

我国的产业集群始于乡镇企业和外资企业的集中，最早出现于改革开放的广东和浙江，但其形成方式有所不同。珠三角主要以外商直接投资带动的外向型加工集群为主，在其 404 个建制镇中，已形成明显产业集群的约有 100 个，其产业集群集中的行业有玩具、食品、服装、电子、家电以及陶瓷等。从产业空间格局来看，专业镇在珠三角的产业范围内，已开始由分散的、各自为政的局面，走向区域合作与协调发展之路。从产业聚集的角度，许多专业化产业不再局限于同一个城镇，而是形成产业聚集区和聚集带，例如珠三角东岸的电子信息产业带和西岸的电子机械产业带；从专业化的角度来看，形成了不同专业镇围绕同一类产业的不同环节上的集聚，如顺德的乐从镇是家具专业市场，龙江镇是家具生产专业镇，伦教镇为木工机械专业镇，容桂镇为化工涂料专业镇；又如珠三角的纺织服装产业，南海西樵以纺织布料为主，东莞虎门以服装市场和女装生产为主，中山沙溪以休闲服饰为主，南海盐步以内衣为主，佛山张槎以针织为主，东莞大朗以毛纺织为主等等。专业镇也与珠三角内的城市协调，这些城市在金融、广告策划、法律、物流、科研等方面为产业集群服务。特别是产业集群与香港的关系极为密切。它们利用香港发达的服务业优势和对外窗口作用，形成一个联系紧密的研发、生产和服务协调体系[①]。

长三角地区的产业集群遍布全境。上海浦东新区的外高桥保税区的微电子信息技术产业群和企业群落，金桥现代科技园区的汽车、家电、通信等产业集群，张江高科技园区的生物医药和信息产业集群等是国内著名的高新技术产业集群。浙江依靠本土企业发展起来的产业集聚程度居全国最高水平。2006 年，全省年产值超亿元的"集群"有 519 个，产值达 5993 亿元，约占全省工业总产值的 49%。"一乡一品"、"一县一业"已成为浙江区域经济发展的一大特色，还形成了一批集群名牌。如绍兴县的化纤织物产业集群，在以柯桥镇为中心的方圆 8 公里区域内，集聚了 2 万多台无梭织机，化纤织物产量占全国的 20% 左右。嘉善市的木业产业集群，以魏塘镇为中心，集聚了 300 多家胶合板企业，年生产能力 350 万立方米，占中国大陆总产量的 1/3。嵊州的领带生产销售份额占全国的 70%。江苏在全省也已形成了 20 多个比较成熟的产业集群，如常熟服装服饰，吴江的丝绸纺织、电缆电线、羊毛衫等，宜兴的环保产业，锡山的摩托车产业，扬中的低压电器，丹阳的眼镜，海门的绣品，句容的自行车，丹阳的五金工具、眼镜产业等。

在京津唐地区，北京中关村的信息产业集群举世闻名，科技园区内有信息技术企业 2500 多家，软件和信息服务业的销售收入分别占全国的 40% 和 46.9%，计算机销售额占全国的 14%，国产 PC 品牌机、ATM 机、数字发射机、电子彩色排版系统、工作站等均占全国第一。

4. 核心城市是带动大城市连绵区发展的"龙头"

城市群内各城市都具有相互吸引、分工协作的趋势，但是，在特定范围内，核心城市却具有增长极核的作用，具有较强的带动辐射作用，它的发展变化影响着城市群内的每一城市，能够带动腹地的区域经济更快发展，因此，一些国家十分重视培育这样的核心城市。

---

① 沈静、陈烈 . 珠江三角洲专业镇的成长研究 [J]. 经济地理 . 2005，（5）.

（1）东京

日本在第二次世界大战后将东京培育成了集多种功能于一身的世界城市。东京有五大城市核心功能：一是日本的金融、管理中心。全日本30%以上的银行总部、50%销售额超过100亿日元的大公司总部设在东京；二是日本最大的工业中心。该地区制造业销售额占日本的1/4；三是日本最大的商业中心。集聚了30余万家大小商店，销售额占日本的29.17%，批发销售额占日本的35.13%；四是日本最大的政治文化中心，有著名的早稻田大学、东京大学、庆应大学等几十所高等学府；五是日本最大的交通中心。东京湾集聚了日本最大的港口群体，还有以东京和成田两大国际机场为核心的航空基地。

（2）纽约

纽约市不但是美国东北海岸大城市连绵区的核心，同时也是世界经济的主要组织中心。纽约集聚了380家大银行，比芝加哥、休斯敦、洛杉矶、迈阿密、旧金山五个城市的银行之和还多。纽约是美国和国际大公司总部的集中地，全美500家大公司的总部约有30%设在纽约，而且还吸引了与各类公司相关的各种专业管理机构和服务部门，是控制国内、影响世界的金融中心、管理中心、技术和其他要素流动的中心。

（3）上海

上海经过10年的转型发展，产业结构高度不断提升，已基本完成了由工商业城市向经济中心城市的重大转变，成为重要的金融、商贸、通信、物流等服务业的中心，区域的枢纽和辐射功能大大增强。上海因具备人才、资金等高级生产要素及良好的区位优势，正逐步成为长三角区域开发、营销、资本运作等职能的中心。上海经济总量稳居长三角首位，各项主要经济指标遥遥领先。2002年上海完成国内生产总值、地方财政收入、出口总额分别占该地区的28.3%、43.9%和34.8%，成为名副其实的领头羊，对长三角地区联动发展起着举足轻重的作用。

（4）北京

北京是京津唐大城市连绵区的核心城市，也是我国的首都。突出的政治优势，促使北京在政治、经济、文化、科技、市场、金融、交通、商贸等方面的中心功能不断得到强化。北京是中国影响世界、管理中国的决策源地，是对外国际交往中心，是国际和国内客流、信息流、技术流、金融流的枢纽地。据估算，在京中央所属的各类管理机构和企事业单位的从业人员多达59万人，全国各地在京设立的各种联络办事机构1000多个，跨国公司的机构4000多家（占全国在华跨国公司机构总数的一半以上），外国银行的办事机构100多家。在当今经济日趋全球化的时代，这种全国管理中心、联络中心和国际交往中心的首都功能，已经成为北京推动经济发展的重要因素[①]。

北京也是全国高科技人才密集、高科技创新能力最强的城市，尤其以海淀区的中关村地区智力资源最为密集，有研究机构500多个，有39所国家重点大学、42个国家

① 胡序威，周一星，顾朝林等.中国沿海城镇密集地区空间集聚与扩散研究[M].北京：科学出版社，2000.

重点实验室、40 个国家工程研究中心，从事研发工作的有 11.87 万人，两院院士人数占全国的 36%。北京还是全国最大的信息、传媒、科技文化交流和知识创新中心。

5. 不断深化的分工与合作重构了大城市连绵区的空间结构

自 20 世纪 80 年代改革开放以来，香港 80% 的劳动密集型和资源消耗型的产品或生产工序向珠三角地区转移，它们输出的是制造、加工和仓储等业务，而珠三角生产出来的商品又通过香港提供的生产性服务，在香港本地或通过转口贸易进入国际市场上销售，使香港与珠三角地区形成了"前店后厂"或"前店后库"式的互补格局。在不断转移生产工序进入珠三角的过程中，香港集中发展起了具有国际竞争力的运输、保险、金融、通信、广告、市场推广、会计、旅游会展等一系列的生产性服务业；被扩散到珠三角地区的制造业企业的管理、设计、产品发展、营销、后勤、电信、品质管理、测试、金融服务等往往都还由位于香港的总部提供，这种模式将投资于珠三角的离岸生产网络与留港的境外工业的管理运营中心结合了起来，实现了香港与内地的水平分工。20 世纪 90 年代中期以来，台湾信息制造业基地内迁，珠三角地区的深圳、东莞和惠州抓住机会，建立了外向程度很高的信息产业制造基地。通过承接香港和台湾输出的制造业，在与香港协作的过程中，珠三角地区的各城市的生产服务资源实现了不断地重组与联合，在各种优势互补中也得到了发展。

随着珠三角内地企业实力的逐步增强和城市功能的不断完善，广州、深圳这样的中心城市的服务性功能不断得到强化，其组织区域经济活动的能力不断增强，为企业提供的服务也不断深化，已经部分取代了香港的服务功能，使得以广深为核心的珠三角地区的城市间的功能分工不断得到深化。广州是华南地区最大的商贸、金融以及珠三角地区的信息、交通的总枢纽。深圳因与香港毗邻，继续承担着承接香港服务业基地的作用和全球高新技术制造业中心的职能，同时因为证券交易所的存在，为珠三角乃至全国的中小型企业和科技型企业承担着金融尤其是直接融资服务。而珠三角其他城市的制造业，则在核心城市的引领下，不断地强化在制造业上的优势，并已经高度地融入了全球产业分工体系。

20 世纪 80 年代初，长三角地区进入了工业化全面推进的新时期，农村乡镇企业快速发展，工业化的主力由城市工业转变为城市工业与乡村工业并重的发展时期。"苏南模式"和"温州模式"带领着江苏和浙江经济迅速增长，也标志着长三角区域经济空间分工进入新的发展阶段。该时期，区域横向联系带来的核心城市向周边区域的"技术外溢"是主要特点。作为中国最大工业城市的上海，大量的技术人员自发地以"星期日工程师"的形式涌入到江浙的中小城镇和乡村，为乡镇企业提供技术和管理方面的支撑。这种"横向联合"为苏南和浙北、浙东北地区的乡镇企业利用核心城市的人才技术资源提供了便利。20 世纪 90 年代随着浦东的开发开放，上海获得了政策、制度和吸引外资等方面的优势，同时也加快了自身产业调整的步伐，本地轻纺工业、普通机械制造业等劳动密集型产业开始向周边地区大规模转移，而周边地区则利用上海优惠政策的"溢出效应"，主动以市场化手段将核心城市作为资源利用平台，设立各种开发区进行招商引资竞争。到 20 世纪 90 年代中后期，国际跨国公司开始出现将研发管理和信息部门留守上海，把部分生产制造部门向周边城市扩散的趋势，扩散的行业也逐渐由劳动密集型过渡到包括交通运输设备、精密机械、电子电气、化工等在内的资本密集型行业。与此同时，周边城市大中型企业也表现出新的发展趋势，将营销、管理和研发中心移至上海而将加工中心留在原地。长三角地区显现较为明显的控制与生产空间等级体系，并且随着中小城市经济实力的增强以及外资的影响，上海同长江三角洲地区的产业分工关系由垂直分工逐步转变为既有垂直分工，也有水平分工，产业间有了越来越明显的竞争关系。

## （三）经济空间特征与产业机理

### 1. 产业沿空间轴线拓展的态势明显

大城市连绵区的空间结构明显表现出按照一定的轴线发生联系，许多城市工业区与小城镇几乎沿着铁路、大运河和高速公路发展，形成"交通走廊式"的城镇分布格局，并形成了沿海、沿江、沿路产业密集带。

长三角大城市连绵区沪、宁、杭是三大节点城市，联结这三大节点城市的沪宁、沪杭、杭甬铁路、高速公路、江河沿线和沿海地带是产业集中和城市分布的主要轴线（见图 3-1-1-1）。从城市之间的联系和扩散效应来看，以上海为增长极的城市空间结构形成了三条基本传导方向和运动路径：（1）北线，依托长江沿岸河港航运、沪宁铁路和沪宁高速公路的上海 – 苏州 – 无锡 – 常州 – 镇江 – 扬州 – 南京方向；（2）南线，依托沪杭铁路和沪杭高速的上海 – 嘉兴 – 湖州 – 杭州方向；（3）东线，即依托杭甬铁路和杭甬高速的杭州 – 宁波 – 舟山方向。

珠江三角洲东岸地带沿交通走廊也形成两条明显的产业带：一条是沿广深高速公路产业带，从深圳市的蛇口起，经深圳市的西乡、沙井，东莞市的长安、虎门、厚街，至广州市的黄埔、芳村；一条是沿广深铁路产业带，从深圳市的盐田起，经深圳市的布吉，东莞市的凤岗、塘厦、清溪、樟木头、常平、石龙至广州技术开发区。在珠江三角洲西岸也形成两条产业带：一条是沿着 325 国道产

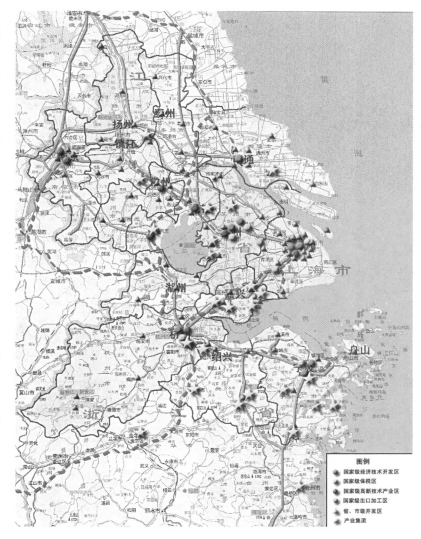

图 3-1-1-1　长江三角洲主要产业区轴向分布示意

业带，从佛山市的黄歧起，经佛山市的盐步、大沥、张槎、南庄、西樵、乐从、龙江、九江至江门；一条是沿105国道产业带，从佛山的北滘起，经容桂至中山、珠海。总的来说，珠三角大城市连绵区的产业集聚在空间上形成以港深、广佛两大经济中心为依托，以广深高速公路、广深铁路、105、325国道为主干的密集带。

辽中南大城市连绵区主要是依托沈大轴线依次展开布局。以沈大高速为主轴，从铁岭到大连南北展布的长约400公里，宽50—60公里的狭长地带，集聚了全省2/3的城市，面积占全省的55%，人口占全省的67.6%，该条轴带也是中国东北地区重工业集中地带，是城镇、人口、经济密度高度集聚的地区。

山东半岛大城市连绵区产业发展空间主要分布在胶济铁路沿线和沿海产业带沿线。胶济铁路沿线分布着济南、淄博、潍坊和青岛等大中城市，集中了石化、机械制造、食品加工等产业，产业基础好，比较优势强，发展后劲足，是中国北方经济区具有较强竞争力的加工制造业产业带；沿海产业带沿线分布着日照、青岛、威海和烟台等城市，集中了汽车制造、海洋化工、新材料这样的外向型现代化制造业，目前正在以青岛、烟台、威海的滨海产业带为核心构建现代制造业、电子信息业、海洋生物工程为重点的高新技术产业带，以及半岛面向日、韩产业协作区的前沿制造业核心地带。

2. 产业扩散的圈层特征显著

按照交通–经济的一般规律，边际流量成本是运输空间距离的增函数，距离中心城市越远的地区边际流量成本就越高，而距离中心城市越近的地区边际流量成本则越低。因此，随着与核心城市的空间距离拉大，接受核心城市辐射的程度就越低，并呈现出梯度递减趋势，产业结构呈阶梯状特征，这是大城市连绵区发展的普遍规律。

以日本为例，东京是大城市连绵区的心脏，是行政管理机构、大金融机构、信息和服务业的集中地。靠近中心地的新宿、池袋和涩谷等城市是中心城市圈。中心城市圈内的城市主要以商业和流通产业的活动为主，另外还分布着出版、印刷、食品加工以及尖端技术等一些城市型工业部门。从中心城市圈以外一直到边缘地带之间，是许多近远郊卫星城市。近郊卫星城距离东京都中心50公里以内，主要有千叶、船桥、市川、松户、川口、奇玉、川越、武藏野、三鹰、八王子、町田、川崎、横滨、横须贺、镰仓、藤泽等。这些城市发挥着住宅区、工业区、休闲游览区等功能。远郊卫星城指处于东京外围、距离东京70—100公里的地方，这些城市既与东京有很强的联系，又正在发展为独立的地方中心（表3-1-1-10）。

东京大城市连绵区的各圈层三产比重（单位：%）　　　　表3-1-1-10

| | 东京都 | 近邻县（神奈川、千叶、琦玉） | 周边县（群马、栃木、茨城） |
| --- | --- | --- | --- |
| 服务业 | 58.5 | 31.4 | 10.1 |
| 商业 | 62.1 | 27.3 | 10.6 |
| 不动产业 | 36.3 | 50.8 | 12.8 |
| 运输、通信业 | 58.1 | 32.8 | 9.2 |
| 金融保险业 | 65.9 | 25.2 | 8.9 |

在珠江三角洲，以西江干流、花都、京九－广九铁路为界，将珠三角地区划分为内外两个圈层，这两个圈层在发展水平及特点上存在很大差异。内圈层的经济活动及城镇布局高度集中，外圈层工业化和城镇化进程明显滞后。以"五普"人口数据为例，内、外圈层人口规模之比为 2.7：1，GDP 之比为 3.4：1，在实际利用外资和进出口总额方面，内圈层也远高于外圈层。从城镇空间格局看，内圈层的城镇密度、城镇用地规模、城镇建设水平等均高于外圈层。重大基础设施如机场、港口以及一些重要的工业基地也大多分布在内圈层。

在长江三角洲制造业发展过程中，上海的普通制造业集中度显著下降，产业结构向"三、二、一"转型。如表 3-1-1-11 所示，上海的加工制造业集中度，除了在饮料制造、家具制造、石油化工、塑料制品业、非金属矿物制品业、电子通讯设备制造业略有上升外，其他各行业的集中度均有所下降，尤其以劳动密集型的纺织、食品加工、服装、皮革等下降尤其显著。同时，上海制造业的技术和资本密集型特征非常明显，技术创新、贸易、金融、远洋运输等服务业功能日益完善。与此同时，受上海产业转移的影响，江苏和浙江其他城市的制造业集中度明显提高（图 3-1-1-2）。

上海主要制造业集中度变化情况（1996—2005 年）　　　　表 3-1-1-11

|  | 1996 年 | 2000 年 | 2005 年 |
|---|---|---|---|
| 食品加工业 | 0.322 | 0.201 | 0.185 |
| 食品制造业 | 0.429 | 0.475 | 0.452 |
| 饮料制造业 | 0.307 | 0.300 | 0.317 |
| 烟草加工业 | 0.649 | 0.527 | 0.484 |
| 纺织业 | 0.187 | 0.118 | 0.066 |
| 服装及其他纤维制品制造业 | 0.299 | 0.235 | 0.190 |
| 皮革、毛皮、羽绒及其制品业 | 0.248 | 0.194 | 0.162 |
| 木材加工及竹、藤、棕、草制品业 | 0.259 | 0.485 | 0.220 |
| 家具制造业 | 0.295 | 0.300 | 0.344 |
| 造纸及纸制品业 | 0.290 | 0.204 | 0.162 |
| 印刷业、记录媒介的复制业 | 0.363 | 0.482 | 0.288 |
| 文教体育用品业 | 0.417 | 0.389 | 0.324 |
| 石油加工及炼焦业 | 0.302 | 0.301 | 0.416 |
| 化学原料及化学制品业 | 0.334 | 0.301 | 0.250 |
| 医药制造业 | 0.462 | 0.378 | 0.284 |
| 化学纤维制造业 | 0.446 | 0.408 | 0.031 |
| 橡胶制品业 | 0.513 | 0.370 | 0.274 |
| 塑料制品业 | 0.208 | 0.270 | 0.231 |
| 非金属矿物制品业 | 0.215 | 0.245 | 0.252 |
| 黑色金属冶炼及压延加工业 | 0.616 | 0.545 | 0.300 |
| 有色金属冶炼及压延加工业 | 0.264 | 0.251 | 0.179 |
| 金属制品业 | 0.357 | 0.371 | 0.302 |

续表

|  | 1996 年 | 2000 年 | 2005 年 |
|---|---|---|---|
| 普通机械制造业 | 0.341 | 0.305 | 0.334 |
| 专用设备制造业 | 0.315 | 0.281 | 0.288 |
| 交通运输设备制造业 | 0.562 | 0.544 | 0.426 |
| 电气机械及器材制造业 | 0.372 | 0.334 | 0.267 |
| 电子及通信设备制造业 | 0.361 | 0.409 | 0.364 |
| 仪器仪表及文化办公用机械制造业 | 0.427 | 0.338 | 0.302 |
| 其他制造业 | 0.411 | 0.299 | 0.174 |

资料来源：根据历年上海统计年鉴整理。

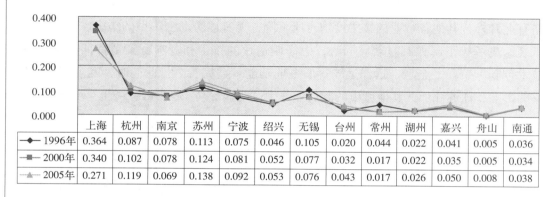

| | 上海 | 杭州 | 南京 | 苏州 | 宁波 | 绍兴 | 无锡 | 台州 | 常州 | 湖州 | 嘉兴 | 舟山 | 南通 |
|---|---|---|---|---|---|---|---|---|---|---|---|---|---|
| 1996年 | 0.364 | 0.087 | 0.078 | 0.113 | 0.075 | 0.046 | 0.105 | 0.020 | 0.044 | 0.022 | 0.041 | 0.005 | 0.036 |
| 2000年 | 0.340 | 0.102 | 0.078 | 0.124 | 0.081 | 0.052 | 0.077 | 0.032 | 0.017 | 0.022 | 0.035 | 0.005 | 0.034 |
| 2005年 | 0.271 | 0.119 | 0.069 | 0.138 | 0.092 | 0.053 | 0.076 | 0.043 | 0.017 | 0.026 | 0.050 | 0.008 | 0.038 |

图 3-1-1-2　长江三角洲制造业平均集中率变化情况

3. 开发区是产业聚集与扩散的重要载体

中国东南沿海地区是国家大中城市的主要分布区，是国家传统资本、技术密集型产业和新兴的高新技术产业的聚集区，而这些产业的集聚又主要是在各种类型的经济开发区中实现的。

以长三角为例，20 世纪 80 年代初，上海的经济开发区建设处于起步阶段，仅有 3 个国家级开发区。到了 20 世纪 90 年代，浦东对外开放后，上海先后在浦东新区设置了 5 个重点功能开发区，外资的投入显著增加。20 世纪 90 年代中期，又相继建立了四个市级开发区，各郊县也纷纷仿效，先后成立县、乡镇各种开发区近 200 个，其中进入实质性启动的开发区面积已达 30 平方公里。在目前的 12 个市级开发区里，20 世纪 80 年代建立的闵行、虹桥、漕河泾三个经济技术开发区的规划面积仅 9.15 平方公里；20 世纪 90 年代浦东成立的 5 个功能开发区的面积就达 84 平方公里，其后成立的 4 个市级开发区总面积也达到了 75 平方公里。在苏南地区，苏州、无锡、常州三市已建成 9 个国家级开发区、16 个省级开发区和 259 个乡镇工业小区，仅苏州市就有 5 个国家级、9 个省级开发区和 130 个乡镇工业小区，成为经济建设新的增长点和外资集中区域，尤其苏州高新技术园区和苏州新加坡工业园成为苏南地区经济集聚的焦点。据不完全统计，在上海和江苏沿江 8 个大中城市，有两个成片开发区，即上海浦东新区（523 平方公里），苏州新加坡工业园区（71 平方公里）；13 个国家级开发和 45 个省（直辖市）级开发区。如果包含各地自办的开发区，总数可达 400 多个。

4. 多元投资和多中心特征日益鲜明

我国中西部地区的经济资源主要集中在省会及个别因历史形成的经济基础较好的城市，这是因为这些地方外资规模有限，民营资本的实力也有限，经济的发展动力更多的是依托政府的行政资源。在这种情况下，省会和个别基础条件好的城市与其他城市相比，就会拥有更多的发展机会。而且由于省会城市及中心城市在政治资源、基础设施、市场环境、投资机会、人才基础等方面在省内具有压倒性优势，因此有限的民资和外资也都是优先进入这些城市，所以省域范围内的极化现象是很突出的，在区域空间上表现出的是单中心特征。

与内地相比，我国大城市连绵区，尤其是珠三角、长三角地区更多地体现为多中心特征。由于这些地区是外资的主要集聚区，同时当地的民营资本投融能力也很强，这种多元化投资渠道往往使得除了中心城市之外的二三线城市及小城镇也有了很多的发展机遇，在空间就会更多地表现为多中心特征。以长三角为例，上海的中心城市作用毋庸置疑外，南京、杭州、宁波、苏州、无锡等城市都早已跨入千亿元GDP的城市行列，昆山、张家港、江阴、常熟、吴江、太仓、宜兴、余姚、慈溪、桐乡、诸暨等一些市县（区），都具有很强的经济实力，很多名列全国百强县之列。珠三角的情况也是如此，虎门、容桂等很多大镇的经济实力甚至超过内地很多的地级市。

## 二、大城市连绵区发展面临的问题与挑战

### （一）经济竞争力有待提升，核心带动作用亟待增强

1. 大城市连绵区的经济贡献率与财富集聚能力相对较低

经济全球化使现代都市及大城市连绵区的中枢作用更加显著。从全球范围来看，以城镇密集为典型特征的大城市连绵区是国家经济社会发展的精华所在，是国家经济发展的主要载体。它们集中了国家大部分的工业、服务业产值，是国家财富集聚的战略平台，国家竞争力日益表现出以大城市连绵区综合竞争力为代表的趋势。大城市连绵区在国家的战略地位一定程度上能够反映国家经济和城市体系的发育程度。

大城市连绵区要起到引领作用就必须成为国家经济的核心。美国东北海岸大城市连绵区是美国经济的核心地带，制造业产值占全国的30%，是国内最大的生产基地。它在金融、贸易、运输和科技等方面的作用更加突出，是世界经济的枢纽。它也是知识、技术、信息密集地区，拥有多所美国著名的大学，大学生人数占全国的1/5强。日本东海道大城市连绵区是全国政治、经济、文化、交通的中枢，集中了全国工业企业和工业就业人数的2/3，工业产值的3/4和国民收入的2/3。全日本80%以上的金融、教育、出版、信息和研究开发机构分布在这个区域内。与世界比较，我国大城市连绵区经济贡献率与集聚财富能力偏低，与发达国家相比仍有很大差距。根据世界银行的统

计，2001 年，美国三大城镇密集区（东北海岸、五大湖地区和加利福尼亚州南部地区）GDP 总量达到 6.17 万亿美元，约占全美国 GDP 的 67%；日本东海道大城市连绵区（包括大东京区、大阪神户区、大名古屋区）GDP 总量达到 2.86 万亿美元，约占日本全国 GDP 总量的 69%。而我国三大大城市连绵区（长三角、珠三角、京津唐）全国的经济贡献率仅为 37%（2005 年数），比美国低 30 个百分点，比日本低 32 个百分点。作为经济发展主要载体和战略制高点，中国三大大城市连绵区对于国家 GDP 的贡献率明显偏低，远未形成国家财富集聚的战略平台。

### 2. 大城市连绵区核心城市的实力有待提高

世界级大城市连绵区的核心城市都是世界城市，如纽约、伦敦、东京等，其居于世界城市体系的最高层次。伴随发达国家完成后工业化的转型，世界城市成为人流、货币流、物质流、信息流等多种流汇集的主要节点，不仅继续成为世界金融保险商务活动的中心，而且引领文化创意产业的发展潮流。如果按国家首位城市比较，美国纽约的地区生产总值占全美国总量的 24%，相当于上海的 40 倍，北京的 75 倍，广州的 87 倍。日本东京的地区生产总值，占整个日本 GDP 总量的 26%，相当于上海的 20 倍，北京的 30 倍，广州的 37 倍。英国伦敦的地区生产总值占整个英国 GDP 总量的 22%，相当于上海的 5.5 倍，北京的 9.5 倍，广州的 10.5 倍。法国巴黎的地区生产总值占全法国 GDP 总量的 18%，相当于上海的 4.0 倍，北京总量的 7.2 倍，广州总量的 7.9 倍。韩国汉城的地区生产总值占整个韩国 GDP 的 26%，相当于上海的 1.9 倍，北京的 3.5 倍，广州的 3.8 倍，人均 GDP 的差距更大[①]（表 3-1-2-1）。

中国大城市与世界大城市比较  表 3-1-2-1

| 城市名称 | GDP（美元） | 人均 GDP（美元） |
| --- | --- | --- |
| 纽约 * | 4070 | 55601（市区人口 732 万） |
| 伦敦 * | 2847 | 39652（市区人口 718 万） |
| 东京 * | 7848 | 60369（市区人口 1300 万） |
| 巴黎 * | 924 | 42000（市区人口 220 万） |
| 汉城 * | 1980 | 19186（市区人口 1032 万） |
| 北京 | 855 | 5556 |
| 上海 | 1144 | 6436 |
| 广州 | 644 | 6726 |

* 为 2004 年数据，其余为 2005 年数据。

### 3. 大城市连绵区与周边地区还存在显著的发展落差

从现状来看，我国大城市连绵区与周边地区还存在显著的发展落差。以珠三角地区为例，粤西（湛江、茂名）和粤东（汕头、揭阳）地区的人均 GDP 只相当于珠三角平均水平的 1/5 强，与北部湾地区相当。而即使在珠三角内部，核心与边缘的差距也达

---

① 中国科学院可持续发展战略研究组.2004 年中国可持续发展战略报告.北京：科学出版社，2004.

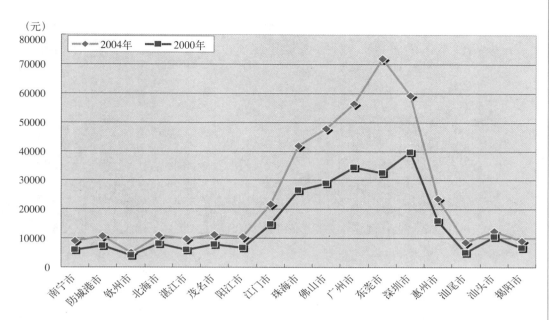

图 3-1-2-1 2000 年和 2004 年珠三角周边地区人均 GDP 变化

到近 3 倍（广州 / 江门或惠州）。从发展趋势来看，近年来珠三角与外围地区、珠三角核心区与边缘区在发展差距上不是缩小了，而是在进一步拉大，由广州、深圳、东莞向外的经济指标曲线变得更加陡峭，珠三角尤其是核心区的发展提升速度远远超出了周边地区，即便是珠三角中相对落后的江门和惠州，其增速也明显高于粤西、北部湾等地区。但这种发展梯度并没有向外延伸，而是在珠三角边缘就戛然而止，从阳江到北部湾形成了一片相对落后的发展中区域（图 3-1-2-1）。河北省与京津唐大城市连绵区接壤的 6 个设区市中，共有 32 个贫困县、3798 个贫困村，面积达 8.3 万平方公里，占该地区总面积的 63.3%，贫困人口达到 272.6 万。

很显然，我国大城市连绵区还没有进入大规模的外溢扩散阶段，各类要素仍然在向核心地区快速集聚，对区外空间并没有体现出很强的带动作用，甚至没有拉动紧邻地区的发展。这就使得大城市连绵区核心城市建设用地储备日趋紧张，但外围量大面广的中小城市因发展质量低还无法满足新兴产业和高端服务业的需求，在引入国际资本及高端产业方面与大城市连绵区的核心区差距越来越大。

### （二）增长方式依然粗放，资源、环境面临巨大压力

#### 1. 能源消耗弹性大，能源消费效率偏低

我国大城市连绵区经济的快速增长在很大程度上是依靠消耗大量物质资源实现的。改革开放 30 多年来，伴随我国 GDP 增长，各大城市连绵区能源资源的消耗也成倍增长。我国三大城市连绵区单位生产总值的能耗是西方 7 国平均水平的 5.9 倍，美国的 4.3 倍，德国和法国的 7.7 倍，日本的 11.5 倍[①]。我国六大大城市连绵区所在省份单位生产总值的

---

① 数据引自：世界资源报告：2000—2001：人与生态系统——正在破碎的生命之网 [M]. 北京：中国环境科学出版社，2002.

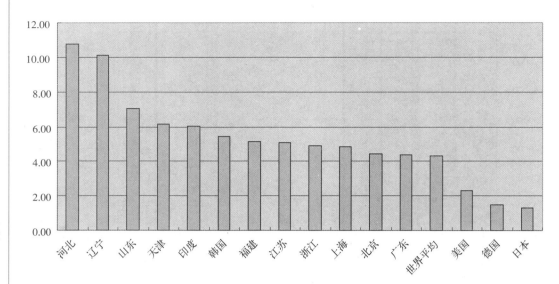

图 3-1-2-2 单位地区生产总值能耗国际比较（吨油当量／万美元GDP）

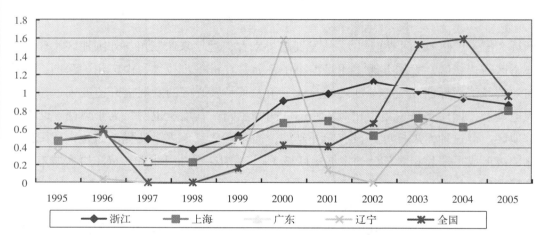

图 3-1-2-3 历年能源消耗弹性系数比较

能耗水平普遍高于世界平均水平，更高于西方发达国家（图 3-1-2-2）。从历年能源消耗弹性系数来看，1995—2005 年间，包括上海、广东、辽宁、浙江等省份的能源弹性系数均有较大幅度上升（图 3-1-2-3）。

粗放型的经济增长方式和城市人口的不断增长加剧城市的环境压力。随着城市化进程的加快，城市人口的增加，人民生活水平的提高和消费升级，长期以来延续的"高投入、高消耗和高排放"的粗放式增长模式资源和环境带来更大的压力。

2. 大城市连绵区普遍受到水资源短缺困扰

大城市连绵区也是我国水资源消耗最大的地区。从 1986—2004 年全国城市用水增长情况来看，我国大城市连绵区所在的江苏、浙江、山东、广东、福建等省用水增长幅度均居全国前列，北京和天津用水增幅也居全国前列。从水资源分布来看，我国沿海城市年人均水资源量大部分低于 500 立方米，缺水形势极为严峻。大连、天津、青岛、上海等城市的人均水资源量更是低于 200 立方米，处于极度缺水状态。东南沿海地区虽是全国水资源比较丰富的地区，但由于污染导致的水质型缺水现象较为普遍①。

3. 现有发展模式高度依赖土地资源的投入

我国大城市连绵区发展仍然依靠大量的土地资源投入。工业园区已成为大城市连绵区地方政府推动经济发展的"驱动器"，土地已成为招商引资的主要资产，加上开发区发展过滥导致的恶性竞争，使各地在土地利用政策方面各自为政。虽然国土部门制定有工业用地分等定级和价格标准，但在实际中并没有被严格执行，低价、零地价出让土地是普遍现象。各地还普遍在城镇总体规划确定的规划区范围外建立开发区，产业用地扩张迅猛。虽然国家发改委、国土资源部和住建部通过严格清查，核减了部分开发区用地，但从长期来看，我国工业用地失控的压力依然存在。

在用地相对集约高效的长三角，在 19 个国家级开发区和上百个省级开发区中，地价有每亩 20 万元左右的，也有低至 2—3 万元的，有的地方甚至免收土地转让费。即使在被称为"集约用地典范"的昆山出口加工区，其亩均投资规模与发达国家和地区也有着较大的差距。目前，昆山出口加工区亩均投资为 55.3 万美元 / 亩，而法国的开发区平均水平是 60 万美元 / 亩，新加坡、中国台湾等地区均在 100 万美元 / 亩以上。

在珠江三角洲发展过程中，工业区用地失控也引发了低效率、粗放型土地利用方式。1996 年以来，广东省每年平均建设用地超过 50 万亩，GDP 每增加一个点要消耗耕地 5.08 万亩。

目前，我国大城市连绵区正处于重工业发展阶段。工业结构重型化和高加工度化是产业结构调整的方向，钢铁、石化这类资源依赖性强和高耗水特征的产业是重点发展的领域，能源、水资源以及土地资源的消耗都有大幅度增长。以土地资源为例，珠三角已经陷入用地紧张、环境容量趋于饱和的境地，可供建设的用地已不到总量的40%，东莞、珠海和中山已不到四分之一。照此趋势，到 2020 年，深圳、东莞、中山等城市将无增量用地。

北京全市新增建设用地理论潜力还有 481 平方公里。按照基本农田保护率 87% 的要求，到 2020 年新增建设用地的潜力仅为 396 平方公里，已不到目前建成区面积的三分之一。

4. 区域性水与大气环境污染日趋严重

我国大城市连绵区是全国水环境污染最为严重的区域。其中，长三角大城市连绵区所在的太湖流域是全国污染最为严重的地区之一。2003 年资料表明，该流域全年期90.6% 的断面河水水质劣于Ⅲ类，其中劣Ⅴ类为 57.4%。重点湖泊 4—9 月整体评价全部为富营养化。全年期苏沪界河 66.7% 的断面水质劣于Ⅲ类，苏浙界河 87.5% 的断面水质劣于Ⅲ类，浙沪界河 71.4% 的断面水质劣于Ⅲ类。

在京津唐大城市连绵区，2004 年城市生活及工业污水排放量达 29.6 亿吨，其中北京、天津、河北 8 市（包括张家口、承德、唐山、秦皇岛、保定、廊坊、沧州、石家庄）

① 林珍铭、韩增林 . 海水淡化对我国缓解沿海地区水资源短缺的作用分析 [J]. 辽宁师范大学学报（自然科学版），2003，（3）.

分别为 11.71 亿吨、5.49 亿吨、11.2 亿吨，其中不采取任何措施就直接排放的污水超过总量的 50%，工业废水只有三分之一能做到达标排放[1]。

渤海湾、长三角、珠三角三大大城市连绵区近岸海域是我国海域污染最为严重的区域，不仅水质下降，而且赤潮发生频率增加、范围扩大。如 20 世纪 60 年代以前，我国渤海曾发生过 3 次赤潮，70 年代赤潮次数为 9 次，80 年代增加至 74 次。1993—2004 年，每年记录的赤潮发生次数从 19 次增加到 96 次，增加了 4 倍多。

我国大城市连绵区的灰霾现象也日趋严重，在世界其他国家和地区十分罕见。以珠三角为例，区域性灰霾日趋严重。根据广东省环境气象中心监测资料，2002 年广州的灰霾天气为 85 天，2003 年增加到 98 天。2004 年以来，灰霾日数更加频繁。在灰霾天数增多的同时，灰霾的持续时间也在不断延长。2002 年时，一般一次灰霾的持续时间最多 7 天，而 2003 年一次灰霾天气最长可持续 20 天。深圳的情况更甚，2003 年深圳有霾天数共 124 天[2]。大气灰霾已经成为珠三角主要的气候灾害和气象灾害之一。

5. 全要素生产率显著偏低，增长持续性受到挑战

从经济增长的质量和效益来看，相对于其他地区而言，我国大城市连绵区取得了相对较高的增长效率。但与发达国家相比，其全要素生产率仍然偏低，而且从 1999 年以来，全要素增长率普遍有较大幅度的下降，说明近年来我国大城市连绵区的经济增长主要不是依靠技术进步和效率提高来推动的，而是靠其他投入的增加来实现的。以长江三角洲的浙江省为例，2000—2004 年，全省全要素贡献率仅为 0.48，远低于前 20 年的平均水平（表 3-1-2-2）。广东省也发生了类似的现象。1999—2004 年的技术进步和全要素生产率明显低于往年。值得注意的是，从广东 21 个市的全要素生产率的分析研究来看，东莞、中山、惠州外向依存度较高的三市，其全要素生产率下降都较明显，在全省处于下游水平（表 3-1-2-3）。随着人民币升值和我国贸易环境的恶化，这些地区企业的利润空间面临挤压，增长持续性受到严峻挑战。

浙江省 GDP 要素投入与全要素产出率阶段比较（单位：%） 表 3-1-2-2

| 时期 | GDP | 资本投入 | 劳动投入 | $\alpha=0.47,\beta=0.53$ | | |
| --- | --- | --- | --- | --- | --- | --- |
| | | | | 资本投入贡献 | 劳动投入贡献 | 全要素贡献 |
| 1978—1983 | 9.99 | 2.55 | 2.98 | 10.8 | 15.9 | 73.3 |
| 1984—1989 | 9.1 | 6.56 | 1.93 | 33.56 | 11.31 | 55.14 |
| 1990—1999 | 13.77 | 8.31 | 0.27 | 28.25 | 1.05 | 70.71 |
| 2000—2004 | 10.2 | 9.14 | 1.88 | 41.75 | 9.83 | 48.43 |
| 1978—2004 | 12.6 | 7.76 | 1.91 | 28.76 | 8.08 | 63.16 |

数据来源：刘亚军、倪树高.基于全要素生产率的浙江省经济增长质量分析 [J].浙江：浙江社会科学.2006,（6）。

[1] 吴良镛.京津冀地区城乡空间发展规划研究二期报告.北京：清华大学出版社，2006.
[2] 中国工程院.我国城市化进程中的可持续发展战略研究综合报告，2005.

广东省平均技术效率变化、技术进步和 TFP 变动情况（1981—2004 年）　　表 3-1-2-3

| 年份 | 平均技术效率 | 技术进步 | 全要素生产率 | 年份 | 平均技术效率 | 技术进步 | 全要素生产率 |
|---|---|---|---|---|---|---|---|
| 1981—1985 | 1.089 | 0.992 | 1.005 | 1987—1998 | 0.997 | 1.038 | 1.034 |
| 1987—1992 | 1.003 | 1.046 | 1.049 | 1981—1998 | 1.014 | 1.007 | 1.022 |
| 1994—1998 | 0.999 | 1.062 | 1.060 | 1999—2004 | 1.001 | 1.002 | 1.003 |

数据来源：邓利方、余甫功. 广东全要素生产率的算与分析：1980—2004[J]. 广东社会科学，2006，（5）.

## （三）产业自主机制存在缺陷，经济发展的依附特征急需转变

1. 长期定位于初级生产要素导向的外向型经济，易引发大规模衰退

我国大城市连绵区长期定位于初级生产要素导向的外向型经济，在新的经济形势下，可持续发展受到较大的挑战。

首先，人民币升值和沿海生产成本的上升加速了劳动密集型制造业的转移。自 2005 年 7 月 21 日起，中国开始实行以市场供求为基础、有管理的浮动汇率制度以来，人民币汇率在短时期内经历了较大幅度的升值。到 2007 年上半年，人民币升值幅度超过 8%，中国低成本的人力优势大为削弱。目前，我国劳动密集型产业加工生产产业的利润一般只有 5%，即使是 IT 制造业的业务平均利润也只有 5%~10%。人民币升值挤压外向型产业的利润空间，使制造产业的机会更多地转给在劳动力成本和运营成本更具优势的地区。同时，国家对农民工、土地等政策的调整，较大幅度地提高了劳动力、土地成本，沿海大城市连绵区低成本扩张道路已经难以为继。

其次，国内欠发达地区和其他发展中国家的竞争对初级要素导向的外向型经济构成了严峻挑战。我国中西部地区、印度、东南亚等国家都仿效我国大城市连绵区发展模式，通过土地、劳动力政策的调整，构筑低成本的比较优势，与大城市连绵区在出口导向的劳动密集型产业领域进行激烈的争夺。2005 年，浙江省经贸委调查显示，浙江省产业集群内的企业普遍存在设备闲置的现象，上游的产品价格在不断上升，下游的价格则上升有限，影响当地经济的可持续发展（图 3-1-2-4）。

中国部分大城市连绵区 2005 年外贸依存度统计　　表 3-1-2-4

| 大城市连绵区 | 2005 年外贸依存度（%） | 重点城市外贸依存度（%） | |
|---|---|---|---|
| 长三角 | 122.4 | 上海 | 168.4 |
| | | 苏州市 | 288.9 |
| | | 宁波市 | 113.1 |
| | | 南京市 | 92.9 |
| | | 杭州市 | 83.9 |
| 海峡西岸 | 81.0 | 厦门市 | 234.7 |
| | | 福州市 | 81.7 |

续表

| 大城市连绵区 | 2005 年外贸依存度（%） | 重点城市外贸依存度（%） | |
|---|---|---|---|
| | | 广州 | 85.8 |
| | | 深圳 | 305.3 |
| 珠三角 | 186.3 | 珠海 | 335.0 |
| | | 惠州 | 195.8 |
| | | 东莞 | 281.9 |
| | | 中山 | 176.2 |
| 全国 | 63.9 | | |

最后，大城市连绵区劳动密集型产业的国际扩张使中国与出口目的地国家发生严重的贸易摩擦。从 1995 年起，我国已连续 12 年成为全球遭受反倾销调查最多的国家，仅 2006 年上半年针对中国产品的反倾销调查就有 36 起，其中大多数产品都出自于我国大城市连绵区。由于应诉不力等复杂原因，凡涉及被反倾销调查或被采取反倾销措施的中国出口产业，几乎都失去了原有的市场。

2. 产业自主创新机制不完善，产业升级面临困境

大城市连绵区尽管开发区成长快、效益高，但基本上都是沿着技术引进或"模仿"的轨迹发展，产品的技术含量低，出口产品附加值不高。开发区高新技术产品的出口不是依靠自身大量的创新活动来实现的，而是主要通过吸引大规模的外资尤其是跨国公司的投资及其所带来的前沿技术来实现的。显然，随着我国国内市场日益国际化，技术引进与模仿的经济增长效应将逐步受到挑战甚至丧失，也必然导致各开发区产品的国际市场竞争力和产业利润率的下降。以长三角为例，各开发区产品的研究开发能力普遍较弱，经费投入不足的局面没有得到根本改观，高新技术主要依靠引进的结构性缺陷非常突出。

支撑高科技产业发展的机制仍不完善。各高新区内虽然也都建立了各自的创业服务中心（企业孵化器），但由于风险投资机制不健全，高新区作为高科技产品和高科技小企业"孵化器"的作用相当薄弱。高新区的风险资本制度尚处于起步阶段，企业承担风险能力较弱，政府承担的作用也相当有限。以苏州高新和张江高科两个高新技术开发区企业为例，其主营业务是基础设施和土地开发，很少从事高科技风险投资基金的建立与运作。各高新区内知识密集型企业较少，原创性高新技术企业发展不足，在全球化的背景下很难取得竞争优势和持续的国际竞争力。

3. 财富分配向外资倾斜，国民收入增长与 GDP 增长严重脱节

由于我国大城市连绵区参与全球生产分工的基础是廉价的土地和劳动力资源，而跨国公司则拥有品牌和知识产权，所以跨国公司往往拿走利润的大部分。据统计，2004 年，跨国公司以 30% 的资本占有 50% 的股份，获取 70% 的利润。该模式导致经济快速增长难以转化为居民的实际收入增长，国民收入增长和国内生产总值的增长出现严重脱节。主要依靠民间资金发展的温州和主要依靠外商投资发展的苏州相

比，前者的地区生产总值虽然只有后者的 1/3，但城市居民人均可支配收入却是后者的 1.2 倍。

大城市连绵区产业链长期在低端徘徊也限制了产业结构的升级。虽然我国的沿海地区已是"世界工厂"，但大多数企业还处于产业链的下游，以 OEM 这样的贴牌生产为主，多以跨国公司的加工车间的形态出现。在许多领域，这些企业或者通过零部件进口组装实现生产，或者对国外核心技术和关键部件高度依赖，因此生产的附加值很难提高。

### （四）行政区经济愈演愈烈，协调机制亟待完善

大城市连绵区内部各城市在资源禀赋、技术和传统文化等方面具有较多的相似性，决定了其发展方式、主导产业和意识形态等具有高度的相似性。在城市政府分治模式下，大城市连绵区城市间的竞争激烈，经济运行带有显著的行政区利益特征，区域合作和摩擦始终并存，市场分割、地方利益保护、恶性竞争等一直难以得到有效克服。

1. 地方政府干预微观经济运行，要素市场壁垒林立

分权化改革赋予了地方政府更大的自主权和干预经济活动的物质基础，行政力量赋予了地方政府参与经济活动的能力。为获取本地区微观主体的经济福利，地方政府普遍具有追求利益最大化倾向。在政府经济人本性缺乏制度约束的情况下，地方政府的公司化倾向难以得到有效扭转。市场经济体制的改革，虽然使地方政府从直接干预企业事务中摆脱出来，但政府在转型时期仍然拥有土地、公共基础设施等公共资源，还拥有巨大的行政权力和制定竞争规则的权力，因此政府对微观经济的干预动机和能力仍然很强。主要表现在：政府人为限制要素和资本的自由流动，制约了优势企业的跨地区迁移或兼并、重组，阻碍了经济要素的自由流动和跨地区的经济合作，干扰和制约了城市密集地区企业之间的正常运作；地方政府与属地企业的联系相当密切，缺乏必要的退出机制，导致市场合理配置资源的功能失灵；劳动力、资金、技术、产权等要素市场的壁垒还未完全消除，比如异地就业、异地贷款、异地票据结算、异地产权交易等方面还存在不少障碍等。

2. 城市间招商引资还存在无序竞争

大城市连绵区在招商引资方面的无序竞争也屡见不鲜，如超出国家准许的范围降低土地出让价格、突破税收优惠政策底线等。有些地方政府突破对外资企业"两免三减半"的企业所得税优惠政策，暗地执行"五免五减半"，甚至"十免十减半"的税收优惠政策。根据浙江企业调查队对全省工业园区的调查，浙江工业园区平均协议出让价格只有土地征用开发成本的 3/4 左右。这种恶性竞争损害了大城市连绵区的整体利益，不利于区域经济一体化进程。结果导致工业用地出让价格机制缺失，引发地区间工业用地供给上的无序竞争，也扭曲了土地价格对土地稀缺程度的信号显示。在土地低价格的诱惑下，催生了企业随意增加用地需求甚至发生"圈地"的行为，直接影响了土地资源的集约利用。

3.地方性公共产品投资缺乏协调机制

大城市连绵区没有形成地方性公共产品协调机制。地方政府作为行政辖区地方公共产品投资的主体，投资决策往往着眼于本辖区的利益，忽略了地方性公共产品的外部性，不利于公共产品在区域范围内的优化配置。在港口、机场等重大交通基础设施建设时，这方面的矛盾和问题尤其突出。在大城市连绵区，凡有港口资源的城市都把水陆运输枢纽和临港重型工业作为自身发展的支撑，竞相建设集装箱港口。在重要的沿江沿海港口城市之间，港口的竞争演变成政府的竞争，带来岸线资源的极大浪费。据统计，目前南京以下的长江段，已建、在建和待建的万吨以上码头泊位共有100多个，投资建设都由当地政府操办。此外，机场建设也存在相互争夺的现象。长三角大城市连绵区机场多达10个，但除上海、南京、杭州、宁波等机场外，其他机场年旅客吞吐量均不超过10万人，最少的只有数千人。包括港澳，在珠江三角洲方圆不足200公里的范围内，集结着香港、广州、深圳、珠海、澳门五个机场，最近的仅相距27公里，最远的也仅有110多公里。这五个机场加起来的旅客吞吐量只是希斯罗机场的三分之二。

## （五）"准城市化"普遍存在，对全国城镇化的作用远未发挥

### 1.农民工就业流动难以形成真正的城市化

20世纪80年代以来，东部沿海大城市连绵区一直是农村劳动力转移首选之地。珠三角、长三角、海峡西岸等东南沿海地区，劳动密集型的乡镇企业和外资企业的大发展，成为吸收农村剩余劳动力的主力军。但是，农民进城打工与农村人口的城市化并不完全相同。农民工在城市劳动力市场上受到包括经济歧视、非经济歧视、基本人权歧视和政策歧视在内的一系列歧视性待遇。同工不同酬的现象比较严重，不少企业农民工劳动报酬只有同岗位城镇职工的50%左右，收入普遍偏低，工资增长缓慢。从居住条件来看，农民工一般合租在城乡结合部，也有部分居住在城市中的平房或者地下室中。建筑行业的农民工则大多住在工棚，或住在自己用各种建筑材料搭建的棚屋内。农民工人均居住面积很小，普遍缺乏基本的卫生条件和公共设施[①]。绝大多数进入城市的农民工没有被纳入到所在地城市的福利与公共产品分配体系中，农民工与城市原住民之间的社会融合也存在很大问题。因此，反映在统计学意义上的进城务工人口虽然计入了城市人口，但上亿农民工只不过是漂泊在城市里的过客，还不是真正意义上的城市化。

### 2.经济增长对就业的拉动作用显著下降

进入20世纪90年代以来，由于市场的压力和一系列产业政策的调整，创办工业企业的投资规模和资本密集程度迅速提高，包括乡镇企业在内的各社会投资主体，进入非农产业的成本不断提高，在高投入、高科技、高产值的增长方式引导下，工业化

① 李景治、熊光清. 中国城市中农民工群体的社会排斥问题 [J]. 江苏行政学院学报，2006，（6）.

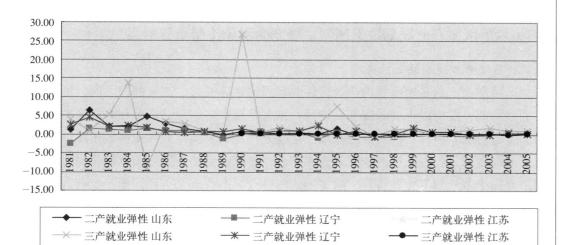

图 3-1-2-4　山东、辽宁、江苏二、三产就业弹性统计

越来越依赖资金规模而不是劳动投入的推动，减缓了非农就业岗位的创造规模。大量的高新技术企业和生产性服务企业，就业门槛较高，对劳动者的技能和素质要求较高，大量的农村剩余劳动力难以满足企业的用人要求。以山东、辽宁、江苏为例，2000年后与20世纪80—90年代相比，就业弹性都有较大幅度的下降，第二产业万元增加值带动就业岗位比从1下降到0.3以内，第三产业万元增加值带动就业岗位比下降也十分明显的，从20世纪80年代的2—3下降到1以内，下降幅度甚至超过了第二产业。这说明传统第三产业地位的弱化和知识密集型第三产业比重的提升导致其对就业的拉动作用大大降低（图3-1-2-4）。

　　3. 服务业对于就业的拉动作用有待提升

　　制造业是服务业发展的前提和基础，服务业则是制造业的补充和强化，特别是生产性服务业依赖制造业的发展而发展，其活动大多数是产品生产的辅助性活动，其产出的相当比例是用于制造业部门生产的中间需求。如果没有制造业的发展，生产性服务业就失去了需求的来源。世界各国发展的现实表明，凡是制造业发达的国家（地区），其生产性服务业也就比较兴旺。根据我国2002年投入产出表计算结果发现，在对制造业的中间需求总额中，66%来自制造业内部，仅有14%来自服务业；而制造业对服务业的中间需求占到整个服务业中间使用的45%。这一情况表明，我国现阶段生产结构中，制造业部门是服务业产出的主要消费者，服务业的发展对制造业的依赖性较强[①]。

　　但我国制造业的发展状况在短期内还难以支撑服务业的快速发展。通过对我国大城市连绵区的空间集中度细分可以发现，90%的工业总产值来自这些中心城市及其所属的工业园区和经济技术开发区，但是由于大部分技术含量比较高的零部件和技术都由国外提供，是"两头在外"的生产流程，这种生产模式造成一半以上的制造业企业属于加工组装性质，生产环节没有产业链可展开，也没有演化出更细的产业分工，制造业对中心城市周边地区的带动影响力较弱。

①　陈宪，黄建锋. 分工、互动与融合：服务业与制造业关系演进的实证研究 [J]. 中国软科学，2004（4）.

## （六）区域产业规划缺乏创新，规划的引导作用亟待增强

1. 区域产业规划缺乏区域观

区域产业规划是对区域内产业发展和布局的整体安排，涉及部门之间、地区之间的利益协调，要与国土资源的开发建设、重大基础设施建设、资源和环境保护在空间布局上进行统筹协调。但目前的区域产业规划在综合协调方面存在明显不足。许多区域产业规划只是将各城市产业规划拼凑汇总，难以起到协调区际关系的作用。有些规划主要靠少数规划工作者将其头脑中形成的整合方案变成文本和图纸，没有与利益冲突的各方充分协商，更没有取得广泛的共识和认可，因而难以通过规划建立起共同遵守、相互监督的机制。

由于区域观的缺乏，大城市连绵区内各城市普遍存在着战略目标和重点雷同现象，未能从分工协作关系上考虑城市间功能的耦合。长三角各城市主导产业选择中，15 个城市中选择汽车的有 11 个，选择石化的有 8 个，选择通信产业的有 12 个，苏锡常三市前五位产业完全一样。常州、无锡、苏州、南京 4 个城市的高新技术开发区规划的重点产业几乎没有区别，均是电子与信息、光机电一体化、生物医药、化工新材料。辽中南大城市连绵区内的各城市在服务业、工业的支柱产业选择上，也存在着上述的问题（表 3-1-2-5）。

**辽中南各城市规划支柱产业选择**　　　　　　　　　　　　　　　表 3-1-2-5

| | 服务业 | 工业 |
| --- | --- | --- |
| 沈阳 | 以建设区域性商贸物流和金融中心为目标，大力发展现代服务业，改造提升传统服务业，加快发展中介、物流、旅游、信息等新兴服务业 | 先进装备制造业、电子信息与软件业、汽车及零部件家具产业、陶瓷产业、建材产业、仪器仪表 |
| 大连 | 大力发展现代服务业；加快建设物流基地；发展银行、保险、期货、证券、信托等金融业；商业；旅游；会展；文化产业 | 石化产业、现代装备制造业、船舶制造业、服装制造业、精品钢材工业、建材业、家具制造业、环保节能产业 |
| 鞍山 | 大力发展生产型服务业、积极发展新兴服务业，改造提升传统服务业，建设北方优秀旅游城市 | 精品钢材、先进装备制造业、轻纺工业、矿产品加工业、高新技术产业 |
| 营口 | 大力发展区域服务业：现代物流业，大力发展生产型服务业：金融、保险；法律、会计、审计、公证、咨询与职业介绍；信息服务业 | 冶金产业、石化产业、纺织服装、建材、镁质材料 |
| 盘锦 | 运用现代经营方式与信息技术改造提升传统服务业，加大生态旅游资源开发力度，拓宽社区服务领域，鼓励兴办多种所有制的社区服务业，大力发展现代服务业：物流业，金融保险业、中介服务 & 信息服务业 | 石化产业、先进装备制造业、塑料产业、建材业、食品加工业、造纸业、制药业 |
| 抚顺 | 大力发展旅游业，商贸流通业 | 石化工业、冶金工业、装备制造业 |
| 本溪 | 大力发展商贸物流、信息中介、房地产、通电通信、金融保险、养老及家政服务 | 中药产业、钢铁产业、汽车整车及零部件、机械及机械部件、新型管材管件、新型五金制品 |
| 辽阳 | 重点发展物流、金融、信息与中介服务等现代服务业；加快发展旅游业 | 化工化纤塑料业、钢铁、有色金属加工、装备制造业及配套、高新技术产业 |
| 铁岭 | 用现代化的经营方式与信息技术改造提升商贸、餐饮、仓储、交通运输；积极发展房地产、文化、旅游、社区服务与养老服务；大力发展物流、连锁配送、金融保险、中介、电子商务、法律服务、旅游 | 装备制造及配套加工、煤炭、医药、建材、高新技术产业、农产品加工 |

2.区域产业规划缺乏市场观

我国的产业规划理论仍然在沿用20世纪50—70年代反新古典的发展经济学和结构主义经济学的体系，通过包括动态比较利益、高附加值率、高新技术、高关联度、高收入弹性等一套理想标准来确立区域的重点产业或主导产业。这种方法最大的缺陷在于忽视了市场在资源配置中的核心作用，忽视了区域产业发展进程中的动态性和随机性。许多地方政府在制订产业规划时，不顾自己的资源禀赋条件，盲目迷信"后发"优势，盲目追求所谓"后发跨越"的经济发展，盲目求新、求高、求快，制订出来的规划往往脱离实际，更缺乏必要的科学性和严谨性。这种仅凭计划者理想和偏好确立的重点产业，往往与市场自发选择形成的重点行业相差甚远。"有心栽花花不开，无心插柳柳成荫"就是这种现象的生动写照。国外主流经济学家对发展中国家数十年来制订的区域产业规划进行分析和总结后认为，这些规划发挥的作用非常有限[①]。

3.区域产业规划缺乏操作性

大城市连绵区的产业规划是跨行政区的规划，由于缺乏明确的规划实施主体，这就对规划的实施性和操作性提出了更高的要求。但目前大多数的区域产业规划，由于缺乏具有操作性的规划实施政策和措施，规划往往成为一纸空文。许多产业规划选择出了主导和重点产业，但如何通过具体的产业政策来促进主导产业的发展，却没有提出有针对性的策略。还有些规划虽然认识到扶持龙头企业、促进产业集群、加强产业配套与协作是促进区域经济一体化的重要举措，但没有提出具体的落实措施和实施机制。此外，重大项目推动与协作是落实区域产业规划的重要举措，但许多规划并没有建立可供实施的重大项目库。

# 三、大城市连绵区发展的战略与政策引导

## （一）提升大城市连绵区在国家中的经济地位

### 1.强化核心城市的中心职能

核心城市在大城市连绵区的发展中起着组织区域经济活动和产业分布、形成合理的经济空间结构以及参与国内外竞争的关键作用，因此，强化中心城市的经济组织功能是提高大城市连绵区综合竞争力的重要基础。珠三角地区的广州和深圳，长三角地区的上海和京津唐地区的北京和天津，作为各自大城市连绵区的重要中心城市，虽然在区域中的地位和作用有所不同，但已经具备了强大的自我集聚和发展功能，未来应以制度创新和突出核心功能作为重点。

在京津唐大城市连绵区，北京应该更多地承担文化、教育、国际交往和国家基础性的研发功能，为京津唐大城市连绵区提供高端的生产服务功能和经济组织功能；天

---

① 程选.地区产业规划要尊重市场选择结果 [J]. 宏观经济研究 . 2000，（1）.

津作为"双核"城市之一，应以建设北方经济中心为目标，重点发展物流与经济组织功能，进行体制机制的创新和配套改革试验。目前，天津滨海新区已经在产业投资基金、金融综合试点、组建跨区域银行、保税区服务功能深化等方面，逐步承担起了与其地位相称的经济组织职能。

把上海建设成为国际经济、金融、贸易、航运中心是国家战略。要实现这个战略，则需要汇集整个长三角大城市连绵区的力量，不断地强化上海城市的中心职能，在产业分工、金融贸易、航运等方面加强区域协作。在此过程中，周边城市可以充分发挥其资源禀赋优势，以上海的"同城化"协作区、区域的休闲旅游基地、技术研发转化基地、服务业外包和后台基地、物流枢纽节点、生产加工制造基地等多种方式，全面融入上海的"四个"中心建设。这样，既可强化上海的核心功能，又有利于推动长三角大城市连绵区的一体化发展和形成网络型的城镇空间结构。

维持香港的繁荣和稳定，强化其国家金融、航运、贸易和信息窗口的地位和作用，对于优化珠三角的空间发展结构，保持珠三角外向型经济的竞争力，引导珠三角的产业升级将起到积极的作用，同时也带动珠三角地区作为一个整体参与国际的竞争。对辽中南的大连、沈阳，山东半岛的青岛、济南，海峡西岸的福州、厦门这样的中心城市而言，继续强化其现代制造业的实力，通过拥有强大的制造业来优化产业结构，加速第三产业的发展，逐步增强对区域经济的影响力，并为优化区域的空间结构打下良好的基础。

2. 培育若干具有国际竞争力的产业

对我国的大城市连绵区而言，传统的发展模式已经难以为继，以制度创新和科技创新作为新的发展驱动力已经势在必行了。政府通过制定相应政策，鼓励企业自主创新、优化企业的区域配置、合理引导资本流向等，是推动大城市连绵区产业提高竞争力的重要举措。

（1）产业政策应以提高本土企业竞争力为核心

大城市连绵区是我国重大装备、生物医药、通信、军工、航天航空、新兴材料等产业的主要集聚地，是体现国家产业竞争力的主要区域。因此，要针对国家对大城市连绵区产业发展的战略需求，形成综合性的产业政策体系，推动重点行业的全球竞争能力。要以国家力量为依托，引导西方发达国家放松对我国的技术出口管制，增强我国战略性产业的技术水平；完善国家战略性新兴产业的扶持政策和机制，形成以企业为主体、产学研形成合力的技术支持体系，并与竞争政策、规制政策、知识产权政策、风险投资政策等配套协调，促进企业提升研发能力；要拓宽产业政策的支持范围，不但要推动企业硬技术研发，还应包括企业商业模式和管理技术的研发；要强化围绕重大基础、共性技术及有关标准的攻关组织和协调，强化技术标准（含管理技术标准）的制定、实施和协调指导；要积极推动企业间、企业与技术机构间的合作研发模式，降低本土企业的研发成本和风险、提升企业竞争力。

（2）分类明确不同产业的政策目标和重点

对上海、北京、天津、沈阳、大连、南京等核心城市既有的国防军工、航空航天、重大的装备制造业等领域，国家产业政策的重点应是推出相对稳定的国家采购政策体系，使企业能够有技术学习积累的过程，并为企业实施"走出去"的跨国并购战略提供支持；对重点支持的竞争性产业中存在重大市场和技术风险的领域，如半导体、液晶等重要器件、新能源及系统产品，国家应根据不同的风险类型，用财政补贴、税收优惠、研发资助等手段予以扶持；对资源依赖型的煤炭、石油开采与加工、冶金产业，应围绕提高资源利用率、环境和安全水平，完善协调和监管制度；对一般竞争性领域的机械电子、纺织服装、食品、建材等产业，政策重点是鼓励多种所有制企业竞争发展，合理强化技术标准监管。

（3）对外开放要突出区域导向和产业导向

跨国资本在今后相当长的时期里，仍将对我国大城市连绵区优化资源配置、推动国内技术进步、提高企业管理水平有积极作用。因此，要通过完善竞争机制，鼓励外资与本地企业的前后向联系与协作，最大限度发挥外资对整体经济的溢出效应。吸引外资尤其要注意与区域的主导产业相结合，对外资的政策要从普遍优惠向重点鼓励转变。要鼓励跨国资本投向现代服务业、重化工业、装备工业等我国大城市连绵区的主导和优势产业，设立研发中心、区域总部、结算中心等机构完善大城市连绵区的产业链和价值链。

要积极培育我国跨国公司。大城市连绵区主导产业中有许多企业已经具备了国际化经营的条件，海外投资是企业获取外部资源、市场、技术和知识产权的有效途径，也是加强我国与投资东道国关系的有力工具。因此，可以选择一批有潜力的大企业作为培育跨国公司的试点，为其高效实行跨国经营创造良好的外部条件，同时借助符合国际规则的政策手段加以扶持，逐步探索出一条适合中国国情的跨国经营道路。

3. 积极扶持产业集群的发展

（1）推动企业集聚发展

产业集群的发展是大城市连绵区劳动密集型企业获取长期竞争力的重要手段。要在总结长三角、珠三角、海峡西岸等产业集群发展经验的基础上，推动辽中南、山东半岛和京津唐大城市连绵区中小城市（镇）产业集群的发展。在产业集群比较发达的长三角、珠三角地区，要积极稳妥地推动分散布局在村镇中的中小企业集中入园发展，既改变村镇生产、生活功能混乱的局面，又能够继续保持中小企业群聚发展所带来的技术溢出和功能共享效益。

（2）健全生产服务体系

我国大城市连绵区的产业集群以大量中小企业在空间聚集为主要方式，单个企业规模小、经济实力和创新能力弱，建立社会化的服务体系对它们的长远发展非常重要。因此，要完善咨询、市场调查、会计、法律、技术培训等社会化的中介服务体系，为集群的企业提供高效服务；支持在产业集群区域内成立行业协会和各类中介服务机构，强化信用体系建设，促进集群内企业的交流和自律，建立良好的创新和竞争机制；加强对产业集群发展的金融支持，鼓励社区银行、信用合作社和信用担保机构的发展，改善金融机构对小企业的金融服务；鼓励以市场化手段建立专业化市场和原材料、辅料交易中心，支持集群区域举办专业展览会、博览会等各类交易活动，拓展市场空间；依靠科技进步，加快建立产业研究与开发中心、技术信息服务中心、产品检验检测中心等技术服务平台，提供产业发展的共性技术和关键技术。

（3）加快工业园区产业集群的培育

应根据区域内已经具有的产业集聚基础，整合、调整、优化现有工业园区，使工业园区的发展既符合培育产业集群的要求，又能体现大城市连绵区优化产业布局的整体要求。要在国家级工业园区大力发展商业、金融保险、创新基地、孵化器、共性技术研究中心和中介服务机构等配套的生产服务体系和社区服务体系，依托产业链整合周边的零散工业园区，充分发挥国家级工业区的优势和辐射作用，探索"一区多园"的发展模式。要对具有特色优势和发展潜力的园区加大扶持力度，提高产业层次。积极推动一批开发业绩好、有发展前途的园区向跨行政区延伸，以产业集群的整合带动大城市连绵区的区域融合。

## （二）转变大城市连绵区的经济增长方式

### 1. 建立和完善促进循环经济发展的法律法规和政策支持体系

大城市连绵区必须走资源节约、环境友好的新型工业化道路，促进循环经济发展是其中重要环节。发达国家在建立循环经济的许多成功经验和做法值得借鉴，其中法律法规尤其发挥了核心作用。以日本为例，其促进循环经济发展的法律体系共分为三个层面：基础层面是一部基本法，即《促进建立循环社会基本法》；第二层面是综合性的两部法律，分别是《固体废弃物管理和公共清洁法》和《促进资源有效利用法》；第三层面是根据各种产品的性质制定的五部具体法律法规，分别是《促进容器与包装分类回收法》《家用电器回收法》《建筑及材料回收法》《食品回收法》及《绿色采购法》。系统完整的法律体系，极大地促进了循环经济的发展。

除了法律法规以外，发达国家促进节能减排的政策体系也发挥着积极作用。这些政策包括奖励相关领域的技术发明，对采用减污技术、节约资源技术设备的企业，减免税收或者允许加速折旧，政府采购中给予使用再生材料的产品以优先地位，对生活和生产废弃物严格收费制度，健全循环经济方面的中介组织，推动公众的参与，等等。

我国现有的环境法规大都是针对末端控制并以指令性控制为主，而针对全过程控制的支持循环经济发展的法律法规还比较薄弱。借鉴国际经验，逐步形成一整套系统的支持循环经济发展的体制环境，是当前和今后一段时期需要大力加强的工作。

### 2. 改革和完善重要资源的价格形成机制，理顺资源价格体系

逐步完善要素价格的市场化机制。对电力、石油、天然气、煤炭、水等重要资源，应尽量减少政府直接定价或政府对价格的干预，能够放开的资源价格，要逐步放开，让市场供求在价格形成过程中发挥更大的作用。

深化金融体制改革，增加粗放利用资金的成本。第一，加快利率的市场化改革步伐，

建立健全由市场供求决定的利率形成机制；第二，稳步地推进汇率改革，完善人民币汇率形成机制，使人民币汇率保持在合理、均衡的水平上；第三，国有商业银行在股份制改造基本完成的基础上，要积极推进银行内部机制改革，建立有效的激励和约束机制；第四，积极推进资本市场的改革，建立多层次资本市场体系，为各类企业提供公平的融资机会，优化资本市场结构。

深化土地制度改革，增加粗放利用土地的成本。要进一步改革农村集体土地所有制，切实维护农民的土地权益，使农民成为土地交易的平等谈判主体，增加粗放利用土地的成本；制订和完善国土利用规划，强化规划约束和用途管制，严格区分公益性和经营性用地，缩小征地范围，严格控制征地规模，健全经营性用地招标、拍卖和挂牌出让制度，通过现金、分配住房、办理社会保障、土地权益折合股份、农民宅基地流转等多种途径，保障农民的土地权益。

3. 合理发挥政府作用，促进现代服务业发展

合理界定政府与市场在服务业发展中的功能，完善政策法规和行业标准，放松对服务业进入的种种管制，引入更多的市场主体，促进服务业领域的竞争，营造有利于现代服务业发展的体制环境。

促进工业部门与服务业的融合发展。大城市连绵区转变经济增长方式的重点在工业部门，而工业部门增长方式的转变在一定程度上依赖于服务业水平的提高。服务业特别是加快 IT 应用技术的推广，不仅能够促进第三产业本身的发展，还可以提高制造业生产环节的数字化、智能化水平，提高行业的竞争力；要依托大城市连绵区雄厚的制造业基础和核心城市的带动，大力推动金融、贸易、法律、职业培训、市场中介、广告传媒、创意产业的发展，在国内率先完成工业型经济向服务型经济的转型。

## （三）利用市场机制和政府协调，全方位地协调区域利益关系

1. 加快投融资体制的市场化改革，加大对中小城市的倾斜和扶持

大城市连绵区的核心城市，由于经济实力强，政治地位高，其投融资能力远强于中小城市。特别是地方政府融资平台成为撬动银行和资本市场的重要工具以来，核心城市获取市场资本的能力远强于中小城市，导致在基础设施建设、公共服务配置水平和城市宜居环境等方面的差距越来越大。此外，核心城市在获取中央政策扶持、战略性资源投入方面，也远比中小城市更有优势。在市场和行政资源都在向核心城市倾斜的情况下，中小城市的发展和吸引力持续下降也就在所难免。因此，对核心城市和中小城市实行差异化的投融资政策，有利于区域的协调发展。大城市连绵区的核心城市，应更多地依靠自身的财政税收、资本市场、银行贷款、地方融资平台等方式，以更加市场化的方式，获取发展的资源。国家和省级的优惠政策、扶持资金、重大项目、公益性事业补助等，应更多地向大城市连绵区的中小城市和小城镇倾斜。

2. 实现产业政策与空间规划有效衔接，引导地区间合理分工

在大城市连绵区，可根据各城市和各地区不同的资源禀赋条件，对于同一个产业，

在符合国家法律法规和标准的基础上，通过实施有差异的行业准入标准、行业技术质量标准、环境标准和安全生产标准等，引领其在区域范围内合理配置。一般而言，对核心城市，应制定相对严格的行业准入标准，推动其产业结构的高端化；对中小城市和小城镇，可通过制定相对宽松的行业准入标准，推动中小城市和小城镇集聚发展资源，缩小与核心城市的差距。这样，在大城市连绵区内部，根据空间规划所制定的各城市的功能定位，通过实施差异化的产业政策，引导各城市实现合理的产业分工。

3. 采取多种方式，全方位地协调区域利益关系

（1）通过区域规划，引导各城市协调发展

通过编制大城市连绵区规划，增强区域发展共识，减少各地发展分歧，引导各城市协调发展。长三角、京津唐等跨省级行政区的大城市连绵区规划，宜由国家发改委、国土资源部和住建部等负责编制和实施；辽中南、海峡西岸、珠三角、山东半岛等省内大城市连绵区规划，宜由省级政府牵头，组织各部门和各市共同参与，本着"优势互补、互利互惠、联合建设、共同发展"的原则来制订，明确区域整体发展的理念，突破行政区划，协调彼此发展战略。

大城市连绵区规划的重点是对区域空间开发、基础设施建设、重大项目布局、资源开发利用、生态环境保护和各种利益关系等进行统筹协调和宏观指导，为建立统一的市场体系、统筹重大基础设施建设、促进经贸和技术合作等创造条件，推动资源、商品、资金、技术、市场、人才、信息等在更大范围优化配置，以实现功能分工、优势互补、联动发展。

（2）创新合作机制，积极探索跨行政区的区域统筹管理体制

作为跨行政区的经济区域，大城市连绵区应该在遵守国家现行法律制度的前提下，借鉴国外的成功经验，探索城市之间多种形式的、多层面的合作模式，建立行之有效的区域协商机制、发展调控机制和利益整合机制，为区域协调发展提供制度保障。

通过区域管理体制上的创新，逐步建立适应社会主义市场经济的区域统筹管理方式。现阶段可以在平等合作、共同协商的基础上，建立由各地方政府参加的、制度化的区域协调和监督机构，综合运用经济、法律、政策和规划等多种调控手段，沟通和平衡各方利益，协调解决对区域发展有重大影响的问题。通过建立定期的市长联席会议制度，议定重大合作事项，制定促进共同发展的区域政策和措施。通过建立各市政府部门间定期协商制度，加强信息沟通，研究区域经济发展中的有关重大问题并提出实施对策，积极发挥组织协调作用。在条件适当的时候，联合设立常设的区域协调办公室，监督、落实区域规划和市长联席会议确定的任务，保证规划内容及各项具体协议落到实处。

（3）加强区域基础设施建设的协调，统筹规划，联合建设

基础设施的建设和运营，必须结合市场化改革，在大城市连绵区建立区域域性基础设施的共建共享机制。以区域整体协调发展为目标，对区域综合交通运输体系、信息网络、供水系统、能源电力、环保设施、防灾减灾等重大基础设施，进行统

筹规划，联合建设，综合协调。上级政府和电力、电信、水利、能源等基础设施的全国性运营商要充分发挥财政、投资等的杠杆作用，推动区域基础设施的协调发展。对于与上下层规划衔接良好、充分考虑区际利益的项目，以及各地区联合申报的项目，给予优先的资助和安排；对于只从本地利益出发，不考虑区际利益的项目，则给予相应的限制。

# 参考文献

[1] 殷醒民. 论长江三角洲城市圈的产业分工模式 [J]. 复旦学报（社会科学版），2006，（2）：42-53.

[2] 靖学青. 长江三角洲与珠江三角洲地区产业结构比较 [J]. 上海经济研究，2003，（1）：46-50.

[3] 薛东前，王传胜. 城市群演化的空间过程及土地利用优化配置 [J]. 地理科学进展，2002，（3）：95-100.

[4] 张辉，喻桂华. 从产业集群的空间分层性来探讨上海对江、浙县域辐射 [J]. 生产力研究，2005，（7）：137-140.

[5] 赵全超，汪波. 对珠三角经济圈城市群能级梯度分布结构的实证研究 [J]. 西北农林科技大学学报（社会科学版），2005，（9）：60-64.

[6] 石忆邵，章仁彪. 从多中心城市到都市经济圈 – 长江三角洲地区协调发展的空间组织模式 [J]. 城市规划汇刊，2001，（4）：51-54.

[7] 陈宣庆. 关于我国区域规划问题的探索 [J]. 宏观经济管理，2005，（7）：17-20.

[8] 李立华. 环渤海经济圈发展战略研究 [J]. 宏观经济管理，2004，（12）：38-41.

[9] 赵娟. 聚集经济与 FDI 的流入 – 对珠三角制造业的实证分析 [J]. 特区经济，2005，（2）：60-62.

[10] 熊军，胡涛. 开发区"二次创业"的全球化视角 – 对长江三角洲开发区"二次创业"的分析 [J]. 华东师范大学学报（自然科学版），2001，（12）：489-492.

[11] 甄峰，张敏，刘贤腾. 全球化、信息化对长江三角洲空间结构的影响 [J]. 经济地理，2004，（11）：749-753.

[12] 国家发改委工业司. 我国产业集群现状及发展建议 [J]. 中国经贸导报，2004，（22）：18-19.

[13] 刘渊. 长江三角洲、珠江三角洲发展对比研究与长江三角洲发展的策略选择 [J]. 浙江大学学报（人文社会科学版），2001，（11）：94-100.

[14] 张捷. 珠江三角洲与长江三角洲经济增长方式比较 [J]. 南方经济，1996，（7）：58-60.

[15] 杨年松. 珠江三角洲制造业产业升级战略定位与基本路径选择 [J]. 特区经济，2005，（7）：84-85.

[16] 李宁. 珠江三角洲制造业发展优势的比较分析 [J]. 特区经济，2005，（6）：68-70.

[17] 刘东林. 半岛城市群总体规划对山东区域经济的影响分析 [J]. 理论学刊，2005，（12）：54-55.

[18] 苏雪串. 城市化进程中的要素集聚、产业集群和城市群发展 [J]. 中央财经大学学报，2004，（1）：49-52.

[19] 刘艳军，孙迪，李诚固.城市群发展的产业集群作用机制探析 [J]. 规划师，2006，（3）：29–31.

[20] 林先扬，陈忠暖.城市群经济发展系统形成与整合机制探讨 – 以大珠江三角洲城市群为例 [J]. 云南地理环境研究，2004，（1）：42–46.

[21] 官卫华，姚士谋.城市群空间发展演化态势研究 – 以福厦城市群为例 [J]. 现代城市研究，2003，（2）：82–86.

[22] 林先扬.大珠江三角洲城市群经济空间拓展的战略抉择 [J]. 现代城市研究，2005，（10）：68–72.

[23] 程秀美.国内外城市群发展模式与发展经验探析 [J]. 价值工程，2005，（10）：13–15.

[24] 尹晓波，候祖兵.海峡西岸经济区城市群的定位与发展路径 [J]. 经济地理，2006，（5）：473–477.

[25] 赵全超，汪波，王举颖.环渤海经济圈城市群能级梯度分布结构与区域经济发展战略研究 [J]. 北京交通大学学报（社会科学版），2006，（6）：28–32.

[26] 刘宁.辽宁中部城市群经济区产业发展现状及调整方向 [J]. 辽宁教育行政学院学报，2005，（7）：39–41.

[27] 王静.辽中南城市群的发展概况及对策 [J]. 城市管理与科技，2006，（2），63–65.

[28] 赵映慧，修春亮.辽中南城市群发展状况分析 [J]. 城市问题，2005，（3），51–54.

[29] 刘贵清.日本城市群产业空间演化对中国城市群发展的借鉴 [J]. 当代经济研究，2006，（5）：40–43.

[30] 徐银苹，范秋芳，顾光彩.山东半岛城市群发展存在的问题及对策探讨 [J]. 中国石油大学学报（社会科学版），2006，（4）：23–27.

专题报告二

中国大城市连绵区人口发展研究

# 目　录

城市，因其集聚了大量的人口和经济活动而成为在国民经济和社会发展格局中占有突出地位的区域。我国的大城市连绵区是在体制改革不断深化、对外开放逐步扩大、生产消费快速融入全球体系、社会结构深刻变革的背景下出现的新的城市空间结构形态。在大城市连绵区形成和发展演进过程中，人口作为最活跃的生产要素，起到了关键性的作用，也必将对大城市连绵区的持续发展产生深刻影响。

# 一、人口发展是大城市连绵区规划建设的重要命题

## （一）人口是大城市连绵区和谐健康发展的基础要素

人口是经济社会系统中最基本的要素，也是最基础的经济社会资源。人类的一切经济社会活动也都是围绕"人"展开。人口状况直接关系经济社会发展，对重大基础设施建设、重要资源开发利用、生态建设和环境保护、公共事业以及产业发展都有着重大影响。因此，解决好人口发展问题，即形成适度的人口规模、较高的人口素质、良好的人口结构、合理的人口分布等，是构建和谐社会、加快实现现代化的重要前提和基础。

当前，我国正处于经济社会发展的重要转型期，城镇化进程快速推进，区域经济结构正在发生深刻变化，为大城市连绵区的形成和发展提供了重要动力。以人口规模大、流动人口多、人口高度密集为基本特点的大城市连绵区，人口的数量、质量、结构、迁移、分布等问题相互交织，人口问题更为集中突出。因此，人口发展是我国经济社会实现和谐健康发展的关键因素和战略重点，也是大城市连绵区和谐健康发展的基础要素。

## （二）人口是我国当前大城市连绵区规划建设的薄弱环节

以经济建设为中心是改革开放以来我国长期坚持的基本方针，也是过去30多年取得巨大发展成就的根本保证。今后相当一个时期，发展经济依然是各项工作的中心任务。由于各级政府都把相当大的精力用于发展经济，人口等社会领域的工作在一段时间内处于相对薄弱的地位。在大城市连绵区的规划、建设和管理工作中也是如此。产业发展、基础设施等内容一直是重点，而有关人口增长以及相关的劳动就业、社会保障、教育文化和医疗卫生等领域处于比较"辅助"的位置。在许多地方全面意义的人口管理工作才刚刚起步，有时连获取一些基础统计数据都十分困难。人口及相关的发展问题已经成为大城市连绵区规划建设中的薄弱环节。

根据我国当前大城市连绵区的发展现状特征，对照大城市连绵区的发展阶段划分及阶段性特征（见表3-2-1-1），长三角、珠三角、京津唐、海峡西岸、辽中南和山东半岛等大城市连绵区皆处于快速发展阶段，所不同的是珠三角、长三角处于快速发展的后期，京津唐、海峡西岸、辽中南和山东半岛则处于快速发展的初、中期。处于快速发展阶段的大城市连绵区，经济社会结构快速调整，人口数量、素质、结构、分布

大城市连绵区的发展阶段划分及其特征　　　　表 3-2-1-1

| 发展阶段 | 阶段性特征 |
| --- | --- |
| 萌芽发展阶段 | 大城市连绵区的初期发展阶段，这时已有大城市连绵区的雏形，但各项指标都非常低。中心城市有一定的聚集作用，大城市连绵区规模比较小，城市化水平较低，城镇体系发育极不完善，分工体系很不完善 |
| 快速发展阶段 | 大城市连绵区的快速发展阶段，这时大城市连绵区形成势头较猛，但各项指标发展不平衡。中心城市的聚集与扩散作用都比较明显，大城市连绵区规模快速扩大，城市化发展速度极快，城镇体系发育还不完善，分工体系开始形成 |
| 稳定发展阶段 | 大城市连绵区的较高发展阶段，这时大城市连绵区的作用显著，各项指标都较高。中心城市聚集与扩散作用明显，大城市连绵区规模比较大，城市化水平较高，城镇体系发育已趋于完善，分工体系较为合理 |
| 成熟发展阶段 | 大城市连绵区的高级发展阶段，这时大城市连绵区的作用相当显著，各项指标都极高。中心城市聚集与扩散作用明显，大城市连绵区规模大，城市化水平很高，城镇体系发育相当完善，已形成合理的分工体系 |

资料来源：倪鹏飞主编．城市竞争力蓝皮书：中国城市竞争力报告 No.4[R]．北京：社会科学文献出版社，2006.

以及迁移等也随之快速变化，倘若不能及时进行有效的调控疏导，与人口有关的问题就将更为突出。

### （三）人口是政府调控大城市连绵区发展并实现有效管制的关键领域

我国的流动人口大多数集中在大城市连绵区，规模庞大的流动人口在积极促进经济社会发展的同时，对这些地区的教育、卫生、治安、社会保障、计划生育等公共管理和服务形成新的需求，也给城市基础设施、资源环境等方面带来巨大的压力。由于现行人口管理仍以户籍地为主，居住地为辅。管理部门的人员、编制、经费等不能随流动人口规模变化而调整，行政资源不足造成管理和服务不能到位，流动人口的各种权益难以得到保障，成为影响大城市连绵区和谐发展的重要因素。随着市场经济体制不断完善，在经济领域市场配置资源的基础性作用不断加强，成为主导力量。政府职能主要体现在经济调节、市场监管、社会管理和提供公共服务等。人口发展既是经济社会发展最重要的推动因素，也是社会管理和公共服务的重要内容，是最能够、最需要体现政府调控作用的领域。因此，在对大城市连绵区进行调控管制中，人口问题理所当然地处于关键地位。

## 二、中国大城市连绵区人口发展现状与变动特征

### （一）人口增长特征

1. 人口规模扩张速度总体加快，辽中南和山东半岛的人口增长相对平稳

2000 年以来，我国大城市连绵区人口增长普遍要快于全国（表 3-2-2-1）。2000—2005 年，我国京津唐、长三角、珠三角、海峡西岸的人口总规模分别以 8.1‰、7.5‰、

12.3‰和7.1‰的年均增长速度增长，均高于全国的平均水平6.3‰。但与此同时，山东半岛、辽中南连绵区的人口扩张速度又明显较慢。

2000—2005年我国大城市连绵区人口增长状况[①]　　　表3-2-2-1

| 地区 | 全国 | 京津唐 | 长三角 | 珠三角 | 山东半岛 | 辽中南 | 海峡西岸 |
|---|---|---|---|---|---|---|---|
| 2000年（万人） | 126583 | 9051 | 13622 | 8642 | 9079 | 4182 | 3410 |
| 2005年（万人） | 130628 | 9423 | 14140 | 9185 | 9239 | 4220 | 3532 |
| 年均增长率（‰） | 6.3 | 8.1 | 7.5 | 12.3 | 3.5 | 1.8 | 7.1 |

资料来源：2000年第五次人口普查资料；2005年全国及各省1%人口抽样调查数据公告。

2. 自然增长对人口规模的影响下降，而机械增长的影响上升

根据1990—2000年我国六大大城市连绵区人口年均自然增长与迁移增长情况，自然增长对人口规模的扩张作用逐渐减弱，而与此同时迁移增长对人口综合增长的贡献逐渐占主导作用，1990—2000年京津唐、长三角、珠三角的迁移增长率已经超过自然增长率，在人口增长主导地位突出。而2000—2005年大城市连绵区人口的迁移增长呈更加显著的扩张趋势。如天津市，根据2005年的1%人口抽查资料表明，2005年天津市的外来常住人口（即：离开户籍登记地半年以上的外来人口）为114.35万人，比2000年普查时增加了27.01万人，增幅达30.93%。分年度的统计资料显示，自2001年以来天津市外来常住人口每年的增量分别占当年全市常住人口增量的比重为43.69%、53.26%、73.05%、88.98%和92.36%。显示出外来常住人口的增加已经构成了天津市常住人口规模扩大的主要因素。

## （二）人口迁移、流动现状与变动特征

根据2005年全国1%人口抽样调查资料和中国人口统计年鉴（中国统计局2006）数据分析，我国流迁人口有五个显著特征：第一，以男性为主。占流迁人口的55%，但在不同的年龄段，差异较大，20岁以下以女性为主，约为70%，20岁以上以男性为主，约占65%。第二，以年轻劳动力为主。主要集中在15—45岁，大约占流迁人口的80%。第三，文化程度以初中以上为主。占总流迁人口的70%以上。第四，以非举家流动为主，占总流迁人口的74%。第五，以低收入为主。月收入1000元以下的占90%，500元以下的占45%，基本生活条件较差。由于我国的流迁人口大多集中在大城市连绵区，这些特征基本上也能体现我国大城市连绵区流迁人口的人口学特征。但从大城市连绵区流迁人口近几年的发展来看，还呈现以下特征：

---

① 考虑到我国常住人口数据（含人口结构）只有来自2000年第五次人口普查和2005年1%的人口抽样调查数据资料，所以这里的数据选择了2000年和2005年作为比较年；但目前公布的2005年1%的人口抽样调查数只有各省数，所以本部分比较数是各个大城市连绵区相关省份：即京津唐指北京、天津和河北，长三角指上海、江苏和浙江，用广东代替珠三角，用辽宁代替辽中南，用山东代替山东半岛，用福建代替海峡西岸。本节表3-2-2-1至表3-2-2-6数据均如此。

1. 外来人口规模持续增加，占全国的份额越来越大

随着经济的发展，我国人口进一步向我国大城市连绵区集中，跨省净迁移人口规模不断增加。2000 年我国六大大城市连绵区跨省净迁移人口规模为 1958 万人，到 2005 年该迁移人口已经上升到 4006 万人，年均增加 410 万人。从表 3-2-2-2 可以看出，五年来长三角、山东半岛大城市连绵区净迁移人口增长最快，年均增长速度分别达到 30% 和 17%。另外，随着大城市连绵区跨省净迁移人口规模的不断增加，占全国的份额也越来越大。2000 年六大大城市连绵区跨省净迁移人口占全国的比重为 57.6%，到 2005 年这一比重已经上升到 86%，显然，六大大城市连绵区已经成为我国跨省迁移人口的集中分布区域。

**2000 年以来中国大城市连绵区人口净迁移状况** 表 3-2-2-2

| 地区 | 京津唐 | 长三角 | 珠三角 | 山东半岛 | 辽中南 | 海峡西岸 |
|---|---|---|---|---|---|---|
| 2000 年 | 210.61 | 464.97 | 1164.53 | 2.73 | 39.46 | 75.97 |
| 2005 年 | 431 | 1745 | 1560 | 6 | 40.6 | 224 |
| 年均增长率（‰） | 15.40 | 30.28 | 6.02 | 17.06 | 5.07 | 24.14 |

资料来源：2000 年第五次人口普查资料；2005 年全国及各省 1% 人口抽样调查数据公报。

2. 外来人口分布不平衡，还主要集聚在长三角、珠三角

我国六大大城市连绵区外来人口持续增加，在全国的份额越来越大；但在这六大大城市连绵区内部，人口分布又呈现不平衡的现象，珠三角、长三角是跨省外来人口最大的集中地。如表 3-2-2-3 所示，2005 年，长三角、珠三角集中的跨省外来人口分别占六大大城市连绵区总量的 39.91% 和 35.68%，两者合计达到 75.59%。其余四个大城市连绵区只占总量的不足四分之一。

**2005 年中国外来人口在大城市连绵区的分布** 表 3-2-2-3

| 地区 | 京津唐 | 长三角 | 珠三角 | 山东半岛 | 辽中南 | 海峡西岸 |
|---|---|---|---|---|---|---|
| 比重（%） | 9.86 | 39.91 | 35.68 | 0.14 | 9.29 | 5.12 |

资料来源：国家统计局人口和就业统计司编. 中国人口统计年鉴 2006[M]. 北京：中国统计出版社，2006 年.

3. 外来人口居留时间越来越长

随着我国城镇化进程的推进，跨区域流动就业劳动力的数量增长，农村劳动力转移人口在城镇的居留时间延长。根据 2005 年 1% 人口抽样调查资料，全国流动人口平均外出流动时间接近 5 年，可见我国外来人口在外滞留时间日趋延长，大有扎根趋势。上海市的外来人口中，49% 停留已超过半年。北京市的暂住人口中，停留时间在 3 个月以内的占 24%，3—6 个月的占 21%，半年—1 年的占 31%，1—3 年的占 16%，3 年以上的占 7%，他们中的一些人可以说是对北京十分熟悉的"老北京"了，在一些外来人口的聚集点，甚至已经自发形成了自成系统的多功能小区。

另外，我国大城市连绵区的人口流动也越来越频繁。大城市连绵区是区域经济一体化推进最快的地区，城际交通等基础设施逐渐完善，连绵区内城市节点之间的时间距离也大为缩短，工作、居住、消费空间分离现象显著增加，促进了跨行政区之间的人口流动。人口流动越来越频繁，人口管理就越来越难以把握，与生活质量有关的生态环境问题就也变得越来越复杂，特别是交通对环境的影响在加大。

### （三）人口空间分布现状与变动特征

#### 1. 长三角、珠三角人口向外围扩散加快

由于发展阶段的差异，我国六大大城市连绵区的人口集聚也呈现不同的特点，即长三角、珠三角的人口由先前的主要向核心区集聚开始加快了向外围地区扩散，人口在外围地区集聚的速度要快于核心区；与此同时，其他大城市连绵区的人口趋中心化趋势依然明显。如表3-2-2-4，与2000年相比，2005年珠三角人口总量增加了约260万人，但内圈层的人口比重却下降了0.7个百分点，作为珠三角两核心的广州与深圳的总人口占珠三角的比重也下降了0.5个百分点，这说明珠三角人口向外围集聚的趋势在加速。根据王桂新的研究[①]，上海2000年的总人口在长三角的比重就已经下降，1996年上海人口3城市指数和5城市指数分别为0.7453和0.6488，到2000年就分别下降为0.7081和0.6177。

**2000 年与 2005 年珠三角人口分布对比**　　　　表 3-2-2-4

| | 2000 年 | | 2005 年 | |
| --- | --- | --- | --- | --- |
| | 总量（万人） | 比重（%） | 总量（万人） | 比重（%） |
| 内圈层 | 3233.41 | 75.42 | 3398.74 | 74.74 |
| 广州 + 深圳 | 1695 | 39.53 | 1777.61 | 39.09 |
| 外圈层 | 1053.8 | 24.58 | 1148.58 | 25.25 |
| 珠三角 | 4287.21 | | 4547.32 | |

注：为了便于统计，在这里把珠江三角洲分2个圈层，内圈层：广州、深圳、珠海、佛山、东莞、中山；外圈层：江门、惠州、肇庆。把珠三角也分东岸都市区、中部都市区与西岸都市区，其中在这里，东岸都市区指：东莞、深圳和惠州；中部都市区：广州、肇庆和佛山；西岸都市区：珠海、江门和中山。
比重是指占珠三角的比重。
资料来源：广东省第五次人口普查资料，广东省2005年1%人口抽样调查资料。

#### 2. 人口分布的市内差距普遍大于市际差距

众所周知，我国的城乡差距普遍要大于区域差距。在大城市连绵区，人口的分布也同样呈现人口城乡差距要大于区域差距。根据2005年的1%的人口抽查数据，2005年珠三角人口密度最高的地区是深圳，达到4239人/平方公里，最低的是江门仅430人/平方公里，前者是后者约10倍；同年广州中心城区的人口密度高达2.2万人/平方公里，而所辖县的人口密度仅为370人/平方公里，前者是后者的近60倍，远高于前者。

---

① 王桂新. 迁移与发展：中国改革开放以来的实证研究 [M]. 北京：科学出版社，2005.

这类差距在我国的六大大城市连绵区均呈现类似的情况，由此可见人口的分布的市内差距是普遍要大于市际差距。

### （四）人口年龄结构、性别结构现状与变动

**1. 人口性别比低于全国，失衡有所缓解**

表 3-2-2-5 为 2000 年以来我国大城市连绵区人口性别比变化情况，2005 年六大城市连绵区人口的性别比均低于全国平均水平 106.3：1，呈现相对合理的现象。从变化情况来看，六大大城市连绵区在 2000—2005 年的人口的性别比均呈现不同程度的下降，但下降比例均要快于全国平均水平（即以 0.44 个百分点下降），其中海峡西岸下降最快，5 年来下降了近 5 个百分点，为全国的 11 倍。

2000 年以来中国大城市连绵区人口性别比变化情况　　　表 3-2-2-5

| 地区 | 全国 | 京津唐 | 长三角 | 珠三角 | 山东半岛 | 辽中南 | 海峡西岸 |
|---|---|---|---|---|---|---|---|
| 2000 年 | 106.74 | 104.43 | 103.93 | 103.68 | 102.5 | 104.01 | 106.29 |
| 2005 年 | 106.3 | 101.47 | 101.2 | 102.63 | 101.96 | 100.57 | 101.44 |
| 变化情况 | -0.44 | -2.96 | -2.73 | -1.05 | -0.54 | -3.44 | -4.85 |

资料来源：2000 年第五次人口普查资料；2005 年全国及各省 1% 人口抽样调查数据公告。

**2. 劳动适龄人口比重呈增加趋势，比重普遍高于全国**

2000 年以来我国劳动适龄人口（15—64 岁人口）比重在不断增加，2005 年达到 72.04%，比 2000 年增加了 1.89 个百分点。相应地，六大大城市连绵区的劳动适龄人口比重也呈不同程度的增加。但值得注意的是，到 2005 年大城市连绵区劳动适龄人口比重普遍要高于全国，如表 3-2-2-6，长三角、山东半岛、辽中南、海峡西岸分别比全国高出 2.3、2.2、4 和 1 个百分点。大城市连绵区劳动适龄人口比重高于全国，很大程度上是由于这些地区外来人口相对密集且年龄相对年轻，即受外来人口特殊年龄结构的直接影响。

**3. 人口老龄化趋势在加快，且远快于全国**

我国大城市连绵区均已经进入老龄化社会，65 岁以上人口比重均超过老龄化社会的国际标准线 7%。值得注意的是，2000 年以来伴随我国老龄化的步伐在加快，我国六大大城市连绵区的人口老龄化趋势明显要快于全国，如长三角、珠三角、山东半岛、辽中南、海峡西岸在这 5 年内增加的老年人口比重比全国分别高了 1、0.6、1.2、1.2 和 1.3 个百分点（表 3-2-2-6）。

2000—2005 年中国大城市连绵区人口年龄结构变化情况　　　表 3-2-2-6

| 地区 | 全国 | 京津唐 | 长三角 | 珠三角 | 山东半岛 | 辽中南 | 海峡西岸 |
|---|---|---|---|---|---|---|---|
| 0—14 岁 | 20.27（-2.62） | 20.6（-0.1） | 14.76（-3.44） | 21.32（-2.85） | 15.85（-5） | 14.18（-3.5） | 18.27（-4.74） |
| 15—64 岁 | 72.04（+1.89） | 71.97（+3.0） | 74.35（+1.70） | 71.27（+1.49） | 74.23（+3.1） | 76.08（+1.64） | 73.06（+2.76） |
| 65 岁以上 | 7.69（+0.73） | 7.43（+2.9） | 10.89（+1.74） | 7.41（+1.36） | 9.93（+1.9） | 9.74（+1.86） | 8.67（+1.98） |

资料来源：2000 年第五次人口普查资料；2005 年全国及各省 1% 人口抽样调查数据公告。

但人口老龄化问题在大城市连绵区一些城市依然相当突出。如 2005 年北京、天津 65 岁以上人口占总人口的比重已经高达 10.81% 和 9.7%，远超过 7% 的国际警戒线。

# 三、中国大城市连绵区发展面临的人口问题诊断

## （一）人口总量、分布与资源环境关系问题

### 1. 人口快速增长导致生态环境压力普遍较大

人口过快增长是目前我国大城市连绵区面临的突出问题。2005 年北京和广州城区的人口密度已经分别达到 1.4 万人／平方公里和 1.3 万人／平方公里，已远高于人口增长纽约、伦敦、巴黎和香港。

人口增长太快，而开发自然资源的能力滞后，致使我国大城市连绵区普遍面临着水、电、土地供应紧张局面，严重影响可持续发展。在我国，北京、天津、大连、青岛等已被国家水利部列为全国最缺水的 7 个城市；珠三角的电力、土地资源的短缺已经持续数年，不少城市出现"电荒"、"地荒"。人口增长过快，带来对本土资源的过度消耗，使人多地少，资源稀缺，资源开发潜力有限的大城市连绵区不得不面临转型的压力。

大城市连绵区人口增长对自然资源过度消耗的同时，也对生态环境也带来空前的压力。以珠三角为例，深圳的深圳河、龙岗河、观澜河、沙河，广州的珠江河道、佛山市的佛山水道（汾江），东莞的东莞运河，惠州的西枝江，江门的江门河、天沙河、番禺的市桥水道，珠海市的前山河等，水质已经严重恶化，甚至影响到部分城市饮用水源地。同时，也对周边地区的生态环境造成了不利影响。另外，近海水体水质已经严重恶化，深圳、珠海的近岸海域已超四级海水水质标准，广州的入海河口水质为 IV 类，珠江口一带海域不时出现"赤潮"现象[①]。又如，北京的各种环境污染，不管是大气污染、水质污染还是酸雨和噪声污染，都和过度的人口密度有直接关系，这些环境问题的存在，不仅对北京市民造成巨大的人身伤害，还让北京市付出巨大的经济代价。

### 2. 人口快速增长带来巨大的基础设施和公共服务压力

我国大城市连绵区人口超计划增长，也致使社会承载能力跟不上，问题丛生。首先，人口增长太快，特别是超过了市政建设的发展规划，给城市基础设施带来了相当大的压力，城市住宅、供水、供电、通信、环境卫生、饮食服务等基础设施一直处于超负荷运转，给城市居民和外来人口的衣食住行都带来了诸多不便，也给城市规划和市镇建设带来了巨大压力。据测算，大城市每增加十万名外来人口，每天就需增加 5 万公斤粮食、5 万公斤蔬菜、10 万千瓦小时电力、2400 万公斤水、730 辆公共汽车，方可满足其基本需要[②]。与此同时，这些流动人口还会产生 10 万公斤垃圾，排放 2300 万公斤生活污水和污染物，而且这些垃圾有相当部分随意抛弃于街道和城市各角落。

---

① 吴舜泽，王金南，邹首民 . 珠江三角洲环境保护战略研究 [M]. 北京：中国环境科学出版社，2006.

② 刘传江，侯伟丽 . 环境经济学 [M]. 武汉：武汉大学出版社，2006.

其次，伴随大量人口迁入而来的公共服务设施承载力的高负荷运行。如农民工子女入学问题，不少城市教育部门每年都要对付不断增加的幼儿园、小学和中学入学人数，教育经费紧张。如 2006 年在东莞读书的外来工子女有 7 万余人，主要集中在公办学校，公办学校学位非常紧张，已审批专门招收外来工子女读书的学校有 10 所，规模大的达到 2000 多人，最小也有 500 多人，但这些学校远远解决不了越来越多的外来人口子女就读，一部分孩子在办学条件简陋未经审批学校就读。

另外，外来人口给交通和城市管理带来的问题。根据北京市的调查，北京市每天人口流量达 80 多万人次，加上市区与郊县之间的 20 多万流量，每天高达 100 万人次，给城市公交带来了极大的压力。近几年来，为了解决交通堵塞的问题，市政府每年投入几十个亿用于修路建桥，但仍然满足不了需求。外来人口活动频繁，更加重了交通拥挤，特别是到了冬季和上、下班高峰期，"坐车难"的问题更加突出。近些年来，不少城市和有关部门尽管对改善公共交通、增加客运量作了很大努力，但由于外来人口与日俱增，出门乘车难的问题始终难以缓解。

### 3. 人口增长使就业压力不断加大

我国大城市连绵区人口不断增长，但连绵区内不少地区的就业岗位却增长不多，甚至下降的趋势，加大了当地就业的压力。如根据中国社会科学院人口所的研究，近 10 年来北京经济实现了大幅增长，实际就业人口却呈下降趋势，劳动力参与率不断下降，失业率提高，失业人口增加[1]。另外，从中长期看，我国大城市连绵区正面临经济转型的艰巨任务，而经济转型将加快减少实际就业量。如在珠三角，由于经济转型的需要，就存在着一些劳动密集型产业向内地迁移的问题，这些产业的相关劳动力人口可能高达数百万级，而这些劳动力中又有相当大部分人口已经在珠三角买房安家，他们的就业问题将随着珠三角经济转型的加快而突显出来。

### 4. 人口空间分布失衡增加了资源配置难度

在我国大城市连绵区人口快速增长的同时，人口分布的空间不均衡问题也日益突出，加剧了人地矛盾。一是区域内各市之间人口分布的不平衡。如在珠三角，人口分布充分显现出高度集中的态势，广州、深圳、东莞和佛山四市的人口，合计占全区人口的 70% 以上。人口在某些区域的高度集中，促使该地区人地矛盾日益尖锐，城市交通严重拥堵、环境污染、住房拥挤，资源特别是水资源紧张，城市容量严重超负荷。21 世纪以来深圳市资源"瓶颈"问题凸显，城市发展空间不足，水、电、油、运全面紧张。最"头疼"的问题是，按深圳市实际管理人口测算，户籍与外来人口比例为 1 ∶ 6，户籍外来人口结构"严重倒挂"，严重影响了产业结构的优化升级。二是市域内人口分布的不平衡，中心化分布渐趋强劲，增加了资源配置的难度等。如北京市城区人口密度是近郊的 4 倍，近郊是远郊的 10 倍，加剧了众所周知的城市基础设施建设的矛盾。

在今后相当一个时期内，大城市连绵区人口规模仍将持续增长，这会降低原已十

---

① 北京市社会科学院.北京经济发展形势及其就业人口变化研究 [R]. 北京：北京市社会科学院，2004.

分匮乏的自然资源人均占有水平，同时还会增加更多的资源消耗量，并可能产生更大的环境污染。这就要求必须转变那种近似"竭泽而渔"的经济增长方式，走有效利用资源、集约发展的可持续发展道路。

## （二）人口素质问题

我国的大城市连绵区，同时也是我国改革开放的前沿，经过几十年的发展，已经集聚了相对规模的劳动密集型企业，技术含量较低，而在国家新形势下，要求大城市连绵区加快自主创新步伐，加快经济增长方式的转变和经济结构的转型。经济结构的转型又要求相应的人口素质的提高。从一些国家和地区经济发展的规律看，经济转型一般需要 10—20 年时间，而这一时期往往会出现劳动力结构性短缺。如日本、台湾地区、韩国的经济转型从 20 世纪 80 年代末期开始，就出现了劳动力结构性短缺，一直持续到现在。而我国的大城市连绵区，由于人口素质难以适应经济转型的问题业已出现，如我国珠三角、长三角出现的"民工荒"，纵然有农民工工资相对较低的因素，但也有民工技能素质偏低而出现的劳动力结构型短缺的因素。又如在北京，传统工业调整造成大量再就业人口，尽管知识经济兴起带动了一批新兴行业，但北京大部分劳动力不适应这些新兴产业，无法顺利再就业。

同时，几十年的发展，在我国大城市连绵区已经沉淀下来一大批外来人口，这些人口大部分文化素质较低，难以适应产业结构升级的需要；但同时，由于人口迁移的惯性作用，这些人不太容易离开，逐渐成为这些地区产业生机中尾大不掉的"包袱"。如 2005 年珠江三角洲每 10 万人拥有的各种受教育程度人数中，初中文化程度及以下的人口占 65%；而高层次、高素质人才仍相对偏少，在就业人口中，专业技术人员所占的比例相对较低，仅占 7.26%，这种状况难以适应珠三角率先实现现代化、推动产业结构升级换代和参与国内外激烈竞争的发展要求。

## （三）人口管理问题

我国大城市连绵区人口管理问题主要集中在对外来人口的管理方面。

### 1. 外来人口管理难度加大

近年来，大城市连绵区人口管理难度在加大。首先，入世后我国对外开放程度加大，对我国农业产生较大冲击，大城市连绵区外来流动人口逐渐增多，人口流动越来越频繁，提高了城镇人口管理的复杂性。如计生管理难度加大，过去行政性管理的方式已难以奏效。其次，大城市连绵区近几年基本上均取消了收取外来人口暂住费和收容遣送制度之后，暂住证办理不具强制性，无形中给流迁人口登记工作加大了难度，为准确掌握流动人口信息添设了障碍，更难以有效管理。根据相关调查，作为外来人口密集地区的大城市连绵区，人口管理的难点突出表现在以下几个方面。

——计划生育。由于外来人口具有较大的不稳定性，计划生育流入地和流出地两地"悬空"现象突出，许多大城市连绵区的城乡结合部已经成为"偷生者"的"避风港"，计划生育问题突出。

——社会治安问题。外来人口集中的地方，往往是大城市连绵区社会治安最差的地方，偷盗、抢劫、赌博、吸毒、卖淫等违法犯罪活动相对猖獗。据统计，当前广州市超过一半的刑事案件是由外来人口所为，并且随着流动人口的增多，犯罪活动已越来越猖獗。

——出租屋管理混乱。由于多方面的原因，出租屋暂住人口的登记工作难以落到实处，外来人口的管理相对混乱，也导致许多社会问题。另外，出租屋的环境"脏、乱"现象突出，在房前屋后，村庄边缘，到处可见垃圾遍地，蚊蝇纷飞，臭气熏天的景象。

2. 外来人口管理改革明显滞后

目前对于外来人口的管理制度依然存在多证、多部门、不适应形势发展的问题，有效的人口管理制度远未形成。现行的有关外来人口管理的法规规章中，90%属于政府立法，其中绝大部分又属于地方性政府法规和规章。到目前为止，尚没有出台全国人大有关外来人口专门的规范性法律性文件，但各地对外来人口内容繁多，到2005年出台的各种发布并有效实施的规范性法律文件共323件，其中地方性法规规章达292件（表3-2-3-1）。十几年来，在我国的大城市连绵区，这些法规规章对于外来人口法制化管理起到了不可替代的作用。但从另一方面看，这些地方性管理法规规章从形式到内容都比较粗糙，大城市连绵区的人口管理还存在以下问题。

流动人口法规规章专门文件统计　　　　　表3-2-3-1

|  | 全国人大法律库 | 国务院行政 | 部委行业 | 地方 | 合计 |
|---|---|---|---|---|---|
| 流动人口 |  |  | 10 | 105 | 115 |
| 流动人员 |  |  | 7 | 19 | 26 |
| 外来人口 |  |  |  | 9 | 9 |
| 外来人员 |  |  |  | 16 | 16 |
| 暂住人口 |  |  | 3 | 93 | 96 |
| 暂住人员 |  |  |  | 17 | 17 |
| 外来务工经商人员 |  |  |  | 4 | 4 |
| 外来务工人员 |  |  |  | 4 | 4 |
| 外地来京务工经商人员 |  |  |  | 9 | 9 |
| 外出务工经商人员 |  |  |  | 1 | 1 |
| 农民工 |  |  | 11 | 15 | 26 |
| 合计 | 0 | 0 | 31 | 292 | 323 |

注：统计截止2005年，包括所有有效的全国人大通过的法律、国务院颁布的行政性法规、部委颁布的行业规章和地方人大和政府制定的地方法规规章。

第一，多部门管理。按照现行管理体制，公安、劳动、工商、计划生育、民政、卫生等多个政府部门，都需要在各自的职责范围内对流动人口进行管理。但实际工作中这种管理往往难以协调进行，更多是有利争相管理，有事极力推让。部门的多头管理导致多头收费而无人管事的情况常常发生。

第二，对外来人口的管理滞后于社会形势的发展变化。外来人口的特点在于其流动性，他们的生活、工作常常具有不确定性。绝大部分外来人员往往一年就有好几个暂住地，一年就在几个不同城市不同企业进行打工。假设一个人从北方的哈尔滨一路南下到广东的深圳市，只要他在每个大中城市暂住 3 天以上，可能会涉及与他有关的法规规章多达数十个。就算一个外来人口只在一个地方居住，专门以他为对象的管理法规规章就是好几个。如果一个外来人员在途经的地方准备打工谋生，他需要办理的各种证件远比法规规章数目要多得多。而且，这些证件具有强烈的地域效力范围。只要他们一流动，这些证件往往就失效了。但作为外来人员，他们不得不时常在流动中求生存。这就意味着：外来人员每走一个地方，要交纳几笔可观的费用，办理一大堆证件。对外来人口的这种地方性证件管理和流动人口的全国性流动明显相冲突。这种冲突同时也表明：目前对外来人口的这种管理措施，无形增加了外来人口进入成本，抬高了进入门槛。

3. 现有制度安排难以有效解决外来人口的社会保障问题

近年来，大城市连绵区加强了对外来人口社会保障制度的建设，出台了一些相关的政策措施，但政策执行和实施效果不佳，总体上还存在迁入地对外来人口"取而不予"、"用而不养"的问题，主要表现在以下几个方面。第一，外来人口参保率普遍偏低。在"五大社会保险"中，除工伤保险已有相当数量的外来人口参加外，养老保险的总体参保率仅为 15%，医疗保险的平均参保率为 10% 左右，失业保险、生育保险目前仍与绝大多数外来人口无缘。这当然包括很多原因，如雇主为降低企业生产成本，漏报和瞒报职工人数，使受雇外来人口得不到社会保障；一些雇主在缴纳社会保险费的时候，降低外来人口当前的工资收入；各地对社会保障制度的宣传不够，很多外来人口不了解所在打工地的社会保障制度。第二，当前针对外来人口参保的制度实在有诸多欠缺、有太多不便。（1）目前我国社保体系采取的是区域化统筹模式，各地间保险基金独立核算，互不往来。即现有的外来人口参保制度，不顾及外来人口流动性强、就业稳定性差的特点，只是一味强调参保，社会保障往往与就业的流动性发生冲突，在一个区域内有效，到另一个区域或回家就无效了，使相当一部分人因感不便而退保。（2）各地的社会保障政策存在较大的差异。例如，深圳市的养老保险部分，外来人口在流动他乡时可以通过"退保"的方式"带走"。但上海市的老年生活补贴，却只能在规定享受的年龄在委托的商业保险公司领取。这些差异性和统筹层次的地方性，使得外来人口在流动过程中，不得不损失当前的社会保障而去追求当前可能得到的比较收益工资。（3）外来人口的年纪轻，这些劳动者的身体应该都比较健康，一般不会得大病住院治疗，因此，外来人口真正能够享受到的社会保障的实惠，实际上就是养老保障。有的企业每年缴纳 30—40 万元的养老保险费用，但员工住院治疗能够报销的费用却只有 3—4 万元。而当外来人口年纪大了，疾病发生率较高的时候，却不得不因为没有人雇用而返回迁出地，无法享受到年轻时期缴纳的医疗保险。

在子女教育方面，虽然国务院转发了国家六部委《关于进一步做好进城务工就业农民子女义务教育工作的意见》，但执行效果不尽如人意，还存在以下问题。第一，就读费用高，公立学校在招收农民工子女入学时收取高额的赞助费、借读费等。第二，入学门槛高，规定必须持有暂住证、计生证、就业证、户口所在地证明才能办理入学手续；第三，"分槽饲养"，划定外来务工子女就读的学校，即使在同一所学校学习，在管理上也不能一视同仁，在编班、排座、教学活动等方面，对外来务工人员子女往往特殊对待。

在住房福利方面，由于受户口限制，外来务工人员基本得不到迁入地的住房福利，不能租售公房和购买经济适用房，大部分享受不到住房公积金待遇，单位集资建房更是享受不到。

### （四）社会分层问题

在我国的大城市连绵区，社会分层主要体现在两方面：其一为城市居民与农民的社会阶层分层；另一为城市内部的人口的社会分层，引起城市贫困问题的出现。

现代型的人口阶层结构应是一种橄榄形状的等级结构，即有庞大的社会中间阶层。中等收入者是社会的稳定器，在政治上是支持政府的力量，在经济上是经济主体和稳定的消费群体，在文化上则是文化的投入者、消费者和创造者。一个现代化的合理的社会结构有助于社会的稳定，目前中等发达国家的中等收入阶层一般在45%，美国已经达到70%，阿根廷、巴西等发展中国家也已经达到35%，我国在18%，我国大城市连绵区则更低。

近年来，伴随着大城市连绵区经济社会的快速发展，人口的社会阶层分异在加快。如以深圳为例，根据《深圳蓝皮书：中国深圳发展报告（2007）》，深圳现状人口的社会分异化特征明显，深圳贫富分化相当严重，进而引发了一些社会问题：外来高素质人口在经济社会中地位的提高，使原居民心理失衡；大量外来打工者多数从事低层次劳动，工作稳定性差、收入较低，属于社会弱势群体或贫困群体，对失业、疾病、纠纷等的抗御能力很低，遭遇这些危机时便有部分人会铤而走险，成为社会的不稳定因素，导致社会治安较差，直接影响深圳的投资环境。

## 四、促进中国大城市连绵区人口全面发展的策略

资源短缺，人口众多，市场经济体制尚不完善是我国当前乃至今后相当一段时间所面临的现实情况，我国大城市连绵区的人口发展必须在这些条件下加以考虑。

### （一）我国大城市连绵区发展的约束条件分析

1. 资源环境的约束——资源短缺、环境容量有限问题将长期存在

我国的国情是资源短缺，特别是土地资源、水资源的短缺已经成为当前社会经济

发展的瓶颈。占我国国土面积 1/3 的国土是沙漠、戈壁、冰川和石山，属于无法利用的土地；人均耕地 1.43 亩，不到世界平均水平的 1/2；人均水资源占有量仅为世界人均占有量的 1/4，一半国土缺水，2/3 的城市供水不足。另外，我国实行工业化以来，一些地方对自然的破坏已使人口的生态环境承载力下降，在这些人口低承载力的地方从事经济活动，往往是低效益，甚至是得不偿失。因此，在这些地方为维系生态的平衡和自然环境，人类的活动将进一步减少。与此同时，我国还存在一些高人口容量的大城市连绵区，这些地方各种发展条件较好，人口与经济能较容易集聚。我国上述生产、生活条件决定了我国未来的经济活动、人口必然会向发展条件较好的大城市连绵区集中。从目前看，这种趋势也将继续加强。因此，我国未来大城市连绵区的发展的资源短缺、环境容量有限问题将长期存在，其人口发展必须考虑到这些现实情况。

2. 大量人口和富余劳动力约束——外在人口增长压力将长期存在

2005 年我国人口达到 13.08 亿人，在占世界 7.2% 的国土面积上集聚了占世界 21% 的人口，可见人口众多是我国的基本国情。据国家计生委的预测[①]，我国人口将持续增长到 2030 年达到高峰 16 亿人，也就是说，我国今后相当一段时期均将面临着数量庞大的人口。同时，我国又是农村劳动力大量富余的国家。根据中国社会科学院人口所蔡昉研究员的推算，如果以 2030 年人口达到 16 亿人口计算，未来农村劳动力人口至少要转移 3—3.5 亿[②]。如此庞大的人口和富余劳动力使我国今后相当一段时间将面临较大的人口压力。作为我国人口、经济容量相对较大的大城市连绵区，其人口发展必须考虑到这种严峻的现实，即存在较大的外来人口增长压力。

3. 不完善的市场机制约束

经过 30 多年的努力，我国初步建立起了社会主义市场经济体制，市场化成为社会变革最重要的特征，个人的经济社会活动空间不断扩大。但应当看到，我国的市场经济体制仍处于发展完善阶段：城乡二元结构状况还未能得到根本性破除，市场体系在结构、功能方面都还有待进一步完善，维护市场秩序法治精神还没有完全形成，法律体系还不健全。这种不完善的市场机制，要求我国在人口管理中，既不能完全自由放任，又不能采取传统的计划经济时期的封闭人口管理模式，对人口的迁移变动和社会变动加以严格控制，而是要求政府更多地从宏观层面上去管理，更多地利用经济的和法律的手段去管理，辅之以行政手段；不是对人口变动进行微观上的全面指标控制。

## （二）促进我国大城市连绵区人口全面发展的指导思想

在以人为本和全面、协调、可持续的科学发展观指导下，在人口、资源环境和经济体制等外部条件的约束下，考虑我国大城市连绵区的人口发展变化特征以及存在的

---

① 国家人口计划生育委员会. 国家人口发展战略研究报告.2004.
② 蔡昉编. 中国人口与劳动问题报告（2006）——人口转变的社会经济后果 [M].北京：中国社会科学文献出版社。

问题，我们认为，我国大城市连绵区人口全面发展应坚持以下原则：一是人口发展与人口调控相结合的原则，建立完善与大城市连绵区人口发展战略相适应的人口管理模式和调控手段；二是人口管理与人口服务相结合的原则，寓管理于服务之中，以服务体现管理，创造便民利民和安居乐业的环境，保持大城市连绵区人才竞争力；三是人口发展与产业结构调整升级相结合的原则，大力推进产业结构、空间结构和人口结构的联动调整，建立人口合理有序流动的调控机制；四是人口发展与建设和谐大城市连绵区有机结合，强化外来人口的权益保障，缓解社会阶层分层矛盾，促进大城市连绵区和谐健康发展。

在上述原则的指导下，促进我国大城市连绵区人口全面的发展的具体策略重点建议明确为：完善人口管理制度，重点加强外来人口管理；合理引导人口流迁，调整人口分布，缓解人地矛盾；整体优化人口结构，以适应大城市连绵区经济转型和缓解社会问题的需要；以完善外来人口社会保障体系为重点，促进大城市连绵区和谐健康发展。

### （三）促进我国大城市连绵区人口全面发展的策略

#### 1. 以加强外来人口管理为重点，完善人口管理制度

近年来，随着大城市连绵区外来人口问题不断出现，各种外来人口管理的政策和法规纷纷出台，管理机构相继成立，但总体上对外来人口管理基本沿袭了计划经济体制下的行政管理思路，采取的是一种"谁主管，谁负责；谁聘用，谁负责；谁容留，谁负责"的防范型管理模式，过分注重治安管理和整治打击，少了些"以人为本"的人文关怀。在现今的大城市连绵区的规划建设中，如何秉持公共服务全覆盖的理念，把外来人口作为城市一员，积极创造条件实现外来人口本地化，保证大城市连绵区的高效率运行和可持续发展已成为当务之急。

（1）转变管理观念和模式，建立多元化的管理组织体系

未来的人口管理，应该从"控制性管理"向"服务性管理"、"人性化管理"转变，改变传统的由政府主导的外来人口管理模式，建立多元化的管理组织体系。

——制度改革。完善现行的人口管理制度，赋予公民应有的权利和待遇。对人口的管理应在人口调控对象、调控方式、调控重心等方面与时俱进，实现四个转变：一是从控制中发展转变为发展中控制；二是从单纯的数量控制转变为数量控制与结构优化并举；三是以行政手段为主转变为行政、经济、法律和市场的手段相结合的人性化管理；四是从对户籍人口"户"的管理转变为对常住人口"人"的管理。

——模式转变，以证管人。今后户籍制度改革，实现由控制功能为主导型的模式向服务功能和控制功能兼备但以服务为主的模式，逐步试点实行准户籍制度，以居住证管理替代单一户籍管理，使外来人口的管理规范化（表3-2-4-1）；全方位提高外来人口的组织化程度，政府部门、社会力量、社区居民和外来人口本身都应积极参与外来人口的组织化建设，建立相应的管理机构。

户口簿管理与居住证管理的比较　　　　表 3-2-4-1

|  | 户口簿管理 | 居住证管理 |
|---|---|---|
| 管理对象 | 以"户"为单位 | 以"人"为单位 |
| 管理手段 | 行政调控为主 | 市场与法制相结合 |
| 管理内容 | 管理刚性，灵活性差 | 信息含量高，灵活性强 |
| 与福利的关系 | 与经济利益直接挂钩 | 与福利无关 |
| 管理效果 | 严格控制人口流动 | 鼓励人口自由流动 |

（2）部门联动，分类管理，加强人口属地化管理

我国大城市连绵区现行的人口管理，大都是行政干预较强，"政出多门"，各部门各行其是，步调不一，缺乏系统性，可操作性不强。因此必须采取多种调控手段：

——部门协调。重视规划对人口发展综合调控的指导作用，科学编制本市人口发展的近期、中期、远期规划，并与社会经济、城市规划以及各项行业和专项规划相衔接，与各个管理部门相协调。

——分类管理。明确对迁移和流动人口的管理重点。针对职业、住所、迁移时间和流动性的不同，将大城市连绵区的外来人口分为不同类别，明确管理重点。对有固定居所和正当职业的外来人员，其居住社区、工作单位以提供服务为主，共同承担管理职责，并纳入社区和出租屋管理；对无稳定居所和职业的短期外来人口，要强化人口登记申报制度，重点实施治安管理和居住管理。

——促进人口属地化管理。充分发挥社区在人口管理中的作用，依托居委会和社区工作站成立社区管理服务中心，实行人口登记、统计、计生、劳动保障等业务"一站式"受理，提供"一条龙"服务。实行流动人口与户籍人口"同宣传、同管理、同服务、同考核"，强化综合治理，堵塞流动人口计划生育管理中的漏洞，有效控制流动人口政策外生育。依托出租屋管理队伍，进一步整合公安、综治、计生、统计等部门的暂住人口管理辅助资源，建立社区综合协管员队伍，承担外来人口具体管理职能。强化出租屋暂住人口登记和管理制度，完善"以房管人"措施，切实改变出租屋业主、雇用单位只收租、只用人、不管理的状况。在将所有出租屋纳入管理范围的基础上，按照分类指导原则，采取各有侧重的管理手段和措施，将居住于工厂宿舍、建筑工棚、自购屋等各类住所的外来人员全部纳入登记和管理范围。

（3）构建外来人口管理的跨部门和跨区域协调机制

我国大城市连绵区人口统计不清，各地区、各部门之间人口管理信息不通，缺乏相互协调的平台。因此，建议采取以下措施。

——实现人口管理信息的共通共享。成立大城市连绵区的"流动人口信息协调委员会"，建立大城市连绵区外来人口动态监测体系和信息交换制度，充分运用和不断完善跨地区际间人口流动信息交换平台，开展外来人口综合信息网上交换和共享。改变各部门人口信息系统互不兼容、重复建设的局面。根据《中华人民共和国统计法》规

范统计行为，明确统计、公安、房屋租赁部门在人口统计中的职责分工，认真做好人口尤其外来人口统计数据的采集，各相应部门予以配合。建立既符合国家统计制度又符合深圳实际情况的人口统计标准和信息发布制度，为人口管理提供及时、准确的统计数据和变动信息。

——建立和完善身份认证制度。建立和完善身份认证制度，设立大城市连绵区外来人口注册中心，统一管理非大城市连绵区户籍人口的"身份"信息。加强外来人口的基本信息登记、证件的发放核查、房屋出租、治安维护、卫生防疫、计划生育等管理。

2. 合理引导人口流迁，优化人口布局，缓解人地矛盾

我国大城市连绵区面临较为严重的人地矛盾，这固然有人口规模较大的原因，但也有人口空间分布不平衡的因素。考虑到我国大城市连绵区正处于快速发展阶段，我国人口众多、资源短缺的现实情况，决定了我国大城市连绵区在今后的发展中必然仍将有大量的外来人口涌入。因此，大城市连绵区的人口控制只能是适度地控制外来人口进入规模，重点是优化布局，以缓解较为突出的人地矛盾。

——发挥市场机制，合理调控人口规模与分布。在我国大城市连绵区还存在一些地区人口分布过于密集的问题，人口与资源、环境的矛盾较为突出，有必要从整个大城市连绵区出发，合理调控这些地区的人口总量。第一、发挥市场机制的"驱阻作用"，抑制低端人口的迁入。这就要尊重和利用市场机制，调整水、土地、公共交通等公共产品和服务的价格，使之适度反映市场供求关系，以合理调节人口迁入。第二、逐步推进核心区与边缘区的公共服务一体化，鼓励人口过密地区人口向周边地区疏解。如在京津唐大城市连绵区，应通过产业、技术、人才输出，积极诱导人口向以天津滨海新区为龙头，以河北曹妃甸、黄骅港为两翼的沿海产业带转移，以廊坊、香河、三河、燕郊、涿州、固安等为重点的人口空间分布格局。第三、鼓励符合产业发展需要的区外投资类及技术聘用类迁入人员入住城市郊区或边缘区。对于区外具有一定专业水准的科技、教育、管理等方面的人才和具有本市紧缺技能的人员，可申请办理较长期的居住证。

——在加快外来人口市民化的同时，对外来人口分类别进行户籍制度改革，以适度控制外来人口进入规模。经过几十年的演变，今天的户籍制度不是简单的人口登记制度。户籍制度成为许多制度的载体，劳动就业、社会保障、计划生育、教育、退伍军人安置、甚至是土地使用等均与户籍制度紧密联系。户籍改革是牵一发而动全身的改革。在这种情况下，对大城市连绵区户籍改革要特别慎重从事。目前的外来人口人群中相当一部分处在流动状态。随着经济结构调整，可能流动程度会加强，对这些本来就处在流动状态下的人口暂时没有必要人为地固定他们的户籍，对他们的合法权利可以通过其他政策加以保证，而对那些比较稳定居住，特别是长期固定在本地生活的外来人口应该根据各地的具体情况，尽快对他们开放户籍，具体可建议采取以下措施。第一，进一步放开对人才进入的学历门槛和技术职称门槛，实现"适度控制外来人口

规模，但不控制人才"；第二，对亲人团聚人口可考虑放开户籍；第三，尝试对外来人口在居住满一段时间之后，在满足一定的条件下可以自动得到居住地户籍的制度，这种制度可以使一些流动性大的外来人口能沉淀下来。在这方面广东省的做法有参考价值。1999年3月1日实施的《广东省流动人员管理条例》规定"流动人员在同一市、县暂住五年以上，有合法就业或经营证明、计划生育证明，其子女入托、入学等享受与常住人口同等待遇；连续暂住七年以上，有固定住所，合法就业或经营证明、计划生育证明，无犯罪记录的，可以按国家有关规定申请常住户口。"这一条例实际上存在一个问题，就是一个外来人口就算满足条件也可能不被当地政府批准，因此应该将申请批准制度改为符合条件就可以自动转变户籍所在地的制度。如果有了长达7年的缓冲期限，这种户籍制度的改革产生的震动会小许多。从户籍改革的压力上看，7年这一期限太长一点，可以考虑从7年逐步下降到5年、3年。

3. 优化人口结构，适应经济转型和缓解社会压力的要求

人口结构合理与否对经济社会能否均衡发展具有直接的影响。针对大城市连绵区出现的人口结构问题，优化人口年龄与性别结构、提高人口素质是大城市连绵区促进经济转型和缓解社会压力所面临的重大任务。

（1）合理调整人口的性别比

我国大城市连绵区普遍面临人口性别比失衡的问题，男性人口比例一般要高于女性。要遏止出生性别比攀升现象，应主要有赖于国家加紧研究和制定标本兼治的法律法规和政策措施，但同时，大城市连绵区也要采取宣传、考核等一些辅助措施。即降低出生人口的性别比，一要加大宣传力度，倡导男女平等、少生优生的社会新风；二要加强责任制，把人口数量指标和性别比的指标统一起来考核。

（2）优化人口的年龄结构，缓解老龄化社会压力

根据前面分析，大城市连绵区的人口老龄化趋势在加快。结合大城市连绵区的人口年龄结构，预计到2020年前后大城市连绵区的人口老龄化水平大都将达到峰值，因此在现行计划生育国策不变的前提下，应实行适当的政策微调。在人口出生的高峰期和低谷期，应采取不同的"削峰填谷"政策，保证人口增长不会出现较大的波动；同时通过有计划地扩大外来人口中优秀的年轻人口来稀释人口的老化。在就业高峰压力缓解以后，探索适当延长就业人员的退休年龄，尤其是特殊岗位、特殊职业和具有专业特长人员的退休年龄。

（3）适应产业结构升级，优化人口素质结构

优化人口素质，归根到底受经济发展的影响。大城市连绵区要想做到经济保持高速增长，就需要有产业结构的调整和升级，减少劳动力密集型企业，发展高新技术产业，而做到这一点，就需要有高素质的人口。人口管理不仅仅是数量管理，也是质量管理，在一定意义上讲，后者比前者更重要。

——树立全面提高人口素质的思想。当前大城市连绵区有些地方在一定程度上存在认识上的误区，即认为经济发达地区可以依靠自身经济发展的吸引力，完全可以通

过吸收外来人才来解决人才问题，无须在教育上花大气力，其实不尽其然。要全面提高人的素质，增加政府对教育的投入，尽管大城市连绵区不少地方十几年来投入教育的经费是可观的，但教育投入的相对水平并不多，这应引起足够的重视。

——通过产业结构的升级和培训要提高外来人口素质。我国大部分外来人口是属于高流动性人群，特别是受到劳动力密集型经济布局变化的影响。当前我国的大部分大城市连绵区，在积极推进产业结构的优化，劳动力密集型企业进一步向内陆地区扩散。随着产业结构升级，那么对一般以简单装配加工生产和体力劳动为主的那些外来人口，他们的就业机会将减少，外来人口可能随着劳动力密集型企业的转移并改变其分布，而新进入一些高素质人才，从而提高大城市连绵区的人口素质。但同时，对一些可塑性较好的外来人口，大城市连绵区可以通过组织外来人口参加技能培训和学习来提高素质水平，增强外来人口的工作技能以及对本地的适应能力和认同度。

——打破行政壁垒，促进大城市连绵区人才的协调发展和共同发展。通过不断推进大城市连绵区人才开发的资源共享、政策协调、制度衔接和服务贯通，建立大城市连绵区人才开发新机制，逐步形成统一的人事制度框架、人才大市场和人事人才服务体系，最终实现区域内人才的自由流动。确立起共同利益基础上的"多赢、共赢"思维，实现人才信息资源共享。在共同的利益趋向和产业分工、区域功能定位的基础，继续加强人才统计标准、人才资格证书互认、人才吸引政策、人才流动政策、人才诚信体系等方面的建设；在人才市场机构准入，网上人才市场建设，合作举办人才市场活动和国际人才交流活动、国际人才资源共享等方面充分展开合作。

4. 以完善外来人口权益保障体系为重点，促进社会和谐发展

在现代社会，权益保障是人类社会不可或缺的一种基本稳定机制，也是国家社会政策和经济政策的一项重要内容。在大城市连绵区，人口的权益保障以外来人口最为突出，严重影响大城市连绵区的社会和谐发展。

——完善外来劳动力做实"个人账户"制度。加大社会保险政策法规的宣传力度，增强外来劳动者的参保意识；针对外来人口流动性大的特点，将其交纳的社会保障金以个人账户的形式存在。这些个人账户基金在必要时可以与城市居民社会保障体系的基金统筹使用，但一旦当一个外来人口需要流动时，其个人账户应该跟随他一起流动，或一次性提取。

——保障外来人口子女的受教育权。外来儿童少年因为没有流入地的户口，无法享受由流入地政府财政负担的教育经费，入学难问题越来越严重。大城市连绵区，一方面要继续加大教育经费投入，加强公办中小学学校建设，吸引一部分外来工子女就读；另一方面应落实各项优惠政策，积极发展民办教育，切实解决外来工子女的入学难问题。

——通过生育优化工程，保障妇女的生育健康。在外来人口居住集中的地区宣传"优生优育"、"男女平等"的生育思想，对育龄妇女免费提供基本项目的计划生育技术服务，推广避孕节育方法的知情选择，保持较高的综合避孕率，严厉打击非法接生行为，保障妇女身心健康。

　　——建立完全平等的市场化劳动关系。按市场机制建立合理、平等的劳动关系，合理提高报酬，改善工作环境，保护外来务工者的合法权益。

　　——增强外来人口的认同感。充分发挥社区在人口、就业和社会保障中的重要作用，通过提供优良的人性化的社区服务，着力增强外来流动人口对工作、生活和居住社区的认同感，强化和完善以现居住地为主的外来人口综合管理。另外，在社区的组建中，由于经济的发展，社会阶层分异越来越明显，居住的住宅需求也就不同，建议社区的公共空间或交流空间给以优先考虑。

# 参考文献

[1] 国家人口和计划生育委员会发展规划司，中国人口与发展研究中心．人口和计划生育常用数据手册（2005）[G]．北京：中国人口出版社，2006．

[2] 李建新，涂华庆．滞后与压缩：中国人口生育转变的特征 [J]．人口研究，2005 年 3 月．

[3] 陈卫．"发展—计划生育—生育率"的动态关系：中国省级数据再考察 [J]．人口研究，2005年 1 月．

[4] 李建民．中国生育率转变与社会经济发展关系研究 [R]．南开大学人口与发展研究所学术报告会论文，2003 年．

[5] 国务院妇女儿童工作委员会办公室．中国妇女发展纲要（2001—2010）[G]．2002 年．

[6] 国家统计局．2005 年全国 1% 人口抽样调查主要数据公报 [EB]，2006 年 3 月．

[7] 国家统计出版社．中国人口统计年鉴 [G]．北京：国家统计出版社，2006．

[8] 国家统计出版社．中国 2000 年人口普查资料 [G]．北京：国家统计出版社，2001．

[9] 王东刚、滕方琼．长江三角洲城市圈发展现状及未来定位分析 [J]．计划与市场探索，2003 年第 5 期．

[10] 王桂新．关于上海未来人口规模及发展的看法 [J]．人口（上海市人口学会内部刊物），2003年第 3 期．

[11] 王桂新著．区域人口预测方法及应用 [M]．上海：华东师范大学出版社，2000 年．

[12] 王桂新，沈建法．上海外来劳动力与本地劳动力补缺、替代关系研究 [J]．人口研究，2001 年 1 月．

[13] 王桂新、黄颖珠．中国省际人口迁移与东部地带的经济发展：1995—2000[J]．人口研究，2005年 1 月．

[14] 丁金宏等．上海流动人口犯罪的特征及其社会控制 [J]．人口研究，2001 年 6 月．

[15] 蔡昉编．中国人口与劳动问题报告（2006）——人口转变的社会经济后果 [M]．北京：中国社会科学文献出版社，2007．

[16] 深圳社会科学院．深圳蓝皮书：中国深圳发展报告（2007）[M]．北京：中国社会科学文献出版社，2007．

[17] 王桂新．迁移与发展：中国改革开放以来的实证研究 [M]．北京：科学出版社，2005．

[18] 国家人口计划生育委员会．《国家人口发展战略研究报告》[M]．2004 年．

[19] 倪鹏飞 . 中国城市竞争力报告（2006）[M]. 北京：中国社会科学文献出版社，2007.

[20] 北京市社会科学院 . 北京经济发展形势及其就业人口变化研究 [M]. 北京市规划委员会委托项目，2004.

[21] 吴舜泽，王金南，邹首民 . 珠江三角洲环境保护战略研究 [M]. 北京：中国环境科学出版社，2006.

[22] 刘传江，侯伟丽 . 环境经济学 [M]. 武汉：武汉大学出版社，2006.

# 专题报告三

# 中国大城市连绵区土地利用研究

# 目　录

# 一、前言

## （一）专题研究目的

"土地利用专题研究"，是为配合工程院《我国大城市连绵区的规划与建设问题研究》研究课题而开展。通过本研究，力争摸清我国六大大城市连绵区的土地利用现状，总结目前发展特征；进而分析影响土地利用的因素及其成因；根据国内外的发展要求和态势，判断未来大城市连绵区的土地利用趋势；最后，提出大城市连绵区土地利用的规划对策。

## （二）研究范围

根据《我国大城市连绵区的规划与建设问题研究》课题的统一安排，确定长三角、珠三角、京津唐、辽中南、山东半岛、海峡西岸六大大城市群作为研究对象。

由于资料收集原因（有关土地资料未分解到以城市为单位），本研究将上述研究对象调整为以省为单元（如长三角包含江苏、上海、浙江三省市的全部；京津唐包含北京、天津、河北三省市的全部等），因而在数据上可能与有关城市群的相关研究有所出入。

## （三）报告的技术路线

本研究采取"点面结合"的研究思路，以全国土地利用概况、大城市连绵区土地利用概况在"面"上进行综合分析；通过若干典型城市土地利用状况的描述，在"点"的层面上进一步分析当前在土地利用方面存在的"紧迫"问题，最后总结提炼出土地利用的总体特征。

在研究过程中，还广泛采用了"类比"的研究方法，包括中外大城市连绵区的发展比较，以总结其经验与教训；我国各大城市连绵区的比较，以反映其间土地利用的状况与利用效率；从典型城市自身的纵向比较，反映土地"消耗"的速度，突出节约、集约利用土地的紧迫性、重要性。

# 二、大城市连绵区的土地利用现状与特征

## （一）全国土地利用概况

### 1. 全国土地资源的基本现状

根据土地利用现状变更调查，2004 年全国土地资源的现状：全国农用地占国土总面积的比例为 69.11%，建设用地比重为 3.32%，未利用地比重为 27.57%。在建设用地中，

居民点及工矿用地交通运输用地、水利设施用地分别占建设用地面积的 81.63%、0.83%、11.45%。

2005 年全国耕地净减少 36.16 万公顷。其中，建设占用耕地 13.87 万公顷（208.1 万亩）、灾毁耕地 5.35 万公顷、生态退耕 39.04 万公顷、因农业结构调整减少耕地 1.23 万公顷、土地整理复垦开发补充耕地 30.67 万公顷。全年新增建设用地 43.2 万公顷。其中，新增独立工矿（包括各类开发区、园区）建设用地 15.11 万公顷，新增城镇建设用地 9.82 万公顷，新增村庄建设用地 6.66 万公顷，新增交通、水利等基础设施建设用地 10.76 万公顷。

2. 我国人多地少与耕地逐年减少的严峻形势

我国虽拥有 960 万平方公里的国土面积，但可用土地资源甚少。我国仅以占世界 7% 的耕地，养活了占世界 21% 的人口，取得了世人瞩目的成绩。2006 年中国人均耕地面积仅为 1.39 亩[①]，不到世界平均水平的 1/2。与此同时，人口增长、耕地锐减、人地矛盾日益激化，增加了对环境保护、能源供应、粮食生产和资源开发利用的压力，土地问题已经愈来愈成为制约我国国民经济和社会发展的重要因素。

改革开放 20 多年来，我国经济发展取得了世界上"奇迹般的增长"，但与之相伴随的是土地资源消耗速度的加快。"六五"期间全国平均每年净减少 737 万亩耕地，"八五"期间平均每年净减少 440 万亩[②]，"九五"期间平均每年净减少 1428 万亩，到"十五"期间平均每年净减少耕地则达到了 1848.5 万亩[③]。

3. 我国今后土地利用基本趋势

尽管我国实行了最严格的耕地保护政策，冻结审批、严查、垂直管理、建立土地督察制度，但耕地保有规划屡被打破。以 1996 年为基期的第二轮全国土地利用总体规划曾确定 2000 年的耕地保有量为 19.4 亿亩，而在 2000 年全国耕地保有量就减少到了 19.2365 亿亩，在 2006 年全国耕地只剩下 18.27 亿亩。

2006 年 9 月第 149 次国务院常务会议对《全国土地利用总体规划纲要》作出了暂缓批准的决定。国务院要求到 2020 年保持 18 亿亩耕地，这就意味 2007—2020 年耕地最大净减少量不能超过 2700 万亩，即年均不到 200 万亩。对照 2006 年全国耕地面积净减少 460.2 万亩，尽管 2006 年的耕地净减少量已经降至"十五"期间年均净减少耕地量 1848.5 万亩的 1/4，但要守住红线，今后 14 年的耕地净减少量还需要在此基础上减半。

温家宝总理在十届全国人大五次会议上的政府工作报告中指出：节约集约用地，不仅关系当前经济社会发展，而且关系国家长远利益和民族生存根基。在土地问题上，我们绝不能犯不可改正的历史性错误，遗祸子孙后代。一定要守住全国耕地不少于 18 亿亩这条红线。

---

① 国土资源部最新公布的 2006 年度全国土地利用变更调查结果显示，截至 2006 年 10 月 31 日，全国耕地面积为 18.27 亿亩，比上年度末缩减了 460.2 万亩，人均耕地减至 1.39 亩。

② "八五"期间全国土地利用情况综合分析，《中国土地年鉴 1996》p241。

③ http://www.people.com.cn/GB/61019/61154/4291610.html。

## （二）大城市连绵区土地利用现状概述

### 1. 总体判断

研究表明，1994—2004 年的 10 年间，六大大城市连绵区增加建设用地 16678.9 平方公里，同期全国增加建设用地 42408.16 平方公里[①]，六大大城市连绵区以占全国新增用地的 40％，创造了占全国 75％的经济增加值，表明沿海 6 个城市群成为我国经济发展的核心地区的同时，也是我国土地利用比较集约的地区。

1994—2004 年中国大城市连绵区建设用地（居民点及工矿）综合比较表　　表 3-3-2-1

| 连绵区 | 省、市 | 1994—2004 年增加建设用地（平方公里） | 1994—2004 年建设用地增加占全国比例（％） | 1994—2004 年 GDP 增加值占全国比例（％） |
|---|---|---|---|---|
| 辽中南 | 辽宁 | 961.59 | 2.27 | 4.67 |
| 京津唐 | 北京 | 947.44 | 2.23 | 3.48 |
| | 天津 | 406.32 | 0.96 | 2.40 |
| | 河北 | 1375.09 | 3.24 | 7.21 |
| 山东半岛 | 山东 | 2446.14 | 5.77 | 12.65 |
| 长三角 | 江苏 | 2736.28 | 6.45 | 12.35 |
| | 上海 | 578.12 | 1.36 | 5.96 |
| | 浙江 | 2033.50 | 4.80 | 9.34 |
| 海峡西岸 | 福建 | 1250.55 | 2.95 | 4.75 |
| 珠三角 | 广东 | 3943.89 | 9.30 | 12.84 |
| 合计 | | 16678.92 | 39.33 | 75.65 |
| 全国 | | 42408.16 | 100.00 | 100.00 |

资料来源：《中国土地年鉴 1995》、《中国国土资源年鉴 2005》、《中国统计年鉴 1995》、《中国统计年鉴 2005》。

### 2. 大城市连绵区新增建设用地状况

（1）年均增加建设用地比较

从 1994—2004 年之间 10 年的年均增加建设用地来看（表 3-3-2-1），广东省居于六大大城市连绵区内各省市的首位，高达 394.4 平方公里，占全国增加建设用地比重为 9.3％；而天津、上海的用地增量则较小，分别为 40.6 和 57.8 平方公里。

根据数据比较，长三角地区在几大城市连绵区中年均增加建设用地的增加额最大。其中，长三角各省市间的年均建设用地增加值的差距也较大，江苏省年均建设用地增加值是上海的 4.7 倍。

由于各个大城市连绵区所处的经济发展阶段不同、区域本身的建设水平不同，因此，这个指标比较的作用在于表现大城市连绵区的年均建设用地量在全国相对地位的认识，尚不能说明该地区土地利用效率。

---

[①]　根据《全国城镇体系规划（2006—2020 年）》，全国城乡建设用地总量从 1991 年的 15.1 万平方公里增加到了 2005 年的 21.6 万平方公里。

**1994—2004 年中国大城市连绵区建设用地（居民点及工矿）统计分析表**　　　表 3-3-2-2

| 连绵区 | 省、市 | 1994 年建设用地（亩） | 2004 年建设用地（亩） | 1994—2004 年增加用地（平方公里） | 年均增加用地（平方公里/年） | 1994—2004 年用地年均增长率（%） |
|---|---|---|---|---|---|---|
| 辽中南 | 辽宁 | 15469144 | 16911531.6 | 961.59 | 96.16 | 0.90 |
| 京津唐 | 北京 | 2579124 | 4000279.1 | 947.44 | 94.74 | 4.49 |
| | 天津 | 3287218 | 3896698.8 | 406.32 | 40.63 | 1.72 |
| | 河北 | 20066427 | 22129058 | 1375.09 | 137.51 | 0.98 |
| | 小计 | 25932769 | 30026035.9 | 2728.84 | 272.88 | 1.48 |
| 山东半岛 | 山东 | 26001466 | 29670678.1 | 2446.14 | 244.61 | 1.33 |
| 长三角 | 江苏 | 18392157 | 22496573.5 | 2736.28 | 273.63 | 2.03 |
| | 上海 | 2334375 | 3201548.8 | 578.12 | 57.81 | 3.21 |
| | 浙江 | 7342326 | 10392578.6 | 2033.50 | 203.35 | 3.54 |
| | 小计 | 28068858 | 36090700.9 | 5347.90 | 534.79 | 2.55 |
| 海峡西岸 | 福建 | 4899799 | 6775617.4 | 1250.55 | 125.05 | 3.29 |
| 珠三角 | 广东 | 14550756 | 20466595.4 | 3943.89 | 394.39 | 3.47 |
| 全国 | | 322314428 | 385926670.1 | 42408.16 | 4240.82 | 1.82 |

资料来源：《中国土地年鉴 1995》、《中国国土资源年鉴 2005》。

（2）建设用地的年均增长率比较

从 1994—2004 年用地的年均增长率来看（表 3-3-2-2），北京"高居榜首"，达到了 4.49%，是全国平均增长率 1.82 的 2.5 倍；仅河北、辽宁两省低于 1%；低于全国平均增长水平的省市还有天津、山东。

从大城市连绵区区际比较来看，珠三角在这期间年均增长率是最高的，它高出全国的平均水平将近一半，紧随其后的是海峡西岸地区；而辽中南的年均增长率则为最低，远远低于全国平均水平 1.82% 也将近一半。

由此可见六大大城市连绵区之间的差异也是很大的。而更值得注意的是在这些连绵区内部同样存在巨大的差距，其中尤其以京津唐地区为甚，北京年均建设用地增长率相当于河北省的 4.5 倍，由此造成京津唐内部北京一枝独秀的状况。

3. 建设用地利用效率分析

方法一：每增亿元 GDP 新增建设用地

该方法研究经济增长与新增建设用地之间的相互关系。根据 1994—2004 年各省市新增的 GDP 及建设用地，计算出各省市每增亿元 GDP 新增建设用地的数量；数值高，表明用地的利用效率低，反之，则表明利用效率高，即用较少的用地增长取得较大的经济发展成就。

研究发现（见表 3-3-2-3），大城市连绵区内各省区的用地效率均高于全国平均水平；其中，上海土地利用效率最高，每增亿元 GDP 新增建设用地仅为 10.55 公顷，仅相当于全国平均水平 46 公顷的 23%；用地效率较低的省市是广东、北京，分别达到

1994—2004 年中国大城市连绵区建设用地（居民点及工矿）增长效益分析　　　表 3-3-2-3

| 连绵区 | 省、市 | 1994—2004 年增加用地（平方公里） | 1994 年GDP（亿元） | 2004 年GDP（亿元） | 1994—2004 年GDP 增加（亿元） | 每增亿元 GDP 新增建设用地（公顷/亿元） |
|---|---|---|---|---|---|---|
| 辽中南 | 辽宁 | 961.59 | 2584.2 | 6872.65 | 4288.45 | 22.42 |
| 京津唐 | 北京 | 947.44 | 1084 | 4283.31 | 3199.31 | 29.61 |
| | 天津 | 406.32 | 725.1 | 2931.88 | 2206.78 | 18.41 |
| | 河北 | 1375.09 | 2147.5 | 8768.79 | 6621.29 | 20.77 |
| | 小计 | 2728.84 | 3956.6 | 15983.98 | 12027.38 | 22.69 |
| 山东半岛 | 山东 | 2446.14 | 3872.2 | 15490.73 | 11618.53 | 21.05 |
| 长三角 | 江苏 | 2736.28 | 4057.4 | 15403.16 | 11345.76 | 24.12 |
| | 上海 | 578.12 | 1971.9 | 7450.27 | 5478.37 | 10.55 |
| | 浙江 | 2033.50 | 2666.9 | 11243.0 | 8576.1 | 23.71 |
| | 小计 | 5347.90 | 8696.2 | 34096.43 | 25400.23 | 21.05 |
| 海峡西岸 | 福建 | 1250.55 | 1685.3 | 6053.14 | 4367.84 | 28.63 |
| 珠三角 | 广东 | 3943.89 | 4240.6 | 16039.46 | 11798.86 | 33.43 |
| 全国 | | 42408.16 | 45006 | 136875.9 | 91869.9 | 46.16 |

资料来源：《中国土地年鉴 1995》、《中国国土资源年鉴 2005》、《中国统计年鉴 1995》、《中国统计年鉴 2005》。

了 33.4 和 29.6 公顷。从区内差异看，长三角的用地效率差距最大，江苏省和浙江省基本为上海每增亿元 GDP 新增建设用地量的 2 倍多。

另外，根据我们对中国台湾省 1995—2005 年的研究，与上述分析基本相同口径的数据是每增亿元 GDP 新增建设用地为 9.08 公顷，其用地效率比沿海用地效率最高的上海市仍然要高出 16%（表 3-3-2-4）。

1995—2005 年中国台湾省城镇用地增长效益分析表　　　表 3-3-2-4

| | 1995 年 | 2005 年 | 1995—2005 年增长 |
|---|---|---|---|
| 台湾省城镇用地（平方公里） | 1364.9166 | 1845.3933 | 480.4767 |
| GDP（亿美元） | 2573 | 3234.1 | 661.1 |
| 单位城镇用地创造 GDP（亿美元/平方公里） | 1.89 | 1.75 | |
| 每增亿美元 GDP 新增建设用地（公顷/亿美元） | | 72.68 | |
| 每增亿元人民币 GDP 新增建设用地（公顷/亿元） | | 9.08 | |

备注：按照 1 美元为 8 元人民币计算（2006 年汇率）。
资料来源：城镇用地数据来自卫片的判读，经济数据来源于统计年鉴。

方法二：弹性系数（1994—2004 年用地年均增长率/人口年均增长率）

该方法研究用地增长与人口增长之间的关系。分别计算 1994—2004 年各省市新增建设用地、人口的年均增长率，以其比值称作弹性系数。理论上，弹性系数应该为 1，表明人口的增长与建设用地的增长基本同步；有专家研究认为，基于我国的实际发展状况，较为合理的弹性系数应该为 1.06（或 1.12）。

研究表明（表 3-3-2-5），1994—2004 年全国的弹性系数为 2.22，表明用地的增长率要大大高于人口的合理增长；低于全国弹性系数的省市有北京、天津、河北、上海、广东，其中上海弹性系数最小（1.26），反映了用地的增长也带来了相应的人口集聚；高于全国弹性系数的省市有辽宁、山东、江苏、浙江、福建，其中弹性系数超过 3 的有江苏、浙江、福建三省，浙江弹性系数最大（达到了 3.73），表明这 5 个省的建设用地增长并未与人口集聚同步。

**1994—2004 年中国大城市连绵区建设用地（居民点及工矿）人均增长分析表　　表 3-3-2-5**

| 连绵区 | 省、市 | 1994 年人口（万人） | 2004 年人口（万人） | 1994—2004 年人口增长率（%） | 1994—2004 年用地年均增长率（%） | 弹性系数（1994—2004 年用地年均增长率/人口年均增长率） |
| --- | --- | --- | --- | --- | --- | --- |
| 辽中南 | 辽宁 | 4067 | 4217 | 0.36 | 0.90 | 2.50 |
| 京津唐 | 北京 | 1125 | 1493 | 2.87 | 4.49 | 1.56 |
| | 天津 | 935 | 1024 | 0.91 | 1.72 | 1.89 |
| | 河北 | 6388 | 6809 | 0.64 | 0.98 | 1.53 |
| | 小计 | 8448 | 9326 | 0.99 | 1.48 | 1.49 |
| 山东半岛 | 山东 | 8671 | 9180 | 0.57 | 1.33 | 2.33 |
| 长三角 | 江苏 | 7021 | 7433 | 0.57 | 2.03 | 3.56 |
| | 上海 | 1356 | 1742 | 2.54 | 3.21 | 1.26 |
| | 浙江 | 4294 | 4720 | 0.95 | 3.54 | 3.73 |
| | 小计 | 12671 | 13895 | 0.93 | 2.55 | 2.74 |
| 海峡西岸 | 福建 | 3183 | 3511 | 0.99 | 3.29 | 3.32 |
| 珠三角 | 广东 | 6689 | 8304 | 2.19 | 3.47 | 1.58 |
| 全国 | | 119850 | 129988 | 0.82 | 1.82 | 2.22 |

资料来源：《中国土地年鉴 1995》、《中国国土资源年鉴 2005》、《中国统计年鉴 1995》、《中国统计年鉴 2005》。

## （三）部分大城市连绵区土地利用情况

1. 长三角

（1）概述

2004 年长三角三省一市总土地面积 35.01 万平方公里，常住总人口近 2 亿人，人口密度达 569 人 / 平方公里。

（2）土地利用变化

长三角城市土地增量主要在城市用地增长，其中江苏的土地增量城市与县城之间增量比大概在 12 倍左右；浙江、安徽二者比在 4—5 倍之间。

1994—2004 年，长三角年均增长建设用地为 534.8 平方公里，其中，江苏为 273.6 平方公里、浙江为 203.4 平方公里、上海为 57.8 平方公里。

建设用地利用效率差异较大。1994—2004 年，长三角平均每增亿元 GDP 新增建设用地 21 公顷，其中，上海仅为 10.55 公顷、江苏为 24 公顷、浙江为 23.7 公顷，表明在长三角中上海的土地利用效率最高。

从增量的空间布局看，主要沿区域性交通线蔓延，同时向滨海、沿江地区拓展；核心地区面临地区生态环境、地区文化传承等方面压力，空间增长以开发区、工业区和工业小区为主，改变了城镇形态的稳定性；行政区划调整成为大城市缓解用地压力和拓展发展空间的主要方式。

（3）城镇化的表现形式

从长三角的城镇化对土地利用的空间分布的影响，可将长三角定义出如下四种类型的城镇化地区：

1）以超大城市、特大城市的产业经济发展支撑的城镇化地区，包括徐州、南京、泰州、扬州、镇江、常州、无锡、苏州、上海、湖州、杭州、绍兴、宁波等；

2）以地方中小产业集群支撑的特大城市和大城市人口集聚，并由此形成城镇化地区，包括"温州－台州"地区以及"义乌－金华－衢州"地区；

3）以"传统农业经济＋行政地位＋内外部工业资本"支撑的大城市地区，包括江苏北部盐城、淮安、连云港等地区。这些城市经济发展水平相对较低，对周边市县的人口吸收有限；

4）以"传统农业经济＋行政地位＋传统资源开采和加工工业"支撑起来的城市地区，包括江苏北部的宿迁地区。这些城市由于产业经济发展速度慢，吸纳人口集聚的能力非常有限。

（4）主要特征及问题

1）"用土地换 GDP、用土地换外资"的发展思路是以土地的快速消耗为代价的，长三角地区人均耕地只有 0.75 亩，仅为全国人均耕地 1.43 亩的 1/2 左右；2005 年统计数字显示，外向型经济发达的长三角地区，吸收外资已出现了集体减缓的势头。一直以来的依靠外资拉动的增长方式，已越来越难以拉动长三角地区经济的持续快速增长。

2）土地利用方式粗放，工业用地中闲置土地现象显著。在长三角经济区的县市层面上，土地利用方式的粗放是普遍的，土地利用的相对集约状况仅集中在少数的几个地区，即便是在上海，其区县也呈较粗放的土地利用特征。

3）城镇群空间增长缺乏宏观引导，核心地区土地压力加剧，地区文化、环境不断恶化。

4）城市用地结构普遍性失衡，表现为工业用地、人均居住用地、道路用地超标，公共服务设施和公共绿地不足。

5）长三角核心地区村庄密集，呈均质分散，规模小，占地大，阻碍地区实现耕作的规模化经营，工业园区以"分区分园"模式继续发展。

2. 珠三角

（1）概述

珠三角区域总面积 4.17 万平方公里。

改革开放二十多年来，随着工业化与城镇化的快速发展和经济的高速增长，珠三角城镇群得到空前发展，以占全省 23.2% 的土地面积创造了全省 81.7% 的 GDP（2002年），目前已发展成全国乃至全球重要的城镇密集区，"五普"人口占全省的 47.2%，建设用地面积从 1996 年的 4972 平方公里扩展到 2002 年的 6500 平方公里，占全省的 46.2%，城镇群社会经济快速发展对区域生态系统的压力不断加大。

其中，城镇建设用地总面积 1990 年为 1066.9 平方公里，1995 年为 2673.7 平方公里，2002 年为 3862.7 平方公里。其中，1995 年比 1990 年增加了 151%；2002 年比 1995 年增加了 45%。

（2）各类型土地利用变化

1）耕地面积急剧减少。2002 年珠三角耕地面积 71.73 万公顷，比 1996 年减少 13.27 万公顷，年平均减少 2.21 万公顷。其中，耕地面积减少量最大的是佛山，6 年间耕地减少了 6.18 万公顷，年平均减少 1.03 万公顷。

2）城镇建设用地增长过快。2002 年珠三角建设用地面积 70.12 万公顷，比 1996 年增加 10.39 万公顷。期间，建设用地增加最多的为东莞和佛山，6 年间分别增加 2.93 万公顷和 2.68 万公顷。深圳、东莞、佛山三市的建设用地比重较大，分别占该市土地总面积的 38%、37%、28%，而肇庆和惠州两市则较低，仅为 9% 和 11%。

（3）城镇化演变的驱动因素

1）城市型的空间发展模式

城市型空间发展模式以广州城区、深圳特区和各城市主城区为代表，其特征是"自上而下"，主城区的建成区面积不断扩大，周边村镇与城区迅速连为一体。主城区基本上按照国家标准进行规划管理，城市面貌良好，基础设施完备，土地利用集约，代表着区域城镇空间发展的主导方向。同时，城市功能逐步得到完善，区域"中心性"逐步加强。

2）产业聚集型的空间发展模式

产业聚集型的空间发展模式反映出"自下而上"的特征—即城镇建设以基层政府和社区自主推动为主。珠江东岸地区，由于大多数外资企业通过直接与国际市场发生联系，而与本地的社会与产业发展及城市空间的拓展关联甚少。这些产业聚集型地区，虽然表面形成了密集的城镇连绵带，但实际上各城镇的社会经济发展以及城镇空间拓展（特别是产业空间）并无密切的内在联系。各产业型城镇之间以及地区与区域整体发展缺乏协调，形成了所谓"邻近而又疏远"的城镇关系。

（4）主要特征及问题

1）城镇建设用地增长区域分异特征

环珠江口地区是珠三角经济最发达的地区之一，人口密集、建设用地增长迅速，已经形成连片开发的城镇密集地区。其他外围地区城镇建设用地增长相对缓慢，但也存在局部的增长迅速区，如一些城市的经济开发区。

城市建设用地增长表现出较强的经济中心指向、道路指向和海洋指向性等空间特征。

建制镇建设用地比城市建设用地具有更高的增长速度，两者都采用了外延式拓展用地的方式。

2）外延扩张的粗放发展模式

改革开放后，港澳资本连同劳动密集型产业、技术、管理等大规模地向珠三角转移，珠三角逐渐成为与经济发达国家和地区有垂直性生产分工联系的大型出口加工基地。对珠三角大部分地区来说，经济的发展意味着不断的土地消耗和外来劳工的引入。

3）城乡规划建设水平滞后于经济发展水平

在现行的城乡二元结构体制下，珠三角的多数城镇，特别是小城镇仍是以土地为资本，利用土地收益，各自为政地进行分散、低水平的村镇建设和工业、房地产开发活动。另外，城乡规划管理体制还不健全，规划的综合调控作用受制于"条块分割"，在很大程度上影响了城市规划的有效实施。以上原因导致了珠三角城镇规划建设水平普遍滞后于经济发展水平，城镇用地结构失衡，城镇空间功能布局比较混乱，"马路经济"盛行，城镇面貌雷同，城镇风貌特色逐渐消失。

4）土地供求关系存在空间的不平衡

珠三角人口总数的57%、GDP的63%高度集中在穗－莞－深产业集聚带上，面临用地紧张，环境容量趋于饱和，生态环境恶化等一系列问题。一方面，经济快速发展的内圈层的部分城镇土地消耗总量很大，扣除不可建设用地，实际剩余的可建设用地相当有限或无地可用，缺乏后备空间资源支持的问题日趋凸显。另一方面，外圈层地区有丰富的土地资源（占可建设用地潜力75%）和水资源，环境容量较大，但空间质量与投资环境有待进一步提升。内外圈层的发展差异加剧了空间资源短缺的矛盾。

3. 京津唐地区

（1）概述

京津唐地区土地总面积为21.36万平方公里，其中北京1.63万平方公里，天津1.17万平方公里，河北18.56万平方公里（不含河北省南部邯郸、衡水、邢台三市）；耕地面积共计5.86万平方公里，其中北京5225平方公里，天津5500平方公里，河北66090平方公里。

（2）土地利用状况

京津唐大城市连绵区是以农田为主的土地利用格局，农田连同园地一起共计5.86万平方公里，占区域总面积的32%；居民点和工矿用地共计1.97万平方公里，占区域总面积的10.7%（表3-3-2-6）。

京津唐大城市连绵区2004年土地利用现状一览表　　　表3-3-2-6

| 土地利用类型 | 农田 | 园地 | 林地 | 草地 | 居民点和工矿用地 | 交通用地 | 水域 | 未利用地 |
|---|---|---|---|---|---|---|---|---|
| 面积（万平方公里） | 5.24 | 0.62 | 4.81 | 0.79 | 1.97 | 0.33 | 0.94 | 3.63 |
| 占总面积的百分比（%） | 28.58 | 3.39 | 26.22 | 4.33 | 10.73 | 1.81 | 5.13 | 19.81 |

整体来看，大城市连绵区的土地利用在 1996—2004 年间变化比较剧烈。在 1996—2004 年期间，大城市连绵区的园地、林地、草地、居民点和工矿用地及交通用地都呈增加态势，而农田、水域和未利用地则呈减少态势。在增加的土地利用类型中，林地增加的面积最大，在 8 年之间增加了 5400 平方公里；其次是居民点和工矿用地，在 8 年间增加了 4800 平方公里；园地、草地和交通用地略有增加（表 3-3-2-7）。

**京津唐大城市连绵区 1996 年和 2004 年土地利用变化对比表**　　表 3-3-2-7

| 年份 | 土地利用类型 | 农田 | 园地 | 林地 | 草地 | 居民点工矿用地 | 交通用地 | 水域 | 未利用地 |
| --- | --- | --- | --- | --- | --- | --- | --- | --- | --- |
| 1996 | 面积（万平方公里） | 5.80 | 0.56 | 4.27 | 0.76 | 1.48 | 0.30 | 1.27 | 3.89 |
| | 比重（%） | 31.62 | 3.08 | 23.30 | 4.12 | 8.09 | 1.64 | 6.92 | 21.24 |
| 2004 | 面积（万平方公里） | 5.24 | 0.62 | 4.81 | 0.79 | 1.97 | 0.33 | 0.94 | 3.63 |
| | 比重（%） | 28.58 | 3.39 | 26.22 | 4.33 | 10.73 | 1.81 | 5.13 | 19.81 |
| 对比 | 面积变化（万平方公里） | -0.56 | 0.06 | 0.54 | 0.04 | 0.48 | 0.03 | -0.33 | -0.26 |
| | 相对变化率（%） | -9.62 | 10.09 | 12.54 | 5.25 | 32.67 | 10.11 | -25.92 | -6.70 |

从土地利用变化的空间分异同上来看，居民点和工矿用地在天津市的增加的最为显著，其次是北京。京津唐大城市连绵区 1996—2004 年的土地利用变化情况除了反映出普遍的乡镇发展、城市扩张占用农田以外，还反映出北京的较快的经济发展速度以及城市绿化、水资源保护，河北省的植树造林以及天津的水资源过度开发等对土地利用的影响。

（3）城镇化的驱动因素

1）产业结构调整的影响

以北京为例，北京市的第一产业，特别是农业的发展已不再作为重点，而第二、第三产业用地要求相对较好的基础设施条件，所以在城乡结合地的耕地更容易转化为建设用地，耕地大量减少和第二、三产业用地增加成为北京市土地利用变化的鲜明特征。

2）区域协调的影响

以河北省为例，河北作为资源基地，需长期向北京提供大量的蔬菜、粮食，这是河北省农田面积长期居高不下的原因之一。河北省土地利用变化不如北京和天津剧烈，第二、三产业与第一产业的竞争，使得收益低的第一产业用地向环境用地和建设用地转移，尤其是环境用地的占用的农用地更多，这主要是出于营建北京绿色屏障的考虑。近年来，随着北京农田面积的大量减少，为保障北京的粮食的供给，河北的农田面积有所回升，同时第一产业产值也有大幅度增长。

（4）主要特征及问题

1）土地利用类型地理分异明显

近年来，京津唐地区国民经济快速发展，平原区土地资源利用效率、经济水平都较高，山区则相对落后。土地利用类型地理分异明显，西北部山区以林草地为主、未利用地为辅，向东南逐步过渡为以耕地为主、建设用地为辅的空间格局。

2）资源供需矛盾日益突出

以河北省为例，预测 2005—2010 年，全省各类建设用地需求为 15.2 万公顷，年均 2.5 万公顷，其中耕地 8.25 万公顷，年均 1.38 万公顷，目前河北省人均耕地 0.0946 公顷，耕地占补平衡形势严峻，尤其是优质耕地资源短缺。

3）资源利用方式粗放，集约利用能力较弱

由于过度依赖投资带动经济增长，产业结构和城镇化以及区域发展出现新的不协调。建设用地粗放利用，用地规模与用地效益不协调。土地被闲置或低效利用的现象未得到根本改变，同时工矿废弃地复垦利用率较低。

### （四）部分典型城市土地利用状况

1. 上海市

（1）土地利用率高，城市产业用地规模偏高

上海土地利用结构如图 3-3-2-1 所示。

20 世纪 90 年代后，以浦东开发区为龙头，形成了由都市经济支持的中心城区和开发区、城镇经济支撑的中小城镇共同构成的城市体系。其土地利用具有特点：土地利用率高；土地肥沃，宜农耕地比例高，耕地复种指数高达 165%；滩涂资源丰富。上海的江、海岸线长达 448.66 公里，其中 30% 的岸线属于淤涨岸段，由于长江每年裹挟着巨量的泥沙，在长江口和杭州湾北岸沉淀淤积，为上海的滩涂发育提供了基础，平均每年可形成 20 多平方公里滩涂，这是上海土地的重要后备资源。

（2）中心城区土地供需紧张

上海市总面积 6340 平方公里，其中建成区面积 819.88 平方公里。通过控制中心城人口和用地规模，引导中心城的人口和产业向郊区疏解。到 2010 年，全市规划居住人

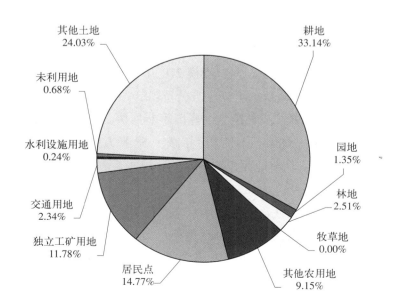

图 3-3-2-1 上海市土地利用结构图（2005 年）

口 1600 万左右，其中，非农人口 1360 万，城市化水平达到 85%，集中城市化地区城市建设总用地约 1500 平方公里。中心城规划人口约 800 万人，城市建设用地约 600 平方公里；郊区城镇规划人口约 560 万。到 2020 年上海的人口总量在 1900—2300 万左右。

（3）土地承载力趋紧

由于在未来的 10—15 年间，在适应城市人口将持续增长的情况下，通过提高城市的经济容量与环境容量，尽可能提高上海的土地承载力。包括加强环境基础设施建设，以减少资源负荷和污染负荷增长给城市生活带来的负面影响；采取强有力的人口布局方面的调控措施，将包括合理的大城市城镇体系以及将中心城市人口导向郊区城市的交通引导系统等。

第一，要使郊区人口大于中心人口。上海外环线以内的中心城市 600 多平方公里，其人口容量应该在 800 万—850 万左右。如果到 2020 年实现 90% 的城市化，郊区城市的人口就是 1100 万—1200 万左右。这样一个大城市的空间结构是合理的。关键是上海郊区要大力发展 80 万—100 万以上的副中心城市，实现集中式的发展。原设想的郊区城市化由 11 个新城、22 个中心镇、80 多个一般镇组成，仍然有均衡化和分散化的倾向，需要进一步向"三个集中"的方向进行调整。

第二，郊区城市的分布应该从同心圆式扩散转向沿交通轴发展，即上海 - 南京方向、上海 - 南通方向、上海 - 杭州方向、上海 - 宁波方向，上海未来的城市发展需要形成"一个核心和五个区域"的人口布局。

第三，形成这样的人口布局需要大力推进轨道交通引导的郊区城市发展，要引导中心城市的人口向郊区转移。

2. 苏州市

苏州是长三角经济、人口增长最快的城市之一，近年来各项经济指标在全国位居前列，2003 年苏州合同利用外商直接投资、实际利用外商直接投资两项指标均居全国大中城市第一位。

在经济快速发展的同时，苏州人口规模和用地规模快速增长。1996 年版总规确定 2010 年城市建设用地为 186.60 平方公里、人口规模 186.6 万，但 2003 年末实际城市建设用地已达 290.26 平方公里，人口规模 210 万。2003 年末，全市开发区累计开发 366.16 平方公里，新增开发面积 184.67 平方公里。

苏州市域耕地面积不断减少，减少的速度不断加快。1981—1990 年，平均每年减少 14.9 平方公里；1991—2000 年，平均每年减少 58 平方公里；2001—2003 年，平均每年减少 70 平方公里。人均耕地面积从 1980 年的 1.1 亩 / 人，降为 1990 年的 0.96 亩，2003 年人均耕地面积进一步降为 0.71 亩。

伴随土地资源的快速消耗，土地利用效率亟待提高。国家级、省级、乡镇级开发区的土地使用效率呈几何级数递减。2003 年苏州国家级开发区每平方公里累计基础设施投入 2.3 亿元，创造 GDP 为 5.4 亿元；省级开发区每平方公里累计基础设施投入 0.9 亿元，创造 GDP 只有 1.6 亿元；乡镇工业用地的产出 / 投入比更低，而这些工业用地对土地和环境资源的消耗却是最大的（乡镇级工业用地面积 86.4 平方公里，占工业用地总面积的 49.1%）。

在强大的开发压力驱使下，各区、乡镇均以自身利益最大化为目标编制"圈地"规划。市区各类规划拼合显示，规划建设用地面积高达 914.8 平方公里，超过苏州市区资源承载力的极限。

在近年苏州市的快速发展过程中，出现了环境质量下降、水质性缺水、土地资源紧缺、能源紧缺、人文历史资源和自然景观资源受到一定程度侵害等一系列情况。目前苏州市 GDP 每增 1%，要消耗 4000 亩土地。如果保持该土地使用效率和 GDP 年增长 14% 的速度，2020 年苏州的可利用土地将完全耗竭。

### 3. 广州市

（1）城镇工业用地面积大，土地单位面积产出率偏低

广州的村镇城镇化水平比较高，目前非农土地利用形成一种分散、局部的土地利用模式。具体表现在：第一，农村的农业土地利用受到外向城镇化的作用，即以每个城镇为单位发展外向型工业化经济，所以城镇化与农村工业化土地利用相结合；第二，国有土地扩张能力较小，但是农村非农建设用地发展很快，非农建设用地剧增，导致耕地锐减；第三，城镇工业用地面积大，有许多镇的工业用地已占非农用地的 50% 以上；第四，城镇用地粗放型扩展，总体布局分散，不可避免地出现了土地单位面积产出率偏低的弊端（图 3-3-2-2）。

（2）土地供需与人口增长压力紧密相关

根据广州市区 10 年来的人口自然增长率的变化趋势，考虑到对市区人口的严格控制，2004 年广州市区人口达 600 万，其中非农人口 473 万，据此预测广州市区总人口 2010 年可能达到 667 万，其中城市建成区的人口将达到 392 万。

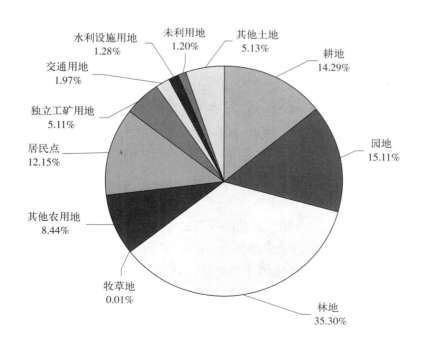

图 3-3-2-2　广州市土地利用结构图（2005 年）

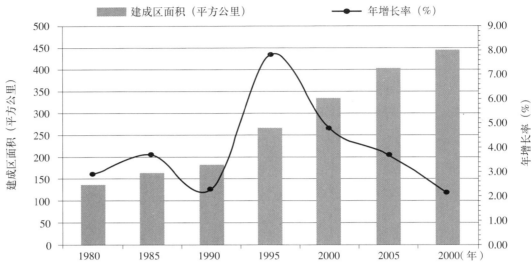

图 3-3-2-3　广州市主要年份的建成区面积变化和年增长速度变化

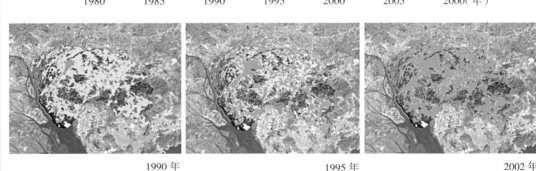

图 3-3-2-4　东莞非农建设用地历年发展演变图

1990—1995 年广州市建成区的扩展达到历史最高纪录，年均增长速度达到 7.4%，几乎与国民经济增长速度一样高。之后，建成区年均增长速度一直在下降（图 3-3-2-3）。

（3）土地承载力不容乐观

广州市全市耕地 156.22 万亩，人均只有 0.26 亩，达不到全国人均数 1.4 亩的 1/5。根据城市发展规律和广州市社会经济发展的方向，今后若干年广州市城市化将呈较大的增长趋势，未来城市建设仍会占用一些土地。

根据《广州市土地利用总体规划》，到 2010 年，全市耕地减少量不超过 9333 公顷，其中建设占用耕地不得超过 8000 公顷，生态退耕和灾毁减少耕地 1333 公顷；土地整理、复垦和开发补充耕地量不得少于 7330 公顷；确保全市耕地保有量不低于 16.68 万公顷，其中基本农田保护面积达到 14.69 万公顷，占现有耕地面积的 87.1%；中心城市建设用地规模控制在 450 平方公里内。

4. 东莞市

东莞是珠三角经济、人口增长最快的城市之一，目前人口总量超过了 1000 万人；伴随经济的快速增长，土地资源消耗极大。1996—2002 年 6 年间东莞增加了 293 平方公里城镇建设用地，年均增加近 50 平方公里，几乎占广东全省用地增量的 1/8；但东莞未利用地仅余 322 平方公里，按照近年来的发展速度，最多只可开发 10 年，土地资源亟待合理保护与开发（图 3-3-2-4）。

5. 北京市

北京耕地减少数量较大，耕地保有量低于规划确定的保护目标。2004年耕地保有量仅为2364平方公里，低于规划确定的耕地保有量目标3440平方公里，也低于规划基本农田保护要求的2994平方公里。1996—2004年北京建设用地年平均增长速度2.4%，年均增长约70平方公里。

此外，北京社会经济发展的用地需求与资源短缺之间存在巨大矛盾。1996—2004年北京GDP年平均增长速度13%，高于全国平均水平9%，年均增加333亿元，与此同时1996—2004年北京建设用地年平均增长速度2.4%，年均增长约70平方公里。每增加亿元GDP需要的建设用地为0.21平方公里。

据北京平原地区面积、已建设用地和需保障的绿色空间的相互关系，测算出平原地区建设用地理论潜力只有200—260平方公里；按照以往的农转用指标（平均年增35—40平方公里），仅能满足6—7年建设要求。

与此同时，将北京市的地均GDP与东京相比较，差距达到100倍，由此可见尽管北京在中国地均GDP而言不低，但是相比日本东京而言，差距还是很大，因此土地利用效益还有待提高。

## （五）特征概括

### 1. 区域总体特征

总体判断，我国大城市连绵区区域总体土地利用是相对集约的。但城镇化、工业化的快速发展导致占用大量优质耕地，耕地保护形势严峻；加之人口向沿海城镇群聚集，使得土地供需矛盾日益尖锐，成为国民经济健康发展的瓶颈。随着农村剩余劳动力向城镇的转移，以及撤乡并镇、迁村并点等工作的展开，乡村地区的居民点建设用地集约化水平将会逐步提高。同时，外出打工的农民工还有一个在城乡双重占地的问题。退宅还田的过程，就是集约用地和节约用地的过程。

### 2. 土地利用特征

土地利用粗放和闲置浪费问题严重。各地土地利用效率差距较大，反映出我国大城市连绵区同时存在超越土地资源承载能力使用和粗放浪费使用的情况。特别是保证生态良好的非开发用地不能得到合理保障。这些现象都将破坏我国人居生存环境，造成生态失衡和资源枯竭、环境恶化，直接威胁国家安全和人民生活舒适。

### 3. 空间特征

产业和人口向城市集聚的城市经济向周围地区扩散是中国现代城市连绵区发育的主要因素。在集聚与扩散过程中，大型中心城市起着主导和核心作用。在我国主要大城市连绵区都有全国性和大区性中心城市，如京津唐地区的北京、天津，长三角地区的上海、南京、杭州，珠三角的广州、深圳，辽中南的沈阳、大连。大城市连绵区的发展首先是沿交通轴线向外扩展，然后逐渐扩展成为片状连绵带，主要中心城市之间的轴带是发展迅速的地区。

不同等级中心城市的分布及排列组合，综合交通运输网的走向，差异明显，由此形成不同城市群的地域结构。大城市连绵区是在城市密集带基础上，城市群内部空间进一步相互作用，彼此交叠形成。

我国大城市连绵区大多包括2—3个省级、副省级中心城市，2—3条区域综合交通走廊，由此形成如下基本形式：

辽中南，包括沈阳、大连、抚顺、本溪、鞍山等城市，呈"Φ"型。

京津唐，包括北京、天津、唐山、秦皇岛等城市，呈"Δ"型。

山东半岛，包括青岛、济南等中心城市，呈现出以沿海为扇面、内陆交通走廊为轴线的"弓箭"型。

长三角，包括直辖市上海，省会城市南京、杭州，沪杭、沪宁两个交通走廊，呈">"型。

海峡西岸，包括厦门、福州、泉州等中心城市，沈海高速公路，呈带状发展空间结构。

珠三角，包括广州、深圳、珠海等中心城市，广珠、广深两条交通走廊，呈"∧"型。

# 三、大城市连绵区土地利用影响因素及其成因分析

## （一）大城市连绵区土地利用关键影响因素

### 1. 国家宏观政策影响大城市土地利用状况

"十六大"提出了全面建设小康社会的目标，之后，又相继提出"科学发展观"和"构建社会主义和谐社会"等目标。这些目标对于大城市地区土地利用有着重要影响。一方面全面建设小康社会的宏伟目标，要求大城市连绵区承担相应责任，需要加快发展速度；另一方面，科学发展观和构建和谐社会以及满足人民群众日益提高的生活质量，客观上要求大城市连绵区的土地资源提供优良的生态服务产品。土地资源的开发利用必须追求社会效益、经济效益以及生态效益三者的最大化。

"十分珍惜和合理利用每寸土地，切实保护耕地"是我国的一项基本国策。中央政府曾多次提出"严格保护耕地，确保粮食安全"，并实行最严格的耕地保护制度。这对大城市连绵区的土地利用提出了严格的限制条件，要求城市化地区集约、节约用地，为此应创新土地利用策略，使大城市连绵区内的土地利用格局得以优化。

### 2. 经济发展导致大城市土地利用空间拓展

改革开放以来，中国经济呈现出突飞猛进的发展势头，特别是2000年以后，中国经济实现多年连续高速度增长，取得了举世瞩目的经济发展成就。在此期间，中国大城市规模以及城市用地面积均有较大的发展，尽管大城市用地规模的快速扩张有用地浪费、管理不当等原因，但经济发展对于城市用地的需求则是用地扩张的主要因素。

分析新中国成立以来经济发展以及相对应的城市用地利用状况，发现我国1953年以来城市建设投资曲线与城市建成区面积扩展曲线的波动极为相似（图3-3-3-1），投

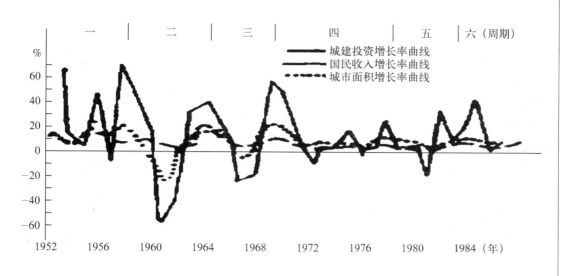

图 3-3-3-1　城市投资增长率与建成区面积增长率比较图
资料来源：冯志强. 城市土地利用空间结构演变研究[D]. 解放军信息工程大学硕士论文，2006.

资增长率曲线的波动引起了用地面积增长率曲线的波动，反映出投资规模的变化对于城市空间发展变化具有重要的影响。

经济发展的周期性变化决定了大城市土地利用结构的周期性更替。当经济高速增长时，土地利用主导形式主要表现为大城市空间呈松散状态向外扩展，土地利用紧凑程度下降；当经济稳定增长或者缓慢发展时期，城市空间发展则以内部填充的紧凑发展为主，土地利用紧凑程度明显上升。

具体分析发现，经济发展背后的产业结构发展与升级是城市土地利用结构与空间变化的直接推动力。在现代工业生产制度下，城市经济的发展在某种程度上是通过城市产业结构的不断变革与升级完成的。由于级差地租的存在，形成了不同产业在不同空间上的相对集聚，直接影响了城市土地利用的空间结构。在城市"中心性"不断增强的过程中，城市功能由生产型向管理型、服务型转化，以工业为主的城市产业结构渐次演变为以服务业为主；第三产业由于地价竞租能力较强，在城市中心区逐步形成了中心商务区；在地租杠杆影响下，其他产业不得不向外迁移，城市土地利用结构表现为"退二进三"、"土地置换"等产业用地的调整。伴随工业用地的外迁，相配套的居住区、基础设施等也接踵而至，带来的城市边缘郊区的城市化，掀起了城市空间扩展的又一次高潮。

同时，我国地方政府对于经济发展的诉求导致土地利用效率降低。在我国现行体制下，地方政府对于促进城市经济发展有着高度的积极性，并负有重要的责任。同时，由于历史原因以及土地集约利用测评、考核体系的不完善，城市政府对于土地等资源并没有高度关注。因此，在"以经济建设为核心"指引下，地方政府纷纷通过低地价，甚至零地价等手段来"招商引资"，以促进经济的快速发展。特别是 1994 年国家财政体制改革，实行分税制后，地方政府的财政压力加大。因此，归地方政府所有的土地出让收益，更进一步刺激地方政府出让土地，导致土地的不集约利用，并导致城市用地空间的进一步扩张。

### 3. 技术进步驱动大城市土地利用空间分散

交通运输速度的提升，加快了城市土地利用空间的扩展速度。在机动化交通大规模发展以前，城市土地利用主要以中心城区及周边开发为主，城市用地呈紧凑、高密度布局形式；随着私人机动化交通发展，以及快速道路系统和高速公路系统的建立，促进城市土地利用空间的大范围拓展，对城市土地利用空间拓展具有推动作用。在交通设施引导下，城市土地利用空间扩展呈现出明显的交通指向性，快速路、高速公路周边地区由于交通区位的明显改善，土地利用开发活动明显活跃，成为城市发展的热点地区。同时，铁路、航空等大型交通枢纽的建设则会在更大范围内改变区域土地利用的空间结构。

现代信息技术成为推动城市土地利用空间结构演化的新动力。信息技术改变产业用地区位选择，促进城市近郊区土地利用结构调整。现代信息技术的发展使传统制造业管理、技术部门与生产基地的空间分离，以及零售业销售与仓储部门的空间分离成为可能，改变了传统产业为追求集聚效益整体集中于城市中心城区的局面，疏解中心城区发展压力，并促进了城市近郊区土地的开发利用。同时，现代信息技术也极大地影响着市民的生活，信息与交通技术发展，使得居民不再单纯以城市中心城区为理想的居住地，特别是"SOHO"等概念的提出，使得城市郊区化发展成为一种趋势，促进了城市近郊区的土地开发利用，也使得城市用地空间进一步蔓延拓展。

### 4. 制度变革促进大城市土地利用趋向集约

土地所有制、土地使用制、土地管理制、土地利用制等土地制度中所规定的土地产权及其流转与分配、土地用途管制与限制对城市土地资源利用的影响是由来已久的，这种影响也是根本性的和深远的。

以我国城市土地使用制度变革为例，在1978年前，我国施行无偿、无期限、非流动的行政划拨土地使用制度，忽视了城市土地的生产要素功能，使得这一时期城市土地效率低下，城市中心地区单位大院遍布；1979—1989年国家初步试行土地有偿、有期限、有流转使用制度，对企业使用土地选择进行了限制，初步改善了城市中心城区的土地利用效率，优化了城市土地利用布局；1990年后土地有偿、有期限、有流转使用制度全面推行，对于经营性用地试行全面有偿使用，才使得各部门、企业越来越重视对土地区位、土地价值、土地利用效益等方面的考虑，促进了城市土地利用结构的进一步优化，但这一时期城市用地流转仍以行政划拨为主，仅有5%是通过有偿出让的方式进行，因此，土地的利用效益仍然处于偏低水平；到2002年停止经营性项目协议出让土地使用权的33号文件正式颁布后，城市土地的流转才真正进入市场调控机制，土地的生产要素功能开始充分体现，有力推动了各城市中心城区产业用地的调整、置换，同时也促进了城市外围地区的土地开发利用，城市土地利用空间布局得到进一步优化，土地利用状况进一步集约。

大城市连绵区土地利用空间结构演变是一个非常复杂的过程，同时受到多种驱动因素的影响。除上文所述的国家政策、经济发展、技术进步以及制度变革等关键性因素外，土地资源条件、城市居民活动、居民心理倾向以及城市规划、房地产开发等多种因素对于土地利用空间结构也有着重要的影响。这些因素彼此交互，相辅相成。由于地理位置以及社会经济环境的不同，不同区域、不同类型的城市，其土地利用空间结构驱动机制也存在着一定的差异；同时不同历史时期，同一地区土地利用变化的影响因素也不尽相同。因此，对于某个具体的大城市连绵区土地利用空间结构演变的研究，必须把握研究对象的区域特征和类型特征具体分析。

### （二）大城市连绵区土地快速"消耗"的成因分析[①]

**1. 地方政府提供公共物品的职责与"吃饭财政"间的冲突**

根据公共财政理论，公共品和外部效应的存在是政府干预经济的两个主要原因。中国的城市化进程伴随着经济体制改革和社会转型，要求城市政府有更多的收入来提供公共物品，从而加剧了对城市财政的压力，导致更多的城市财政成为"吃饭财政"。

一方面，是政府所需提供的服务范围扩大了。如在体制改革前，城市居民得到的一部分公共服务是通过他们所在的单位给予的，如医疗、养老、住房等，较大的单位还自办学校解决职工子女入学问题。随着经济体制改革和市场化进程的加快，"企业办社会"现象消失了，这部分公共服务转而由政府提供。再如市场经济的发展给城市带来了大量的外地务工人口，这部分人在为城市化进程作出贡献的同时，理应享受城市政府提供的公共服务，但在中国城市财政的现有格局下，他们被排斥在城市提供公共服务的范围之外，很难享受到城市政府提供以户口为标准的基本社会保障；即使得到一些公共服务，与具有城市户口的居民相比差距很大。

另一方面，是城市居民对于服务水平的要求提高了。在城市化进程中，城市建设和城市居民生活对供电、供水、供气、桥梁、道路、交通、运输、邮电、通信等城市公用设施建设服务的需求，除部分可通过市场化吸引企业、个人投资外，更多地需要政府投资。同时，为了提升城市文明水平，提高居民生活质量，城市政府需要增加对教育（各类学校）、文化（公共图书馆、博物馆、文化馆等）、公共卫生（防疫和基本医疗）、社会保障和环境保护各方面的支出。另外，为了应付城市突发事件的发生，城市政府也需要建立城市突发事件的应急反应体系及其财力支持体系，等等。

面对提供数量更多，质量更好的公共服务的挑战，城市财政必须为城市政府履行公共服务职能提供必要的财力支持。1994 年国家实行分税制后，城市财政收入的增长较为缓慢[②]。这一结果虽然实现了分税制改革的初衷，但由于配套的中央对地方政府的财政转移支付制度没有完善，地方财政收入比重的下降导致了地方政府的财政困境，以及地区间财力不公平现象的加剧。更重要的问题是造成了地方财政收入缺乏稳定性，

---

① 本节引自：靳东晓. 严格控制土地的问题与趋势 [J]. 城市规划，2006（2）.

② 数据显示（《中国统计年鉴 2004》），在改革前的 1993 年，中央财政收入仅占全国财政收入的 22.0%，地方（包括城市）财政收入占 78.0%；1994 年改革当年，中央财政收入提高到 55.7%，地方财政收入下降至 44.3%。1994—2003 年 10 年间，中央财政收入所占比重超过地方的有 7 年；仅 1996—1998 年 3 月，中央财政收入比重略低于地方财政收入，分别是 49.4%、48.9% 和 49.5%。

由此带来了当前中国城市政府面临的两大问题，一是提供城市公共服务的资金不足；二是地区间财力的差距导致各城市间公共服务提供的不均衡性。

因此，地方政府不管是市长，还是书记搞"政绩"也好，为民谋利也好，总之是在经济发展上为国家作了贡献；在严格控制土地方面，仅仅依靠采取行政手段、法律手段，事实证明是难以有效解决的。

2. 土地供给双轨制促成了土地管理的混乱

目前，我国土地市场仍以行政划拨、协议出让为主。资料表明，2000 年全国城镇现有土地总量中，95% 是通过行政划拨的，5% 是有偿出让的[①]；而在 5% 有偿出让的土地中，又有 95% 是协议出让的，5% 是通过招标拍卖出让的。在目前地产市场不规范的情况下，必然造成国有土地资产流失。2002 年 7 月，停止经营性项目协议出让土地使用权的 33 号文件正式颁布，当年全国国有土地使用权招标拍卖总价款比 2001 年增长了 96.86%。

可见在土地一级市场上实行的土地供给双轨制，是造成土地管理混乱的重要原因。如成克杰指示市政府将某项目土地评估价从每亩 96 万余元压到 55 万元，一个项目的好处费就高达 2000 万元。

因此，产生该问题的根本原因在于我们的游戏规则缺乏规范性与彻底性。一位土地专家遗憾地说："2003 年的几道金牌禁令，大多是部门通知一级的文件，而我国目前土地市场的问题实质上是体制之痛，靠再多的通知也解决不了问题"[②]。市场经济规则客观上要求政府必须将职能定位于制定市场规则，维护市场秩序，营造市场环境上，通过多种手段包括法律手段、行政手段和经济手段来达到调控市场的目的。

3. 税收制度是导致问题产生的内在原因

一方面，城市政府有巨大的提供公共物品的责任和压力；另一方面，由于行政划拨方式的存在，政府却难以收取土地收益的绝大部分，那政府关注的重点必然是能够带来经济效益的投资和项目。

1993 年后，国家财政体制改革，实行分税制。中央和地方，以事权定财权，对各自收入做了明确划分。为此，地方政府追逐经济利益的动力显著增强，将工作重心转向关注财政收入来源也就顺理成章。发展本地工商业，见效较慢；通过招商引资，特别是引进工业项目，见效则较快，但需要土地；再加上土地出让，即所谓"以地生财"的直接收益。考虑任期内"单纯以 GDP 论英雄"政绩考核的因素，地方政府自然会将工作重点转向后两项工作，这就导致了全国各地大办工业园区、大量圈地的现实。而"卖地"的后果是争相卖地，政府无力配套，增加企业的运行成本；土地资源不足，难以继续维持粗放式的"卖地"手段；区域卖地恶性竞争，加大了有限资源的浪费；影响农业经济的发展；地均工业产值效益低下，等等。

---

① 据统计，2000 年我国出让的 30 万公顷土地中，以招标、拍卖方式出让的土地量只占总出让量的 5%，大量土地仍以行政划拨方式和协议出让方式为主，而在此以前，招拍方式供地的比重更低（刘正山.经济日报，2002 年 7 月 20 日）。

② 刘世昕.实行最严格耕地保护 垂直管理管得了乱征土地？中国青年报，2004 年 1 月 7 日.

现在，讲到"行政区经济"带来的不良后果，必然要提到地方搞重复建设的问题。其实，这个问题也与我们现行的财政体制有很大关系。作为第一大税种，增值税按七五、二五比例，成为中央和地方共享税。这部分税款，对地方来说，是举足轻重。为了确保财源，各地自然是想方设法上项目。比如，某地生产的汽车，在全国各地销售，可其所缴的增值税，75%归了中央，另外25%进了该市财政的腰包。也就是说，各地消费者凑的份子钱为该市的经济发展作出了贡献；理应由各地共享的增值税，按现行的体制，各地只能干瞪眼。所以，上海建"大众"，湖北就建"神龙"，广州也不甘落后，其他省份也建起了这样那样的汽车厂。重复建设产生了，随之而来的是恶性的降价竞争或寻求地方保护。

现在中央政府强调宏观调控，而地方政府强调大发展，其冲突的根源就在于税收体制，在于地方的财政来源主要依赖于企业所得税、增值税。这一点既造成了地方经济冲动，也导致了地方保护主义，是促成地方保护和宏观经济波动的因素。

# 四、大城市连绵区的土地利用趋势分析

## （一）经济全球化影响

1. 世界多极化、经济全球化是当今国际格局演变的两个主要趋势

全球经济一体化的苗头出现于19世纪末，世界各国在经济交往活动中呈现出一些新的趋势，表现为各国之间在经济发展上的相互依赖性，各国国内市场和国际市场的关联度日益提高，跨国公司相继问世，经济上自由竞争逐步走向高度垄断。

经济全球化的最主要标志就是包括世界贸易组织、世界银行、国际货币基金组织、世界知识产权组织等国际组织的建立，以及联合国制定的，或各国之间签署的双边、多边国际经济贸易条约。

在全球经济一体化的带动下，各国经济与市场的开放程度日益提高，世界统一市场正在逐步形成。因此，有专家认为全球经济一体化是国际贸易自由化、经济民主化、市场统一化的集中体现。

2. 全球化对城市发展的影响

随着经济全球化的步伐加快，主权国家在世界统一市场或统一经济体系中的位置面临着前所未有的弱化，相反，作为经济主要载体的城市，却日益成为经济联系的最主要的节点，成为管理世界贸易和经济体系的中枢，城市，特别是国际性大城市的作用和地位会得到极大的提高，因此出现了一些位于世界城市体系顶端的国际性城市，如纽约、伦敦等，同时，形成了一批都市连绵地区或大城市带。

这正如《全球城市》一书的作者萨斯基亚·萨森所描述的"根本互动关系"：越是全球经济一体化，中心功能就越是向少数地点集结，经济活动在地域上的扩散，产生出加强集中控制管理的需求。

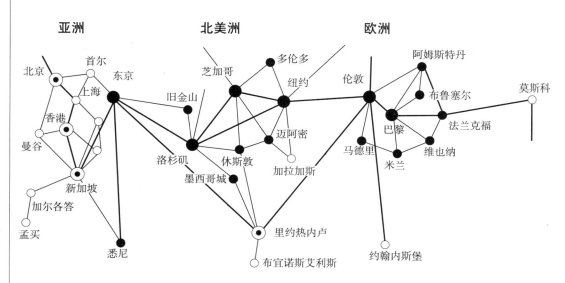

**图 3-3-4-1 世界城市网络体系示意图**
资料来源：根据弗里德曼"世界城市假设——发展与演变"绘制。

至此，在全球范围内形成了世界城市网络体系，如图 3-3-4-1 示意。

3. 经济全球化进程中出现重要趋势——区域一体化

由于全球贸易一体化不可能短期内实现，区域一体化就成为许多地区一种务实的选择和地方增强竞争力的必要手段。目前，一体化进程最快的欧盟，已经完成建立自由贸易区、关税同盟、统一大市场、经济货币联盟四个层面的一体化工作，正在向"政治联盟"努力。

我国各省区属于中国一个独立关税区之内，可以在如下三个层面进行有效的协作：（1）观念、政策、管理、信息、市场一体化，以清除"行政区经济"等制度障碍所带来的弊端；（2）基础设施一体化，以加速资源整合、降低运行成本；（3）产业一体化，实现优势互补、分工协作。

4. 全球经济空间布局的趋势与影响

经济全球化、区域一体化将对我国的经济产业布局产生极大的影响：经济全球化进一步促使沿海大城市地区的发展更具有活力，推动进入全球性制造业基地行列；经济全球化进一步强化了大城市区的职能；区域性经济合作不断增强，都市连绵区、跨境城市区域出现；沿海大城市连绵区逐步成为我国经济发展的中心地带。

## （二）国家战略

### 1. 重视区域规划

经济全球化背景下，经济中心出现转移，区域取代城市成为重要的节点，通过区域性经济合作的方式培育区域的核心竞争力成为各个国家及地区的共识。党和国家从我国的长远战略考量，制定了区域经济统筹协调发展战略，加快区域经济发展已进入决策视野，并成为"十一五"规划的重点。

"十一五"规划提出构筑"三主六次"的基本空间框架，其中包括了京津唐、长三角、珠三角三大核心城市群；以及沈阳经济区、山东半岛城市圈、中原城市群、西咸都市圈、成渝都市圈、长株潭城市群六个次级城市群。各个省区也在相关规划中提出要构筑各自城市群的设想。

我们认为，大城市连绵区是城镇化进程中高于大城市区的一个新阶段，是多个大城市区在功能和空间上衔接融合的结果；是在更宏观尺度上的人口和产业的集聚，反映了工业化后期及信息化发展进程中城市空间演进的一种新态势。我们有理由相信，加快大城市连绵区的健康发展，对于促进我国经济的快速、稳定、可持续发展具有重大的意义。

2. 加快大城市连绵区健康发展的重大意义

从大城市连绵区在全国经济中的作用来看，大城市连绵区往往是国家工业化进程的主导区域，特别是沿海都市区是工业化发展最快的地区；是国家知识创新中心；是国家管理制度创新的基地，沿海开放地区一直是国家经济改革的试验田。

因此，发展大城市连绵区对于国家所提出的沿海地区、东北地区、西部开发、中部崛起战略的实施具有重要意义；此外大城市连绵区的城镇化和现代化，是消除城乡二元结构、快速城镇化、实现城乡协调发展的最佳模式，对于东部地区来说，大城市连绵区的发展推动东部沿海地区快速城镇化，从而成为解决中国生态环境问题的战略对策；同样的西部地区城镇化的发展以及加快东西部地区经济整合，凭借劳动力的空间转移和财政的转移支付可以成为解决西部地区环境治理所引发的社会和经济问题的重要途径。

我国沿海三大大城市连绵区发展可以对其他地区的发展模式起到示范效应的作用，尤其是对沿海大城市连绵区的环境、社会、交通问题的相关研究和实践将为中西部城市发展摸索经验。

## （三）当前区域协作存在的问题

尽管加快区域一体化发展已经成为各级政府的共识，然而由于各种主、客观原因，目前在区域协作方面还存在若干问题，具体表现在：区域经济缺乏核心辐射源；产业链条薄弱，区域核心城市与周边地区联系不紧密；区域交通体系尚不健全，尤其城际交通薄弱；区域内城市等级结构不尽合理，网络化程度低；城市空间结构面临调整；行政区经济阻碍城市快速高效发展，地方保护行为依然存在，区域协作机制亟待建立。

## （四）大城市连绵区土地利用趋势

1. 健康的城镇化将促进国家城乡建设用地的整体集约利用水平

从 20 世纪 80 年代开始，我国人口出现了从乡村到城镇、从内陆到沿海的大规模的人口流动。随着人口的"城镇化"，使得城乡空间结构得以调整和总体优化。因而可以判断空间集聚、集约与高效将是城乡土地使用的基本趋势与要求。

因而，健康的城镇化将促进土地利用方式的转变，城乡建设用地从以乡村占主导地位，逐步过渡到以城镇占主导地位，从国家整体上提高城乡建设用地的集约利用水平。

**2. 我国大城市连绵区的土地利用总量，将会在提高使用效率的同时继续有所增长**

从不同规模层次城市的人口和用地指标数据来看，规模较大的城市其人均用地也会相对集约。随着城市规模的扩大，每单位人口增加所形成的边际土地投入将会逐步降低。从这个角度来看，促进人口向较大规模的城市集聚无疑会提高城镇土地利用的集约水平。由此推断，我国大城市连绵区的土地利用总量将会在提高使用效率的同时继续有所增长。一定规模的增量和挖潜优化的存量将是大城市连绵区土地利用的两个基本要素。总之，大城市连绵区、城镇发展不占用耕地是不可能的，但盲目用地是万万不能的。

# 五、国外大城市连绵区土地利用的经验与教训借鉴

## （一）发展背景

回顾 20 世纪，工业化、交通技术及信息技术的革新，使大规模的城市增长成为普遍现象。20 世纪 50 年代以前，欧洲、美国等经历了从乡村到城市地区以及中小城市向大城市的集聚；20 世纪 60—70 年代，出现了核心地区向边缘地区迁移性的增长；20 世纪 80 年代以后的再中心化涉及了分散的活动重新集结；迈入 21 世纪，信息技术的革新也已经带来了新的变化，经济活动的全球扩散和一体化促进了经济活动的高层管理和控制的逐步集聚，全球城市体系正在形成。今天在发达国家中，70% 以上的人口居住在城市，经济、政治和行政权力也集中于此。

## （二）主要教训

### 1. 贫民窟大量涌现

由于城市人口迅速增加，住宅建设难以满足需求。住房供给短缺问题也成为城市化过程中的痼疾。1900 年，纽约市近 400 万人口中，有 150 万人居住在贫民窟中。在日本，20 世纪初期东京、大阪等城市中也都出现了大批的贫民窟；20 世纪的中后期，由于日本市中心房价太贵、面积太小，大批市民不得不住到地价便宜的郊外。在大多数非洲国家都有明显的城市环境恶化表现，拉美国家的情况则仅比非洲稍好一些。

### 2. 土地资源逐渐枯竭

由于人口、经济活动向城市的过分集中，土地紧张是大多数国家在城市化发展中面临的普遍问题。土地紧张反过来会影响到城市的环境、交通、住宅建设、公益事业建设等各个方面。日本在战后随着城市化的快速发展和大城市连绵区的发育，分别在 20 世纪 60 年代、70 年代和 80 年代经历了三次土地价格的上升。地价一再上升不仅导致物价的普遍上升、人民生活水平降低、公共事业进展困难，还影响到日本的城市结构的改变。如迫使人们离开中心地区，转向郊外居住，每天长距离通勤。中心地区的社区服务、教育机构等也连带减少。英国、美国也经历过城市中心衰败的阶段。

我国人多地少，一旦出现类似于美国的城市化和郊区化现象，耕地大量减少的后果将会极其严重。

### 3. 生态环境恶化

环境问题是世界各国大城市连绵区发展过程中面临的另一个难题，美国在城市化迅猛扩张过程中，原来幽静的自然原野和乡村大片地消失，取而代之的是毫无差别的低密度住宅区；2000 年美国自然资源委员会报告，全美国有 11270 个湖滩或河滩关闭，其中 85% 是由于受生活污水中的细菌感染所造成的；第二次世界大战后日本一味追求经济的增长，终于酿成了 1956 年熊本县爆发的水俣病；伦敦烟雾事件、洛杉矶光雾事件，都造成了大量居民死亡。

由于居住区环境不良而导致的供水、卫生设施、污水排放及固体垃圾等方面的公共卫生问题，往往造成传染病的蔓延，在人口密集的地区造成大量死亡。

### 4. 交通、市政基础设施严重短缺

以拉美、非洲等地的殖民地式的大城市连绵区发展模式为典型，交通拥挤，公共交通系统严重超负荷，城市必要的基础设施严重短缺。如 20 世纪 80 年代和 90 年代，随着非洲城市规模的不断扩大，日趋恶化的经济形势使得基础设施和城市服务设施的供给急剧下降。在许多非洲城市，大部分垃圾无人收集，任凭成堆的废物在街道和空地上腐烂发臭。

### 5. 文化遗产遭到破坏

各国在城镇化快速发展阶段的土地开发热潮，都对历史文化遗产造成了不同程度的破坏。在日本，20 世纪 50—60 年代在大城市连绵区的经济开发热潮波及全国各地，就严重地威胁到一些历史名城的文化遗产保护；英国也有过这方面的教训。

## （三）经验借鉴

发达国家经历了半个多世纪的实践，有不少经验值得我们借鉴。

### 1. 可持续发展成为世界发展的主旋律

从西方国家区域规划的发展历史看，规划的早期大都出现于工业经济高速发展时期，英国、美国较早，而日本、荷兰等主要开展于第二次世界大战以后；规划的基本目的是为经济的高速发展提供空间支持，同时解决随工业化而来的人口高度集聚的城市问题，其解决办法包括新建工业城市、建立增长中心、新建区域基础设施建设等，但是往往对于社会公平方面及生态环境方面的重视不够。20 世纪 70 年代以后，以环境、文化为主题的区域发展成为各大城市区的共识。

### 2. 选择紧凑的区域空间发展模式

当前发达国家对城市与区域的空间形态与可持续发展已逐步形成共识，紧凑城市（compact city）被认为是具有可持续发展的城市。

所谓"紧凑城市"是指相对集中设置的区域基础设施走廊，与之相对应的城市土地开发模式，即交通引导型的土地开发模式，以及疏密有序的城市开敞空间系统。但

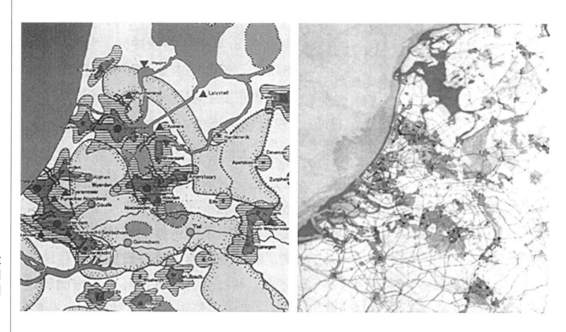

**图 3-3-5-1　荷兰建设规划第三次空间发展规划图（左），荷兰建设规划第四次报告分析图（右）**

紧凑发展并不是以损害人居环境质量为代价的。

应该说，荷兰兰斯塔德地区是良好的范例，由于半个世纪前开始的区域整体规划，使得该地区在第二次世界大战后经济社会的快速发展过程中既保证了工业化和城市化的空间支持，也保持了其固有的开敞空间系统。这才保证了兰斯塔德以城市区域的整体始终保持在世界经济发展中的重要地位（图 3-3-5-1）。

3. 强调多方案比较、渐进式过程规划

目前，西方大尺度区域规划中经常采用多方案比较的方法，通过多个影响因素的评价寻求最佳组合，这样使决策者和公众可以对未来发展的优缺点有更明确的认识。

在美国波特兰 2040 区域规划中，提出了 4 种可供选择的方案，包括不同的发展密度、不同的交通服务方式（图 3-3-5-2）。大区政府考虑了 3 种可选择区域发展模式，最后规划选择了 3 个方案可以融合的部分，吸收进最后的基本方案。

当前区域规划的发展，开始更重视过程控制，而不是简单的终极目标。这种过程控制在保证能源和土地资源、保护自然环境、减少人口的流动性和减少社会不公平的原则下进行，所以政策居多。要求在规划目标的选择上采用有限目标的工作方法。在每次规划调整中，都是在基本原则或总目标的指导下，提出几个明确的发展目标，然后再分解为一些分目标，然后再有针对性地提出具体的实施措施。实际成为一种具有不断调整的弹性规划，它是建立在规划的实施过程中，针对地方实际不断地修正、提出新的发展观念。

4. 综合多种手段保障城市区域的有效管理

（1）增长管理手段的创新

增长管理在第二次世界大战以后的西方早期区域规划中，规划师与城市管理者运用的规划手段以传统的土地利用方法为主，以土地利用为主体形成政策措施，通过土

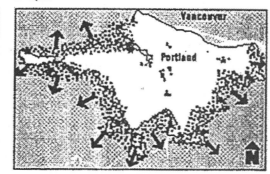

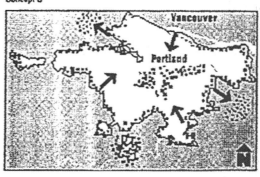

图 3-3-5-2　2040 年波特兰发展模式方案

地的功能分区制定相应的政策导则，是粗线条的土地利用规划，例如区划、总体规划。但随着社会和经济发展，土地开发量的下降，土地对于区域整体发展的作用减弱，区域规划的控制手段也相应逐步转向整体的具有空间影响力的政策体系。其中，最具代表性的区域管理手段是美国的增长管理手段，它系统地综合了土地利用、财政、法律等多种管理手段，是区域和城市管理的有效保证。我国大城市区区域规划无疑可以借鉴这一理念，在区域调控中超越简单的空间观念，将空间发展、区域经济发展、生态保护、社会问题解决等多种管理手段结合起来，形成有地方特色的区域增长管理手段。

（2）采用适合地方特点的行政管理体制

西方国家以地方自治为主，每个市政自治当局的管辖范围非常有限，所以在区域规划实施中更需要区域一级的行政管理协调机制。由于政治文化传统不同，英国、日本、荷兰等立宪制国家，中央政府、省级或都道府县级政府的干涉度较大，而美国等国家更倾向于由分散的非官方主体组成的区域机构来协调。

区域规划开展需要长时期的数据收集，需要大量的相关研究和资料储备，不断地进行规划的修正。同时，作为规划的各个组成地区间也需要不断进行经验交流，不断提高认识水平。所以，建立稳定的区域规划研究机构、建立一整套区域信息监测系统是非常必要的。

（3）采用积极的财政政策作为区域规划的保证

在市场经济国家，非常重视规划实施的保障手段。其中最主要的是来自财政的保障。发达国家的经验证明，建立区域的空间发展基金是促进区域经济和社会整合的有效手段。当然，基金还需要有效的财政税收手段来支持。以日本为例，它在国家、都道府县、市镇村 3 级都有明确的财权划分，使每一级财政都有相对稳定的税收来源，而且每级都集中于两三个税种。中央财政集中在所得税、法人税和消费税上，都道府县集中在民税和营业税上，而市镇村集中在民税和固定资产税。中央财政集中了 60% 的税源为中央政府对国民经济和社会发展的干预提供了保证，中央税收 50% 左右进行再分配，主要用于平衡地区间差别和支持地方各类基础设施建设。

来自银行和民间的资金也是区域规划实施的重要支持，特别是对那些长期的可以带来效益的基础设施项目，通过大量的低利息贷款，采取市场化手段，可以更有效地促进区域设施的建设。

# 六、大城市连绵区的土地利用规划对策

## （一）技术标准手段

1. 严格执行国家土地政策及城镇建设用地的国家标准

要充分发挥国土规划、城镇总体规划、土地利用总体规划在调控经济结构和转变经济增长方式方面的作用，严格执行建设用地定额指标和土地集约利用评价指标体系，推行单位土地面积的投资强度、土地利用强度、投入产出率等指标控制制度，提高产业用地的集约利用水平。

城市总体规划、村庄和集镇规划中，建设用地规模要与土地利用总体规划确定的城市和村庄、集镇建设用地规模相协调，不得超过城镇规划建设用地的国家标准。

2. 进一步研究适合大城市连绵区发展的区域建设用地标准（规范）

目前，我国已经形成了城市、城镇的建设用地标准体系，且发挥了很好的指导及控制作用。大城市连绵区在我国尚处于不断发育、完善阶段，进一步研究适合大城市连绵区发展的区域建设用地标准或规范，将有利于城乡的协调发展、有效地控制土地资源，避免城市核心地区的高密集建设与城乡结合部土地资源的低效利用。

## （二）规划控制手段

1. 大城市连绵区土地利用"紧凑型发展"的基本策略

一个地区采取的城镇化模式对用地模式影响很大。采取大中城市为主体的城镇化模式有利于建设用地的集约和节约，而采取小城镇为主体的发展模式，土地利用的集约化程度将相对较低、集约化的进程也会比较缓慢。因此，应统筹兼顾城镇化途径和节约用地的要求，应允许异地平衡，并因地制宜地进行。

2. 大城市连绵区土地利用开发控制对策

加强城乡空间的统筹管理，实施空间开发管制。加强对划拨土地开发活动和集体建设用地流转的管理，强化村庄集镇建设和用地管理。加强对乡村建设用地的管理，积极引导农村居民点整合。发挥城乡规划的综合调控作用，加强对城乡建设用地的全过程调控。

城镇建设要以城镇群规划、城市总体规划、土地利用总体规划及相关法规为依据，控制城镇用地无序蔓延，严格执行用地计划，控制城镇建设用地总量。完善土地市场建设、优化土地资源配置。控制农村居民点规模。推动农村居民点适当集中，提高土地利用效率和规模化，鼓励对废旧村落的利用，减少耕地占用。

在用地使用模式上，强调发挥有限资源的使用效益，关注重点由建设用地需求转向发挥最大效益的建设用地。

在用地规模控制上，结合城市实际设置适当门槛，由过去基本"按需供应"转变为"有限供给"。

在用地结构的控制上，体现为强调城市规划的统筹引导作用，由增量为主转变为增量供给、存量消化及更新提升并举，合理确定城市新的增长空间的使用功能。

具体内容包括：一是通过新增用地供应和存量用地消化释放合理的新增建设用地需求；二是对部分建成区进行更新改造提供二次增长空间。

3. 严格保护特殊土地资源

要严格保护涉及公共利益和具有特殊功能的重要土地资源，如耕地、林地、湿地等用地，通过对建设用地规模、布局、建设时序的控制，扼制低水平、重复建设以及盲目圈占土地行为。一方面，合理配置土地资源，充分保护耕地，通过荒山造林、荒地复垦、退园还田和围垦造地等措施，使减少的耕地、园地等农用地得到补充，保证耕地总量动态平衡；另一方面，要依法保障国家重点建设项目、基础设施用地和其他合理建设项目用地。

## （三）实施政策手段

1. 坚持以科学发展观指导城市群土地利用规划的实施

核心思想就是要突出以人为本和五个统筹作为规划实施的终极目标，指导大城市连绵区土地利用规划的实施，并以土地利用规划实施过程中带来的社会、经济和生态效益是否促进了城乡、区域、人与自然和谐发展作为评判标准，来调整或修订规划方案。

2. 建立完善的法律、行政、经济等方面的保障机制

大城市连绵区的土地利用规划属于跨区域的土地利用规划，建立完善的法律、行政、经济等各方面的保障机制，大城市连绵区的土地利用规划的实施才有保障。

建立跨行政界限的共管机制，保障经济、人事等方面的实际权力，并辅以专家咨询、群众评议等民主决策和群众监督机制，提高土地规划管理的科学性，如建立大城市连绵区土地资产管理委员会等类似机构来落实土地利用的科学化、合理化。

法制化是大城市连绵区土地利用规划产生实效的根本出路，尽管《城乡规划法》体现了依法行政的创新，但在大城市连绵区加强法律手段还有待深化。

　　土地资源的空间分异特点导致了土地生态功能的地域差异。因而，规划范围内各地对于土地资源产品的贡献与索取是不相同的。土地利用规划的实施不能完全依赖于行政管制，应主动将土地利用的生态效应外部化纳入到市场经济机制中去，才能达到主动有效的管理目的。为此，必须采取经济手段加以激励，可行的措施包括生态补偿等。

　　3. 强化土地利用规划实施的考核监督机制

　　建立和完善土地利用规划实施的考核监督机制，切实加强大城市连绵区土地利用规划的实施管理。由于跨行政区土地利用规划实施管理工作的特殊性，要保证规划落实到实处，就必须保证大城市连绵区土地规划管理工作的透明度，增加科学的公众参与机制，建立健全规划公示制度。

　　土地利用的动态性使得规划实际效果与规划手段的反馈机制建立尤为重要。首先表现在公众的反馈机制建立上面，必须加强每一层次的规划实施的公共参与，使之每一步实践都在公众监督下进行，这需要相关管理部门主动、充分地利用各种成果表现手段、广泛宣传手段、畅通公众监督的渠道，多管齐下，才能实现较好的效果。

　　其次，强化对规划实施手段的环境效应预评、预警和及时修正机制，使土地利用规划实施发挥最佳而环境损失降至最低。

　　4. 制定政策逐步解决农民进城后的双重占地问题

　　统计数据表明，近年我国城乡居民点用地一直呈双上升态势。如我国的城镇化水平由 1991 年的 26% 提高到 2005 年的 42.99%，城镇总用地由 2.27 万平方公里增加到 5.62 万平方公里，同时，乡村居民点用地也由 12.36 万平方公里增加到 14.82 万平方公里。其原因包括虽然乡村人口的相对份额在下降，但其绝对量仍在增长；乡村外出打工人员在城市、乡村双重占地占房。

　　其解决办法有三个建议：

　　一是广大中小城市和小城镇应成为目前土地挖潜的重点。全国近 2 万个建制镇，人均建设用地将近 160 平方米，中小城市人均用地按自身常住人口计在 130—200 平方米／人，比现有大中城市高出很多。要推动大城市连绵区内的中小城市、小城镇进一步集约利用土地，从规划体制、机制层面更多的激励中小城市及小城镇集约合理地使用土地资源，深挖存量土地的潜力。

　　二是农村居民点用地挖潜；按住房和城乡建设部统计，我国乡村人均用地 178.51 平方米。考虑到农村建设用地有其特殊性的一面，农村院落常常作家庭手工业、养畜业之用，人均用地标准可适量提高，但乡村总人口的大量净减少，适时调整空心村、空心户的建设用地也大有可为。

　　三是调整政策，为逐步解决双重占地问题，国家应适时出台土地管理政策，如农村人口确实进入城镇安家落户，有了可靠的生活基础和社会保障，那么其在农村的土地就可以进行流转，转移到其他农户手里，这不仅要采取自愿原则、还要制订相关经济政策和补偿标准，调整好利益关系。

5. 提倡和奖励城市扩展时使用非耕地

据国土资源专项调查，我国有盐碱滩涂地约 45 万公顷，大城市连绵地区大多位于沿海，许多城市附近有大量的非耕地（如盐碱、滩涂地），可以提倡大量使用盐碱地、滩涂地进行工业建设和城市建设，并给以奖励。

矿业城市和独立工矿区的工矿镇扩展时尽量不占耕地。据国土资源部调查，全国独立工矿区占地 366 万公顷，相当于全国城市建成区的面积。这些地区进行建设时，应尽量使用废弃地，国家可制定相关政策给以奖励。同时，国家应组织力量对矿业城市的稳定性塌陷区的利用，生态恢复等开展研究，如辽中南地区的抚顺、本溪等城市，使这些城市进行建设时既能充分利用废弃地，不过多占用耕地，又能保证城市安全。

6. 改革干部考核机制

在"发展是硬道理"的旗帜下，以"贪大、求快、求新"作为城市建设指导思想是近年来许多城市的普遍现象。

从完善干部考核、提拔、任用的标准入手，要全面地将环境保护、资源节约、社会发展、人文指标纳入规划的强制内容，列入领导干部政绩考核体系中。同时应采取更严格的耕地保护制度，将"占补平衡"原则，改为"先补后占、占补平衡"的原则；停止以前光靠交纳农田建设补偿金的办法，实行超前实物补偿，使"占补平衡"，在时间上、质量上、数量上得到保证。

7. 改革财税体制

我国城市土地从计划经济时期的无偿行政划拨到使用权有价有期转让是巨大的体制变革，不仅促使企业自觉节约土地，而且通过转让增加了城市建设资金来源，近年城市土地使用权拍卖，使土地价格不断飞涨，一方面大大增加了城市政府财政收入，甚至成为城市的"第二财政"，另一方面，推动房地产价格上涨，刺激了一些城市决策者圈占土地，低价征收，高价拍卖，既不能有效节约土地，又进一步拉大了城乡之间的差别，损害了城乡普通居民的利益。

建议国家有关部门应对我国土地使用制度立专项重新研究，同时建议考虑吸纳市场经济国家城市发行市政建设债券，以政府担保，筹集建设资金渠道的方法，向全社会筹集建设资金，扭转城市土地作为地方城市筹集资金主渠道的状态，另外需要研究现行财政税收体制，使其与地方城市的财权、事权相吻合。

土地是本轮经济过热的主要载体，国家整顿土地市场非常必要，但土地问题是制度性、结构性问题带来的结果，本质上不是管理问题，仅仅提高行政手段强化行政审批并非治本之策。为此，要改变目前在管理中出现的瓶颈，有三点建议，值得大家深入研究。

建议一：凡与土地有关的一切税收都应划归国税，纳入中央预算，掐断地方政府在土地上的利益。

建议二：生产型增值税改为消费型增值税——将减弱地方经济冲动；把向企业征收的增值税，改为在产品最终消费地，向消费者征收消费税。税种改革后，中央仍然从中分成，收入没有减少，只是地方之间利益的分配发生了变化。原来是企业越多，税收越多，现在只要有消费者，就会财源滚滚；各地就不会再竞相去上新项目，搞重复建设，而会把精力集中在增加老百姓收入，改善市场环境上。这样，不仅卡住了重复建设，也形成了全国统一的大市场。有了统一的大市场，让市场配置资源，才会真正落到实处。

建议三：物业税改革——增加政府提供公共物品的动力。

国家有关部门正在研究物业税改革的有关问题。其改革的基本框架是，将现行的房产税、城市房地产税、土地增值税以及土地出让金等税费合并，转化为房产保有阶段统一收取的物业税。物业税开征以后，在政府财政尤其是地方政府财政中的比重会不断增加。政府为了增加财政收入，政府完全有理由千方百计地改善当地环境，只有各方面的环境变好了，人们才会在这里居住下去。在当地居住的人越多，物业税就越多，个人所得税也会增加，政府财政收入就会相应增加。

# 参考文献

[1] 中国土地年鉴编辑部 . 中国土地年鉴（1995）[M]. 北京：中国大地出版社，1996.

[2] 中国国土资源年鉴编辑部 . 中国国土资源年鉴（2005）[M] . 北京：中国大地出版社，2006.

[3] 中华人民共和国国家统计局编 . 中国统计年鉴（1995）[M] . 北京：中国统计出版社，1996.

[4] 中华人民共和国国家统计局编 . 中国统计年鉴（2005）[M] . 北京：中国统计出版社，2006.

[5] 国家建设部编写组 . 国外城市化概况 [M]. 北京：中国建筑工业出版社，2003.

[6] 张文奇，靳东晓，等 . 城市用地结构和人口规模的研究 [M]. 北京：中国建筑工业出版社，2000.

[7] 靳东晓 . 城市是人类最经济的生存空间 [J]. 城市发展研究，1997（5）.

[8] 靳东晓 . 城市化过程是土地利用率提高的过程 [J]. 城市规划，1997（4）.

[9] 王东京 . 避免重复建设 可从税改着手 [J]. 南风窗，2004（8）.

[10] 国家发展和改革委员会地区经济司、北京大学环境学院 . 京津唐都市圈区域规划土地利用专题研究报告（送审稿）[R]. 2005 年 11 月 .

[11] 住房和城乡建设部城乡规划司，中国城市规划设计研究院 . 全国城镇体系规划 [M] . 北京：商务印书馆，2010.

专题报告四

中国大城市连绵区综合交通研究

# 目　录

# 一、我国大城市连绵区综合交通发展历程和现状

## （一）大城市连绵区交通发展历程和现状

### 1. 交通运输发展现状

1）交通基础设施规模迅速扩张

改革开放以来，我国交通运输迅速发展，交通设施建设速度加快，规模不断扩大，特别作为我国经济社会最发达区域的大城市连绵区，成为了交通运输业发展最快的地区。到 2005 年，长三角、珠三角、京津唐三大大城市连绵区交通运输线路总长度达到 378265 公里，比 1995 年增长 1.69 倍，其中铁路里程达到 11844 公里，占全国的 15.7%，与 1995 年相比增长 1.61 倍；公路里程达到 348912 公里，占全国的 18.07%，与 1995 年相比增长 1.61 倍；内河航道里程达到 17509 万公里，沿海主要港口泊位达到 3020 个，比 1995 年增长 6.21 倍，内河主要港口泊位达到 18152 个，其中，江苏省 9135 个，比 1995 年增长 62.52 倍。（本节所述长三角含上海、江苏、浙江三省市；珠三角即广东省 9 市；京津唐含北京、天津、河北三省市）

2005 年，三大大城市连绵区域内机场数量达到 20 余个，且机场规模比较大、等级比较高，其中 4E 机场 8 个，占全国 4E 机场的 32%。北京、上海和广州三大全国枢纽机场全部集中在三大大城市连绵区内。

其中，长三角大城市连绵区交通运输线路长度达到 148441 万公里，比 1995 年增长 2.26 倍。其中铁路里程达到 3177 公里，占三大大城市连绵区的 26.82%，与 1995 年相比增长 1.64 倍；公路里程达到 132149 公里，占三大大城市连绵区的 37.87%，与 1995 年相比增长 2.07 倍；内河航道里程达到 48156 公里，与 2001 年相比增长 1.33 倍，沿海主要港口泊位达到 1726 个，比 1995 年增长 6.85 倍，内河主要港口泊位达到 16673 个；区内共有机场 16 个，其中上海 2 个、江苏省 7 个、浙江省 7 个，机场密度达到 0.8 个 / 万平方公里，大于美国的平均机场密度（美国为每万平方公里 0.6 个），也是我国机场密度最高的区域。

珠三角大城市连绵区交通运输线路长度达到 121868 万公里，比 1995 年增长 1.43 倍，其中铁路里程达到 2225 公里，占三大大城市连绵区的 18.79%，与 1995 年相比增长 3.25 倍；公路里程达到 115337 公里，占三大大城市连绵区的 33.06%，与 1995 年相比增长 1.36 倍；内河航道里程达到 4306 公里；沿海主要港口泊位达到 1114 个，比 1995 年增长 6.40 倍，内河主要港口泊位达到 1479 个；区内机场 6 个，包括广州、深圳、珠海、梅州、汕头、湛江，机场密度为 0.39 个 / 万平方公里（图 3-4-1-1 至图 3-4-1-3）。

京津唐大城市连绵区交通运输线路长度达到 107956 万公里，比 1995 年增长 1.49 倍，其中铁路里程达到 6442 公里，占三大大城市连绵区的 54.39%，与 1995 年相比增长 1.36 倍；公路里程达到 101426 公里，占三大大城市区的 29.07%，与 1995 年相比增长 1.50 倍；

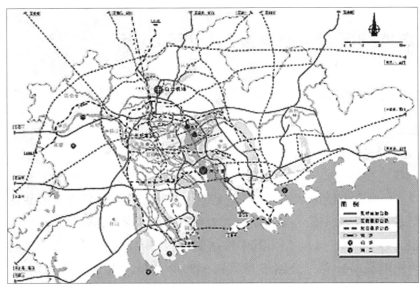

图 3-4-1-1 珠三角大城市连绵区铁路现状图

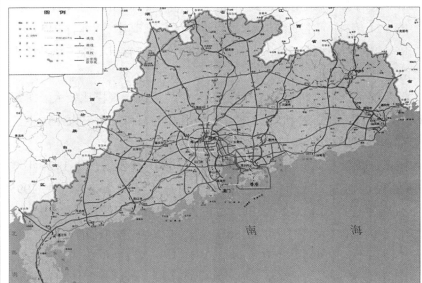

图 3-4-1-2 珠三角大城市连绵区公路现状图

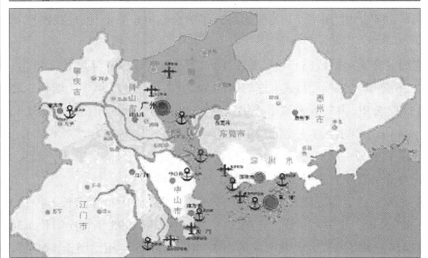

图 3-4-1-3 珠三角大城市连绵区港口、机场布局示意图

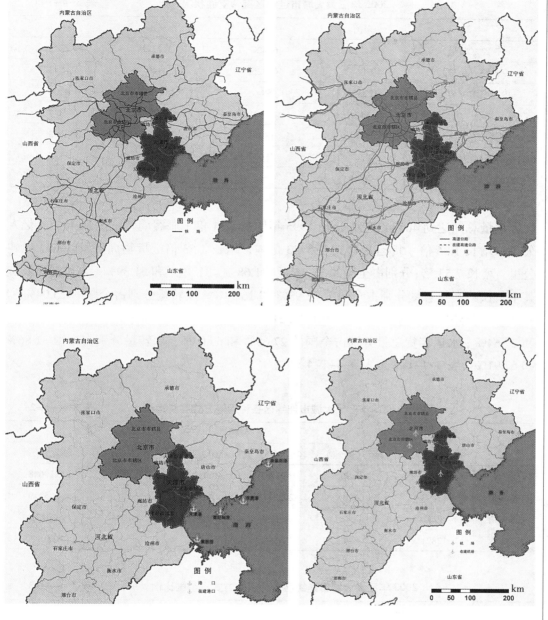

图 3-4-1-4 京津唐大城市连绵区铁路网现状示意图（左）

图 3-4-1-5 京津唐大城市连绵区公路网现状示意图（右）

图 3-4-1-6 京津唐大城市连绵区港口现状示意图（左）

图 3-4-1-7 京津唐大城市连绵区机场现状示意图（右）

内河航道里程达到 88 公里，沿海主要港口泊位达到 180 个，比 1995 年增长 3.0 倍；区内共有机场 6 个，包括北京首都机场、南苑机场、天津滨海机场、石家庄机场、秦皇岛机场、邯郸机场（在建），机场密度 0.28 个 / 万平方公里（图 3-4-1-4 至图 3-4-1-7）。

三大大城市连绵区综合交通状况对比见表 3-4-1-1。

2）交通运输量稳步增长

大城市连绵区是我国城镇最密集、经济发展速度最快、综合经济实力最强的地区，也是人员往来频繁，交通运输需求最旺盛的区域，各种运输方式客货运输需求均很大，且呈逐年快速增长趋势。到 2005 年，长三角、珠三角、京津唐三大大城市连绵区全社

**2005 年三大大城市连绵区综合交通状况对比** 表 3-4-1-1

| | 全国 | 京津唐 | 长三角 | 珠三角 |
|---|---|---|---|---|
| 铁路（公里） | 75437.6 | 6442 | 3177 | 2225 |
| 公路（公里） | 1930543 | 101426 | 132149 | 115337 |
| 内河航道（公里） | 123300 | 88 | 13115 | 4306 |
| 机场（个） | 142 | 6 | 16 | 6 |
| 港口泊位（个） | 35242 | 180 | 18399 | 2593 |
| 沿海港口泊位（个） | 4298 | 180 | 1726 | 1114 |
| 内河港口泊位（个） | 30944 | — | 16673 | 1479 |

会客运量总共达到 405343 亿人，比 1995 年增长 1.11 倍；旅客周转量达到 4863.4 亿人公里，增长 1.86 倍；货运量达到 585733 亿吨，增长 1.53 倍；货物周转量 40642 亿吨公里，增长 7.53 倍；分别占全国的 22.36%、31.68%、31.99% 和 51.39%（未包括民航）。其中，铁路客货总量分别占全国的 33.93% 和 16.58%，周转量分别占全国的 25.04% 和 21.75%；公路客货总量分别占全国的 30.21% 和 29.35%，周转量分别占全国的 35.77% 和 27.64%；水运客货总量分别占全国的 27.65% 和 67.03%，周转量分别占全国 31.86% 和 67.91%（表 3-4-1-2 至表 3-4-1-4）。

**2005 年三大大城市连绵区各种运输方式客货运量** 表 3-4-1-2

| | 铁路 | | 公路 | | 水运 | |
|---|---|---|---|---|---|---|
| | 客运（万人） | 货运（万吨） | 客运（万人） | 货运（万吨） | 客运（万人） | 货运（万吨） |
| 全 国 | 115583 | 269296 | 1697381 | 1341778 | 20227 | 219648 |
| 长三角 | 17493 | 10620 | 292977 | 190433 | 3751 | 105719 |
| 珠三角 | 8900 | 8004 | 1391258 | 84861 | 1838 | 26422 |
| 京津唐 | 12821 | 26024 | 80624 | 118552 | 3 | 15098 |

**2005 年三大大城市连绵区各种运输方式占全国比例（%）** 表 3-4-1-3

| | 铁路 | | 公路 | | 水运 | |
|---|---|---|---|---|---|---|
| | 客运 | 货运 | 客运 | 货运 | 客运 | 货运 |
| 长三角 | 15.13 | 3.94 | 17.26 | 14.19 | 18.54 | 48.13 |
| 珠三角 | 7.70 | 2.97 | 8.20 | 6.32 | 9.09 | 12.03 |
| 京津唐 | 11.09 | 9.66 | 4.75 | 8.84 | 0.01 | 6.87 |

**2005 年三大大城市连绵区各种运输方式旅客周转量** 表 3-4-1-4

| | 京津唐 | 长三角 | 珠三角 | 全国 |
|---|---|---|---|---|
| 铁路旅客周转量（亿人公里） | 672.7 | 517.2 | 327.9 | 6062 |
| 公路旅客周转量（亿人公里） | 571.3 | 1641.1 | 1111.6 | 9292.1 |

2005 年，长三角大城市连绵区全社会客运量总共达到 161999 万人，比 1995 年增长 0.86 倍；旅客周转量达到 2170.6 亿人公里，增长 1.88 倍；货运量达到 306772 万吨，增长 1.88 倍；货物周转量 18538.4 亿吨公里，增长 9.12 倍；分别占全国的 8.94%、14.14%、16.76% 和 23.44%。

珠三角大城市连绵区全社会客运量总共达到 149896 万人，比 1995 年增长 1.17 倍；旅客周转量达到 1448.4 亿人公里，增长 1.78 倍；货运量达到 119287 万吨，增长 1.28 倍；货物周转量 3860.3 亿吨公里，增长 6.25 倍；分别占全国的 8.27%、9.43%、6.52% 和 4.88%。

京津唐大城市连绵区全社会客运量总共达到 93448 万人，比 1995 年增长 1.93 倍；旅客周转量达到 1244.4 亿人公里，增长 1.91 倍；货运量达到 159674 万吨，增长 1.26 倍；货物周转量 18243.3 亿吨公里，增长 6.63 倍；分别占全国的 5.15%、8.10%、8.72% 和 23.07%。

改革开放以来，随着国民经济的快速发展，沿海港口吞吐量快速增长。2005 年全国港口完成货物吞吐量 48.54 亿吨，其中沿海港口完成 30.09 亿吨，内河港口完成 18.45 亿吨。完成外贸货物吞吐量 13.67 亿吨。其中沿海港口完成 12.53 亿吨，内河港口完成 1.14 亿吨。其中，三大大城市连绵区吞吐量为 30.7 亿吨，占全国的 63.3%。其中长三角、珠三角、京津唐分别为 13.9 亿吨、5.3 亿吨和 11.5 亿吨，分别占全国的 28.6%、10.9% 和 23.7%，如图 3-4-1-8 所示。

2005 年全国集装箱吞吐量超过 100 万 TEU（标准集装箱）的港口为 9 个。上海港完成 1808 万 TEU，深圳港完成 1620 万 TEU。宁波港 521 万 TEU、天津港 480 万 TEU、广州港 468 万 TEU。

2004 年，我国大陆 133 个机场共完成旅客吞吐量 2.4 亿人次，比上年增长 38.8%；完成货物吞吐量 552.6 万吨，比上年增长 22.3%；飞机起降架次为 266.6 万架次，比上年增长 25.8%。机场业务量的集中度很高，北京、上海、广州三城市 4 个机场的业务量占全国的 38%。

3）运输结构有所改善

新中国成立初期我国客货运输是铁路为主，铁路客、货周转量分别占全社会客、货总周转量的 84% 和 71%，公路旅客周转量仅占 5%，水路货物周转量仅占 25%；20

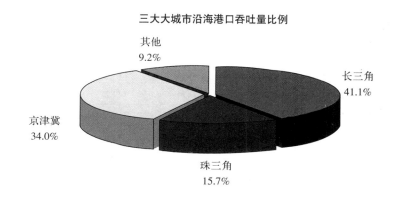

三大大城市沿海港口吞吐量比例

其他 9.2%

京津冀 34.0%

长三角 41.1%

珠三角 15.7%

**图 3-4-1-8 三大大城市连绵区沿海港口吞吐量占全国比重**

世纪 80 年代开始，公路、水路运输有了快速发展，客货运输所占比重超过铁路。其中，我国大城市连绵区成为各种交通基础设施建设最快的地区，且各种方式之间协调性有所提高。到 2005 年，长三角、珠三角、京津唐三大大城市连绵区内各种运输方式客货运输量和周转量所占比重与 1995 年相比，运输结构趋于基本合理。具体见表 3-4-1-5 至表 3-4-1-9。

三大大城市连绵区各种运输方式客运结构对比（单位：%）　　表 3-4-1-5

| | 铁路 | | 公路 | | 水运 | |
|---|---|---|---|---|---|---|
| | 1995 年 | 2005 年 | 1995 年 | 2005 年 | 1995 年 | 2005 年 |
| 上海 | 61.46 | 54.01 | 20.29 | 30.91 | 18.25 | 15.08 |
| 江苏 | 6.94 | 4.68 | 92.23 | 95.29 | 0.83 | 0.03 |
| 浙江 | 3.27 | 3.96 | 93.08 | 94.48 | 3.64 | 1.56 |
| 广东 | 4.27 | 0.63 | 93.36 | 99.23 | 2.38 | 0.13 |
| 北京 | 48.63 | 71.88 | 51.37 | 28.12 | 0.00 | 0.00 |
| 天津 | 55.16 | 34.34 | 44.84 | 65.60 | 0.00 | 0.07 |
| 河北 | 12.97 | 6.79 | 87.03 | 93.21 | 0.00 | 0.00 |

三大大城市连绵区各种运输方式货运结构比例（单位：%）　　表 3-4-1-6

| | 铁路 | | 公路 | | 水运 | |
|---|---|---|---|---|---|---|
| | 1995 年 | 2005 年 | 1995 年 | 2005 年 | 1995 年 | 2005 年 |
| 上海 | 4.59 | 1.86 | 97.07 | 47.62 | 13.16 | 50.52 |
| 江苏 | 5.93 | 5.08 | 25.78 | 68.60 | 27.71 | 26.32 |
| 浙江 | 3.28 | 2.91 | 102.70 | 64.18 | 19.42 | 32.91 |
| 广东 | 6.08 | 6.71 | 76.17 | 71.14 | 17.75 | 22.15 |
| 北京 | 9.53 | 6.42 | 90.47 | 93.58 | 0.00 | 0.00 |
| 天津 | 12.23 | 17.36 | 86.53 | 50.61 | 1.24 | 32.02 |
| 河北 | 16.92 | 19.41 | 82.53 | 77.71 | 0.56 | 2.87 |

三大大城市连绵区各种运输方式客运周转量结构对比（单位：%）　　表 3-4-1-7

| | 铁路 | | 公路 | | 水运 | |
|---|---|---|---|---|---|---|
| | 1995 年 | 2005 年 | 1995 年 | 2005 年 | 1995 年 | 2005 年 |
| 上海 | 76.16 | 38.05 | 14.04 | 58.44 | 9.80 | 3.50 |
| 江苏 | 26.14 | 20.56 | 73.32 | 79.43 | 0.54 | 0.01 |
| 浙江 | 22.73 | 26.27 | 74.54 | 72.82 | 2.73 | 0.91 |
| 广东 | 18.29 | 22.64 | 79.41 | 76.75 | 2.30 | 0.61 |
| 北京 | 68.59 | 56.60 | 31.41 | 43.40 | 0.00 | 0.00 |
| 天津 | 78.97 | 77.13 | 21.03 | 22.53 | 0.00 | 0.34 |
| 河北 | 58.45 | 50.96 | 41.55 | 49.04 | 0.00 | 0.00 |

**三大大城市连绵区各种运输方式货运周转量结构对比（单位：%）**　　表 3-4-1-8

| | 铁路 | | 公路 | | 水运 | |
|---|---|---|---|---|---|---|
| | 1995 年 | 2005 年 | 1995 年 | 2005 年 | 1995 年 | 2005 年 |
| 上海 | 10.85 | 0.38 | 10.84 | 0.61 | 78.30 | 99.01 |
| 江苏 | 39.48 | 15.94 | 28.19 | 15.34 | 32.34 | 68.72 |
| 浙江 | 31.80 | 8.28 | 41.76 | 10.91 | 26.43 | 80.81 |
| 广东 | 40.84 | 8.43 | 43.29 | 16.75 | 15.86 | 74.82 |
| 北京 | 79.62 | 85.31 | 20.38 | 14.69 | 0.00 | 0.00 |
| 天津 | 79.39 | 3.26 | 11.87 | 0.59 | 0.00 | 96.15 |
| 河北 | 77.12 | 48.71 | 19.54 | 13.64 | 0.00 | 37.65 |

**广东省全社会各种运输方式结构对比（单位：%）**　　表 3-4-1-9

| | 年份 | 合计 | 铁路（%） | 公路（%） | 水运（%） | 民航（%） | 管道（%） |
|---|---|---|---|---|---|---|---|
| 客运量 | 1950 | 2234 | 26.99 | 53.40 | 19.61 | 0.00 | — |
| | 1980 | 21444 | 13.11 | 73.82 | 12.66 | 0.42 | — |
| | 1990 | 78046 | 5.72 | 90.56 | 3.11 | 0.60 | — |
| | 2004 | 141747 | 5.97 | 92.73 | 1.29 | — | — |
| 旅客周转量 | 1950 | 10.99 | 47.41 | 26.11 | 26.48 | — | — |
| | 1980 | 113.62 | 25.10 | 55.19 | 15.06 | 4.65 | — |
| | 1990 | 453.21 | 18.22 | 67.83 | 4.34 | 9.61 | — |
| | 2004 | 1383 | 22.25 | 77.11 | 0.64 | — | — |
| 货运量 | 1950 | 870 | 17.70 | 17.13 | 65.17 | 0.00 | 0.00 |
| | 1980 | 14201 | 21.90 | 21.17 | 53.91 | 0.01 | 3.01 |
| | 1990 | 85809 | 5.60 | 74.25 | 18.88 | 0.01 | 1.27 |
| | 2004 | 114790 | 7.12 | 71.25 | 21.63 | | |
| 货物周转量 | 1950 | 17.71 | 43.87 | 1.47 | 54.66 | 0.00 | 0.00 |
| | 1980 | 1412.67 | 6.01 | 0.57 | 93.30 | 0.01 | 0.11 |
| | 1990 | 2598.88 | 6.91 | 13.32 | 79.48 | 0.03 | 0.25 |
| | 2004 | 3847.7 | 8.90 | 15.72 | 75.38 | — | — |

2. 现状大城市连绵区交通运输主要特征

1) 运输技术装备水平提高，运输速度加快

随着交通科技的迅速发展，交通基础设施等级和运输装备水平不断提高，运输速度不断加快。铁路列车自 1997 年实施第一次提速到目前的第六次提速，旅客列车平均旅行速度由 48 公里／小时提高到 90 公里／小时，部分地区高达 140 公里／小时；最高速度达到 250 公里／小时，实现了我国铁路既有线时速 200 公里及以上提速资源零的突破，线路延展里程一次达到 6003 公里，其中时速 250 公里线路延展里程达 846 公里。第六次大提速，最突出的亮点是在京津唐、长三角、珠三角三大大城市连绵区和主要

干线开行时速 200 公里及以上的"和谐号"国产化动车组,部分区段运行时速将达到 250 公里。并且,随着提速,铁路客运产品更加丰富多样。

随着汽车装备工业的发展,车辆性能的提高,以及高速公路等基础设施水平的提高,公路运输速度也不断提高。

2)运输范围不断扩大,运输距离逐步增加

随着我国高速交通系统的发展,高速铁路、快速轨道交通、高速公路等新型运输方式不断出现,运送速度越来越快,1 小时交通圈、2 小时交通圈、3 小时交通圈及一日交通圈的覆盖范围随着高速交通系统的出现越来越大,使得大城市连绵区的运输辐射范围越来越大,运输的效率也越来越高,运输距离也逐步增加。上海市对外客运平均运距由 1990 年的 297.11 公里增长至 2004 年的 552.35 公里,年均增长 5.7%。江苏、浙江、安徽年均增长幅度为 1.9%、1.6%、4.4%,安徽增长幅度超过江苏和浙江。上海市客运基本以中长距离为主,而江苏、浙江以短途客运为主,特别是浙江,其客运平均运距不足上海的十分之一,客运基本以短途为主。上海市货运平均运距由 1990 年的 1254.43 公里增长至 2004 年的 1472.05 公里,年均增长 1.16%,增长幅度最慢。江苏、浙江、安徽年均增长幅度为 4.14%、6.16%、4.43%,浙江增长幅度超过江苏和安徽。图 3-4-1-9 为长三角大城市连绵区城市对外客运平均运距变化图。

其中,在铁路客货运平均运距上 2001—2005 年浙江省旅客平均运距分别为 393 公里、401 公里、417 公里和 423 公里。相对于客运而言,浙江全省铁路货物运输总量不占优势,但增长速度较快。全省货运量增速和货物平均运距均高于全国平均水平,五年中货运量年均增长为 8.7%,2001—2005 年货物平均运距分别为 947 公里、956 公里、952 公里、998 公里和 956 公里,每年均高出全国平均运距百公里以上(图 3-4-1-9)。

3)管理体制和运营机制逐步灵活

由于我国目前区域交通分部门按照交通方式划分进行管理,大城市连绵区内完整、高效的一体化交通运输协调还存在体制上的障碍。道路、机场、码头建设各自为政的

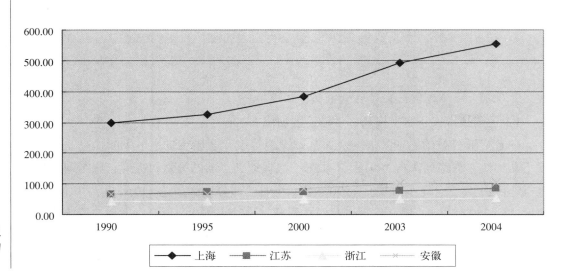

图 3-4-1-9 历年长三角大城市连绵区客运平均运距变化情况

现象还十分突出，导致不少交通设施闲置、利用率低下，资源浪费比较严重。城市交通与区域交通由不同的部门管理，随着城市交通区域化和区域交通城市化的发展，部门化的管理对区域交通健康发展的掣肘越来越大。为了克服体制造成的障碍，加强大城市连绵区区域内城市之间的合作，实现区域交通的一体化，一些省、市之间开始筹划，突破地域、行政和行业等的制约的协作机制建立。上海、浙江和江苏早在 1999 年就开始探讨长江三角洲经济一体化问题，2002 年沪、浙、苏成立了常务副省长　副市长主导的沟通渠道和沟通机制，从解决区域大交通体系规划、出台三省市电子信息资源和信用体系资源的共享方案、加快区域旅游合作、建立三省市生态建设和环境保护的合作框架、实现区域内气源互补五大方面入手，大力推进区域一体化发展。

在港口合作方面，长三角各城市建立了联席会议制度下的港口合作机制，并开展了长三角内河集装箱运输体系建设的研究。在通关合作方面，长三角正在探索建立"长江沿岸至海港的联运海关监管模式"，实施"属地报关、口岸验放"的区域通关新模式。

到目前为止，长三角、珠三角、京津唐、海峡西岸大城市连绵区等在运营机制探索方面已经迈出了实质性的步伐。

（1）长三角的联席会议制度

长三角的上海、南京、宁波、南通等 16 个长三角地区的港口管理部门建立了长三角港口管理部门合作联席会议制度，期望借此进一步增强区域港口群的综合竞争力，实现互利共赢。正是在这一背景下，由上海市港口管理局牵头，会同南通市港务局、宁波港口管理局共同发起了第一次长三角港口管理联席会议，上海、南京、宁波等 16 市的港口管理部门，就共同建立长效协调合作机制，形成畅通的工作协商、协调渠道进行了协商。期望通过发挥各方的比较优势，加强管理资源的共享、交流与互补，促进区域内港口行政管理水平的提高，促进港口产业与市场的优势集成，最终实现互利共赢、共同进步。联席会议制度的建立，对推进上海国际航运中心建设具有重要意义。

（2）珠三角机场 A5 协调机制

2001 年 7 月，在香港机场管理局倡议下，香港、澳门、深圳、珠海、广州成立了"珠江三角洲五大机场研讨会"。A5 之下成立 5 个专责小组，以进一步加强合作。

2007 年，在五大机场座谈会上，五大机场同意设立"珠三角机场合作论坛"，并在澳门设立常设秘书处。

（3）海峡西岸城市联盟

2003 年 5 月，福建省政府制定了"福建省开展城市联盟工作总体框架"；6 月份，厦门、漳州、泉州三个设区市城市联盟试点工作正式启动。2004 年 7 月 30 日，厦泉漳城市联盟第一次联席会议在厦门召开，形成了《厦泉漳城市联盟宣言》，3 市同意统一规划、整体布局，并建立城市联盟市长联席会议制度。

3. 大城市连绵区区域交通与城镇衔接

1）城镇间交通联系

大城市连绵区是我国城镇化水平最高、城镇发展最快的地区，其交通基础设施发展速度明显快于其他地区。大城市连绵区高速公路、轨道交通等快速通道形成纵横交错的现代化快速交通网，提高了各城市交通的机动性和交通可达性，带动了大城市连绵区城镇空间的成长。例如，长三角杭州湾跨海大桥、苏通大桥、沪宁高速公路扩建和宁杭高速公路的兴建，缩短了长三角主要城市间的时空距离，大大改善了上海与长三角主要城市间交通联系的通达性，促进了区域联系中运输成本的节约，进而使上海与长三角主要城镇之间的城镇关系更加紧密。

目前沿海三大大城市连绵区已经建成了联系区域内所有重点城镇的高速公路网络，而且还在不断扩张，以高速公路为载体的城际快速客运交通频率已经在区域内基本实现准公交化。正在建设联系区域主要城市的城际铁路系统，设计速度达到 200—350 公里／小时。而国家高速铁路网络、普通铁路提速工程也正在围绕这些大城市连绵区开展。这些工程的实施将大大拉近区域内城镇之间的距离，多数中心城市可以在一小时通达区域内主要城市，区域的社会经济活动可以在更大的范围内组织，区域协调和区域联系将随着高速区域交通时代的到来而进入新的发展时期。

同样，随着广东高速公路网的不断延伸，广东则越变越"小"，逐步形成了以广州为中心的"4 小时交通圈"和珠三角城市间的"1 小时交通圈"。

2）大型交通基础设施集疏运交通现状

（1）港口集疏运交通

我国大城市连绵区多位于东部沿海经济发达地区，区域内港口众多，其中长三角、珠三角和京津唐大城市连绵区内的三大港口群是我国重要的对外门户和枢纽港。然而，这三大港口群后方集疏运系统目前还主要是以公路为主，铁路疏运通道相对较少，能力也比较小。如长三角上海港和珠三角港口群的许多港口集疏运主要是公路主导。京津唐大城市连绵区区域内的主要港口除秦皇岛港口主要以煤炭码头为主，是全国最大的煤炭下水港，其集疏运的铁路系统比较完善外，其他几个港口也均是以公路为主，特别是天津港作为北方地区最大的集装箱港，铁路集疏运能力很小，铁路集装箱量分担不到总量的 3%。

（2）机场集疏运交通

大城市连绵区城镇比较密集，机场密度远大于国内其他地区，目前三大大城市连绵区集中了国内一半以上的航空旅客吞吐量，70% 以上的货邮吞吐量，也是我国与国际联系的主要门户。

目前大城市连绵区内城镇与机场基本通过高速公路衔接，大型的枢纽机场已经引入了轨道交通、城际轨道，如上海虹桥机场、浦东机场，北京首都机场等。

## （二）大城市连绵区交通发展现状存在的主要问题

由于目前我国交通设施的投资、建设、管理按照行政区划、交通行业进行管理与区域经济一体化发展、区域经济产业的一体化组织的趋势相矛盾，使交通在区域内跨行政区协调和跨行业协调成为大城市连绵区交通发展的主要问题，具体如下：

1. 城市扩张带来的城市交通与区域交通概念混乱

大城市连绵区城镇规模发展比较快，城镇迅速向外扩张，城镇化超出原来中心城区的城市界线，在市域内进行，城市交通也随之向外延伸。在传统意义上承担区域交通的对外交通设施承担了大量的具有城市交通特征的区域交通，随着大城市连绵区内城镇关系的变化，区域交通联系逐步具有了城市交通的部分特征，如在高峰、车型构成、目的构成等方面。区域内城市交通与对外交通系统混杂在一起，打破了原来城市交通按照城市边界界定的规定，引起区域内城市交通与区域交通在管理标准和交通特征上的混淆，使传统的"城乡二元"的城市交通与区域交通规划、建设和管理模式在大城市连绵区失效。但目前城市对外交通规划、建设、管理模式仍然没有变化，仍然采用不同于城市交通的标准进行建设，这导致交通系统的实际使用功能与现行管理体制下的规划、建设、管理、服务水平设计等差异巨大。如珠三角大城市连绵区内的公路国道系统因其承担城市交通的比例较高，需要照明、排水、与两侧用地的关系、交叉口、断面等均按照城市道路进行改造，但因实际的管理与建设中公路均难以实现这些功能，给道路的建设、投资、管理、使用等带来许多问题。

2. 区域层面交通规划和交通组织不符合区域城镇化特征

随着大城市连绵区内城镇化空间的拓展，区域城市化的趋势显著，城镇化地区逐步形成连绵发展的态势，同时区域内城镇职能的发展则越来越区域化，这导致反映区域活动的区域交通与区域内的城市交通逐步成为一体，呈现出"区域交通特征城市化，城市交通构成区域化"的特征。区域交通在特征和组织上向城市交通靠拢，城市交通则向区域延伸，构成上区域联系也占到相当大的比重。将区域交通与城市交通一体化规划、建设和管理，成为区域交通一体化发展的核心。但由于城市交通与区域交通管理体制上的分割，目前交通专业部门区域交通设施规划布局、管理和服务标准仍然按照城市作为一个单元进行规划，区域交通联系以连接各个城市单位为主，而且区域性的交通规划以单一交通方式的规划为主导实施和建设，城市交通则只能集中于行政区内部，使跨行政区的区域交通与城市交通分离，无视区域城市化下区域交通特征的变化，城市交通和区域交通仍沿用各自的规划和组织模式，这种各自为政的状况与目前大城市连绵区交通发展趋势严重不相符。

在此规划和管理体制下，区域内的跨行政区交通系统规划缺乏对城镇发展的理解、支撑与引导，城市只局限于行政区内部的规划与建设，区域内各交通专业部门的交通设施规划之间既缺乏相互之间的整合，也缺乏对区域城镇化特征的考量，严重制约了大城市连绵区空间和经济的正常运行。

3. 属地化管理导致交通设施共享协调难度大，重复建设现象严重

区域性交通基础设施实施属地化管理后，设施的管理体制与其应提供的服务腹地之间产生错位，设施的服务提供优先考虑其管理所依托的属地城市，主要体现在港口、机场等设施上，使得这些区域性交通基础设施的在区域内的共享性差。各地为了获得优质的区域交通服务，提升自身的区域交通服务水平，开始竞相投资建设可以区域共

享的交通基础设施，导致重复建设现象严重，经营上的恶性竞争加剧。

　　大城市连绵区的港口、机场等大型交通基础设施虽然管理上隶属于所在的城市，但其交通服务的范围均为整个区域，是整个区域内所有城市对外交通系统的一个重要组成部分，因此，这些设施需要按照服务区域的原则来构建其交通组织的网络，但由于在投资上的行政边界限制，目前属地化管理的结果导致这些设施以所在城市为主构建其交通集疏运组织系统，并没有按照设施的服务范围规划和建设其服务的交通系统，如机场和港口的集疏运系统。这导致区域中不拥有区域大型对外交通设施的城市由于在服务上难以保障，纷纷考虑建设自己的机场、港口等设施，形成设施越多，各自的运量越少、服务水平越低，导致区域内设施服务的恶性竞争和低水平重复建设。如首都机场集散交通系统（高速公路、轨道交通）主要考虑北京，上海机场的集散交通系统与江苏、浙江的联系也很弱。

　　4. 大城市为核心的都市区还没有相应的交通网络支撑

　　大城市连绵区内包含许多以大城市为核心，联合周围城镇化地区形成的功能相对完善的都市区，这些地区用地连绵、空间重叠、职能交错互补，是大城市连绵区空间、经济和产业组织的主要空间单元，即"同城"的空间范围。是大城市连绵区中协调最多，最具体的地区，往往涉及诸多城市交通设施的衔接和协调。但这些都市区往往跨越城市的行政区，在交通基础设施的投资、建设、管理和运营上，行政区边界成为协调的主要障碍，限制了都市区功能的正常发挥，并使都市区空间发展畸形，降低了都市区的组织效率，增加组织的成本。如珠三角地区的广佛都市区，两地之间已经存在大量的通勤交通，城市职能互补发展，但在广佛边界上因涉及城市道路、公交等诸多城市交通设施的衔接，交通服务水平远不能与城市内的交通相比，受行政区域对投资的影响，早已筹划按照城市轨道标准建设的广佛轨道交通一直难以成为现实。

　　5. 连绵区缺乏区域性高等级的商务客流组织系统

　　区域性的商务客流是区域经济和产业组织的具体反映，是大城市连绵区区域客运交通的组织重点。但目前各主要大城市连绵区还缺乏区域性高等级的商务客流组织系统，虽然规划了区域性高服务水平的城际轨道交通网络，但由于其主要目的在于连通城市，并没有按照区域内各区域职能在城镇功能区的分布进行组织与布局，而且在实施上也滞后于交通需求的发展。如香港与珠三角城市、产业区的联系，以及机场之间的联系，目前还主要靠高速公路组织，随着高速公路承担区域交通需求的增加，高速公路交通拥堵对商务客流的组织、影响增大，导致服务水平下降，进而制约区域的商务联系强度。

　　6. 现行管理体制造成行业发展极不平衡

　　长期以来，我国对城市交通之外的各种运输方式采取分部门独立进行投资、规划、建设和管理，相互之间缺乏有效的协调配合机制，而且建设资金只局限与本部门内部，导致各部门编制的交通运输基础设施的规划均强调各自的重要性，按照自身的投融资能力进行，是典型的需求导向式规划，运输结构的不平衡问题难有解决的途径。同时，设施的建设和管理也局限与行业内部，很难做到统筹协调、一体化运作，造成行业之间发展极不平衡。如特别是铁路作为综合交通运输最主要运输方式之一，由于投融资和管理体制问题，相对于公路、民航等部门改革滞后，投融资渠道不畅等，建设速度缓慢，致使大城市连绵区铁路服务水平下降，对外铁路运输构成逐年下降，一些适合铁路运输的货物不得不通过公路运输，既提高了运输成本，也降低了我国的经济竞争力。

7. 大城市连绵区还没有建立起有效的协调机制

大城市连绵区是我国近年随着快速城镇化和工业化发展起来的，尽管国家发展政策中已经将大城市连绵区作为我国城镇化和工业化发展的重点，但国家尚缺乏对大城市连绵区的政策、体制的设计。大城市连绵区内的省、市政府仍然按照国家传统的城郊"二元"行政体制来管理。这种按照城市边界划分事权，并以城市中心城区为主体的行政管理体制在大城市连绵地区造成各交通专业部门、各城市的规划、建设、管理和经营界限于其辖下界限内的设施，在区域交通特征趋向城市交通之后，以城镇化为核心的跨界区域交通设施的规划、建设、管理缺乏实施的主体和投资主体，缺乏有效的区域协调机制，只能在松散而无约束的临时性协调机制内讨论，由于协调各方的发展阶段不同、利益诉求不一致，关注点差异，协调往往议而不决，决而难施，使区域交通系统的协调远远迟滞于区域的经济与社会发展。如1994年成立的珠江三角洲经济区规划协调领导小组，由省内的常务副省长兼组长，其成员包括珠三角各地级市的市长和省相关部门，但由于缺乏对城市的约束和省级层面的实施主体，这种区域协调机制使目前区域协调只能停留在一些无关紧要的事务和区域内所有成员均可以受益事务的协调上，而对于涉及区域内城市竞争力的协调几乎无法达成。

# 二、大城市连绵区综合交通发展趋势

## （一）大城市连绵区交通规划分析

1. 大城市连绵区区域交通规划

1）《环渤海京津唐地区、长江三角洲地区、珠江三角洲地区城际轨道交通网规划》

·规划内容概况

2005年3月，国务院审议并原则通过《环渤海京津唐地区、长江三角洲地区、珠江三角洲地区城际轨道交通网规划》。具体规划概况如下：

环渤海京津唐地区将建设以北京为中心，以京津为主轴，以石家庄、秦皇岛为两翼的城际轨道交通网络，覆盖京津唐地区的主要城市，基本形成以北京、天津为中心的"两小时交通圈"。如图3-4-2-1所示。

长江三角洲地区将以上海为中心，沪宁、沪杭（甬）为两翼的城际轨道交通主构架，覆盖区内主要城市，基本形成以上海、南京、杭州为中心的"1—2小时交通圈"。如图3-4-2-2所示。

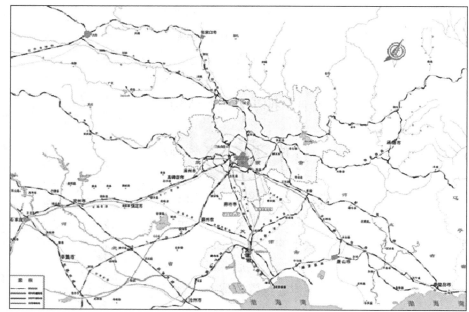

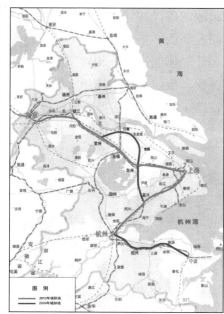

图 3-4-2-1　环渤海京津唐地区城际轨道交通网示意图（左）

图 3-4-2-2　长三角地区城际轨道交通网示意图（右）

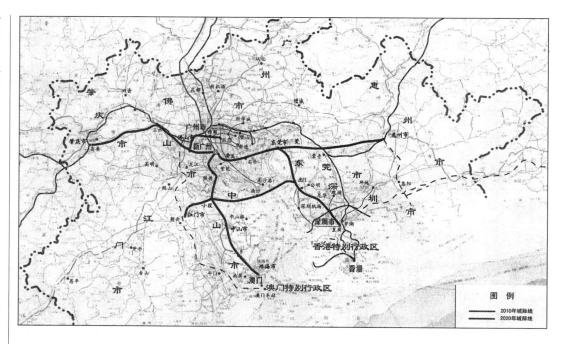

图 3-4-2-3　珠三角地区城际轨道交通网示意图

　　珠江三角洲地区建设以广州为中心，以广深、广珠城际轨道交通为主轴，覆盖区内主要城市，衔接港澳地区的城际轨道交通网络。如图 3-4-2-3 所示。

　　总体来看，三大大城市连绵区城际轨道交通网将建立以城际轨道交通为主导的新型区域旅客综合运输体系，对于促进区域经济和社会发展，建立资源节约、环境友好、可持续发展的城际交通具有重要意义。不同于传统铁路运输客货混运，三个地区规划的城际轨道交通只承担客运，实现"小编组、高密度、公交化"，列车运行设计速度为每小时 200 公里以上。基本形成以区域内核心城市为中心的 1—2 小时交通圈，大大缩短沿线城市之间的空间距离。

2)《长江三角洲地区现代化公路水路交通规划》

长江三角洲现代化公路水路交通体系规划是通过跨地区的资源整合，完善沿海港口、公路、内河航道、综合运输枢纽布局，建立智能化、信息化的交通系统。该规划主要内容为：

（1）沿海港口

根据国际航运市场导向，进行资源整合，布局协调，围绕集装箱、铁矿石、原油、煤炭等重点物资运输，形成专业化程度高、大规模、集约化、多功能的港区和完善的集疏运体系。

——港口按照主要港口、地区性重要港口和一般港口的层次进行布局。

——以建设上海国际航运中心为目标，重点发展上海为中心、浙江宁波和江苏苏州为两翼的集装箱干线港，连云港、南通、南京、镇江、温州为支线港，其他港口提供喂给运输的集装箱运输体系。

——利用宁波、舟山20万吨级以上大型专业化泊位形成外贸进口铁矿石一程中转基地，长江口内上海、苏州、南通港为接卸大型减载直达船和二程船的转运港，镇江、南京等港口为接卸二程船为主的转运港，形成外贸进口铁矿石海进江中转运输体系。

——海运煤炭采用5万吨以上船舶直达沿海、沿江电厂等工业企业和公用码头。宁波、舟山、上海及长江下游镇江、南京等公用码头为长江三角洲及沿海等地区转运煤炭。

——外贸进口原油通过宁波港和舟山港的大型原油码头接卸，以管道运输为主、水水中转为辅供应沿海、沿江炼厂。

——外贸进口成品油主要以上海港、舟山港和宁波港接卸为主，长江干线南京以下主要港口作为补充。

——继续完善沿海、沿江港口的外贸进口LPG（液化石油气）运输系统，LPG一程接卸港主要为温州港、宁波港、嘉兴港、苏州港。

（2）公路

到2020年，对外形成辐射华北、西北、长江沿线、西南、华南五大通道；内部形成连云港–徐州、上海–南京、宁波–杭州、温州–金华四条横向通道，连云港–上海–宁波–温州、新沂–淮阴–苏州–绍兴–温州、徐州–南京–杭州–金华三条纵向通道及上海–徐州、上海–杭州两条放射通道。中心城市间形成多线路、稳定可靠的高速公路通道。上海与长江三角洲以外周边地区实现"5小时沟通"，形成以上海为中心、覆盖长江三角洲的"半日交通圈"，所有地区"30分钟上高速"；都市圈内中心城市"3小时互通"，所有地区"20分钟上高速"。

（3）内河航道

形成"两纵六横"、由23条航道组成的高等级航道网。其中，"两纵"——京杭运河–杭甬运河（含锡澄运河、丹金溧漕河、锡溧漕河、乍嘉苏线）、连申线（含杨林塘）；

"六横"——长江干线、淮河出海航道——盐河、通扬线、芜申线——苏申外港线（含苏申内港线）、长湖申线－黄浦江－大浦线及赵家沟－大芦线（含湖嘉申线）、钱塘江－杭申线（含杭平申线）。

高等级航道网中集装箱运输通道为：长江干线、京杭运河、杭申线、大浦线、大芦线、赵家沟、锡溧漕河、杨林塘、苏申内港线、苏申外港线、湖嘉申线和杭甬运河等共12条航道。

（4）综合运输枢纽

按照辐射范围大小，长江三角洲综合运输枢纽分为国家级综合运输枢纽、区域性综合运输枢纽、一般枢纽三个层次。规划上海、南京、杭州、宁波、温州、徐州、连云港共七个国家级综合运输枢纽；规划苏州、无锡、镇江、南通、扬州、淮安、台州、金华、嘉兴、湖州、舟山、绍兴为区域性综合运输枢纽。

3）《珠江三角洲城镇群协调发展规划》

《珠江三角洲城镇群协调发展规划》提出，配合城镇群产业和空间布局，构筑与世界制造业基地、世界级城镇群相适应的高效率、低能耗、多层次、一体化的区域综合交通运输体系，促进珠江三角洲城镇群的协调发展和高效运作，同时为加强对外联系和拓展经济腹地提供保障（图3-4-2-4、图3-4-2-5）。

《珠江三角洲城镇群协调发展规划》中主要交通设施规划包括：

航空方面：强化广州新白云国际机场作为枢纽机场的核心辐射作用；

港口方面：重点发展广州南沙、深圳盐田、深圳西部港区、珠海高栏等深水港区；

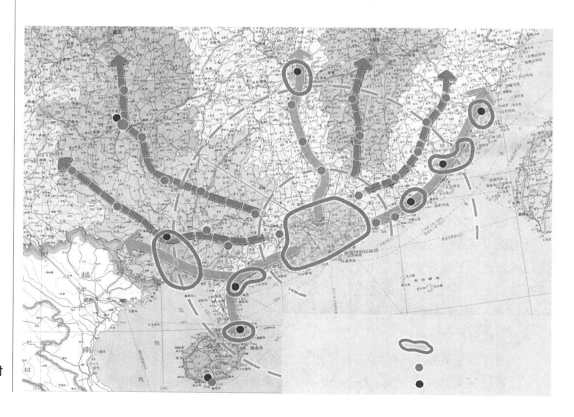

**图 3-4-2-4 珠三角对外交通示意图**

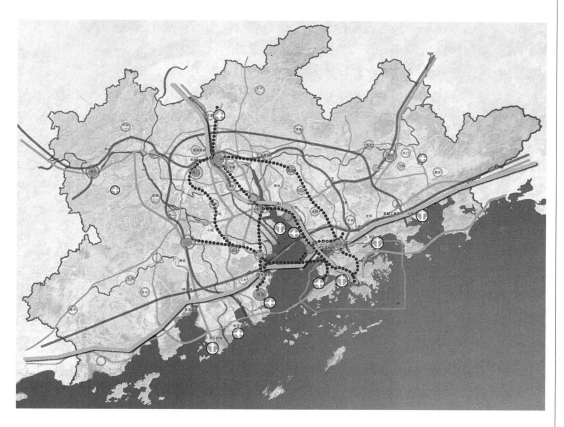

图 3-4-2-5 珠三角区域内部交通网络

水运方面：发挥广州、深圳、珠海三个国家级主枢纽港的主导作用；利用珠江三角洲河网密布的特点，发展以西江为主，北江、东江为辅的内河航运网络，加强港口的陆路疏运网络的建设，改善港口与腹地之间的交通联系。

交通枢纽：形成深圳（前海、机场）、广州（南沙、市中心、机场）、虎门（以及附近）、珠海金鼎区域性的交通枢纽（配合区域性服务中心）。

2. 国家、区域、城市交通发展进入全新时期的特征

经过近 30 年的改革开放，我国城市发展和综合交通发展都进入了一个全新的发展时期，交通的内涵、功能、影响、发展制约和策略都在随着交通的变化进行调整。而国内交通基础设施建设也进入一个全新的发展时期，高速、快速交通方式进入综合交通系统，国家高速铁路、区域快速轨道交通系统、高速公路系统成为未来交通发展的重点，乡村道路、低等级道路的普及，使更大比例的人口都能享受到交通系统改善带来的实惠，而同时，城市交通系统也在发生巨大的变化，城市快速轨道交通、快速道路系统等的建设进入高潮，城市扩张有了相应的交通支持等。国家、区域、城市交通发展的全新时期，交通呈现出新的特征：

（1）城镇密集地区内，城市交通与对外交通、区域交通，不再是独立的内容。在综合交通一体化发展的要求下，对外交通、区域交通与城市交通衔接点将成为新型的综合交通枢纽，成为提高区域和城市联系效率的关键节点。

（2）交通的地位提高。不仅仅是支持社会经济发展的配套设施，更成为带动城市

空间拓展，引导产业、经济发展的重要手段。同时，交通政策作为政府公共政策的重要内容，对促进区域均衡开发，体现交通的公平性（对弱势人群的关爱）促进运输方式集约与可持续等方面，发挥着越来越重要的作用。

（3）交通方式不断创新，交通服务需求更加多样。区域与城市交通必须满足不同阶层、不同特征、不同目的的交通需求，提供多样化、人性化和高效率的选择。同时，随着经济的发展和技术的进步，从高速铁路到电动自行车，各种新型交通工具不断涌现，在满足不同层次人群不同要求的交通需求的同时，也对交通规划与管理提出了新的问题。

（4）交通系统从资源宽松向资源约束转变，必须采取节约和集约发展策略。资源环境制约下，国家关于经济增长方式转变政策和科学发展观的落实，也要求交通向节约型转变，并把交通发展方式转变作为建设节约型城市的重点。同时，城市交通和区域交通发展必须在能源、环境、人口和土地的硬约束下实现可持续发展，资源约束下的可持续发展规划理念成为目前我国城市规划和交通规划必须遵循的原则。

（5）投资的重点由公路建设转向铁路、城市轨道等。铁路的新一轮大规模建设已经展开。规划到2020年，全国铁路营业里程将达到10万公里，高速铁路基本成网。主要繁忙干线实现客货分线，复线率和电气化率均到达50%。在国内主要的城镇密集地区都开始对区域内城际轨道系统的规划，以实现区域内客运交通方式的转型。

（6）机动化进入新的发展时期。交通需求迅速增长，对交通设施的要求和需要急剧增加，原来需求导向的交通设施建设政策和发展政策难以为继，交通拥堵在城市和区域内成为交通运行的常态；不仅要求在设施的建设上转变思路，更要求在管理的理念上改变。各种特征的交通流所占用的交通设施空间大幅度增长，相互之间的矛盾越来越大，交通方式之间的竞争管理将成为重点；出行在数量和距离上的增长使交通出行对服务的要求多样化。

（7）目前是建立交通与土地利用可持续发展模式的最佳时机。在快速城镇化过程中，城市与区域都处于空间和职能的快速调整和发展之中，而城市交通和区域交通也处于快速的发展和形成之中，因此，通过交通发展引导城镇空间结构调整，协调交通与土地利用是非常必要和完全可行的。对于大城市连绵区的中心城市而言，其交通发展上的这种引导和促进责任更大，还必须担负起引导和促进其服务的区域内空间发展和城镇分工发展的重任。

## （二）国外典型大城市连绵区交通发展特征

### 1. 国外都市交通发展概况

国外都市在发展过程中，由于其在国家经济中的作用重大，交通需求旺盛，也是各国综合交通基础设施建设的重心，各种基础设施比较完善。在交通发展模式上美国都市发展带主要采取以公路为核心，小汽车交通为主导，公共交通为辅助的发展模式，公路系统发达；日本则采取轨道交通为主导的发展模式，区域交通主要由轨道交通承担，区域内轨道交通密集，网络发达，可达性高；而欧洲的都市圈的交通发展模式则介于两者之间，采取高速公路与轨道并重的发展模式。下面以东京都市圈、伦敦都市圈和纽约都市圈为例进行说明。

1）东京都市圈交通概况

东京都市圈人口超过 3000 万，都市圈辐射半径 100 公里以上，是世界比较成熟的超大城市之一。东京都市圈根据行政区域和交通影响范围分为四部分，即中心区（东京区部）、中心城（东京都）、近郊区（首都交通圈）和远郊区（首都圈）。东京圈采取以包含高速铁路、铁路、城市轨道等在内的轨道交通为主导的发展模式，重视换乘枢纽的建设。目前东京都市圈内的客运交通以轨道运输为主，高速公路和高速铁路为辅。圈内共拥有各类轨道交通 3100 公里，其中郊区铁路 2500 公里。同时，在各条铁路沿线的重要站点，都建设了相当数量的停车场，停车 – 换乘系统得到了大规模的发展。由于发达的轨道交通网和配套设施，公共交通在都市圈的交通出行方式中占比接近 80%。

（1）东京都市区的通勤交通

东京都市区的通勤交通网络分为两个层次：第一个层次是以东京站为中心，50 公里的范围，被称为东京交通圈，也是东京大城市的主要通勤圈。第二个层次是距离东京 150 公里的范围，包括东京周边七个县的首都圈地区。

各类轨道交通是东京都市区内最重要的通勤方式，具有以下特征：

①不同模式的铁路系统引导不同交通圈域形成。引导东京首都交通圈的铁路系统包括私营铁路及国铁 JR 系统。私营铁路主要引导 50 公里半径的东京交通圈的形成，而国铁 JR 系统则引导了首都交通圈的形成。

②都市圈通勤网络与东京市区轨道网的有效衔接。东京都市圈的铁路网终点站均设在国铁山手环线上或附近，通过山手环线上的东京站、新宿、池袋、涩谷、日暮里等大型综合交通枢纽实现市域铁路与中心城交通的衔接与换乘。

③线网规模大、站间距较短。东京 50 公里交通圈内的市域铁路全长 2800 多公里，铁路网密度高达每平方公里 0.2 公里以上，其中东京都多摩地区高达每平方公里 0.26 公里。东京都市圈人口密度较高，市域铁路的站间距较短，中心城内平均站距 1.5 公里左右，多摩地区平均站距 2 公里左右，其他地区 3 公里左右。站间距短并不影响中心城与圈内其他区域的快速联系，因为东京国铁与私营铁路的运营线路多样化，同一通道有快线、普通线、甚至高速线，通过运营组织来实现中心城与周边地区的快速联系。

④重要通道具备多条不同功能线路。同一通道上由多条功能各异线路构成，这是东京首都大城市圈市域铁路的重要特点。东京大城市圈内几条主要的客流走廊上，如横滨方向等，不仅具有高速公路、高速铁路两大城际高速系统，平行走向还有国铁 JR 线、私人铁路等通勤交通体系。

（2）道路和公共交通发展

目前，日本东京首都高速公路总长约为 230 多公里，每天承担的车公里数约为东京总量的 26%。其 6 个主要放射线对外联络方向，其中承担最大交通量的东名高速公路，靠近东京断面日流量达到 13 万辆；东北高速公路在东京附近的断面日流量也达到 9 万辆。如以 7 号环状线分区，则每天约有 33 万辆车流入城市中心区域。对于东京圈来说，旅客通勤交通相当大程度上依赖于铁路系统，道路的旅客运输分担率仅占不到 50%（其中公共汽车占 10%）。但是货物运输中有 90% 以上由卡车承担，高速公路在货运中发挥着重要的作用。

东京交通圈包括一都四县的大部分区域，川崎、横滨两个百万人口以上大城市也在其中。东京都市圈公共交通占 82.5%，私人小汽车占 17.5%，在东京圈内，轨道交通系统占公交的 80.06%，在市区内轨道交通系统占 86.7%。整个东京圈的交通是以公共交通为主导，而公共交通中又以轨道交通为主，地面公共交通起辅助作用。

东京交通圈的快速轨道交通系统主要由 JR 铁道、私铁和地下铁道及少量有轨电车组成。日本都市交通圈内 JR 铁道和私铁构成圈内的市郊铁路网，东京交通圈内 JR 铁道 876.4 公里，31 条线路，客运量 53.73 亿人次，私营铁道 14 个公司，共 904.7 公里，42 条线路，客运量 50.15 亿人次，东京交通圈内市郊铁道共有 1781.1 公里。JR 铁道有 6 条线路，属于长途线路，该 6 条线路，在东京交通圈内，共 357.5 公里，计算在市郊铁道内。但这些线路在东京交通圈内的运行，由于密度高、站间距离短，实际起到城市轨道的作用。因此，这些线路的运输情况、有关数据统计均列在城市交通报表上。

市郊铁道在东京交通圈起到相当重要的作用，从运量上分析，东京交通圈总客运量 238.45 亿人次，市郊铁道承担 103.88 亿人次，占总运量 43.5%。按区计算，客运总量 124.48 亿人次，市郊铁道承担 62.15 亿人次，占总运量 50.2%。

东京 50 公里交通圈内总人口 3258 万人，总出行量 340.6 亿人次，乘车出行量为 238.45 亿人次，占 70%，乘公交车出行总量为 161.81 亿人次，其中乘轨道交通 133.55 亿人次，占公交出行量的 83%。在轨道交通中，乘市郊铁路交通的 103.88 亿人次，占轨道交通总量的 77.8%。

表 3-4-2-1 为日本三大交通圈 1975—1985 年间通勤通学所需平均时间的变化。不难看出，三大交通圈中这个时间都处于增长状态，这与城市布局的分散化有关。

2）伦敦都市圈交通概况

从伦敦都市圈结构来看，伦敦都市圈可分为中心城和近郊区、外郊区、伦敦都市区四部分，中心城由三个区域——核心区、中心区、外围区构成。

伦敦采取以轨道交通和高速公路并重的交通发展模式。每天有大量的客流自都市圈外围地区到市中心上班。据统计，伦敦都市圈的轨道交通线路总长 3500 公里，其中

**日本三大交通圈通勤通学平均时间（单位：分钟）** 表 3-4-2-1

| 年份 | 东京交通圈 | | 京阪神交通圈 | | 名古屋交通圈 | |
| --- | --- | --- | --- | --- | --- | --- |
| | 50 公里交通圈 | 都心三区 | 50 公里交通圈 | 都心三区 | 50 公里交通圈 | 都心三区 |
| 1975 | 61 | 65 | 57 | 57 | 60 | 59 |
| 1980 | 63 | 66 | 58 | 56 | 62 | 59 |
| 1985 | 64 | 67 | 60 | 59 | 63 | 59 |

外围都市区以外的郊区铁路长 2300 公里。郊区铁路运输容量高于地铁，但发车频率比地铁低。区域铁路系统在工作日平均每天约运送 34 万通勤乘客进入伦敦中心。伦敦建设了 9 条以伦敦中心城为核心的放射状高速公路，并建立一条环形高速公路，将互不相连的环形放射公路连接起来，形成了"一环九射"的高速公路网。

伦敦是世界上最早建设城市轨道的都市，拥有世界上网络密度很高的轨道和公路系统。高密度的公路网络与轨道系统相互补充，协调发展，共同构成整个都市区的通勤网络。

（1）公路

伦敦都市区的公路网是典型的以中心城为中心的放射状公路系统。由于伦敦都市区内的城镇规模比较小，高速公路规模不大，总长 510 公里左右，但是公路干道网总长约为 1300 公里左右。干线公路直接伸入中心城内部，与中心城道路系统衔接。

（2）郊区铁路

伦敦都市区的市域通勤铁路是英国国家铁路，又被称为郊区铁路，主要有以下特点：

在伦敦市区的地铁环线上形成衔接换乘枢纽。伦敦都市的郊区铁路以伦敦中心区的地铁环线为终点，向整个东南地区辐射。地铁环线附近布置了 10 个铁路车站，实现国铁与地铁的换乘。

线网密度高，几乎连接所有主要市镇。伦敦是世界上郊区铁路最发达的都市之一，线网总长 3000 多公里（其中约 74% 的线路在中心城以外的地区）。线网密度高，50 公里交通圈域线网密度达每平方公里 0.1 公里，50 至 100 公里交通圈域内线网密度为每平方公里 0.08 公里。郊区铁路网线路分布均匀，覆盖了整个都市圈内所有的主要城市，形成了近二十条主要通道，有些城市有两条或多条通道可以到达。

不同交通圈具有不同的站点密度和站间距。伦敦都市中心城内郊区铁路总长仅 788 公里（占 26%），车站数高达 321 座，平均站间距为 2.5 公里。近郊 50 公里交通圈的郊区铁路总长 923 公里，车站 254 座，平均站距约 3.5 公里。远郊 100 公里交通圈郊区铁路总长高达 1360 公里，车站 173 座，平均站距约 7.5 公里（图 3-4-2-6）。

3）纽约都市圈的航空机场与公路布局

（1）机场与航空

纽约都市圈立体交通体系中一个很重要的环节就是民航。纽约市的空中交通非常发达，是美国唯一一个拥有三个大型机场的城市，即肯尼迪、纽瓦克和拉瓜地三大机场。通过这些机场，旅客可飞往全美国和世界各地。每年通过纽约三大机场飞往各地的旅客超过 7500 万，其中国内旅客 5200 万、国外旅客 2300 万。

肯尼迪国际机场：肯尼迪国际机场（John Kennedy International Airport，简称 JFK）位于纽约市皇后区的东南部，距离曼哈顿 24 公里，是纽约市和新泽西地区最大的飞机场，也是美国东海岸最重要的国际机场之一，肯尼迪机场的吞吐量中有占全美国 30% 以上的国际客运和 50% 以上的进出口货运。

纽瓦克国际机场的发展给肯尼迪国际机场带来一定压力。十多年前，国际旅行的

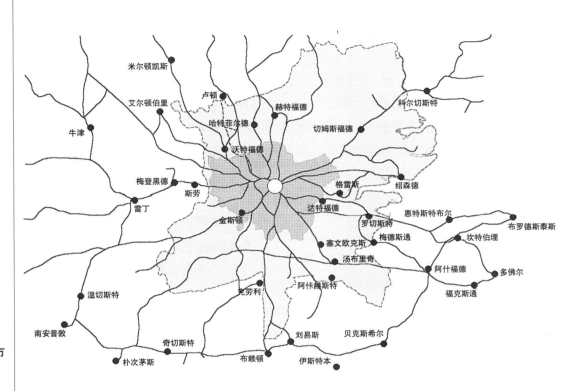

**图 3-4-2-6　伦敦都市区铁路网**

旅客有 98.5% 在肯尼迪机场上下飞机，而现在在该机场起降飞机多数（76.6%）也是国际航班，少数为国内航班。

面对位于新泽西州的纽瓦克机场的竞争，纽约市市政当局改进肯尼迪机场的设备以及服务，以巩固肯尼迪机场在美国国际航空业务中的龙头老大地位。目前一项开支大约 30 多亿美元的改建计划正在实施。要重新改造两个候机楼和建立一条铁路线以连接机场和曼哈顿、减缓交通拥堵。

拉瓜地机场：拉瓜地机场（La guardia Airport，LGA）位于曼哈顿以东 13 公里，长岛北部的皇后区，规模较小，主要起降国内航线的飞机，以国内商务旅行的乘客为主。拉瓜地机场国际旅客在三大机场中占到 5.8%。

纽瓦克机场：纽瓦克机场（Newark Airport）位于新泽西州，距离曼哈顿西南方 26 公里；是纽约的第二大国际机场。该机场分为 A、B、C 三个区，国际航班都降落在 B 区，其他两区为国内航班使用。纽瓦克机场近年来开拓业务，从肯尼迪机场拉走不少客流。现在其国际旅客在三个机场中占到 17.5%。

（2）公路交通

除纽约的核心区外，纽约都市圈是一个由小汽车主导的都市圈，是世界上小汽车拥有量最高的都市圈。中心城出行中与东京 70% 以上的公共交通出行构成相比，纽约只有 46% 左右，而在远近郊区，纽约的小汽车出行比例高达 98% 左右，都市圈内有高速公路约 3000 公里，是公路占绝对主导地位的都市圈交通系统，通勤铁路的作用只在高峰期间。对于拥有 2000 多万人口的都市圈，1600 多公里通勤铁路只承担 54 万人次的出行，并主要集中的长岛地区。

2. 国外都市圈的交通特征

1）便捷的国际、国内航空交通设施

国际性都市圈都在国家产业和经济体系中具有一定的地位，需要便捷的国际联系交通系统，通常拥有2—3个大型机场枢纽，例如东京都市圈具有成田和羽田两大机场；巴黎有戴高乐和奥利两大机场；伦敦有希思罗和盖特威克两大机场为主的五个机场；纽约有肯尼迪、拉瓜地、纽瓦克三大机场等。

在分工上，为了便于国际航线的换乘，促进国际航空枢纽的形成，各都市圈通常都由一个主要机场集中承担多数国际旅行和部分国内旅行，另外则有一个机场主要承担国内航线。例如东京成田国际新机场是日本最具有代表性的航空大门，主要承担国际旅行；羽田机场则主要承担日本国内航线。伦敦希思罗机场主要承担国际旅行，盖特威克机场主要承担英国国内和欧盟航线。纽约的肯尼迪国际机场是美国东海岸最重要的国际机场，10年前有98%左右国际旅行由肯尼迪国际机场承担。

各大机场通过城市快速路、高速公路、快速轨道交通甚至高速铁路加强区域内各城市与机场间的联系，扩大航空枢纽的服务范围，促进国际航空枢纽的形成。

2）大规模复合型高速区域走廊

高速区域通道是都市圈重要中心城市之间以及都市圈连接外部区域的重要通道，多数都市圈以高速公路和高速铁路为主形成强大的复合型区域高速通道。

如东京都市圈复合型高速区域通道内主要以高速公路、JR高速铁路新干线、JR普通铁路三种交通方式为主建立（图3-4-2-7）。以东京中心城（区部）为中心的东京都市交通圈对外放射状高速公路通道有六条，包括：（1）西南方向辐射的东海高速公路；（2）往西方向辐射的中央高速公路；（3）往西北方向辐射的关越高速公路；（4）往北方向辐射的东北高速公路；（5）往北方向辐射的常磐高速公路；（6）往东方向辐射的东关东高速公路。高速铁路有三条通道，即往横滨、小田原西南方向，至静冈、名古屋方向的东海道新干线；往熊谷、深谷方向的北部地区，至前桥、长冈、新潟的上越新干线；往久喜、古河方向的东北地区，至宇都宫、福岛、仙台的东北新干线。

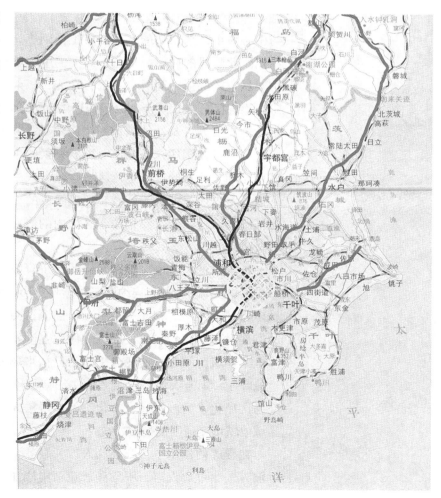

**图 3-4-2-7　东京复合型城际通道示意图**

## （三）大城市连绵区综合交通发展与协调趋势

### 1. 大城市连绵区空间发展与交通协调趋势

从国内大城市地区发展的空间和经济特征可以发现，不同大城市连绵地区在不同区域城市化水平下，空间发展特征、经济发展特征以及区域内城际交流特征和不同类型交通基础设施服务范围之间存在较大的差异，如果把这种不同城市化水平作为大城市地区的发展阶段划分的依据，可以发现，不同发展阶段大城市连绵地区在基础设施协调上的要求与特征有很大的差别。

Ⅰ阶段，大城市连绵地区发展的起步阶段。在这一阶段，从空间上看，尚处于分散发展的单核心城市阶段。城市间规模等级差别较小，多数城市沿区域交通干线分布，呈现出线状点轴连成的狭长区域的空间形态。城市主要表现为单核心向外蔓生发展。在经济发展上，城市的专业化生产联系差，各城市周围被不同的农业地带所包围，城市间的经济产业组织联系少。在交通运输方面，城市间主要依赖长距离的铁路干线或内河航运进行联系。

Ⅱ阶段，大城市连绵区发展的形成阶段。在此阶段前期，区域交通干线上的中心城市，由于功能的强化，在功能集聚与空间扩散过程中，逐渐演化为区域的中心城市。与中心城市联系密切的其他城市也得到了充分的发展，空间上与中心城市形成了城市组团。此阶段的后期，交通干线上的中心城市进一步壮大，干线上的主要城市除接受中心城市的辐射，同时自身服务功能又辐射到次级城市，在空间上形成城市组群。此阶段连绵区一般在经济上处于快速的起飞阶段，随着中心城市的经济发展，规模扩大，带动了主要城市及其他城市的快速发展，城市的专业化分工日益加强，城市间的经济产业联系日益密切，各城市对发展要素的争夺也日益加剧。在交通运输方面，在区域城市化和工业化的推动下，区域运输方式中航空运输和远洋航运快速发展，同时，由高速公路、快速铁路和区域轨道等组成的城市间运输联系网络也逐渐完善。此阶段交通基础设施的协调主要集中于区域内的快速交通干线上，如高速公路、快速铁路和区域轨道系统等。

Ⅲ阶段，大城市连绵区发展的稳定阶段。在这一阶段，区域内城市职能体系基本形成，并逐渐多元化，连绵区格局渐具雏形，城市形态、规模、职能进入平稳变动时期。城市与区域之间的相互影响进一步加深，关系更加密切，区域城市化进入了一个重要的发展时期，开始步入了区域一体化互动发展的良性轨道。经济方面，区域经济的总体框架和城市间经济产业分工关系已初步形成，区域经济的一体化逐渐成形。在交通运输方面，随着大城市连绵区"城市区域化、区域城市化"，区域交通开始出现"城市交通区域化、区域交通城市化"的发展格局。此阶段交通基础设施的协调主要集中于区域内城市交通间的衔接、统一与协调上。

在交通的作用下，产业、人口、服务互动是区域社会经济发展的基本机制。交通运输方式通过对人口、服务和产业聚集施加影响，来对大城市连绵区空间与职能分工的形成与发展产生作用。产业聚集是人口集聚的前提，产业、人口集聚是服务繁荣的基础。不同的交通运输方式与布局影响的地域、人群和产业范围不同，形成的区域形态也存在巨大差异，见表3-4-2-2。

**各种交通方式影响范围及特点**　　　　　表3-4-2-2

| 经济发展阶段 | 交通运输方式 | 影响、连接的区域形态 | 间距（公里） | 空间特点 |
| --- | --- | --- | --- | --- |
| 起步期 | 一般铁路交通 | 线状点轴连成的狭长区域 | >100 | 点轴线状离散阶段 |
| 起飞初期 | 航空运输 | 地方中心城市、区域中心城市 | 200—300 | 点圈状组团极化 |
| | 远洋航运 | 地方中心城市、区域中心城市 | 300 | 点圈状组团极化 |
| 起飞中后期 | 快速铁路交通 | 一般城市、地方中心城市 | 20—70 | 点轴链状组群扩展 |
| | 高速公路交通 | 立体交叉枢纽城市（镇）及相互间合作通道 | 10—20 | 点轴链状组群扩展 |
| 稳定增长期 | 城市交通 | 干支线网连成的"面"状区域 | | 连片网状成熟阶段 |

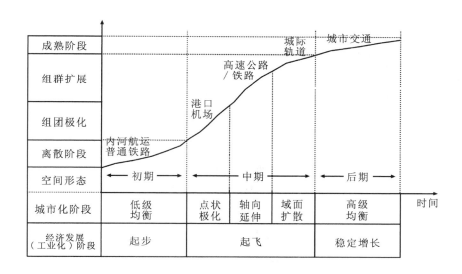

图3-4-2-8　不同经济发展阶段的基础设施协调重点

从区域城市关系、空间形态变化与交通基础设施的对应关系可以看出，随着区域经济的快速发展，区域交通基础设施的协调越来越趋向于邻近化，如图3-4-2-8。

大城市连绵区发展过程中，反映在空间上和城镇关系上就是城镇逐步由独立的城镇向紧密联系的城镇连绵区发展，不同城市的城镇空间相互连接。城镇的职能逐步区域化，区域内各城市的职能和重要设施的服务范围突破城市的辖区界线扩展到区域内其他城镇或者整个大城市连绵区。反映在交通联系上就是城市边界内部的交通联系中区域联系所占的份额逐步增加，区域各城镇之间的交通更趋向与城市交流的特征。

按照地租理论，当交通机动性提高，交通成本下降，地租曲线的斜率下降。在大城市连绵区，当交通机动性提高使地租曲线跨越城市边界，跨入相邻城市地区时，地租所反映的城市职能就可以在两个城市自由选址，从而实现这些土地利用在两个城市之间的整合，而当交通机动性提高使一个中心区某种城市服务职能的地租曲线可以包

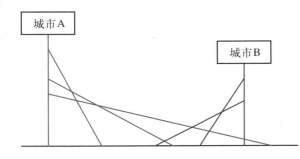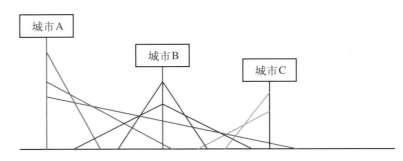

图 3-4-2-9　相邻城市地租相互影响图解（左）

图 3-4-2-10　城市密集地区城市之间地租相互影响图解（右）

含相邻城市的中心区时，城市中心区职能的分工开始整合，相邻城市的运营进入紧密合作阶段，促进城市之间的中心服务职能分工进行整合（图 3-4-2-9）。

当大城市连绵区高机动性的交通网络形成，促使区域内某些服务和产业用地布局的地租曲线覆盖整个区域时，大城市连绵区形成密集的大都市地区（图 3-4-2-10）。

2. 大城市连绵区交通发展与协调趋势

根据国家和省、区域等的交通规划和区域交通发展趋势可以看出，随着大城市连绵区的发展，其交通表现以下发展趋势：

1）优先发展城市公共交通是未来区域城市交通的必然选择

在我国快速发展的城市化进程中，一方面，城市高速度、高强度的开发带来城市交通需求的快速增长；另一方面，随着经济收入的增长，出行的机动性要求也快速提高。为提高城市交通的效率，缓解城市交通的供需矛盾。目前，我国各大城市连绵区城市均把公交优先发展放在十分重要的位置。近年来，区域内的中心城市开始编制以中心城为核心的城市轨道交通网络和市域轨道交通系统。许多特大城市的轨道交通已经作为公共交通系统的骨干，发挥作用。区域内城镇化地区均以公共交通优先发展作为未来城市交通的解决之道。

2）城市交通快速化，区域交通高速化的发展

随着高速交通系统的发展，大城市连绵区城镇关系发生明显变化，高速交通系统发展对城镇群关系的影响表现在，一方面，高速化的交通网络使大城市的极化作用进一步增强，区域服务职能加速向中心城市集中，要求交通服务网络和区域职能的集中相匹配；另一方面，使中心城市的部分职能向周边城市扩散，促进了区域城市职能的整合。

在区域空间的发展上，大城市极化和大城市扩散两种模式并存的现象将会持续下去，随着目前区域交通高速化和城市交通快速化的发展，这两种空间发展影响还会加速。并且随着区域内各都市区发展极化作用的增强，区域职能将加速向各大都市区的中心城市集中，即各中心城市在区域中的地位日益显著。为促进区域城镇职能的高效整合，对交通也提出了区域交通高速化和城市交通快速化的发展要求。

在区域内主要城市的城市交通发展上，随着交通机动化和大规模快速道路、快速轨道、快速公共交通发展，适应城市空间的扩展，在交通工具和交通设施发展上进入了快速时代。城市与外围发展组团、周围城镇，核心城市与大都市区内的其他城市之

间将全部实现快速交通联系，城市出行的范围由于交通快速化而不断扩展，带动了城市外围地区的开发和城市空间的进一步扩展，以及城市人口、就业向外围发展地区的疏散。城镇职能的服务范围将随着一定等时圈交通覆盖范围的扩展而扩展，这将导致不同服务职能，以及居住、就业的选址范围随着交通的区域可达性变化而变化，跨城市界线的居住、就业和城镇服务将不再是问题，城市职能将随着交通网络的发展在一定交通圈内进行整合，交通服务网络随着区域职能的强化而扩展和延伸。例如，上海市作为上海都市区的中心，随着目前区域交通网络的构建和都市区内部交通网络的建设，越来越多的区域职能将向上海市中心城区集聚，上海市中心城区的服务范围将随着交通网络的建立覆盖上海都市区的各个组团和发展地区，上海与周围城镇的关系也将随之发生改变，不再是一个个独立的城市，而成为围绕上海中心紧密联系在一起的大都市地区的组成部分，行政分隔将被密切的经济、社会、服务、物流联系所冲淡。

随着我国交通运输基础设施和运输装备水平的不断提高，高速铁路、快速轨道交通、高速公路等快速发展，特别是高速铁路和快速轨道交通的发展。区域高速和快速交通方式加入区域交通系统，拉近了区域内城镇的空间距离，使区域联系更加紧密，刺激区域交通需求增加。如目前长三角已经建成了联系区域内所有重点城镇的高速公路网络，而且还在不断扩张，以高速公路为载体的城际快速客运交通频率已经在区域内基本实现准公交化。正在建设的联系区域主要城市的城际轨道系统，设计速度达到200公里/小时以上。而以长三角为核心的国家高速铁路网络、普通铁路提速工程也正在开展。这些工程的实施将大大拉近区域内城镇之间的距离，多数中心城市能够在一小时通达区域内主要城市，区域的经济活动组织得以在更大的范围内实现，区域协调和区域联系将随着高速区域交通时代的到来而进入新的发展时期。

3）区域客运交通由公路向轨道交通转移

区域交通城市化的发展趋势下，区域联系交通依赖区域公路系统将变得像城市交通中道路依赖一样既不可靠也不可持续，在区域的主要交通走廊上，道路资源将难以满足区域联系需求，供需矛盾使以公路为主导的区域联系可靠性下降，区域联系交通受区域交通资源与环境承载能力的制约凸显出来，交通联系效率成为区域交通方式选择中的核心。为了实现大城市连绵区交通的可持续发展，集约使用交通资源，提高区域联系交通的效率，必须改变当前一味发展高速公路，对小汽车为主的机动化不加约束的区域联系方式，在区域中采取类似城市优先发展公共交通以缓解城市交通矛盾的策略，大力发展区域轨道交通系统，实现公路客运向轨道交通系统的转移。

同时，随着大城市连绵区的发展和区域内城镇连绵带的形成，区域高效率联系也成为城镇群健康发展的基础，城际轨道交通以其大运量、高机动性、准点、高效保障了区域空间的密集发展和城镇间的紧密、高效联系，推动区域城镇的职能的重组、区域设施的共享和区域服务的合理布局。

目前长三角、珠三角等地区城镇化与工业化发展已达到相当高的水平，随着城市连绵化趋势的加快，区域内城镇空间快速扩张，交通运输的需求量将迅速增长，对运

**图 3-4-2-11 大城市连绵区城际轨道交通网规划示意图**

珠三角城际快速轨道交通线网规划示意图

输服务的要求也随之提高。区域城市化的发展呼唤区域交通结构的转型，对城际轨道交通这样大运量、集约、快速、安全、可靠、便捷的交通工具的需求将大幅增长。

同时，资源与环境承载能力的限制，也迫切需要改变当前区域联系一味依赖高速公路，对小汽车交通不加约束的发展模式，实现区域交通联系的集约化。国家针对大城市连绵区综合交通的发展，从国家资源条件出发，也提出了在城镇密集地区发展以轨道为核心的客运交通网络的发展策略，目前在国内主要的城镇密集地区都规划了城际轨道系统，作为区域客运交通联系的骨干，见图 3-4-2-11、表 3-4-2-3。

三大大城市连绵区建设和规划中的城际与高速铁路　　　　表 3-4-2-3

| 线路 | 起点站/终点站 | 建设时间 | 设计时速 | 备注 |
|---|---|---|---|---|
| 珠三角城际铁路 | 广州/珠海、深圳 | 2005.12.18—2009 | 200 公里/小时 | 总长约 595 公里 |
| 长三角城际铁路 | 上海/南京、杭州 | 规划中 | 300 公里/小时 | 沪宁、沪杭两翼 |
| 京津城际铁路 | 北京/天津 | 2005.07.04—2007 | 200—300 公里/小时 | |
| 京沪高速铁路 | 北京/上海 | 预计今年底开工 | 250—300 公里/小时 | 自主研发，轮轨技术 |
| 武广高速铁路 | 武汉/广州 | 2005.06.23—2010 | 200 公里/小时 | 全长 995 公里 |
| 杭甬深客运专线 | 杭州/宁波/深圳 | 规划中 | 200 公里/小时 | 总长约 1600 公里 |
| 京广客运专线 | 北京/广州 | 北京石家庄段即将开工 | 300 公里/小时 | 总长约 2230 公里 |

4）城市对外交通组织区域化特征明显，重大交通基础设施共享要求提高

由于区域内城市职能的区域化，区域职能分散在区域内的各个城镇中，以及城镇空间的连绵发展，传统的以单个城市考虑的对外交通组织已经明显与区域交通组织的特征不符合，而且由于按照城市组织对外交通则会导致由于区域中部分城市对外交通的效率下降，影响区域职能的发挥，因此，按照职能的空间分布，建立以区域为整体的对外交通网络，即区域内对外交通基础设施在整个区域内考虑共享，实现重要的交通设施服务区域化。

对外交通枢纽的布局与组织中，运量与服务水平关联性很强，特别是航空、港口等大型的交通枢纽，因此，为了给区域内各城镇提供高服务水平的交通服务，交通产生量低的对外交通方式组织实施区域共享要求就越高。按照区域对外交通设施的交通组织特征，区域对外交通设施共享重点依次是航空、港口、高速铁路站点、普通铁路、高速公路、普通公路等。

目前在我国三大大城市连绵区或者其他大城市连绵区，机场、港口、铁路是区域交通基础设施共享的重点，已经形成了以枢纽机场和港口为中心集中发展，分工相对明确的交通系统，如京津唐地区的首都机场与天津港，长三角的上海机场与港口，珠三角的广州、深圳机场，以及深圳、广州港口，都是作为区域对外交通枢纽发挥作用，服务范围涵盖了整个区域。

5）区域交通城市化趋势显著

随着大城市连绵区区域城镇空间的发展，一方面，城市不断向郊区延伸，城市交通也突破原来的中心城区边界，向外延伸；另一方面，区域职能的分散使区域交通呈现城市交通的特征，也需要以城市交通的组织方式与策略进行区域交通的组织，城市交通与区域交通逐步融为一体，界限会越来越模糊。因此，将区域交通纳入城市交通，实现区域交通与城市交通一体化规划与发展，是区域一体化发展的保障。如广州与佛山之间、上海与苏州、杭州与绍兴、北京与廊坊等城际之间的交通已经开始实现公交化，有些甚至已经是按照城市公共交通在运营。

大城市连绵区发展对交通系统功能上的要求与传统的交通系统有很大的差别，城市已经不再是封闭的，在交通需求特征上的反映就是对应于城市不同职能的不同出行目的的出行范围已经不限于城市内部，也体现出区域化的特征，部分出行目的的出行距离迅速增加；同样，区域内城市之间的交流迅速增加，在出行目的和特征上趋向于与城市交通特征相类似，传统的公路交通为主的城际交通网络不能满足区域交流的要求，区域内部一定范围内交通组织开始向公共交通转移，优先发展公共交通的城市交通政策也将作为区域客运交通的发展政策。

目前，珠三角地区城市之间的公路巴士的密度高峰已经达到3—5分钟一班车，此外还有城际铁路等多种交通方式，城际公共化的交通网络已经相当发达。从东莞城市交通研究的调查数据可以充分反映这种特征，调查东莞一日车辆出行总计35.5万辆次，其中出行的两端均在东莞市域内的占17%，与周边城镇交流量占60%，过境交通占23%。

而目前长三角地区正在进行的城际综合交通网络规划也突出了一定范围内城际交通向城市交通转化的特征。公路方面，区域内公路交通量迅速增长，某些路段交通量已趋于饱和，车辆实际运行速度大大低于设计时速。沪宁高速公路最大断面流量已超过30000辆（标准车），堵车现象时有发生。沪杭高速公路2001年全线年日均车流量较2000年同期增长16%，上海段日交通流量已达到17086辆（标准车）。铁路方面，据上海铁路局统计，长三角区域内，沪宁线以4910万人/公里的客流密度（双向）和6906万吨/公里的货运密度（双向）成为了世界最繁忙铁路之一。目前区域内的国铁系统已经不堪重负，尽管已经开行了部分城际列车，但仍然难以满足居民出行的迫切需求。

6）全国客货运交通向大城市连绵区聚集的趋势加强

根据《中长期铁路网规划》、《国家高速公路网规划》和《全国沿海港口布局规划》等国家相关规划，在交通运输网络中均强化了珠三角、长三角、京津唐三大门户地区和国内其他大城市连绵区的交通支持。东部形成了以三大门户地区为核心的港口群、机场群与交通枢纽、高速铁路、铁路集装箱中心站布局，中西部大城市连绵区也成为国家或地区性的综合交通枢纽。

东部地区路网比较密，特别是大城市连绵区的铁路和高速公路网络，如全国规划的 8 条客运专线中，从长三角、珠三角、京津唐三大城市连绵区发出或经过的共 7 条，高速公路网规划的 7 条放射线全部从京津唐大城市连绵区发出，并且其中 3 条经过长三角和珠三角大城市连绵区；9 条纵线中有 7 条经过三大大城市连绵区；18 条横线有 11 条经过三大大城市连绵区。规划实施后，我国大城市连绵区，尤其是三大大城市连绵区交通网络更加完善，交通可达性更高，客货运输更加方便和快捷。

综合运输网络向大城市连绵区的集中，将使我国大城市连绵区的综合运输服务水平迅速提高，使城镇化、经济活动、交通运输需求进一步向这些地区集中。如航空客运发展中，2006 年北京、上海、广州三大航空枢纽的客运占到全国总航空客运的 36.5%，而三大大城市连绵地区的航空客运占到总航空客运的 50.6%，航空货运更由占全国总航空货运的比例由 2005 年的 71.8%，提高到 2006 年的 72.9%。

根据相关预测，在综合交通网络快速发展的基础上，到 2020 年，长三角客运量和客运周转量、货运量和货运周转量将分别达到 42.85 亿人次、4368 亿人公里和 36.17 亿吨和 27587 亿吨公里；珠三角为 16.5 亿人次、1219 亿人次公里和 31.5 亿吨和 5600 亿吨公里；京津冀为 31.94 亿人次、2740 亿人公里和 18.18 4 亿吨和 6950 亿吨公里。

7）铁路和水运将在货运中发挥更大作用

大城市连绵区城镇化发展受土地、环境、能源等方面的制约，交通发展必须采取集约的交通组织模式。而在诸多的区域交通方式中，铁路是能耗最低、能源结构合理（基本为电气化）、污染最小、占地最少、安全最有保证的交通方式，完全符合可持续发展战略要求。据世界权威部门统计，各种交通工具的单位能源消耗，私人小汽车是铁路的 9 倍，飞机是铁路的 6 倍，公共汽车是铁路的 4 倍。从能源结构看，据国务院发展研究中心预测，如果按目前的速度发展小汽车，2020 年全国汽车的石油消耗量将达到 2.56 亿吨，占全国石油消耗总量的 57%。2020 年全国石油对国外依存度将达到 60%，石油是国家战略物资，如此大量进口必将对国家经济安全造成严重威胁。

据 1996 年统计，全世界二氧化碳排放量已达 64 亿吨，以美国最高，中国次之。中国的二氧化碳排放量已占世界总量的 14.1%，达 9.024 亿吨。日本经过详细调查，按部门统计交通部门占全部二氧化碳排放量的 22%，其中又以小汽车最高，占整个交通部门排放量的 55.6%，卡车占 28.6%，内河航运占 5.6%，铁路最少仅占 2.7%。

在土地方面，我国的人均耕地面积远远低于世界的人均水平。高速铁路每公里占地 27 亩，4 车道高速公路每公里占地 39 亩，是高速铁路的 1.44 倍，而一条高速铁路相当于 5 条 4 车道高速公路的运输能力。完成单位运输量所占有的土地面积仅为公路十分之一左右，铁路完成单位运输量内燃机车排放的一氧化碳、氮氧化合物仅为汽车、飞机的几十分之一，而且电力机车对大气环境基本没有污染。

内河航运作为一种在经济和环境方面作用独特的运输模式，具有建设投资省、运输成本低（我国沿海运输成本只有铁路的 40%，美国沿海运输成本只有铁路运输的 1/8，长江干线运输成本只有铁路运输的 84%，而美国密西西比河干流的运输成本只有铁路运输的 1/3—1/4）、劳动生产率高（沿海运输劳动生产率是铁路运输的 6.4 倍，长江干线运输劳动生产率是铁路运输的 1.26 倍）、平均运距长（水陆运输平均运距分别是铁路运输的 2.3 倍，公路运输的 59 倍，管道运输的 2.7 倍，民航运输的 68%）；远洋运输在我国对外经济贸易方面地位重要，我国有超过 90% 的外贸货物采用远洋运输，是发展国际贸易的强大支柱，这是其他任何运输方式都无法代替的。因此，在构建现代化综合交通体系中发挥铁路运输和水运在货物运输上的骨干作用，可以较低的资源消耗和环境影响，实现区域经济持续快速健康发展的目标，也是构建区域资源节约型、环境友好型综合交通体系的紧迫要求。

同时，各种运输方式具有的不同的技术经济特征，决定其有自身优势的运输范围。只有充分发挥各自的优势，才能保证综合运输效率高和效益最好。水运和铁路运输适合大宗物资的长距离运输，而公路适合灵活、分散的短距离运输。在目前区域的综合运输中，区域内部产业组织由于运距短，更多依赖高速公路运输，使近年来公路运输在综合运输结构中占的份额越来越大。随着大城市连绵区经济辐射影响的范围扩张，产业组织将在国内更大的范围内开展，在能源、原材料运输的基础上，提升铁路、水运的效率，发挥其低成本、集约、低碳的优势，使其在在综合运输中发挥更大的作用必将成为未来综合运输的发展方向。例如，"十一五"期间，浙江省交通基础设施建设重点就是强化全省的铁路网：加快建成温福、甬台温、湖嘉乍、衢常等铁路，适时建设九景衢、金台铁路和杭长（沙）客运专线等建设。

8）沿海港口群在物流网络和产业组织中作用越来越强

自 2000 年以来，以我国经济快速发展为基础，港口货物吞吐量以年均 18.6% 的速度递增，《全国沿海港口布局规划》，在沿海规划了 5 大港口群。把港口作为我国产业发展与国际联系的重要节点，也是我国跨区域能源、原材料、物资调度的重要依托，近年来更是作为国际和国内物流组织和生产组织中的重要节点，港口与产业、城镇发展之间的定位更加明确、功能更加完善（表 3-4-2-4）。如近年来依托港口发展的产业区发展依靠集疏运网络的改善逐步向内陆延伸，珠三角港口群的腹地范围延伸到泛珠三角九省区。

中国沿海港口分区域、分主要货种港口吞吐量表　　　　　表 3-4-2-4

| 年份 | 港口吞吐量合计（亿吨） | 其中：外贸货物吞吐量（亿吨） | 主要货种吞吐量 | | | |
|---|---|---|---|---|---|---|
| | | | 1. 煤炭（亿吨） | 2. 原油（亿吨） | 3. 铁矿石（亿吨） | 4. 集装箱（万 TEU） |
| 沿海港口合计 | | | | | | |
| 2000 年 | 14.2 | 5.5 | 3.6 | 0.7 | 0.7 | 2130 |
| 2005 年 | 33.8 | 13.2 | 7.2 | 1.2 | 2.8 | 7195 |

续表

| 年份 | 港口吞吐量合计（亿吨） | 其中：外贸货物吞吐量（亿吨） | 主要货种吞吐量 | | | |
|---|---|---|---|---|---|---|
| | | | 1.煤炭（亿吨） | 2.原油（亿吨） | 3.铁矿石（亿吨） | 4.集装箱（万TEU） |
| 环渤海 | | | | | | |
| 2000年 | 4.9 | 2.3 | 1.8 | 0.2 | 0.2 | 532 |
| 2005年 | 11.5 | 5.2 | 3.6 | 0.4 | 1.6 | 1610 |
| 长江三角洲 | | | | | | |
| 2000年 | 5.8 | 1.9 | 1.2 | 0.2 | 0.4 | 744 |
| 2005年 | 13.9 | 4.6 | 2.4 | 0.5 | 0.9 | 2670 |
| 东南沿海 | | | | | | |
| 2000年 | 0.7 | 0.3 | 0.1 | 0.03 | 0 | 167 |
| 2005年 | 1.9 | 0.7 | 0.2 | 0.03 | 0.02 | 492 |
| 珠江三角洲 | | | | | | |
| 2000年 | 2.3 | 0.9 | 0.4 | 0.15 | 145 | 671 |
| 2005年 | 5.3 | 2.1 | 0.9 | 0.14 | 181 | 2360 |
| 西南沿海 | | | | | | |
| 2000年 | 0.5 | 0.2 | 0.04 | 0.03 | 0.06 | 13 |
| 2005年 | 1.1 | 0.6 | 0.08 | 0.07 | 0.18 | 62 |

9）航空运输在长距离运输中作用增强，机场服务半径逐步缩小

改革开放以来，我国航空运输快速发展，2005年，全国机场共完成旅客吞吐量28435.1万人次，货邮吞吐量633.1万吨。随着国家改革开放进一步深化，一方面我国与国际的交往越来越多，联系越来越紧密；另一方面中西部快速崛起，东中西部跨区的产业组织、人员交流也越来越频繁。国内外许多机构都一致预测中国的航空运输市场需求增长已经进入快速增长的时期，成为引领国际航空市场的主力。

在运输组织上，航空运输面临正在建设的高速铁路网络的挑战，航空与铁路运输的市场在高铁形成后将重新划分，在短距离运输上，高铁具有航空不能比拟的优势，而在长距离运输上航空依然是高端客流的首选。

在机场的发展上，随着城镇化水平的提高，大城市连绵区的城镇人口将迅速增长，航空运输需求也将快速增长，机场在航空需求的推动下，也将进入改扩建和新机场建设的高潮。机场的服务范围在运量迅速增长和服务水平要求越来越高的基础上，各机场的腹地将相对缩小。各大城市连绵区多数将出现多个干线机场运营的局面。

根据预测到2010年，全国运输机场的旅客吞吐量、货物吞吐量将分别达到5.4亿人次、1180万吨，年均增长14%左右；到2020年，旅客吞吐量、货物吞吐量将分别达到14亿人次、3000万吨，年均增长10%左右。

大城市连绵区是我国航空运输发展最快的地区，也将是机场业务量集中度最高的地区。根据预测，长三角、珠三角、京津唐三大大城市连绵区的四大机场旅客吞吐量

将到 2020 年将达到 64070 万人，占全国的 45.9%。

按照《中国民航运输机场发展规划》规划，到 2020 年，全国民航机场将达到 260 个，比 2005 年增加 100 多个，运输能力将大幅提高，机场密度大大加大，达到 0.27 个 / 万平方公里，且服务半径也越来越小。

10）交通网络规划引导大城市连绵区城镇空间结构更加合理

就像每一次交通运输速度上的变化都会引起国家、世界城市关系的变化一样，大城市连绵地区高速、快速交通系统发展，以及公共交通的发展与延伸也将引起这一地区城镇职能的重构和空间的重组，引起区域内城镇关系的变化，中心城市的高端中心职能将随着交通网络的建立更加强化，周边城市中的一部分服务职能将向中心城市集中，而中心城市中土地价格的提高，也将使部分对商务成本比较敏感的服务职能，以及居住等向周边城市转移，形成布局上新的区域城镇关系。在土地开发上也将打破原来城市孤立发展时的用地平衡，中心城市的服务用地、外围城市的居住和工业将大规模发展，用地平衡将在区域内建立，而不是在一个城市的行政辖区范围内建立（图 3-4-2-12）。

目前正在规划和建设的大城市连绵区综合交通系统不仅加强了通道的能力，提高了区域内交通运输的机动性，更在调整区域交通网络的空间结构，这将直接影响区域

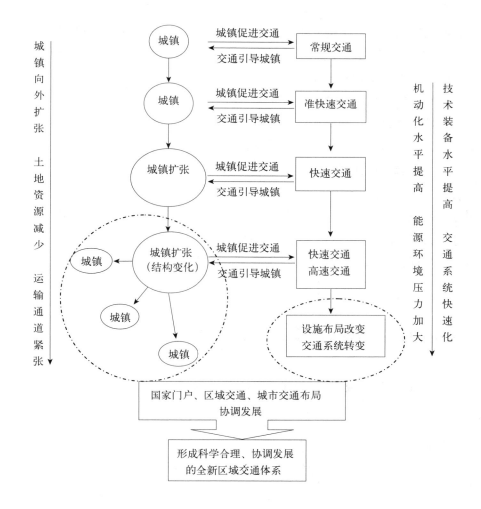

图 3-4-2-12　交通与城镇发展相互关系示意图

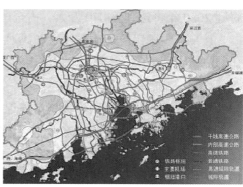

**图 3-4-2-13 交通网络结构影响城镇关系示意图**

和都市区的空间形态，促进城市的合理分工，打破城市"小而全"的发展模式，形成一体化发展的合理的城镇关系，使城市的优势资源得以充分发挥。

区域传统走廊上城际快速轨道交通、高速铁路网络设施大规模发展，高速公路网络的进一步加密，城镇之间的时空距离将大大缩短，高速区域网络将各城市更加深入地融入大城市连绵区区域发展中，进而带动传统走廊上各城镇区域性职能的重新调整，形成新的城镇关系格局。如长三角地区苏锡常都市圈的发展，随着走廊上交通网络高速化，上海地区对产业组织的影响逐步从苏州传递到常州地区。

区域内交通网络空间结构的变化，则引起区域空间和城镇关系的变革（图 3-4-2-13）。目前各大城市连绵区交通规划上把打破既有交通瓶颈作为结构调整的重要方向，连绵区空间选择上的交通瓶颈被打破，使空间发展可以有更多的选择，也在影响着传统上由于瓶颈隔断而形成的城镇关系。

长三角杭州湾跨海大桥和崇明越江隧道和大桥的兴建，将打通长三角区域经济南北联系通道，使上海可以直接辐射苏北地区，并使上海与宁波都市区的区域互动更加紧密，同样，区域城镇体系布局将与新的交通网络结构相吻合，处于新兴发展带上的城镇将快速成长，如长三角的南通。

同样，区域交通网络结构改变对广州产生较大影响。特别是东西跨江交通通道的形成，将使珠三角在空间发展上打破传统"A"字形的城市空间布局结构，东西岸联系加强将进一步促进西岸地区的发展促进西岸城镇快速成长，区域城镇体系布局将在新的交通网络结构引导下发展。

# 三、大城市连绵区综合交通规划的挑战与对策

## （一）大城市连绵区综合交通规划的主要挑战

### 1. 行业各自为政的规划与建设，以及自成系统的功能、等级体系

目前区域交通系统规划仍是各个行业规划的拼合，各行业规划的目标不同，均自成一体。规划、建设、管理按照行业进行，每个行业内部的交通系统都按照自身的体

系，有各自的功能、等级划分系统，相互之间在规划、建设标准、运营、服务标准上难以融合在一起，都缺乏大城市连绵区内交通组织的考虑。如铁路系统的的功能等级按照速度和运输功能划分，有高速铁路、普通铁路等，虽然近年来出现了针对城镇密集地区的城际铁路，但仍然是"城际"概念，在体制、票制、标准和运营上不同于国外通勤铁路。公路系统按照道路的技术等级和管理属性划分，如高速公路，一级公路等，或国、省道。设计和运行都没有考虑城镇密集地区大流量和交通特征。而城市交通则主要局限于中心城区内部，缺乏在城镇密集地区大尺度上交通组织的交通设施。

虽然近十多年来我国城镇密集地区发展迅速，但跨行业的规划、建设和管理整合，由于行业之间投资难以整合，始终难以实现。这在一定程度上是导致目前城镇密集地区交通设施协调问题根源。

随着城镇密集地区的大规模发展和大城市连绵区走向空间上的成熟，迫切需要在连绵区尺度和范围内以城镇化为核心整合各行业的规划，形成针对包含铁路、公路、城市交通在内的，符合连绵区交通特征、组织特征的功能等级体系，否则我国大城市连绵区综合交通与城镇空间发展脱节的局面无法改变，连绵区也难以形成可持续的城镇空间。

2. 分行业规划建设难以形成合理的交通发展模式

目前在都市连绵区的综合交通规划中各部门规划拼合为主的规划体系，缺乏对行业规划的指引，使的行业之间的规划调控难以实现。在目前城镇密集地区综合交通的发展中，普遍存在交通结构不合理的问题，从大城市连绵区和我国的城镇发展政策出发，必须有强有力的政策和规划，对连绵区的交通结构进行调控，否则我国城镇连绵区的发展将出现难以控制的交通、环境和能源浪费问题。使大城市连绵区的发展将失去活力与竞争力。就像优先发展公共交通对大城市交通一样重要，大城市连绵区的发展必须在短时间内实现交通结构的转型，否则交通的效率下降就会殃及连绵区的竞争力。

但在目前连绵区行业规划为主导的规划体系中，各行业的均在自身的体系内考虑节能、减排，各行业规划在规划文件中，均认为自身的发展不能满足连绵区的交通需求，需要大规模扩张，使连绵区的综合交通规划，在各部门的规划下，成为需求导向的增量规划，交通方式之间缺乏有效协调，不可能在大城市连绵区形成合力的交通发展模式。如公路系统规划强调公路发展的重要性，铁路发展则强调铁路发展的重要性，导致一面在讲大城市连绵区的交通结构要向集约转型，一面我国城镇密集地区高等级公路的密度在部分地区已经超过世界上密度较低的大城市连绵区，公路发展越来越成为密集地区的交通主导。发展的结果一方面会导致不同交通方式之间的恶性竞争；另一方面，缺乏合理交通模式的引导，城镇化的发展也必然会偏离轨道。

3. 城市为经济发展统计单位下重大交通设施的共享难度大

目前我国城镇密集地区经济发展的体制架构与独立发展的城市一致，均采取以城市为统计单位的发展体制。这种体制下，无论在大城市连绵区还是在独立发展的城市地区，城市发展之间更多的是竞争，双赢而利益基本均衡的规划易于实施，而对一方有利，或者利益不均衡的规划难以有约束力的协调。这导致大城市连绵区内部对涉及地方经济发展的区域性发展资源的争夺激烈，恶性竞争现象严重。而在目前大型交通设施属地性管理下，这些交通设施的衔接往往也出现属地化的倾向，拥有区域性交通资源的城市为在区域竞争中获得优势，衔接交通往往只考虑自身的需求，甚至为区域衔接设置障碍。如目前区域性机场的集疏运交通系统建设中，属地城市往往主要考虑自身的道路与轨道交通衔接，港口的集疏运交通也是如此。管理体制和经济发展体制，直接影响到规划的编制和实施，如针对同一区域性交通设施属地城市和省的规划目标、规划方案会在集疏运交通系统上差异巨大，导致区域性大型交通基础设施的发展难以发挥出其区域性的影响。

4. 以城镇发展为核心的规划缺乏区域性的实施机制

目前大城市连绵区的规划编制与实施体系中，以城镇发展为核心的城镇体系规划或者城镇群规划，缺乏在区域内有效的实施机制。区域内综合交通系统规划的编制与实施，均以各专业部门主导，并且建立了以专业部门为主导的规划实施机制。这导致区域内对城镇空间发展的规划与引导规划实施的交通设施布局完全脱节。区域的空间规划处于不可控的状态，这是导致目前我国城镇密集地区城镇化空间发展混乱、合理的城镇空间规划无法实施的重要原因。

大城市连绵区或者城镇密集地区中诸多的综合交通问题来自区域的城镇化发展，这些问题的解决也必须正视区域内城镇化发展的现实与趋势，才能有效地引导区域发展，发挥区域协调的重要作用。区域城镇发展规划实施机制的缺失，使区域发展的协调直接落入部门层面，顶层的统筹缺位，必会导致区域城镇发展由于部门之间的发展不平衡而出现畸形。

## （二）综合交通规划对策

### 1. 交通发展模式与交通设施功能等级划分

1）连绵区内部交通发展模式

随着我国城镇化的深入，人口不断向城市集中，而大城市连绵区要在目前发展的基础上将承载更多的人口，在产业和服务的发展上承担更大的责任，面对的资源紧张、城市交通堵塞、环境压力将更大。为此，我国在大城市连绵区交通发展策略上借鉴日本与欧洲大城市连绵区的发展经验，确定走集约化、可持续发展的道路，客运以轨道系统为主导，大力发展城市轨道交通和城际客运铁路，货运交通，大力发展航运与铁路交通。

城市内部优先发展公共交通，都市区建立以中心城市为核心的快速轨道交通系统，作为都市区交通的主力。

都市区之间以城际轨道系统为骨干，公路交通辅助，建立连绵区内部的联系交通网路。

2）连绵区对外交通发展模式

根据大城市连绵区对外交通的作用，对外交通主要满足区域内外公务、商务、探亲、旅游、贸易等长距离、大宗物资的客货运输需求。这类需求一般距离较长、运输量大，对时间比较敏感，需要速度快、运量大、安全、可靠的运输系统支撑。因此，大城市连绵区对外交通发展适合选择"铁路（高速铁路）＋公路（高速公路）＋水运＋航空"的协调发展模式。

大型港口或港口群、枢纽机场等作为国家或大城市连绵区主要门户设施，除主要为其直接腹地服务外，还为相应间接腹地提供服务。因此，与腹地之间的铁路（高速铁路、客运专线）、城际轨道、公路（高速公路）等交通联系要能够满足门户枢纽设施的腹地集疏运交通需要。

干线铁路和高速公路，作为陆运和港口集疏运系统最主要方式，主要承担区域内外，省市之间，经济区之间等的交通联系以及与门户地区主要设施之间的联系。所以，干线铁路要与区域交通走廊一致，并与国家铁路网相互衔接。干线公路与国家干线公路网相连通。

3）区域交通设施功能与等级

根据不同的交通特征和出行目的，大城市连绵区交通网络将承担整个连绵区对外交通联系、都市区之间交通联系、都市区内功能区之间的交通联系以及功能区内部交通。不同联系交通的距离、目的、机动性、成本要求，以及对舒适、安全等的要求均有差异，因此，大城市连绵区交通应根据不同的联系特征，由不同方式、不同等级、不同服务水平的交通设施承担，以适应不同的交通需要。大城市连绵区交通设施等级划分见表3-4-3-1。

大城市连绵区交通设施等级划分　　　　　表 3-4-3-1

| 交通方式 | 交通设施 | 功　　能 |
|---|---|---|
| 1.航空 | 航空门户 | 承担区域与国外以及国内主要地区的长距离客运联系 |
| | 航空枢纽 | 承担与国内、世界其他地区的长距离联系，以及与腹地之间的中、短程航空联系 |
| | 支线航空 | 承担与临近地区之间短距离的航空联系 |
| 2.铁路 | 高速国铁 | 承担门户枢纽、主要服务中心与国内其他地区高服务水平陆路客货运联系 |
| | 普通国铁 | 承担与经济腹地和国内其他地区之间普通服务水平联系 |
| | 地方铁路 | 承担区域内部主要客货运枢纽与腹地之间的联系 |
| 3.高快速路 | 干线高速公路 | 承担门户枢纽港与国内其他地区，区域内服务中心之间交通联系 |
| | 内部高速公路 | 承担区域内一般都市区之间、核心区内部主要节点快速联系 |
| | 城市主要快速路 | 承担都市区内部、相邻城市之间、组团之间的快速联系 |
| 4.轨道交通 | 区域高速轨道 | 承担区域内都市区之间，主要门户客运枢纽之间高服务水平、长距离的客运联系 |
| | 区域快速轨道 | 承担区域内都市区内部、交通枢纽之间的中长距离客运联系 |
| | 城市轨道交通 | 承担城市内部以及相邻城市之间短距离的客运 |
| 5.港口 | 门户枢纽港口 | 承担长三角与国内其他地区以及中国、泛长三角地区与世界各地的远距离、大运量的区域对外货运交通联系 |
| | 枢纽港口 | 承担与国内其他地区，以及部分与国外的货运交通联系 |
| | 支线港口 | 承担门户枢纽港口喂给、短距离的货运交通 |

2. 大城市连绵区综合交通发展对策研究

1）进行交通统一规划，发挥交通规划区域空间与活动整合作用

由于我国目前交通实行的是分行业、分部门管理模式，各行业各部门都制定自己的发展规划，必然存在各专项规划之间相互衔接的问题。因此，为避免出现各规划之间相互脱节现象，建议在制订大城市连绵区综合交通规划时，要以区域城镇发展为基础，制订区域整体的综合交通统一规划，按照整体综合交通规划的要求与指引，各行业分别编制其中长期发展规划，使区域性综合交通规划与部门规划在发展策略、需求、规模、组织上与城镇发展相互协调、保持一致，保证各种运输方式之间，城镇之间、交通与城镇发展之间、城市交通与区域交通、对外交通之间协调发展。

2）打破行政区划界限，加强区域重大交通设施共享

连绵区内的区域性的战略资源一般只分布在个别城市，但在运营和服务的范围上要涵盖整个区域或者区域内的一部分地区，因此，区域性的大型交通基础设施必须在属地化管理的基础上，在运营和服务上实现区域共享。

如目前海峡西岸城镇群港口、机场等区域性的战略资源在运行上的市场化程度都比较高，管理上实行属地化管理，设施利用率不高，重复建设现象严重，相互之间恶性竞争现象严重。为了避免上述现象，海峡西岸城镇群在同类型的交通基础设施发展上，通过大型交通基础设施服务范围内的城市共同建设，实现大型交通基础设施城市间的共享。并且通过相互参股，实现联合运营，提高整体大型交通设施的服务水平。另外，在集疏运和关联的交通设施建设上，区域大型交通基础设施通过与区域的骨干网络的衔接，实现对区域腹地的服务。

3）充分发挥交通运营的市场作用，实现区域交通一体化组织

在目前交通基础设施投资、建设与管理属地化的情况下，跨行业、跨地区的投资建设很难实施，特别是城市交通组织更是如此。但目前在交通系统管理上，运营已经逐步实现市场化，这为突破投资、建设的界线，实现区域交通一体化提供了条件。对于区域交通系统的使用者来讲，其感受到的也是交通运营的组织，而非投资与建设，因此，运营组织上的一体化是连绵区区域交通一体化的核心。

通过建立跨行政界限的运营组织实体，或者消除运营企业提供跨地区组织的障碍，鼓励企业进行跨行政界限、行业界限的运营，实现多行业、多方式、多地区之间的交通一体化。

4）建立以都市区为核心的区域协调机制，实行交通运输一体化运营与管理

根据大城市连绵区城镇群未来空间发展目标，打破行政界线的都市区将成为未来大城市连绵区空间、交通、经济组织的基础，在都市区范围内要实现交通、空间、经济组织的同城化，需要在交通、空间、产业发展策略等方面进行整合与协调。

第一，通过公共交通市场化改革，建立都市区公共交通运营机构，实现城市公共交通在都市区内部跨行政区界运营；第二，在目前区域规划的基础上，通过立法，支持都市区交通规划，作为都市区空间、各组成城市的城市规划、交通专项规划的依据；

第三，在整体交通规划的基础上，通过都市区内部城市规划管理部门在城市总体规划、边界地区分区规划、详细规划上的相互参与，实现在开发上的一体化；第四，建立由都市区各城市规划管理部门共同组成的规划实施监督机构，监督都市区内各城市交通规划、空间发展规划的实施情况，加强相互之间的协调；第五，建立都市区统一的交通规划、建设信息平台，通过平台或者定期的信息发布，实现都市区内部交通规划和建设信息共享；第六，建立以都市区中心城市交通发展政策为核心的都市区交通政策架构，指引都市区交通的发展，实现交通与环境、空间、社会的和谐发展。

## 参考文献

[1]　广东省人民政府.珠江三角洲城镇群发展规划（内部讨论稿），2005年.

[2]　中国城市规划设计研究院.珠江三角洲城镇群协调发展研究（内部讨论稿），2003年.

[3]　中国城市规划设计研究院.长三角城镇群发展规划——综合交通研究（内部讨论稿），2007年.

[4]　中国城市规划设计研究院.北京市综合交通发展战略（内部讨论稿），2004年.

[5]　孔令斌著.城市发展与交通规划［M］.北京：人民交通出版社，2009年.

专题报告五

中国大城市连绵区生态环境保护研究

# 目 录

# 前　言

进入 21 世纪，全球性的人口剧增、资源短缺、环境污染和生态恶化已成为人类面临的严峻挑战，越来越多的国家将生态安全列为国家安全的重大战略。我国大城市连绵区生态安全的基本态势是：生态资源的总量大、类型多，但人均占有量小，资源短缺和资源低效利用并存，水资源、能源和土地资源的供需矛盾尤为突出。

社会安全、政治安全、军事安全是国家安全的核心，生态安全堪称国家安全的基础。当前我国面临的生态安全问题包括三类：一是全国性的生态恶化对我国社会经济发展造成的危害；二是全球性的生态恶化对我国生态安全的影响；三是外国特别是西方国家以本国生态安全受到威胁为由，对我国经济和主权进行的干涉。

## 一、中国大城市连绵区面临的生态危机

大城市连绵区是城市化高级阶段的产物，其生态危机具有区域性、复合型特征，问题更复杂，矛盾更尖锐。

### （一）水资源危机

#### 1. 水资源的警示

我国水资源总量为 2.8 万亿立方米，居世界第四位，但我国人均水资源量为 2100 立方米，仅为世界平均水平的 28%，位列世界第 125 位。又由于大量水资源分布在人迹罕见的"无人区"，人均实际可利用水资源量仅约 900 立方米，时空分布极不均衡。其中，各大城市连绵区的水资源短缺问题都十分严峻。

水源短缺　我国西部地区人均水资源占有量约 4600 立方米，而各城市连绵区中心城市人均水资源占有量却多不超过 300 立方米，且随着人口增长还在持续减少。如 2000 年北京市人均水资源量为 230 立方米，到 2006 年降为 190 立方米，2011 年更降为 107 立方米。

水质污染　大城市连绵区不仅工业废水和生活污水排放量巨大，而且造成的水污染也非常严重。目前全国 90% 以上的城市水域受到不同程度的污染，其中水源受污染较严重的城市就有 98 个。同时，我国一半城市地下水污染严重，其中 57% 的地下水监测点位水质较差甚至极差。2011 年上半年，七大水系除长江、珠江水质状况良好外，海河劣 V 类水质断面比例超过 40%，为重度污染，其余河流均为中度或轻度污染。

管理性缺水　主要表现为水资源的浪费。近年来，我国工业企业单位产值耗水量均呈下降趋势，但工业用水重复利用率仍处于低水平。大专院校、园林绿化、服务行业的水资源浪费现象突出。

工程性缺水　我国缺水城市中因供水设施能力不足造成缺水的城市占缺水城市总数

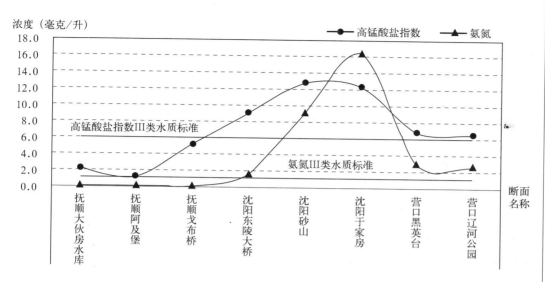

图 3-5-1-1　2006 年辽河高锰酸盐指数、氨氮浓度沿程变化

的 78%。因城市供水系统老化而造成的渗漏现象十分普遍，因此而导致的水资源浪费数量惊人，不少城市达到供水量的 20% 以上。

2. 大城市连绵区水污染现状

跨区域水污染　我国的大城市连绵区基本濒临长江、珠江、海河、淮河等大河流域分布。由图 3-5-1-1 可见，河流在流经人口密集的大城市连绵区后，污染物含量迅速提高。这种情况在我国各大城市连绵区普遍存在。某些湖泊水质状况见表 3-5-1-1。

**2006 年昆明湖、西湖、玄武湖水质状况**　　　　　　　　表 3-5-1-1

| 湖库名称 | 营养状态指数 | 营养状态 | 水质 | | 主要污染指标 |
| --- | --- | --- | --- | --- | --- |
| | | | 2005 年 | 2004 年 | |
| 昆明湖（北京） | 54 | 轻度富营养 | V | V | 总氮 |
| 西湖（杭州） | 58 | 轻度富营养 | 劣 V | V | 总氮 |
| 玄武湖（南京） | 63 | 中度富营养 | V | V | 总氮、总磷 |

地下水污染现状　地下水污染主要是由于工业和生活"三废"的排放造成的，其次是农业化肥、农药的污染造成的。地下水污染存在加重趋势的城市有 21 个，主要为辽中南大城市连绵区、珠三角和长三角大城市连绵区。另外，长三角、珠三角和京津唐大城市连绵区以及关中等地区地下水位下降严重，漏斗规模不断扩大。

近海水域污染　我国三大大城市连绵区均分布在东部沿海地区，海岸线的生态环境状况直接关系着沿海城市的生态安全。不断下降的海洋环境质量对海水养殖构成了重大的威胁和严重的损害。

3. 水污染胁迫因子

工业废水排放　长三角地区人口密度高、土地承载压力大，随着工业化和城市化迅猛发展，工业废水和生活污水的排放量多达 37 亿吨 / 年。珠三角地区由于加工工业集聚，污水排放量占广东全省的 70%，其中工业污水占广东全省工业污水量的 61%。广州、江门、佛山三市污水排放总量占珠三角地区的 70% 以上。

城市生活污水排放　环保部有关调查报告显示，近年来我国城市生活污水排放量以年均 5% 的速度递增，2005 年城市生活污水排放量达 281.4 亿吨，占全国污水排放总量的 54%。随着城市化率的快速提高，城市生活污水占污水排放的比重还将持续增加。

产业结构不合理　多年来，钢铁、化工、煤电等高耗水产业一直是我国大城市连绵区经济发展的重点行业，这些行业防治污染的任务重，从而大大加剧了水环境污染负荷。

### 4. 大城市连绵区水资源供需趋势

目前，全国 600 多个城市中存在供水不足问题的城市有 420 多个，比较严重的缺水城市有 110 个，全国城市缺水总量达 70 亿立方米。根据宏观预测，我国要达到未来 5—15 年经济发展的各项目标，水资源需求总量还将持续增长。可见，伴随着我国社会经济的持续快速发展，我国的水资源供需矛盾的压力将长期存在并不断加剧。由于城市化日益增长的趋势和经济发展大都集中在城市区域，水资源供需矛盾的挑战在各大城市连绵区将更加突出。

## （二）复合型区域性大气污染严重

复合型大气污染是目前我国大城市连绵区大气污染的共同特征，尤以长三角、京津唐和珠三角最为典型。复合污染不是煤烟型、机动车型和扬尘型等一次污染的简单叠加，这些污染物相互反应，形成光化学烟雾和灰霾等二次污染，一次污染和二次污染相互耦合，形成更为复杂的污染（图 3-5-1-2）。我国大城市连绵区存在的如此大规模、复合型大气污染全球罕见，已成为制约我国大城市连绵区持续发展的重要因素。

### 1. 复合型大气污染现状和特征

我国大城市连绵区的光化学烟雾日趋严重。在京津唐地区，北京市城近郊区空气中 $O_3$ 超标日和超标小时持续上升。全国城市 $NO_2$ 的年均浓度均达二级标准，颗粒物仍是显著影响城市空气质量的首要污染物，$SO_2$ 污染问题尚未解决。

大气细粒子复合污染　北方城市受地表条件影响较大，全年平均空气中可吸入颗粒物浓度高于国家二级标准水平（图 3-5-1-3）。2006 年全国 33.5% 的城市颗粒物年均浓

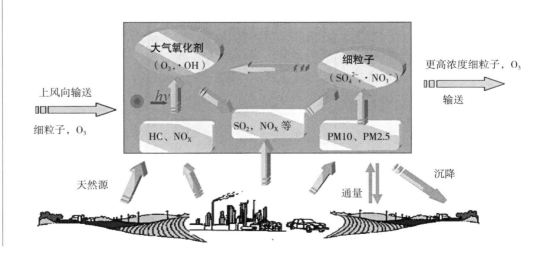

**图 3-5-1-2　大气复合污染的形成机制**

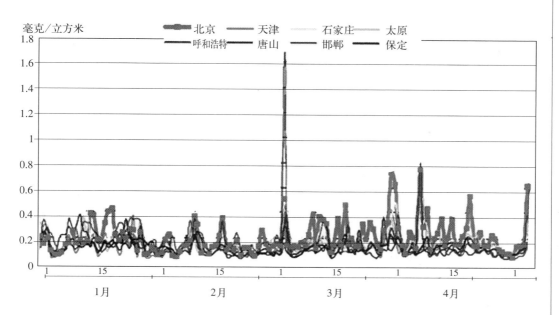

图 3-5-1-3　2006 年北京及周边城市逐日可吸入颗粒物浓度

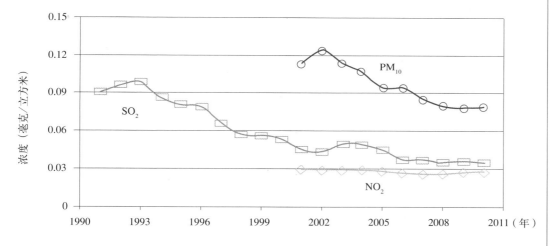

图 3-5-1-4　我国城市空气污染物 $SO_2$、$NO_2$、$PM_{10}$ 浓度

度超过二级标准（其中劣于三级标准的城市 39 个，占 7%）。

　　沙尘暴　沙尘暴是一种风与沙相互作用的灾害性天气现象且影响范围广泛，主要影响我国的华北、东北、西北、华中地区，严重时也影响华南、东南地区。以北京市为例，2006 年，北京共出现 17 次沙尘天气，严重影响了北京空气质量。沙尘天气不仅影响当天的空气质量，而且在沙尘过后的几天内也将产生持续的影响。

　　$SO_2$、$NO_2$ 排放　我国经济持续增长，钢铁、水泥、造纸、发电等主要污染行业产品产量迅速增加，环境保护面临巨大的压力。2006 年全国城市 $NO_2$ 的年均浓度均达二级标准（其中 87.4% 的城市达到一级），见图 3-5-1-4。京津唐和珠三角大城市连绵区城市的 $NO_2$ 浓度相对较高。

　　酸雨污染　酸雨区域主要在长江以南，四川、云南以东，主要包括浙江、江西、湖南、福建、贵州、广西、重庆的大部分地区。如图 3-5-1-5 所示，较重的酸雨区域主要分布在长三角和珠三角大城市连绵区。

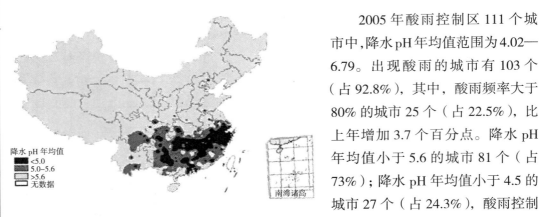

降水pH年均值
■ <5.0
▨ 5.0—5.6
□ >5.6
□ 无数据

南海诸岛

图3-5-1-5　2005年中国降水pH值分布图

2005年酸雨控制区111个城市中,降水pH年均值范围为4.02—6.79。出现酸雨的城市有103个(占92.8%),其中,酸雨频率大于80%的城市25个(占22.5%),比上年增加3.7个百分点。降水pH年均值小于5.6的城市81个(占73%);降水pH年均值小于4.5的城市27个(占24.3%),酸雨控制区内酸雨污染范围基本稳定,但污染程度有所加重。

**2. 城市大气污染趋势**

根据经济发展趋势以及能源消耗预测和燃料质量分析,尽管污染物排放强度降低,但排放范围扩大,工业行业$SO_2$产生量将继续增加,烟尘产生量也将继续增加,其中电力行业占烟尘产生总量的90%,大城市氮氧化物和颗粒物污染将加剧。我国大城市大气污染胁迫效应将长期存在。

## (三)固体废弃物污染突出

**1. 连绵区固废污染的现状**

我国城市生活垃圾排放总量正以每年8%—10%的速度增加,远远超过发达国家3%—5%的年增长速度。目前我国城市人均年产生活垃圾440公斤,已经高于人均粮食产量。由于缺乏处理能力,大部分城市生活垃圾仍然被简单堆放在城市周围,历年堆存量高达60亿吨,侵占土地5亿平方米。

**2. 固体废弃物污染的趋势**

根据经济发展预测,到2020年我国工业固体废物产生总量将达到149578万吨。根据人口增长和城市化水平预测,2020年我国城市生活垃圾产生量将达到32963万吨。工业固体废物、城市生活垃圾、废旧家用电器等的回收和安全处置将成为未来的一个显著而艰巨的城市环境问题。

## (四)持久性有机污染

持久性有机污染物(Persistent Organic Pollutants,简称POPs)是指具有长期残留性、生物蓄积性、半挥发性和高毒性,可通过各种环境介质(大气、水、土壤等)长距离迁移并对人类健康和环境造成严重危害的天然或人工合成的有机化合物。珠三角及其附近的三个出海口的沉积物中均发现POPs。珠江主干广州河段沉积物总DDT的含量均明显高于全球近岸表层沉积物中总DDT的含量范围(0.1—44微克/公斤)。土壤中的POPs会导致POPs在食物链上发生传递和迁移。我国土壤有机氯农药的残留状况,呈现南方>中原>北方的空间格局,残留水平南方相当于北方的3.3倍。在长江黄石段检出有机物 100 多种，松花江哈尔滨段检出有机物 264 种，第二松花江吉林段检出有机物 417 种，珠江检出有机物 241 种，上海市黄浦江水源中检出有机物 400 多种，太湖检出有机物 74 种。凡此表明，我国大城市连绵区持久性有机物污染十分严重。

### （五）食品安全威胁严峻

食品污染问题的根源首先在于种植业中过度使用农药，养殖业中过量使用包含有毒有害物质的添加剂。这种以牺牲生态环境质量为代价的农业生产导致了农业的生态环境危机，进而增加了食品污染和不安全因素。

重金属污染　长期施用微量元素高含量的粪便，将导致土壤中微量元素蓄积污染。微量元素也可在土壤、水体中通过作物富集。到 2005 年年底，珠三角的土壤 40% 存在重金属污染，其中 10% 为重污染，而西江流域的重金属污染更达到 60%—70%。东西两翼的重金属污染也不容乐观。

农用化学药品　农用化学药品的大量使用对食品安全以及农业生态环境造成了巨大的影响。据统计，中国每年因使用不当导致农药中毒的死亡人数达上万人。

病原菌污染　近年，随着有机食品发展，增加了有机肥的施用，如果使用未经腐熟的有机肥，对污染作物产品，对人体健康构成新的威胁。必须从根源上摒弃不合理、不健康的农畜业发展模式，保护农业生态环境，生产绿色食品，发展生态农业。

## 二、中国大城市连绵区生态环境现状评价

### （一）评价方法和思路

利用生态足迹方法、能值分析方法和城市系统健康评价方法，分别从自然资源消费、能流和复合生态系统各子系统的发展与协调水平等角度，对大城市连绵区的生态环境、经济系统和社会系统进行全面分析和评估。

#### 1. 生态足迹理论及应用

生态足迹（Ecological Footprint）的概念是由加拿大经济生态学家 William 及其博士 Wackernagel 于 20 世纪 90 年代初提出的，该方法通过计算人类为了自身生存而消费的自然资源的量来评价人类对生态系统的影响。生态足迹的计算基于以下两个事实：人类可以确定自身消费的绝大多数资源及其产生的大部分废物并能够将这些资源和废物转换成为相应的生物生产面积。

根据生产力差异，将生物生产性土地分为化石能源用地、耕地、牧草地、林地、建筑用地、水域六大类。总的生态足迹计算公式：

$$EF=N（ef）=N \sum \gamma_j A_i = N \sum \gamma_j \left( \frac{C_i}{P_i} \right)$$

式中，$EF$—总的生态足迹；$N$—人口数量；$ef$—人均生态足迹；$\gamma_j$—均衡因子，某类生态生产性面积的均衡因子等于全球该类生态生产性面积的平均生态生产力除以全球所有各类生态生产性土地面积的平均生态生产力；$A_i$—生产第 $i$ 种消费项目人均占有的实际生态生产性土地面积；$C_i$—第 $i$ 项的人均年消费量，该值等于 $i$ 项的年消费总量与总人口的比值；$P_i$—为相应的生态生产性土地生产第 $i$ 项消费项目的年平均生产力。

承载力公式：

$$EC=N（ec）=N\sum a_j\gamma_jy_j$$

式中，$EC$—区域总生态承载力；$N$—人口数量；$ec$—人均生态承载力；$a_j$—人均生态生产性土地面积；$\gamma_j$—均衡因子；$y_j$—产量因子，$y_j=y1_j/yw_j$，$y1_j$ 指某国家或地区的 $j$ 类土地的平均生产力，$yw_j$ 指 $j$ 类土地的全球平均生产力。

在生态足迹计算过程中，首先将能源和资源消费项目折算成上述六种生产性土地类型进行量化；其次在此基础上，分别对需求层面上的生态足迹和供给层面上的生态承载力进行计算；最后比较两者的大小，进而评判研究对象的可持续发展状况。由计算公式可以看出，人口规模、人均消费水平、技术使用的资源密度等都会对结果产生影响。

2. 能值分析方法

能值分析方法是以同一客观标准——太阳能值（Solar Emjoul，sej）衡量不同类别、不同能值能量的真实价值和数量关系。应用能值的分析方法，把生态环境系统和人类社会经济系统结合起来，定量地分析系统中自然资源和人类投入对系统的贡献，通过对系统中的能量流、物质流、货币流、信息流的能值转换，为资源的合理利用、经济发展方针的制定提供了一个重要的度量标准。

能值分析的重点和难点就是对系统的能物流、货币流、信息流的能值进行能值综合分析，建立可比较的能值指标体系（表3-5-2-1）。进而结合能值指标的具体涵义对系统的发展作出评价，通过能值指标的纵向和横向比较分析，对系统的可持续性演变趋势作出判断。

**城市生态系统能值分析指标体系** 表 3-5-2-1

| 能值指标 | 表达式 | 意义 |
| --- | --- | --- |
| 资源能值 | | |
| 系统能值应用总量 | $U=R+N+G+F+S$ | 代表该系统拥有的真正财富的多少 |
| 可更新资源能值占总能值比 | $R/U$ | 反映该系统自然环境的自身潜力大小 |
| 可更新资源的环境承载力 | $（R/U）P$ | 当前生活水平下，系统环境所能长的人口数 |
| 无须付费资源占总能值比 | $（R+N0）/U$ | 反映系统自给能力 |
| 自给能值占总能值比率 | $（R+N0+N1）/U$ | 评价城市自然环境的自给自足能力 |
| 输入能值占总能值的比率 | $（G+F+S）/U$ | 反映城市经济发展对输入能值的依赖程度 |
| 能值强度 | | 反映系统经济发展程度和发展水平 |
| 能值使用强度 | $U/area$ | 评价整个城市系统的能值利用强度和集约情况 |

续表

| 能值指标 | 表达式 | 意义 |
| --- | --- | --- |
| 电力使用占总能值的使用比 | $Elect/U$ | 反映城市经济发展的工业化程度 |
| 人均能值利用量 | $U/P$ | 反映城市人口的生存水平和生活质量 |
| 人均电力能值利用量 | $Elect/P$ | 评价城市经济发展对电力的依赖程度 |
| 人均燃料能值利用量 | $Fuel/P$ | 评价城市经济发展对燃料的依赖程度 |
| 人均可更新资源能值利用量 | $R/P$ | 反映城市经济发展对自然资源利用情况 |
| 人均废弃物排放量 | $W/P$ | 反映城市社会经济的发展对环境的压力 |
| 生态经济层面 | | |
| 输出输入能值比率 | $E/(G+F+S)$ | 反映系统贸易情况 |
| 能值投资率 | $(G+F+S+N)/R$ | 反映城市经济发展效率和环境压力状况 |
| 能值货币比率 | $U/GNP$ | 反映该城市系统的经济发达程度 |
| 废弃物能值/可更新资源能值 | $W/R$ | 评价城市经济活动对自然环境的消极影响 |
| 废弃物能值/系统总能值 | $W/U$ | 评价城市系统中废弃物能值对系统总能值的贡献大小 |

注：$R$ 可更新能源；$N$ 不可更新能源；$N0$ 初级自然资源；$N1$ 集约使用能源；$G$ 进口货物；$F$ 进口燃料；$S$ 进口服务能值；$E$ 出口货物和服务能值；$W$ 废弃物能值。

3. 城市生态系统健康评价方法

城市生态系统能否健康发展是自然、经济、社会三个方面综合作用的结果。因此，该方法通过构建生态系统健康评价模型诊断城市生态系统的健康状况，找出生态胁迫因子，为进行城市生态系统管理提供科学决策依据。

1）城市生态系统健康指标体系的确立

根据城市复合生态系统理论，建立基于环境 – 经济 – 社会三个子系统的评价体系。

2）指标健康标准值的确立

城市生态系统健康评价指标确定后，就需要明确各项指标的健康标准。目前尚未有公认的城市生态系统健康标准，本文标准的确定以国家考核指标和国内外城市最佳值外推作参考（表 3-5-2-2）。

3）评价模型的建立

从城市生态系统的内涵可以看出，复合生态系统的健康不仅包含各子系统或各要素指标的发展水平，还包含子系统间的协调水平。为此，参考经济与环境协调发展的定量评判模型的研究，采用基于熵权法的灰色关联度投影模型建立发展函数以表征各子系统或各要素指标的发展水平，还包含系统间的协调水平，为此参考经济与环境协调发展的定量评判模型的研究，采用基于熵权法的灰色关联度投影模型建立发展函数以表征各系统或各要素的发展水平，基于变异系数建立协调函数以表征系统间的协调水平，最后运用线性加权方法建立城市复合生态系统的综合健康函数。因此本评价模型包括发展函数、协调函数、综合健康函数。

城市复合生态系统健康评价指标体系　　　　　　表 3-5-2-2

| 生态系统类型 | 准则层 | 指标要素层 | 范围 | 健康标准值 | 确定依据 |
|---|---|---|---|---|---|
| 自然子系统 | 组织结构 | X1 森林覆盖率（%） | 市域 | ≥ 50 | 国家考核指标外推 |
| | | X2 自然保护区占国土面积（%） | 市域 | ≥ 20 | 英国 2004 年数据 |
| | | X3 绿化覆盖率（%） | 市区 | ≥ 50 | 生态城市理想值，引自黄光宇 |
| | | X4 人均公共绿地面积（立方米/人） | 市区 | ≥ 20 | 生态城市理想值，引自黄光宇 |
| | | X5 人均耕地面积（公顷/人） | 市域 | ≥ 0.1 | 国家规定底线 |
| | | X6 二氧化硫浓度（毫克/立方米） | 市区 | ≤ 0.04 | 大气质量一级标准 |
| | | X7 二氧化氮浓度（毫克/立方米） | 市区 | ≤ 0.04 | 大气质量一级标准 |
| | | X8 PM10 浓度（毫克/立方米） | 市区 | ≤ 0.04 | 大气质量一级标准 |
| | | X9 区域噪声均值（DB） | 市区 | ≤ 50 | 噪声质量一级标准 |
| | 恢复力 | X10 环保投资占 GDP 比重（10%） | 市域 | ≥ 2.5 | 发达国家现状值，引自王祥荣 |
| | | X11 垃圾无害化处理率（%） | 市域 | 100 | 国家标准 |
| | | X12 工业固体废物利用率（%） | 市域 | 100 | 当前中国城市最佳值外推 |
| | | X13 工业废水排放达标率（%） | 市域 | 100 | 国家标准外推 |
| | | X14 工业用水重复利用率（%） | 市域 | ≥ 95 | 当前中国城市最佳值外推 |
| | | X15 城市污水处理率（%） | 市区 | 100 | 生态城市理想值，引自黄光宇 |
| | 活力 | X16 万元 GDP 能耗（吨/万元） | 市域 | ≤ 0.5 | 当前中国城市最佳值外推 |
| | | X17 万元 GDP 用水（立方米/万元） | 市域 | ≤ 25 | 国家考核指标，参考相关文献 |
| 经济子系统 | 组织结构 | X18 人均 GDP（元/人） | 市域 | ≥ 100000 | 当前中国城市最佳值外推 |
| | | X19 第三产业比重（%） | 市域 | ≥ 72 | 英、法、德三国 2003 年平均值 |
| | 活力 | X20 国土产出率（万元/平方公里） | 市域 | ≥ 25000 | 深圳 2005 年数值 |
| | | X21 GDP 增长率（%） | 市域 | ≥ 10 | 中国最近几年平均值 |
| | | X22 高新技术产业增加值占工业产值比重（%） | 市域 | ≥ 50 | 美国等发达国家 2003 年数值 |
| | | X23 R&D 经费占 GDP 比重（%） | 市域 | ≥ 3.5 | 日本东京 2003 年数值外推 |
| | | X24 万人从业人员专业技术人员数（人） | 市域 | ≥ 4000 | 当前中国城市最佳值外推 |
| 社会子系统 | 组织结构 | X25 农民人均纯收入（元） | 市域 | ≥ 10000 | 当前中国城市最佳值外推 |
| | | X26 城市居民恩格尔系数（%） | 市区 | ≤ 20 | 当前中国最佳值外推 |
| | | X27 万人医生数（人） | 市域 | ≥ 60 | 美国 2003 年数值 |
| | | X28 人均道路面积（米/人） | 市区 | ≥ 15 | 东京、伦敦 2005 年数值 |
| | | X29 人均住房面积（平方米/人） | 市区 | ≥ 20 | 中国发达城市现状外推 |
| | 活力 | X30 万人高等学历人数（人） | 市域 | ≥ 1180 | 汉城现状值，引自王祥荣等 |
| | | X31 城镇人口失业率（%） | 市区 | ≤ 1 | 社会发展理想值 |
| | | X32 教育经费占 GDP 比重（%） | 市域 | 5.5 | 发达国家 2002 年平均值 |

（1）基于熵权的灰色关联投影发展函数

灰色关联分析方法是一种多因素统计分析方法，它是以各因素的样本数据为依据，利用灰色关联度来描述因素间的关系强弱、大小和次序。如果样本数据列反映出两因素变化的态势基本一致，则它们之间的关联度较大；反之，关联度较小。制定的要素指标健康标准值为理想样本，计算将要评价的各城市与理想样本即健康标准值之间的关联度，关联度越大，则说明生态系统发展水平越高，也即越健康。计算关联系数

$$\xi_{0i}(k) = \frac{\Delta(\min) + \rho\Delta(\max)}{\Delta_{0i}(k) + \rho\Delta(\max)}，\rho \text{ 为调解系数，得到关联系数矩阵} \begin{pmatrix} \xi_{01}(1), \xi_{01}(2), \cdots, \xi_{01}(p) \\ \xi_{02}(1), \xi_{02}(2), \cdots, \xi_{02}(p) \\ \cdots\cdots\cdots\cdots\cdots\cdots\cdots \\ \xi_{0n}(1), \xi_{0n}(2), \cdots, \xi_{0n}(p) \end{pmatrix}。$$

通过关联度模型我们可以看出，各样本的指标序参量越接近 1，则说明发展程度越好。

为了克服目前对于多指标评价权重的确定主要采取如 AHP 层次分析法、专家调查法等主观赋值法而造成的由于人的主观因素形成的偏差，采用了客观的熵权赋值法

$$w_j = \frac{1 - e_j}{\sum\limits_{j=1}^{n}(1 - e_j)}。$$

在计算出灰色关联度和熵权后，通过线性加权得到灰色关联投影值即为城市生态系统某子系统的发展函数，公式为：$D_i = \sum\limits_{k=1}^{p} w_k \xi_i(k)$，其中 $D_i$ 为 $i$ 子系统的发展函数，$\xi_i(k)$ 为 $i$ 子系统第 $k$ 各指标的灰色关联度，$w_k$ 为第 $k$ 个指标的熵权。

（2）基于变异系数的协调函数

在统计学中变异系数 $cv$ 表示样本间的相对离散程度，$cv$ 小则表示样本间的离散程度较小，应用到城市城市生态系统健康评价中则表示社会、经济、自然三个子系统间的协调程度，一定的协调程度表示了系统在某一特定的时间与空间中的特定结构与走势（表 3-5-2-3）。根据 $cv$ 的推导公式可以得出三个子系统间的协调函数。城市复合生态系统的三个子系统的协调函数可以表示为：

$C_D = \left(1 - c_b\right)^m$ 则 $0 < C_D < 1$ $m$ 为调解系数，在此取 2。$C_D$ 越大说明三个子系统越协调，城市复合生态系统越健康。

（3）综合健康函数

**协调等级分类表**　　　　　　　　　　　　表 3-5-2-3

| 区间 | 不可接受区间 | | | 接受区间 | | | |
|------|------|------|------|------|------|------|------|
| 等级 | 严重失调 | 中度失调 | 失调 | 勉强协调 | 中等协调 | 良好协调 | 优质协调 |
| 协调值 | （0，0.3） | [0.3，0.4） | [0.4，0.5） | [0.5，0.6） | [0.6，0.7） | [0.7，0.9） | [0.9，1） |

城市复合生态系统健康水平应是其发展水平与协调水平的综合体现，因此对于城市复合生态系统健康的评价采用加权连乘方法得城市复合生态健康函数：

$$H = (w_n \times D_n + w_e \times D_e + w_s \times D_s)^{\alpha} \times C_D^{\beta}$$

式中，$w_n$、$w_e$、$w_s$ 为自然、经济、社会三个系统的权重；$D_n$、$D_e$、$D_s$ 分别表示自然子系统、经济子系统、社会子系统的发展函数；$\alpha$、$\beta$ 分别表示城市复合生态系统发展函数与协调函数的权重，在此认为同等重要取等权 $\alpha = \beta = 0.5$。

根据相关研究，本文得出城市复合生态系统健康分级类别，见表3-5-2-4。

城市复合生态系统健康分类标准　　　　　　　　　表3-5-2-4

| 综合健康分级标准 | 病态 | 不健康 | 亚健康 | 健康 |
| --- | --- | --- | --- | --- |
| 分类区间 | [0-0.1] | （0.1，0.5] | （0.5-0.9] | （0.9，1.0] |

4. 三种模型之比较

生态足迹理论是从具体的生物物理量角度研究自然资本消费的空间，从而判断区域可持续发展状况的理论；而能值分析以太阳能值为基准，可对城市系统的各种生态流、能流、物质流和经济流进行能值分析、整合和定量评价，通过能值指标来统一度量城市复合生态系统的能流、物流、人口流以及货币流，从复合生态系统观点探讨它们之间内在关系。能值分析方法和生态足迹方法的角度不同，且能值分析方法较全面、系统；城市生态系统健康评价方法将"健康"一词引入城市生态环境研究中，从城市自然、经济、社会三个方面综合作用结果考虑，更注重城市生态系统各子系统之间的协调度。

## （二）大城市连绵区生态足迹分析

### 1. 京津唐大城市连绵区计算结果分析

根据京津唐地区区域发展情况，将北京、天津、唐山作为连绵区研究对象。以下是计算的三个城市的生态足迹、生态承载力和生态赤字方面的数据。

1) 京津唐地区生态足迹消耗增长趋缓

从整体上来看，北京的生态足迹消耗低于天津，而唐山的生态足迹最高，其主要原因在于，唐山的化石燃料消耗较大，是典型的重工业城市，为生产导向型，因而对物质能源的消耗较大（图3-5-2-1）。

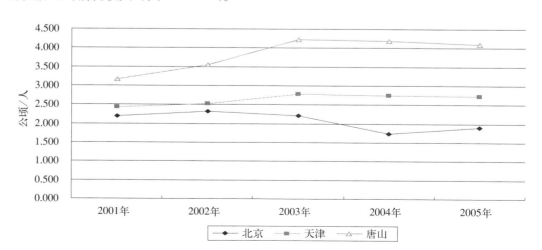

图 3-5-2-1 京津唐地区人均生态足迹变化图

北京的城市功能为政治、经济、文化中心，因而生产型的组成较少，对原煤、石油等生产资料消费较少，但生活资料，如粮食、蔬菜、油料等较天津和唐山消费更多，但整体上来看生态足迹仍然较低。其中，2003—2004年生态足迹消耗有显著下降，其主要原因可能有两个方面，一是人口的增加，使得单位物质能源消耗下降；二是部分高耗能、高污染的工业企业迁出北京，重新明确其作为政治、文化的核心城市地位，而经济发展转变为以高科技企业为主的发展模式，因而对原材料和能源消耗有所下降。

2）生态承载力不足，生态赤字较大

"重定义发展组织"对中国2000年生态承载力的计算值为0.92公顷，世界人均承载力为2.18公顷。京津唐地区的平均生态承载力仅有0.3左右，远远低于国际平均水平，说明当地的耕地、林地、草地以及化石能源、建筑用地非常有限，远远不足以支持该大城市连绵区的长期可持续发展，因而需要外部省市的物质及能源输入，以满足当地的快速经济发展。

从图3-5-2-2可以看出，唐山的生态赤字远远高出北京和天津，虽然其自身的生态承载力高于京津，平均为0.34，但其重工业发展更为迅速，在国民经济中占有相当的比重，因而对化石能源和原材料的消耗更为明显。基于这样的情况，对于唐山物质与能源的供给渠道应有充分的考虑，同时如何保证三大城市的物流与能流分配，是下一步大城市连绵区协调发展所必须考虑的问题。

3）各用地类型生态赤字分析

北京的生态赤字（图3-5-2-3）中，耕地赤字所占比重较大，说明由于人口增长，居民生活消费的粮食、蔬菜、油料等量大，而周边郊县所能提供的农用地面积有限，因而需要外部提供较多的供给。比较来看，唐山（图3-5-2-5）的化石能源缺口最大，由于它是典型的重工业城市，再加上城市功能调整过程中，原北京的一些重工业企业

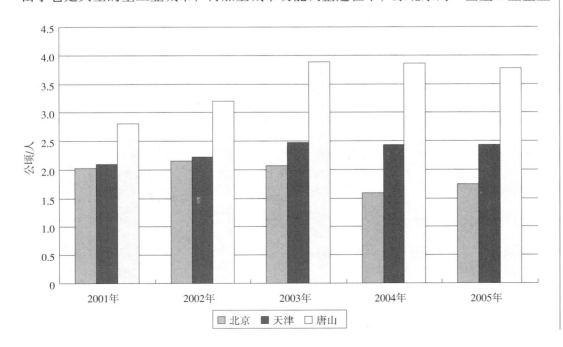

图 3-5-2-2　京津唐地区生态赤字分析图

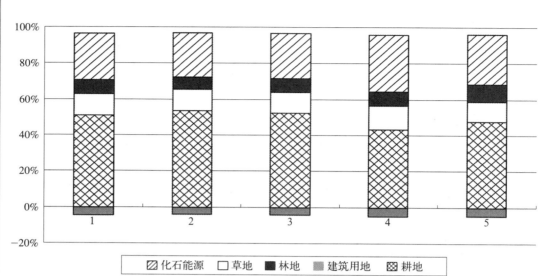

图 3-5-2-3 北京市各种用地类型生态赤字

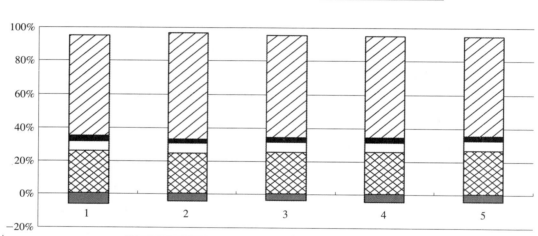

图 3-5-2-4 天津市各种用地类型生态赤字

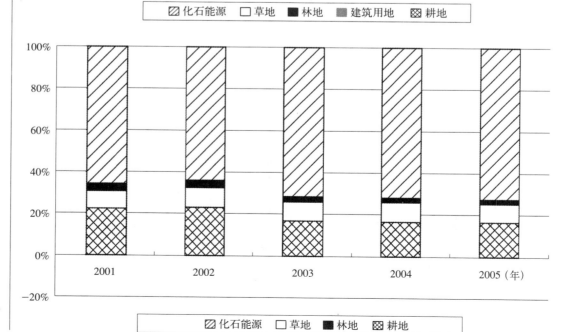

图 3-5-2-5 唐山市各种用地类型生态赤字

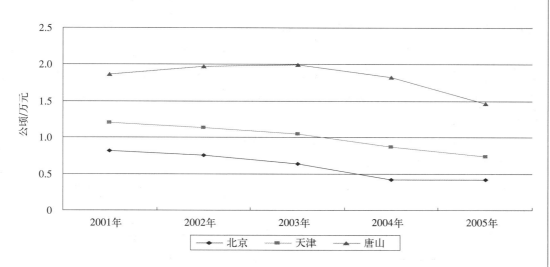

图 3-5-2-6 京津唐地区万元 GDP 生态足迹分析图

也移到唐山,因而对其城市可持续发展有着巨大影响。同时唐山的农用地面积较广,因而耕地承载力更强。天津(图 3-5-2-4)的城市性质居于两者之间,这在生态足迹消耗的图表中表现得较为明显,其生态赤字也有着同样类型。

北京、天津不存在建设用地的生态赤字,而唐山反之,说明北京、天津的城市化程度较高,而唐山正处于快速城市化的过程中,对建设用地有较多需求。

4)万元 GDP 生态足迹分析

由图 3-5-2-6 可以看出,唐山每万元 GDP 的产出对自然资源的消耗最大,说明唐山的经济发展模式对资源的依赖度最高,而北京的资源消耗最少,说明北京的产业结构中高科技类、第三产类所占比重相对较高。但总体上看,京津唐地区的生态足迹轨迹呈下降趋势,说明自身资源的利用效率在提高,以消耗自然资源为代价的经济发展模式在逐步改善。

5)小结

北京市在三城市中人口压力最大,居民生活消费的粮食、蔬菜、油料等的量大,而周边郊县所能提供的农业用地面积有限,因而需要从外部输入。高耗能、高污染工业企业迁出北京,将经济发展逐渐转变为以高科技企业为主的发展模式,因而对原材料和能源消耗相对居民生活消费小。天津作为我国北方对外开放的门户——港口城市,在原材料与能源方面需求比较大。北京将市内高能耗重污染企业外迁,重点发展高科技产业过程中,天津与唐山一样扮演着首都发展的"工业飞地"角色。而天津的人口压力相对北京较小,因此耕地方面的生态赤字不是很明显。唐山市是典型的工业城市,其对化石能源用地的需求较大。而且唐山的建设用地的生态赤字,说明唐山正处于快速城市化的过程中,对建设用地有较多需求。

2. 长三角大城市连绵区计算结果分析

1)城市生态足迹数值较高,且呈逐步增长趋势

由图 3-5-2-7 可以看出,杭州、上海、南京三城市的生态足迹均呈逐年上升趋势,且增长趋势类似,说明三城市对物质和能源的消耗水平一致。其中,上海的人均生态

足迹最高，南京和杭州人均生态足迹数值比较接近，且增长趋势几乎重合。

WWF《亚太区 2005 生态足迹与自然财富》中计算中国 2001 年人均生态足迹为 1.8 公顷，美国为 9.5 公顷。可见，三城市的人均生态足迹数值均高于全国平均水平，虽与发达国家有一定差距，但明显高于发展中国家的平均水平。其同经济发展水平相比，生态足迹偏高。

2）人均生态承载力很小，因而生态赤字较大

长三角大城市连绵区各城市均是地少人多，人均生态承载力很小。三城市的人均生态承载力均不足生态足迹的 1/5，生态赤字较大。三城市的人均生态承载力 6 年来均在 0.4—0.7 公顷左右，可见，三城市生态承载力低于全国平均水平，同时远低于世界平均水平。三城市 6 年来的人均生态赤字均大于 2 公顷，相比于全国 1996 年的人均生态赤字 1.2 公顷，数值偏大。由图 3-5-2-8 可见，三城市中，以上海的生态赤字最大，杭州与南京比较接近。

巨大的生态赤字反映了它们经济发展均较快，但是其发展也均处于生态不可持续状态。这与目前国内关于生态足迹的研究结果基本一致，几乎所有经济发展水平较高的城市都占有比其生态承载力大得多的生态足迹，发达国家城市的生态足迹更是数倍乃至十倍于其自身的生态承载力。

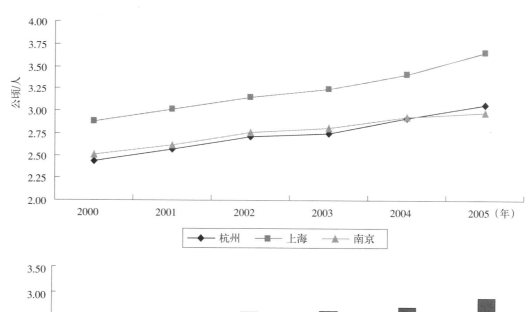

**图 3-5-2-7　长三角大城市连绵区地区人均生态足迹变化图**

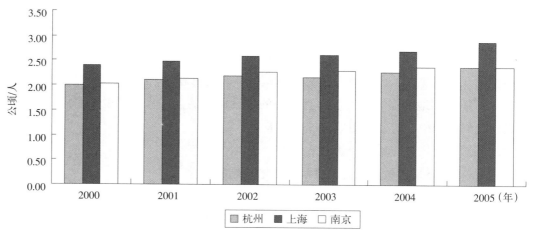

**图 3-5-2-8　长三角大城市连绵区地区生态赤字分析图**

由于三城市所占用的生态服务严重超出了其本身所能提供的生态服务，需要通过国内外贸易从其他相对不发达地区进口资源以平衡其生态足迹，这一行为导致了经济不发达地区的生态恶化，也导致本地的社会经济发展对外部有较强的依赖性，会产生一定的外部性效果。

3）三城市各种用地类型生态赤字大小不同

三城市均不存在建筑用地赤字，可见其城市化水平非常高（图3-5-2-9至图3-5-2-11）。耕地所占生态足迹与其生态承载力相差非常大，反映了快速工业化和城市化进程中，人口急剧增长使得耕地资源与建筑用地之间的矛盾日益尖锐，目前耕地已经成为最为稀缺的资源之一，人地矛盾尖锐。另外，与京津唐地区不同的是，长三角地区对林地草地的需求并不明显，说明其绿化程度相对较高，但水域用地存在缺口。

4）三城市万元GDP生态足迹分析

由图3-5-2-12可以看出，三城市万元GDP生态足迹均呈现下降趋势，这反映了资源利用效率的提高和经济增长方式的良性转变。其中，三城市中以上海资源利用率最高，其次为杭州，南京资源利用率相对较低，这也与三城市的经济发展水平相一致。

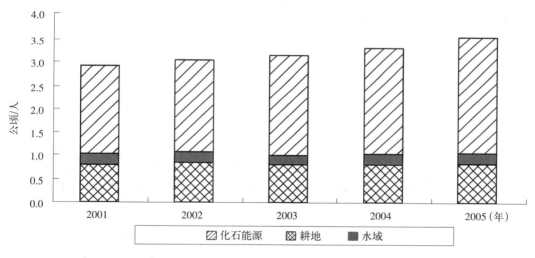

图 3-5-2-9 上海市各种用地类型生态赤字

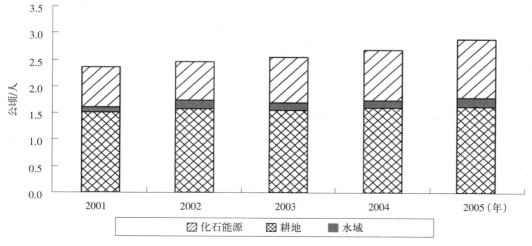

图 3-5-2-10 杭州市各种用地类型生态赤字

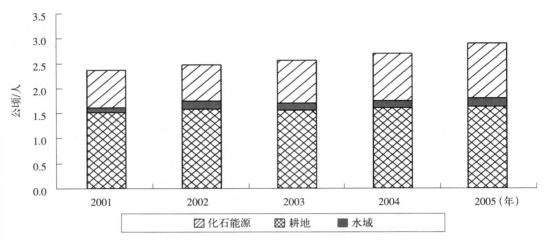

图 3-5-2-11　南京市各种用地类型生态赤字

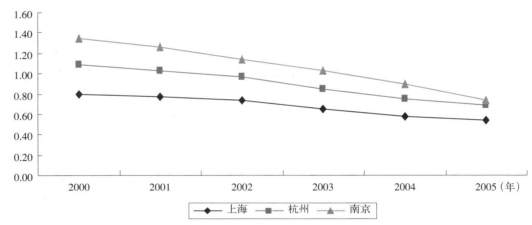

图 3-5-2-12　长三角大城市连绵区地区万元 GDP 生态足迹分析图

5）小结

上海市各用地类型生态赤字情况与广州类似，化石能源用地缺口最大，耕地和水域用地也存在较大不足。上海经济发展水平较高，工业比较发达，能源主要依赖进口，因而化石燃料用地赤字较另外两个城市大，且化石燃料用地赤字占总赤字比例较大，约为 70%。杭州和南京经济水平与上海相比较低，因而其化石燃料用地赤字所占比例较小，而耕地赤字所占比例较大。同时，杭州虽然经济发展水平与南京相当，但是其第三产业较为发达，因而化石燃料用地赤字所占比例较南京小。今后长三角地区的发展，应减少其占有的生态足迹，提高资源利用效率，降低自身资源的消耗及对国内有关贫困地区的生态压力。

3. 珠三角大城市连绵区计算结果分析

1）生态足迹较大，呈逐年增加趋势

由图 3-5-2-13 可以看出，广州、佛山的生态足迹较大，说明两者对资源和能源的需求过大，这与其"强二产、弱三产"的经济结构息息相关。而深圳经济以高新技术产业、金融服务业及文化产业为支柱，且建市时间较短，生态需求和压力相对较小，以 WWF《亚太区 2005 生态足迹与自然财富》中中国 2001 年人均生态足迹 1.8 公顷为基准，深圳是唯一低于该平均水平的大型城市。

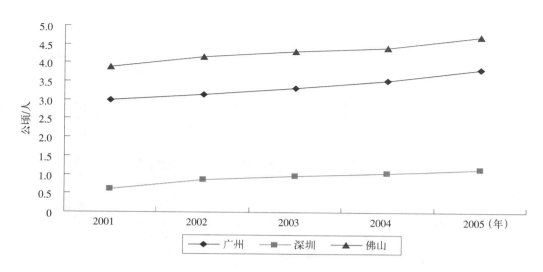

图 3-5-2-13　珠江三角洲地区三城市人均生态足迹图

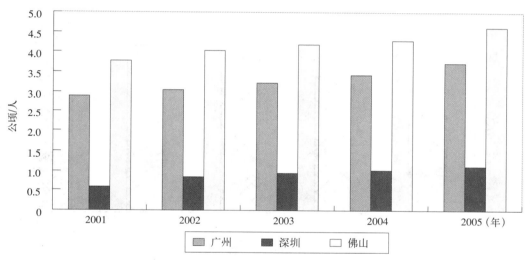

图 3-5-2-14　珠江三角洲地区生态赤字分析图

2）人均生态承载力小，生态赤字严重

三个城市的人均生态赤字（图 3-5-2-14）水平逐年升高，且呈现加速增长趋势。各城市的人均生态足迹均为人均生态承载力的 30 倍以上，深圳市 2005 年人均生态足迹甚至达到了人均生态承载力的 68.8 倍，佛山市人均生态足迹、人均生态承载力、人均生态赤字三个指标略高于广州市，约为深圳市 4—6 倍。

3）三城市各用地类型生态足迹分析

广州市草地、林地、建筑用地方面人均生态足迹在总人均生态足迹中所占比例较小，化石能源用地最高，耕地人均面积其次。耕地需求面积 5 年间没有发生太大变化，化石能源用地则出现较快增长。一方面说明广州市近几年工业发展速度加快，对能源的需求持续增长；另一方面对环境提出了更高要求，需要更多的环境容量消纳能源消费所产生的各种污染物（图 3-5-2-15）。

深圳市基本情况与广州市类似，虽然绝对数量没有广州高，但是所占比例情况基本一致。但深圳市林地生态足迹所占比重高于广州市，对深圳市绿化建设提出了更高

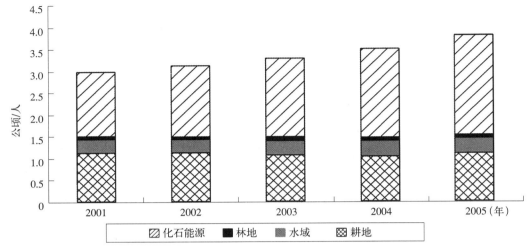

图 3-5-2-15 广州市各
用地类型生态足迹

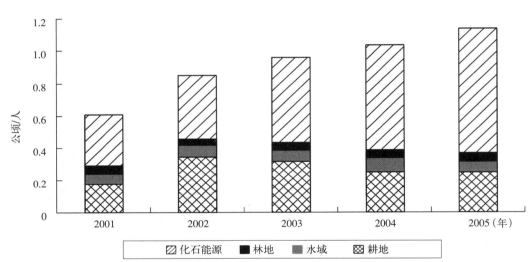

图 3-5-2-16 深圳市各
用地类型生态足迹

要求。深圳市近年发展很快，商品房以及写字楼建设占据了大量的土地，主要的林地
均分布在市郊。这种林地布局存在不合理性，使得城市中心城区易出现热岛效应，且
不利于环境质量的改善以及市民休憩游玩的需要（图 3-5-2-16）。

佛山市与广州市、深圳市情况有所不同，相对而言工业发展速度较慢，对能源的
需求增长没有其他两市明显。耕地需求占主要部分，说明佛山市民日常生活的大部分
消耗都体现在对食品的需求上，一定程度上反映了佛山市的经济水平与工业水平较低。
佛山对于牧草地、林地的生态足迹要小，这就有利于开展对森林、草地的保护，维持
自然生态服务功能价值的发挥（图 3-5-2-17）。

4）三城市万元 GDP 生态足迹分析

以上三城市的万元 GDP 生态足迹相对较低, 深圳尤为明显, 说明资源利用效率较高。
珠三角地区在地理区位、经济发展状况、区域间协调发展水平方面在全国范围内有明
显优势，应充分发掘自身潜力，转变发展思路，在发展的同时考虑到人与生态环境之
间的协同关系，走出一条具有特色的可持续发展道路（图 3-5-2-18）。

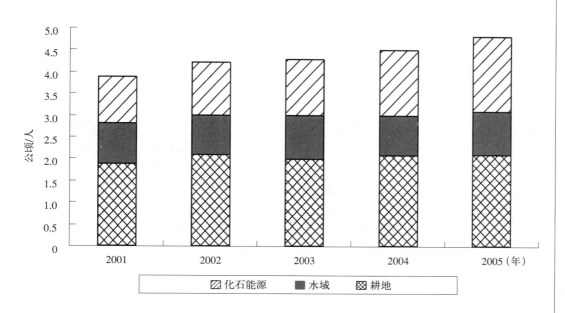

图 3-5-2-17　佛山市各用地类型生态足迹

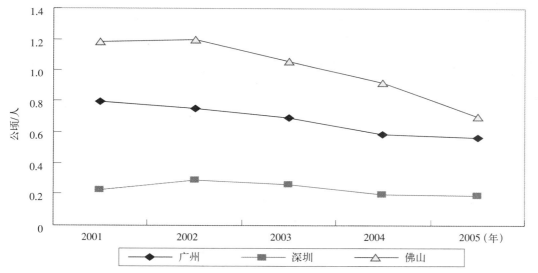

图 3-5-2-18　珠江三角洲地区万元 GDP 生态足迹分析图

5）小结

改革开放以来广州发展势头强劲，工业产值占 GDP 比例增长较快，对能源的需求量不断提高。加之人均汽车持有量随市民生活水平的改善而增长，能源消耗量也出现较大增长，但生态赤字明显。

从生态足迹方法角度看，佛山市的工业水平相对广州市较低，但能源需求在 5 年间出现了较快增长，说明工业发展速度之快。佛山市在发展工业的同时可以吸收借鉴广州市经验教训，走出一条与环境和谐共生的发展道路。

相对于其他两个城市而言，深圳市虽然也表现出不可持续状态，但是生态需求和压力较小。深圳市在建立初期可以参考国内外很多城市发展过程中出现的诸多问题和解决方案，借鉴一些成熟的发展模式，在进行城市总体规划时综合考虑人口、生态环境、资源等多方面要素，在市域范围内合理布局，进行有效的功能区划，协调发展各类型产业。因此虽然其人口数量与广州相当，为佛山市两倍左右，深圳市改善其环境状况基础条件相对好得多。

4.基于生态足迹方法的生态环境问题诊断

能源、资源过度消耗造成生态耗竭；城市人口压力过大，消费需求逐渐增大造成生态滞留；城市生态环境污染日益严重，城市功能失调导致生态板结；城市建筑用地需求有减缓趋势；发达城市的能源使用效率高，中等发达城市相对较低；京津唐连绵区生态环境问题最严重；长三角和珠三角大城市连绵区水污染较严重。

5.基于生态足迹方法的生态环境现状评价

三大城市连绵区从各用地类型生态赤字角度来看，耕地和化石能源用地在所选择的9个城市中均为制约城市发展的最关键因子。化石能源用地的需求在一定程度上可以体现出城市的工业发展水平，三大大城市连绵区在化石能源用地方面均存在较大缺口，反映出城市发展程度与工业化水平的正相关性。耕地的大量匮乏充分说明了农业在城市发展过程中的重要地位，是发展二产、三产的必要保障，所选的三大大城市连绵区在中国均为工业化程度较高、城市化水平较好的区域，农业服务功能需要适当向外发展，依靠周边农业产业型城市为大城市连绵区发展提供辅助，以农业促进工业，以工业反哺农业，走出一条区域高度协调化的可持续发展道路。

## （三）大城市连绵区范围内能值评价

1.京津唐城市连绵区能值核算

城市能值系统如图3-5-2-19。

根据前面所述指标体系对京津唐地区的城市生态系统进行能值核算，表3-5-2-5、表3-5-2-6、表3-5-2-7即为三城市的主要能值指标计算结果。

1）城市生态系统主要能值指标计算

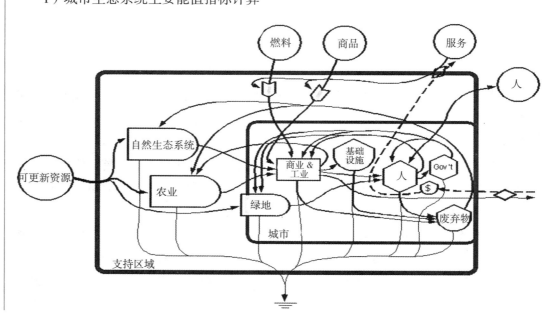

**图3-5-2-19 城市能值系统图**

表3-5-2-5

## 北京城市生态系统主要能值指标

| 指标 | 符号 | 1991 | 1992 | 1993 | 1994 | 1995 | 1996 | 1997 | 1998 | 1999 | 2000 | 2001 | 2002 | 2003 | 2004 | 2005 |
|---|---|---|---|---|---|---|---|---|---|---|---|---|---|---|---|---|
| 环境潜力 % | $R/U$ | 1.65 | 1.18 | 1.13 | 1.83 | 1.11 | 1.22 | 0.70 | 1.13 | 0.71 | 0.58 | 0.52 | 0.43 | 0.42 | 0.40 | 0.29 |
| 环境承载力（人口）(E+04) | $(R/U)*P$ | 18.1 | 13.0 | 12.6 | 20.6 | 13.9 | 153. | 8.66 | 1.40 | 8.92 | 7.97 | 7.20 | 6.10 | 6.06 | 6.04 | 4.46 |
| 无须付费资源占总能值使用量比率 % | $(R+N0)/U$ | 3.90 | 3.41 | 3.40 | 4.12 | 3.07 | 3.00 | 2.35 | 2.68 | 2.53 | 2.09 | 1.86 | 1.53 | 1.37 | 1.26 | 1.01 |
| 能值自给率 % | $(R+N0+N1)/U$ | 47.91 | 48.55 | 48.63 | 54.67 | 45.58 | 41.86 | 38.82 | 38.07 | 41.71 | 34.70 | 30.88 | 36.90 | 32.53 | 35.66 | 35.12 |
| 输入能值占总能值比 % | $(G+F+S)/U$ | 52.09 | 51.45 | 51.37 | 45.33 | 54.42 | 58.14 | 61.18 | 61.93 | 58.29 | 65.30 | 69.12 | 63.10 | 67.47 | 64.34 | 64.88 |
| 输入服务能值占总能值比率 % | $S/U$ | 3.38 | 2.73 | 4.06 | 6.19 | 5.41 | 5.47 | 6.49 | 6.97 | 9.32 | 9.34 | 15.99 | 15.21 | 13.48 | 10.64 | 10.77 |
| 能值使用强度 (E+18) | $U/area$ | 7.3 | 7.4 | 7.2 | 7.2 | 8.4 | 9.3 | 10.0 | 10.6 | 9.0 | 11.0 | 12.3 | 14.9 | 17.3 | 19.3 | 22.9 |
| 付费与无须付费能值比 | $(G+F+S+N1)/(R+N0)$ | 24.7 | 28.4 | 28.4 | 23.2 | 31.5 | 32.4 | 41.6 | 36.4 | 38.5 | 46.9 | 52.8 | 64.3 | 72.1 | 78.7 | 98.2 |
| 人均能值使用量 (E+15) | $U/P$ | 11.0 | 11.0 | 10.7 | 10.5 | 11.0 | 12.2 | 13.2 | 14.0 | 11.8 | 13.2 | 14.6 | 17.2 | 19.5 | 21.3 | 24.5 |
| 人均用燃料能值 (E+15) | $F/P$ | 2.30 | 2.30 | 1.94 | 2.26 | 3.19 | 3.65 | 4.99 | 4.90 | 5.01 | 4.34 | 4.24 | 4.40 | 4.42 | 4.13 | 5.08 |
| 电力使用占总能值的使用比 | $(Elect)/U$ | 8.25 | 8.92 | 9.95 | 10.60 | 9.27 | 9.72 | 9.70 | 9.70 | 12.16 | 12.25 | 11.29 | 10.19 | 9.29 | 9.20 | 8.62 |
| 输出/输入（输入输出能值比率） | $E/(G+F+S)$ | 0.51 | 0.36 | 0.28 | 0.30 | 0.34 | 0.34 | 0.39 | 0.41 | 0.47 | 0.57 | 0.50 | 0.60 | 0.60 | 0.68 | 0.69 |
| 废弃物能值与可再生能值比 | $W/R$ | 23.40 | 61.17 | 67.24 | 33.66 | 69.38 | 58.16 | 92.61 | 57.32 | 102.34 | 90.52 | 90.86 | 86.17 | 87.56 | 84.90 | 126.12 |
| 废弃物能值占总能值使用量比 | $W/U$ | 0.39 | 0.72 | 0.76 | 0.62 | 0.77 | 0.71 | 0.65 | 0.64 | 0.73 | 0.53 | 0.47 | 0.37 | 0.36 | 0.34 | 0.37 |
| 总能值使用量与国民生产总值之比 (E+12) | $U/GNP$ | 10.70 | 9.46 | 7.93E | 9.372 | 8.23 | 7.83 | 7.51 | 6.83 | 5.64 | 6.00 | 5.87 | 6.31 | 6.42 | 6.14 | 4.48 |
| 能值投资比 | $(G+F+S+N0+N1)/R$ | 59.54 | 83.45 | 87.30 | 53.55 | 89.32 | 80.72 | 142.20 | 87.88 | 139.99 | 170.07 | 191.22 | 232.21 | 239.20 | 246.17 | 343.86 |
| 生态经济产品效率 | $GDP/[(F+G+S)/P1]$ | 1.92 | 1.94 | 1.95 | 2.21 | 1.84 | 1.72 | 1.63 | 1.61 | 1.72 | 1.53 | 1.45 | 1.58 | 1.48 | 1.55 | 1.54 |
| 单位美元能源消耗 (E+12) | | 2.24 | 1.97 | 1.44 | 2.02 | 2.39 | 2.35 | 2.83 | 2.39 | 2.40 | 1.97 | 1.71 | 1.61 | 1.45 | 1.19 | 9.29 |

天津城市生态系统主要能值指标

表 3-5-2-6

| 指标 | 符号 | 1991 | 1992 | 1993 | 1994 | 1995 | 1996 | 1997 | 1998 | 1999 | 2000 | 2001 | 2002 | 2003 | 2004 | 2005 |
|---|---|---|---|---|---|---|---|---|---|---|---|---|---|---|---|---|
| 环境承载力（人口） | $(R/U)P$ | 1.31E+05 | 1.23E+05 | 1.06E+05 | 1.30E+05 | 1.20E+05 | 1.09E+05 | 1.16E+05 | 1.22E+05 | 1.29E+05 | 9.97E+04 | 7.89E+04 | 7.41E+04 | 6.04E+04 | 5.10E+04 | 4.38E+04 |
| 环境潜力 % | $R/U$ | 1.45 | 1.34 | 1.14 | 1.39 | 1.27 | 1.15 | 1.22 | 1.27 | 1.34 | 1.00 | 0.79 | 0.74 | 0.60 | 0.50 | 0.42 |
| 无须付费资源占总能值使用比 % | $(R+N0)/U$ | 7.76 | 7.17 | 6.14 | 7.48 | 6.83 | 6.16 | 6.53 | 6.84 | 7.21 | 5.35 | 4.22 | 3.95 | 3.21 | 2.83 | 2.49 |
| 能值自给率 % | $(R+N0+N1)/U$ | 30.92 | 29.57 | 26.62 | 36.22 | 35.30 | 32.83 | 34.83 | 40.28 | 41.79 | 33.87 | 32.49 | 35.10 | 31.79 | 29.65 | 27.59 |
| 输入能值占总能值比 % | $(G+F+S)/U$ | 69.08 | 70.43 | 73.38 | 63.78 | 64.70 | 67.17 | 65.17 | 59.72 | 58.21 | 66.13 | 67.51 | 64.90 | 68.21 | 70.35 | 72.41 |
| 输入服务能值占总能值比率 % | $S/U$ | 2.22 | 2.36 | 1.39 | 4.10 | 5.10 | 5.97 | 7.68 | 3.30 | 8.86 | 10.32 | 9.39 | 9.63 | 6.89 | 7.02 | 7.57 |
| 能值使用强度（E+18） | $U/area$ | 8.3 | 8.9 | 10.4 | 8.6 | 9.4 | 10.4 | 9.8 | 9.4 | 8.9 | 12.0 | 15.2 | 16.3 | 20.01 | 24.0 | 28.5 |
| 付费与无须付费能值比 | $(G+F+S+N1)/(R+N0)$ | 11.9 | 12.9 | 15.3 | 12.4 | 13.6 | 15.2 | 14.3 | 13.6 | 12.9 | 17.7 | 22.7 | 24.3 | 30.2 | 34.3 | 39.1 |
| 人均能值使用量（E+15） | $U/P$ | 10.3 | 11.0 | 12.7 | 10.4 | 11.3 | 12.4 | 11.7 | 11.1 | 10.5 | 13.6 | 17.1 | 18.2 | 22.41 | 26.5 | 30.9 |
| 人均用燃料能值（E+15） | $F/P$ | 1.52 | 1.51 | 1.45 | 2.04 | 3.02 | 2.84 | 2.96 | 2.95 | 3.00 | 4.26 | 4.81 | 4.42 | 4.84 | 5.10 | 5.30 |
| 电力使用占总能值的使用比 | $(Elect)/U$ | 7.97 | 7.60 | 7.35 | 9.88 | 9.64 | 9.12 | 9.99 | 10.82 | 12.02 | 9.98 | 8.34 | 8.75 | 7.92 | 7.41 | 7.05 |
| 输出/输入（输出输入能值比） | $E/(G+F+S)$ | 0.12 | 0.12 | 0.47 | 0.43 | 0.35 | 0.34 | 0.34 | 0.36 | 0.26 | 0.26 | 0.29 | 0.27 | 0.28 | 0.26 | 0.26 |
| 废弃物能值与可再生能值比 | $W/R$ | 34.87 | 35.73 | 32.48 | 42.41 | 44.09 | 46.00 | 38.23 | 37.38 | 35.10 | 39.33 | 43.69 | 42.90 | 43.91 | 50.58 | 66.27 |
| 废弃物能值占总能值使用量比 % | $W/U$ | 0.50 | 0.48 | 0.37 | 0.59 | 0.56 | 0.53 | 0.46 | 0.48 | 0.47 | 0.39 | 0.34 | 0.32 | 0.26 | 0.25 | 0.28 |
| 能值使用与国民生产总值比（E+12） | $U/GNP$ | 14.52 | 13.58 | 12.63 | 11.41 | 9.52 | 8.73 | 7.29 | 6.38 | 5.55 | 6.60 | 7.42 | 7.07 | 7.26 | 7.21 | 7.13 |
| 能值投资比 | $(G+F+S+N0+N1)/R$ | 68.19 | 73.86 | 86.39 | 70.79 | 77.65 | 86.14 | 81.27 | 77.45 | 73.43 | 99.39 | 126.27 | 134.97 | 166.00 | 199.66 | 237.18 |
| 生态经济产品效率 | $GDP/[(F+G+S)/P1]$ | 1.45 | 1.42 | 1.36 | 1.57 | 1.55 | 1.49 | 1.53 | 1.67 | 1.72 | 1.51 | 1.48 | 1.54 | 1.47 | 1.42 | 1.38 |
| 单位美元能源消耗（E+12） | $fuel/GDP$ | 2.14 | 1.86 | 1.44 | 2.24 | 2.55 | 2.00 | 1.85 | 1.70 | 1.59 | 2.07 | 2.08 | 1.71 | 1.57 | 1.39 | 1.22 |

表 3-5-2-7

## 唐山城市生态系统主要能值指标

| 指标 | 符号 | 1991 | 1992 | 1993 | 1994 | 1995 | 1996 | 1997 | 1998 | 1999 | 2000 | 2001 | 2002 | 2003 | 2004 | 2005 |
|---|---|---|---|---|---|---|---|---|---|---|---|---|---|---|---|---|
| 环境承载力（人口） | (R/U) P | 1.52E+05 | 1.13E+05 | 1.08E+05 | 1.30E+05 | 1.25E+05 | 9.92E+04 | 8.59E+04 | 1.08E+05 | 7.09E+04 | 7.03E+04 | 6.86E+04 | 6.12E+04 | 5.38E+04 | 5.61E+04 | 4.92E+04 |
| 环境潜力 % | R/U | 2.29 | 1.69 | 1.61 | 1.93 | 1.83 | 1.45 | 1.25 | 1.56 | 1.02 | 1.00 | 0.98 | 0.87 | 0.76 | 0.79 | 0.69 |
| 无须付费资源占总能值使用量比 % | (R+N0)/U | 9.57 | 8.64 | 8.23 | 8.05 | 7.43 | 6.94 | 6.38 | 6.19 | 5.22 | 5.14 | 5.01 | 4.45 | 3.75 | 3.71 | 3.35 |
| 能值自给率 % | (R+N0+N1)/U | 87.35 | 92.09 | 92.86 | 91.51 | 91.27 | 92.47 | 95.70 | 96.47 | 96.68 | 96.59 | 96.22 | 97.09 | 97.24 | 97.58 | 96.79 |
| 输入能值占总能值比 % | (G+F+S)/U | 12.65 | 7.91 | 7.14 | 8.49 | 8.73 | 7.53 | 4.30 | 3.53 | 3.32 | 3.41 | 3.78 | 2.91 | 2.76 | 2.42 | 3.21 |
| 输入服务能值占总能值比 % | S/U | 0.05 | 0.09 | 0.17 | 0.24 | 0.26 | 0.42 | 0.46 | 0.45 | 0.28 | 0.25 | 0.17 | 0.14 | 0.15 | 0.27 | 0.31 |
| 能值使用强度（E+18） | U/area | 5.0 | 5.3 | 5.5 | 5.98 | 6.54 | 6.66 | 7.10 | 7.90 | 8.70 | 8.80 | 9.10 | 10.20 | 12.30 | 12.50 | 13.70 |
| 付费与无须付费能值比 | (G+F+S+N1)/(R+N0) | 9.45 | 10.57 | 11.15 | 11.43 | 12.46 | 13.41 | 14.70 | 15.1 | 18.1 | 18.5 | 19.0 | 21.5 | 25.7 | 25.9 | 28.8 |
| 人均能值使用量（E+15） | U/P | 10.21 | 10.61 | 11.08 | 11.92 | 12.96 | 13.12 | 13.90 | 15.4 | 16.9 | 17.0 | 17.5 | 19.6 | 23.4 | 23.7 | 25.9 |
| 人均用燃料能值（E+15） | F/P | 2.85 | 2.83 | 2.82 | 3.60 | 3.56 | 4.39 | 4.92 | 5.13 | 4.90 | 4.79 | 5.28 | 5.59 | 6.74 | 7.60 | 8.72 |
| 电力能值占总能值比 | (Elect)/U | 6.6 | 7.61 | 7.96 | 3.96 | 7.62 | 7.80 | 7.57 | 7.16 | 3.94 | 7.10 | 7.41 | 7.51 | 8.10 | 10.11 | 11.05 |
| 输出/输入（输出输入能值比率） | E/(G+F+S) | (0.51) | (1.12) | (1.38) | (0.94) | 0.17 | 0.41 | 0.52 | 0.56 | 0.57 | 0.62 | 0.56 | 0.75 | 0.41 | 0.78 | 0.67 |
| 废弃物能值与可再生能值比 | W/R | 102.48 | 143.97 | 168.79 | 122.14 | 115.76 | 130.03 | 178.31 | 111.17 | 151.08 | 152.55 | 134.04 | 123.79 | 118.03 | 107.79 | 112.79 |
| 废弃物能值占总能值比 | W/U | 2.34 | 2.43 | 2.72 | 2.36 | 2.13 | 1.89 | 2.22 | 1.74 | 1.54 | 1.53 | 1.31 | 1.08 | 0.90 | 0.85 | 0.78 |
| 总能值使用量与国民生产总值之比率（E+12） | U/GNP | 25.40 | 20.67 | 15.68 | 17.96 | 14.75 | 12.29 | 11.20 | 11.27 | 11.66 | 10.78 | 10.05 | 10.33 | 10.55 | 8.58 | 7.47 |
| 能值投资比 | (G+F+S+N0+N1)/[(F+G+S)/P1] | 42.75 | 58.19 | 61.13 | 50.85 | 53.57 | 67.98 | 79.17 | 63.00 | 96.91 | 98.53 | 101.05 | 113.90 | 130.37 | 125.55 | 144.12 |
| 生态经济产品效率 | GDP/[(F+G+S)/P1] | 7.90 | 12.64 | 14.01 | 11.78 | 11.46 | 13.27 | 23.28 | 28.36 | 30.16 | 29.34 | 26.47 | 34.34 | 36.23 | 41.31 | 31.13 |
| 单位美元能源消耗（E+12） | fuel/GDP | 7.09 | 5.52 | 3.99 | 5.42 | 4.05 | 4.11 | 3.95 | 3.75 | 3.38 | 3.03 | 3.04 | 2.95 | 3.04 | 2.75 | 2.52 |

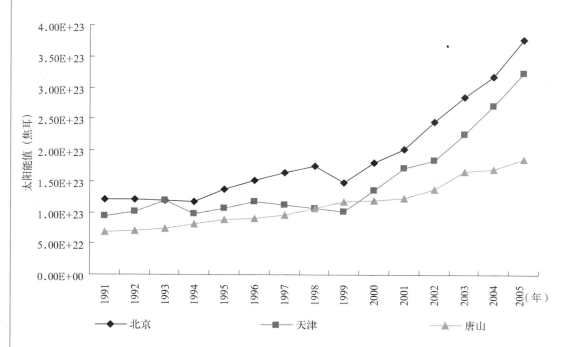

图 3-5-2-20 北京、天津、唐山 1991—2005 年间人均能值利用值

2）能源子系统能值分析

（1）总能值利用量

城市系统的总能值利用量包括本地可更新资源、不可更新资源、输入货物、输入能源和输入服务能，它反映当年本地使用的所有财富的总和。从图 3-5-2-20 看出，京津唐连绵区的三个城市在 1991—2005 年间的总能值利用量不断增加，尤其 1999 年后北京和天津市的增长较快。

（2）资源基础与能值结构

1991—2005 年之间，京津唐地区城市系统中，北京和天津市的不可更新资源能值占系统总利用能值的比重逐渐下降。唐山市的不可更新资源的能值占系统总利用能值的比重远远高于北京和天津市（图 3-5-2-21）。

从资源基础看，北京和天津地区以购买资源为主，而且购入的燃料的绝对数量增加得很快。北京市的可更新资源能值的投入量和本地不可更新资源量均比天津和唐山的低，说明北京市的本地资源不丰富，北京城市的迅速发展主要是依赖购买或进口的资源。

（3）人均能值利用值

人均能值利用值反映城市人口的生存水平和生活质量。如图 3-5-2-22 所示，京津唐大城市连绵区三个城市人均利用能值呈平稳的上升趋势，从 1991 年的人均能值利用值为 10E+15 太阳能焦耳 / 年到 2005 年上升为 25E+15 太阳能焦耳 / 年，增加了两倍多。这表明北京、天津和唐山的市民生活水平在不断改善，尤其 1999 年以后呈直线上升趋势。北京和天津城市系统利用总能值较高，但由于过多的人口，导致人均能值利用值偏低。因此要提高生活水平不仅要增加系统总能值利用值，还需考虑人口增长的控制问题。

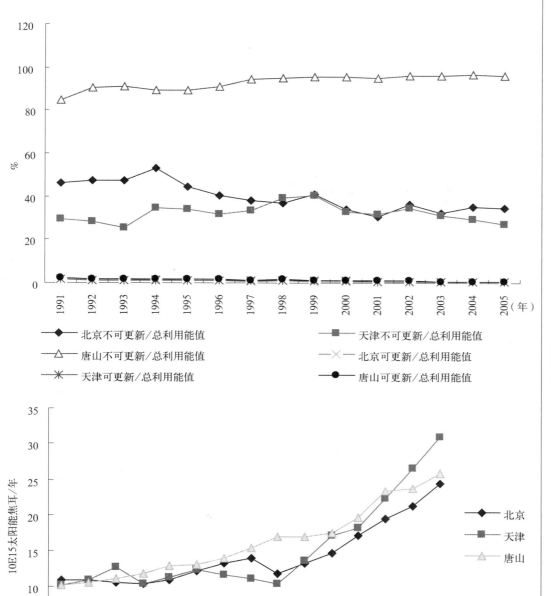

图 3-5-2-21　北京、天津、唐山 1991—2005 年间资源结构比

图 3-5-2-22　北京、天津、唐山 1991—2005 年间人均能值利用值

（4）能值利用强度

能值利用强度反映系统经济发展程度和发展水平。由图 3-5-2-23 可知，2005 年北京市和天津市的能值利用强度达到 22.94E+12 太阳能焦耳 / 平方米和 28.47 太阳能焦耳 / 平方米。1999 年后北京和天津市的能值利用强度上升较快，明显高于唐山的能值利用强度，这说明北京和天津的经济水平较唐山高，且发展迅速，但也造成了北京和天津市的环境压力较大。

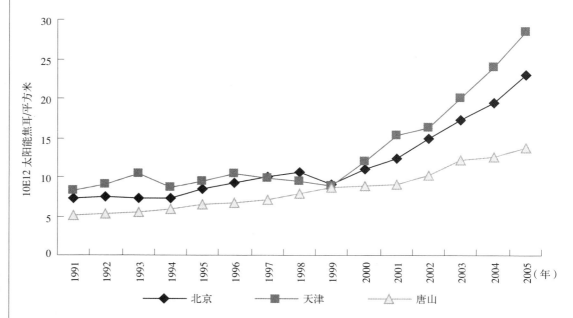

**图 3-5-2-23 北京、天津、唐山 1991—2005 年间能值利用强度**

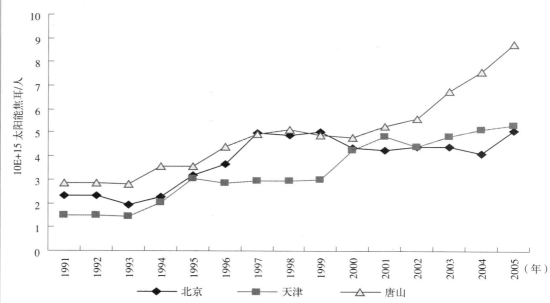

**图 3-5-2-24 北京、天津、唐山 1991—2005 年间人均使用燃料能值**

（5）本地能源的使用率

从图 3-5-2-24 可以看出，京津唐三个城市的人均使用燃料能值均呈现上升趋势，说明能源利用量在逐年增加。1991—2003 年间，北京市和天津市的本地电力使用占总能值的使用比率均高于唐山市，经济发展水平明显高于唐山。2003 年后，北京市和天津市使用本地电力占总能值的使用比率呈缓慢的下降趋势，唐山市则呈上升趋势，这说明北京市和天津市的总能值利用量增长较快，使得本地电力使用的比例有所下降，同时唐山市的本地发电量在逐渐增加，经济发展速度也在不断加快。

由于北京位于华北平原，地势平缓，降雨量也不丰富，没有南方地区那样丰富的水电力资源，因而京津唐地区的电力主要依靠火力发电，大部分电力靠从外地购进。

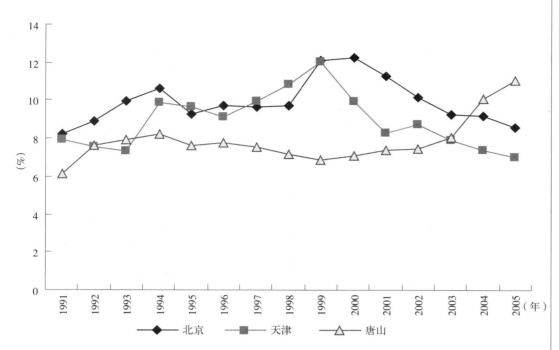

图 3-5-2-25 北京、天津、唐山 1991—2005 年间电力使用占总能值的使用比率

加上北京、天津本身不产原油，所以原油的使用全部依靠付费购买，天然气也全部是从外地购买，因此购入能源能值占总消耗能源的比例高（图 3-5-2-25）。

电能是维持经济发展的主要能源，尤其是在工业和信息产业领域。在总利用能值中，电能所占比率越大，则表明该城市或地区的工业化程度和信息化水平越高。北京在电力应用方面与世界发达国家的差距还很大，美国佛罗里达州 1990 年的电力应用占总利用能值的 20%，而北京 2000 年的电力仅占 12.25%，说明北京的工业化和信息化程度在我国处于较高水平，但在全球范围来看还是属于比较落后的。其原因可能不仅在于输入能值在系统利用总能值中所占比率很大，导致本地资源能值投入相对较少，而且北京的电能几乎完全由火电构成，而世界发达国家尤其是那些水利资源丰富的国家或地区，其水电一般占总利用电能的 3% 以上。

（6）小结

随着城市人口的不断增加和生活水平的提高，用于社会经济发展的社会总利用能值在不断增长。随之人均资源使用量也增加，人民生活水平逐渐提高。但是，由于不可更新资源的有限性和缺乏对新型可更新资源的开发利用，使大城市连绵区本身所提供的资源比率相对减少，自给能力逐渐衰退。如果要维持城市系统经济的持续快速发展，就必须满足系统对资源的需求，必须输入资源。本地缺乏资源的超大核心城市的发展依赖购买资源，而且购入燃料的绝对数量增加很快。

大城市连绵区的核心城市工业化程度和系统的开发程度一般较高，发展等级中地位较高，经济发展迅速，同时系统经济对环境的压力也较大。城市人均燃料使用量呈现上升趋势，说明能源利用量在逐年增加。我国城市电力应用方面与世界发达国家的差距还很大。虽然几个超大级城市在国内处于较高发展水平，但在全球范围来看还是

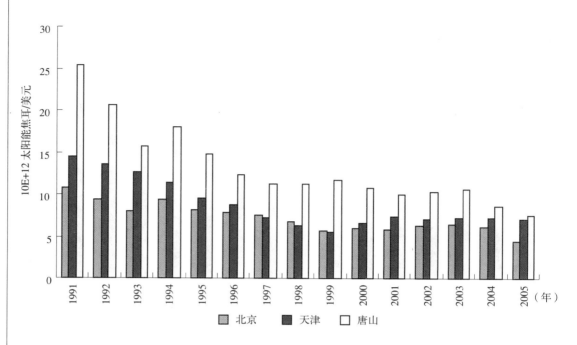

**图 3-5-2-26　北京、天津、唐山 1991—2005 年间能值货币比率**

属于比较落后的。其原因可能不仅在于输入资源比率大，使用的电力绝大部分是靠从外地输入，而且电能几乎完全由火电构成。

　　3）经济子系统能值分析

　　（1）能值／货币比

　　能值／货币比率反映该城市系统的经济发达程度，能值／货币比率高，代表单位货币所换取的能值财富多，显示生产过程中使用的自然资源所占的比重大；反之，能值／货币比率小的国家（或地区），其自然资源对经济成长的贡献较小，科技发达，说明该地区的开发程度较大。

　　在 1991—2005 年间，京津唐大城市连绵区生态系统的能值／货币比率总体呈下降趋势，尤以唐山市的下降幅度明显，说明该地区的交通以及经济的发展水平迅速，货币和物质流动的速度加快（图 3-5-2-26）。这从宏观上反映出京津唐地区经济发展平稳前进，工业化和商业化程度逐年提高。但与发达地区相比仍然处于欠发达水平，如美国佛罗里达州 1980 年的能值／货币比率为 3.2E+12 太阳能焦耳／美元，比 2005 年北京市 4.48E+12 太阳能焦耳／美元的能值货币比率还要低。

　　（2）输出输入能值比

　　对外贸易是城市生态系统存在运行发展的重要组成部分，但在贸易交流中有些难以用货币直接衡量。即使能用货币直接衡量的也可能由于多种货币单位的换算而造成偏差。而通过能值理论来分析可得到较为公平客观的认识，通过劳务和科技本身的能值转换率计算可以明显看出人类劳务和科学技术的能值及其价值。

　　输出输入能值比反映系统的贸易情况。从图 3-5-2-27 可以看出，京津唐地区的三个城市中，北京和唐山的输出／输入比值呈上升趋势，天津的则较平缓。唐山是矿业城市，每年的矿产资源输出量较多，而北京则输出的货物和服务较多。

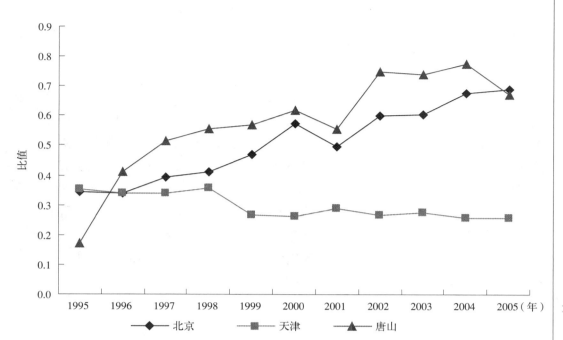

图 3-5-2-27　北京、天津、唐山 1995—2005 年间输出输入能值比率

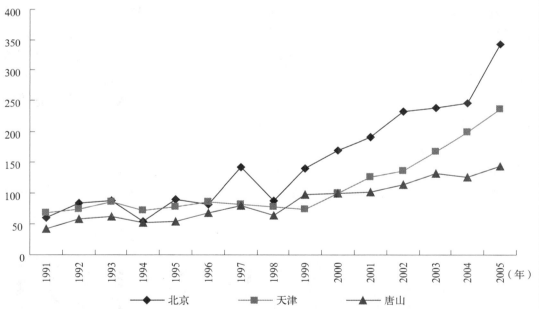

图 3-5-2-28　北京、天津、唐山 1991—2005 年间能值投资比

（3）能值投资率

能值投资率是衡量开发单位本地区资源而需要的能值投入，如果经济系统的运行主要依赖于本地资源，则比率较小。京津唐连绵区的三个城市中，能值投资率北京最高、唐山最低，表明北京市的经济发展程度较高，对本地资源的依赖程度较低，唐山市对本地资源的依赖程度较高（图 3-5-2-28）。北京市的自然资源相对匮乏，其经济的高速发展，在很大程度上依赖于外来资源的输入。

低能值投资率地区较高能值投资率地区具有更多未开发利用的资源，具有更优越的投资环境，更易吸引投资者，但值得注意的是这一指数大小常受政治或社会经济因素的制约，投资环境不仅包括环境资源条件，也包括法律、交通、税收、社会秩序等诸多因素。

（4）小结

目前，京津唐大城市连绵区的交通发达，货币和物质流动速度快，反映出京津唐地区经济发展平稳前进，工业化和商业化程度逐年提高，但与发达国家相比仍然处于欠发达状态。其中，北京发达程度最高、唐山最低。北京市的自然资源相对匮乏，其经济的高速发展，在很大程度上依赖于外来资源的输入，输出主要为货物和服务、输入以原煤为主的燃料能源。而唐山市的本地资源丰富，其经济发展对本地资源的依赖程度高于外地资源，每年的矿产资源输出量较多。虽然唐山具有更多未开发利用的资源，更易吸引投资者，但投资环境不仅包括环境资源条件，还受社会因素的影响，因此要促进唐山这样资源型的城市发展，必须优化资源以外的其他投资环境，要进一步提高唐山市的能值投资率应优化如法律、税收等其他方面的投资环境。

4）环境子系统能值分析

（1）环境自给率

图 3-5-2-29 显示，京津唐连绵区中，唐山的能值自给率较高，达到 40%，说明唐山市的自足能力较强，对内部资源的开发程度较高。1991—2005 年间，天津市的能值自给能力趋于平缓，无显著的上下波动；而北京市的能值自给率呈下降趋势。北京地区的自然资源相当贫乏，尤其是矿产资源和水利资源，80% 以上的燃料原材料以及电力均依赖于外界输入。因此北京应在有效利用和科学管理自身资源的基础上，适当引进高科技和先进设备，尽可能充分的开发资源获得最佳整体效益。

（2）环境潜力与环境承载力

在 1991—2005 年间，京津唐连绵区中三个城市的环境潜力（即可更新能值占总利用能值的比率）呈明显的下降趋势（图 3-5-2-30），北京市可更新资源的比重从 1991

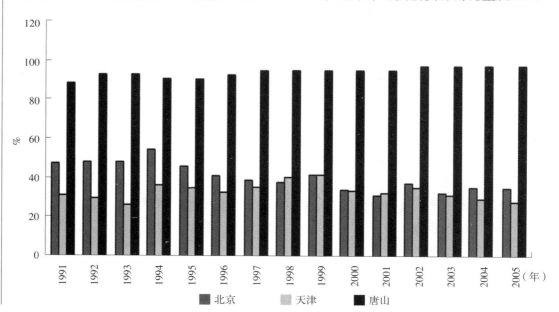

**图 3-5-2-29 北京、天津、唐山 1991—2005 年间能值自给率**

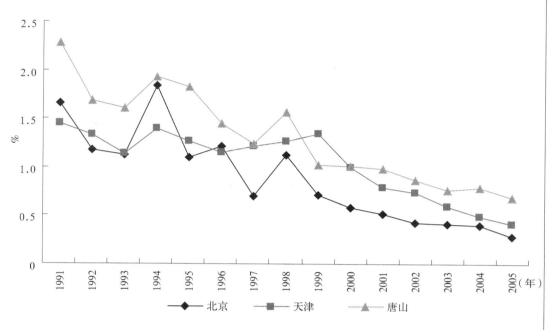

图 3-5-2-30　北京、天津、唐山 1991—2005 年间环境潜力

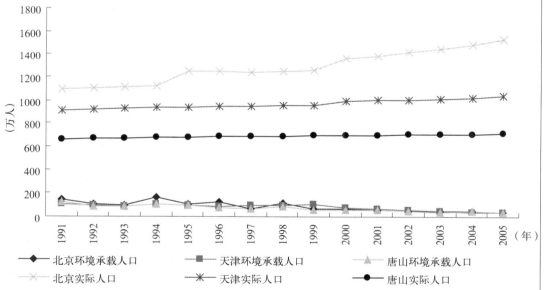

图 3-5-2-31　北京、天津、唐山 1991—2005 年间环境承载力（人口）

年的 1.65% 下降到 2005 年的 0.29%，一方面因为北京地区可更新资源量本来就偏少，另一方面因为城市经济发展速度较快，系统总利用能值不断增长。

如图 3-5-2-31 所示，环境潜力与环境承载人口数具有正相关关系，因而系统环境承载人口数也呈下降趋势。然而，从计算的环境承载人口数和城市实际人口数的比例来看，现居住的人口数已经大大超过城市人口容量，使城市环境承受巨大负荷。

（3）环境负荷率

由图 3-5-2-32 可以看出，1991—2005 年京津唐大城市连绵区的三个城市环境负荷率均呈上升趋势，其中北京最高、唐山最低，表明北京市的经济发展程度较高，相对的环境所承受的压力也最大。

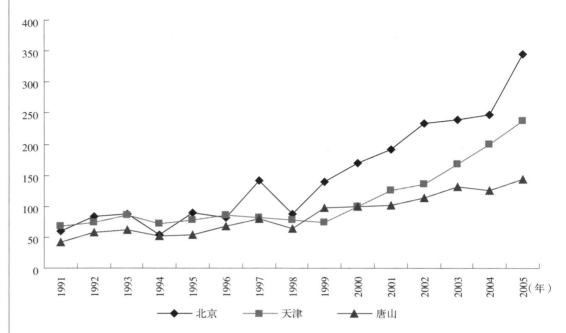

图 3-5-2-32 北京、天津、唐山 1991—2005 年间环境负荷率

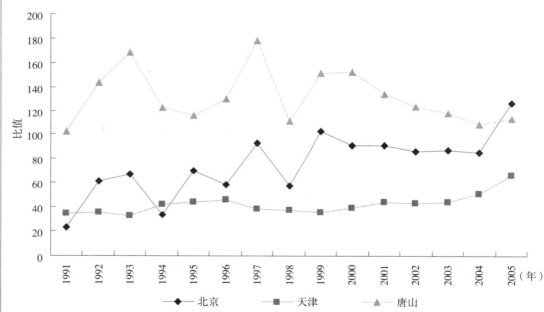

图 3-5-2-33 北京、天津、唐山市废弃物与可更新资源的比率

（4）废弃物与可更新资源的比率

废弃物与可更新资源的比率反映城市生态系统经济社会的发展对环境的压力。废弃物与可更新资源的比率越高，表明环境压力越大，经济发展的效率性越差。在1991—2005 年的 15 年间，北京和天津的废弃物与可更新能值投入比率呈上升趋势，唐山的变化平缓（图 3-5-2-33）。因此，北京和天津社会经济的发展对环境的压力较大。

（5）可持续发展指数

可持续发展指数（ESI）（表 3-5-2-8）是净能值产出率与环境负荷率的比值，其中净能值产出率为总能值与进口能值的比值。

北京、天津和唐山市生态系统可持续发展指数指标　表 3-5-2-8

| | 1991 | 1992 | 1993 | 1994 | 1995 | 1996 | 1997 | 1998 | 1999 | 2000 | 2001 年 | 2002 | 2003 | 2004 | 2005（年） |
|---|---|---|---|---|---|---|---|---|---|---|---|---|---|---|---|
| 北京 | 0.08 | 0.07 | 0.07 | 0.09 | 0.06 | 0.05 | 0.04 | 0.04 | 0.04 | 0.03 | 0.03 | 0.02 | 0.02 | 0.02 | 0.02 |
| 天津 | 0.12 | 0.11 | 0.09 | 0.13 | 0.11 | 0.10 | 0.11 | 0.12 | 0.13 | 0.09 | 0.07 | 0.06 | 0.05 | 0.04 | 0.04 |
| 唐山 | 0.84 | 1.20 | 1.26 | 1.03 | 0.92 | 0.99 | 1.59 | 1.87 | 1.66 | 1.59 | 1.40 | 1.60 | 1.41 | 1.59 | 1.08 |

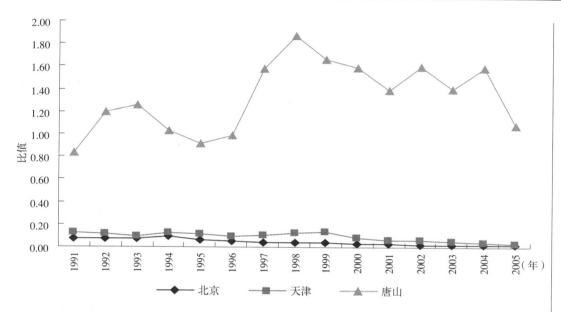

图 3-5-2-34　北京、天津、唐山 1991—2005 年间可持续发展指数

北京和天津市在 1991—2005 年间，可持续发展指数均小于 1，说明北京和天津市的发展属于消费型经济系统，进口资源和劳务能值在总能值中的比例较大，系统发展主要依靠外界的输入。这两市对本地不可更新资源的利用较大，环境的负荷率较高。而唐山市的可持续发展指数的值远高于北京和天津市，其值在 1991—2005 年间均大于 1，说明唐山市的经济发展富有活力，发展潜力大（图 3-5-2-34）。

（6）小结

一般情况下，系统能值自给率越高，则该系统的自给能力越强，对内部资源开发程度越高，但同时由于购买能值投入不够，可能会使本地区资源得不到最佳利用，造成整个经济发展程度不高。京津唐地区在 1991—2005 年间的能值自给率呈下降趋势，说明京津唐地区在资源利用方面由内部资源利用为主逐渐转变为依赖外界提供。同时随着经济发展和人口增长，京津唐地区自然环境负荷不断增加。这 15 年间，京津唐地区城市生态系统的环境潜力明显下降，而由环境潜力直接决定的环境承载力也相应地呈下降趋势，京津唐地区环境承载力的实际值大大超过自然环境所能承载的适宜人口。其中北京市的经济发展程度较高，相应的城市社会经济发展对环境的压力较大。北京和天津市的发展属于消费型经济系统，环境的负荷率较高，可持续发展指数小。而中等发展程度的资源型城市唐山的社会经济发展对环境的压力在 15 年间无显著变化，可持续发展指数指标远高于北京和天津市，经济发展富有活力，有很大的发展潜力。

2. 基于能值分析的生态环境问题诊断

通过对京津唐大城市连绵区生态经济系统进行能值计算分析，发现该连绵区存在以下几个问题：

城市实际人口远远超过环境承载人口数，环境压力大；

超大级城市社会经济发展过分依赖输入资源和能源；

可更新能源利用比例小，对新型可更新能源的开发和利用少，所用电能几乎全部由外地输入，而且电能多由火电构成；

资源能源的利用效率低，属粗放型，集约化程度低；

经济发展以牺牲环境为代价，经济发展越快，对环境的压力越大，经济增长部分填补到环境补偿中去了，经济发展模式有待转变；

对外输出主要以货物和劳务为主，科学技术方面的服务输出比例小；

总体上第三产业发展空间还很大；

民众的消费观念以财富积累为主；

核心城市交通发达，货币流和物质流速度快，经济发展平稳，但与发达国家相比还属于欠发达地区。

3. 基于能值分析的生态环境现状评价

从大城市连绵区的发展现状看，随着城市化的推进和经济发展，对人力资源的需求越来越大，导致城市人口不断增长，从而用于社会经济发展的能源资源量在不断增长。一般城市连绵区的核心超大城市本地不可更新资源都不能满足其自身的发展需求，加上目前我国普遍对可更新资源的开发利用程度不高，使得这些城市要维持其经济的持续快速发展，就必须依靠购买资源，很多城市输入资源能源的绝对数量增加很快。

资源型城市的资源自给率较高，中等发达城市在发展过程中能源自给率变化不明显，而发达城市在逐渐下降。自然资源贫乏的超大级城市，几乎全部燃料原材料以及电力均依赖于外界输入，也说明该地区环境潜力低，相应的环境承载力也较低。目前多数城市实际承载人数值大大超过自然环境所能承载的适宜人口。

从工业化发展程度看，大城市连绵区的核心城市工业化和开发程度一般较高，发展等级中地位较高，交通发达，货币和物质流动速度快，区域经济发展平稳前进，工业化和商业化程度逐年提高，同时系统经济对环境的压力也较大。我国城市使用的电力绝大部分是靠从外地输入，而且几乎完全由火电构成。城市科技发展水平与城市职能和城市经济发展水平呈正相关，社会经济发展对环境的压力也越大。虽然我国超大级城市在国内处于较高发展水平，但在全球范围来看还是属于比较落后的。

废弃物与可更新资源的比率越高，表明环境代谢产物越多，环境压力越大，经济发展的效率越差。废弃物与可更新能值投入比率在人口众多的超大城市都呈上升趋势，说明经济的高速发展是建立在自然环境压力增加的基础上的，重经济效益轻生态效益，大城市连绵区的经济发展效率和竞争力将会不断下降。计算可持续发展指数后表明，凡依赖输入资源和能源促进经济持续快速发展的超级城市的可持续发展指数均小于1，属于消费型经济系统。从长远利益和宏观角度出发，大城市连绵区应充分发挥自身的资源优势，协调各种能值来源的比例，提高经济发展的竞争力和能值结构的合理性。

### （四）大城市连绵区生态系统健康评价

#### 1. 各城市生态系统健康评价结果分析

本文选取了三大大城市连绵区内无论从政治上还是经济上影响力与辐射力都极为重要的城市进行生态系统健康评价，包括京津唐中的北京、天津，长三角中的上海、杭州、宁波、南京、苏州，珠三角中的广州、深圳、珠海。评价结果如下表 3-5-2-9 所示。

**2005 年各城市生态系统健康评价表**　　　　表 3-5-2-9

| 城市 | 城市生态系统健康评价函数值 | | | | |
| --- | --- | --- | --- | --- | --- |
| | 自然子系统发展水平 | 经济子系统发展水平 | 社会子系统发展水平 | 协调水平 | 生态系统健康水平 |
| 北京 | 0.64 | 0.66 | 0.66 | 0.97 | 0.80 |
| 天津 | 0.60 | 0.51 | 0.58 | 0.90 | 0.71 |
| 上海 | 0.60 | 0.56 | 0.60 | 0.95 | 0.75 |
| 杭州 | 0.64 | 0.49 | 0.59 | 0.85 | 0.70 |
| 宁波 | 0.57 | 0.48 | 0.60 | 0.87 | 0.69 |
| 南京 | 0.61 | 0.51 | 0.54 | 0.89 | 0.70 |
| 苏州 | 0.59 | 0.49 | 0.58 | 0.88 | 0.70 |
| 广州 | 0.55 | 0.52 | 0.56 | 0.95 | 0.72 |
| 深圳 | 0.67 | 0.66 | 0.64 | 0.97 | 0.80 |
| 珠海 | 0.66 | 0.49 | 0.59 | 0.83 | 0.70 |

由表 3-5-2-9 得出如下结论：自然子系统排名：深圳（0.67）＞珠海（0.66）＞北京（0.64）＝杭州（0.64）＞南京（0.61）＞上海（0.60）＝天津（0.60）＞苏州（0.59）＞宁波（0.57）＞广州（0.55）。

深圳作为中国改革开放最早的城市，其生态环境建设也走在了中国的前列，但是也存在关联度很小的指标，人均耕地面积为 0.32，工业用水重复利用率为 0.41。值得思考的是上海作为全国的经济金融中心，其自然生态系统建设指标值却只有 0.60，在所选的十个城市中排名仅为第七，与其经济中心的地位不相符，森林覆盖率、绿化覆盖率、人均耕地面积、垃圾无害化处理率、万元 GDP 用水量等大部分指标值均偏低，作为中国经济中心的上海应该在生态环境方面加以重视。此外，这 10 个城市的自然子系统发展函数值均低于 0.7，说明这些城市的自然生态系统均有待进一步提高。

经济子系统排名：北京（0.66）＝深圳（0.66）＞上海（0.56）＞广州（0.55）＞天津（0.51）＝南京（0.51）＞杭州（0.49）＝苏州（0.49）＝珠海（0.49）＞宁波（0.48）。

尽管这 10 个城市作为我国经济最为发达的城市，但经济子系统的发展水平均在 0.50 左右，最高的北京和深圳也只有 0.66。所以发展经济仍然是这 10 个城市的主要任务，同时要注意经济结构和发展方向的问题。

社会子系统排名：北京（0.66）＞深圳（0.64）＞上海（0.60）＝宁波（0.60）＞杭州（0.59）＝珠海（0.59）＞天津（0.58）＝苏州（0.58）＞广州（0.56）＞南京（0.64）。

社会子系统的发展水平跟经济子系统相差不大，均比较低。由于在该子系统中主要涉及社会公平、教育、交通、医疗等方面，所以提升社会的服务能力是摆在城市管理者们面前的一个重要问题，同时这也是建设和谐社会的需要。

协调水平排名：北京＝深圳＞上海＝广州＞天津＞南京＞苏州＞宁波＞杭州＞珠海。

上述城市发展协调程度都比较高，其中北京、深圳、上海、广州、天津均处于优质协调状态，其余各市则处于良好协调状态。这从侧面说明城市决策者已经由以前的经济为纲发展到现在的经济、社会、生态环境的统筹考虑，极力营造一个和谐的局面。

以下是系统协调发展的例证。以北京、上海两地近15年来的人均GDP与工业废水的排放量作曲线拟合（图3-5-2-35、图3-5-2-36），可以发现两者间指数函数拟合度都很高，说明随着经济的增长，加大对治理环境污染的投资与力度，污染问题可能逐渐得到解决。

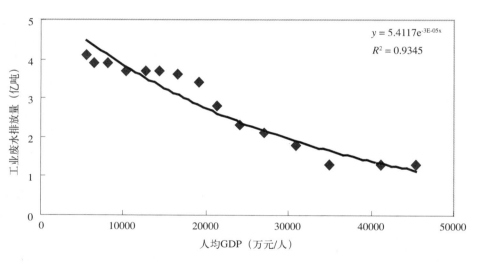

图 3-5-2-35 北京 1991—2005 年度人均 GDP 与工业废水排放量变化

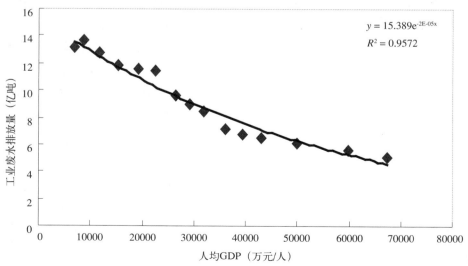

图 3-5-2-36 上海 1991—2005 年度人均 GDP 与工业废水排放量变化

生态系统健康排名：北京（0.80）＝深圳（0.80）＞上海（0.75）＞广州（0.72）＞天津（0.71）＞杭州（0.70）＝南京（0.70）＝苏州（0.70）＝珠海（0.70）＞宁波（0.69）。

总体看来，2005 年度 10 个典型城市的生态系统综合健康水平均处于亚健康状态，除北京、深圳、上海外，其余各城市健康综合水平相差不大，其值均在 0.70 左右。

为提高城市的生态系统健康水平，在今后的城市发展过程中，要追求三个子系统的协调与发展，并采取相应的生态系统管理措施，以防止经济上去了，生态状况却下来了，从而导致城市生态系统健康改善缓慢甚至出现倒退。

2. 各城市子系统要素指标水平分析

1）自然子系统要素指标分析

（1）森林覆盖率

森林生态系统具有重要的生态服务功能，有利于改善城市的景观格局，维护城市生态安全，是城市的绿色生态屏障。

从图 3-5-2-37 可以看出，各城市在这一指标上差异较大，北京、杭州、宁波关联度值均为 1，但天津、上海、南京、苏州等城市其值均不大于 0.4。因此，森林覆盖率应列为限制这几个城市发展的关键生态因子，在今后的发展中应加强林业建设。

（2）受保护国土面积覆盖率

保护区内含有丰富的物种多样性、关键种的栖息地、重要的人文景观等，无论从自然生态服务价值还是从历史文化来说，都是应值得重视。所以应尽可能地将城市地区残存的自然要素或具有生态、人文价值的区域划为保护区，不要为眼前利益牺牲城市的长远利益。而 10 个城市中，除杭州值为 1 外，其余各城市都在 0.45 附近（图 3-5-2-38）。

（3）城市人均公共绿地

城市绿地是城市生态环境系统的重要部分，具有环境功能、生产功能、生活功能等，对于美化城市、改善城市生态质量具有极大的作用。这十个城市在人均公共绿地面积建设方面均存在严重不足，其中深圳的关联指数最高，但与最优状态仍有很大差距（图 3-5-2-39）。城市在建设绿地方面可以考虑通过拆迁、土地置换等方式增加绿地公共面积。

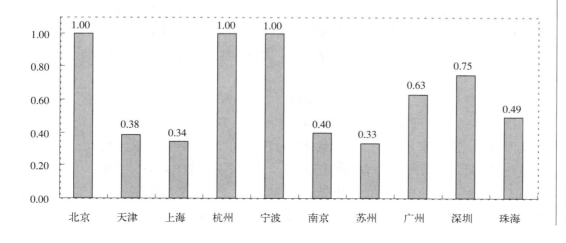

图 3-5-2-37　各城市 2005 年森林覆盖率健康关联度值

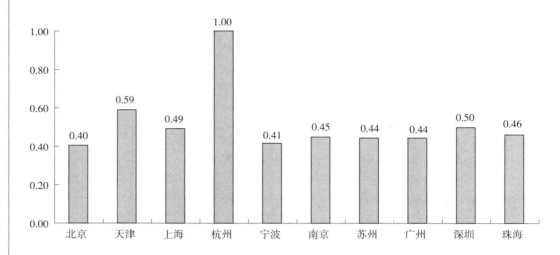

图 3-5-2-38　各 城 市 2005 年受保护国土面积覆盖率健康关联度值

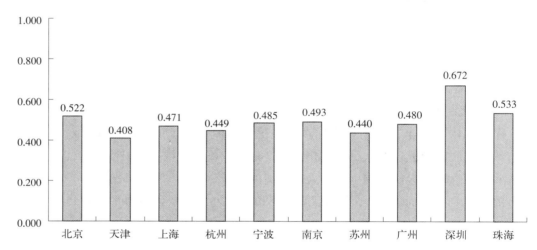

图 3-5-2-39　各 城 市 2005 年城市人均公共绿地健康关联度值

（4）人均耕地面积

农田系统尤其是城市边缘区的农田担负着调节水文、净化环境、美化景观等功能，更是人类食物的主要来源，对城市起着重要的生态支持作用。但由于高度的城市化，耕地面积不足的问题严峻，10 个城市的值大都在 0.3 左右（图 3-5-2-40）。尽管我国实行了"土地占补平衡政策"，但实施效果并不理想。以北京、上海为例，两市的耕地面积在 1991—2005 年间总体呈下降趋势（图 3-5-2-41）。目前城市扩张占用的耕地多为优良耕地，而新开垦的则多为贫瘠土地，优质耕地减少将是我国农业发展面临的一个重要问题。

（5）二氧化硫、二氧化氮浓度、PM10、区域噪声均值

从图 3-5-2-42 可以看出，珠江三角洲的深圳、珠海的二氧化硫、二氧化氮浓度关联度值最高，而北京最低。其中二氧化硫浓度关联度在除深圳、珠海两市外的其他 8 市中普遍偏低，说明大气治理中除氮脱硫工作还需加强；除珠海外，其余各市 PM10 浓度都不低，颗粒物的排放与治理也仍然是各城市应该着重解决的环境问题；至于区域噪声均值，各城市已经控制的相对较好；整体看来，珠海、深圳的环境质量较好。

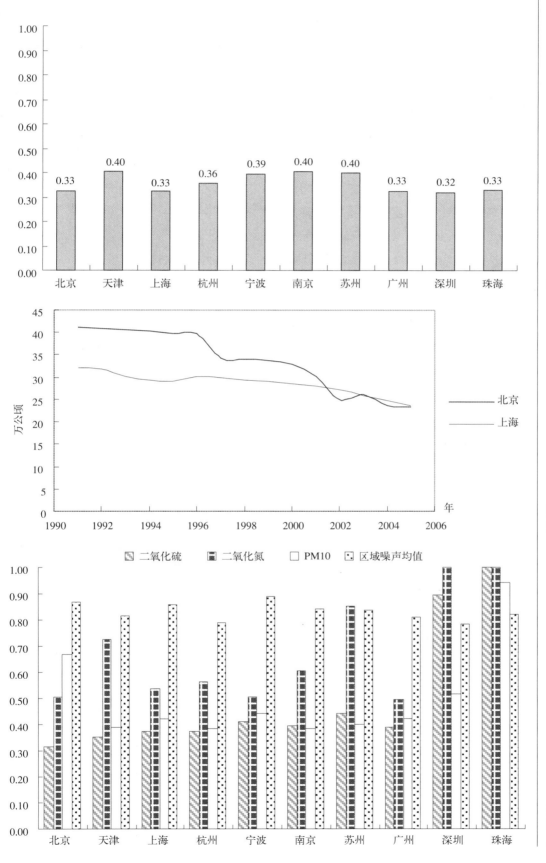

图 3-5-2-40　各 城 市
2005 年人均耕地面积

图 3-5-2-41　北京、上
海 16 年耕地面积变化

图 3-5-2-42　各 城 市
2005 年污染气体浓度健
康关联度值

（6）万元 GDP 能耗、万元 GDP 用水量、工业用水重复利用率

化石燃料能源存量有限是全球城市发展都面临的问题，也是关系城市能否可持续发展的关键，上述城市除上海、深圳外，其余城市能源利用水平都较低。

除南京外，其余 9 市的万元 GDP 用水量关联度很低，说明水资源的集约利用很差。历史上许多城市的衰亡与水资源有直接关系，如古楼兰，可以毫不夸张地说水资源是限制城市发展的最大因素。另外除京津两地之外，其余 8 个城市工业用水重复利用率都很低。因此应加强城市能源、水资源利用效率和工业用水循环利用率。近年来，我国政府在降低能耗、水耗方面加大了力气，并且取得不错的效果，以北京市近 6 年为例，万元 GDP 能耗与万元用水量均呈下降态势（图 3-5-2-43、图 3-5-2-44）。

（7）工业固废、废水处理率与城市污水、垃圾处理率

从图 3-5-2-45 可以看出，10 个城市在工业废水排放达标率、工业固废、垃圾无害化处理方面健康关联度值相对较高。但是各市的城市污水处理率健康关联度值都比较小，而且城市内的河岸由于水泥固化使得河流的自净能力较差，因此兴建污水处理厂与实行河流生态化改造是各市应该重点考虑的生态建设问题。

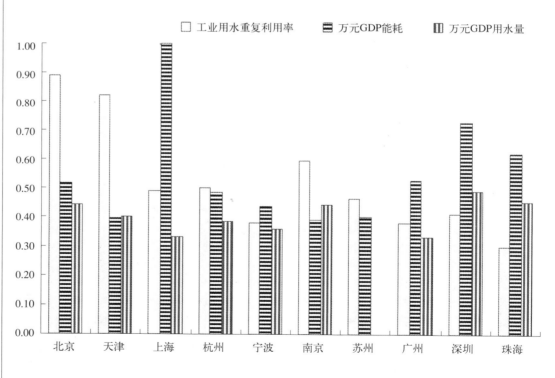

图 3-5-2-43　各城市 2005 年工业用水重复利用、能耗、用水健康关联度值

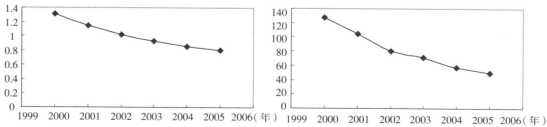

图 3-5-2-44　北京市 2000—2005 年万元 GDP 能耗与用水量变化图

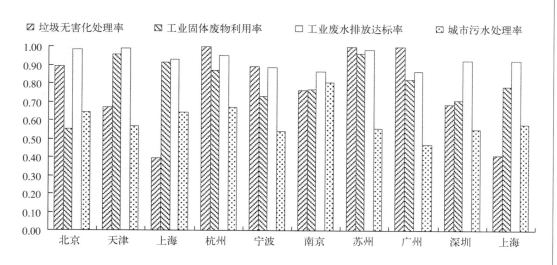

图 3-5-2-45 工 业 固 废、废水处理率与城市污 水、垃圾处理率健康关联 度值

2）经济子系统要素指标分析

由关联度值表 3-5-2-10 可以看出，这 10 个城市的人均 GDP、第三产业比重、国土出产率、R&D 经费、高新技术增加值比重、专业技术人员数、国土出产率等指标都相当低。加强经济子系统的活力水平，如加快第三产业发展，加大 R&D 经费，积极引进专业技术人才、注重高新产业的发展尤其是要大力发展电子信息、新材料、生物技术与现在医药等四大高新技术产业，积极鼓励和引导环保产业的发展等是我国城市经济发展面临的主要任务。北京、上海、广州人均 GDP 已经进入飞速发展的新阶段，但这三个城市高新技术产业比重并不大，所以在经济发展过程中一定要注意增长方式的转变，从过度依赖资源型经济转变到信息、生物、新材料等资源消耗小、环境污染低的高新技术产业为主的经济，实现经济可持续发展。

**2005 年各城市经济子系统指标健康灰色关联度值** 表 3-5-2-10

| 要素指标 | 北京 | 天津 | 上海 | 杭州 | 宁波 | 南京 | 苏州 | 广州 | 深圳 | 珠海 |
|---|---|---|---|---|---|---|---|---|---|---|
| 人均 GDP | 0.42 | 0.38 | 0.55 | 0.42 | 0.41 | 0.40 | 0.54 | 0.46 | 0.50 | 0.42 |
| 第三产业比重 | 0.91 | 0.48 | 0.57 | 0.50 | 0.47 | 0.53 | 0.41 | 0.67 | 0.53 | 0.50 |
| 国土出产率 | 0.32 | 0.31 | 0.48 | 0.30 | 0.30 | 0.31 | 0.33 | 0.35 | 1.00 | 0.32 |
| GDP 增长率 | 1.00 | 1.00 | 1.00 | 1.00 | 1.00 | 1.00 | 1.00 | 1.00 | 1.00 | 1.00 |
| 高新产业增加值占工业增加值比重 | 0.40 | 0.42 | 0.40 | 0.33 | 0.42 | 0.41 | 0.41 | 0.39 | 0.60 | 0.46 |
| R&D 经费占 GDP 比重 | 1.00 | 0.48 | 0.54 | 0.53 | 0.37 | 0.56 | 0.36 | 0.43 | 0.58 | 0.37 |
| 万人从业人员专业技术人员数量 | 0.57 | 0.46 | 0.33 | 0.33 | 0.34 | 0.35 | 0.35 | 0.33 | 0.37 | 0.34 |

3）社会子系统要素指标分析

由关联度值表 3-5-2-11 可知各城市除人均住房面积，其余各项指标均很低，尤其是教育经费占 GDP 比重、医疗服务水平，所以提升社会的服务能力是摆在城市决策者们面前的一个重要问题，同时也是建设和谐社会的需要。从万人高等学历人数看出，

**2005 年各城市社会子系统指标健康灰色关联度值**　　　　表 3-5-2-11

| 要素指标 | 北京 | 天津 | 上海 | 杭州 | 宁波 | 南京 | 苏州 | 广州 | 深圳 | 珠海 |
|---|---|---|---|---|---|---|---|---|---|---|
| 农民人均出收入 | 0.65 | 0.58 | 0.70 | 0.63 | 0.64 | 0.51 | 0.71 | 0.57 | 1.00 | 0.53 |
| 城市居民恩格尔系数 | 0.51 | 0.46 | 0.47 | 0.48 | 0.45 | 0.48 | 0.46 | 0.46 | 0.49 | 0.50 |
| 万人医生数 | 0.70 | 0.36 | 0.39 | 0.37 | 0.36 | 0.36 | 0.35 | 0.41 | 1.00 | 0.38 |
| 人均道路面积 | 0.62 | 0.56 | 1.00 | 1.00 | 0.75 | 0.92 | 1.00 | 0.75 | 0.49 | 1.00 |
| 人均住房面积 | 0.93 | 1.00 | 0.64 | 1.00 | 0.83 | 1.00 | 1.00 | 0.86 | 0.82 | 1.00 |
| 万人高等学历 | 1.00 | 1.00 | 0.84 | 0.50 | 0.36 | 0.30 | 0.39 | 0.65 | 0.55 | 0.52 |
| 城镇人口失业率 | 0.43 | 0.35 | 0.34 | 0.35 | 0.36 | 0.36 | 0.36 | 0.43 | 0.40 | 0.38 |
| 教育经费 GDP 比重 | 0.39 | 0.28 | 0.38 | 0.38 | 1.00 | 0.32 | 0.31 | 0.31 | 0.33 | 0.36 |

人才大都集中在北京、上海、天津三地，人才的一极化集中对于提高社会经济发展水平和国民人口教育素质都极为不利。

3. 城市生态系统胁迫因子总结

如表 3-5-2-12 所示，十个城市的区位与发展情况不尽相同，胁迫因子略有差异。整体看来，深圳相对来说所受胁迫较少，上海所受胁迫集中在自然子系统内。其中人均耕地面积、二氧化硫浓度、水耗、国土出产率、人均 GDP、高新技术产业、万人医

**城市生态系统胁迫因子分级表**　　　　表 3-5-2-12

| 胁迫因子 | 自然子系统 | | 经济子系统 | | 社会子系统 | |
|---|---|---|---|---|---|---|
| | 一级 | 二级 | 一级 | 二级 | 一级 | 二级 |
| 北京 | 耕地、SO$_2$、 | 自然保护区、水耗 | 国土产出率 | 人均 GDP、高新产业 | 教育经费 | 失业率 |
| 天津 | 森林、SO$_2$、PM10、能耗、水耗 | 公共绿地、耕地 | 人均 GDP、国土产出率 | 高新产业 | 医生数、失业率、教育经费 | |
| 上海 | 森林、耕地、SO$_2$、水耗 | PM10 | 技术人员 | 高新产业 | 医生数、失业率、教育经费 | |
| 杭州 | 耕地、SO$_2$、PM10、水耗 | | 国土产出率、高新产业、技术人员 | 人均 GDP | 医生数、失业率、教育经费 | |
| 宁波 | 耕地、环保投资、水耗 | 森林、SO$_2$、噪声、工业用水重复用、能耗 | 国土产出率、R&D 经费、技术人员 | 人均 GDP、高新产业 | 医生数、高等学历、失业率 | |
| 南京 | SO$_2$、PM10、能耗 | 森林、自然保护区、耕地、水耗 | 国土产出率、技术人员 | 人均 GDP、高新产业 | 医生数、高等学历、失业率、教育经费 | |
| 苏州 | 森林 | 自然保护区、耕地、SO$_2$ | R&D 经费、技术人员 | 国土产出率 | 医生数、高等学历、失业率、教育经费 | |
| 广州 | 耕地、SO$_2$、工业用水重复利用、水耗 | 自然保护区、PM10 | 国土产出率、高新技术、 | R&D 经费、技术人员 | 教育经费 | 失业率 |
| 深圳 | 耕地 | 工业用水重复利用 | 技术人员 | | 教育经费 | 失业率 |
| 珠海 | 耕地、工业用水重复利用 | 垃圾无害化 | 国土产出率、技术人员 | 人均 GDP | 医生数、失业率、教育经费 | |

生数量、城镇人口失业率、教育经费等要素指标是大多数城市所面临的一级胁迫因子。因此应从这些方面对症下药，防止"城市病"的发生，保障城市生态系统健康。

### （五）其他三个大城市连绵区生态环境现状

1. 辽中南大城市连绵区生态环境问题辨识

1）水资源缺乏、水体污染严重

辽宁省人均占有水资源量为 856 立方米，约占全国人均水量的 1/3，世界人均水平的 1/12，而中部大城市连绵区又是全省最缺水的地区之一，人均占有水资源量仅为 642 立方米，水资源形势非常严峻。辽宁省的水资源开发利用程度为 39.9%，而中部大城市连绵区集中的下辽河流域，其水资源开发利用程度高达 73.8%，尤其是浑河、太子河流域的水资源开发利用程度更高，已达 83% 以上。这种很不平衡的水资源开发利用程度，无法缓解中部大城市连绵区地区的水资源供需矛盾，同时也影响到地区的生态平衡（表 3-5-2-13）。

辽宁中部地区河段水质（单位：毫克／升）　　　表 3-5-2-13

| | 辽河 | | 浑河 | 太子河 | | | |
|---|---|---|---|---|---|---|---|
| | 铁岭段 | 沈阳段 | 抚顺段 | 本溪段 | 辽阳段 | 鞍山段 | 营口段 |
| COD | 139 | 56.6 | 22.9 | 13.3 | 18.6 | 37.1 | 14.6 |
| 氨氮 | 26.7 | 20.0 | 3.82 | 3.23 | 3.96 | 6.53 | 6.98 |
| 总磷 | 0.383 | 0.442 | 0.277 | 0.102 | 0.119 | 0.308 | 0.123 |
| 挥发酚 | 0.058 | 0.068 | 0.003 | 0.068 | 0.022 | 0.005 | 0.001 |
| 石油类 | 0.126 | 0.448 | 0.087 | 0.322 | 0.085 | 0.712 | 0.270 |
| 水质类别 | 劣Ⅴ类 | 劣Ⅴ类 | 劣Ⅴ类 | Ⅴ类 | Ⅴ类 | 劣Ⅴ类 | 劣Ⅴ类 |

由于辽河水系污染严重，已使部分城乡地下水源受到不同程度的污染，造成污染型缺水，使居民饮用水源受到威胁。沈阳市靠近浑河和辽河的部分水源井、辽阳市太子河沿岸水源井、营口盖州永安市政饮水井等因污染超标而不能饮用。

2）大城市连绵区空气质量较差

辽中南大城市连绵区中部重工业城市空气质量最差。空气中主要污染物是颗粒物，其次是二氧化硫和氮氧化物，属于典型的煤烟型与产业结构型污染。多数城市空气质量仅达到三级国家空气质量标准（表 3-5-2-14）。

辽宁中部工业城市空气污染状况　　　表 3-5-2-14

| | 沈阳 | 鞍山 | 抚顺 | 本溪 | 营口 | 辽阳 | 铁岭 |
|---|---|---|---|---|---|---|---|
| 可吸入颗粒物（超标倍数） | 0.137（0.4） | 0.122（0.2） | — | — | — | — | — |
| 总悬浮物（超标倍数） | — | — | 0.240（0.2） | 0.282（0.4） | 0.190 | 0.199 | 0.202（0.1） |
| SO₂（超标倍数） | 0.053 | 0.078（0.3） | 0.029 | 0.06 | 0.015 | 0.041 | 0.028 |
| NO₂ | 0.037 | 0.039 | 0.033 | 0.039 | 0.023 | 0.042 | 0.041 |
| 降尘量（吨／平方公里·月） | 17.98 | 22.38 | 23.63 | 26.02 | 13.42 | 13.19 | 11.48 |
| 综合级别 | 三 | 三 | 三 | 三 | 二 | 二 | 三 |

3）工业固废与生活垃圾处理不善

工业固体废物产生量较大的城市为鞍山和本溪，其次是抚顺、铁岭和辽阳。主要以铁矿采、选、冶业和煤矿采、选业产生的废岩及矸石为主。辽中南连绵区垃圾无害化处理率低，使得工业固体废物、垃圾围城现象严重。

4）土壤污染范围广、土地资源占用与破坏严重

土壤中重金属和有机氯污染普遍，主要为 Cd、As，超标达到十几倍，土壤和作物受污染相当严重。浑浦灌区土壤中度污染，鞍山宋三灌区土壤污染处于警戒线水平。

以采矿业为支柱产业的辽宁中部资源型城市，土地资源占用与破坏严重。尤其是煤矿和铁矿，采矿、地表剥离、矿渣、煤矸石等占用大量土地。辽宁省仅中部城市连绵区的 10 个大中型铁矿区占地总面积约 119 平方公里。抚顺西露天矿和 3 个排土场破坏土地达 35.8 平方公里，占市区土地面积的 31.13%，仅采煤形成的矿坑占地面积 10.4 平方公里，占抚顺市区面积的 9%。

5）湿地遭到破坏，生态功能部分退化，生物多样性减少

由于对湿地保护认识不够，大片沿海滩涂、湿地被围垦作为城市建设用地、水厂养殖区和工业开发区。湿地是我国重要的候鸟栖息地，1985—1990 年 5 年间，仅雁鸭类种群就从原来的 5000 只减少到 500 只。沿海湿地面积减少，导致湿地生物多样性遭到破坏，沿海生态功能退化。

6）海域水质污染不容忽视

由于污染排放的增加、海水养殖业缺乏科学的规划、空间布局不合理、部分养殖区养殖密度过大，造成水产养殖自源性污染。陆地污染物大量排海和海水养殖业自身污染导致近海海域水质污染加剧，南部沿海等海域每年均有不同程度的赤潮发生，水体富营养化严重，病害频发，海产品质量下降。

7）海岸侵蚀问题严重

海岸沙砾石资源比较丰富，但由于管理不善和缺乏规划，开采量大于自然补给量，使海岸物质失去动态平衡，海浪对海岸及水下堆积体的侵蚀强度增大，导致岸线后退。另外近年来大规模的进行港口、公路、房地产、旅游等海岸带工程建设，使沿岸天然植被遭到严重破坏，引发水土流失，导致海岸侵蚀。

2. 海峡西岸大城市连绵区生态环境问题辨识

海峡西岸经济区是以福建为主体，对应台湾海峡，包括周边地区，不依存于其他经济区的区域经济综合体。近年来随着经济建设的快速发展，城市化进程的不断加剧，长期以来开发和保护的矛盾十分突出，出现了一系列的生态环境问题，如湿地退化、过度捕捞、城市环境污染、台风灾害、外来物种入侵，以及生物多样性减少等等，人地矛盾日益突出。

1）陆域主要生态环境问题

近年来海峡西岸大城市连绵区空气质量有好转趋势，但是降尘和总悬浮颗粒物超标现象仍较普遍，酸雨频率居高不下，危害严重，并有加重趋势（表 3-5-2-15）。其中，福州、厦门、泉州、漳州均属于国家酸雨控制区。

**福建省城市酸雨监测结果年均比较** 表 3-5-2-15

| 年度 | 监测城市数 | 年均pH范围 | 降水年均 pH 值 <5.6 的城市 | | |
|---|---|---|---|---|---|
| | | | 城市数 | 比例（%） | 城市名称 |
| 1996 | 9 | 4.16–6.53 | 5 | 55.6 | 厦门、福州、南平、宁德、莆田 |
| 1997 | 10 | 4.50–6.62 | 5 | 50 | 厦门、福州、宁德、泉州、漳州 |
| 1998 | 13 | 4.78–7.09 | 10 | 76.9 | 厦门、邵武、福州、宁德、莆田、泉州、漳平、漳州、龙岩、南平 |
| 1999 | 13 | 4.94–6.53 | 7 | 53.8 | 厦门、邵武、宁德、福州、泉州、莆田、南平 |
| 2000 | 15 | 4.37–6.79 | 9 | 60 | 厦门、泉州、莆田、宁德、南平、福清、长乐、晋江、邵武 |

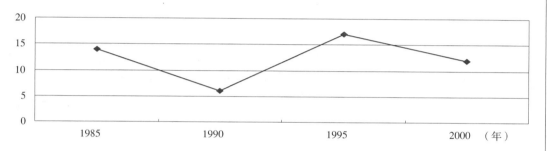

图 3-5-2-46 福州城市内河综合污染指数变化

随着城市的建设和发展，城市热岛效应明显，并有继续增强的趋势。据研究，福州、厦门、泉州、莆田 4 个城市都在不同程度上存在着热岛效应。福州热岛效应最明显，并有继续增加趋势。1957—1970 年、1971—1982 年、1983—1992 年，福州城市中心区与邻近郊区最热月份月平均最高气温的差值分别为 1.22℃、1.38℃、1.49℃，可见热岛效应的平均强度增大趋势较为明显，以平均每 10 年增加近 0.1℃ 的速率增强。

随着工业化和城市化的快速发展，城区水域面积逐渐减少。1981 年福州市区有水域面积 7.26 平方公里，到 1996 年，水域面积仅剩 6.01 平方公里，城区水域面积减少了 17.2%。在水域面积不断减少的同时，城市水域水质受到严重的污染（图 3-5-2-46）。

2）海域主要生态环境问题

（1）近岸海域海水质量下降

海峡西岸城市海域多呈半封闭的海湾，自净能力差，受陆域生态环境变化的影响十分明显，易造成污染。随着经济的发展，工业开发区的建设、农药和化肥用量的增加及不合理使用，使大量营养盐随径流经江河湖泊入海；对海域资源的超负荷利用及浅海和滩涂养殖废水直接排放，使得闽江口、泉州湾、厦门湾等海域污染严重（表 3-5-2-16）。

**海峡西岸城市连绵区主要城市 1997 年由河口入海的污染物状况** 表 3-5-2-16

| 城市 | COD | 石油类 | 无机氮 | 活性磷酸盐 |
|---|---|---|---|---|
| 福州 | 477556.5 | 2061.2 | 125834.48 | 3266.04 |
| 莆田 | 15066 | 58.34 | 1943.99 | — |
| 泉州 | 25403 | 229.2 | 50742.7 | 139.25 |
| 厦门 | 9848.5 | 494.6 | 19340.2 | 566.2 |
| 漳州 | 45172.76 | 440.15 | 829.09 | 37.37 |

20 世纪 90 年代末水体中的活性磷酸盐、无机氮、油类、铜、铅、镉的平均含量分别达到 20 世纪 80 年代中期的 2.5—12.5 倍。局部海湾由于海水和沉积物受到污染，海洋生物也受到一定污染，特别是贝类生物的健康状况不容乐观。

（2）过度的海洋捕捞，生物多样性减少

随着海洋捕捞能力的增强，捕捞强度超过了海洋渔业资源的承受能力，近海传统鱼类资源严重衰退，使近海捕捞业面临着前所未有的困境。尤其是一些重要的经济鱼类由于过量捕捞，利用量大大超过资源更新量，使资源渐趋枯竭，无法形成渔汛。这种过度和消耗性捕捞造成经济鱼类种群的锐减通过食物链，极大地影响到其相关物种种群，严重影响了海洋生态环境的稳定。

（3）海岸带湿地面积锐减

海岸围垦造地，造成近岸海域面积大幅度减少。1955—2001 年，厦门共进行了 47 处沿岸湿地围垦工程，总围垦面积达 90.13 平方公里。此外，由于江水携带泥沙入海和大量海岸湿地的开发，破坏原有海岸带湿地，使海岸侵蚀加剧，海岸带原有的水土保持能力下降，造成海域泥沙强烈淤积，使湿地面积进一步减少。

（4）外来物种入侵

海峡西岸大城市连绵区拥有多种类型的陆地生态系统和海洋生态系统，生物多样性程度仅次于云南和广西，居全国第三。外来物种的不适当引进或入侵，对本地生物多样性构成了严重威胁，目前已经影响到泉州、厦门等地。米草大面积蔓延破坏了近海生物栖息环境，影响滩涂养殖和红树林生长，对海洋生物多样性造成危害，并造成航道淤塞。目前福建省外来物种入侵已达 21 种，呈加重态势，影响区域已经遍及全省各地，对福建省生态系统造成较大危害。

（5）台风灾害频发，造成巨大的经济损失

海西地区位于我国东南沿海，受台风影响依然非常大。根据福建省气候影响评价资料，1980—2005 年 26 年间，共有 108 个台风对福建省造成重大影响，平均每年 4.15 个。以厦门为例，常年约有 3—4 个热带气旋袭击和影响厦门市，2006 年厦门遭受了 5 个台风袭击，给厦门共造成 19945 人次受灾，直接经济损失达 1.97 亿元。台风不仅风力大，而且常带来强降雨，引发风暴潮、江河洪水以及小流域山洪和泥石流、山体滑坡等灾害，对人民生命财产安全构成严重威胁。

3. 山东半岛大城市连绵区生态环境问题辨识

1）近海污染严重

山东半岛海岸线约为 3121 公里，近几年海岸和近海工程增多，浅海石油资源的开发以及城镇工农业生产的发展，使得排入海洋的污染物质越来越多，海洋环境质量日趋下降。半岛近海海域大部分为清洁、较清洁海域，受到污染的海域主要分布在莱州湾、烟台近海和胶州湾，主要污染物为无机氮、磷酸盐和重金属，2002 年，渤海湾、莱州湾和山东半岛南部近海海域的轻度污染面积呈扩大趋势。

2）水资源短缺

山东半岛人均水资源占有量 480 立方米，仅为全国均值的 18.3%。随着半岛城市化和工业化的发展，城镇生活用水和生产用水量呈明显上升趋势。地下水严重超采引起地下水漏斗的形成和海水入侵，加速了该区生态环境恶化。

3）水土流失严重

山东半岛是山东省水土流失比较严重的地区之一。陡坡耕种、生态敏感区和生态脆弱区进行矿业开采造成植被破坏，导致水土流失。

4）海岸侵蚀普遍

山东半岛陆地海岸类型主要为基岩海岸、淤泥质海岸和砂质海岸，海岸侵蚀普遍存在，形式多样，程度不一，是一种灾害性的海岸地质现象。山东半岛的海岸侵蚀已给沿岸居民带来了严重的经济损失，对沿岸经济发展造成严重影响。近年来，由于挖沙装船外运，大部海滩已荡然无存，不但破坏了水沙动态平衡和天然渔场，致使海滩失去防波护岸作用，还导致岸线后退。

5）胶、莱两湾生态恶化严重

20 世纪 60 年代河口附近生物多达 54 种，但 10 年后锐减到 33 种，20 年后只剩下 17 种，东岸的贝类养殖已不复存在。莱州湾是多种鱼、虾、蟹类的产卵场、索饵场、育幼场，具有重要而独特的资源和生态价值。由于陆源排污日益严重，生态灾害触目惊心，湾内局部海域已呈"荒漠化"，优质鱼虾已不能形成渔汛。

# 三、大城市连绵区生态环境问题的症结分析

当前大城市连绵区发生的生态与环境问题同社会经济发展紧密相连，伴随着经济的快速增长和工业化进程，资源消耗和污染排放面临非常严峻的形势，环境问题已经成为社会经济健康发展的制约因素。为此，必须及时找出大城市连绵区生态环境问题的症结所在，以作为保护城市连绵区生态系统正常发展的借鉴和参考。以下从认识、政策、管理、技术等角度，进行分析生态环境问题的症结。

## （一）认识层面

### 1. 对自然资本储备的错误认识

作为一个开放的人工生态系统，城市凭借生态支持系统的支撑，以自然资本为人类社会发展提供的生态服务来获取物质和能量、输出产品和废物，维持经济活动和代谢过程，从而保持城市生态系统的稳定有序。然而面对自然资本对社会总价值贡献量不断降低的趋势，目前我国大城市连绵区自然资本已经代替人造资本成为发展的限制性要素。

在过去经济迅速发展的几十年中，相当一部分决策者在自然资本是取之不尽、用之不竭的永恒资本思想指导下，以劳动和资源密集型产业发展经济，从自然环境索取

资源，向自然环境释放废弃物，从未向自然资本投资，导致目前我国大城市连绵区的众多城市都出现资源衰竭，生态环境受到严重污染，已经到了自然系统无法支撑当前城市发展的地步。

### 2. 传统发展模式的弊端

我国大城市连绵区工业化还未摆脱先污染后治理的发展模式，与之相对的另一种模式则是先环境后经济，两者各有利弊，但都要付出代价。珠三角的东莞是采取前一模式的典型代表，经济繁荣而环境债壑难平；而珠海则是后一模式的典型代表，环境优美而经济增长缓慢，财政债台高筑。其共同问题在于这两个模式的二元结构，将环境与经济视为一维空间中有先后顺序的两个孤立事件，而且都忽视了发展的第三维即社会维，即社会或公众的接受能力或对代价的支付意愿。前一模式以长期社会效益为代价换取短期社会效益，而后一模式则以短期社会效益为代价换取长期社会效益。

我国沿海地区近20年先污染、后治理的经济腾飞是靠全国广阔的腹地提供生态资源、耗竭本地及周边生态资产换来的。虽然有些地区在富起来后有一定实力改善本地环境、局部修复自然，实现局地环境和经济的双赢，但却是以损耗区域和腹地的生态资产、居民的健康利益、农民的生态服务和后代人的生存发展利益为代价换来的。有些生态胁迫过程对居民和生态系统健康的影响是不可逆的，其遍及中西部的生态足迹所带来的环境污染和生态破坏更是无法公平补偿的。可以说，这种发展模式在社会层面上是不健康、不公平、不文明的。

发展是硬道理，包括经济的发展、人的发展和环境的发展。要在资源和环境容量高效利用的前提下，以生态为纲，拉动社会、经济和环境的快速起步和稳步发展，促进人与自然的富裕、健康和文明，实现社会、经济和环境效益的三赢。

### 3. 片面追求城市化率、人口增长过快

快速推进的工业化和现代化进程，使城市在客观上需要吸纳大量的农村人口，导致大批农村剩余劳动力源源不断地涌入城市；与之同时，许多城市片面追求城市化率，依靠行政手段强制性地提高城市人口的数量和比例。城市人口数量的激增，使得城市生态承载力严重失衡，城市基础设施条件无法满足骤然增多的城区人口的需要，从而给城市生态环境造成沉重的压力和负担。

### 4. 城市生态建设的认识误区

城市生态建设不只是地表的绿化，需城市生态结构、功能和过程形神兼顾，标本兼治的机制绿、内在绿的系统方法。城市生态建设需要在认识上树立：

1）天人合一的系统观

城市生态建设中，引进生态学以及中国传统文化中的整体、协同、循环、自生的复合生态系统原理，重视景观整合性、代谢循环性、反馈灵敏性、技术交叉性、体制综合性和时空连续性。

2）道法自然的天然观

营建一种朴实无华、多样性高、适应性强、生命力活、能自我调节的人居环境，

使其具有良好的竞争、共生、自生、再生的生存发展机制。在营造该人居环境的过程中还需强调水的流动性、风的畅通性、生物的活力、能源的自然性以及人对自然的适应性。

3）巧夺天工的经济观

以尽可能小的物理空间容纳尽可能多的生态功能，以尽可能小的生态代价换取尽可能高的经济效益，以尽可能小的物理交通量换取尽可能大的生态交流量，实现资源利用效率的最优化。

4）以人为本的人文观

最大限度满足居民身心健康的基本需求和交流、学习、健身、娱乐、美学及文化等社会需求，诱导和激发人们的自然境界、功利境界、道德境界、信仰境界和天地境界实现融合与升华。

5. 生态功能建设被严重忽视

大城市连绵区发展中，城市在旧城改造和新区开发时，生态功能建设被严重忽视。因缺乏城市生态规划的保障，导致城市功能混杂与过度集中，生态负荷过重，生态服务功能严重不足。具体表现为建设用地与生态用地比例严重失衡，旧城的绿色空间缺失和破碎化日益显著。多数城市绿化面积虽然不断增加，但城市生态服务功能却不断下降。新区和开发区建设往往因经济利益的驱动无视绿地建设，甚至公然挤占绿化用地。在开发建设过程中，对重要生态功能用地也缺乏相应的法律和行政管理措施，使生态功能的保护与维护失控。尤其在沿海大城市连绵区，因开发建设活动导致重要湿地的萎缩和消失已成为十分突出的生态问题。

## （二）管理层面

### 1. 产业结构不合理酿成的生态隐患

改革开放初期，我国很多地方一缺技术、二缺人才、三缺资金，在外力驱动下的工业化、城镇化过程中，只能以土地和劳务这两个初级要素参与到社会经济发展过程中，形成"以土地换发展"的经济发展模式，工业结构以劳动和资源密集型产业为主。这类产业的结构不合理，科技含量低，资源消耗高，呈现出明显的粗放型特征。

### 2. 区域和城市生态规划的缺失

城市和区域发展没有相关的生态规划作保障，尤其没有一个统一的区域发展规划。由于城市发展超常而规划滞后，城郊村镇工业用地开发呈现其固有的自发性与盲目性，大量小规模的工业小区和独立厂房遍地开花。并沿过境公路或通航河道两侧伸展扩张，使村镇建设用地沿公路形成了"一层皮"的建设形态，"村村点火，处处冒烟"的现象十分普遍，工业布局混乱分散。马路经济、马路园区、马路商业的现象较为普遍。这种沿路开发模式尽管造成了十分严重的生态环境问题，但直到现在仍然被许多地方政府所推崇。

对大城市连绵区内城市间的小城镇建设缺乏宏观规划。目前我国的城市规划仍局限在城市，核心城市间的小城镇建设基本处于无序状态，建设规模和模式带有很大的随意性，没有合理的功能分区，布局零乱，不仅给城镇管理带来不便，也造成土地资源的严重浪费，增加了环境治理的难度。

3. 区域管理体制不健全

首先，缺乏经济和环境保护协调的机制和体制保障。经济发展与环境保护未能同步推进，环境保护未被纳入经济发展的决策过程，没有建立相应的协调经济和环境保护的机制、体制、政策和管理手段。不少地区片面追求短期的经济增长，而对增长质量、发展潜力和居民的生活质量关注不够。

其次，环境保护监督管理体制不顺，力度不够。环保部门的地位和能力不足，设备和人员不到位，在经济快速发展时，工业污染执法力度难以形成环境守法的氛围，工业污染防治存在局部失控和盲点。在管理过程中，过多的行政干预导致许多环境保护法规制度与措施未能得到全面贯彻实施，有法不依、执法不严的现象较为普遍。在向市场经济过渡的过程中，环境管理的行政手段逐渐弱化，如不解决，难以实现城市生态健康。

最后，缺乏公众参与机制。在涉及城市生态的重大决策中，由于缺乏公众参与的适当途径，公众的意愿难以表达，在决策中难以得到充分的体现。决策的科学化和民主化没有真正落到实处。另一方面，公众环境意识低，信息公开缺乏法律依据，非政府组织发展缓慢，公众在环境保护方面几乎没有发挥作用，这些问题都直接或间接地对城市生态造成不利影响。

4. 区域管理不精确，资源利用效率低下

我国城市土地利用空间布局不合理，人地关系不协调，很多城市没有明显的功能分区。如上海浦西地区的商业繁华地区，在 4.08 平方公里的土地上分布着 425 家工厂；另外城市内部用地比例不合理，突出表现在生产用地偏大，生活用地偏小，生产用地中工业生产用地普遍偏大。

我国资源利用率低，不能充分有效地将资源加以利用。我国的能源利用效率为 33%，比发达国家低约 10 个百分点。钢、水泥、纸和纸板的单位产品综合能耗比国际先进水平高 40%、45% 和 120%。我国一吨煤产生的效率仅相当美国的 28.6%，欧盟的 16.8%，日本的 10.3%，工业用水重复利用率要比发达国家低 15—25 个百分点。另外，我国矿产资源的总回收率大概是 30%，比国外先进水平低 20 个百分点。

## （三）制度层面

### 1. 城市生态管理制度的失误和缺失

我国工业化及经济发展以劳动和资源密集型产业为主，对环境的污染严重。城市土地利用结构不合理，城市外延扩张迅速，制定的土地数量占补平衡的政策存在以下弊病：

首先，数量平衡不等于质量平衡。各开发区占用的大多是肥沃的土地。而异地开垦的新地大多是贫瘠或不适宜开垦的生地，其生产力远远低于被占的熟地。

其次，异地实现耕地占补平衡不等于就地生态功能平衡。城郊被占用的土地等不仅能提供物质产品，还担负着调节水文，净化环境，改善气候，缓冲灾害、维持生物多样性等多项生态服务功能，对周边城市、工矿起着重要的生态支持作用。这些半天然生态绿色屏障所起到的生态服务功能不是异地开荒所能平衡的。

再次，异地开荒使土地的主人从城郊型技术熟练且有一定经营实力的农民变为山区技术较不熟练且无经营实力的农民。而开发商在一次性付清土地补偿费后对异地新开的土地已无任何责任，失去土地的原住地农民被排除在老地和新地之外，既荒废了他们的生产工具和管理技术，又造成了一系列新的社会问题。

### 2. 城市准入制度问题

城市化是国家实现现代化的必经之路，但城市化进程中也不乏问题出现，过度城市化就是其中之一，这在拉美国家表现得最为典型，被称为"拉美陷阱"。改革开放后大量农村人口流向城市，城市化进程加快，而城市基础设施、管理水平、就业容量等方面的发展一时难以快速跟上，于是产生了诸多问题，包括城市住房、能源和水资源紧张、环境恶化；外来人口违章摆卖等原因造成的城市管理秩序混乱；少数盲目流入的外来人口偷盗、抢劫，严重影响城市治安等等。在这一系列的城市环境压力和管理问题面前，人口准入制度似乎成为解决问题的最好办法。

## （四）技术层面

### 1. 热衷于技术引进，疏于消化吸收

自改革开放以来，我国政府十分重视环境保护，从世界各国引进了大量的污染控制技术。但是由于国外污染形成的背景和控制因素与国内的情形并不十分相似，盲目引进新技术而不将其"本地化"往往不能取得良好的预期效果。

### 2. 技术决策盲目，运行难以持续

我国很多环保项目的上马和技术的选用缺少基本的科学依据，而且很多是为了领导当政业绩的需要，盲目的技术决策往往导致项目成为摆设，无法长期运行。

### 3. 理念先进，技术落后

项目决策者往往具有先进的科学理念，但可持续发展观与循环经济的提法多停留在口头上，不能得到有效落实。项目申请时采用先进技术，但一旦资金到位，最终上马的是落后的技术。

### 4. 技术手段单一

城市垃圾没有进行分类收集,资源再利用效率低。考虑到我国城市垃圾的成分特征，分选＋焚烧＋填埋，或分选＋堆肥＋焚烧＋填埋的综合处理方式更加适合于我国城市垃圾的处理。另外我国很多城市没有建立合适的雨水收集系统和雨污分流系统，导致大量雨水进入污水处理系统，影响系统的正常运行。

# 四、优化大城市连绵区生态环境的对策建议

随着经济的发展和城市化的推进，大城市连绵区生态环境问题日益突出，已经制约经济的可持续发展。通过生态足迹方法、能值分析方法和城市生态健康评价方法三种方法度量我国大城市连绵区可持续发展程度，分别诊断出了各大城市连绵区存在的问题及症结，为此提出下列我国大城市连绵区生态环境建设的对策建议。

## （一）改变传统观念

### 1. 改变传统自然观

调整人与生态环境的关系，改变自然观。改变"自然之友"为"自然之子"，树立环保意识，从向自然索取转向保护自然，不断改善人的生存环境，优化生态结构，实现人与环境的协调共荣。

### 2. 改变传统环境保护意识

"一方水土养一方人"，表达的是人们对故土的热爱之情、感激之意，其中还蕴涵着一个逻辑：故土再贫再苦，总有养育其儿女的方式。但其认识误区却以为人可以对一方水土进行无尽索取，那里是人们衣食永不枯竭的源泉。长期以来人们对养育自己的那方水土只取不养，过度垦殖，最终导致水土无法养人的恶果。所以应广泛宣传，提高公众环保意识，改变"一方水土养一方人"为"一方人养一方水土"的环保意识。

## （二）发展循环经济，构建新的生产方式

### 1. 将循环经济作为指导经济建设和城市发展的长期战略

经济发展应遵循"减量化、再利用、资源化"原则，以低消耗、低排放、高效率为基本特征的循环经济模式，建设节约型、环境友好型社会，走出一条新型工业化、健康城市化的发展道路。

### 2. 尽早制定循环经济战略目标和总体规划

将提高资源利用效率、减少资源消耗和污染产生量纳入国家发展的战略目标和各级政府的考核指标，创造推进循环经济的动力机制。在大城市连绵区范围内支持循环经济的试点工作，选择一些有条件和重大示范效应的城市和工业园区进行持续深入的试点工作，及时总结经验，纠正偏差，组织互相交流，逐步向其他省、市及园区推广。

### 3. 发挥科学技术在推进循环经济中的支撑作用

应重点开发利用提高能源和资源利用效率的关键技术，包括先进的、环境友好的制造业关键技术；以废弃物为原料的新型工业技术及体系；高效、低成本的可再生能源生产技术；高效、低能耗的城市公共交通工具及体系；根据市场规律构建物质循环体系的经济和税收政策体系；循环经济的跟踪评估机制和衡量可持续发展的指标体系；建设工业生态园区的系统分析方法和技术，以及工业生态学的基本理论、方法与技术，

并在典型企业、园区和城市开展示范研究。

4. 培育废物再资源化产业

1）观念创新

面对有限的环境资源，粗放型与浪费性的资源使用与消费模式将不可持续，人类必须采用绿色的生产与消费方式以降低资源的使用强度。同时，我们必须充分认识到单纯依靠自然生态系统的物质循环已不能满足经济发展的需求，需要将物质循环内生于现行的经济系统中。废物是放错地方的资源，对废物进行再资源化处置，一方面相当于人为增加了环境资源的供给数量，另一方面则减少了废物的排放量。

2）制度创新

环境资源从无价到有价是制度创新的核心。政府管理者必须在可持续发展的战略实施中发挥其主导地位与作用，通过政策与法规的制定使环境资源的价值在经济系统中得到真正的体现。对自然资源而言，其价格不仅应包含生产成本，还应包含环境成本与使用者成本；对于废物而言，应遵循"生产经营者负担，形成者付费，恶化环境者赔偿，回收利用者获利，政府扶持与资助"的处理原则，废物再资源化产业才能成为一种有利可图的经济活动，诱导废物再资源化企业产出的扩大与数量的扩张，发挥出废物再资源化活动在可持续发展中的地位与作用。

3）技术创新

技术创新是观念创新与制度创新发挥作用的重要保障。传统的技术创新是以满足人类生产与生活需要为目标的，而可持续发展则要求技术创新的方向转向以实现人与环境的和谐为目标。这就要求一方面技术的发展应向低能源物质消耗型与少污染型方向转变，另一方面则应研究与开发有利于将现有废物转变为有用资源的技术。对于废物再资源化产业而言，它不仅需要研究废热、残料、废渣的利用技术，而且需要其他产业从产品设计阶段就考虑到后来的再资源化过程，例如"为拆卸而设计"与"为再循环而设计"等等。

5. 建立促进循环经济的法律体系

我国与发达国家相比，循环经济发展较为落后，目前还处在源头防污的清洁生产阶段，在法律体系上，只颁布施行了《清洁生产促进法》，且该部法律条文内容多为原则，无实施细则。建议尽快启动有关循环经济的立法程序，先制定循环经济的单项法规。在条件成熟时，将制定的"循环经济促进法"列入全国人大的立法计划并逐步建立促进循环经济的法律体系。

## （三）创建节约型社会，构建新的消费模式

1. 出台激励政策，创造节约型消费的市场环境

目前，由于节能产品和技术的成本相对较高，市场上节能用品价格高于同类产品，节能商品的初始购置价格过高、回收期过长，影响用户对节能型产品的积极性。政府应尽快出台对节能型产品的经济补贴政策和减免税政策，使节能型产品与非节能产品

在同一价格水平上进入市场竞争，这样节能型产品的优点才能发挥出来，消费者也才能享受其带来的节能效益。

2. 强制实行能效标准和标识，引导市场消费

发达国家经验均表明，能效标准和标识制度是市场经济条件下引导节约型市场消费的重要手段。一方面，最低能效标准是进入市场的门槛；另一方面，通过能效标识，便于消费者对产品能效进行比较。我国应加快扩大强制标准和标识用能设备的范围，及时修订、更新。与此同时，加强市场监管力度，使进入市场的产品都能达标，为消费者提供选择节能产品的环境。

### （四）启动城市能源运动

1. 加快新能源和清洁能源的使用

国家应设立专门的基金，支持可再生能源的科学研究和技术开发；促进立法工作，以法律手段保障可再生能源的利用；提供政策扶持，如免税、特殊补贴等政策以促进新能源的使用；提高能源的利用效率，严格监控包括钢铁、建材、石化、有色、化工等高耗能行业的发展，对汽车、家用电器企业的产品制定统一的节能标准，要特别重视以可再生能源和清洁能源取代石油作为汽车燃料。

2. 提高建筑节能水平

应尽快形成建筑节能标准体系，逐步修订完善，组成一整套配套的建筑节能法规，应完善建筑节能技术支撑体系。加强建筑节能重点技术的研究开发力度，重点发展建筑围护结构节能成套技术；高效率的供热采暖和制冷系统；现有建筑的节能改造使用技术；太阳能和建筑一体化的应用技术；可再生能源的供热制冷技术；开发建筑热工性能检测技术和建筑用能计算分析软件，建立建筑能耗统计体系。加强建筑节能标准实施的监控力度，对新建建筑全面强制实施建筑节能设计标准，并对现有建筑有步骤地推行节能改造。

### （五）启动水文革命

1. 完善水资源管理体制

完善水资源经济政策体系的重点是建立合理的水资源价格体系，对中水及再生水、地表水与地下水等各类供水的价格进行合理界定，推行用水配额及梯级收费制度。

鼓励污水资源化企业建设，为污水资源化项目提供贷款与税收优惠，鼓励企业提高水资源利用效率。

建立责权统一管理体制，同时加强水资源节约利用的管理制度与体制建设，制定和完善相关节水标准和强制性的节水法规，完善节水标准化体系。

2. 大力推广节水措施，开发利用非传统水资源

坚持"节水优先、治污为本、多渠道开源"的原则，加强对节约用水的宣传教育，发展和普及各种节水技术和设备，利用各种非传统水资源，包括再生水、海水、雨水等。

既要促进高效、安全、经济的新技术的使用，也要严格限制耗水量大的用水项目。将污水再生利用系统和雨水利用系统纳入到城市水环境基础设施中，促进城市景观用水、洗车、家庭冲厕等充分利用再生水或净化雨水。

3. 建立区域水环境污染预警系统

大城市连绵区水环境的水质和水量对当地社会经济的发展具有举足轻重的作用。由于污染严重，对城市化进程、工业化进程构成了威胁。因此，必须采取一系列措施保护环境，包括兴建各级污水处理厂，污水处理要限期达标排放，并实行按河段、分季节控制污染物总量；控制稻田过量投入氮素化肥，推广合理施肥；减少城乡含磷洗涤剂的用量；严格控制地下水的开采等。

4. 建立节水型生产生活体系

大城市连绵区废水的循环利用可采用区域循环利用和区域梯级利用方法。

在新建生活小区、公共厕所及其他公共设施应全部采用节水型水龙头、节水型冲洗水箱和节水型淋浴器；同时逐步在已建水冲式公共厕所改用节水型冲洗水箱、延时自闭式或红外自动控制式小便槽冲洗器；中等规模以上宾馆改用节水型水龙头、节水型冲洗水箱和节水型淋浴器。

提高农业水资源利用效率。加强水利基础设施建设，推广渠系防渗技术，实施科学用水制度；推广喷灌、滴灌等节水灌溉方式，降低农田灌溉定额，提高水资源利用效率；推广田间保墒节水技术，实施水土保持技术。

5. 启动雨水回用工程

雨水利用不仅可以缓解目前大城市水资源紧缺的局面，而且可以改善生态环境，缓解地面沉降和海水入侵，减少水涝，改善水循环系统和城市生态环境，减轻污水处理厂的负荷和减少污水溢流而造成的环境污染，减轻市政雨水管网的压力，减轻雨水对河流水体的污染，同时也会减轻下游的洪涝灾害。

应在道路、住区、公共建筑（如学校、政府机关以及娱乐场所）大力建设雨水收集和利用系统，包括分散式雨水渗透系统、集中式雨水渗透系统、屋顶花园雨水利用系统以及生态小区雨水综合利用系统。可供城区借鉴的雨水收集模式有城区路面的雨水收集、机动车主干道的雨水收集、人行便道的雨水收集、屋顶雨水收集利用、城区绿地的雨水收集等。

源头控制是雨水水质源头控制最有效和最经济的方法，包括控制城市大气污染、优化屋顶的设计及选择适当材料、改善路面污染状况、采用路面雨水截污装置、初期雨水弃流装置以及采用雨水处理技术等。

## （六）启动城市森林建设运动

### 1. 城市森林建设层次

大城市连绵区城市森林建设中，市域层次是规划的基础层面，主要考虑市区之间的森林空间结构体系及其与周边城市的联系；市区层次是规划的主体层面，主要考虑

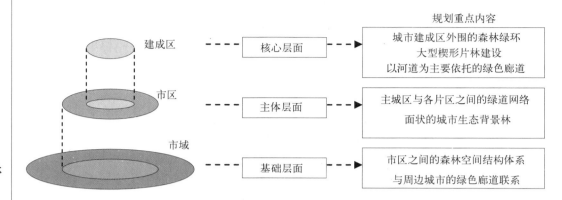

**图 3-5-4-1  城市森林系统规划层次示意图**

市区内部主城区与各片区之间的绿道网络与面状的城市森林；主城区层次是规划的核心层面，主要考虑城市建成区外围的森林绿环建设，深入城市的大型楔形片林建设，以及以河道为主要依托的穿城而过的绿色廊道建设（图 3-5-4-1）。

形成近自然状态的城乡一体化森林群落格局，将有助于维持和保护城市生物多样性，提高城市的综合竞争力，充分发挥城市森林对城市可持续发展的综合功能，实现最优化，建立人与自然和谐相处的可持续发展的现代城市。

2. 城市森林结构布局

大城市连绵区城市森林建设中，通过生态敏感分区控制，建立市域范围内不同保护级别的绿色生态斑块，有效保护生态资源、引导并控制城市用地发展方向。

3. 环境改善林的布局

中心城综合污染区污染程度最高，但由于人口密集，绿量和增绿空间明显不足，绿地面积的大幅度增长的潜力不大，可以积极推进屋顶绿化和垂直绿化，增加中心城区的绿"量"。

环中心城综合污染区主要是辽中南连绵区以及火车站地区等综合污染区，应建设多个以森林为主的大型"楔型绿地"和"片林"等核心林地。在夏季东北风和西南风盛行期间向城区输送含氧量高的清新空气，并以此减缓城市的热岛效应。

4. 城市森林立体绿化结构

城市屋顶绿化、阳台绿化、垂直绿化均为城市森林绿化的重要形式之一，是改善城市生态环境，丰富城市绿化景观的有效途径。

垂直绿化：垂直绿化是利用植物材料沿建筑立面或其他构筑物表面攀附、固定、贴植、垂吊形成垂直面的绿化。垂直绿化不仅占地少、见效快、绿化率高，而且能增加建筑物的艺术效果，使环境更加整洁美观、生动活泼。在城市绿化建设中，精心设计各种垂直绿化小品，可使整个城市更有立体感，既增强了绿化美化的效果，又增加了人们的活动和休憩空间。

屋顶绿化：屋顶绿化是一种特殊的绿化形式，它是以建筑物顶部平台为依托，进行蓄水、覆土并营造园林景观的一种空间绿化美化形式。屋顶绿化不仅能为城市增添绿色，而且能减少建筑材料屋顶的辐射热，减弱城市的热岛效应，对城市环境的改善作用是不可估量的。

阳台绿化：阳台是楼房单元式住宅仅有的外部空间，如充分加以绿化可布置成"缩小了的庭院"，可缓解夏季阳光的强烈度，降温增时、净化空气、降低噪声等，同时美化了楼房的立面和城市景观。

### 5. 古树名木保护

古树名木是活的化石，古树名木不但是绿色文物、人类自然和文化遗产，而且其基因图谱极具特殊性，它们的基因是生物物种中最优秀的基因，在整个生物圈中起着重要的作用，是维护自然界生态平衡的主角。古树的基因交换和变异比一般树木少，具有长寿基因和抗性基因以及其他有价值的基因资源。应采用现代生物技术，尽快建立古树名木基因库，在就地保护的基础上，应采用植物克隆等无性繁殖方法"克隆"古树，建立古树名木基因库，把古树的基因资源保存下来，防止特有基因的丢失。

## （七）大城市连绵区发展必须符合区域生态系统支撑条件

### 1. 大城市连绵区发展必须密切结合自然生态承载力

针对我国现有城市连绵区存在的重大生态问题，建议各地在构建和推进城市连绵区的过程中，不仅要考虑社会经济发展的需要，同时也要密切结合本区域自然生态系统的承载能力。具体建议包括：

第一，从景观生态学角度对城市连绵区所在区域的各类生态系统及其子系统的生态承载能力进行统一的摸底盘查，明确本区域的自然本底状况和自然资本储量，以此作为城市连绵区空间规模、人口规模、功能定位、产业构成等的依据。

第二，对城市连绵区所在区域进行整体功能区划，城市连绵区内部各个城市的功能区划必须与区域功能区划相协调。

第三，注重保护和增加城市连绵区所在区域的景观异质性。对于维系区域生态系统具有重大意义的生态过渡带、生态节点、景观廊道等，要禁止或严格控制与生态保护原则相违背的开发建设活动。

### 2. 大城市连绵区内部应保留适量的农田和各类生态用地

我国城市连绵区的扩张是以大面积侵占农田为前提的。受国家土地占补平衡政策的约束，许多城市不得不大面积地开垦所谓的"荒地"，导致城市连绵区所在区域的农田和各种类型的生态用地普遍锐减。在珠江三角洲地区，许多城市建成区已经联结在一起，相互之间缺少生态屏障。因此，在今后的城市连绵区发展过程中，应大力倡导田园城市，使各个城市内部和各个城市之间保留适度面积的农田和各种类型的生态用地，发展"都市农业"，将城市生态服务功能状况作为评价城市环境综合质量的一项重要指标。

### 3. 大城市连绵区发展应充分考虑区域水资源的承载力

水资源短缺已经成为我国城市连绵区发展的最大制约因素之一。未来城市连绵区的发展，必须在严格依照区域生态规划，充分考虑水资源的承载能力。除了满足工农业生产用水和居民生活用水之外，还必须保证最低限度的生态需水。对于受到水资源制约的城市，应当严格控制城市人口规模，同时应当通过调整产业结构、改进生产工艺等措施，抑制耗水量大的工业和服务业的数量和规模。

4. 大城市连绵区发展应以区域生态规划为基础和依据

我国以往的区域规划是对国民经济和社会发展进行总体战略部署，只强调城市的物理环境和建设用地规划，而未涉及区域和城市生态服务功能方面的内容。区域生态规划是协调人与自然、资源与环境、生产与生活间关系的复合生态系统规划，旨在将自然的生态服务功能引入城市，促进城乡生态与经济的平衡发展。区域生态规划先行要求生态要素评估、生态功能区划和城乡生态关系规划在时序编制上的先导，空间发展上的先决，规划实施上的先行，资产管理上的先理。根据当地地质环境、环境承载能力和经济发展水平，进行总体的发展规划，结合区域整体发展，发挥各自优势。

5. 将提高生态服务功能作为城市生态建设的核心

生态服务功能是指生态系统为维持人类社会的生产、消费、流通、还原和调控活动提供有形或无形的自然产品、环境资源和生态公益的能力。如合成生物质，维持生物多样性，涵养水分与水文循环，调节气候，保护土壤与维持土壤肥力，净化环境，贮存营养元素，促进元素循环，维持大气化学的平衡与稳定等。生态服务功能的强弱取决于人类活动对生态系统的胁迫效应和生态建设的效果，并通过生态服务功效和生态反馈机制作用于人类活动。生态系统服务功能是城市可持续发展的基础，因此应将其作为城市生态建设的核心。

## （八）建设大城市连绵区生态环境系统的保障体系

1. 制定大城市连绵区发展的新制度

大城市连绵区的制度总体来说可以分为两大类型：一大类是基础性政策，主要是促使各类资源在城市间的合理流动，实现城市的基本平衡发展。另一类是协调性政策，主要是在基础性政策的层面上，城市与城市之间达成共同的遵守规则，形成一定的运行程序与规范。

2. 建立大城市连绵区管理委员会，实现区域整体协调

大城市连绵区作为城市群、都市区域必须有一套实现本区发展战略的对策，对于一些重大的跨城市区域建设项目，必须打破各自为政的行政区域障碍。由于各地市存在利益上的差别，使跨市的经济活动和环境设施建设在实践上难以开展，所以要建立一个整体协调机构，统一协调发展，以提高效率，减少重复建设和各自为政的弊端。

3. 建立大城市连绵区发展的政策和机制

加强城市密集地区各城市之间的协调，建立协调机构和监督机构，统一规划区域内大型公共基础设施，特别是快速综合交通运输体系的建设，实现区域交通和其他公共设施的共享。建议国务院设置协调机构，沟通和协调全国城市化工作。在跨省区的城市密集地区、都市圈，建立由相关政府和有关部门组成的协调机构，统一组织编制

城市密集地区的规划，并就规划实施中的有关问题进行协调，形成统一协调的区域管理新模式。

城镇的产业发展要走新型工业化的道路，加强结构改革，以主干工业为核心，形成产业集群或网络，结合城镇体系进行布置。在城市密集地区的规划上，要特别重视科学论证，以科学方法确定区域和各级城镇的环境容量。

4. 建立公平公正的人口流动制度，引导人口合理流动

改革城镇户籍制度，形成城乡人口有序流动的机制，取消对农村劳动力进入城镇就业的不合理限制，政府部门提供需求信息，引导农村富余劳动力在城乡、地区间的有序流动；加强城镇流动人口管理，规范房屋租赁市场，为流动人口创造适宜的居住条件；开展法制宣传教育，提高流动人口的法制观念。

建立全国城市流动人口信息系统、监测系统、统计制度，建立农村富余劳动力流动的引导机制，发布全国劳动力需求信息，建立专门的机构研究问题，制定政策。

5. 建立有利于城市生态系统管理的行政体制和政策保障

强化城市生态系统管理，采取强制性和诱导性的管理方式，明确城市生态系统管理的综合部门，改革条块分割行政体制的弊端。建立和理顺有利于"生态统筹"的城市行政管理体制，明确各个部门在城市生态方面的职责，确保城市生态的完整性，为生态保护和管理提供组织保障。加紧贯彻"破坏者补偿、受益者支付"的原则。

6. 制定有利于城市生态可持续发展的经济技术政策

城乡统筹是实现城市生态可持续性的必然要求。但要求乡村为城市提供生态空间而城市对乡村没有任何回馈是不公平的，也是难以持久的。因此，应当基于公平原则，制定科学合理的经济政策，支持"城乡统筹"战略。其次，城市自身在发展过程中也必须遵循生态规律，重点是推行经济生态化和人居生态化，大力发展循环经济，倡导人居生态化设计。

7. 优化公共财政投资结构，加快环境污染治理

增加环保投入，切实保证城市连绵区环境质量有较大的改善，首先增加市政环境工程建设的投入。大城市连绵区污水处理、垃圾处理、火力电厂烟气脱硫、能源结构调整等，都需要环保投入的保证。还须加强城市连绵区生态建设，按照经济社会、生态与产业、资源保护开发等协调发展的原则，增加与生态工程相配套的产业项目和投资，统筹生态建设、资源保护与后续产业的协调安排，增强生态环境的可持续发展能力。

专题报告六

中国大城市连绵区文化休闲旅游研究

# 目　录

# 一、研究范围与目的

## （一）研究范围

根据课题界定，我国大城市连绵区研究的对象为沿海六个发展较为成熟且具有较高知名度的大城市连绵区，即长三角大城市连绵区、珠三角大城市连绵区、京津唐大城市连绵区、辽中南大城市连绵区、山东半岛大城市连绵区和海峡西岸大城市连绵区（具体范围和数据参见《总报告》）。

## （二）研究目的

作为第三产业的新兴产业和支柱，我国正在经历旅游业快速发展并趋于成熟的时期，而且旅游业的产业化程度也较好。相对于蓬勃发展的旅游产业，我国文化与休闲产业发展相对滞后，文化发展现状是事业性比重大，产业化程度低。在西方发达国家已占首位的休闲产业，在我国也仅处于起步阶段，产业概念模糊，产业基础薄弱，这些也已引起从中央到地方的高度重视。2006 年 9 月 13 日，《国家"十一五"时期文化发展规划纲要》颁布，旨在全面贯彻落实科学发展观，推动文化事业和文化产业的协调发展。

文化、旅游、休闲产业是既高度关联又有本质区别的三大产业，是我国最有发展潜力的优势产业之一。大城市连绵区既是文化、旅游、休闲产业的核心市场区，也是文化、旅游、休闲产业的主要生产区，尤其是文化产业，更要依托大城市连绵区而发展。故此，借鉴国外大城市连绵区文化旅游休闲业发展与规划建设经验，分析我国大城市连绵区文化、旅游、休闲产业的发展条件，提出相应的对策，为我国大城市连绵区文化、旅游、休闲产业健康、持续发展提供规划建设指导。

# 二、研究背景

## （一）大城市连绵区旅游业发展

1. 国外大城市连绵区旅游业特点

（1）注重旅游的社会效益、环境效益

以德国莱茵 - 鲁尔区为例，在经济转型期仍将环保视为重中之重，采取有力措施改善一度被严重污染的环境，如限制污染气体排放、建立空气质量监测系统等。为了美化环境，提高生活质量，鲁尔在区域总体规划中制定了营造"绿色空间"的计划，全区进行了大规模的植树造林。整个矿区绿荫环抱，堪称工业遗产改造的成功案例，创造了高附加值的工业旅游模式的同时，取得了良好的社会效益和环境效益。

（2）开发工业传统资源，拓展区域产业新功能

仍以德国莱茵－鲁尔区为例，其对自身积淀的区域资源进行开发利用规划，尤其重视对工业遗产旅游资源的再开发，经过长达10多年的摸索，走过了一条从零星景点的独立开发到区域性统一开发的模式，包括博物馆开发模式；休闲、景观公园开发模式；购物旅游相结合的开发模式等，工业旅游的开发在改善区域功能和形象上发挥了独特的效应。

（3）高科技在旅游业中普遍应用

旅游景点充分利用高科技手段使旅游产品更加形象逼真，如迪斯尼乐园和海洋世界的立体电影，拉斯韦加斯的人造火山、喷泉等。新技术的广泛应用还体现在旅游服务上，如车内卫星导航系统、旅行智能卡以及电子护照等，同时使旅游信息的获取更加便利。

2. 国外主要大城市连绵区旅游业发展概况

（1）美国东北海岸及五大湖地区大城市连绵区

美国东北海岸及五大湖地区大城市连绵区一直是美国旅游业的重点地区和旅游GDP增长区域。交通便利，有美国最早、密度最大的高速公路交通网络，完善的基础设施为旅游产业的密集发展创造了有利条件。主打旅游产品是各种不同特色的都市旅游，其内容非常丰富，包括观光旅游、商务旅游、会展旅游、购物旅游、休闲旅游等等。商务旅游、会展旅游收入在其旅游总收入中的比重达到30%以上。此外，还有一些特色专项旅游产品，如大西洋城的博彩旅游，哈佛大学、麻省理工学院等世界著名大学开展的校园旅游等（表3-6-2-1）。

**美国东北海岸及五大湖地区大城市连绵区 2002 年主要城市旅游业发展数据一览　表 3-6-2-1**

| | 国际旅游人数（万人次） | 占全美市场份额（%） | 城市份额（%） |
|---|---|---|---|
| 纽约 | 510.0 | 141 | 16.5 |
| 华盛顿 | 100.0 | 100 | 11.7 |
| 波士顿 | 105.0 | 90 | 10.6 |
| 费城 | 42.1 | 31 | 3.6 |
| 巴尔的摩 | 16.0 | 28 | 3.2 |
| 总计 | 773.1 | 390 | 45.6 |

据美国旅游业协会（TIA）统计资料显示，2002年仅东北海岸，纽约、华盛顿、波士顿、费城、巴尔的摩5个主要城市的入境旅游市场份额占全美的40%，旅游总收入所占的比重更高，达到了45%以上。此外，旅游业在各城市经济和人民生活中所占有的地位也举足轻重（表3-6-2-2）。

（2）日本东海道大城市连绵区

2003年日本国民国内旅游人均2.11次，国民整体出行次数大约2.69亿次，出行的目的以纯粹观光旅游最多。国内旅游的消费额平均约为每人93100日元。到日本的访

**2002 年美国东海岸大城市连绵区主要城市国际旅游人数** 表 3-6-2-2

| | 国际旅游人数（万人次） | 占全美市场旅游总收入（亿美元） | 占全美市场份额（％） | 城市份额（％） |
|---|---|---|---|---|
| 纽约 | 510.0 | 26.7 | 141 | 16.5 |
| 华盛顿 | 100.0 | 5.2 | 100 | 11.7 |
| 波士顿 | 105.0 | 5.4 | 90 | 10.6 |
| 费城 | 42.1 | 2.2 | 31 | 3.6 |
| 巴尔的摩 | 16.0 | 0.8 | 28 | 3.2 |
| 总计 | 773.1 | 40.3 | 390 | 45.6 |

资料来源：U.S.Department of Commerce，TIA，Office of Travel and Tourism Industries.

问地主要是东京、大阪、神奈川、京都和千叶县等地，超过半数以上的访日旅游者会选择东京，东京旅游城市计划中引入复古文化与历史理念，得到旅游者认可度最高的是当地传统祭祀活动、寺庙等传统文化性旅游产品。

旅游观光产业成为 21 世纪日本的主导产业，2002 年国内旅游消费大约 21.3 万亿日元，而海外游消费大约 24.0 万亿日元，其所产生的经济波及效果大约为 49.4 万亿日元，占 2001 年国民生产总值 920 万亿日元的 5.4%。

（3）德国莱茵 - 鲁尔地区大城市连绵区

20 世纪 50 年代至 60 年代初，伴随着钢铁、煤矿主导产业的衰退而出现的就业岗位锐减等经济和社会问题使鲁尔区陷入了结构性危机之中。60 年代末莱茵 - 鲁尔区开始进行经济结构转型，充分发挥莱茵 - 鲁尔区内不同地区的区域优势，形成各具特色的优势行业，实现产业结构的多样化。莱茵 - 鲁尔区目前已从"炼钢中心"逐步变成了一个以炼钢等传统产业与会展旅游、信息技术、生物技术等"新经济"产业相结合、多种行业协调发展的新经济区。产业结构调整取得了明显的成效，莱茵 - 鲁尔区成为世界上最著名的工业旅游区之一。其中，会展旅游业取得了突飞猛进的发展。

（4）英格兰东南部地区大城市连绵区

旅游业是伦敦仅次于金融服务业的第二大产业。2001 年，赴伦敦旅游的英国国内外游客共 2835 万人次，旅游业产值占城市 GDP 的 12%。从就业方面看，伦敦旅游业就业人数占了总就业量的 13%（表 3-6-2-3）。老工业城市伯明翰形成了会议旅游、商务旅游和度假旅游三位一体的旅游发展战略。2003 年以来，伯明翰的游客超过 2400 万，大大促进了旅馆业、餐饮业、零售业等行业的发展，创造了大批新的就业机会。

**2001 年伦敦的游客人次与花费一览** 表 3-6-2-3

| | 旅游人次（万） | 过夜数（万夜） | 花费（亿英镑） |
|---|---|---|---|
| 英国居民 | 1690 | 3980 | 29.95 |
| 海外居民 | 1145 | 761 | 58.45 |

数据来源：英国旅游协会。

## （二）文化产业发展概况

### 1. 国外文化产业发展概况

世界上不少城市或区域都把文化战略作为整体发展战略的核心。在这个意义上，城市文化建设和文化产业大发展，是整个城市化进程中一个必然的大趋势。英国伦敦强调文化的多样性，努力增强伦敦作为一个世界之城的吸引力；西班牙的巴塞罗那提出"城市即文化，文化即城市"，认为文化是知识城市的发动机；新加坡则着力发展"亚洲文艺复兴城市"……当代世界的文化产业以前所未有的态势迅猛向前发展，引起了各国之间新一轮的文化和经济的竞争。1995年，日本文化政策推进会议在其重要报告《新文化立国：关于振兴文化的几个重要策略》中，确立了日本在未来21世纪的文化立国方略。

在全球化进程中，文化产业的发展促进了城市竞争力的提升，文化产业以其巨大的文化附加值及其对相关产业的带动作用使城市增值；而它所催生的城市新环境，又加快了城市人流、资金流、物流和信息流的流动速度，从而大大提升了现代城市的集聚和扩散功能。文化产业对城市经济的巨大贡献是显而易见的。以纽约为例，在20世纪90年代，文化产业成为纽约经济发展的一个主要动力，其在2000年的经济贡献超过120亿美元之多，其中非营利性艺术事业占纽约整个艺术产业经济贡献率的30%。

从20世纪90年代开始，伴随着发达国家从工业经济向知识经济或信息经济、"产销合一经济"的转化，在英美等发达国家掀起了一股关于"创意工业"、"创意经济"、"创意城市"的浪潮，其核心思想在于，以文化为主体内容的产业将成为新经济的核心，以创意为基础的文化产业将成为"城市化进程"新的动力引擎。在美国，过去一年内新经济已为其140万"知识工人"创造了就业机会。如今，新经济已占据美国GNP的70%，加拿大GDP的60%。英国文化产业在20世纪80年代便已达到170美元的年产值，仅次于其汽车工业的年产值。毫无疑问，文化产业将成为未来世界经济的新的增长点，而文化产业也将成为国民经济的重要支柱产业之一。

### 2. 文化产业对大城市连绵区发展的推动作用

文化产业对大城市连绵区发展具有重大的战略意义。

（1）文化产业是21世纪最有潜力的产业，也是支柱型产业，未来对城市群GDP的贡献空间不可小觑；

（2）文化产业以其巨大的文化附加值使城市增值，提升城市的能级；

（3）文化产业所体现的强大创造性和创新性，激发了城市活力，增加了城市群核心竞争力。城市群核心竞争力是一种多层次、多维度、动态发展的系统合力，需要品牌文化和品牌企业的外延支撑，这就从客观上要求城市政府充分认识先进文化在推进改革开放和经济建设中的特殊作用，在发展文化产业的过程中，注重创造具有自身特色的品牌文化和品牌企业，使城市群的核心竞争力建构在坚实的基础之上；

（4）文化产业通过增加文化含量，提升城市的品位和外在影响力，强化吸引力，重塑城市形象；

（5）文化产业凸现城市中心区的文化地位，通过博物馆、歌剧院、音乐厅等文化基础设施的设置，营造城市文化氛围，增强城市的"软实力"；

（6）文化产业是城市进行产业转型和经济调整等战略部署的重要抓手，是带动城市更新的重要引擎。

### 3. 大城市连绵区发展成为文化中心的基本条件

许多大城市群不仅仅是强劲的经济增长极，也是重要的文化中心。这里指的文化中心包括文化产品的消费中心、文化资源的配置中心、文化内容的创造中心和文化产业的发展中心。它们具有以下的重要特征：

（1）城市群必须具有区域内外的连接性和开放性，才能集中各种人群的文化需求，刺激文化市场的迅速扩大。

（2）城市群必须具有文化资源的互补性，才能促进城市之间的密切交流和合作，提高资源的有效利用率。

（3）城市群的文化基础设施，必须形成多层次的空间网络结构，才能提高文化资源使用的有效性。

（4）城市群必须培育大量文化组织和机构，增强文化活动的分工协作，才能扩大相互之间的吸引集聚和辐射扩散功能。

## （三）休闲产业发展概况

美国未来学家甘赫曼将人类社会发展的第四次浪潮预言为"休闲时代"。休闲产业是现代社会的产物，体现出与当地的社会文化特征融为一体、与相关产业具有更强的关联性、客源市场的本地性特征突出等特点。休闲经济时代的到来是世界经济发展的一个重要趋势。

发达国家在人均 GDP 达到 500—800 美元时，旅游进入急剧扩张期；当人均 GDP 达到 1000 美元时，开始产生休闲消费的需求；当人均 GDP 达到 2000—3000 美元时，休闲产业得以充分发展。美国的休闲产业已处于国民生产总值第一的位置，其就业人口占全部劳动力的四分之一。1999 年第 12 期美国《时代》杂志指出，2015 年前后，发达国家将进入"休闲时代"。据美国有关部门的统计显示：美国人有三分之一的休闲时间，有三分之一的收入用于休闲，有三分之一的土地面积用于休闲。

### 1. 休闲产业的行业划分体系

休闲产业涵盖的领域众多，行业间又存在千丝万缕的联系，所以划分休闲产业的行业构成类型是推进休闲产业经济划分、法规建设、行业管理、城市生活健康发展的科学依据。休闲产业按照服务设施和经营机制的共同特征可划分为五个基本行业类型（表 3-6-2-4）。

### 2. 休闲效用及评价

休闲业的发展将提升新的经济增长点，保持经济持续发展，从而达到社会效用最大化，体现在促进经济增长、扩大内需、拉动就业、产生社会发展合力等方面。

休闲产业的行业类型划分简表　　　　　　表 3-6-2-4

| 行业类型 | 构成要素 |
| --- | --- |
| 旅游度假 | 度假村、疗养院、风景区、民俗园、野营中心等 |
| 酒水美食 | 宾馆、酒吧、中西餐厅、特色饮食、茶艺宫、咖啡厅、啤酒屋等 |
| 文化娱乐 | 夜总会、歌舞厅、影剧院、游乐场、城市广场、主题公园等 |
| 体育健身 | 俱乐部、健身房、球技馆、田径运动场、滑雪场、游泳馆、探险旅行等 |
| 身心愉悦 | 美容院、按摩室、书画斋、网吧、陶吧、博彩城等 |

扩大内需。休闲消费及休闲行为的发展，将直接扩大个人和家庭对各种休闲品及相应服务的需求，尤其是公共性、群体性休闲的需求会直接刺激国内生产，在扩大内需上将产生巨大作用。

拉动就业。现代社会产业转型节奏变快，旧的岗位调整精简，新的就业机会供给有限，社会解决失业的压力增大，进而会影响社会安定。这种结构性失业，不同于周期性失业，在经济结构调整时期，更不容易解决，由于失业者掌握新技能需要时间，故而无法及时在劳动力市场上找到新的就业机会。而休闲业是以劳动密集型为主导的产业，就业门槛低，就业带动性强，就业乘数高，可以解决大批失业人员的工作问题。

产生社会发展合力。休闲可使人走向自由、展示自我，并对社会的发展起到校正、平衡、弥补功能。它涵盖了人类的价值、情感、理智、意志、生理、文化宗教等，有着强大的文化精神力量，它的社会化普及将产生巨大的合力，推动人类社会发展。

# 三、中国大城市连绵区文化休闲旅游研究

## （一）我国大城市连绵区文化休闲旅游的现状规模、特征与发展趋势

1. 我国文化产业发展概况

（1）国家政策回顾

2000 年 10 月，中共中央十五届五中全会通过的《中共中央关于"十五"规划的建议》提出，要"完善文化产业政策，加强文化市场建设和管理，推动有关文化产业发展"；要"推动信息产业与文化产业的结合"。2001 年 3 月，这一建议为九届人大四次会议所采纳，并正式被纳入全国"十五"规划纲要。于是，"文化产业"这个频频出现于报端的概念，才第一次正式进入了党和国家政策性、法规性文件，发展文化产业成为我国下一个阶段国民经济和社会发展战略的重要组成部分。

2002 年 11 月，党的十六大明确提出文化产业的发展和文化体制改革，这是一个极为重要的标志，它标志着我国文化产业进入了一个加速发展的新阶段。报告还指出一些总体指导意见，明确地将文化产业纳入了全面实现小康社会的经济、社会、文化发展的总体战略。

2003 年 10 月，党的十六届三中全会召开，通过了《中共中央关于完善社会主义市场经济体制若干问题的决定》，为贯彻和落实十六大提出的全面建设小康社会的宏伟目标。《决定》指出，要"转变文化行政管理部门的职能，促进文化事业和文化产业协调发展"。这是继十六大之后，中央为发展社会主义先进文化所做出的又一战略部署。

2004 年 3 月，十届全国人大二次会议《政府工作报告》中指出，"积极推动文化体制改革和机制创新，加大对公益性文化事业扶持力度，完善文化产业政策，发挥市场机制作用，促进文化事业和文化产业共同发展"，再次突出强调了文化体制改革和文化建设的极端重要性。2004 年 3 月 29 日《文化及相关产业分类》正式由国家统计局出台，这不仅是首次从统计学意义上对文化产业概念和范围所做的权威界定，而且为建立科学、系统、可行的文化产业统计制度，推动当前文化体制改革和文化产业发展奠定了重要基础。紧接着，党的十六届四中全会通过的《中共中央关于加强党的执政能力建设的决定》，第一次在党的文件中提出"文化生产力"的概念，并提出了解放和发展文化生产力的一系列思路。

（2）国内文化产业发展总体特征

作为朝阳产业，城市文化产业具有广阔的发展潜力，其发展不仅能提高城市的文化品位，改善城市形象，而且文化还具有经济价值，能够提高城市的竞争力，成为一个城市的新的经济增长点。据《中国文化产业发展报告》，2004 年我国文化产业实现增加值 3440 亿元人民币，占 GDP 的 2.15%；从业人员 996 万人，占我国全部从业人员的 1.3%。与国际标准比，我国居民的人均文化消费仅为国际标准的不到 1/4。如果按照 GDP 增长持平计算，2004 年文化及相关产业创造的增加值接近 3900 亿。据有关权威数据预测，到 2020 年我国文化产业将达到 29460 亿元人民币。

从结构上看，我国文化产业的特点是：以传统意义上的文化产业如新闻、出版、广电和文化艺术等为主构成的"核心层"有从业人员 223 万人，实现增加值 884 亿元；以改革开放以来的新兴文化产业如网络文化、休闲娱乐、文化旅游、广告及会展等为主构成的"外围层"有从业人员 422 万人，实现增加值 835 亿元。新兴文化产业的从业人员已超出传统文化行业近 1 倍，创造的价值已接近传统的几个行业部门。从事文化用品、设备及相关文化产品生产、销售的"相关层"有从业人员 629 万人，实现增加值 1858 亿元，其发展规模在整个文化产业发展中占据了一半。

（3）重点省市文化产业发展概况

《文化建设"十一五"规划》中提出，文化产业较快发展，产业结构进一步调整，形成一批具有国际性和区域性影响的民族文化品牌。文化产业年增长速度达到 15% 以上，到 2010 年城乡居民人均文化娱乐服务消费支出占整个消费支出的 5% 以上，文化系统的文化产业增加值翻一番。

2007 年 1 月 29 日发布的蓝皮书《2007 年：北京文化发展报告——文化创意与城市精神》指出，在中国长三角、京津唐和珠三角三大城市群比较中，北京市在文化产业上实力位居第一。北京作为全国首都和文化名城，历史文化资源和创意人才资源丰厚（77 所高等院校，353 所科研院所，科研人员达 30 万人），国家文化机构集中（全国演艺业的 1/2，影视产品的 1/2，图书近 1/2，音像制品的 1/3，期刊的 1/4，报纸的 1/5 集中在北京），文化产业在 GDP 中所占比重最高，北京市文化产业发展速度最快，并将继续保持这一优势。以历史文化为基础的北京旅游业，"十五"期间发展的基本特征是：文化产业和旅游产业进行结合三大旅游市场共同发展，消费需求日趋多元化；旅游产业规模不断扩张，产业体系日趋健全；旅游产品结构不断完善，产品品质不断提升。根据 2006 年 12 月北京市公布的《北京市文化创意产业分类标准》，北京市文化创意产业具体包括 9 个大类：文化艺术，新闻出版，广播、电视、电影，软件、网络及计算机服务，广告会展，艺术品交易，设计服务，旅游、休闲娱乐，其他辅助服务。2006 年前 11 个月，北京市规模以上文化创意产业单位实现收入 2517.4 亿元，相当于全市规模以上第三产业收入的 10.6%，比上年同期增长 18.7%，具有相当的基础和动力。

深圳的文化产业也逐渐兴起，具体体现在文化娱乐业、演出经营业、电影和音像制品业、文化艺术品经营业、图书、报刊的印刷、发行、销售经营业、广播电视业与广告业、图书文献信息业、文艺培训业等产业上。2006 年出台的《深圳市文化产业发展"十一五"规划》提出，力争到 2010 年，使深圳文化产业以高于 GDP 年均增长率 2% 左右的速度增长，城市居民人均文化娱乐消费支出占全部消费性支出的比重达到 20% 左右，全市文化产业从业人员达到 30 万人，占全社会从业人员的 8%。文化产业中制造行业与服务行业比重调整为 40∶60，文化产业增加值占 GDP 比重达 10% 以上。文化产业成为支柱产业，深圳成为在国内居于领先地位、在国际上具有一定知名度的文化产业中心城市。

（4）规模总量预测

在以上数据调查基础上，各大城市连绵区文化产业发展规模总量的分析预测如表 3-6-3-1 所示。

各大城市连绵区文化产业发展趋势、规模总量预测表　　　　表 3-6-3-1

| 地区 | 文化产业增加值年均增长速率（%） | 文化产业增加值占GDP比重（%） | 2010 年总量预测（亿元） | 2015 年总量预测（亿元） | 2020 年总量预测（亿元） |
|---|---|---|---|---|---|
| 长三角 | 13 | 7.5 | 3820 | 6228 | 10152 |
| 珠三角 | 13 | 7.4 | 3010 | 4908 | 8002 |
| 京津唐 | 12 | 6.8 | 2950 | 4642 | 7306 |
| 辽中南 | 10 | 5.7 | 2240 | 3280 | 4801 |
| 山东半岛 | 10 | 5.2 | 2530 | 3704 | 5423 |
| 海峡西岸 | 11 | 6.6 | 2360 | 3455 | 5059 |

2. 休闲产业发展现状及趋势

（1）休闲产业条件

随着我国居民消费从温饱型向小康型和富裕型转变，居民消费结构发生了较大变化，恩格尔系数不断降低，而与休闲相关的支出在总支出中的比例不断提高。1998 年城镇居民人均可支配收入为 5425 元，2004 年达到 9422 元，2007 年达到 13786 元。1998 年城镇居民文教娱乐服务消费支出的比重为 11.53%，根据中国社科院发布的《2005年社会蓝皮书》，2004 年 1—9 月该比重上升为 16%。同时，随着五天工作制、长假期制度的实行，以及就业结构多元化、工作形式多样化、家庭设施的现代化，使得人们拥有更多的闲暇时间。

（2）休闲产业发展特点

对于大城市连绵区而言，休闲产业的现状发展呈现出以下特点：

休闲需求快速增长，市场潜力巨大。可支配收入的增加意味着具有外出休闲的支付能力。大城市连绵区中心城市人均可支配收入增长迅速，逐步或已经超过休闲需求急剧膨胀的门槛收入（2000 美元），将迎来休闲需求的井喷时代。在休闲方式上，一方面是传统休闲方式的沿袭，如艺术鉴赏与收藏、逛公园、体育健身、参观博物馆、观看演出展览、观光等都得到了较快发展；另一方面是现代休闲活动的涌现，如旅游、度假、各类"吧"式消费、现代健身运动、电子娱乐、网络游戏等在青年消费者中迅速普及。

产业规模日益扩大，产业体系基本形成。由于看到休闲市场的巨大潜力，各城市都努力做大休闲产业，使其规模不断扩大，也是休闲产业成为集高科技产业、金融服务业之后的又一经济增长点。

以近距离休闲为主。由于假期时间和收入等情况，我国居民休闲时间的安排一般是近距离为主。如 2005 年京津唐都市圈内接待的国内外游客为 2.34 亿人次，但其中 1.87亿人次是都市圈内的相互流动。

休闲产业涵盖的内容界定不清。如旅游景点景区、体育健身俱乐部、文化馆、剧院、博物馆、游泳馆、滑雪场、溜冰场、艺术馆、舞厅、休闲俱乐部、野营中心、休闲度假村、主题公园、游乐园、城市广场、咖啡厅、酒吧等等都应属于休闲产业的范畴，然而具体的划分却未明确。

行业管理不规范，体制不健全。休闲产业的行业管理不规范，没有统一的管理机构、管理方案和管理目标，行业道德标准和质量控制体系不健全；政府部门缺乏战略思考和长远规划；社会条件支持系统尚未形成，这些都在某种程度上限制了这一"朝阳产业"的发展。

大众化的休闲文化娱乐设施不足。一方面表现为休闲设施数量有限。2007 年末全国共有文化馆 2921 个，公共图书馆 2791 个，博物馆 1634 个。广播电台 263 座，电视台 287 座，广播电视台 1993 座，教育台 44 个。有线电视用户 15118 万户，有线数字电视用户 2616 万户。共有档案馆 3952 个，已开放各类档案 6787 万卷（件）。从总量上看似乎不少，但与中国 13 亿人口比起来，这些文化娱乐设施是远远不够的。另一方面表现为休闲设施的利用率低。造成这种现象既与人们的休闲观念存在偏差有关，更与休闲设施价格偏高，超过人们的承受能力有关，还与休闲设施管理中存在条块分割，不能形成共享机制有关。

（3）休闲产业经济规模

由于第三产业包括的行业多、范围广，根据中国的实际情况，第三产业可分为两大部分：一是流通部门，二是服务部门，具体又可分为流通部门、为生产和生活服务的部门、为提高科学文化水平和居民素质服务的部门、为社会公共需要服务的部门等四个层次。其中休闲产业涉及住宿餐饮业、旅游服务业、文化娱乐业、体育业等多种产业，根据这些产业在第三产业的比重，近年来大城市连绵区休闲产业占第三产业的比重可以达到30%。第三产业今年的发展速度也相当快，一般都在各大中城市的国民生产总值中占到了相当的比例，达到了50%，而且还存在上升趋势。

（4）休闲产业用地规模

根据上述休闲内容及休闲形态，在大城市连绵区的休闲产业的用地，通常会涉及城市用地分类中的以下类别：居住用地中的服务设施用地（R12、R22、R32）、A2文化设施用地、A41体育场馆用地、A7文物古迹用地、B1商业用地、B22艺术传媒用地、B3娱乐康体用地、G1公园绿地、G3广场用地（见《城市用地分类与规划建设用地标准》GB50137—2011）。通过这些用地开展各类休闲活动，发展休闲产业。参考《北京市城市总体规划（2004—2020）》，预计到2020年北京的公建用地达到15.0%，绿地达到17.0%，道路广场用地达到20.9%，那么涉及休闲产业的用地根据估算则可以达到24%，则大城市连绵区的休闲产业用地可占到城市建设用地的15%—25%。

（5）休闲产业发展趋势

目前，我国大城市连绵区文化休闲旅游产业的发展呈现出一定的趋势：

休闲产业呈现出市场轮动的格局。休闲生活的趋新、趋异需求，成为驱动着城市生活的流行风向标。在这样的市场背景下，城市休闲产业的发展，呈现出一种概念、形态和功能轮动的格局。休闲产业在概念、形态和功能上的轮动，反映为城市休闲产业的条块（街区/地块）轮动和业块轮动。"休闲购物街"、"餐饮一条街"、"酒吧一条街"、"休闲娱乐街"、"观光休闲街"是目前城市休闲市场和产业条块轮动的普遍状态，购物休闲、餐饮休闲、娱乐休闲、体验休闲、学习休闲则是城市休闲市场业块轮动的潮流格局。城市休闲市场和休闲产业的轮动格局，还表现为城市休闲产业在形态布局上由单地标向多地标发展的趋势。城市休闲市场的每一轮涌动，都与具有"地标"意义的产业拓展有关。

基于休闲需求和供给的持续变化。城市休闲市场和产业的轮动格局，归结于当代休闲生活和需求的持续变化，这主要体现在两个方面：一是休闲热点的不断转换，二是休闲需求的不断升级。从消费市场看，这两方面的变化是由休闲者、休闲目标、休闲方式、休闲过程和休闲结果等因素造成的。休闲者因休闲意愿、休闲能力和休闲习惯而不同；休闲目标因放松、消遣、娱乐、发展的不同动机和身体休闲、实用休闲、社会休闲、文化休闲的不同主题而分衍；休闲方式因观赏或体验、旁观或参与、被动或主动的过程而差异；休闲结果则分为满足或遗憾、瞬间感受或体验回味、紧张宣泄或再生驱动，并进而影响后续性的休闲消费。

城市休闲产业在整合与发展，并逐步向其他产业渗透。城市休闲市场和休闲产业在概念、形态和功能方面的条块和业块轮动，促进了休闲市场和产业的要素整合，推动着城市休闲产业不断向前发展。这种发展体现为两种耦合：一是休闲市场的需求、供给和消费的耦合，二是市场和产业结构关系的耦合。城市休闲市场的需求、供给和消费的耦合表现在两个方面：一是需求和供给在数量与质量、种类与创意、储量和运营方面的市场化有效配置；二是购买力、购买习惯、购买意愿、购买引动和销售渠道、销售模式、销售场景和销售服务的市场同步实现。

休闲经济的发展要素与休闲经济发展的"两极"特征。休闲经济是由居民休闲消费支出和休闲项目收费标准的指数决定的，有了进行休闲消费的观念，实现它则必须有达成这一行为足够的金钱，我们从国民生产总值和城市居民生活各项消费的比例关系就可以看出，休闲经济受居民工资收入水平和休闲消费购买力差异两个基本条件的影响。消费者对休闲产品价格的承受能力取决于其收入水平和消费观念等因素。

### 3. 旅游产业发展现状及趋势

#### （1）总体特征

目前，我国旅游发展面临的总体趋势是：我国旅游行业已经进入长期快速增长的上升通道。国际旅游正快速发展并向东亚太转移，我国已成为国际旅游的主要目的地之一；国内旅游已进入快速发展阶段；旅游产品正从观光型向观光、度假和专项旅游相结合的方向发展；旅游发展空间结构正向区域化和分散化方向发展。

"十五"时期我国旅游业进入趋向成熟的持续高速增长的新阶段。据WTO预测：到2020年我国将成为世界第一大旅游目的地，第四大客源国。2006年度全国入境旅游人数12494万人次，国际旅游（外汇）收入339.49亿美元；国内旅游总人次为13.94亿人次，人均出游率达到了106.1%，国内旅游总收入为6230亿元；全国出境旅游达3400万人次（表3-6-3-2、图3-6-3-1、图3-6-3-2）。

**2006年全国及六大大城市连绵区旅游总收入和旅游总人数一览表** 表3-6-3-2

| 名称 | | 旅游总收入（亿元） | 旅游总人数（万人次） |
|---|---|---|---|
| 全国 | | 8935 | 151900 |
| 山东半岛 | | 909.9107 | 10713.4392 |
| 珠三角 | | 1761.02 | 9788.55 |
| 长三角 | 上海 | 1419.94 | 10289.64 |
| | 江苏 | 1927.46 | 15704.86 |
| | 浙江 | 1449.7 | 14020.14 |
| 合计 | | 4797.1 | 40014.64 |
| 京津唐 | 北京 | 1803.7 | 13590.3 |
| | 天津 | 652.79 | 5568.83 |
| | 河北 | 161.35 | 2982.9 |
| 合计 | | 2617.84 | 22142.03 |
| 海峡西岸 | | 551.1838 | 5487.881 |
| 辽中南 | | 753.1075 | 9034.708 |
| 总计 | | 11390.162 | 97181.2482 |

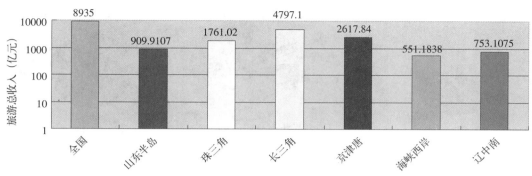

图 3-6-3-1　2006 年我国六大大城市连绵区旅游总收入柱状分析图

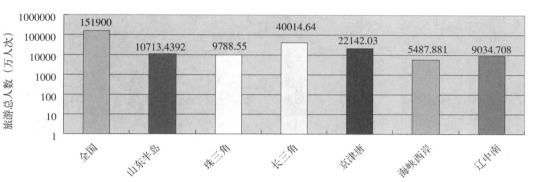

图 3-6-3-2　2006 年我国六大大城市连绵区旅游总人数柱状分析图

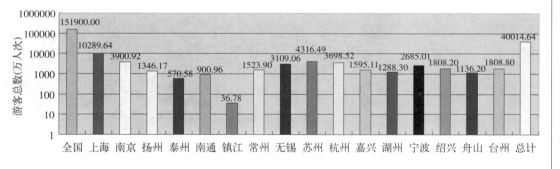

图 3-6-3-3　2006 年长三角大城市连绵区各城市游客总人数柱状分析图

"十一五"时期及其以后一段时间内，我国旅游业将成为国民经济的重要产业、直至支柱产业，成为全面建设小康社会的重要支撑之一。预计"十一五"期间旅游收入年均增长 10%。而到 2010 年，中国旅游业总收入达 12260 亿元人民币，年均增长 10% 左右，相当于 GDP 的 7%。到 2020 年，中国旅游业总收入将达到 25000 亿元人民币以上，年均增长 7%，占 GDP 的比重提高到 8% 左右。2010 年和 2020 年国际旅游人数将分别增长到 10 亿人次和 15.6 亿人次，1995—2020 年的平均增长速度将达到 4.1%。(《中国旅游业发展第十一个五年规划》，国家旅游局，2006)

（2）六大大城市连绵区旅游发展概况

长三角人口约占全国的 6.25%，经济不断增强的城乡居民出游能力日益高涨，形成了年出游人数超过 2 亿人次的客源市场，强大的客源市场已成为中国最有吸引力的一块沃土。目前接待的入境旅游者占全国的 1/4，接待国内旅游者占全国的 1/3，且国内旅游"互为客源地，互为目的地"的特征也日趋明显（图 3-6-3-3、图 3-6-3-4、图 3-6-3-5）。长三角各城市经济发展水平居全国领先地位。目前，区域内六个城市人口

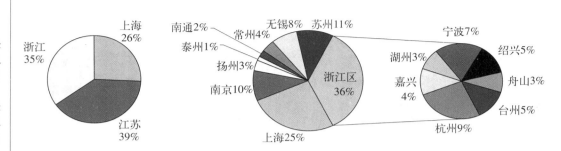

图 3-6-3-4 2006 年长三角大城市连绵区游客总人数饼状分析图(一)(左)

图 3-6-3-5 2006 年长三角大城市连绵区游客总人数饼状分析图(二)(右)

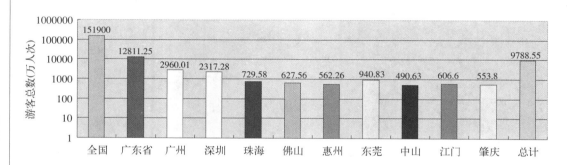

图 3-6-3-6 2006 年珠三角大城市连绵区各城市游客总人数柱状分析图

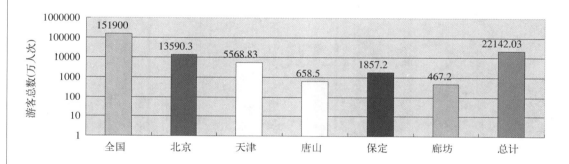

图 3-6-3-7 2006 年京津唐大城市连绵区各城市游客总人数柱状分析图

人均 GDP 超过 20000 元,四个城市的人均 GDP 接近 20000 元,剩下五个城市的人均 GDP 也超过了 10000 元。殷实的收入使城乡居民的出游能力不断增强,该区域已形成年出游人数达 2 亿人次的客源市场,而且区域休闲度假需求正处于迅速膨胀中。

《关于〈加强珠三角旅游资源保护、利用和开发〉的建议》提出,要充分利用我国加入 WTO 和实施 CEPA 及泛珠三角区域经济合作的新机遇,开发珠三角旅游品牌(图 3-6-3-6)。以广东省为例,近几年,广东省旅游业取得了长足发展,多项经济指标居全国首位,其中,旅游业总收入、旅游创汇等主要经济指标约占全国的四分之一。全省旅游业在产业结构优化升级、培育地区新的经济增长点和提高人民群众的整体文化素质方面发挥着重要的作用。 同时,广州是全省政治、经济、文化中心和历史文化名城,要以广州为龙头,重点整合珠三角区内的历史文化资源,以建立优势旅游品牌为目标进行深度开发。

京津唐大城市连绵区的旅游资源主要类型有:世界文化遗产、国家历史文化名城、中国优秀旅游城市、国家重点风景名胜区、国家自然保护区、国家森林公园、全国重点文物保护单位等(图 3-6-3-7、图 3-6-3-8)。其旅游业发展现状特点如下:区域旅游资源丰富，旅游业相对发达，是我国华北旅游圈的核心地带；区域交通设施相对发达，面临良好的发展机遇；区域旅游发展很不均衡，少数著名景点长期超负荷运转，大量高质量的景点有待开发或未能有效发挥潜力。旅游线路和客源组织上缺乏区域协调，多头管理问题突出。

辽中南大城市连绵区以辽宁省旅游业为例，2005 年全年共接待国内外旅游者9990.2 万人次，比上年增长 21.9%。其中，接待国内旅游者 9860 万人次，比上年增长21.9%；接待入境旅游者 130.2 万人次，比上年增长 20.5%，其中以沈阳、大连的接待量为主（图 3-6-3-9）。《辽宁省老工业基地振兴规划》提出，要大力发展旅游、会展业、建设沈阳、大连、丹东旅游金三角，发展冰雪旅游、工业旅游、生态农业旅游等特色旅游；打造沈阳、抚顺、辽阳清文化，大连滨海，鞍山千山，本溪水洞，兴城古城等精品旅游区。建设好沈阳、大连等国际会展中心城市。

山东半岛大城市连绵区所属的青岛、济南、烟台、威海、日照、潍坊、淄博、东营八城市在山东旅游发展格局中举足轻重，不断提升半岛城市群旅游产业素质和效益水平，是实现全省旅游业突飞猛进的强势所在。八城市之间内部旅游具有很大的潜在市场，是旅游互为客源和互为目的地的重要组成部分，利用半岛城市群联合体这个组织，深化半岛城市群旅游合作，塑造区域旅游品牌，科学整合与利用旅游资源和产品，实现半岛旅游一体化和区域旅游的便利共同推动旅游业的发展具有十分重要的意义（图 3-6-3-10）。

2004 年福建省人民政府提出了"打造海峡西岸旅游繁荣带"和"建设闽台旅游合作圈"的战略构想。《福建省海滨带旅游开发总体规划》提出了"一轴、三团、六区"发展格局，海岸产品、海上产品和腹地产品三大海滨旅游产品系列，六大海滨旅游精

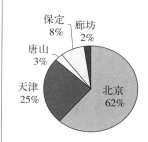

图 3-6-3-8 2006 年京津唐大城市连绵区游客总人数饼状分析图

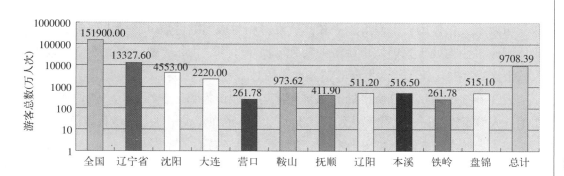

图 3-6-3-9 2006 年辽中南大城市连绵区各城市游客总人数柱状分析图

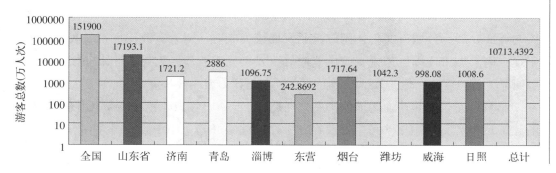

图 3-6-3-10 2006 年山东半岛大城市连绵区各城市游客总人数柱状分析图

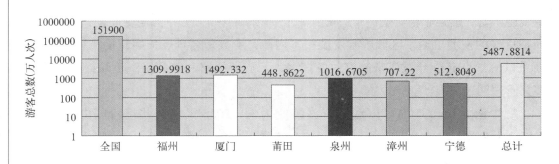

图 3-6-3-11 2006 年海峡西岸大城市连绵区各城市游客总人数柱状分析图

品线路等发展思路，为全力打造海峡西岸旅游繁荣带、积极推进海峡西岸经济区的建设奠定了坚实的基础；提出福建省海滨带"四岸"（四大精品海岸）、"四岛"（四大特色海岛）、"三湾"（三大梦幻港湾）、"三心"（三大海滨旅游中心城市）的区域旅游整合开发概念（图 3-6-3-11）。

根据 2007 年福建省国民经济和社会发展统计公报，入境旅游、商务、探亲等人数 268.75 万人次，比上年增长 17.0%。其中，外国人 100.80 万人次，增长 27.6%；港、澳、台同胞 167.95 万人次，增长 11.4%。全年接待国内旅游人数 8041.12 万人次，增长 18.6%；国内旅游总收入 838.17 亿元，增长 20.9%。

## （二）我国大城市连绵区文化旅游休闲业空间分异特征与形成机理研究

### 1. 空间分异特征

我国大城市连绵区的休闲产业在空间上的差异已较为明显，这种差异主要体现在休闲产业的分布体系和休闲产业的建设水平。空间分异主要体现在以下三个层次：

（1）六大大城市连绵区之间文化休闲旅游发展区域差异明显

根据对六大大连绵区的文化休闲旅游游客量和经济收益的分析，可以看出长三角、珠三角属于文化休闲旅游发展水平较高、发育相对成熟的区域，区域内部各城市的文化休闲旅游业均处于我国城市旅游的前列。而京津唐、山东半岛、海峡西岸和辽中南大城市连绵区文化休闲旅游发展的整体水平相对滞后。

表 3-6-3-3 通过计算所得的"2004 年度各大城市连绵区地均文化产业增加值"说明了各大城市连绵区的文化产业发展状况，以及体现在建设用地上的量化数值。

（2）大城市连绵区内部文化休闲旅游发展空间格局不完善

从六大大城市连绵区内部发展来看，长三角、珠三角内部各城市的文化休闲旅游业发展水平相对较为均衡，京津唐、山东半岛、海峡西岸城市群都处于一种两极化发展的局面，即部分城市文化休闲旅游业发展较为成熟，但大多数城市发展缓慢。而对于辽中南大城市连绵区来说，旅游业尚处于发展完善阶段，大连、沈阳一枝独秀，优势明显，首位度高，但是其他城市尚存在较大差异（表 3-6-3-4）。

2004 年全国文化产业增加值排序分别是：广东（20.3%）、北京（11.2%）、山东（8.3%）、浙江（7.9%）、上海（7.8%）、江苏（7.5%），占各省（市）GDP 比重排序：北京、广东、上海、福建、浙江等（表 3-6-3-5）。

**2004 年度各大城市连绵区地均文化产业增加值一览表**　　　　表 3-6-3-3

| 区域 | 所涵盖城市、建设用地面积（平方公里） | 区内省份对照、建设用地面积（平方公里） | 区内各省份对照的文化产业增加值（亿元） | 区内各省份对照的地均文化产业增加值（亿元） | 各大城市连绵区地均文化产业增加值（亿元） |
|---|---|---|---|---|---|
| 长三角 | 上海：1824.56；南京：561.94；苏州：177.17；无锡：178.92；常州：98.5；扬州：62.81；镇江：82.6；泰州：50.59；南通：57.37；舟山：61.34；杭州：334.94；宁波：114.7；绍兴：111.72；嘉兴：77.81；台州：89.92；湖州：67.87　合计：3952.76 | 上海：1824.56　江苏：2278.64　浙江：1572.94　合计：5676.14 | 上海：269.50　江苏：258.55　浙江：273.06 | 上海：0.15　江苏：0.11　浙江：0.17　均值：0.14 | 0.10 |
| 珠三角 | 广州：670.48；深圳：533.49；珠海：163.5；佛山：126.39；江门：108.35；中山：79.07；东莞：630.65；惠州：41.84；肇庆：52.09；增城：44.53；从化：26.81；鹤山：23.89；台山：33.7；开平：17.3；恩平：16.74；四会：23.62；高要：17.9；惠东：16.9；博罗：14.3　合计：2641.55 | 广东：2973.25 | 广东：698.92 | 广东：0.24 | 0.21 |
| 京津唐 | 北京：1254.4；天津：500.13；唐山：176.3；保定：96.81；廊坊：44.78；沧州：35.36；石家庄：153.92；衡水：34.06；张家口：76.82；承德：35.66　合计：2408.24 | 北京：1254.4　天津：500.13　河北：1194.77　合计：2949.3 | 北京：385.94　天津：62.08　河北：74.99 | 北京：0.31　天津：0.12　河北：0.06　均值：0.16 | 0.13 |
| 辽中南 | 沈阳：291.02；大连：229.53；营口：84.61；鞍山：136.33；抚顺：103.31；辽阳：71.75；本溪：56.2；铁岭：41.16；盘锦：53.23　合计：1067.14 | 辽宁：1617.73 | 辽宁：89.56 | 0.06 | 0.04 |
| 山东半岛 | 济南：217.16；青岛：154.82；淄博：165.01；东营：84.67；烟台：209.43；潍坊：116.66；威海：62；日照：54.86　合计：1064.61 | 山东：2436.42 | 山东：286.86 | 0.12 | 0.05 |
| 海峡西岸 | 福州：153.76；厦门：111.5；莆田：29.86；泉州：51.23；漳州：28.94；宁德：10.59　合计：385.88 | 福建：603.6 | 福建：137.57 | 福建：0.23 | 0.15 |

资料来源：2007 年：中国文化产业发展报告.社会科学文献出版社，2007.

**四大城市文化产业定位对比**　　　　表 3-6-3-4

| 城市 | 文化特质 | 文化产业主力行业 | 发展策略和特色 |
|---|---|---|---|
| 上海 | 海派文化、里弄文化等 | 时尚设计＋动漫＋传媒 | 集约化经营、规模化发展、集中力量办大事 |
| 北京 | 皇家文化、京城文化等 | 动漫＋出版＋传媒＋旅游 | 民营国营同台竞争，多元主体优势互补 |
| 杭州 | 江南文化、雅士文化等 | 动漫＋文化旅游 | 推进体制、内容和技术创新，实施人才战略和品牌战略 |
| 深圳 | 创业文化、移民文化等 | 动漫＋设计＋印刷＋旅游 | 文化资源和企业资本结合，可持续发展和制度创新互动 |

**2004 年中国部分省份文化产业增加值及其占 GDP 比重情况分析**　　表 3—6—3—5

| 省份 | GDP 总量数量（亿元） | 文化产业增加值数量（亿元） | 文化产业增加值占 GDP 比重（%） |
|---|---|---|---|
| 上海 | 8072.80 | 269.50 | 3.34 |
| 江苏 | 15003.65 | 258.55 | 1.72 |
| 浙江 | 11648.73 | 273.06 | 2.34 |
| 广东 | 18864.62 | 698.92 | 3.7 |
| 北京 | 6060.27 | 385.94 | 6.37 |
| 河北 | 8472.81 | 74.99 | 0.89 |
| 天津 | 3110.97 | 62.08 | 2.00 |
| 辽宁 | 6672.04 | 89.56 | 1.34 |
| 山东 | 15021.80 | 286.86 | 1.91 |
| 福建 | 5763.35 | 137.57 | 2.39 |

（3）城市内部文化休闲产业空间分布具有多元组合的特点

在城市内部，文化休闲产业的空间分布具有多元组合的特点，并因依附的空间和设施的规模不同而表现出不同的等级。大型休闲娱乐企业向商服繁华度高、具有全市影响力的区域集中，小型企业则向消费潜力大的新兴社区发展。为城市居民提供的日常性休闲产业，常常呈多点、散布的分布形态，在空间上也呈现出小而系统的形态特征，比如，各类休闲吧，城市休闲绿地等形态的休闲产业。另一方面，以高档消费为主的休闲产业，则呈越来越集中分布的空间分异特征，这其中存在规模效应的连带作用。

2. 形成机理

（1）经济发展水平

文化休闲消费市场是文化休闲旅游发展的重要空间，而消费市场的扩大有赖于区域经济发展水平和市场规模的大小。

现代经济学家认为，文化特征是其经济特色的主要标志，而特色经济则是其文化特征的有效载体，两者之间相辅相成，水涨船高。换个角度来说，城市连绵区经济实力的强弱，是决定其文化水平和聚散能力的基本因素，而城市连绵区经济实力的增强，又离不开其先进文化所固有的精神动力、凝聚力、创造力和物质方面体现的生产力的强大支撑。

（2）人文因素

影响大城市文化休闲旅游空间分布的主要人文因素包括文化底蕴和文化习俗、文化设施、组织和机构等。

（3）自然环境因素

我国幅员辽阔，气候类型、资源类型异常丰富，造就了我国具有旅游资源多样化、多元化的重要特点。六大大城市连绵区虽然只集中于东部，但是自北向南覆盖了我国 2/3 的纬度，从寒带到热带都有分布。地域上纬度跨越大，气候带丰富，是大城市连绵区旅游业空间分异的自然因素。

（4）交通条件

城市群必须具有区域内外的连接性和开放性，才能集中各种人群的文化需求，刺激文化市场的迅速扩大。大城市群以高速公路、铁路、地铁、轻轨为半径，以航空港、海港或者信息港与外界连接，以现代通信网络为延伸，能够在短时间内汇集大量的人流，形成文化消费市场的巨大空间。因此，交通条件成为决定文化休闲空间分异的重要因素。一些大城市经济实力雄厚，基础设施条件优越，尤其在交通基础方面更是得到了国家财政的补助，具有较强的可进入性，因此占据了有利的开发先机，使得其文化休闲旅游在区域内率先得到了发展。

（5）文化产业政策

大城市连绵区的发展受各种经济活动的影响，经济发展状况往往成为决定城市群未来发展的主要因素。因此，能否制定良好的产业政策以促进城市群经济健全发展，对于城市群未来的发展具有关键作用。近二十年来，文化产业政策被许多地方政府赋予高度期望，认为文化产业的引入将改变既有的城市经济发展，并重建经济活动中文化所扮演的角色。

根据西欧城市的经验，文化政策被用作"改善市民生活的工具"（Bianchini，1989），即通过文化的消费与生产来促进城市生活质量的提高。总之，全球经济的变动趋势导致城市经济的重构。从这种意义上讲，文化政策正是资本全球化的地方响应。

在大城市连绵区，文化产业政策实施的成功对于城市经济和社会发展是至关重要的。由于文化活动本身就不仅仅是一种消费形式，所以这些文化政策在促进文化生产和扩散的同时，也往往会对城市发展产生一系列的累积效应（表3-6-3-6）。

（6）旅游客源地依托

我国大城市连绵区是旅游主要的旅游资源集聚地域，是主要的旅游目的地，同时，也是最主要的旅游客源地。目前我国已形成四大出游市场：长三角、京津唐、珠三角

**部分省市文化产业发展相关政策法规**　　　　　　表3-6-3-6

| 名　称 | 发布机构 | 发布日期 |
|---|---|---|
| 安徽省人民政府关于印发安徽省文化产业发展规划纲要的通知（皖政[2003]108号） | 安徽省人民政府 | 2003.12.27 |
| 甘肃省人民政府关于加快和促进文化产业发展的意见（甘政发[2004]65号） | 甘肃省人民政府 | 2004.10.12 |
| 关于加快发展杭州文化产业的若干意见（市委[2001]24号） | 中共杭州市委 杭州市人民政府 | 2001.8.17 |
| 关于印发沈阳市促进文化产业发展若干政策措施的通知（国办发[2003]105号） | 沈阳市人民政府 | 2007.3.20 |
| 海南省人民政府印发海南省支持文化体制改革和文化事业文化产业发展若干政策的通知（琼府[2007]25号） | 海南省人民政府 | 2007.4.16 |
| 南京市政府关于加快文化产业发展若干经济政策的意见（宁政发[2006]172号） | 南京市政府 | 2006.8.8 |
| 批转省文化厅关于深化文化体制改革、加快文化产业发展、全面推进文化建设意见的通知（辽政发[2003]24号） | 辽宁省人民政府 | 2003.6.21 |
| 深圳市人民政府印发《关于加快文化产业发展若干经济政策》的通知（深府[2005]217号） | 深圳市人民政府 | 2005.12.28 |

| 名　称 | 发布机构 | 发布日期 |
|---|---|---|
| 深圳市人民政府印发《关于建设文化产业基地的实施意见》的通知（深府 [2005]218 号） | 深圳市人民政府 | 2005.12.28 |
| 苏州市人民政府关于加快文化事业和文化产业发展若干经济政策的意见（苏府 [2007]10 号） | 苏州市人民政府 | 2007.1.17 |
| 无锡市政府关于加快文化产业发展的实施意见（锡政发 [2006]288 号） | 无锡市政府 | 2006.8.10 |
| 印发广东省文化产业发展"十一五"规划的通知（粤府办 [2007]35 号） | 广东省人民政府 | 2007.4.10 |
| 印发江门市文化事业和文化产业发展"十一五"规划的通知（江府 [2006]69 号） | 江门市人民政府 | 2006.12.30 |
| 中共杭州市委办公厅、杭州市人民政府办公厅关于进一步推进杭州大文化产业发展的若干意见（市委办 [2005]7 号） | 杭州市人民政府 | 2005.3.22 |
| 中共湖北省委办公厅湖北省人民政府办公厅关于印发《湖北省文化事业和文化产业发展规划（2004—2010）》的通知（鄂办发 [2004]34 号） | 湖北省人民政府 | 2004.5.4 |
| 中共湖南省委湖南省人民政府关于加快文化产业发展若干政策措施的意见（湘发 [2002]4 号） | 中共湖南省委湖南省人民政府 | 2001.3.25 |
| 中共深圳市委深圳市人民政府关于大力发展文化产业的决定（深发 [2005]18 号） | 深圳市人民政府 | 2005.12.2 |

和华中地区出游市场。

（7）近距离休闲市场依托

比较旅游、文化产业，休闲产业依托于市场的特征尤为明显。休闲产业是城市为休闲者进行各种不同类型的游憩活动开创的空间和建立的设施构成的产业系统，空间与设施是休闲产业的物质表现形式。大城市连绵区因其巨大的人口集聚和相对发达的经济，是休闲产业最主要的集聚地域。

3. 北京文化产业空间分布特征分析

北京市政府在"十一五"规划中，提出打造"创意产业之都"的发展战略。在未来几年内，北京将重点扶持数码娱乐、工业设计、新媒体、软件等高端产业，把北京建成全国文化演出中心、出版发行和版权贸易中心、影视节目制作和交易中心、动漫和网络游戏研发制作中心、文化会展中心和古玩艺术品交易中心。到 2008 年，北京文化创意产业附加值将超过 500 亿元，占北京市 GDP 的 9%。另外，北京市形成文化产业基地的专项规划，拟投资 5 亿元用于建设文化创意产业，重点建设 6 个文化创意产业集聚区。因此，研究北京文化产业的空间分布，对于北京"十一五"期间文化产业的空间规划具有重要的参考意义。

作为中国文化中心的北京，近年来文化产业得到迅速的发展。1999 年创造增加值 115 亿元，占全市 GDP 的 5.3%。2000 年北京文化产业增加值 107 亿元，占全市 GDP 的 4.4%。2001 年北京全年文化产业增加值 130 亿元，占国内生产总值的比重为 4.6%。

城市文化产业的发展是城市经济的重要领域，文化产业的发展途径之一是合理的产业布局。合理的空间布局可以促进文化企业间的创新协作，从而提高文化企业的经济效益。

北京文化产业的空间分布是否符合文化产业自身发展的要求，是否符合北京城市发展建设的要求，将最终影响北京文化产业发展的成功与否。我们通过对 2001 年北京基本单位的统计数据进行分析，得出以下结论：第一，北京文化产业整体上呈现空间集聚现象。文化产业绝大多数是属于创意性产业，所以在空间上集聚可以使企业间彼此获得更大的外部经济效益，这是合理的。但是对于非创意性产业，如书报刊发行业中的零售与批发、文化艺术业中的图书馆等具有消费市场指向性质的产业，其空间分布应趋于分散，以便更好地为市民服务。第二，各类文化产业的集聚中心各有不同。广播电影电视业、体育业、广告业都属于集聚型文化产业，但是其集聚中心的区位各不相同。从图中看，广播、电影、电视业主要集聚在海淀区，除了受行政因素的影响外，海淀区的科研人才也应该是影响其如此分布的重要因素。广告业主要集聚在朝阳区，靠近 CBD 位置，这无疑给广告业发展所需的资金及信息提供一定的基础。究其原因，在于影响不同行业区位选择的因素不同。第三，城区范围内，文化产业更多地集聚在北城。

## （三）我国大城市连绵区文化旅游休闲业主要问题、发展目标与规划建设对策

### 1. 主要问题

根据多方面的研究分析，我国大城市连绵区文化旅游休闲业的主要问题在于思想认识问题、管理体制问题、政府政策问题、资源保护问题、设施建设问题、规划技术问题。

（1）思想认识问题

关键概念认识不统一，内涵模糊不清。文化休闲旅游产业是社会经济体系中的重要组成部分。然而，目前学术界、规划界对于文化休闲旅游产业的一些关键概念的认识仍然不统一，对于其产业性质与内涵的认识非常模糊。这主要有以下两方面的原因。首先，我国文化休闲旅游产业经历了不同的发展时期，其性质与内涵也有相应的演变。在计划经济体制时期，文化休闲旅游业被作为一项社会公共事业。而在改革开放后，从计划经济向市场经济过渡，因此文化产业的"事业性"、"公共性"与"市场性"并存。近些年来，随着增长方式的逐渐转型，一些大城市日益重视现代服务业的发展，而文化休闲旅游业作为现代服务业的龙头，更加承担了改善经济结构、提升城市竞争力的重任。文化休闲旅游产业的性质与内涵发生变化，也使得学术界、规划界对此的认识尚存在不一致。其次，文化休闲旅游产业是十分复杂的系统工程，具有显著的综合性、关联性等特点，包括复杂、完整的产业链，与其他经济产业和部门存在普遍的交叉，因此，对于其性质与内涵的准确把握相对困难，需要进行深入的研究。

文化休闲旅游产业的重要性未得到充分认识。在新时期对于大城市连绵区的发展而言，文化休闲旅游业的重要性日益体现。这不仅反映在文化休闲旅游业作为现代服务业的龙头，对于城市地区经济增长方式转变、产业结构优化的作用，更体现在文化

休闲旅游业的健康发展能够显著改善城市连绵区的综合环境、突出形象特色、提升综合竞争力。这些已经在长三角等国内一些大城市连绵区的发展中得到实践的证实。然而，由于一些地区仍然执行"唯 GDP 论"，以经济总量的增长作为主要的政府绩效考核内容，因此并未深刻认识到文化休闲旅游业对于大城市连绵区社会经济发展的全面、重要的作用。而现行社会经济统计体系的限制，使得对文化休闲旅游业的经济贡献难以作出全面准确地评估，在一定程度上也加剧了政府对文化休闲旅游业地位的忽视。

（2）管理体制问题

文化休闲旅游业的资源、设施隶属众多部门，多头管理的问题突出。文化休闲旅游业是一项综合性非常强的产业，依托于多种类型的资源和设施，比如文物保护单位、历史文化街区、风景名胜资源、森林公园、各级旅游景区、公共文化设施等等。而这些资源与设施，在现行体制下又分别隶属于文物、文化、园林、林业、旅游、建设等不同的政府部门管理，多头管理、条块分割、相互冲突的问题非常普遍和突出。

大城市连绵区文化休闲旅游业的区域协作缺乏体制机制保障。根据上文分析，从休闲旅游业的发展来看，京津唐、山东半岛、海峡西岸大城市连绵区均处于典型的单边发展格局，虽然区域内个别龙头城市在国内处于前列、优势明显，但就整体而言，区域发展很不均衡，少数著名景点长期超负荷运转，大量高质量的景点有待开发或未能有效发挥潜力，旅游线路和客源组织上缺乏区域协调，区域合作流于形式。由于省级旅游主管部门行业事权的缺位与休闲旅游规划的非法定性，以及缺乏跨省级旅游主管部门，使得省级旅游局或跨省级旅游指导机构缺乏行政、投资引导和规划调控等手段，行政区域的组织与开发模式难于打破，区域协作缺乏体制机制的强有力保障。

（3）政府政策问题

一方面，一些地区的政府不重视文化休闲旅游业的发展，非常缺乏对文化休闲旅游业发展的统筹规划和政策支持，对于文化休闲旅游业发展中需要解决的体制、机制、资金、人员等方面的问题缺乏解决对策。

另一方面，一些地方政府虽然出台了促进文化休闲旅游业发展的政策文件，但是却往往流于书面形式，而缺乏必要的配套政策支撑和具体的实施方案。而且在政策实施过程中，往往缺乏一个统筹兼管文化休闲旅游业涉及的各行业各部门的政府部门作为政策实施主体。

（4）设施建设问题

文化休闲旅游业的健康持续发展，需要配套齐全、功能完善、服务优良的设施作为基础。但是从整体来看，我国六大大城市连绵区的文化休闲旅游业基础设施和公益性服务设施非常滞后，与经济发展的速度不相符合，与人民群众的需求不相符合，明显落后于国际水平。尤其是在大城市连绵区内的非龙头城市和乡村地区，这些问题尤其突出（表 3-6-3-7）。

（5）资源保护问题

我国大城市连绵区的文化休闲旅游业的发展，面临着的一个突出问题是资源保护

**国际大城市的文化设施比较**　　　　　表 3-6-3-7

| 城市 | 上海 | 香港 | 新加坡 | 东京 | 巴黎 | 伦敦 | 纽约 |
|---|---|---|---|---|---|---|---|
| 公共图书馆数 | 31 | 52 | 1 | 194 | 83 | 415 | 204 |
| 公共图书馆藏书量（万册） | 5500 | 497 | 325 | 4606 | | | |
| 每百人公共图书馆藏书（册） | 146 | 69 | 129 | | 154 | 223 | |
| 每百人公共图书馆读者 | | 26 | | 13* | 8* | 57* | |
| 博物馆数 | 11 | | 18 | 160 | 100 | 92 | 150 |
| 电影院数 | 242 | 140 | | 191 | 275 | 197 | 312 |
| 剧院数 | | | 17 | 90 | | 100 | 38 |
| 音乐厅数 | 2 | | 5 | | 15 | | 21 |
| 城市基础设施指数 | 24.02 | 51.94 | 61.9 | 77.37 | | | |

资料来源：上海统计年鉴 2001.上海市统计局.世界大城市社会指标比较.中国城市出版社.1997.

与产业经济发展、城镇建设的矛盾。

我国大城市连绵区人口稠密、城镇化程度高、工业布局相对分散。一些旅游区与城（村）镇和开发区的边界日益模糊与渗透，对旅游资源及其环境的保护产生了较大的威胁。高等级旅游资源普遍处在生态较脆弱的山地或改造力度很大的城镇中，旅游资源保护与开发利用的难度较大。多数风景名胜区位于城镇边缘或近郊，快速城镇化对这些风景名胜区的资源与环境保护产生了较大的压力，也在某种程度上对具有传统特色风貌的城（村）镇旅游资源造成了一定的影响。

近年来旅游投资主体的多元化和大量民营资金进入旅游资源开发，使连绵区中呈现出强劲的旅游开发热，尤其是在长三角和珠三角地区。风景名胜资源出让、转让的现状，与整合旅游资源、打造旅游精品的要求之间，民营经济对旅游资源开发规模扩张的要求与旅游资源环境约束日益加强的趋势之间存在着一定的矛盾。与此同时，旅游资源的多头管理以及旅游要素多元利益主体客观上导致矛盾的多重性、复杂性，加上管理体制不顺、规划开发缺乏有效监督、相关法律法规与管理措施不到位等，导致旅游资源保护与利用的矛盾日益突出。

（6）规划技术问题

产业统计口径不规范，历史数据欠缺。在上文中已经提到，由于现行的国民经济产业分类体系中，并没有独立的文化休闲旅游业，因此，从统计上来说文化休闲旅游业涉及众多的产业，由于缺乏统一规范的产业统计口径，对于文化休闲旅游业难以进行准确的统计，而且很多地区缺乏翔实的历史数据。这不仅不利于政府部门对产业发展现状和态势的分析和调控，也给规划工作带来了实际困难。

没有相应的规范标准或规划标准欠实用。文化休闲旅游业的健康发展需要科学的规划的指导，然而，目前存在的一个突出问题是缺乏相应的规范标准或规划标准欠实用。以旅游规划为例，我国大城市连绵区旅游业发展迅速，对用地的需求也与日俱增，旅游业发展一些用地形式在城市外围和周边地区大量涌现，如旅游地产、旅游度假区等等。以往这些旅游项目往往位于远离城市的风景区外围或者山区林地，但是由于城市范围不断扩大，有些旅游度假区已经由相对较远的距离，慢慢逼近城市建成区，甚至划入到城市规划范围内。这些新的用地形式对城市用地的规划和管理产生新的问题和挑战。在《风景名胜区规划规范》（GB50298-1999）中对游览设施用地界定为旅游点建设用地、游娱文体用地、休养保健用地、购物商贸用地和其他游览设施用地。但是对不属于风景名胜区范围的旅游项目则没有法律法规的界定。1991年颁布的《城市用地分类与规划建设用地标准》中城市规划区内的各项分类并未涉及旅游项目占地分类的要求和规定。而在具体工作中，规划人员只能把这些旅游项目归入相类似的土地分类中，比如旅游地产归入到一类居住用地，旅游度假区和游憩项目则归入旅馆业用地或者公园。但是这样的处理只能解决为"分类而分类"，无法将旅游发展规划与城市规划（全省城镇体系规划）、土地利用规划进行科学合理的统筹，政府也无法对城市用地实现宏观调控。

2. 发展目标

（1）总体目标

根据国家《文化建设"十一五"规划》，"十一五"时期文化发展的目标是：逐步形成结构合理、发展均衡、网络健全、服务优质、覆盖全社会的比较完备的公共文化服务体系；文化产业较快发展，产业结构进一步调整，形成一批具有国际性和区域性影响的民族文化品牌。文化产业年增长速度达到15%以上，到2010年城乡居民人均文化娱乐服务消费支出占整个消费支出的5%以上，文化系统的文化产业增加值翻一番。

根据《中国旅游业发展第十一个五年规划》，"十一五"时期旅游产业发展目标是：把旅游业培育成为国民经济的重要产业，为建设世界旅游强国夯实基础。居民出游率以2005年92%为基数，2010年预测数为157%；旅游业直接就业人数：2005年基数（预计数）749万人，按年均新增就业50万人的规模计算，2010年我国旅游业直接就业人数将达到1000万人。

（2）产业地位

文化休闲旅游业涉及服务业中的住宿餐饮业、旅游服务业、文化娱乐业、体育业等多种产业，根据这些产业在第三产业中的比重，近年来国内大城市连绵区休闲产业占第三产业的比重可以达到30%。而根据长三角、珠三角等大城市连绵区的发展状况，第三产业在各大中城市的国民生产总值中占到了相当的比例，部分城市达到了50%，而且还存在上升趋势。因此，目前我国大城市连绵区的文化休闲旅游业的经济规模占GDP的比重为15%左右。按照发达国家第三产业占GDP的比例55%—75%的测算目标，我国大城市连绵区未来的文化休闲旅游产业的经济规模可以达到GDP的16.5%—22.5%，成为国民经济的支柱产业。

（3）旅游总量预测

我国大城市连绵区由于其强大的旅游吸引力成为并一直保持全国最大的客源地、中转地和目的地。随着国家对旅游业在政策上、投入上、基础设施上的持续支持和鼓励，我国大城市连绵区的游客增长率和旅游收入将持续增加，而且随着大城市连绵区进一步发展完善，境外旅游也会大量增加，因此经过权衡，我们认为至 2020 年我国大城市连绵区游客增长率为 10%，旅游收入增长率保持 12%。

3. 规划与建设对策

（1）制定科学规范的技术标准

旅游规划是属于市场行为的专项规划，是需要政府大力扶持的行业性规划，是需要与土地利用规划、城市规划等法定规划紧密结合才能有效实施的专类规划。因此，制定科学规范的技术标准，将之纳入到城镇（体系）规划和土地利用规划的法定体系中，强化土地利用规划的市场约束作用，实现资源与产品、项目与环境、市场与经济在空间上的均衡发展，具有重要意义。而这些规范标准及规划标准的制定，不仅应该参照现有的技术标准，也应该反映休闲旅游产业自身的特色。

概念界定——我们认为，独立地段的旅游观光与休闲娱乐地、风景名胜区、古典园林、名胜公园、文物古迹、旅游度假区、主题园区，以及 70% 对外开放的各类森林公园、自然保护区、地质公园等，兼有旅游功能的博物馆、古村落、文化娱乐设施、历史与文化名城等构成旅游经济活动的各项城镇建设设施用地，均属于旅游用地（包括部分兼用地）的范畴。

旅游用地构成分类——依据旅游资源的开发程度、可接纳游客数量和功能主导关系，将旅游用地大致分成旅游资源用地、旅游设施用地和旅游兼用地等三种用地类型。

旅游资源及其环境用地：可以对游人开放的、处于独立地段的旅游观光地与度假设施区，以及 70% 以上对外开放的各类生态环境保护区，可对应于其他法规用地类型。如风景区、度假娱乐区、森林公园和自然保护区、野生动植物园等。此外，旅游资源用地还包括资源所依托的各类生态环境保护与安全防护区，包括各类自然保护区、生态廊道、安全防护的绿色通廊等用地，可对应于其他法规性用地类型。

旅游设施用地：严格地说应该包括严格意义上的"旅游设施用地"和作为"以人工开发建设为主的旅游吸引物的建设项目"两部分。严格意义上的旅游设施用地包括旅游资源开发成产品并完成旅游活动所必需的旅游要素用地和旅游管理用地。旅游要素用地如满足"食、住、行、游、购、娱"等用地；旅游管理用地如旅游区内（外）专门用于行政管理的设施用地，包括旅游基础设施用地和旅游服务设施用地，主要依托于城市和旅游资源地域，还有少部分单独用地（旅游标准服务区）主要布局于（旅游）交通线路上和一些需要重点保护的旅游资源（自然保护区、文保单位及部分国家重点风景名胜区等）的附近。以人工开发建设为主的旅游吸引物用地主要是指休闲度假旅游用地、主题公园旅游用地等。这部分用地主要不是基于传统意义上的旅游资源地域，而是基于市场需求以旅游产品开发为目的的用地。

旅游兼用地：旅游兼用地是参观游览和吸引游客的各类城乡设施用地、产业观光用地和具有其他主导功能但可以将旅游作为辅助功能的用地。因这类用地的主要功能作为《土地利用规划》的相应归类，故不单独将其作为旅游用地列出。如城乡各类文化娱乐、餐饮酒店、体育场馆等设施及可对外开放的水利交通、商贸等公共设施、军事娱乐基地等；工业旅游区、农业旅游区；城乡景观风貌区等。

旅游用地规划对策——严格执行城镇规划建设用地的国家标准和风景区规范，严格执行《城乡规划法》中对城市用地的规定，保护基本农田。城市总体规划、村庄和集镇规划中建设用地规模不应超过土地利用总体规划确定的城市和村庄、集镇建设用地规模。建立针对旅游用地的用地分类标准和规范，并与《城市用地分类与规划建设用地标准》相衔接，分类名称和用地代码建议使用一致的定义和代号。将旅游用地分为旅游资源及其环境用地、旅游设施用地、旅游兼用地三类，补充和完善《城市用地分类与规划建设用地标准》中的内容。根据旅游用地的主要服务对象和性质应归纳入公共服务设施大项内。尽快编制切实可行的城市连绵区旅游发展总体规划，建立省级、跨省的旅游主管部门或者旅游指导小组，在旅游总规的指导下，各主要城市编制旅游用地开发控制规划，将区域内的旅游功能区按照旅游资源及其环境用地、旅游设施用地、旅游兼用地进行分类，并且细化为小类，做到用地分类明确到位，为旅游用地的规范管理打好政策基础和技术指导。

（2）编制专项规划

为了促进大城市连绵区的文化休闲旅游业的健康发展，急需按照"政府组织、专家领衔、部门合作、公众参与、科学决策"的组织指导原则和工作模式，科学编制专项规划，并加强各部门规划间的统筹和协调，强化规划实施的体制机制保障，并突出规划的公共政策属性，组织规划中的公众参与，实现对规划实施的良好的社会监督机制。

（3）加强基础设施和公益性服务设施的规划建设

大城市连绵区文化基础设施的建设，必须形成多层次的空间网络结构，才能提高文化资源使用的有效性。而提高使用效率的最好办法，就是选择一个良好的空间网络结构，这就使政府和企业的文化投资，总是选择在具有多层次空间网络结构的大城市连绵区中。

（4）统筹人与自然和谐发展，严格保护与合理利用资源。首先要进一步提高对保护旅游资源重要性的认识。其次，严格执行主体功能区划，对资源的利用实施分类分区指导，加强对资源的空间管制和调控力度。第三，整合资源，深度开发，实施名牌、精品战略，避免全面开花、无限蔓延的不良开发趋势。

（5）统筹区域发展，产业协作分工

强化中心城市的服务、带动作用。区域中心城市一般是文化休闲旅游业发展的龙头，应充分发挥其服务、带动作用，形成良性互动效应，有效促进其与区域其他城市和乡村的统筹协调发展，以均衡连绵区内旅游协作发展区带的整体发展。

健全区域旅游协作机制。构建完善的技术性支持平台。建立高响应度的信息共享与市场促销平台，高便捷度的交通体系，高互动性的游客组织系统与支持系统，高关联度的政府公共管理行为与民间资源配置能力。建立多元化的协调机制。通过政府间的磋商协调机制，完善政策法规体系，从宏观层面上消除行政边界的障碍与壁垒，通过民间组织的制度化谈判博弈机制，建立行业监管体系，从中观层面上走向理性的区域交融和产业整合，通过企业间的市场化调节机制，构建产业结构体系，从微观层面上提升资源配置的区域一体化优势。

建立健全联合营销的机制。建立区域长效合作的机制。跨省的连绵区，如长三角、京津唐城市旅游联合营销可以通过组建一定的组织机构来实现，共同出资设立专业的连绵区城市旅游联合营销公司，实现统一的、专业化的联合营销。建立联合营销委员会，对城市旅游联合营销过程中出现的利益冲突、相关矛盾、利益分配进行协商与管理；对各城市的旅游相关政策法规进行完善，修改那些不利于城市旅游联合营销的条款，制定有利于城市旅游联合营销的相关政策法规。

共同打造旅游品牌。在区域旅游合作中，联合推销、总体宣传是完全必要的。品牌是赢得旅游市场的重要武器。可以定期召开旅游联合营销协调会，共同研究连绵区内部旅游市场宣传和营销策略、城市旅游互补性产品的组合搭配、城市旅游联合营销活动中的整体形象设计和塑造问题，并就联合组织客源的相关问题进行探讨。

（6）规划编制的思路与方法调整

从思路上变"设施配套"为"产业促进"。文化产业设施与规划术语中的文化娱乐设施不可以完全画等号。许多公益文化设施并不具备产业的属性，而文化产业的涉及面也超出了文化设施的范畴。现有的城市规划体系中，对文化产业这个新生事物并没有产生足够认识。文化产业的发展，不同于文化设施可以采用千人指标、服务半径来规划，而是要作为一个产业体系，从上下游产业链、规模门槛、地均产出、人才密度等指标来规划，才会对文化产业有真正的促进作用。

从比例上调整土地利用结构。文化休闲旅游产业的快速发展，也应对应着城市文化用地和文化相关配套用地的增加。目前各大城市连绵区文化产业用地严重不足，各省市土地利用结构与文化立市的理想和《文化产业"十一五"规划》的发展目标存在着偏差。作为规划重点的土地利用规划应该充分论证城市土地利用的结构，将文化产业作为重点纳入到产业规划中，落实到土地利用规划中。

从空间上促进文化休闲旅游产业的集聚。文化产业发展，需要走产业集聚的道路。根据专家的研究，产业园区的集聚是产业发展的趋势，同时集聚也有利于产业的良性发展。文化产业园区是推动中国文化产业发展的有效途径，从产业孵化器的角度看，大力发展文化产业园区，对于增加传统文化产品的附加值，优化文化产业结构，构建文化产业发展链，提升文化产业发展水平，推动中国文化企业发展具有重要的战略意义。目前我国各大城市连绵区的文化产业发展参差不齐，有的处于刚刚起步阶段，还没有成型的文化产业园区和文化产业集聚区。但兴办文化产业园区的构想已被城市规划和建设部门纳入到未来规划中，结合旧城改造和卫星城建设的总体规划，在已具备雏形的产业群落中，形成各具特色的多个文化产业园区，通过招商引资，引进能带动相关产业发展的大项目，形成相互关联、相互促进的产业链，实现文化产业的集约化发展。

从规划设计上创新文化休闲旅游产业的空间模式。文化产业作为创意类产业，具有丰富的产业类型和产业特征，传统的工业园区并不能完全满足文化产业的空间形态需求，因此要求创造多样化的空间形态和集聚模式，这就要求规划者具备与时俱进的创新能力。传统的工业园区都是由工业和配套服务以及居住配套组成，但是文化产业内涵丰富，不同的文化产业有不同的生产和经营模式，规划中要求更宏观的眼光和更活跃的思维。

## 参考文献

[1] 张顺，祁丽．城市休闲产业组成体系与休闲经济特征研究 [J]．聊城大学学报（社会科学版），2005（6）．

[2] 王寿春．城市休闲经济的规模与产业结构构建研究 [J]．财经论丛，2005（3）．

[3] 陈元平，张国洪．城市休闲产业的市场格局和发展趋向 [J]．珠江经济，2004（10）．

[4] 徐锋．国外休闲产业的发展现状与加快我国休闲产业发展的对策 [J]．商业经济与管理，2002（9）．

[5] 刘锋，周洁．中国休闲产业发展及政府作用初探 [J]．杭州师范学院学报（社会科学版），2003（2）．

[6] 宋书彬．休闲之经济学分析 [J]．决策参考，2006（2）．

[7] 郑胜华，刘嘉龙．城市休闲发展评估指标体系研究 [J]．自然辩证法研究，2006（3）．

[8] 马惠娣．休闲产业将成为我国新的经济增长点 [J]．自然辩证法研究，2000（2）．

[9] 宋瑞．休闲消费和休闲服务调查：国际经验与相关建议 [J]．旅游学刊，2005（4）．

[10] 王忠丽，李永文，郭影影．论休闲产业发展与和谐社会建设 [J]．旅游学刊，2007（2）．

[11] 刘晨晔．论休闲经济研究的理论经济学意义 [J]．旅游学刊，2006（10）．

[12] 申葆嘉．关于旅游与休闲研究方法的思考 [J]．旅游学刊，2005（6）．

[13] 曹芙蓉．休闲与旅游的辩证关系及其社会功能试析 [J]．旅游学刊，2006（9）．

[14] 马惠娣．21 世纪与休闲经济、休闲产业、休闲文化 [J]．自然辩证法研究，2001（1）．

[15] 卢永毅，杨燕．化腐朽为神奇——德国鲁尔区产业遗产的保护与利用 [J]．时代建筑，2006（2）：36-39.

[16] 中国经济体制改革研究会日韩都市圈考察团．日本都市圈启示录 [J]．中国改革，2005（3）：69-71.

[17] 程俐骢．美国城市旅游 [J]．旅游科学，2001（1）：41-43.

[18] 何效祖．英国旅游业发展战略及借鉴价值研究 [J]．旅游学刊，2006（9）:70-74.

[19] 2006 年中国文化产业发展报告 [R]．北京：社会科学文献出版社，2007（2）．

[20] 汪明峰．文化产业政策与城市发展：欧洲的经验与启示 [J]．城市发展研究，2001（4）．

[21] 张聪林．深圳文化产业与城市规划 [C]．规划 50 年——2006 中国城市规划年会论文集 .2006.

[22] 高长印．文化产业：北京新的经济增长点 [J]．城市问题，1997（3）．

[23] 曹诗图，沈中印，刘晗．论旅游产业和文化产业的互动与整合 [J]．特区经济，2005（10）．

[24] 白志刚．北京文化产业的现状与对策 [J]．城市问题，1998（3）．

[25] 童雅平，童元伟．城市文化产业发展的对策 [J]．经济视角，2005（10）．

[26] 魏中俊，周鸣争，刘涛．旅游文化产业持续发展的可拓模型 [J]．哈尔滨工业大学学报，第 38 卷，2006（7）．

专题报告七

中国大城市连绵区城乡统筹与新农村建设研究

# 目 录

# 一、我国大城市连绵区城乡统筹的研究背景

## （一）城乡概念的划分

城市是在特定的地域范围内，人口和产业高度集聚，具有复杂的劳动分工和相互依赖关系，同乡村形成鲜明对比的人类社会组织形态。其具有三个基本特征：一是以非农经济发展为基础；二是人口规模相对较大，密度较高，是一定区域内社会、经济、政治或宗教活动的中心；三是社会管理具有较高组织性和效率性。

乡村，与城市相对应，与"农村"相一致。正如《中国乡村建设》所言：乡村，是相对城市的、包括村庄和集镇等各种规模不同的居民点的一个总的社会区域概念。由于它主要是农业生产者居住和从事农业生产的地方，所以又通称为农村。

## （二）从国家战略的角度思考城乡统筹

由于我国长期实行城乡差别发展战略，农业为工业、农村为城市和农民为国家提供积累，重要生产要素配置向城市倾斜，导致城乡发展严重失衡。农业、农村和农民成为弱势产业、区域和群体，农村自我恢复、积累和发展的能力极其微弱，进而影响国家整体社会经济的可持续发展。在这一背景下，国家提出了城乡统筹的重大战略决策，目标是缩小城市和农村的差距。

城乡统筹需要一定的经济社会基础，因为参照美国和日本的经验，这两个国家都是在经济发展到一定水平时开始考虑农业保护的问题[①]。20 世纪 30 年代前期，美国政府采取现代的农业保护政策时，美国的国民经济结构特征为：农业在国内生产总值中的份额已降至 12% 以下，农业就业人数在社会总就业人数中的份额已降至 25% 以下，城市人口在全国总人口中的份额已超过 50%，人均 GDP 按 1967 年的美元价格计算已超过 1800 美元。据日本学者速水佑次郎和南亮进的研究，日本从 20 世纪 50 年代后期至 60 年代初期开始加大对农业保护的力度，当时日本国民经济结构特征为：农业在国内生产总值中所占的比重已降至 30%，城市人口占全国人口的比重达到 63%，人均实际国内生产总值按 1980 年美元价格计算已达 2600 美元。大城市连绵区是我国经济最发达的地区，因此也是最有能力率先实施城乡统筹的地区。

# 二、大城市连绵区的城乡关系发展阶段性特征

## （一）国外大城市连绵区城乡关系发展阶段的界定

### 1. 初期

在大城市连绵区发展的初期，虽然大城市仍以点状发展为主，但是大城市周边的农业地区已经开始凸显出来，其经济实力大大超越其他农业地区。以伦敦大城市连绵

---

① 李秉龙 . 农业经济学 [M]. 北京：中国农业大学出版社，2003.

区为例，14世纪初伦敦地区的羊毛出口已占全国总额的三分之一，进口酒类占四分之一到三分之一。这一时期大城市周边的乡村不仅能为城市扩张提供充足的粮食和原材料资源，而且乡村自身在生活品消费、对外物资交换、农业设备更新等方面的巨大需求进一步刺激了大城市的发展，从而协助城市完成了工业化初期的原始积累[①②]。

2. 中期

在大城市连绵区发展的中期，城市化开始加速。城市工商业的迅速发展迫切要求大量的劳动力和土地资源，乡村则成为这两大资源当仁不让的供应者。部分大城市的极度膨胀和对资源的过度掠夺导致了其周边乡村地区的衰败。同时，随着大城市市区人口的迅速扩张，城市二、三产业的主要服务对象由乡村市场开始转为城市市场，乡村经济在大城市连绵区经济中所占的比重逐渐下降。

18世纪中叶是英国工业革命高潮期[③]，大规模的劳动力转移首先发生在大城市连绵区。大伦敦地区及其周边的曼彻斯特、利物浦等工业城市开始汇集大量乡村人口。1600年，伦敦地区总人口为20万，占全国总人口的5%；至1801年伦敦地区人口增长至96万人，占全国总人口的11%。而与此对应的是18世纪60年代，英国的农业人口仍占总人口的80%以上，而到19世纪60年代，英国的农业人口急剧下降到总人口的25%。1801—1901年间大不列颠地区农业在英国国民经济中的比重从32%降为6%，农、林、渔业劳动力在总劳动力中的比重从35.95%降到8.7%[④]。

韩国自1962年开始实行的"第一个经济发展计划"，标志着韩国工业化的开始。在此过程中，伴随着大量农村劳动力的转移，农业劳动力所占比重一直呈下降趋势。1963年韩国农业就业人数为483.7万人，占总就业人数的63.1%，到1986年减少到366.2万人，所占比重降至23.6%。在韩国的第二个五年计划期间（1967—1971年）正是以汉城为中心的大城市连绵区的高速增长期，工农增长速度差距拉大，工业增长速度为10.5%，农业只有2.5%。1962年农户年均收入是城市居民的71%，1970年下降到61%，其中67%（经营规模不到1公顷）的农户年平均收入不到城市居民的50%[⑤]。

城市快速发展对乡村经济最大的冲击来自对耕地的大量占有：日本在1950—1980年工业化期间，东京大城市连绵区的城市扩张占用了宜耕平原约4000万亩。而伴随着美国大城市的扩张，周边农地面积减少的速度是城市人口增长速度的2倍[⑥]。

3. 中后期

在大城市连绵区发展的中后期，在饱受过度集聚造成的一系列"大城市病"困扰之后，城市居民转而认识到乡村在景观环境、生态平衡等方面的价值。此时，大城市

① 朱信凯. 农民市民化的国际经验及对我国农民工问题的启示 [J]. 中国软科学，2005（1）.
② 袁晓红. 前工业化时期英国城乡经济的协调发展 [D]. 首都师范大学硕士论文，2003.04.
③ 国胜连，宋华. 维多利亚时代英国城市化及其社会影响 [J]. 辽宁师范大学学报，1994（5）.
④ 王章辉. 欧美大国工业革命对世界历史进程的影响 [J]. 世界历史，1994（5）.
⑤ 杜志雄，张兴华. 世界农村发展与城乡关系演变趋势及政策分析 [J]. 调研世界，2006（7）.
⑥ 杨钢桥. 国外城镇用地扩张的控制 [J]. 现代城市研究，2004（8）：57～60.

连绵区内的乡村已呈现出不同程度的衰败，城乡差距问题开始受到重视，各国政府纷纷采取措施振兴农业和农村地区。1961 年日本制定的农业基本法的三大目标之一就是缩减农、工之间的差距。

同时，以美国东部海岸为典型代表的部分大城市连绵区内出现郊区化现象，城市人口开始向中小城市乃至郊区扩散，城市空间从点轴式扩散转为网络状扩散。1980 年美国人口普查表明：圣路易斯、布法罗、底特律之类的大城市社区，10 年内流失了超过 20% 的人口。乡村发展速度自 19 世纪以来第一次超过了城市，许多企业从城市流向乡村。对许多工商企业来说，乡村的吸引力包括低经营成本、低劳动力成本、无工会的环境、地方和州的金融刺激和一种强调对工作道德的信奉。乡村产业结构变化很快，1990 年农业就业份额不超过 20%，非农制造业和服务业成为地方经济的支柱产业。乡村和城市的生活方式正在融合，经济上的差别正在变得越来越不重要。

### 4. 成熟期

当前，发达国家的大城市连绵区城乡关系已经进入融合发展时期，城与乡之间在经济、社会、文化等方面已经形成稳定的相互支撑、共同发展的格局，具体表现在以下几个方面：

（1）经济上，城市经济高度发达，并有能力支援乡村农业发展。乡村经济也形成了相对完整的农工商经济体系，农村的第一、二、三产业综合协调发展。形成了良好的城乡物质双向交流关系，有完善的市场经济体系。

（2）在政治上形成了城乡平等融合的民主政治格局。

（3）在文化领域，城市文化和乡村文化更趋兼容，乡村地区科技与教育普及，乡村居民素质得到发展和提高。

（4）在空间及社区建设上，乡村社区享有城市社区的基本条件，基础设施和公共设施建设较为完善。

（5）在社会保障机制方面，城乡社区拥有统一的社会安全与生活保障，不按城乡划分劳动力就业和失业保障的标准。在保护社会竞争机制的同时，更加侧重对社会的整体关怀。

美国大城市连绵区的城乡融合发展是在郊区化发生之后。随着城乡人口的广泛融合，郊区人口在连绵区人口中的比重不断增加。至 1975 年[1]，巴尔的摩的郊区人口已经占地区总人口的 46.6%，纽约则高达 50.3%。在人口郊区化的同时，经济活动的重心也从城市转向郊区。就 1962 至 1972 年的批发营业额来说，亚特兰大市增加了 78.5%，而郊区的 5 个县则增加了 296.5%。1972 年，丹佛市的零售额为 13.67 亿美元，而郊区的 4 个县则达到 21.5 亿美元。随着郊区在各方面实力的增强，其和中心城区的地位发生了转变，甚至带来了大城市区政治的"巴尔干化"。

---

① 孙群郎. 郊区化对美国社会的影响 [J]. 美国研究，1999（3）.

## （二）我国大城市连绵区城乡关系发展阶段的界定

参照国外城乡关系发展各个阶段的特征，对我国大城市连绵区发展阶段的初步判断是基本处于中期和中后期。但是要说明的是我国地区差异非常大，不仅珠三角、长三角和京津唐三者在城乡关系上有比较大的差别，三者各自内部也存在巨大的差异。

作为经济区意义的珠三角包括广州市、深圳市、佛山市、珠海市、江门市、中山市、东莞市、惠州市和肇庆市。2008年年底珠三角城镇化水平达80.5%。快速推进的城镇化引发对耕地的大量占用，近20年珠三角建设用地年均增长11%。发展资源过于集中在城镇地区，城乡基本公共服务差距进一步加大，"城中村"普遍存在，农村"脏乱差"现象比较突出[①]。

长三角内部三省一市之间存在较大的差异。比较三省一市非农产业从业人员数和二产、三产比例，可以分为三个层次，第一层次是上海市，非农从业人员数占总人口的67.4%，二产和三产从业人员数基本相等，反映已进入工业化的中后期阶段；江苏和浙江两省非农从业人员数占总人口的34.5%—50%，二产从业人员数大大超过三产的从业人员数，反映已进入工业化的中期阶段；安徽省非农从业人员数仅占总人口的15.5%，二产从业人员数少于三产从业人员数，表明仍处于工业化的初期阶段。如果进一步来观察城镇化水平的差异，还可以看到城镇化发展的阶段性呈现板块状。沪宁板块、杭甬板块、温台甬板块城镇化水平达到50%—70%，处在城镇化的中后期；合肥-两淮-蚌板块、苏中盐城板块、浙中板块、湖嘉板块的城镇化水平达到30%—50%，处在城镇化的中期；其余地区，特别是安徽省大部基本处在城镇化的初期。处在不同阶段的城乡空间的结构特点是有很大差别的。基于对不同城镇化发展阶段城乡发展状态的经验，可以通过对三省一市城镇化水平高低以及城镇化发展阶段的分析来理解长三角地区内部城乡关系的差异。通常处在城镇化中后期阶段（50%—70%）的地区，城乡一体化程度较高，许多乡村已经自主或被动（征地拆迁）地发展演变成为城镇地区，空间上的变迁逐步进入一个稳定期，乡村的社会组织方式也在发生深层次的变化。而处在城镇化中期（30%—50%）的地区，城市的扩张和乡村的城镇化过程都在加速，城乡空间关系的变动较为剧烈。处在城镇化初期（10%—30%）的地区，通常城乡二元结构比较明显，中心城市和乡镇都在谋求通过工业化的途径来推动城镇化水平的提高，中心城市在周边农业地区的大背景下拥有明确而有限的辐射带动范围[②]。

京津冀两市一省差异显著，构成京津冀统筹城乡发展的重点与难点。根据陈佳贵等人采用2004年数据的研究，北京、天津和河北分别属于后工业化时期、工业化后期和工业化中期。两市一省之间存在紧密的空间和经济联系。北京和天津实际上一直在本地区发挥着中心城市的作用，河北省则扮演者腹地的角色。"五普"资料显示，北京和天津流动人口的第一来源地都是河北，河北人分别占两市流动人口的20.1%和

---

① 广东省人民政府.珠江三角洲城乡规划一体化规划（2009-2020）.

② 中国城市规划设计研究院.长江三角洲城镇群规划（2007-2020）.

22.2%，而河北流动人口的第一和第二目的地也是北京和天津。但是受制于行政区经济的影响，河北的发展和京津两市之间仍然存在巨大的鸿沟。同时，人口流动的制度障碍加剧了城乡失调并导致中心城市大量社会问题的积累，地级市以下城镇过度分散弱化了产业乘数效应以及土地效益，城乡公共服务严重失衡导致农村居民基本生活质量长期难以提高[①]。

### （三）国外大城市连绵区城乡发展的特征与问题

#### 1.城乡经济的关联与互助

所有层级的区域经济均包含着以农业、畜牧业为代表的乡村经济和以工业、商贸业为代表的城市经济两大板块，大城市连绵区的经济组成亦然。从欧美大城市连绵区城乡关系的发展历程可以看出，农业现代化和工业现代化是推动大城市及其周边地区发展的两大经济杠杆，缺一不可。

1）发达的农业生产为大城市连绵区发展提供了充足的粮食和劳动力

在英国，早在 17 世纪后期，农田连续轮作制、农业耕作技术、新式农具的采用和土地分配制度的变革，极大地促进了农业生产效率的提高。伦敦附近的乡村最早接受到城市新思想的辐射，也就成为最早进行农业革命的地区。因此，伦敦才获得了充足的食品和原料供应，从而支持城市化运动中急速扩张的人口规模。

美国的大城市连绵区发展起步晚于欧洲，但其持续高涨的城市化发展速度使其最终超过了欧洲。在此过程中，美国农业持续地高速增长正是不可或缺的重要保障。1860 年美国人均粮食产量为 800 公斤，1870 年接近 1000 公斤，到 1920 年，耕地面积从 67 万平方公里增长到 160 万平方公里，全国人口也增长了 2.4 倍多，人均粮食产量进一步增长到 1200 公斤左右[②]。随着大城市连绵区人口的不断增长，人均粮食产量也保持不断增长，由此可见美国工业化和城镇化所需粮食是完全建立在本国农业的基础上[③]。

2）乡村自身在生活品消费、对外物资交换、农业设备更新等方面的巨大需求进一步刺激了大城市的发展

工业革命初期，随着大城市周边乡村地区经济的发展、以大城市为核心的交通设施的对外辐射，乡村地区逐渐成为大城市工业和商贸服务业的主要市场。1830 年，美国 5000 人口以上的城市仅有 56 个，城市人口仅占全国总人口的 7.8％。如此少的人口数量无法支撑一个具有足够活力的消费市场。为了便于向农村地区推销进口工业品及其他商品，美国城市极力推动驿道、运河、公路和铁路等交通设施建设。随着城乡间商品贸易活动便利度的提升，农村商业市场被不断打开，对外交流增加，农业生产率提高，农村的收入来源和购买能力扩大，城市工业品生产的国内市场规模也就随之扩大，并由此推动了城市经济的繁荣。据统计，1860 年美国全部农场拥有 2.46 亿美元的

① 中国城市规划设计研究院.京津冀城镇群规划（2006–2020）.

② 高强.日本美国城市化模式比较 [J].经济纵横，2002（3）.

③ 王思明.中美农业发展比较研究 [M].北京：中国农业科技出版社，1999.

农具和农业机器，到 1900 年达到 7.61 亿美元，美国农场的化肥使用量从 1850 年的 5.3 万吨猛增到 1900 年的 273 万吨。在工业革命发生前的 30—60 年间，英国国内铁制品消费量急剧增长，1720—1760 年，铁的消费量从 41000 吨增至 63000 吨，增加了 50%，这种对铁制品的需求和消费主要来自农业[①]。

3）农业是大城市连绵区发展初期资本原始积累的主要来源之一

农业是美国城镇化初期资本积累的两个主要来源之一，另一个来源是利用外国资本。1860 年美国棉花出口量为 89347 万公斤，1853—1863 年谷物出口的年平均价值为 5.12 亿美元。1820—1900 年，美国出口总额从 5200 万美元猛增到 13.71 亿美元，其中大部分为农产品，1901 年农产品占出口总额的 65%[②]。时至今日，美国作为世界农产品出口大国的地位始终没有动摇。大量农产品的生产和出口刺激了许多大城市农副产品加工业的发展。

农业近代化和工业近代化是推动英国社会近代化的两大经济杠杆。一些西方学者认为，英国"在从封建主义向资本主义的过渡过程中，决定性的角色是在农村演完的"；"正是基于农业革命使英国成为工业化的第一个国家"。英国的圈地运动确立了现代土地私有制，市场地租取代了习惯地租，土地收益增加。马克思统计，1798—1799 年英国约占总资本的 55% 来自土地。到 19 世纪初，全国总资本尚有一半来自土地。英国工业革命时期，地主们大量投资各类工业生产。在 1758—1801 年期间，运河公司发行的 1300 英镑股票中的大部分被地主认购。据估计，到 1820 年前后，英国农业结余约提供了非农业投资的 1/5[③]。

4）工业反哺农业带来工农业发展的良性循环

随着工业现代化的逐步推进，农业地区，尤其是大城市边缘的近郊农业地区在土地、人力资源的严重消耗中趋于衰败。部分国家和政府由此开始了工业反哺农业的历程，其中以美国东海岸大城市连绵区为典型代表。

美国的城市，一开始便和农村地区有着非常紧密的关系。波士顿、纽约等大城市在发展之初就是依靠其作为港口城市的便利，扮演海外市场和西部乡村之间的物资交流枢纽并因而完成资本积累的。随着城乡关系的演进，当农村在资金、人才、技术、信息等资源和市场建设方面都处于劣势时，必须由城市的支持才能推动新一轮的乡村复兴。在 19 世纪 30 年代以前，农业生产工具是从农村的铁匠铺里制造出来的。其后，芝加哥等城市地区成为主要农业工具、农业机械、农业化肥生产公司所在地。城市在教育、科技资源等方面的优势在促进美国农业劳动生产率的提高中发挥了积极作用。19 世纪 60 年代，美国实现了以畜力为动力的半机械化，1910 年则开始全面使用机械代替畜力，到 1950 年后美国农业实现了高度机械化。工业对农业的巨大支持形成了工农业发展的良性循环。1820 年，美国一个农民所生产的产品仅能供 4 个人消费，到

---

① 王思明 . 中美农业发展比较研究 [M]. 北京：中国农业科技出版社，1999.

② 高强 . 日本美国城市化模式比较 [J]. 经济纵横，2002（3）.

③ 王章辉 . 大农业不是英国农业和经济衰落的原因—与徐正林和郭豫庆同志商榷 [J]. 史学月刊，2000（1）.

1920 年，供养人数翻了一番，而到了 1972 年，供养人数高达 52 人（表 3-7-2-1）。农业生产率的迅速提高，为大批农业劳动力向城镇转移创造了条件[1]。时至今日，美国作为一个在高科技和现代服务业方面占有全球绝对优势的国家，仍未放弃传统的农工协调的经济发展策略。美国东北海岸的大城市连绵区更是全美农产品的生产和加工基地，如：芝加哥的农业机械和肉类加工业仍是城市的主导产业；波士顿是整个新英格兰地区重要的鱼市场和羊毛市场；布法罗是全美最大的面粉工业中心；丹佛是美国芝加哥以西最大的屠宰和肉类加工基地，其甜菜制糖、面粉、酿酒等工业也非常发达（表 3-7-2-2）。

**美国农民供养城市人数统计表** 表 3-7-2-1

| 年份 | 1820 年 | 1920 年 | 1972 年 |
|---|---|---|---|
| 一个农民 | ☻ | ☻ | ☻ |
| 可供养的城市人口 | ☺☺☺ | ☺☺☺☺<br>☺☺☺ | ☺☺☺☺☺☺<br>☺☺☺☺☺☺<br>☺☺☺☺☺☺<br>☺☺☺☺☺☺ |
| 生产方式 | 全畜力生产 | 机械代替畜力 | 农业高度机械化 |

**美国大城市优势农业产业一览表** 表 3-7-2-2

| 城市名称 | 农业优势 |
|---|---|
| 芝加哥 | 农业机械和肉类加工业 |
| 波士顿 | 新英格兰地区重要的鱼市场和羊毛市场 |
| 布法罗 | 全美最大的面粉工业中心 |
| 丹佛 | 芝加哥以西最大的屠宰和肉类加工基地，其甜菜制糖、面粉、酿酒等工业也非常发达 |

5）过度偏重城市化和工业化会造成农业和农村的衰败，甚至引发地区乃至国家的经济危机

随着大城市连绵区的发展进入中后期，农村经济占地区经济总产值中的份额不断减小。在短期经济利益的驱动下，部分大城市连绵区的农村被归于城市发展的从属地位。农业土地被大量占用，农村基础设施投入减少，随着城市对外贸易量的增加，本地农业受到了严重冲击。

20 世纪 60 年代，以东京大城市圈为核心划定了市区化区域。全国市区化区域内农田面积为 32 万公顷，约占市区化区域总面积的 20% 左右。至 1994 年，市区化区域内的农田面积降至 14 万公顷，占市区化区域总面积的 10% 左右[2]。土地及居民消费需求变动导致日本粮食产量及自给率大大降低。从 1940 年到 20 世纪 90 年代，日本粮食产量减少了 33%。政府不得不依靠进口解决粮食问题，1993 年日本进口了 77% 的粮食。

---

① 王振坡，宋顺峰 . 美国城市发展的经验教训与中国城市发展取向之管见 [J]. 现代财经（天津财经大学学报），2010（3）.

② 方志权 . 日本都市农业研究 [J]. 上海农业学报，1998（14）.

19 世纪 30—40 年代，随着产业革命的完成，英国资本主义经济有了巨大发展。按照区域比较利益观点，英国决定实行帝国内部的区域分工，将成本较大、经济利益较少的农业部门转移至殖民地发展，从而导致了本国农业的逐渐萎缩。1801 年，英国农林渔业产值占国民收入的比重为 32.5%，1841 年降为 22.1%[1]。然而英国的这种政策是建立在英国是"农业世界的唯一大工业中心"和殖民帝国的基础上的。19 世纪后期，随着英国"世界工厂"地位的丧失，英国农业开始陷于困境中。第一次世界大战中，由于对外交通的部分中断，英国国内农产品供应极为缺乏，农业的衰落及对国外市场严重依赖性所造成的严重后果暴露得异常充分[2]。

2. 城乡人口与就业分配

大城市连绵区作为推动城市化进程最成功的地区，相对连绵区之外的地区，其在人口构成、教育素质等方面的优势也是明显的。在连绵区发展的初期，大城市周边地区发达的农业积累较早催发了乡村原工业生产的萌芽，从而使这些地区的农民优先完成了城市化的早期素质培训。以英国为例，1801 年英国城市人口占全国总人口的 27.5%，但实际上，在 72.5% 的乡村人口中，真正从事农业的人口比例仅占总人口的 36.25%，其余人口则从事着遍布英国各地的乡村工业生产（表 3-7-2-3）。

英国城市化进程一览表　　　　　　　表 3-7-2-3

| 年份 | 城市人口（%） | 农村农业人口（%） | 农村非农业人口（%） |
|---|---|---|---|
| 1520 | 5.25 | 76 | 18.75 |
| 1600 | 8.25 | 70 | 22.75 |
| 1700 | 17.0 | 55 | 28 |
| 1750 | 21 | 46 | 33 |
| 1801 | 27.5 | 36.25 | 36.25 |

在连绵区发展的中后期，城乡人口流动开始出现从传统的单向流动转为双向流动的倾向。在这一过程中，如果能保持城乡就业岗位和公共基础设施建设的协调发展，随着乡村人口中非农人口比例的不断上升，城乡差距将逐步减小，并最终实现城乡统筹。反之，如果不能及时调整城乡发展关系，将扼制人口回流，导致乡村人口过疏，使得乡村衰败，城乡差距进一步拉大，最终导致连绵区整体环境的恶化。20 世纪五六十年代，日本大城市连绵区内的农村地区向东京等连绵区城市的人口转移始终占日本国内人口转移总量的 1/3 以上。1958—1960 年，非农产业就业的农业劳动力每年为 68.6 万人，其中有 41.4 万人流入城市，占 59.5%，而流入农村非农产业的仅有 27.6 万，占 40.1%，结果造成了农村地区人口过疏的问题。在三大大城市连绵区中，农业劳动力外流量最为严重的是大阪府，其次为东京都。据统计，近畿地区 1960—1970 年间农业壮劳力减

① 舒小昀. 谁在养活英国：英国工业革命时期食物研究 [J]. 学术研究，2008（8）.
② 叶明勇. 英国近代早期农业研究两种史学观点的考察 [J]. 中南民族大学学报（人文社会科学版），2004（6）.

少了 48.4 万人，相当于减少了一半壮劳力[1]。农村人口稀疏直接导致了农业产业衰退、基础设施缺乏、文化水平落后等一系列问题。

日本城乡收入差距很小，1965 年每个城镇工人年收入为 17.7 万日元，每个农民年收入为 14.6 万日元。到 1977 年农民年收入为 92.2 万日元，工人为 81.7 万日元，农民年收入高于工人 10 万日元（表 3-7-2-4、图 3-7-2-1）。随着收入的增加，农民的生活条件也得到很大改善，实现了生活城市化和电气化。彩色电视机、电冰箱、全自动洗衣机的农户普及率早在 1975 年就赶上了非农户家庭，而滞后的吸尘器、微波炉也在 1985 年达到非农户家庭的水平。农村不再是单一农户居住的区域，而成为专业农户、兼业农户、非农户混居的社区。农业不再是农村的支配产业，1980 年日本农村中从事第三产业的人口比率达到 42%，大大超过了从事农业的比率 24%。如长野县小布施町，1999 年总户数为 3017 户，人口 11436 人，劳动力 6655 人，从事第一、二、三产业的劳动力分别占总劳动力的 25.4%、34.2% 及 40.4%（图 3-7-2-2）。第一、二、三产业紧密配合，经济、社会发展生机勃勃[2]。

3. 城乡空间结构

根据欧美大城市连绵区的发展趋势，最终城乡空间应形成"大城市—城镇—乡村"三级均衡合理的空间结构，以便于缓解大城市在土地、人口等方面的压力，引导城市合理的空间建设，促进生态环境保护。美国在加强大城市连绵区和城市带建设的时候，非常重视中小城市和中心镇的发展。从 20 世纪 30 年代开始，美国小城镇人口的比重显著上升[3]。到 20 世纪 60 年代，美国实行了"示范城市"的试验计划，其实质就是通过

日本城乡收入差别一览表　　　　　　表 3-7-2-4

|  | 农户收入 | 工人收入 | 农户收入 / 工人收入 |
|---|---|---|---|
| 1961 年 | 6.84 | 9 | 76% |
| 1965 年 | 14.6 | 17.7 | 82.55 |
| 1977 年 | 92.2 | 81.7 | 112.85% |

图 3-7-2-1　1961—1977 年日本工人与农户收入（左）

图 3-7-2-2　1999 年日本乡村劳动力结构（右）

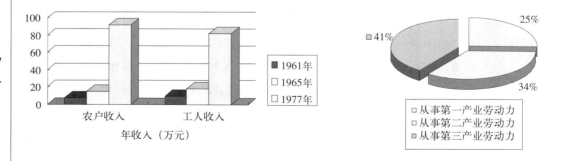

① 方志权. 日本都市农业研究 [J]. 上海农业学报，1998（14）.
② 高强. 日本城市化模式及其农业与农村的发展 [J]. 世界农业，2002（7）.
③ 肖万春. 美国城镇化发展启示录 [J]. 城镇建设，2003（5）.

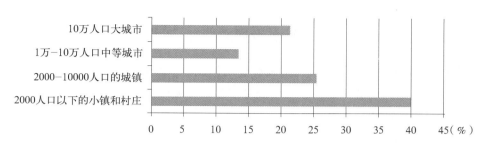

图 3-7-2-3　现代德国城乡居民点规模一览

大城市人口的分流，充分发展小城镇。近几十年，美国大城市连绵区的发展主要集中在中小城镇。目前，美国城市的规模从几百万人到几百人不等，其中 10 万人以下的小城镇大约占城市总数的 99.3%[①]。

在德国的城市化过程中[②]，城乡经济、人口结构、生态环境保护等方面一直保持着相对均衡的发展。这在一定程度上得益于德国大城市连绵区合理的空间结构。20 世纪初，德国 21.3% 的人生活在 10 万人口以上的大城市，13.4% 的人生活在 1 万—10 万人口的中等城市，25.4% 的人生活在 2000—10000 人口的城镇，约 40% 的人生活在 2000 人口以下的小镇或农村。柏林的大城市连绵区更接近于一种"分散化的集中型"的城市布局。连绵区大城市不多，中心城市首位度很低，首都柏林仅有 300 多万人，其他城市大多在 100 万人以下，20 万—30 万人的中、小城市高度发达，分布均衡，城市密集度极高，空间结构合理。连绵区的整体城市化率高于 80%。这种均衡的空间结构使得农业劳动力的转移不会过分集中于大城市，对防止地区社会经济发展的两极分化或畸形发展及缩小城乡、贫富之差别都有不可低估的作用。

4. 城乡生态平衡

对于欧美等经济高度发达、已经进入后工业化时期的国家而言，城乡协调发展的重点已经不是经济上的协调，而是生态环境保护。国外大城市连绵区都曾经历城乡生态失衡所带来的困扰，如大气污染、水体污浊、酸雨、废物排放增加、淡水资源大减等一系列问题。城市"热岛"现象使得冬季东京都中心部比郊区温度高出 7℃以上，东京周边的中型城市也高出郊区 3—4℃。东京周边地区二氧化氮浓度 ppm 值多数年份在 0.44 以上，不仅影响动物呼吸器官，而且成为酸雨、光化学污染的主要原因[③]。芝加哥在 1963 年以前曾经将大量工业污水排进芝加哥河及渠道，再注入伊利诺伊水道，其水污染严重程度居全国首位；同时因排放废气控制不严和污物处理设施不足，20 世纪 70 年代初市区内合乎联邦空气净化标准的地段不过 10%，属严重污染地区达 41%[④]。在饱受生态环境恶化之苦后，国外大城市连绵区的各级管理者对乡村环境保护极为重视。我国正在经历快速城市化时期，如何使大城市连绵区的乡村环境免遭破坏，避免重复"先污染再治理的弯路"是我们必须慎重对待的课题。

---

① 国家发展和改革委员会产业发展研究所 美国、巴西城镇化考察团. 美国、巴西城市化和小城镇发展的经验及启示 [J]. 中国农村经济，2004（1）.

② 肖辉英. 德国的城市化、人口流动与经济发展 [J]. 世界历史，1997（5）.

③ 赵桂芳. 日本城市农业、绿地建设与环境——中日比较与借鉴 [J]. 现代日本经济，1999（3）.

④ 郭吴新. 美国城市经济及其面临的一些问题 [J]. 美国研究，2004（4）.

## （四）我国大城市连绵区城乡发展的特征与问题

大城市连绵区乡村现阶段的发展特征是讨论城乡统筹的出发点，而理解这些特征背后的动力机制则是破解该区域城乡统筹难题的突破口。

1. 乡村经济结构的调整

乡村经济结构不断调整，从以农业生产为主的农村经济到以加工工业为主的农村经济转变；从以粮食作物为主的农业生产到以经济作物为主的农业生产转变；从以内向型经济为主的农村经济到以外向型经济为主的农村经济[1]转变。乡村经济结构调整呈现市场为导向的特征。

1）乡村经济结构从以农业生产为主向以非农产业为主转变

伴随着区域经济的快速发展，农村经济结构由农业为主向非农产业为主转变。江苏省农村一、二、三产业比重由 1978 年的 57.5：37.1：5.4 调整为 2000 年的13.2：78.2：8.6[2]。2006 年农村工业、建筑业、运输业、批发零售贸易业、餐饮业产值占农村社会总产值的比重保持在 90% 以上[3]。根据天津规划院 2005 年调查结果，天津市滨海新区农村经济中的三次产业比例为 5：53：42。

2）农业内部的结构调整——种植业地位下降，经济作物比例提高

农业内部的结构调整首先表现为大农业内部农林牧副渔业之间的调整，种植业的比重下降，而林牧副渔业的比重上升。以南京市为例，1982—2005 年种植业的比重从76.71% 下降到 53.15%，相应的林牧渔业增长了 23%。其中，渔业的比重上升的最快，增长了 20 个百分点。浙江省种植业的比重在 1978 年到 2000 年间，从 77.4% 下降到48.9%，下降了近 30 个百分点。

在种植业内部，经济作物和粮食作物的比例也发生了变化，经济作物的比重上升，粮食作物的比重下降。以江苏省为例，从 1995 年到 2004 年粮食耕地占耕地面积的比例从 64.6% 下降到 55.38%，下降约 10 个百分点（表 3-7-2-5）。深入江苏省内部，我们观察吴中区在 1984—2002 年间的农作物种植结构的变化。本文选用当地主要种植的粮食作物水稻、三麦（小麦、元麦和大麦）、经济作物油菜和蔬菜的播种面积，分析 4 种作物种植面积比例变化趋势，了解种植业利用耕地方式的主要变化规律。数据显示，三麦和水稻的播种面积在 1997—2002 年间各下降了 18 和 20 个百分点。而油菜和蔬菜的播种面积持续上升，到 2002 年两者的比例之和近乎整个农作物播种面

江苏省粮食耕地占耕地面积比例（%）　　　　　表 3-7-2-5

| 年份 | 1995 | 1996 | 1997 | 1998 | 1999 | 2000 | 2001 | 2002 | 2003 | 2004 | 平均 |
|---|---|---|---|---|---|---|---|---|---|---|---|
| 粮地比例 | 64.6 | 66.43 | 68.13 | 67.89 | 66.77 | 60.93 | 56.27 | 56.36 | 53.92 | 55.38 | 61.68 |

① 徐强，李洪华. 长三角经济一体化对江苏农业的影响 [J]. 区域经济，2004（5）.
② 江苏农村产业结构调整研究. 中国统计信息网.
③ 2006 年江苏省国民经济和社会发展统计公报. 扬子晚报.

积的一半。上述作物种植结构变化趋势说明，18 年来吴中区种植业结构调整速度逐步加快，种植业由以粮食作物生产为主的格局转变为粮食作物和经济作物生产并重的新格局[1]。

这种农业内部的结构调整在内因上是受利益驱动的。南京的人均农业收入和农业结构相关分析显示：农民在农业收入方面的增长在很大程度上取决于农业结构的调整。在农业内部结构中，种植业产值的比重每增加一个百分点，农民人均农业纯收入下降7.36%；渔业产值的比重每增加一个百分点，农民人均农业纯收入增长 9.02%；牧业产值的比重每增加一个百分点，农民人均农业纯收入增长 3.99%。在种植业内部结构中，粮食作物的种植面积和农民种植业纯收入之间呈负相关；油料、蔬菜作物种植面积和农民种植业纯收入之间呈正相关。油料作物种植面积的比重每增加一个百分点，农民种植业纯收入增长 11.4%；蔬菜作物播种面积的比重每增加一个百分点，农民种植业纯收入增长 4.9%[2]。

3）农产品结构从内向向外向转变

大城市连绵区农产品的出口大大增加，出口的农产品主要为蔬菜、水果、花卉、畜产品、水产品等特色经济作物。长三角两省一市的农产品出口近年来保持较快的增长速度。商务部最新统计数据表明，2005 年浙江省农产品出口 24.51 亿美元，同比增长 9.54%，在各省（市）中继续排名第三。江苏农产品出口继续保持上升势头，2005全年农产品出口突破 10 亿美元，同比增长 19.2%。上海虽只有区区 400 万亩耕地，但去年农产品出口也达到了 8.9 亿美元，同比增长了 14.2%。三地农产品出口占全国农产品出口总额的 16%[3]。

2. 乡村人口结构的调整

1）开放式的乡村人口结构

大城市连绵区乡村的一个典型特征是人口流动性增强带来的开放式社区结构，人口流动既包括大城市连绵区内部本地农村剩余劳动力的流出，也包括因为区域经济的发展和乡村工业的进步所吸引的人口流入。

2）乡村人口就业结构从以农业生产为主向以非农产业为主转变

从事非农产业的人数迅速增长，农村的"非农"农民大量出现。江苏省农业劳动力占农村总劳动力的比重由 1978 年的 89% 下降到了 2000 年的 55%，下降了 34 个百分点。2004 年江苏省苏南、苏中和苏北三地乡村从业人数分别为 715 万人、719 万人和 1230万人。其中，从事农业人数最多、比重最高的是苏北，比重为 53%；苏中次之，比重是 40%；人数最少、比重最低的苏南，比重是 28%。

① 仇恒佳,卞新民,张卫建,胡大伟. 环太湖耕地利用变化与驱动机制研究——以苏州市吴中区为例 [J]. 土壤，2006（4）.

② 中国统计信息网：南京农业结构调整与农民农业收入增长的相关性分析 .[2006-04-10] .http://www.stats.gov.cn/was40/reldetail.jsp?docid=402316053.

③ 新华网：越来越多的长三角农产品走出国门 .[2006-03-25] .http://finance.sina.com.cn/roll/20060325/0958614615.shtml.

3）乡村人口收入结构呈现多元化的特征

由于就业形式的转变，农民的收入来源也发生了很大的变化，非农产业的收入在农民家庭收入中占有较大的比重。2003 年广东农民人均纯收入[①]达到 4054 元，其中工资收入 1965 元，占 48.5%，首次超过家庭经营成为农民收入的最大来源[②]。2004 年江苏农民的人均纯收入为 4753.9 元，其中家庭经营收入、工资性收入分别为 2018.5 和 2443.4 元，分别占 42.5% 和 51.4%[③]。2005 年，上海农村居民人均可支配收入为 8342 元，其中家庭经营收入仅占 9.6%。同年，以房屋出租和土地使用权出让为主要来源的财产性收入所占比重增至 37.5%，正逐步成为上海农村居民收入增长的重要来源之一。

4）乡村从事农业人口的结构呈现老年化、女性化和"半劳力化"的特征

由于农村越来越多的青壮年男女纷纷外出打工，留在家乡的"老弱病残"成了务农主角，农业生产老年化、女性化和"半劳力"化更加突出。抽样调查资料显示[④]：目前从年龄看，江苏农村 30 岁以下的劳动力中从事第一产业的不到三成，而 45 岁以上的占 55.0%，50 岁以上的占 42.0%；从性别看，第一产业中女性劳动力占 62%，比重较 1988 年上升 8 个百分点；从整半劳动力的情况看，第一产业中"半劳力"约占 53%，比重较 1988 年上升 23 个百分点。

3. 乡村空间结构的调整

1）耕地大幅减少，农村居民点用地快速扩张

乡村空间在土地利用上主要对应农用地和建设用地中的农村居民点用地，总的特征是农用地中的耕地锐减，农村居民点用地在增加。全国农用地在 1996—2005 年变化不大，但内部结构变化较大，主要是耕地数量的锐减。耕地减少的首要原因是生态退耕，生态退耕面积占耕地减少面积的 71%。建设占用退居其次，但在大城市连绵区此项原因却首当其冲，特别是城镇建设用地扩张。1996—2005 年间城镇扩张占用耕地列前五位的有浙江省、山东省、四川省、江苏省和上海市，合计占用耕地 17.48 万公顷，占全国城镇扩张占用耕地总面积的 42%。除去城镇建设占用的耕地以外，农村居民点用地也在快速扩张，1996—2005 年间全国农村居民点扩张占用耕地总面积为 39.45 公顷[⑤]。

2）乡村建设用地内部的生产性建设用地和居住性建设用地有增无减

乡村内的生产性建设用地向镇区集聚的态势不明显，分散在村内的比例仍然突出。1997 年全国第一次农业普查数据显示，乡镇企业所在地为村落的占 74.5%，且这种情况多见于乡镇企业较为发达的广东、浙江、江苏等省份。2000 年左右，浙江省大唐镇、石璜镇数据同样显示，分散在村落中的乡镇企业远远多于镇区，企业数量比高达 8∶2[⑥]。

大城市连绵区居住性建设用地并未随着农村剩余劳动力的大量流出和农民就业方

① 人民日报海外版：广东农民人均纯收入全国居第 3.[2004-06-21].http://business.sohu.com.
② 重庆晚报 [N]. 2004 年 2 月 26 日.
③ 商务部网站：2004 年江苏省农民人均增收全国第二，仅次于浙江.[2005-02-17].http://finance.sina.com.cn.
④ 中国统计信息网：江苏：农村劳动力有序流动和转移问题.[2005-11-21].http://www.stats.gov.cn.
⑤ 我国城市土地资源承载力及其利用研究.中国科协重点咨询项目，2007 年 1 月.
⑥ 王玉华.中国乡镇企业的空间分布格局及其演变[J].地域研究与开发，2003（1）.

式的转变而减少，村庄建设用地不集约的特征明显。一方面村庄数量多、分散，人均用地面积也偏大。北京、天津、河北、上海和江苏村庄 2004 年的人均用地面积均超过了全国平均水平，其中天津为全国平均水平的 1.8 倍，高达 308 平方米 / 人。另一方面，村落出现空心化，这一现象集中出现在沿海三大大城市连绵区的核心区。农户纷纷向原聚落外部移居，原有的村落住宅空置，甚至于逐渐废弃坍塌，形成所谓的"空心村"。这就造成了在宅基地数量依然在扩大的同时，宅基地的实际利用率却大大下降，造成了土地资源的实质性浪费。根据统计，上海市松江区洞泾镇现自然村内有 40%—60% 的人口常住镇区，其中 25—40 岁的村民 80% 常年在外居住，居住在自然村内的人口基本以老人为主。

3）产业空间呈现区域化分工的趋势

在大范围内，农业区域的空间布局以自然条件的差异性为基础。如在浙江省内部，杭、嘉、湖平原是主要的粮产区，浙西南丘陵地区是林特产品的生产基地，舟山及东部沿海地区是海洋渔业生产基地。

在小范围，农产品结构的调整以及现代农业产业化、规模化经营的要求在空间上呈现特色农产品成片状、带状的种植特征，农业高新技术示范园区、特色农产品基地屡屡出现。据不完全统计，浙江省现有县级以上的种植业基地 1215 个，面积 720 万亩，其中万亩以上基地 300 多个；万亩以上水产养殖基地 49 个，面积 133 万亩；万亩以上生猪基地 70 个[①]。

乡村地区的非农产业也呈现专业分工和地域集中的趋势，被称为"块状经济"，也就是俗称的"一镇一业"、"一村一品"，在民营经济较为发达的浙江省较为常见。浙江省委政研室课题组的一项调查表明，在全省 88 个县市区中，有 85 个县市区形成了块状经济，年产值超亿元的区块 519 个，经济总产值 5993 亿元，吸纳就业人员 380.1 万人，约占当年全省工业总产值的 49%[②]。

4. 生态环境的恶化

乡村是一个由农田、森林、草原、荒漠、水体、村镇聚落组成的生态系统。在传统的城乡空间格局中，乡村和城市相互影响、相互依赖。对于城市而言，乡村的功能体现在对城市污染物的稀释和净化。然而在大城市连绵区，乡村空间已经不再是消污除垢的净化器。这一方面缘于城市污染物总量的增长已经突破了乡村空间的环境容量，另一方面的重要原因是乡村空间本身的污染问题已经上升为很重要的问题，其中包括乡村工业污染、现代化农业生产带来的污染、农村建设空间拓展对自然地域的侵蚀等等。

中国环保总局从 2002 年起展开题为《典型区域土壤环境质量状况探查研究》的调查，对珠三角、长三角等经济发达地区生产蔬菜、稻米、水果的土壤受污染程度进行评估。调查初步发现，珠三角的整体污染程度和长三角、河北省差不多，但污染种类不同。珠三角地区有 40% 的农田菜地受重金属污染情况超出安全标准，其中 10% 属

---

① 关于浙江省农产品基地建设的调研报告 . 浙江省农业厅基地建设调研组 .
② 浙江省委政研室课题组 . 快速成长的浙江区域块状经济 [J]. 浙江经济，2002（9）.

于严重超标。在佛山的南海区和顺德区，土壤中的汞超标率分别达到 69.1% 和 37.5%，东莞的汞超标率也达到 23.9%。除了工业污染以外，由于建设的侵占以及农业内部结构的调整导致在长三角、珠三角等地区，稻田面积在不断下降，极大地削弱稻田在生态环境维护方面的作用。

5. 文化生态的失衡

在快速城市化的过程中，广泛分布于民间的传统文化资源及其生存环境如同自然资源和生态环境一样遭受破坏。不少历史文化街区、村镇、古建筑、古遗址及风景名胜区整体风貌遭到破坏；文物非法交易、盗窃和盗掘古遗址古墓葬以及走私文物的违法犯罪活动在一些地区还没有得到有效遏制；由于过度开发和不合理利用，许多重要文化遗产消亡或失传。越是在经济相对发达的地区，古村落就越稀少，也越商业化，并失去古村落的内涵和文化自尊。除此以外，中华民族的非物质文化遗产多数在农村，这些非物质文化遗产也面临着失传和消亡的威胁，如广东的龙舟鼓、浙江苍南县的夹缬艺术、江南的傩戏等。据报道仅浙江省就有 200 多种濒危民间艺术已经或正在消亡。

6. 小结

传统的农村、农业和农民在空间上是可以相互映照的概念，也就是说农民从事农业生活在农村。但我国的大城市连绵区农村、农业和农民已不再是可以相互映照的概念。在乡村地域内，农业和非农产业并存、农业生产者和非农产业生产者并存、城市景观和乡村景观并存。

乡村经济结构、人口结构、空间结构以及背后折射出的利益取向的变化正在缩小城乡之间的差别，模糊城乡之间的界限，并反映出城市对乡村的类似生态学的侵入和演替过程。

# 三、我国大城市连绵区城乡统筹发展的机制及趋势分析

## （一）新城乡协作关系：大城市连绵区的乡村正从资源供应者的角色开始向生产者和城市生产协作者的角色转变

欧美大城市连绵区在工业化进程基本都经历了一个原工业化时期。乡村在经历工农业的充分发展之后才迎来轰轰烈烈的城市工业革命。也就是说，在城市发挥其强大的"引力"之前，乡村无论是社会组织、制度建设还是经济发展都已经打下了一个较为稳固的基础。工业革命开始之后，城市在技术、制度等方面所引发的变革作用能够有效地辐射和扩散到乡村之中，并由此引发新一轮的农业革命。虽然在工业革命中后期，城乡间的经济差距也一度拉大，但是乡村在整个城乡资源分配体系中始终能保持着一定程度的控制力。乡村并不是纯粹的资源供应者，也是经济发展中能够直接带来经济效益的生产者。例如，在工业革命如火如荼展开的 1851—1860 年间，英国农业固定资本开支也高达 690 万镑，占地租总额的 15%。如果不能从中获得超额利润，投资者是

不可能倾注如此高额的投入。

不同于欧美，我国的乡村在其原工业化时期尚未完成之际就突然迎来了城市工业的大发展。在经济实力、技术积累等多个方面城乡之间差距被迅速拉大，原本稳定的城乡产业链也受到了冲击。随着城乡二元体制的建立，乡村资源进一步被城市剥夺。据有关部门测算：1952—1990 年，全国农民通过工农业产品价格剪刀差和其他形式，为工业化建设提供 9500 亿元资金。1978—2002 年，全国非农建设占用耕地 3600 万亩，按其中 70% 为征地，征地中一半为经营性用地匡算，各级政府从农民手中获得的土地净价差收益 14200 亿元以上。到改革开放初期，在相关政策的支持下，加之城乡之间在技术水平、劳动力素质、经济水平、产业发展水平等方面的巨大差距，乡村在大多数时间里都扮演着资源供应者的角色。改革开放之初，许多大城市工业产业开始逐步替代升级，一些附加值低的简单加工制造业开始流向乡村。然而，由于工农业产品巨大的价格剪刀差，在各类乡村产业获利比较中，从城市产业转移出来的低端制造业反而拥有更大的获利空间。然而，这些低端制造业的总体获利空间也并不完全掌握在乡村手中。乡村往往只是制造业的生产基地，而产品的研发、流通等环节仍然掌握在城市手中。乡村相对于城市而言处于弱势地位，城市对于乡村社会的支配力大大增强。彭玉生的研究甚至认为，大城市的工业资本，特别是重工业资本对乡镇企业的发展（进而对乡村经济）"不仅没有辐射作用，反而有排斥、压制之势"。这种情况在辽中南大城市连绵区表现得特别明显，与该地区城市重工业的完善发展相对应的是乡村工业的凋敝。

城市对乡村的强势地位反映在空间建设上主要有两个表现：一、由于乡村自身实力的薄弱，只能成为城市的资源供给者以及城市低端产业的迁移地，这导致了乡村人居环境质量恶化。二、在思想观念上，城市的建设模式成为乡村的效仿典范，"建设得像城市一样"成为许多乡村建设管理者头脑中体现乡村发展水平的标杆。大城市连绵区范围内的乡村经济发展条件较好，受到此类观念影响而兴起的建设也是最多的。

随着城乡二元体制的逐渐瓦解，城乡之间交流大大加强。长三角大城市连绵区和珠三角大城市连绵区的乡村工业率先发展起来。二者所依循的路径是完全不同的。对于长三角地区而言，乡镇企业的发展源于三个重要原因：一是作为我国近代民族工业的发源地，乡村地区的商品经济发达，具有"重工（商）主义的传统"；二是近邻上海等大城市，接受城市的技术辐射；三是集体经济基础好，如原苏州地区 1979 年的农村工业总产值已达到 29 亿元，集体资产 6 亿元。而珠三角地区的乡镇工业在发展之初完全是依靠外资投入，在外资企业的基础上，乡村资本和技术逐渐积累，本土民营企业才逐渐发展起来。

随着乡镇企业的发展，乡村的地方经济实力大大增加。在民营经济发展态势良好的浙江省，乡镇企业总产值占全省工业总产值的 80%，其税收占了浙江省财政收入的 2/3[①]。城乡关系由此也发生了转变：乡村对资源分配拥有了更多的发言权，城市政府对

---

① 王美涵. 十年浙江财政的思考 [J]. 浙江财税与会计，2002（9）.

乡村的公共服务设施、基础设施等方面的投入有所提高。2003 年北京市发改委安排的政府投资中，郊区与城区的比例为 1：4，2004 年为 2：3，2005 年为 1：1。2005 年市级财政对农村的总投入达到 111.8 亿元。但我们同时发现，现有的政府投入力度距离城乡统筹的目标仍存在一定的差距：如浙江、江苏等地对于公共服务设施和技术设施的投入量虽然也在逐年增加，但是总投入量仅占城市资金投入的几十分之一；根据江苏省统计局的分析报告，1995—2003 年，江苏省财政支出年递增 23.8%，而用于农业的支出仅年递增 15%。2003 年金融机构贷款余额中农业贷款比重仅为 4.4%，小于农业增加值在地区生产总值中 8.9% 的比例[①]。

除了政府投资，乡镇企业对于乡村的设施建设也有不小的贡献。城乡在各个方面的差距都在缩小，城乡之间的新型协作关系开始形成。乡村农产品经过深加工直接进入市场体系；乡村工业企业具有了自主经营和研发的能力，部分工业产品具有了区域、国家乃至世界级的品牌效应；乡村开始建设覆盖区域的专业化市场，乡村正从资源供应者的角色开始向生产者和城市生产的协作者的角色转变。长三角和珠三角乡村地区所经历的这种积极转变将成为中国其他大城市连绵区城乡关系演变的一个重要趋势。

### （二）农业的新动向：产业份额的下降和地位、作用的上升——大城市连绵区的农业正在经历由传统农业向现代农业的转型期

美国经济学家钱纳里等人在《发展的模式：1950—1970》中指出：农业产值份额下降和农业就业比重下降，是现代经济增长过程中不以人的意志为转移的经济规律。这种下降有一定的客观合理性，但也隐含着一些问题。

首先，国家长期推行"以粮为纲"的政策，影响了农民从事农业种植的积极性：改革开放前，农业完全受计划经济调控，采取"以粮为纲"的发展政策。过分偏重粮食种植使得农村各个产业不能有效协调发展，农业资源未能得到有效利用，地区优势得不到发挥，其他各业的偏废最终导致了市场的全面紧张。对于地形复杂的浙江省而言，平原和山区的粮食种植条件差距极大，但在这一时期却全部要求以粮食种植为主。从农业占农林牧渔业比重的地区结构看，1980 年平湖水乡的杭州地区比重为 70.3%，而山岭起伏的温州地区比重为 73.3%。可以说，当时农产品种植选择与地域条件、市场需求完全脱钩。随着经济的发展，劳动力价格不断攀升、生产资料价格持续上涨，而粮油价格却一直波动不定，粮油生产的比较效益日益下降。农业种植中的获利无法支持农村家庭不断增长的生活需求，影响了农民从事农业种植的积极性。在浙江省长兴县的案例分析中提到，长兴作为浙江省北部、太湖南岸的农业大县，是国家商品粮基地。然而，由于种粮收入低，当地农民已把粮食种植作为兼业，种粮仅仅为了解决自家口粮，并因此采取了粗放式的经营方式，传统的精耕细作因无利可图而被放弃。原本的粮食高产区名存实亡[②]。另一方面，粗放式的种植方式造成土壤板结肥力下降，更加重了水体

---

① 郁建兴 . 统筹城乡发展与地方政府：基于浙江省长兴县的研究 [M]. 北京：经济科学出版社，2006.
② 国家统计局：江苏省统筹城乡发展的难点 . 目标与是否经思考 .[2005-01-11].http://finance.sina.com.cn.

污染。以长兴县为例，作为紧靠太湖的水乡地区，农民日常的饮用水竟不得不购买桶装水。

其次，乡村在生产技术、社会结构、土地制度等方面发展的不完善，传统的水稻种植方式的局限等原因，使得大规模机械化种植难以推广，农村隐性剩余劳动力很难转变为显性剩余劳动力。当农业种植和非农劳动不可兼顾时，许多农村家庭的主要劳动力不得不选择放弃农业种植获利，由此导致农田的抛荒现象十分严重。根据安徽省当涂县的调查，在当地的全县 25 个乡镇中，抛荒农田就有近万亩[①]。

再次，大量非农用地侵占农业用地也对农业生产形成很大的冲击。据统计，浙江省在 1985—2000 年的 15 年间，全省耕地面积减少了 200 万亩，缩减了 11%，其中金华、丽水等地的被占农田都是优质农业用地。虽然地方政府也采取了一些占补平衡措施，但是可开荒地越来越少，无法完全弥补耕地的减少量，加之新增耕地在土壤肥力、熟化程度等方面远不如原有的高产农田，导致了地区农业生产能力的下降。20 世纪 90 年代开始，农业产业结构调整，家庭联产承包责任制的推行和农业技术的推广都使得农业获利有所提升。依靠对种植品种、土地、设施的不断改造以及相关政策的扶持，2003 年浙江的粮食种植平均亩产量为全国平均水平的 1.24 倍以上，但是粮食播种面积比上年下降了 13.9%，粮食总产量下滑了 15.8%[②]。这种下滑既有其合理性，即前几年过度偏重粮食种植所带来的不利影响，也有地方政府"重工轻农"粗放式发展带来的后果。

虽然农业产值份额有所下降，但近年来，政府及社会各界对农业的重视程度却逐年上升。对于大城市连绵区而言，无论是从国家整体发展战略角度思考还是立足于区域本身，农业的地位都在明显上升。除了要扮演区域资源的供给者，大城市连绵区的农业发展还涉及了地区生态环境保护、区域空间整合、区域产业升级、地区经济示范带动、农民向市民转型等多个问题。大城市连绵区的农业问题已经不仅仅是单纯的产业问题，更关乎社会、文化、生态与可持续发展等多个层面。

从当前的发展趋势看，大城市连绵区内的农业正在经历从传统农业向现代农业的转化过程。农业生产的状态及农业生产力水平高低决定了农业生产方式、过程、技术水平、组织管理及效率等。农业社会化程度提高，农业生产目标由自给自足向商品化改变，农业生产的时空范围必将扩大而形成一定的组织。因此，按照生产目标和时空范围的不同，农业生产方式可以划分为三类：以保障家庭食物安全为核心的自然农业，以社区食物安全的获得和稳定为核心的传统农业和以农业社会化服务为核心的现代农业。农业社会化服务体系的建设与发展的基础更表现在人们的经济性倾向。我国的农业发展呈现区域间不平衡的特征，三种典型的农业生产形态可以在某一局部空间内同时并存。大城市连绵区内的农业生产具有较高的商品率，但尚未完全转化为现代农业生产。今后大城市连绵区的农业将主要表现出如下几个特征：

①农业结构的调整更多受市场力和区域整体利益的约束。从经济产出效益方面思

---

①　郭旭杰 . 解读中国农村地区经济发展的瓶颈 . 中国大学生社会实践网，2006.
②　金贵兴 . 论浙江省粮食作物的生产和安全性 [J]. 科技通报，2006（4）.

考，最靠近大城市的近郊区农业将以种植保鲜时间短、售价高的果蔬类作物、绿色园艺产业和农产品加工业为主，中远郊区将侧重于基础粮食种植、畜牧、林业等基础类农业生产。从区域总体发展需求出发，将对农业产业在生态环境保护、休闲旅游、无公害种植等方面提出新的要求。

②农业社会化服务体系逐步建立，并由此影响乡村空间布局。建设现代化的社会服务体系需要与之对应的现代社会组织结构。目前，国内大城市连绵区的农村地区仍未脱离传统乡村的地缘社会组织结构，还不具备建立完整的社会服务体系的条件。而同时，随着城市需求和世界农产品交易的不断增加，为农产品市场化交易建立相应服务体系的需求日益高涨，并由此催生了以村为单位的"条块式"的农业产业集群。具体表现为以村内的"能人"或者村集体组织带动，通过其对新技术的成功引进和示范形成村庄凝聚力，进而成为村级农业生产服务体系的组织者和管理者，其服务领域从产前开始逐渐延伸到产中和产后。随着服务体系的不断扩大，更多的农户从单纯的农业户变为参与服务的兼业户，完成从农民到农商的转变。由于这种村庄级的服务体系并未突破原有的地缘社会组织关系，因此在大城市连绵区的许多乡村地区获得推广，也正因为其没有突破原有的社会组织关系，所以其规模效益并未惠及到村庄之外的地区。因此，在很多乡村地区常常出现各类农产品种植的"专业村"，而未形成更大规模的农业种植带，农作物种植呈现典型的条块状特征。今后，随着大城市连绵区农业现代服务体系的建立，将会形成多级网络化的服务中心并因此对村镇空间建设增加新的需求。

③将逐渐发展形成适应现代农业耕作技术的大规模现代复合型农业，并由此对乡村空间的布局带来深远影响。我国传统精耕细作的农业种植方式是建立在土地以家庭为基本分配单位，各户小规模经营的基础之上的。这种方式在一定时期因为适应于当时的社会组织关系而有效地推动了农业的发展。然而随着社会和经济的发展，其弊端已经在大城市连绵区的许多乡村地区有所体现。随着乡村社会的发展和国家土地、财税等制度的不断改革，成片区的规模化农业生产趋势不可阻挡。同时，未来的农业种植区将被建设成为以现代农业耕作技术为支撑，把林、农、牧、渔等有机结合在一起，具有多种群、多层次、多效益、高产出等特点的复合农业生产系统。

### （三）新公共服务体系：乡村公共服务设施建设的新需求与新投资模式

受长期的城乡二元体制影响，乡村公共服务设施建设严重滞后。不同于城市完整的财税体制，按照传统运作方式，乡村公共服务设施建设资金主要来自集体经济组织。农村公共产品的提供源于农地承包收益的集体留成，而土地承包权收归集体之后，农村的公共产品供给自然转移到集体经济组织身上。据统计，其占集体经济组织收益的比例高达30%—40%。农村"自己在养活自己"，政府公共财政和社会保障未能覆盖到农村。改革开放之前，集体经济的发展受到严重的制约，并由此带来了乡村在公共服务设施与基础设施建设方面的滞后。由城乡人居环境质量的巨大反差所引起的矛盾在大城市连绵区内的乡村地区反映的尤为鲜明，并进一步加速了人口向大城市流动的趋势，村庄内人口结构越来越呈现出老年化、女性化和"半劳力化"的特征，乡村公共服务设施的配置重点将发生变化，为老年人和儿童提供服务的公共设施和公共活动空间需求将逐渐增加。

此外，随着乡镇企业的迅速发展，以长三角和珠三角为代表的乡村地区涌入了大量的外来打工人口。人口结构的异质化将对村庄的公共空间和公共服务设施等方面产生不同以往的建设要求，如大中型村庄可能为外来务工人员增加涉及管理、服务、教育、居住、饮食、娱乐等多个类别的公共设施。乡村三产服务业将获得极大的发展，地区产业结构更趋于合理。20世纪90年代后期，苏南乡村城市化已经开始以非农产业和人口的集中作为主要特征，依托工业园区引导集中，第三产业已经开始成为苏南乡村吸纳农业剩余劳动力的新兴而强劲的动力。

在近一段时期，乡村建设资金来源将采取更为灵活的组织方式，民间资本将成为近期村庄设施建设的主要来源。改革开放之后，大城市连绵区乡镇企业和民间资本获得了迅速发展，并在新一轮的乡村公共服务设施建设中扮演重要角色。以浙江为例，1978—2002年24年间，浙江民间投资一直保持着20%以上的年增长速度，其中1999—2002年3年间，全省民间投资的年均增幅更高达25.1%，民间投资在全社会固定资产总额中的比重由55.6%提高到了59.4%[1]。郁建兴博士在对浙江省长兴县的案例分析中指出，当地政府采取了"十个一点"的多元化投入机制，具体为："农户出一点，村集体拿出一点、驻村干部和个体经营户凑一点、向有关部门争取一点、在外经商户捐一点、企业赞助一点、向社会各界筹一点、乡镇配套拨一点、县以奖代补一点、市场运作搞一点"。通过这种方式，在县域供水项目投资中，来自省、县、乡各级政府和各级部门的资金投入仅占总资金的21%，村集体组织、村民和其他社会投入占总投资的79%。

### （四）新空间演变趋势：摆脱就地城市化所带来的困境，乡村空间建设从分散走向新的集中

在珠三角和长三角大城市连绵区，乡村非农产业用地的迅速崛起对城市工业和农业的发展均产生了巨大的冲击。乡村空间已不再是传统的农业利用为主导，它承载着越来越多的非农产业发展，城乡空间格局发生了巨大改变。城乡在经济发展水平方面的差距已经不再是主要矛盾，而城乡空间利用方面的冲突则日益严重。

从空间分布的本底特征上讲，珠三角和长三角大城市连绵区的乡村地区以水稻种植为主，而京津唐和辽中南大城市连绵区内的乡村地区以小麦玉米为主。就传统耕作方式而言，水稻种植所需要的人力和农具都相对复杂，耕作半径相对较小；小麦玉米等旱地作物耕作半径较大。因此，长三角和珠三角大城市连绵区内的乡村聚落分布更为分散，自然居民点的规模更小，而京津唐和辽中南大城市连绵区内的乡村聚落集聚程度更高，自然居民点规模更大。珠三角大城市连绵区外来投资企业的选址多是与村

---

① 葛立成，解力平，张宗和.沪苏浙民间投资现状调查及对策.新华网，2003.

集体达成土地出让协议的,而长三角乡镇企业的发展则多是由村集体组织和村内"能人"领导发展起来的。村庄聚落原本就分布较为分散,工业用地的选择更受到土地权流转、基础设施建设滞后、地方财政税收制度等一系列因素的限制,其布局变得更为分散。

此外,由于农村集体缺乏资本,征地补偿金成为农村工业化的第一桶金。在珠三角、京津唐、山东半岛大城市连绵区,村集体多认为"出租土地或厂房(而非直接经营企业)"是最安全的经营方式。"技术含量较低的外来资本 + 外来低素质劳动力 + 村集体廉价土地"成为农村工业化的要素投入结构。这更加速了土地开发的粗放式蔓延。

以村域为边界的工业用地与非农用地交错混杂,不仅不利于农村土地的集约使用,也使农村地区的生态系统受到破坏,环境受到严重污染。

从发展趋势看,非农建设用地的整合和重聚将成为乡村空间建设的重点和必然趋势。

随着乡村工业发展的日渐成熟,乡镇企业因过度分散所带来的成本损耗日益明显。村镇的分散使得农村配置各项基础设施极不经济。生产与消费活动的过分分散更使服务业的部门难以在农村形成最小规模效益,基础设施难以向基层充分延伸,村庄公共服务设施和基础设施建设水平难以提高,第三产业的发展更是难以为继。聚集发展将成为乡村地区在新的发展阶段的必然选择。同时,国家对乡村非农建设用地调控力度的加大,城市规划对乡村建设的有效引导、土地等相关政策的逐步调整等因素也将进一步加速乡村空间的集聚趋势。

## (五)文化延续的新契机:乡村公共生活的新需求与乡村组织管理模式的结合

乡村文化的产生和延续是与乡村的生产生活,特别是文化娱乐生活分不开的。乡村民间艺术的产生和发展均与乡村中展开的传统公共活动相关。乡村生产生活的巨大变革,当前乡村公共性文化活动的大量减少,均对乡村文化的保留和延续产生了极大的挑战。从本质而言,乡村文化娱乐活动的意义并不仅仅拘泥于娱乐消遣,而是作为一种群体共同参与和民众共同拥有的活动。农村原有的宗族组织解体后,乡村内部个体间的联系大大减弱。而乡村文化的存在不仅仅能够为村民提供与日常生活乐趣不同的更纯粹的满足感,还能够起到联系乡村社区民众情感、强化社区民众文化认同感、进而维系和整合农村社区文化的作用。

在大城市连绵区经济高速发展的背景下,农民生活水平普遍得到了提高。农村在短时间内经历了从极度贫困到富裕的巨大转变。经济收入的大幅度提高、耕作技术的改善、化肥农药的使用、土地流转制度的约束、青壮年劳动力大量外出务工,使得停留在村庄中的农民拥有了更多的闲暇时间。农民对文化娱乐生活的需要大大增加。

然而,一方面,农村的生活水平距离城市还有一定的差距,"城市中心论"观点的渗透侵蚀让现代农民把城市文化的一切都视为美好生活的样板,加之基于商业利益驱动的流行文化的泛滥性宣传,农民对于传统乡村文化价值的认同感日益降低;另一方面,以宗族为代表的传统乡村组织体系消亡,而现代乡村组织体系建设尚不完善。一些传统的公共性活动和休闲活动没有被有效纳入现代乡村组织管理活动之中，以个体或家庭为单位的休闲活动成为了村民日常生活娱乐的主要内容。没有了乡村生活的载体，乡村传统文化的延续与发展正面临前所未有的危机。

随着乡村自治的逐步完善，乡村的基层组织模式将随之逐渐变化。依靠行政强制力推行的组织管理方式将逐渐被更民主、要求更多的公共参与的管理模式取代。在这一趋势下，公共活动对于乡村的意义将逐步强化。如果能够把握契机，充分利用传统文化对公众情感的纽带作用，延续文化的传统，在国家控制与地方社会的回应之间形成良性的互动，从而使一些乡村社会原有的社会资源和价值体系的意义不因现代化而失去，将更加有助于社会的稳定与和谐。传统乡村文化与现代公共生活的结合也将为文化内涵的丰富带来新的契机。

## 四、大城市连绵区城乡统筹发展的意义

在大城市连绵区层面讨论城乡统筹的出发点和国家战略层面同中有异。反映城乡收入水平差距的指标显示，大城市连绵区城乡居民的收入差距是在扩大，但是小于全国的平均水平。大城市连绵区的农民年人均纯收入远远高于全国的平均水平。并且通过对大城市连绵区的乡村经济结构、人口结构和空间结构的判断，我们发现大城市连绵区的乡村并不是和城市走向发展的两个极端而是在趋同化。因此，在该区域讨论城乡统筹，目的绝不仅仅限于提升该区域农村的发展水平和提高农民的收入，而是基于一个更大范围、更重要的国家人口布局战略的考虑，那就是大城市连绵区所容纳的人口总量占全国人口总量的比例将进一步上升。在有限的空间上容纳越来越多的人口，这需要对各类资源作合理的统筹安排，这是大城市连绵区城乡统筹的深层次背景。

和国家人口布局的大战略相符，未来大城市连绵区将容纳更多的人口。来自区域外部的人口将主要流向大城市连绵区内部充满经济活力的城市地区，而区域内部人口布局也将发生调整，核心区的人口密度将进一步增加。这些趋势都意味着大城市连绵区核心区乡村空间的进一步缩减和农用地的进一步缩减，这是必然规律和不可阻挡的趋势。但是否就意味着在大城市连绵区核心区乡村可以完全变成城市，乡村是否有保留的底线，如果保留的话它的意义在哪里。

### （一）维护国家粮食安全格局

我国长期以来坚持的粮食供求战略是"基本自给"，目标是保证国家的粮食安全。对内，国家实施了农业生产的区域分工，如国家的粮食生产在 31 个省份中划定了主产区[①]和主销区[②]。浙江、上海、广东、北京、天津等大城市连绵区内的省市被划定为粮食主销区，粮食的供给主要从外省调入，自给率均低于 50%（图 3-7-4-1）。

---

[①] 我国粮食主产区：河北、河南、黑龙江、吉林、辽宁、湖北、湖南、江苏、江西、内蒙古、山东、四川、安徽。
[②] 我国粮食主销区：浙江、上海、福建、广东、海南、北京、天津。

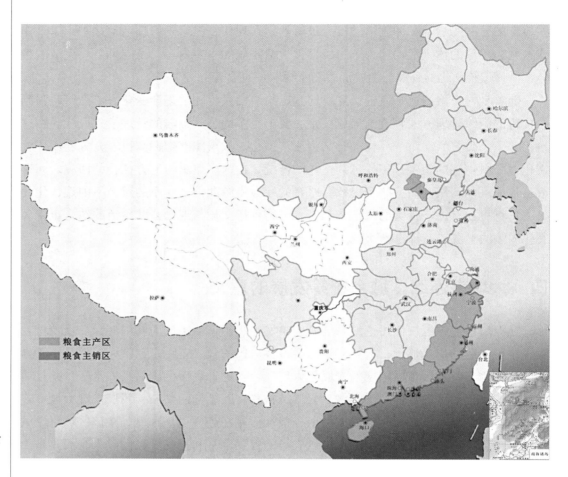

图 3-7-4-1 中国粮食主产区和主销区分布

　　虽然大城市连绵区内的粮食供给问题可以通过区域分工来解决，但是我们必须认识到大城市连绵区在农业生产方面有其他地区所无法代替的优势，也就是农业区位的不可复制性，表现为区域自然地理条件优越、耕作历史悠久、农业生产技术水平较高，适合小麦、水稻、油菜等农产品的生产，并且单位产出高。就农产品的生产而言，在2003年农业部的《优势农产品区域布局规划》中的13种优势农产品中，棉花、小麦、油菜、玉米和水产品在我国的大城市连绵区分布范围较广。就单位产出而言，东部地区的高产稳产农田占耕地面积的80%以上，东部地区现代农业平均产出指数为25.39，是全国平均水平的2.2倍、西部平均水平的3.2倍。就农业生产技术水平而言，东部地区现代农业水平综合发展平均指数已经达到17.75，而中部和西部分别只有10.48和7.13，东部是中部的1.69倍，是西部的2.48倍[①]。从农业部对于不同省份的现代农业发展时期的评价来看，已经进入农业发展期的地区是北京和上海，处于起步期第三阶段即将进入发展期的省份是天津、江苏、浙江、福建、山东、和广东，而这些地区正是大城市连绵区的核心地区（图3-7-4-2）。

---

　　① 农业部软科学委员会办公室.农业发展战略和产业政策[M].北京：中国农业出版社，2001.

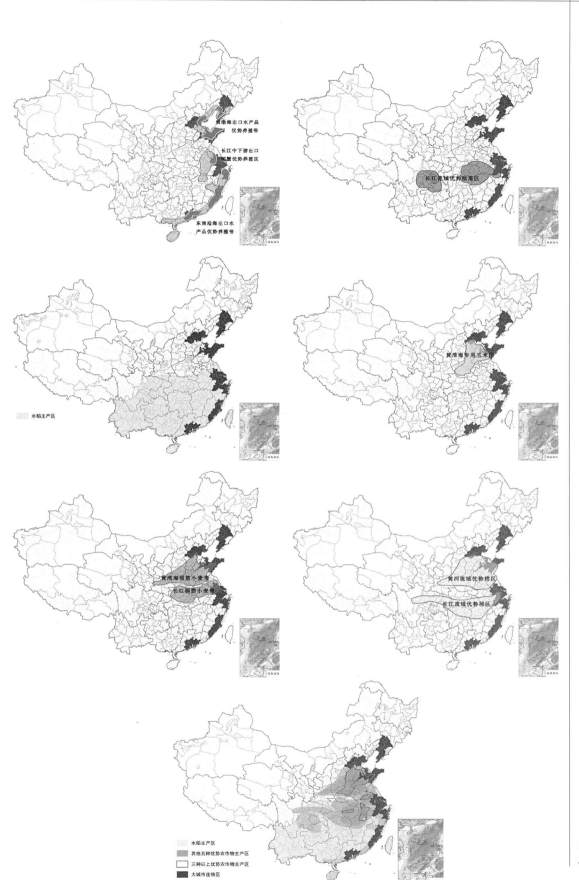

图 3-7-4-2　中国主要农作物产区分布

## （二）改善区域生态安全格局

乡村地区在大城市连绵区内发挥的生态安全方面的意义是双重的。一是对于城市而言，它仍然将承担城市污染物的稀释和净化作用。二是对于整个区域而言，乡村是区域生态环境变化的警报器，解决乡村自身的环境问题已经成为保障整个区域环境质量的关键。

以稻田为例，其对长三角地区的生态环境保护具有重要的作用。具体包括两方面，一是削弱自然灾害的不利影响。长三角位居长江中下游，其腹地又有浩瀚的太湖，雨季和汛期来临后，洪涝威胁巨大。长三角单季晚稻的种植季节，恰好与雨季和主汛期同步。依据常态测算，稻田可维持近 10 厘米的水层，遇暴雨可达 15 厘米。每公顷稻田比旱地多蓄水 1500 立方米。据此推算，长三角地区"稻田水库"的总容量，相当于两个半太湖；二是稻田的人工湿地有利于土地利用的生态安全。郊区蔬菜原地看上去也是绿色的，但是它的肥料污染远比水稻高，有的指标高了近 10 倍。历史证明，稻作农业为主、渔猎蚕桑为辅的文明，是适合长三角湿地生态系统的。

## （三）保持文化生态的多样性

农业作为一个自然的生产过程，是自然的有效延伸，其对自然有着本原的不可分离的依赖性。因此在农耕文明中，人类对待自然本着尊重的态度，强调利用而非征服。在工业文明或科技文明时代，在人与自然关系上，占统治地位的文化观念是以机械的征服论自然观为出发点、以科技理性主义为特征、以满足人类需要的人类中心主义为核心。在不断经历工业文明带来的生态危机中，我们又重新认识到农业文明中人与自然关系哲学的价值，这一认识和国家政府所提倡的科学发展观、建设和谐社会的精神是一致的。

农业文明创造并遗留下大量物质性和非物质性的民间文化遗产，对民间文化遗产的抢救工程不仅仅是对中华民间文化的抢救，更重要的意义在于这是树立中华民族精神的建设工程。民族精神是一个民族赖以生存和发展的精神支撑，抢救民间文化就是拯救民族精神。

# 五、大城市连绵区的新农村建设

## （一）国外乡村复兴的经验和做法

国外政府大规模的开展乡村复兴早于我国，迄今为止已形成一些成熟的经验和做法。虽然每个国家政府提出复兴乡村的背景不同、遭遇的问题也不同，但可以看出这些国家在某些做法上有共通性，例如在整个乡村复兴的过程中以振兴乡村经济为核心，强调环境整治、基础设施建设的重要性，强调乡村土地开发的控制等。

1. 通过村庄整治推动乡村复兴

德国、韩国、日本和英国在乡村复兴的初期都从村庄环境的整治入手，通过政府资金的投入改善农民的生活环境，从而提升农村的吸引力，减少人口向城市的涌入。

1）德国：城乡等值化理念指导的村落更新[①]

第二次世界大战后的德国乡村也曾经历了一段时间的衰败。为了缩小城乡差距，赛德尔基金会提出了："在农村地区生活，并不代表可以降低生活质量"、"与城市生活不同类但等值"的"城乡等值化"理念，并在巴伐利亚州开始实施。通过土地整理、村庄革新等方式，使农村生活环境大大改善，明显减弱了农村人口向大城市的涌入。此后，这一发展方式成为德国农村发展的普遍模式，并从 1990 年起成为欧盟农村政策的方向。目前，巴伐利亚州农村地区面积占全州的 80% 以上，为近 60% 的人口提供居住、工作和生活空间。

2）韩国：新村运动[②]

韩国于 1970 年也发起了新村运动，大致分为三个阶段：第一阶段是试行、打基础阶段（1970 年 10 月—1973 年），主要任务是提倡新村精神，改善农村环境。开始时由政府向全国 3.2 万个村子每村发放 335 袋水泥，要求用于改善农村基础设施，有一半的村庄利用这些水泥集体整修了村庄、房屋、灶台、水井等。新村运动的第二和第三阶段重点是农村经济的发展。通过开发创业精神、改善生活环境和增加收入三位一体的新村运动，韩国很大程度解决了农业发展缓慢、城乡收入差距明显扩大和农村人口无序流动的问题，使韩国经济基本上走上良性循环的发展道路[③]。

3）日本：村镇综合建设示范[④]

20 世纪 70 年代初，日本政府启动了"村镇综合建设示范工程"，其内容包括村镇综合建设构想、建设计划、地区行动计划等。根据各地区的实际情况，村镇示范工程适用对象的范围可以是几个或者多个市镇、村。示范工程投资费用的 50% 由中央政府承担，其他由各级政府分担。日本村镇综合建设示范工程均在国家发展和社区经济开发中发挥了巨大作用，农村居民和城市居民的收入差距缩小，农村生活环境得到明显改善。

4）英国：中心村建设[⑤]

英国政府从 20 世纪 50 年代起开始实行大规模的村镇"发展规划"。政府希望通过加强中心村的基础设施、社会服务设施、住宅以及其他相关产业的建设，改善乡村的生活和就业的环境条件，促进乡村人口的集中，以便形成一定的规模效益。中心村建设虽然对提高乡村生活的质量，改善乡村生活和就业环境起到了一定的积极作用，同时也存在着一些问题。为此，20 世纪 70 年代中期以后，英国的乡村政策又出现了重大

① 周季钢. 德国："城乡等值化"理念下的新农村建设 [N]. 重庆日报，2011-09-09.
② 孔凡河，蒋云根. 韩国新村运动对中国建设新农村的启示 [J]. 东北亚论坛，2006.11.
③ 黄学平. 韩国新村运动的做法及启示 [J]. 新农村建设，2006（2）.
④ 陈晓华，张小林，梁丹. 国外城市化进程中乡村发展与建设实践 [J]. 世界地理研究，2005（9）.
⑤ 徐全勇. 国外中心村对我国小城镇建设的启示 [J]. 农场经济管理，2005（1）.

转变，由"发展规划"转向了"结构规划"，改变过去单一的建设中心村的做法，各地可根据实际情况，因地制宜地进行村镇建设。此后，英国的村镇建设呈现出多元化的建设局面。

2. 通过基础设施建设推动乡村复兴

在国外大城市连绵区发展的中后期，各国政府纷纷注意到农业、农村发展问题，并开始加大对农村基础设施的投入。农村基础设施的改善，加强了城镇间、城乡间联系，为实现城乡一体化提供了可能，而农村发展也为城市产业和人口的扩散开辟了道路。

交通设施是城乡发展中最重要的基础设施之一，一个地区内交通发达，可达性高，就会缩短城乡之间的距离，使人们出行、货物运输都很方便，从而使整个地区的社会、经济兴旺发达。巴黎大区的交通系统非常发达，其中承担了巴黎公共交通总量的一半以上的地铁网不断向人口稠密的郊区延伸；巴黎的郊区铁路系统共有 28 条辐射式线路连接市区与郊区，环城快速路则承担了三分之二的郊区到市区以及郊区之间的交通量。高度发达的道路交通系统促进了巴黎大区城市化与城乡一体化的发展。例如在巴黎大区的 5 个新城之一的谢尔吉，有 50% 的人在当地工作，还有 50% 的人在巴黎大区或巴黎市工作。郊区地价便宜、环境优美、交通便利，对中产阶级具有很大的吸引力[1]。

德国在推进城市化过程中注重城乡公路的联结，特别是近 10 年来注重对城镇、乡村道路的建设投入，认为发展城乡道路是缓解大城市人口压力、控制大城市发展的有效途径。日本在进入城市化中、后期则采取政府财政拨款、贷款等方式，强化乡村道路建设，加强了城乡间的联系，缓解城乡间矛盾，促进城乡均衡发展。

3. 通过发展农业推动乡村复兴

1）调整农业结构，发展城市农业

日本大城市连绵区农业受加入 WTO 的影响，农产品市场逐步开放，农产品供求关系发生了变化，产量低、成本高的农产品被逐步淘汰。而城市文化经济高度发展，人们追求食品安全、卫生、新鲜，即食品的绿色和保健功能，促进了绿色和保健农产品生产，也引发日本大城市连绵区农业产业结构的调整。

随着日本东京、大阪等大城市城乡一体化建设的推进，东京、大阪等地的城市农业，不再仅仅是单纯的农产品生产行业，农业本身潜在的绿色生态环境和休闲文化功能越来越突出（图 3-7-5-1）。如大阪府尽管耕地面积不断减少，但与大城市市民生活密切相关的果树、花卉的种植面积仍基本保持稳定，各类农业环保、休闲、科普教育等农业园区还在增加[2]。

2）加强土地管理，实行耕地保护

日本政府从 20 世纪 60 年代末期起制定的《都市计画法》将都市区分为市区化区域和市区化调整区两个部分[3]。其中市区化调整区是应控制小规模开发的区域，在调整区

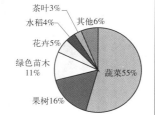

茶叶3%
水稻4% 其他6%
花卉5%
绿色苗木11%
蔬菜55%
果树16%

图 3-7-5-1　东京大城市连绵区内都市农业作物种植面积分配比例

① 黄序. 法国的城市化及城乡一体化及启迪——巴黎大区考察记 [J]. 城市问题，1997（5）.

② 方志权. 日本都市农业研究 [J]. 现代日本农业经济，1998（6）.

③ 唐相龙. 日本乡村建设管理法规制度及启示 [J]. 小城镇建设，2011（4）.

只准许 20 公顷以上（以后放宽到 10 公顷以上）的整体性开发。1969 年日本又制定了《农业振兴地域整备法》。根据该法，首先由县制定市、町、村等的农业振兴地域，然后由市、町、村制定"整备"计划，划定农用地区，并且禁止在这一地区转用农地。按规划，第三区即农业振兴地域的农业发展将得到国家的资助，主要是供其进行农业基础设施的建设，如灌溉设施、土地整治等。这一区域内的土地因得益于国家补贴，所以只有在土地所有者偿还补贴后，土地才能改做他用。而第一、二区（市区化区域和市区化调整区）则允许按政策规定进行开发。但由于农民的激烈反对，后经协调，改为保护第二区（即调整区）的耕地，且规定只要在调整区内经营农业，可以免交农田宅基地的一部分高额税款，国家和地方政府仍对调整区内的农业进行投资。

3）调整农村经济结构

法国的农业人口仅占全国总人口的 4%，法国大城市周边的村镇中的居民大多从事非农产业，而农业劳动力的生产率很高。在巴黎大区范围内的欧尔芬市（实际上相当于中国的村），全市共有 300 多户，900 多人，仅有 6 户从事农业耕作，其余的人均以第二、三产业为职业[①]。

1945—1958 年间，受交通、私车普及的刺激和中产阶级休闲时尚趋势的影响，美国乡村休闲需求年增长 10%，推动乡村旅游业的发展[②]。

## （二）我国目前大城市连绵区新农村建设的特征

我国新农村建设在大规模开展之初就指明了方向，即"生产发展、生活宽裕、乡风文明、村容整洁、管理民主"，包括以下四个方面的主要内容：一是为农民提供最基本的基础设施，不断改善农民的生存条件；二是为农民提供最基本的公共服务，初步解决农民的后顾之忧；三是改善农业、农村生产条件，培育新的支撑产业，帮助农民增加收入；四是深化农村体制、机制改革，为新农村建设提供制度保障。大城市连绵区的经济发展走在全国前列，新农村建设也相应走在全国前列，建设的初期和国外一样从农村的基础设施建设和环境整治入手。

### 1. 总体上由政府推动

大城市连绵区多是经济比较发达的地区，新农村建设的起步较早，而且政府向新农村建设中投入的资金相对充足。例如江苏省从 2003 年起投入 200 亿元，计划在 3 年内全面实施惠及农村千家万户的五件实事，同年 6 月，浙江省启动了"万村整治、千村示范"工程，仅 2003—2004 年间各级政府就投入了 33 亿元资金。

### 2. 个体上由村集体组织建设

实际推进的效果是农村集体经济比较发达、村集体资金充足的村庄走在了新农村建设的前列。在江苏，新农村建设的样板是华西村。原江苏省委书记李源潮指出华西村为全省新农村建设起到了很好的示范、带头和推动作用。

---

① 黄序 . 法国的城市化及城乡一体化及启迪——巴黎大区考察记 [J]. 城市问题，1997（5）.
② 邵祎，程玉申 . 国外度假旅游的双轨现象及其对我国的启示 [J]. 旅游学刊，2006（3）.

**3. 强调土地整理**

大城市连绵区作为经济发达的地区，建设用地量很大、需求很旺盛，但空间资源的总量是有限的。因而随着经济的发展，土地的供需矛盾不断激化。如何通过对有限土地资源的使用发挥最大的经济和社会效益是各级政府必须优先考虑的问题。在土地资源总量一定的前提下，通过优化用地结构，集中相同用途的土地发挥集聚效益是政府应对发展的主要思路。

江苏"三集中"建设即"农田向规模集中、工业向园区集中、农民向小城镇和新型社区集中"。浙江"大五化"建设即农业产业化（发达的效益农业）、工业园区化（专业村和产业集群向园区集中）、农田标准化（大规模的土地整理）、农民知识化（"四有"新农民）、城乡一体化（城市副中心、特色镇、中心村三层推进）。

**4. 基础设施建设先行**

基础设施的改善是江苏和浙江省新农村建设的重要内容，目标是乡村的工业化、村落的社区化和农民生活方式的市民化[①]。江苏省计划实施惠及农村千家万户的五件实事就包括农村草危房改造任务、新型农村合作医疗制度、农村改水工程、农村公路建设和农业税费的减免，其中有三项涉及基础设施的改善。浙江省"万村整治、千村示范"工程的核心就是治理村庄布局的杂、乱、散和农村环境的脏、乱、差等问题。

### （三）村庄建设的几个范例经验和启示

**1. 南张楼村的"巴伐利亚试验"**

"城乡等值化"的建设理念对于我国这样的发展中农业大国来说意义非常。这是因为，"城乡等值化"的建设理念所追求的目标是："与城市生活不同类但等值"。换句话说，就是建设的基点是立足于农村，追求的是农村的发展，并不是要将农村城市化；建设也不是以城市为标准，追求的是与城市不同的更符合农民需求的生产和生活方式。

中国的南张楼村也在德国的帮助下进行了"巴伐利亚"试验。这场名为"城乡等值化"的试验力图通过改善农村基础设施，提高农民生活质量，减少农民涌向城市。德方的资金主要投向教育、土地整合以及基础设施建设。15年后，看得见的是这样一些变化：农民收入提高，目前年人均纯收入达6000元。兴建了80多个企业，成功地留住了人。项目实施前该村居民4000人，目前还是4000人。农民工作模式改变了，农业生产成为副业，而企业生产成为主业。居民生活方式改善了，但是人们生活在厂区、居民区、文教区、休闲区等准城市化规划的新农村内。"巴伐利亚"试验没有在中国取得想象中的效果，因为中国和德国的差别关键在于"中国农村的首要问题是人地关系紧张，农民大量外流属于劳动力过剩的外溢，而非由于城市的吸引"。

**2. 华西村的"集体经济模式"**

华西村发展集体经济，走共同富裕的道路，是新农村建设的模式之一。对于华西村，

---

① 宋林飞. 长三角可持续率先发展 [M]. 北京：社会科学文献出版社，2006.

我们可总结、可学习的经验很多，如大力扶持乡镇企业、实施"注重激励，兼顾公平"的分配制度、培养和引进高素质人才等等，但华西村又有其特殊性。

首先，华西村发展集体经济最早开始于改革开放之前，华西村的成就是几十年发展的结果，而不仅仅是新农村建设的结果。

其次，华西村一直坚持的是统一经营，没有像全国其他地方一样把土地分包到户。而这样的村在全国 65 万个行政村中，只有 2000 个，因此不具有广泛的代表性。对全国绝大部分农村来讲，学习华西村不可能再把土地集中起来，走统一经营的路子。

再次，华西村是靠工业起家和发家的。到今天，华西村已经有了比较雄厚的工业基础。而全国很多地方，特别是中西部地区农村，工业基础薄弱甚至是空白。而在市场供大于求的今天，也不可能再像华西村当年那样，从工业起步，靠工业发家。所以，很多传统的农业地区对华西村经验是"闻着香，吃不着"。

3. 宏村、西递村的"徽州古民居建设模式"

皖南的宏村、西递是新农村建设中的另一种模式，它的成功经验在于历史文化保护、传承和地方旅游业发展、人民生活水平提高之间的平衡。特殊性首先表现为这些村庄具有得天独厚的历史文化资源，这些资源具有较高的文化价值和知名度，如宏村、西递同为世界历史文化遗产；其次，宏村和西递很好地融入了所在区域的文化生态、环境生态系统，而绝不仅仅是两个孤立的点。如这两个村位于山青水美的皖南山区和黄山脚下，在村庄整体环境保护修缮的同时强调和周边山体、水系的关系处理，同时这两个村庄保护和传承的正是悠久深厚的徽州文化。

# 六、大城市连绵区城乡统筹发展的空间措施和建议

对于我国大城市连绵区特别是核心区而言，乡村空间逐渐减少是必然趋势，但为了确保乡村在维护粮食安全格局、生态安全和文化生态平衡方面所发挥的作用，我们对于空间方面措施的态度是以强制性控制为主，突出和强调一些底线的控制，并建议形成法律便于地方政府依据执行。

## （一）底线的控制

严格遵守国家《土地法》和对基本农田的保护条例。

由于高产田对我国粮食总产贡献率为 54%，中产田为 26%，低产田为 20%。在技术方面，未来的粮食增产潜力在中高产田。因此，在大城市连绵区内的基本农田内应该确保中高产田的合理比例。

大城市连绵区内应形成几个重要的粮食安全保障性生产地区，例如长三角地区的苏中粮保区（江苏宿迁、淮安和泰州北部地区）和浙北粮保区（包括安徽宣城北部、浙江湖州北部和嘉兴西部地区）。对这些保障性地区应该在大城市连绵区的功能区划中予以清晰的表明，并赋予严格的管制措施。

## （二）农业空间布局的调整引导农产品结构的调整

大城市连绵区农产品的结构调整有三个趋势，即特色农产品的生产扩大化、出口的扩大化和农产品深加工推动农业产业化。结合农产品结构的调整，农业空间布局也应发生相应的变化：扩大特色农产品种植的空间，并鼓励成带、成片状发展；设立各种类型的农产品基地和加工园区，强调规模化和产业化的经营。

## （三）农业的区域化分工

产业的发展有赖于分工，农业也是一样，依据地理单元分工考虑到农业对自然地理条件的强依赖性，依据和城市之间的区位关系分工则更多地考虑人和市场的因素。

### 1. 依据地理单元

在依据地理单元分工中，以上海为例。对上海未来农业发展的建议是上海作为中国最大的经济中心城市，今后主要的农业形态将是服务型农业。已有的基础是对外，上海成立了上海跨国采购中心农产品分中心，目的是让更多农产品走出国门，使更多国内农业企业接触国外大采购商。去年该分中心为国外大采购商确立了首批10大农产品生产基地，其中上海6家，浙江、山东各2家，涉及粮食、食用菌、蔬菜、种苗、茶叶、花卉、河蟹、珍珠等农产品。对内，上海每年举办"新春农副产品大联展"，使之成为苏浙等兄弟省市农业企业展示、展销当地名特优农产品的平台。

### 2. 依据和城市的远近

在郊区和离城市较近的地区，可以鼓励尚没有转移出去的劳力从事蔬菜种植。原因一是这类地区人均土地少，家中一些壮劳力多数已稳定地从事二、三产业，季节性返回从事农业生产的极少，留在家中的劳力基本是没有转移意愿的群体，有充分的时间从事工作量较多的蔬菜生产；二是这类地区距离城市较近，蔬菜销售相对容易些。

对于其他多数县市的农民而言，凡宜于种粮的耕地应继续从事粮食生产。原因一是粮食生产工作量小，适合这类群体的工作特点。虽然这些地区的丁壮劳力多数都转移出去，但这种转移和城市郊区农民的转移很不一样，这些农民转移多数是不稳定的，俗称的"打工者"多数是这类群体，这一群体在农忙时节，有相当一部分要回流回来，从事农业的播种、收获等工作，然后继续出外打工。对于这些农民，虽然仍从事农业生产，但由于非农业生产已经是主业，从事耗时的蔬菜和经济作物生产根本不适合这类群体。二是和蔬菜销售比，粮食销售基本没有难度。即便是大丰收的年景，政府也会出于保护农民，而采取应对措施；而蔬菜市场基本是完全市场经济，除了有绿色通道外，对蔬菜从没有发生过要求一些机构强行收购，保护菜农利益的先例。因此粮食生产的风险相对要小得多。

## （四）土地整理

在资源日益紧缺的情况下，大城市连绵区内的土地使用必须走集约化的道路，这主要是指乡村工业用地和农村居民点用地的集约使用。乡村工业用地的集中和园区化发展已经成为共识并且在逐步推进，但居民点用地的整理由于种种体制上的障碍仍处于起步阶段。

即使是在大城市连绵区内，各县市的发展情况也有差异，故土地整理也应分阶段、分区域、量力而行、因地制宜。从浙江省平湖市域和上海市松江区洞泾镇的案例来看，虽同处于长三角大城市连绵区，但不同的区位、不同的产业类型决定了村落的空间布局。平湖市域的村落仍然延续了自然经济条件下的小且分散的规律，而松江区洞泾镇的村落却在不断衰落。因此，近阶段在松江区洞泾镇推进"三集中"的土地整理政策是有需求而且有效的做法，而如果在平湖市域同期推进"三集中"是不具备条件而且违背规律的做法。建议在大城市连绵区的核心地区逐步引导农村居民点布局向城镇型转化，推动居民点集中。外围地区鼓励新农村建设，适当降低农村居民点人均用地指标，鼓励废旧村落复垦等二次利用。

### （五）乡村地区文化遗产的保护

各级政府应将文化遗产保护列入新农村建设总体规划中，对农村文化保护现状进行一次全面普查、登记，了解和掌握文化遗产的分布状况、存在环境，并分类制定保护规划，明确保护范围，建立保护制度，提供资金保障。不仅要保护农村有形文化遗产，对无形的农村文化遗产，诸如民间故事、音乐舞蹈、节日习俗等，也要努力使之得以传承。

### （六）稻田纳入城乡生态工程建设体系

由于水稻在环境友好、净化大气水体、减轻热岛效应、防止水土流失方面的作用优于其他植物，应将其纳入城乡生态工程建设体系，作为一个重要组成部分合理配置使用[①]。吴良镛院士主张将稻田作为城市中绿色隔离带的组成部分。在农村，除地少人多地区以发展林木果树作为农业结构调整需要占用部分稻田外，穿越平原农田的公路不需要建设宽林带，更不应搞什么"生态公路"。农作物本身也是绿化的一部分，地少的平原地区的农村应强调农田林网建设，不能过分强调百分之几十的森林覆盖率。这样可保留大片稻田，使粮食安全和环境友好统一起来。

## 参考文献

[1] 徐强，李洪华. 长三角经济一体化对江苏农业的影响 [J]. 区域经济，2004（5）.

[2] 江苏农村产业结构调整研究. 中国统计信息网.

[3] 2006年江苏省国民经济和社会发展统计公报. 扬子晚报.

[4] 仇恒佳，卞新民，张卫建，胡大伟. 环太湖耕地利用变化与驱动机制研究——以苏州市吴中

① 凌启鸿. 论水稻生产在我国南方经济发达地区可持续发展中的不可替代作用 [J]. 中国稻米，2004（1）.

区为例.土壤 [J].土壤,2006（4）.

[5] 南京农业结构调整与农民农业收入增长的相关性分析.中国统计信息网.

[6] 国际商报 [N].2006 年 5 月 23 日.

[7] 重庆晚报 [N].2004 年 2 月 26 日.

[8] 江苏省农村经济调查局.江苏农村调查.2005 年 2 月 28 日.

[9] 江苏：农村劳动力有序流动和转移问题研究.中国统计信息网.

[10] 我国城市土地资源承载力及其利用研究.中国科协重点咨询项目.2007 年 1 月.

[11] 王玉华.中国乡镇企业的空间分布格局及其演变 [J].地域研究与开发,2003（1）.

[12] 关于浙江省农产品基地建设的调研报告.浙江省农业厅基地建设调研组.

[13] 浙江省委政研室课题组.快速成长的浙江区域块状经济 [J].浙江经济,2002（9）.

[14] 王美涵.十年浙江财政的思考 [J].浙江财税与会计,2002（9）.

[15] 江苏省统计局.江苏省统筹城乡发展研究.2005 年 1 月 12 日.

[16] 郁建兴.统筹城乡发展与地方政府：基于浙江省长兴县的研究 [M].北京：经济科学出版社,2006.

[17] 郭旭杰.解读中国农村地区经济发展的瓶颈.中国大学生社会实践网,2006.

[18] 金贵兴.论浙江省粮食作物的生产和安全性 [J].科技通报,2006.04.

[19] 葛立成,解力平,张宗和.沪苏浙民间投资现状调查及对策.新华网,2003.

[20] 农业发展战略和产业政策.农业部软科学委员会办公室 [M].北京：中国农业出版社,2001.

[21] 宋林飞.长三角可持续的率先发展 [M].北京：社会科学文献出版社,2006.

[22] 凌启鸿.论水稻生产在我国南方经济发达地区可持续发展中的不可替代作用 [J].中国稻米,2004（1）.

[23] 李秉龙.农业经济学 [M].北京：中国农业大学出版社,2003.

[24] 朱信凯.农民市民化的国际经验及对我国农民工问题的启示 [J].中国软科学,2005（1）.

[25] 国胜连 宋华.维多利亚时代英国城市化及其社会影响 [J].辽宁师范大学学报,1994（5）.

[26] 王章辉.欧美大国工业革命对世界历史进程的影响 [J].世界历史,1994（5）.

[27] 王章辉.大农业不是英国农业和经济衰落的原因—与徐正林和郭豫庆同志商榷 [J].史学月刊,2000（1）.

[28] 杜志雄,张兴华.世界农村发展与城乡关系演变趋势及政策分析 [J].调研世界,2006（7）.

[29] 杨钢桥.国外城镇用地扩张的控制 [J].现代城市研究,2004（8）:57-60.

[30] 孙群郎.郊区化对美国社会的影响 [J].美国研究,1999（3）.

[31] 高强.日本美国城市化模式比较 [J].经济纵横,2002（3）.

[32] 高强.日本城市化模式及其农业与农村的发展 [J].世界农业,2002（7）.

[33] 高强,王富龙.美国农村城市化历程及启示 [J].世界农业,2002（5）.

[34] 王振坡,宋顺峰.美国城市发展的经验教训与中国城市发展取向之管见 [J].现代财经（天津财经大学学报）,2010（3）.

[35] 方志权.日本都市农业研究 [J].上海农业学报,1998（14）.

[36] 舒小昀. 谁在养活英国：英国工业革命时期食物研究 [J]. 学术研究，2008（8）.

[37] 叶明勇. 英国近代早期农业研究两种史学观点的考察 [J]. 中南民族大学学报（人文社会科学版），2004（6）.

[38] 肖万春. 美国城镇化发展启示录 [J]. 城镇建设，2003（5）.

[39] 国家发展和改革委员会产业发展研究所美国、巴西城镇化考察团. 美国、巴西城市化和小城镇发展的经验及启示 [J]. 中国农村经济，2004（1）.

[40] 肖辉英. 德国的城市化、人口流动与经济发展 [J]. 世界历史，1997（5）.

[41] 赵桂芳. 日本城市农业、绿地建设与环境——中日比较与借鉴 [J]. 现代日本经济，1999（3）.

[42] 郭吴新. 美国城市经济及其面临的一些问题 [J]. 美国研究，2004（4）.

[43] 周季钢. 德国："城乡等值化"理念下的新农村建设. 重庆日报，2011 年 9 月 9 日.

[44] 孔凡河，蒋云根. 韩国新村运动对中国建设新农村的启示 [J]. 东北亚论坛.

[45] 黄学平. 韩国新村运动的做法及启示 [J]. 新农村建设，2006（2）.

[46] 陈晓华，张小林，梁丹. 国外城市化进程中乡村发展与建设实践 [J]. 世界地理研究，2005（9）.

[47] 徐全勇. 国外中心村对我国小城镇建设的启示 [J]. 农场经济管理，2005（1）.

[48] 黄序. 法国的城市化及城乡一体化及启迪——巴黎大区考察记 [J]. 城市问题，1997（5）.

[49] 唐相龙. 日本乡村建设管理法规制度及启示 [J]. 小城镇建设，2011（4）.

[50] 邵祎，程玉申. 国外度假旅游的双轨现象及其对我国的启示 [J]. 旅游学刊，2006（3）.

[51] 滕海健. 论近代早期英国农业革命在工业革命中的地位——兼评保罗贝罗奇的农业革命现行论 [J]. 内蒙古民族大学学报，2006（8）.

[52] 李文. 日本的农业保护政策 [J]. 当代亚太，2006（6）.

[53] 贾绍凤，张军岩. 日本城市化中的耕地变动与经验 [J]. 中国人口资源与环境，2003.

[54] 王思明. 中美农业发展比较研究 [M]. 北京：中国农业科技出版社，1999.

[55] 袁晓红. 前工业化时期英国城乡经济的协调发展 [D]. 首都师范大学硕士论文，2003，4.

[56] 张卫良. 英国原工业化地区的形成 [J]. 史学月刊，2004（4）.

[57] 广东省人民政府. 珠江三角洲城乡规划一体化规划（2009—2020）.

[58] 中国城市规划设计研究院. 长江三角洲城镇群规划（2007—2020）.

[59] 中国城市规划设计研究院. 京津唐城镇群规划（2006—2020）.

# 专题报告八

# 中国大城市连绵区区域协调与管理体制研究

# 目　录

著名的城市学家 L. 芒福德曾经指出："如果区域发展想做得更好，就必须设立有法定资格的、有规划和投资权力的区域性权威机构。"区域协调机制和区域权威性机构，是实现区域经济有序发展、大城市连绵区健康发展的可操作性行政组织载体。因此，区域协调与政府管理体制是实现中国大城市连绵区可持续发展的重要保障，需要深入研究。本专题试从国外区域性权威机构的管理体制发展的经验与教训出发，分析我国目前大城市连绵区区域协调与政府管理体制的现状以及我国政府管理改革的趋势，提出适应我国国情的区域协调途径和政府管理体制。

# 一、区域协调发展、政府管理体制的概念解释

## （一）区域协调发展

### 1. 区域协调发展的概念内涵

纵观国内外社会经济发展历程，区域协调发展一直是困扰世界各国政府施政的一个重要议题，且从理论和实践上进行了不断的探索。处于不同层次上的政府所考虑的区域协调发展的内容、形式等方面都存在较大差异。因此，研究大城市连绵区的区域协调及其政府管理体制问题，首先应该弄清楚区域协调发展的概念内涵。

协调，从哲学观点来看是指事物存在的一种和谐平衡状态。一般而言，协调是指在既定的条件下，行为主体与行为客体以及行为环境之间最优化的状态或实现最优化的过程。其实质是既定条件下的最优化。区域协调相应的是指在制度、科技、时空既定的条件下，区域经济社会活动的行为主体为实现发展的目的而优化配置所达到的状态和实施过程。

从关注区域中城市之间的协调角度，把区域协调发展理解为：（1）遵循区域与城市成长的发展规律;（2）适应区域经济一体化发展趋势和要求;（3）建立有效的协调机制，从自然整合走向制度安排;（4）通过良性竞争实践科学发展观。区域协调发展并非仅仅是为了避免内部竞争、按照区域一盘棋的思路来统一安排各项经济建设活动，相反，它更多的是关注如何消除行政分割与障碍，如何更好地发挥市场机制来有效配置资源，同时发挥好政府的作用来维护好市场秩序、鼓励公平竞争、保护生态环境、提供公共服务。区域协调发展就是要推进区域朝一体化方向发展，推动区域一体化的根本力量应该依靠市场机制的完善，政府可以通过制度创新引导和加快这一进程。

### 2. 区域协调发展的理论解释

#### 1）区域协调发展的经济学理论解释

区域协调发展最先源于经济学领域的发展经济学和区域经济学，在社会科学中，对区域发展研究最多的也是经济学。这一问题源于在大国经济发展中存在区域发展差距的客观事实。不同地区之间存在着自然状况、地理条件、社会历史文化环境等方面的诸多差异，由此形成区域经济发展的基础条件、发展模式和道路以及发展水平方面

的差异，加之国家为了应对国际社会的挑战，实现一定时期的战略目标，而对不同地区实行不同的政策或制度，从而必然带来区域间的差距，造成区域经济发展不平衡。

20世纪中叶以来，在经济学有关区域经济发展的主流观念中，尽管存在种种分歧，但有两点是共同的：第一，区域协调发展是基于整体发展思考的结果；第二，国家作为社会的代表，制定适当的区域政策并使之制度化为法律，对社会经济干预，是区域协调发展的保障。

2）区域协调发展的哲学理论解释

区域协调发展既然是基于思考一个社会整体发展的结果，是社会发展观在区域经济发展中的体现，那么，了解社会发展观的哲学理念及其演变，就成为从哲学高度把握区域协调发展的基础。

20世纪中叶以后，随着人们认识社会的方法论的转向，以至于对发展有了新的理解，更多开始从社会结构、诸要素的相互联系的整体和谐来理解发展，把发展看做经济社会环境诸方面的综合协调发展。

可持续发展与总体和谐辩证法在逻辑上具有内在的一致性，可以说可持续发展观是总体和谐辩证法在社会发展观方面的体现。因此，在思考区域协调发展问题时，不仅要置于全面、协调、可持续发展的时代背景来思考，且必须有以整体和谐的哲学理念来思考。在制定有关保障区域协调发展的法律制度时，不仅要注意与既有的保障可持续发展的法律制度的协调，且必须转变法律理念，以整体和谐主义审视每一具体制度。

3）区域协调发展的法学理论解释

区域协调发展作为可持续发展观在区域经济发展中的体现，其基本的法学理念根植于可持续发展观引申的法学理念。可持续发展观的产生距今近30年，总结近30年的法学运动，可以说是法律的加速社会化运动，其不仅表现在传统的私法和公法的社会化，而更主要表现在劳动法、社会保障法、环境法及经济法等新兴部门的法的勃兴。因此，区域协调发展的法学价值就是必须有整体和谐的观念和可持续发展观。

## （二）政府管理体制

从区域协调发展概念内涵可以看出，政府是在区域协调发展过程中具有举足轻重的作用。许多区域协调的任务内容都需要依靠政府管理来实现。因此，研究大城市连绵区区域协调发展问题，政府管理体制是一个重要研究范畴。首先，就必须弄清楚政府管理体制的基本概念内容。

"体制"指某一组织的权限划分，以及按照这种划分所设置的机构和所形成的关系、机制。政府管理体制也称之为行政管理体制或公共行政体制，指政府与环境、政府内部各级组织和不同部门、不同工作环节之间管理权限、功能的划分以及由此形成的相对稳定的组织机构、权责关系、运行机制和管理行为。因此，政府管理体制主要包含以下几个方面的内容：（1）行政系统与行政环境的关系问题；（2）政府、市场和社会的关系问题；（3）不同层级政府之间的关系问题；（4）不同区域政府以及同一层级政府不同政府部门的关系问题；（5）决策、执行与监督的关系问题；（6）与政府管理体制相关的其他问题，譬如政府管理方式问题、政府管理法制化问题、政府人员素质问题等。

因此，大城市连绵区的政府管理体制也包括上述各个方面：即研究各个城市政府之间的关系，各个城市政府与市场、社会的关系，各个城市政府与上下级政府的关系，各个城市政府内部部门之间、各个城市政府相同部门之间的关系等；需要从内外、上下、左右等三个基本方面的结构性问题。尤其理顺当前实体性政府和区域性政府之间的关系问题，是解决区域协调发展问题的关键。

## 二、国外发达国家大城市连绵区区域协调与政府管理体制的对比分析

### （一）美国东北海岸与五大湖地区

#### 1. 概述

美国东北海岸与五大湖地区是全美大城市连绵区最为典型的代表，东起波士顿、华盛顿，西至密歇根湖西岸的密尔沃基、圣路易斯，北起缅因州，约200个中小城市，其中著名的华盛顿、芝加哥、费城、纽约、底特律、匹兹堡、巴尔的摩等都集中在这个区域，共同形成了连绵14万平方公里的巨型国际性大城市连绵区。该大城市连绵区的面积和人口分别只占美国的1.5%和20%，但其创造的工业产值却占美国的60%。

美国东北海岸大城市连绵区涉及康涅狄格州、马萨诸塞州、纽约州、宾夕法尼亚州、新泽西州、特拉华州、马里兰州、哥伦比亚华盛顿特区等。

#### 2. 区域协调机制分析

1）局部都市区采用了行政区划合并的途径

1898年，纽约市与斯塔滕岛、皇后、布鲁克林、布朗克斯合并成立"大纽约市"。因为联邦宪法赋予了州政府设立地方政府的权力。

2）自愿合作的机制

从严格意义上说，美国的大城市连绵区没有联邦宪法授权的区域性政府管理机构以及相应的体制设计。美国各个州具有高度地方自治权利，各个州之间的发展是相互独立的，很难达到政府管理的一致性。一般来说，主要在州内部进行区域协调目标的政府管理体制创新，而州与州之间的政府管理体制创新比较少。因此，若像纽约、新泽西、康涅狄格州有区域合作的意愿，各个地方政府也是自愿参加的，没有法律授权的约束机制。

3）联邦政府的区域性专项规划的间接干预

由于联邦政府没有宪法授权的规划职能，而具有法律授权的州宪法又不可能处理跨州之间的区域协调性问题。面对日益尖锐的生态环境恶化、地区差距扩大、空间资源的无序竞争等跨州区域性问题，联邦政府采用了专项规划配合项目建设资金

的财政手段，通过要求地方政府附加综合规划的干预方式，来间接解决美国的区域协调问题。

4）仅就具体问题建立区域协调机制，而综合性区域协调机构较少

目前，美国东北海岸与五大湖地区的大城市连绵区还未形成统一的权威的区域性政府机构。但在个别几个相邻州之间建立了权威性的、政府合作的区域性政府机构，而合作内容、范围等仅仅局限在一定程度上；譬如在纽约大城市区，类似机构主要有港务局 PA（Port Authority）、区域规划协会 RPA（The Regional Plan Association）、大城市运输局 MTA（The New York's Metropolitan Authority）等。另外，针对一些诸如供水、垃圾、消防等具体的区域性问题，专门的协调小组也在不断建立。总之，该区域只就具体问题建立管理体制，没有建立政府体制。

3. 政府管理体制分析

综合所述，美国东北海岸与五大湖地区大城市连绵区的政府管理体制主要有以下几种模式：

1）区域性开发管理机构：纽约和新泽西港务局

纽约是美国东北海岸大城市连绵区的核心枢纽城市，随着纽约港口贸易的迅速发展，纽约与周边城市地区出现了比较尖锐的空间资源配置的矛盾冲突。为了更好地促进纽约国际性都市的发展，纽约大城市地区在 20 世纪 20 年代就开始了区域性规划和区域性行政管理的创新实践，最早成立了区域规划协会和区域性开发管理机构——纽约和新泽西港务局。

2）委员会、协会机构：区域规划委员会、大城市区域委员会、大城市委员会

（1）区域规划委员会：纽约、新泽西、康涅狄格州区域规划委员会

1971 年由纽约、新泽西、康涅狄格州组成了三州区域规划委员会。这一现象和纽约地区在美国的经济地位密不可分，反映出这一地区快速的社会经济发展环境下对区域合作和区域性协调管理体制的强烈需求。

（2）大城市区域委员会：纽约大城市区域委员会

20 世纪 60 年代，纽约大城市地区成立了纽约大城市区域委员会。

纽约市的政府机构是由三个相互独立的、民选的权力机构组成，即以市长为首的行政执行机构、城市议会、独立执行会计审计监督的审计官办公室。

（3）大城市委员会：华盛顿大城市委员会

华盛顿大城市区，目前成立了统一正规的组织——华盛顿大城市委员会 MWCOG（The Metropolitan Washington Council of Governments），目前这一委员会包含 18 个成员政府。其主要作用为：将联邦政府和州政府拨款分派给成员。这些款项主要用于交通、住房、环境等方面，同时这些款项只有参加区域组织的地方政府才有资格获得。同时，华盛顿大城市委员会还为成员提供跨地区的服务，主要包括基础设施建设、石油和天然气的购置等。

（4）区域规划协会：纽约区域规划协会

纽约区域规划协会是纽约大城市区最早的区域性协调组织。

3）部门合作机构：大城市运输局

由于美国宪法强调地方政府的自治权力，导致美国地方政府全方位的政府合作十分艰难。由此诞生了就具体问题的协调解决而成立了部门性的区域合作机构，譬如交通运输、供水、垃圾、消防等。

## （二）英格兰东南部地区

### 1. 概述

英格兰东南部地区大城市连绵区是以伦敦—利物浦为轴线，包括大伦敦地区、伯明翰、设菲尔德、利物浦、曼彻斯特等大城市，以及众多小城镇。这是产业革命后英国主要的生产基地。该城市带面积为4.5万平方公里，人口3650万。

### 2. 区域协调机制分析

英格兰是一个中央政府权力较集中和地方政府具有较大自治权力的联邦制国家，对于区域性问题，英格兰东南部地区大城市连绵区的区域协调机制主要体现在以下几个方面：

1）中央政府的强烈行政干预

英国中央政府主要通过全英区域规划政策、区域规划纲要的制定，对英国的各个郡、大伦敦地区进行区域协调管理，并通过审批各个郡的结构规划（2004年后区域空间战略RSS），达到解决英国区域协调发展问题的目标。

2）建立完善的区域发展机构

根据英国的《区域发展机构法》，英国在每一区域建立了由中央政府派驻的区域发展机构，具体负责中央政府的规划政策、规划指引的执行和监督，并直接对中央政府负责。这为英国大城市连绵区区域协调问题提供了良好的组织载体平台。

3）区域立法协调手段比较健全

在区域协调过程中，政府的核心任务就是制定促进区域协调一体化发展的各种规章制度和法律，包括基础设施、环境保护、市场秩序、空间资源配置等，为各个地方自治利益主体提供一个公平竞争的环境。英国在这一点上的区域协调机制非常健全，譬如《新城法》、《工业分布法》、《公园与乡村享用法》等，这为区域协调问题的有效解决提供了沟通协调的法律依据。

### 3. 政府管理体制分析

从政府管理体制来看，英国东南部地区大城市连绵区的区域协调机构主要有以下几种类型：

1）区域发展机构RDA（Regional Development Agencies）

2000年，英国在每个区域引入区域发展机构RDA，以平衡地区间的发展和增强地区发展竞争力。

2）政府区域办公室GO（Government Office）

英格兰每个区域都设立了一个政府区域办公室，与政府其他区域分支机构协同工作，为区域议院中的规划机构和其他利益相关者提供支持，包括对相关国家政策的建议，提出需要关注的问题、委托联合的研究以及对数据收集的支持等。

3）区域议院 RCs（Regional Chambers）

根据 1998 年区域发展机构法，2000 年英国在伦敦以外的每个区域建立了区域议院，并由国务大臣任命，由一个全职的区域规划、检讨和回顾的团队构成。

4）大伦敦市议会到大伦敦市政府

1965—1986 年的 21 年间，伦敦市一直保持着"大伦敦市议会 – 自治市议会"的双层政府管理模式。在职能分工方面，有关道路、住房、规划和娱乐等领域的职能由两级政府共同分担，而在另外一些领域则各司其职。

由于英国新自由主义市场经济的影响，大伦敦市议会被撤销，伦敦的管理和运行出现多头分散的混乱局面。1998 年 5 月，英国中央政府又建立了"大伦敦政府"，由此经历了 13 年的多头分散管理的混乱状态的伦敦又重新恢复到两级管理模式。

大伦敦政府是一个战略性的政府机构，城市型政府的管理职能区域化，与传统的两级体制有较大的不同，两级之间不存在隶属和管辖关系，而是一种合作和伙伴关系；二者之间最大的区别在于各自所担负的职责有异，而不是两者在地位上有异。两者都要面向市民，都要尽可能地贴近市民，都要为市民提供一些公共服务。从整体上来看，大伦敦政府代表整个伦敦，而各个自治市只是代表各自区域，是一种全新的、独特的、具有战略性和跨区域性的政府形式。

## （三）荷兰兰斯塔德

### 1. 概述

兰斯塔德位于荷兰西部，地跨南荷兰、北荷兰和乌得勒支三省，是一个由大中小型城镇集结而成马蹄形状的城市群，是欧洲人口密度最高的地区，土地面积 11000 平方公里，人口 710 万人。

兰斯塔德城市群的突出特点，是它的"多中心"马蹄形环状布局，同时把一个大城市所具有的多种职能，分散到大、中、小城市，形成既分开、又联系、并有明确职能分工的有机结构。它包括阿姆斯特丹、鹿特丹和海牙 3 个大城市，乌得勒支、哈勒姆、莱登 3 个中等城市以及众多小城市，各城市之间的距离仅有 10–20 公里。

### 2. 区域协调机制分析

1）中央政府的强烈干预、市政府的积极配合

荷兰是单一制的中央集权制度的国家，荷兰政府分为三级：中央政府、12 个省政府（区域／地区级）、502 个市政府（地方级）。每一级别政府都承担着空间规划的职能。

市政府通过推行城市重建和"绿地"（指过去未利用过的土地，与"褐地"，即利用过的土地相对应）开发的土地开发政策实施空间规划。当新住房和工业区的需求量增加时，土地利用规划大多数都要被改变。为实施土地利用规划，市政府要作为土地市场的参与者，参与土地开发的进程，这就是所谓的"主动土地政策"。这种类型的土

地利用在荷兰规划界被称之为"红色职能"。有益于城市扩张的土地政策总是特别引人注目，因为这是住房和空间经济政策的重要实施手段。

2）土地杠杆是区域协调的主要调控手段

在土地规划与开发方面，荷兰政府长期以来推行以"主动土地政策"为主的施政方针，政府不仅负责规划的制订和管理，还直接参与规划的实施。土地利用是市政府制订的法定土地利用规划（空间规划）中的内容。在这样的制度下，对于区域协调问题，各级政府，尤其是地方（市）政府可以通过参与土地市场交易和承担具体土地开发项目来指导和操控规划的实施，并保证预期目标的实现。

3）规划调控是政府区域协调的重要依据

土地利用规划是市政府的法律依据。根据土地利用规划，市政府在必要时有权预占或强制购买土地。市政府当然希望以友善的方式购买土地，但其也愿意拥有这样的权力。有些市政府在土地利用规划修改过程中就开始获取土地，有些则比较谨慎，要待规划修改完毕后才行动。

4）指导职能是区域协调的重要管理途径

与"主动土地政策"相对立的是"被动土地政策"（目前在荷兰被称作提供便利条件的土地政策）。在这种政策下，政府不积极采取获取土地的措施，建设用地的开发在市场驱动下完成，政府只购买用于修建公共服务场所的土地。

在绿地开发中采取主动土地政策的主要原因是，市政府可以对空间开发进程施加更大的影响。而如果采取被动土地政策，其就只能依据空间规划法赋予的权力控制空间开发。政府的一套控制措施在荷兰被称作"指导职能"。因此，指导职能是荷兰政府进行区域协调的重要管理途径。

3. 政府管理体制分析

对于跨区域协调问题的政府管理体制，荷兰主要依靠各级政府的空间规划职能。市政府负责收回土地成本和获取规划收入；省政府参与土地开发的程度有限，省政府买卖土地的数量少得多，购买土地也主要是为了支持他们自己的工作任务，如修建基础设施。另外，省政府还参与农村土地开发工作，负责改善农村地区土地结构，省政府负责拟定规划，但把实施规划的工作承包出去。

省政府在荷兰规划体制中主要发挥中介作用。其向地区政府解释中央政府的空间政策。此外，还要对市政府实施空间政策的工作进行监督管理。因此，省政府负责绿色职能方面的开发工作，但是，以行使绿色职能为目的的获取土地工作并非易事。

## （四）日本东京湾

1. 概述

日本东京湾地区是东海道大城市连绵区的重要组成部分，包括东京都、横滨县、奇玉县、千叶县、神奈川县，面积 1.35 万平方公里，人口约占全国 1/4。京滨工业多沿着东京湾延伸，形成以东京、川崎、横滨和千叶为中心的长达 100 公里的弧形临海工业地带。

东京都包括 23 个特别区、27 个市、5 个町、8 个村。东京湾地区的地方自治体有较大的自治权。但是，由于地理位置的关系，传统上已经形成了生产流通等方面的协作关系，越来越显得密不可分，对东京都维持其现代化国际大城市地位起到极其重要的作用。

2. 区域协调机制分析

日本一贯采用"政府主导经济改革、干预地方资源配置、国家提供财政支持"的区域协调机制，日本东京湾地区也不例外。最强劲的区域协调机制主要有以下几种：

1）强势的国土综合开发规划机制

20 世纪 60 年代以来，为了改变大城市连绵区的畸形聚集，日本提出了引导国土均衡发展的新国土轴、区域合作轴构想，并先后进行了六次全日本国国土综合开发规划编制，以实现区域协调发展和区域经济稳定增长。

2）强势的中央政府行政干预机制和法律保障

长期以来，日本经济快速增长的奇迹以及由此带来的大城市连绵区的崛起，都是在中央政府对资源配置的强烈行政干预机制下形成和发展的。因此，中央政府的行政干预机制是促进日本大城市连绵区的区域性问题有效解决的最有效的途径。

日本东京都促进区域协调发展的法律保障主要有：住宅小区建设有《新住宅市街地开发法》，各种建筑施工有《建筑基准》，住宅翻建或改造有《宅地造成等规制法》，城市改造有《都市再开发法》，新建工厂或扩建工厂有《工厂立地法》，绿地、公园的建设有《都市公园法》与《都市绿地保全法》等等。

3）强势的中央政府财税政策和项目投资相结合的机制

从政府管理的角度，日本中央政府主要通过国土综合开发规划，依法制定相应的财税政策和项目投资计划，进而达到对大城市连绵区区域协调的目的。主要有两种途径：一是直接的财税政策和项目投资计划，即中央政府通过国家项目对地方进行直接投资，重点建设国道、港湾和信息设施以及都市特区的开发；二是通过财政转移支付，实施国家对都市地域发展项目的补助，进而促进大城市连绵区的区域性问题的解决。

随着 2002 年推出的《振兴新冲绳特别措施法》、《结构改革特别区域法》的实施，日本正式实施了以建立特区为产业结构改革的主导形式，以放宽政策限制的规制改革为基本内容的地域与都市结构改革。由此导致传统的区域协调机制也在发生变化，影响较为深刻的是行政管理途径的区域协调机制的改革。近年来，日本正在积极推进采用地方政府建立所谓的"试验自治体"的方式，推进地方分权和规制改革。所谓分权是指特区改革要以地方政府为主导，以市町村为中心建立地方特区。所谓规制改革主要是减少政府对地方的干预。但是，总的来说，日本中央政府和都道府县政府对地方政府的行政干预体制仍还有较强的区域协调能力。

### 3. 政府管理体制分析

由于日本是一个中央政府非常强势的单一制国家，诸多区域协调问题都可以通过全国的国土综合开发规划编制与实施来解决，地方政府一般很少考虑更大区域范围内的区域协调发展问题。因此，日本区域协调机构建设相对较少，目前具有代表性的是东京都首都圈建设管理委员会，主要负责东京首都圈范围内的建设整备方面的公共事务的行政协调，而针对重大的区域经济协调发展、区域生态协调发展等问题涉及较少。

根据日本《地方自治法》规定，东京市政府管理体制为东京都知事、东京都议会、合议制的行政委员会。东京都从战后就确立了知事负责制的体制，这一体制能够最大限度确立东京都知事在行政事务上的决定权，提高行政效率，防止各个行政部门之间的相互扯皮。

日本地方政府有两级，即都道府县和市町村，都是相互独立的地方政府，二者之间不存在制度上的上下关系。《地方自治法》对它们各自职能作了清楚的界定。都道府县主要负责市町村在内的地方政府的广域性事务（如地方综合开发等），与市町村的联络调整事务（如对市町村提出建议和劝告等）以及规模和性质超出一般市町村处理范围的大规模事务（譬如高级中学和医院的设立、运营等）。而市町村承担都道府县行政事务以外的一切事务，包括与居民生活相关的基础性事务（譬如办理户籍、地址标志等）；有关居民安全、保健以及环境保护等的事务（譬如垃圾处理、上水道、下水道、公园的修建等）；街区建设事务（譬如城市计划、道路、河川的建设等）；各种设施的建设和管理事务（譬如市民会馆、保育所、中小学、图书馆的建设管理等）。

## （五）小结及讨论

### 1. 区域协调

**1）区域协调模式**

通过国外大城市连绵区区域协调模式的分析，可以归纳为以下几种主要模式：

**（1）强协调模式**

以日本、法国、荷兰、希腊、新加坡等国家为代表。这些国家采用中央集权，法律上规定土地归国家所有，社会主导价值观念提倡集体主义和国家主义。中央政府及各级政府掌握了规划权力，并且大多成立了大区政府来协调较大范围内城市群体的发展，即建立了双层领导的行政体制，规划是各级政府的主要职责之一，拥有健全的规划机构和机制。同时，由于这些国家国土资源相对较少，普遍强调城镇个体和群体空间的集约发展。

**（2）弱协调模式**

以美国为代表。规划权力在各级城镇自治政府机构（州以下级别），从州政府往上到中央政府，规划权力依次减少。由于规划权力的分散，强调城镇自治以及保护私有财产和崇高的个人利益，基本上不编制区域性规划，因而没有统管各州和地方政府规划的国家规划；相应的区域协调组织机构也是以自愿合作为主，财政手段配套为辅。

（3）多元协调模式

以英国、德国为代表。这些国家中央政府权力较强，地方政府也有较大的自治权，中央政府通过多种方式鼓励、帮助形成跨城镇的大区领导机构，努力健全各级规划组织，积极促成各级政府编制区域性的规划，有时成立区域性的专门机构来解决区域发展中共同遇到的问题。中央政府对地方规划具有一定的指导权，并且在法律、政策、经济等多方面进行协调，此外往往还通过制订、实施一些综合专项规划，如全国的铁路网规划、机场选址、高速公路网规划等，在很大程度上影响着地区的发展，并要求地方的发展规划服从这些全国性的专项规划。

2）区域协调途径

（1）法律保障：在法律框架下促进区域经济发展

区域促进的法律体系十分健全。第二次世界大战以后，英国、日本、德国实行的是社会市场经济体制，国家在市场经济中主要负有调节作用，它规定市场活动的框架条件。区域政策的基本原则及主要内容体现在国家层面等先后制定的一系列法律法规中。中央政府与地方政府在法律界定的范围内各司其职。只有在法律框架内的"问题地区"才能获得区域政策的支持。

从欧洲区域政策的趋势来看，越来越趋向于欧盟统一的政策，获得资助的地区要经过欧盟统一的评估才能进入"问题地区"，才能从欧盟的区域政策体系中获得相应的援助。

（2）政府干预：主要运用财政手段实现区域政策目标

国外发达国家的区域协调发展几乎都通过实施区域财政转移支付制度，附加上级政府层面的重大建设项目，促使国民经济活动的空间均衡，促进区域重大基础设施、生态环境保护、社会人文体系、交通基础设施等建设的有序发展。与此同时，在项目实施过程中，充分发挥了市场机制作用，做到了政府职能与市场作用的有效匹配。

（3）规划引导：将区域规划作为区域政策管理的基本工具

从国外发达国家的区域协调来看，区域规划是作为政府解决区域协调问题的关键性步骤和执行依据，区域政策主要通过区域规划实施。区域规划的制定由专门的管理机构负责，而且，区域规划的编制十分重视居民的参与。

2. 政府管理体制

如何处理大城市连绵区区域协调过程中出现的多等级政府间关系，是实践中一直努力探索的问题，而且这种局面随着大城市连绵区的发展变得越来越突出。为了处理大城市连绵区形成发展过程中存在的各种各样的问题，20世纪中叶以来，欧美的许多地区建立了具有法定资格、有规划和投资权力的区域性机构，譬如美国的"大城市管理委员会"、英国的"区域发展机构"、日本的"首都圈建设管理委员会"等，这些区域机构在组织区域内的行动和资源分配上具有重要作用，为区域规划的实施、区域经济有序发展、城市连绵区健康组织都创造了有利条件。20世纪70年代以来，世界各地大城市政府或类似机构纷纷成立，归纳起来，可以分为以下几种类型：

1）战略型政府：合作和伙伴关系型的政府管理体制

战略型的区域政府是一种地方政府之间进行区域合作和协调的行政载体平台，它不是一种宪法赋予的行政等级关系，而是一种基于区域协调需求设立的，更多体现地方政府之间的合作和伙伴关系，更多体现地方政府之间的信任和诚信，更多体现公共服务职能的分工与合作。譬如英国的大伦敦政府。

此类政府管理目标，应该不是以经济职能为主，而是应该以社会职能、环境职能等公共事业职能为主，通过可持续发展调控实现区域经济健康发展。

此类政府，是在统一行政与地方自治相结合下诞生的。为维护统一规划，发出统一声音，提升区域竞争力。统一的区域协调政府，并没有妨碍地方自治的推行，这关键取决于层级间政府职能设定的法制化和对不同层级政府利益的尊重。

2）部门型政府：公共职能社会化的政府管理体制

部门型政府是在中央政府对地方政府调控事权较弱的情况下由地方政府的行业部门之间针对本部门的区域协调问题而组建的区域协调组织，它一般依附于各个政府的部门管理系统，并将有助于解决本部门的区域协调问题的公共职能转移给该组织，统一进行管理。譬如美国的纽约-新泽西州港务局、纽约运输局等。

3）行业型组织：公共职能社会化的非政府管理体制

行业型组织主要通过政府、学术、公众、私人、企业等多方面的利益团体组成的、充分体现解决区域协调问题的公众参与性，并赋予法定资质、具有一定规划和投资决策权的区域性组织机构，一般以非政府管理体制的形式存在，譬如各类委员会、各类协会以及英国的区域议院等。

4）企业型组织：公共职能市场化、社会化的非政府管理体制

企业型组织主要是大城市连绵区内各个地方政府自愿、自发组织形成的，旨在解决区域内重大区域协调问题而组建的城市政府董事会。该政府董事会主要负责解决大城市连绵区发展过程中的地区规划、交通设施、供水污水处理、空气质量管理、固体废弃物处理、区域住宅建设、区域绿化、区域市政劳工就业等问题，董事会的财政来源于各个地方政府财政收入的一部分，并按照契约规定按期上缴。譬如加拿大的大温哥华地区政府董事会、蒙特利尔城市共同体等。

　　大温哥华地区大城市连绵区由21个城市与城区组成，总人口约200多万，占魁北克省总人口的一半左右。为有效解决大城市连绵区发展过程中的地区规划、交通设施、供水污水处理、空气质量管理、固体废弃物处理、区域住宅建设、区域绿化、区域市政劳工就业等问题，省政府在1965年设立了大温哥华地区董事会，并于1967年7月12日召开了第一次董事会。大温哥华地

区政府董事会为了加强区域内的协调发展，在1990年通过了"开创我们的未来"的议案，并通过5年的规划编制，优美都市发展战略规划由该董事会在1995年10月27日通过，且由省政府颁布为城市群发展战略。

### 3. 讨论

综上所述，国外发达国家大城市连绵区的区域协调与政府管理体制，都是在结合自身国家的社会经济管理制度、国家结构、宪法规定等前提下形成发育的，其核心思想是一致的，即区域共管自治协调制度。因此，无论是区域协调发展和政府组织建设的哪种形式和内容，都不能违背本国的最基本的宪法制度和国家体制，而解决大城市连绵区的区域协调问题，又需要强烈的政府干预，且各个地方政府之间的区域协调需求也比较强烈，理所当然，以区域共管自治协调制度为核心的政府管理体制是最为现实的选择。

所以，上述各类区域性政府管理体制，是在特定的大城市连绵区区域发展背景下产生的，促进区域协调发展的公共职能也只能局限在特定时限内，由此导致区域性政府没有长久性发展的法律根基。区域政府的治理方式有兼并、合并等多种，其难易程度也存在较大差异。

20世纪80年代以来，在经济全球化背景下，以政府职能重新定位、公共行政权力重新分配、政府组织结构重新设计、公共服务方式重新选择为核心的公共行政改革席卷世界各地。在此背景下，纽约、伦敦和东京等以国际性大城市为中心的大城市连绵区的政府管理体制也进行了相应的改革，这些改革折射出世界大城市连绵区区域性政府管理体制改革的共同趋势，即政府层级的扁平化、政府管理的高效化等。譬如英国伦敦市政府、法国巴黎市政府都进行了精简层级、地方分权、精简部门的改革。

## 三、中国大城市连绵区区域协调与政府管理体制的典型案例分析

### （一）长三角

#### 1. 现状概述

国家发改委组织编制的《长江三角洲地区区域规划》包括上海全市、江苏省中南部8市（南京、扬州、泰州、南通、镇江、常州、无锡、苏州）、浙江北部7市（杭州、嘉兴、湖州、宁波、绍兴、舟山、台州），共16市，总面积约11.08万平方公里，总人口8684万。2005年长三角基本情况统计见表3-8-3-1。

#### 2. 区域协调机制分析

虽然长三角大城市连绵区是我国发育比较成熟的城镇密集区，但是总体来说，该区域尚未形成较为完善的区域协调机制，目前仍然在各自为政的行政区经济格局中成长和蔓延。

2005 年长三角基本情况统计

表 3-8-3-1

| 城市 | 年末总人口（万人） | 土地面积（平方公里） | 人口密度（人/平方公里） | 地区生产总值（亿元） | 人均生产总值（元） |
|---|---|---|---|---|---|
| 上海市 | 1778 | 6341 | 2805 | 9154 | 51474 |
| 南京市 | 596 | 6582 | 905 | 2411 | 40887 |
| 无锡市 | 453 | 4788 | 946 | 2805 | 62323 |
| 常州市 | 352 | 4375 | 804 | 1303 | 37207 |
| 苏州市 | 607 | 8488 | 715 | 4027 | 66766 |
| 南通市 | 771 | 8001 | 963 | 1472 | 19060 |
| 扬州市 | 456 | 7500 | 608 | 922 | 20251 |
| 镇江市 | 268 | 3847 | 696 | 872 | 32597 |
| 泰州市 | 502 | 5791 | 867 | 822 | 16366 |
| 杭州市 | 660 | 16596 | 398 | 2943 | 44853 |
| 宁波市 | 557 | 9672 | 576 | 2449 | 44156 |
| 嘉兴市 | 334 | 3915 | 854 | 1160 | 34706 |
| 湖州市 | 258 | 5818 | 443 | 644 | 25030 |
| 绍兴市 | 435 | 8256 | 527 | 1447 | 33283 |
| 舟山市 | 97 | 1440 | 672 | 280 | 28936 |
| 台州市 | 560 | 9411 | 595 | 1252 | 22438 |
| 合计 | 8684 | 110821 | 784 | 33963 | 39112 |

1）民间企业行会协调机制较为活跃

改革开放以后，上海与长三角各个城市开始了民间企业层面的自发性区域合作，组建了一批联营企业、乡镇企业。这些民间企业行业协会的区域合作机制较为活跃，主要解决的是自身行业内部在长三角地区的产业经济问题，对于重大的区域性问题，这些组织很难发挥应有的职能作用。

2）政府高层合作机制初现端倪，但职能作用十分薄弱

从 20 世纪 90 年代中期开始，长三角的沪、浙、苏 3 省市以推动区域一体化为目标，逐步建立新的高层合作机制，逐渐由民间层面上升到政府层面。1992 年的"长三角城市经济协调会"、2001 年的"苏浙沪省（市）长座谈会"等政府高层的合作意图已经出现，但是目前仍然没有进入实质性的操作层面。

1992 年沪、苏、浙 3 省市的部分城市政府联合成立了长三角城市经济协调会，由上海、南京、扬州、镇江、南通、泰州、苏州、无锡、常州、杭州、嘉兴、宁波、绍兴、舟山等城市组成，每 2 年举行一次高级别会议。该会议致力于推进城市间资产重组，组织城市间的联合与协调，以促进生产要素合理流动。

2001 年开始，沪、苏、浙 3 省市每年召开由常务副省长、常务副市长参加的经济合作与发展座谈会——江浙沪省（市）长座谈会。2003 年 10 月，在

上海召开了第三次沪苏浙经济合作与发展座谈会，着眼点是进一步优化区域发展环境，以上海举办世博会为契机，寻求加快推进区域经济合作与共同繁荣的新路径。合作范围将在现有交通、旅游、能源、信息、环境等五个方面的基础上进一步扩展。

3）部门协调意愿较为强烈，但缺乏制度性的区域协调框架

近些年来，人才合作领域的《长三角人才开发一体化共同宣言》、旅游合作领域的《长三角旅游城市合作（杭州）宣言》、教育合作领域签署的苏浙沪教育实质性合作协议、交通合作领域共同打造发达的"区域大交通"、物流合作领域的长三角物流合作高层论坛、市场一体化领域的沪苏浙签署的合作纪要、信息合作领域成立的长三角信息合作联席会等等，都表明了长三角大城市连绵区各个城市政府的条条性部门之间的区域协作意愿较为强烈。但是，由于缺乏政府层面的权威性合作框架以及制度性的区域协调机制，上述部门合作意愿很难实施。

2003年8月江浙沪两省一市人事部门达成彼此开放人才市场协议，从当天起，江浙沪三地的高级人才可率先进行无障碍流动。同时，三地还决定就区域内人才资源开发共享展开6个层面的合作。

2004年5月长三角16个城市签署《共建信用长三角宣言》。《宣言》称，长三角16个城市将加强信用制度建设，"加快建立关于公民和企事业单位信用的激励和约束机制，尽快建立和完善有关信用的区域性法规，逐步形成统一的社会信用制度。"

2004年8月长三角公路水路交通规划纲要通过评审。按照规划，长三角中心城市将实现3小时互通。至2020年，长江三角洲区域公路网总里程将由目前11.8万公里达到30万公里左右，公路密度大体上接近欧洲发达国家水平，同时形成以上海为中心、江浙为两翼的上海国际航运中心。

4）行政区划分割导致的矛盾日益尖锐

地区之间各自为政，阻碍了经济资源的自由流动和跨地区的经济合作。长江三角洲分属二省一市的15个城市，行政隶属关系非常复杂，地区之间的协调难度很大。再加上长期的条块分割管理，更助长了各自为政、甚至以邻为壑的不良风气。这种不良风气严重干扰了地方政府之间的合作与协调。

3. 政府管理体制分析

1）上海经济区的试验

20世纪80年代中期，长江三角洲曾经尝试建立"上海经济区"，但没有成功。最重要的原因是计划经济体制影响下，期望用行政推动型方式来构建跨行政区域的城市密集区域组织，以消除区域壁垒，实现合理的区域分工，是不切合实际的。

2）长江三角洲城市经济协调会

20世纪90年代，随着社会主义市场经济体制的建立和完善，该地区成立了"长江三角洲城市经济协调会"，对促进该地区的协调发展起到了一定的作用。但是这种组织仍然以政府行为为主，缺少民间的积极主动参与，缺乏上级政府重大建设项目资金的支持与干预，且沟通协调机制很难顺利建立，导致区域协调的内容和范围过窄，作用尚未充分发挥。

2004年11月在上海召开的长江三角洲城市经济协调会第五次会议上传出消息，长三角"城市峰会"首次建立议事制度，充实常设机构，设立专题工作，确定年度进展目标。

3）沪浙苏省（市）长座谈会

目前，长三角沪、浙、苏省级层面的高层合作主要以松散性的论坛组织出现，没有形成具有法律意义的、制度性的区域协调与区域合作框架机制，对于解决区域协调问题不具有权威性职能作用。

4）长三角城市政府部门协调会

长三角各个城市政府部门之间的协调会，主要包括交通、科技、旅游、金融等30多个专业部门建立了对口联系协调机制，这种多元的、立体的合作框架，有力地促进了区域经济共同发展。譬如南水北调工程协调办公室。

## （二）珠三角

### 1. 发展现状分析

《珠江三角洲城镇群协调发展规划（2004—2020）》中所称"珠江三角洲"，是指珠江三角洲经济区，包括广州、深圳、珠海、佛山、江门、东莞、中山、惠州市区、惠东县、博罗县、肇庆市区、高要市、四会市，总人口4230万，土地总面积41698平方公里，其中建设用地（包括城市建设用地、建制镇建设用地和村庄建设用地）面积6640平方公里（表3-8-3-2）。

**2005年珠江三角洲基本情况统计**　　　　表3-8-3-2

| 城市 | 年末总人口（万人） | 土地面积（平方公里） | 人口密度（人/平方公里） | 地区生产总值（亿元） | 人均生产总值（元） |
|------|------|------|------|------|------|
| 广州 | 949 | 7434 | 1277 | 5154 | 53809 |
| 深圳 | 828 | 1953 | 4239 | 4951 | 60801 |
| 珠海 | 142 | 1688 | 839 | 635 | 45284 |
| 佛山 | 580 | 3848 | 1507 | 2383 | 41266 |
| 惠州 | 370 | 11158 | 332 | 803 | 21896 |
| 东莞 | 656 | 2465 | 2662 | 2182 | 33263 |
| 中山 | 243 | 1800 | 1352 | 880 | 36207 |
| 江门 | 410 | 9541 | 430 | 805 | 19636 |
| 肇庆 | 367 | 14856 | 247 | 451 | 12315 |
| 珠三角合计 | 4546 | 54743 | 830 | 13090 | 40134 |

注：由于县级数据收集困难，该表暂以地级城市作为统计单元。

2. 区域协调机制分析

1) 政府区域合作层面继续扩大，但是缺乏制度性的可操作机制

随着《内地与香港关于建立更紧密经贸关系的安排 CEPA》的实施，中央统筹效用的增强，2003 年广东提出"泛珠三角"的区域协作的概念，构筑一个优势互补、资源共享、市场广阔、充满活力的区域经济体系，推动 9 省区与港澳的合作，建立"9 + 2"协作机制，改变了原来的珠三角大城市圈的协调与合作，形成"泛珠三角"经济区的区域协调与合作；并于 2004 年 6 月 4 日各省区政府行政首长联合签署了《泛珠三角区域框架协议》，为推进泛珠三角的区域协调与区域合作提供了制度保障。但是，此区域框架协议不具有较强制度性功能作用，缺乏政府层面的可操作性机制，仍然停留在区域探讨层面。

2) 开始从民间自发行为向制度性框架方向发展，但缺乏有效的区域协调机制建设

2003 年 6 月 29 日，中央政府和香港签订了"内地和香港更紧密经贸关系安排 CEPA"（Closer Economic Partnership Arrangement），标志着内地与香港的经贸关系从民间自发合作迈向政府之间制度性合作安排的新阶段。但是，CEPA 的制定是中央政府行为，主要是经贸关系方面的区域合作，而对于可持续发展空间领域的重大区域性问题没有相应的制度性安排，更没有可操作性机制建设。

3) 区域协作领域逐步增宽，但各地方政府之间的合作机制尚未建立

泛珠三角的区域合作领域涉及交通、旅游、信息产业及信息化领域等等，但是"9 + 2"的 11 个省区政府之间没有明确的区域协调机制，更不用说该区域内的各个城市政府之间的区域协调与合作。因此，珠三角区域协调主要在广东省范围内，由于处于一个省级政府的行政管辖，珠三角经济区范围内的 9 个城市政府之间的区域合作与协调已经有了实质性的进展，在规划、经济产业、旅游开发、交通建设等各个方面都有相应的区域合作机制框架的初步设计。

4) 区域规划编制及近期立法的有效尝试，推进了区域协调发展

珠三角地区先后进行了几次区域规划研究和区域协调规划编制。2006 年广东省人大颁布了《广东省珠江三角洲城镇群协调发展规划实施条例》，成为全国第一个规范区域规划建设管理的地方性法规；城乡规划体制创新取得新进展。因此，在珠三角大城市连绵区成功将区域协调规划按照法律形式实施，这极大促进了区域协调机制法律化进程，同时也为区域政府组建提供了可能。

通过以上分析，珠三角经济区的区域合作已经开始迈向泛珠三角地区的区域合作和协调，合作与协调领域正在逐步展开。围绕特定资源、项目进行战略合作，实现要素的跨时空整合，在更高层次上形成了新型城市联盟，即跨区域、泛空间的城市联盟的区域协调合作机制。

*按照国家发改委给广东省政府的复函中提出的要求，《框架协议》突出强调了在优势互补、平等互利的前提下开展合作；按照中央和国家领导人对泛*

珠三角区域合作要本着"自愿原则、市场原则"的指示精神,《框架协议》拟定了"自愿参与、市场主导、开放公平、优势互补、互利共赢"5条合作原则。各方普遍认为,这5条原则是开展"9 + 2"区域合作的重要基础。

合作重点主要针对政府在其中的角色、作用。明确了各方政府着重从四方面推动:创造公平、开放的市场环境,促进生产要素的合理流动和优化组合;加强基础设施建设的协调,推动解决发展过程中相互关联的重大问题;动员和组织社会各界共同推进,逐步构筑泛珠三角区域发展的著名品牌,增强区域的整体影响力、竞争力;共同促进可持续发展。

而9省区政府的主要任务,就是要着力构建一个统一的市场体系。对此,《框架协议》对当前"9 + 2"合作中带有共性、区域内共同关注的基础设施、产业与投资、商务与贸易、旅游、农业、劳务、科教文化、信息化建设、环境保护、卫生防疫十个方面的内容,进行了具体的说明和阐述。

### 3. 政府管理体制分析

#### 1)珠三角协调规划办公室

根据《广东省珠江三角洲城镇群协调发展规划实施条例》,广东省人民政府专门成立了珠三角协调规划办公室,专门负责此区域协调规划的实施与监督。

#### 2)9 + 2区域合作框架

2004年的泛珠三角区域合作框架协议是11个地方政府之间进行区域合作的基本框架与协作机制,它比政府之间的联席会议制度往前推进了一步,但是仍然是一个松散的、协商性的非公共服务功能性的区域政府管理体制。

泛珠三角区域政府合作的制度安排主要有:一是泛珠三角区域合作与发展论坛和区域经贸合作洽谈会;二是港澳粤高层联席会议制度,后来随着泛珠三角区域间合作与交流的全面展开与深化,高层联席会议制度也逐渐多样化,实践中主要有行政首长联席会议制度、政府秘书长协调制度、发改委主任联席会议制度;三是日常办公制度;四是部门衔接落实制度。

泛珠三角区域政府合作的主要方式有学习考察、对口支援、干部交流、信息共享等,还有就具体项目进行的合作。

## (三)京津唐

### 1. 发展现状分析

《京津唐地区城乡空间发展规划研究》(吴良镛院士主持)中主要采取定性分析方法确定京津唐地区的范围,主要是由北京、天津、唐山、保定、廊坊等城市所统辖的京津唐地区(表3-8-3-3)。同时,根据研究进程的需要,该课题有步骤、分专项地将研究区域扩展到周边的承德、秦皇岛、张家口、沧州以及石家庄等城市。在正式文件中,这一地区被称为"京津冀北",考虑到对外交流等因素,又称"大北京地区",实际上,

京津唐地区基本情况统计 表 3-8-3-3

| 城市 | 年末总人口<br>（万人） | 土地面积<br>（平方公里） | 人口密度<br>（人/平方公里） | 地区生产总值<br>（亿元） | 人均生产总值<br>（元） |
|------|------|------|------|------|------|
| 北京 | 1538 | 16410 | 937 | 6886 | 45444 |
| 天津 | 1043 | 11920 | 875 | 3664 | 35129 |
| 唐山 | 710 | 13472 | 527 | 1626 | 22901 |
| 保定 | 1088 | 20584 | 529 | 1111 | 10211 |
| 廊坊 | 390 | 6429 | 607 | 605 | 15513 |
| 合计 | 4769 | 68815 | 693 | 13892 | 29130 |

注：北京、天津统计数据截止到 2005 年底，河北省各市数据截止到 2004 年底。

大北京地区相当于历史上的"京畿"地区，在《京津冀地区城乡空间发展规划研究二期报告》中称为"首都地区"（新畿辅）。

2. 区域协调分析

1）尚未建立政府层面实质性的协调机制

目前，京津唐大城市连绵区的政府层面的区域协调机制一直尚未建立制度化框架，仅仅停留在区域合作研究性框架阶段，尤其是生态补偿协议框架对区域协调发展没有实质性的约束力。

2）重大项目的推动

由于北京申办奥运会的成功，国家区域战略的北移和天津滨海新区的建设，极有力地推动了京津唐大城市连绵区区域合作与协调进程。譬如，北京首钢的搬迁，极大促进了北京与唐山之间的区域合作与协调；还有北京首都机场与滨海新区机场的分工与协调等。

3）中央政府的敦促

近几年，环渤海及京津唐的区域合作会议都是在国家发改委、商务部等中央政府部门的推动下召开的，京津唐大城市连绵区的各个政府之间区域合作与协调的主动性不强，区域合作与协调的政府层面的意愿表现不够强烈。但是，经过几次区域合作研究会议后，目前京津唐各地方政府之间的区域合作意识逐步增强。

4）区域规划没有进入实质性的协调功能阶段

2001 年，从学术研究角度，吴良镛院士领衔完成了《京津冀北城乡发展规划研究》，探讨了京津唐区域协调问题。2006 年，从中央政府角度，住建设部正在组织编制《京津冀城镇群区域规划》，试图为京津唐区域协调发展提供规划框架。目前，区域规划没有进入实质性的、发挥政府职能的协调功能阶段。

3. 政府管理体制分析

1）环渤海经济区的尝试

在 20 世纪 90 年代初期，为避免地方政府自主决策权增强后出现各自为政和重复建设，由原国家计委牵头，全国划定了长三角、珠三角、环渤海在内的七大经济区。

环渤海经济圈主要是指三省两市的范围，即北京、天津、辽宁、山东和河北。后来在具体规划过程中，山西、内蒙古东部地区都要加入到其中。环渤海经济区的尝试，与上海经济区一样，基本上是失败的。

2）政府合作会议制度

自从2004年2月由国家发改委召集的京津唐发改委达成《廊坊共识》以来，同年6月环渤海地区五省二市在国家发改委、商务部等带动下，重点围绕环渤海地区合作机制达成《环渤海区域合作框架协议》，进一步推进了京津唐大城市连绵区的区域协调和合作进程。

2006年4月8日，京津冀区域发展合作研究联席会议在廊坊市举行，标志着京津冀二市一省政府区域发展合作研究全面启动，首次就区域发展问题进行合作研究。

> 此次京津唐区域发展合作研究联席会议上，还建立了区域发展长期合作研究机制，主要包括京津冀政府合作研究联席会议制度、部门衔接落实制度、信息资料交流沟通制度和联合调研制度。主要内容为：区域发展合作研究联席会议每年举行一次，由二市一省轮流承办，协调解决研究中的重大问题和具体事宜；三方将建立信息平台，及时沟通区域发展的重大信息，定期交流资料，实现成果共享；就共同关心的重大问题，三方组成调研组联合开展研究。

## （四）小结及讨论

### 1. 区域协调

长三角的区域合作已经"达成共识，走上正轨"，与珠三角不一样，更多的不是"泛"的问题，各个地方政府在很多方面都期待有合作的框架，期待在实务方面的衔接，尤其是在交通、旅游、人才等方面。更需要解决的是瓶颈制约、制度衔接。这也与经济发展水平相关联。

珠三角的区域经济合作与发展的重要主体是各级政府，特别是中央政府和省级政府的主动介入和强有力的推动。此次泛珠三角经济区的形成，在很大层面上得益于中央政府的大力支持，得益于9个省（区）级政府和2个特别行政区的强有力的呼应及共同推进，其基本特征即"政府推进，市场运作"。

京津冀的区域合作与协调机制尚未形成，目前仍然处于研究合作阶段。京津冀的区域合作会议也是在国家部委的推动下召开的，而推进京津冀区域协调进程主要是北京奥运会和滨海新区开发战略的实施，迫切需要中央政府出面来协调。因此，京津冀的区域协调具有典型的"中央政府推进、国家级项目推动"的特点。

### 2. 政府管理体制

具有区域协调职能的区域政府管理体制基本上没有形成和组建。总体来看，珠三角区域协调规划办公室是一个具有省政府授权的区域协调机构，主要负责珠三角的区域协调规划的实施与监督，重点是生态保护、基础设施、道路交通等区域性建设项目的协调；长三角、珠三角的政府联席会议制度，都不具有实质性的公共行政管理职能，仍然是一个松散性的、论坛性的官方区域组织，今后仍然需要进一步深入实质性的区域合作机制层面。

3. 小结

从国内的大城市连绵区的区域协调与政府管理体制现状分析可以看出，我国的大城市连绵区的区域协调机制还极其不成熟，尚未形成具有协调效应的区域协调机制；由于区域协调机制和区域协调意识的滞后，当前具有区域协调功能的政府管理体制也非常不完善，基本上还没有形成一个具有跨区域职权的政府管理组织或行业管理组织。

# 四、中国大城市连绵区区域协调与政府管理体制的现状问题分析

## （一）区域协调发展格局的诠释

### 1. 中国政府对区域协调发展格局的解读

根据资源环境承载能力、发展基础和潜力，按照发挥比较优势、加强薄弱环节、享受均等化基本公共服务的要求，逐步形成主体功能定位清晰，东中西良性互动，公共服务和人民生活水平差距趋向缩小的区域协调发展格局。

坚持实施推进西部大开发、振兴东北地区等老工业基地，促进中部地区崛起，鼓励东部地区率先发展的区域发展总体战略，健全区域协调互动机制，形成合理的区域发展格局。

健全市场机制，打破行政区划的局限，促进生产要素在区域间自由流动，引导产业转移。健全合作机制，鼓励和支持各地区开展多种形式的区域经济协作和技术、人才合作，形成以东带西、东中西共同发展的格局。健全互助机制，发达地区要采取对口支援、社会捐助等方式帮扶欠发达地区。健全扶持机制，按照公共服务均等化原则，加大国家对欠发达地区的支持力度。国家继续在经济政策、资金投入和产业发展等方面，加大对中西部地区的支持。

### 2. 区域协调发展格局的概念内涵

从中央政府对区域协调发展格局的界定来看，主要包括了以下几个重点含义：

一是，区域协调发展是建立在区域发展规律基础上的，其核心思想就是区域可持续发展，重点强调区域协调必须根据各个区域资源和环境、经济实力和水平等最基础的条件入手，通过比较优势来强调发展，通过公益均等化来强调公平。实质性内涵就是中央政府所推进的区域协调发展是建立在公平与效率基础上的，是一个双赢、多赢的区域协调发展格局。

二是，区域协调发展目标是要缩小在公共服务和人民生活水平方面的地区差距，

而不是缩小在经济总量和增长方面的地区差距，这表明中央政府对区域协调发展的核心任务指明了方向，区域协调发展目标的核心实质就是要建立和谐的区域格局。

三是，区域协调发展手段是通过建立定位清晰的主体功能区，来实现中央政府的区域协调发展目标。这表明中央政府对区域协调发展的制度安排、政策安排，都是通过主体功能区规划来实现的。也就说，主体功能区区域规划是中央政府推进区域协调发展的宏观调控手段。

四是，在区域协调互动机制上，重点强调以发展为目标导向的制度安排，重点强调政府的行政干预的机制建设，甚至把公共服务均等化建立在扶持机制的制度安排中；而针对区域协调发展过程中各个地方主体的根本利益之间的协调尚未有具体的规定。

从区域协调发展格局的概念内涵来看，我国中央政府对区域协调发展的推进，是建立在强势政府推动下的，在政府行政干预和区域规划调控手段上都正在建立较为完整的思路，但是，在法律建设和政府项目干预手段上缺乏应有的保障。

## （二）区域协调与政府管理体制之间关系与问题分析

### 1. 跨行政区域的大城市连绵区的规划定位不够清晰，缺乏法律性规定

目前，对于已经编制的珠三角城镇群区域协调发展规划和正在编制的京津唐城镇群区域协调发展规划、长三角城镇群区域协调发展规划等，中央政府或者地方政府对此类规划的定位不够清晰，国家、地方法律法规缺乏组织编制、规划管理等程序性的规定，在法律层面上没有相应的规定和解释，进而导致跨行政区域的大城市连绵区的区域协调规划没有权威性的法律地位，或者具有法律效应的法律性条文解释。更为重要的是，此类规划编制完成后，只能停留在区域协调研究层面，而具体实施过程中，仍然要让位于法定的规划，否则就会发生实施过程中的规划执行冲突。因此，从国家层面上，理顺当前适应和谐社会建设和可持续发展趋势的跨行政区域的区域规划在整个国家空间规划体系中的位置是当务之急。

### 2. 中央政府、省政府对区域规划实施管理缺乏有效的调控手段

由于在国家法律层面上的缺位，以及区域规划机制的不完善，区域规划引导合作制度安排尚未健全，导致中央政府、省政府对跨行政区域的大城市连绵区的城镇群区域协调规划的实施管理，没有相应有效的政府调控手段。虽然国外有些国家中央政府没有规划调控职能，但是通过国家财政手段和项目建设引导机制，成功的对跨区域协调问题进行了有效解决。但是，由于长期以来我国能源、交通、水利、电力等重大国家资金投资建设的基础设施项目，都是在上述专项规划与地方规划相互脱节的状态实施的，没有建立很好的规划衔接机制，缺乏统一的项目基金激励和约束机制，导致实施性较难。然而，在市场经济体制和法律制度不健全的情况下，单纯靠传统的强烈行政干预，而没有财政支持或项目建设引导，是很难达到区域协调问题的有效解决的。

3. 地方政府之间的区域协调机制相对缺乏，国家政策指导下的区域合作机制相对缺乏

我国是单一制和中央集权制国家，各个地方政府仅仅对上级政府负责，核心是对中央政府负责，上下之间的协调机制相对比较完善；而地方政府之间的区域协调机制以及相关规定相对缺乏，再加上以 GDP 为核心的政绩考核体制和以分税制为核心的财税体制，以及相对较弱的政府转移支付能力，更加导致了地方政府之间的区域协调机制建设的艰难。

另外，由于区域层面或者全局层面的规划编制相对较弱，本区域的国民经济和社会发展五年规划，成为了政府各个部门执法的依据，而各个部门对本部门发展规划具有高度的决策权力，其他部门几乎没有决策权力，由此导致地方政府的各个部门之间也缺乏区域协调机制。

4. 编制和实施区域规划的国家层面的相关法律保障不健全

从国外区域规划编制和实施经验表明，区域规划编制和实施的外围相关法律法规相对比较健全，这是保障区域规划实施的法律保障。大城市连绵区是典型的区域协调地域，因此，编制区域协调规划是政府重点采用的方式和途径。但是，长期以来，我国政府注重投资项目建设和城市建设，而对区域协调建设相对重视不够，因此，有关区域协调方面的法律法规发展非常缓慢，大城市连绵区区域协调规划的编制和管理就缺乏法律依据，尤其是有关区域促进发展与限制发展的法律、区域引导和强制性法律、区域发展机构设置法律、产业空间分布法律、空间资源保护法律等等。因此，积极完善国家层面有关区域协调发展的法律体系，是促进大城市连绵区区域协调发展和政府管理体制创新的基石。

5. 缺乏法定的公众参与程序

目前，我国城市规划以及其他部门各类发展规划，都是在非法定程序下的、局限在一定范围内的、政府强烈干预下的公众参与，譬如网上公布、规划展览、专家论证、社会调查等。对于大城市连绵区，由于经济较为发达，社会阶层相对较为复杂，利益团体相对较多，人地矛盾相对比较尖锐，区域协调性问题相对较严重，传统的公众参与已经不能有效解决大城市连绵区区域协调发展过程中的各种问题，尤其是社会公平问题、区域环境整治问题、区域市场问题等。因此，必须建立开放的法定的公众参与程序，让区域内的各种社会团体、企业、个人、政府等都关注本区域的重大问题，关注区域协调发展问题，才能保障大城市连绵区区域协调规划的有效编制和实施。然而，我国整个区域规划都缺乏法定的公众参与程序，国家更多的是关注技术标准，而很少关注程序标准、管理标准等。

6. 只是停留在框架协议层面，没有进入实质性的沟通协商操作层面

从政府管理体制来看，我国大城市连绵区的各个地方政府之间都停留在区域性框架协议层面，都有区域合作的意愿，但缺乏区域合作的操作，目前尚未组建具有政府职能的区域协调组织，来有效行使对大城市连绵区区域协调问题的统一管理和实施。

所以，就当前情况来说，我国大城市连绵区的区域协调仅仅在规划研究、领导论坛两个方面有所进展，而远未进入实质性的沟通协商的操作领域。

譬如，虽然长三角一体化的呼声迭起、进程加快，虽然长三角一体化的范围不断扩展、层次不断提高，但是由于以各级地方政府为代表的诸多利益主体的存在，长三角目前仍旧是一种以行政区经济为主体的发展模式，长三角城市间的战略联盟目前还没有达成，很多基础设施还处于分割状态，尚未形成行业布局协调、经济能量集聚、产业结构合理的理想范式。在一体化进程中也还存在着诸多一时还难以解决的矛盾和问题。

## （三）问题根源分析

### 1. 经济发展与行政壁垒的矛盾

大城市连绵区区域协调的根本目标就是促进区域一体化。但由于中国长期以来行政主导力量的强势，使得大城市连绵区区域协调发展的最大困惑，就是依附于行政区域背后的行政壁垒，导致统一的市场体系被行政区划所割裂，导致行政区产业结构呈现趋同态势，导致公共基础设施难以完全实现共建共享。

我国是一个省（自治区）- 地级市 - 县、县级市 - 乡镇的四级行政区层级，我国大城市连绵区有些涉及几个省、有些涉及省内多个地级市，还有若干市界、县界、乡镇界等。在大城市连绵区区域空间内，行政隶属关系非常复杂，地区之间协调难度很大，区域政策环境不平等，区域统一市场形成难度较大，一些政策领域存在的跨区界溢出效应与行政辖区的利益边界不一致，影响着资源的合理配置，导致一些区域性交通基础设施和环境治理工程因各地缺乏协调而进展缓慢。所以，长期以来形成的行政壁垒是当前大城市连绵区区域协调发展和政府管理体制创新的最大制约因素。

### 2. 区域共荣与地方利益的矛盾

大城市连绵区区域协调的根本目标是区域一体化，各个地方政府都认识到了这一点是一个不可逆转的趋势。但是，在实现区域一体化过程中，地方政府首先判断在一体化过程中自身的收益和损失，更多关注的是在一体化过程中如何权衡总体收益和利益损失补偿，更多关注的是一体化过程中自身的长期目标与近期目标的矛盾，然后决定自身在一体化过程中的角色和定位，以及应该承担的责任和义务。但是，我国的分税制使得每个地方政府都要扩大税基，增大 GDP，这就需要强大的产业支撑，地方政府就会保护和限制本地资源及其市场要素自由流动。这就是当前我国大城市连绵区区域协调发展进展比较缓慢的本质性原因，即区域共荣与地方利益的矛盾比较尖锐。譬如大城市连绵区各级地方区域，在招商引资等方面呈恶性竞争态势，存在地区封锁和经济割据的现象，各地出台的政策和法律有些是以有利于本地区的经济发展为出发点。

### 3. 高速增长与环境质量的矛盾

我国大城市连绵区是经济快速增长的地区。经济的高速增长正面临着地区环境质量下降的压力，整个区域内的生态破坏较为严重。由于缺乏跨区域层面的区域协调管理，在分税体制下的高速增长，在日趋加剧的地区分割和管理体制下的高速增长，必然带来区域性环境污染问题，必然带来区域性生态环境质量的下降。譬如长三角、珠三角、京津唐等大城市连绵区，几乎都处于酸雨的威胁中。再如，近年来引起共同关注的太湖污染问题，固然跟区域内的工业化、城市化进程有关，但与日趋加剧的地区分割和管理体制有着更为密切的联系。高速增长与环境质量之间的矛盾，是困扰我国大城市连绵区区域协调和政府管理体制创新的现实性限制因素。

4. 政府体制性与行政结构性的矛盾

转型时期我国的社会主义市场经济采取了渐进式的发展战略，与之相适应的政府体制只能相对间接短期地反映我国经济社会发展的需要和变化，全国政府体制的发展完善中仅仅存在框架性的规范，从而不可避免地在不同行政层级之间出现体制性缺陷，尤其是各级政府的利益边界模糊。

从法律上，我国对各级政府的行政权力缺乏明确的界定，政府与市场的关系、政府与社会的关系仍然在继续探索中，尤其是在大城市连绵区区域一体化快速发展的条件下，我国中央政府与各个省级政府在我国经济社会发展过程中分享经济社会发展带来的利益的基本原则，而这个原则是在中央和地方的利益分割界限清晰程度、省级区域利益有效保障的机制等方面存在相当的模糊空间的前提下执行的。因此，我国政府体制性与行政权力和利益的层级结构性矛盾十分突出，也是影响大城市连绵区区域一体化进程的根本性原因。

综上所述，造成以上这些矛盾的根源主要还是来自政府衡量地方经济发展的标准，来自目前这种管理体制和现行政绩考核制度。它导致资源不能在更加广阔的区域范围内进行有效配置，降低了资源配置的效率；导致地方政府行为短期化和公司化倾向明显，由于地方政府都有追求经济效益最大化的趋同性，客观上造成了严重的产业结构同构化；导致跨区域的经济合作始终难以形成。政府为了有效控制资源的流动，在行政区范围内构筑起了自我封闭、自我配套的经济结构体系，不利于区域经济社会一体化的发展。

## （四）小结及讨论

综上所述，我国大城市连绵区的区域协调还处于初期阶段，区域协调机制还很不健全；没有区域规划机制，缺乏区域规划引导的合作，缺乏国家政策指导下的区域性合作机制；缺乏统一的项目基金激励和约束机制，导致实施性较难等等。基于区域协调目标导向的政府管理体制也尚未实质性的推进，各个地方政府有协调协作的意愿，都认识到了所处大城市连绵区存在的区域协调问题的严重性，但是，由于国家体制问题导致各个地方政府仍然处于各自为政的状态。追究其根本原因就是体现在经济发展与行政壁垒之间的矛盾、区域共荣与地方利益之间的矛盾、高速增长与环境质量之间的矛盾。这是目前阻碍大城市连绵区区域协调发展与政府管理体制的核心所在，破解大城市连绵区区域协调发展和政府管理体制创新的难题就在于体制创新和突破。

# 五、实现区域协调发展的政策选择与途径

## （一）区域协调的原则要求

借鉴国内外区域协调的成功经验和深刻教训，区域协调模式的建立应该遵循区域经济发展规律、区域管理体制的构建应该与大城市连绵区演进的时空过程相协调。

区域协调目的是促进区域经济可持续发展，因此，区域协调模式必须遵循区域经济发展的基本规律。从政府角度看，区域协调问题的解决主要依靠区域规划的制定和实施，而其前提是必须处理好区域专业化分工问题。从区域经济发展的基本规律可以看出，要解决这一问题，首先必须分析区域的要素禀赋结构，区域规划以此为基础，才能合理组织区域内各个城市之间的分工和协调问题。

区域管理目的是促进区域政策能够按照预定的目标有效实施。然而，在大城市连绵区形成发育的不同阶段，所表现出的区域性问题是不同的。因此，区域管理体制的构建必须与大城市连绵区时空演进过程相适应，譬如前述介绍的国外各种区域性机构，都是区域管理的重要行政组织载体，这种联合共管自治协调的城市联合管理体制，不是城市政府结构的联合，而是自愿结合的城市市政联合组织，而在大城市连绵区形成发育的不同阶段，这些城市政府联合组织的职能是在不断发生变化的，以不断适应新的区域协调问题，实现区域管理预定目标。

## （二）区域协调规则：区域规划与法律引导

### 1. 健全区域规划内容体系

在当前全国国民经济与社会发展五年规划、全国各个部门专项规划的基础上，建立跨区域协调规划的编制和实施管理制度，在整个空间规划体系中，确立跨区域协调规划的地位、作用和职责，成为跨区域协调执法的规划依据。其中，大城市连绵区的区域协调规划编制和实施应该是近期区域协调的重点地域。在这一点上，我国完全可以借鉴国外中央集权制国家的经验和教训，强化中央政府的强势行政干预。

首先，在现有城市行政体制下，大城市连绵区各城市宜定期调整和重新审视自己的发展战略和总体规划。香港随着紧密联系区域，从港深区、港深东莞区、珠三角区和华南区曾几次修订香港长远发展策略，以适应发展的要求。依据所在区域的发展，及时修订长远发展策略和总体规划，使城市发展既要适合自身，也要适合外部变化。

其次，大城市连绵区各个地方政府应该制订统一的区域发展规划。通过规划编制，寻找大城市连绵区形成发育过程中的共同问题、共同利益，在共同利益的平台上实现区域协调的有限目标，在共同问题上寻找解决方案，在区域协调的成熟时机予以解决。通过规划帮助各城镇确定各自的发展方向，使整个区域协调发展，同心合力地应付来自城镇群外的挑战。

2. 建立区域规划实施监督机制

1）建立常设或特设的区域协调专门机构

为了提高地区之间的协作，避免恶性竞争，解决发展中的问题，应考虑建立常设或特设的大城市连绵区区域协调专门机构。迄今，我国还没有形成具有法规或法律意义的协调组织，但联席会议制已在长三角、西安－咸阳等地区出现了，有的还签订了区域协调或合作协议。在可以借鉴西方有些国家大城市连绵区成功的区域政府管理模式的基础上，我国各大城市连绵区的地方政府之间可以进行区域规划实施机制的创新，通过区域协调机构来协调大城市连绵区内的人口、绿化、交通、电力、排水、污水处理、生态环境等问题。

2）建立区域共同发展基金制度与区域投资机制

针对大城市连绵区区域差异显著、区域基础设施重复建设等区域不协调发展的情况，有必要建立区域共同发展基金制度，完善区域投资机制。通过区域共同发展基金制度和区域投资机制，可以为扶持落后地区发展提供资金，解决区域差异问题。通过区域投资机制，可以从管治区域整体的高度，为区域共享的公共服务设施、环境设施、基础设施等提供建设资金，可以有效地避免区域内的重复建设问题，优化区域建设资金利用率。

3）提高公众参与程度，建立有利于区域协调与合作的公众参与机制

要加强大城市连绵区的区域协调规划编制与实施的公共参与机制，强化公开透明的法律监督职能以外，还要强化有利于区域协调与合作的公众参与机制，鼓励推动民间团体介入大城市连绵区的区域管治。

首先，扩大参与区域协调与合作等公共事务的公众面。长期以来，参与区域规划的公众只仅仅局限于学术研究机构和地方政界（人大代表、政协代表等）的精英。新时期，参与区域协调规划的公众要逐步扩大，将包括个人、非营利机构、专业团体、协会、企业、社区等利益单元。

其次，构建合适的公众参与组织机制，提高公众参与的效率。从西方国家的实践来看，真正富有成效的公众参与不是个人层次上的参与，而是非营利机构、企业、社区等非政府组织的参与，而这正是我国公众参与的欠缺之处。

最后，构建公众参与机制的法律保障体系，以保证公众参与组织机构得以顺利运转和发挥其功效。

4）需要有政府的高效干预

区域规划的编制与实施，主要为大城市连绵区的区域性协调问题提供一个科学合理的平台，而需要协调解决的问题往往是市场机制很难完成的，都需要政府的高效干预和支撑。从国外的区域协调发展来看，大城市连绵区的区域协调问题，都注入了政府强烈干预的动力，尤其是财政调控手段的干预、立法手段的干预和必要的行政审批手段的干预等。因此，对于我国来说，大城市连绵区的区域协调问题，更需要上级政府的强势高效合法的干预。

### 3. 建立完善的区域管治法律法规

区域管治法制体系建设是构建区域政府合作和编制区域规划的重要法律依据。如果缺少完备的法制体系，任由大城市连绵区内的各地方政府决策主体按各自的利益行事，那么区域合作与协调便成为不受约束的纯粹的市场管理模式，区域规划编制与实施就很难，不仅易导致区域合作与协调效率的下降，而且会导致区域空间无序的加剧。区域管治法制体系建设为区域政府合作、区域规划编制、区域协调实施的合法运作提供了一个基本的框架，区域政府合作是在这一法制体系下的互动协商。大城市连绵区内的各个地方政府之间的合作、各决策主体机构的合法地位也必须通过区域管治法制体系加以确定。

#### 1）建立区域立法协调机制和立法透明机制

应建立大城市连绵区的区域立法协调机制和立法透明机制，提高区域立法质量。对各地现有的各种地方性法规资源进行整合，并不断加强区域立法协调的信息交流和立法沟通，研究探索和推动制定有关引导、保障大城市连绵区区域共同发展的法律规范。

#### 2）关于产业经济协调发展的法律框架

构建大城市连绵区产业经济协调发展的法律框架，不仅能对加入大城市连绵区区域经济中的各种投资主体进行法律引导和保护，而且能为大城市连绵区经济发展创造有序性和稳定条件。主要内容应当包括：产业经济协调发展管理法、产业经济协调发展效益评估和质量互让条例、产业经济协调发展合作与竞争法、产业经济协调发展金融保障法、产业经济协调发展环境保护法、产业经济协调发展监督法等。

#### 3）关于区域法制协调与民营经济发展

目前，区域法规统一性的缺失问题严重影响和制约了我国大城市连绵区地方民营经济发展壮大的整体推进，如公平竞争的制度环境仍未形成、资金融通渠道还未畅通、相应的服务体系不健全以及地方政府还有障碍。

积极研究和参考其他国家实施的区域开发中所积累的经验和教训，尤其是充分借鉴其开发过程中行之有效的法治措施，建构一个良好的既适应民营经济又适应外商投资的法治环境。具体包括建立合理规制、促进公平竞争、为民营经济发展创造一个公平、公开、公正的投资政策和体制环境。

#### 4）关于行政许可法的实施与大城市连绵区区域协调

在行政许可法的实施过程中，确立大城市连绵区各个地方政府联合行政许可制度，建立政府间的制度合作，规范行政许可权限的范围，逐步解决令出多门、无序竞争、重复审批的弊端，是冲破地方保护、排除地区封锁、部门垄断和行业垄断，促成大城市连绵区区域走向统一市场的根本性问题。

共同构建区域性的物流、人力资源、产权交易市场，实现对大城市连绵区区域各种资源的优化配置。强化区域行政许可的联动监督检查机制，建立许可监督一体化的标准体系和定期沟通与交流的制度，避免执法不一、重复执法和出现空白执法。定期召开大城市连绵区区域内行政许可监督检查工作例会，对工作开展情况进行经验总结和信息交流；对许可检查中出现的新情况、新问题进行共同研究和综合分析；对新年度的工作提出统一规划和具体安排。还要建立统一的监督检查结果通报制度以及联手打击违法行为机制。

## （三）区域协调目标：区域一体化和协同共赢

加强大城市连绵区的区域协调与管理，核心是加快实现区域一体化，而实现区域一体化必须有协同共赢的理念，提倡一种妥协的合作、长远的共赢的区域协调目标。

大城市连绵区各城镇不再是从个体而是从群体上参与国际劳动分工和区域市场的竞争。现在迫切需要打破以行政区域为界，冲破行政区的"诸侯经济"羁绊，树立城镇不论大小，都要自觉融入区域，加强大城市连绵区的协调，加快实现区域一体化。

因此，大城市连绵区内的各级政府决策者要有联合协作的意识，要有"协同共赢"的理念。在网络经济时代，只有联合才能增加在区域、全球化竞争中的整体实力，才能增强在国际劳动分工中的竞争力。必须树立协同共赢的理念。加强联系不是不要竞争，而是在联合的基础上与前提下竞争，互利共赢，协调发展。虽然实现完全的合作与协调不可能，但要强调保持密切的联络，沟通、谅解、互惠互利。一句话，要提倡一种妥协的合作和长远的共赢。

### 1. 加强实施区域内产业结构和布局的市场化整合

区域产业和经济活动的合理布局及相应的土地利用，是大城市连绵区区域协调发展的基础。当前，诸多大城市连绵区的区域协调问题，都出现在区域产业的空间布局方面，以及由此带来的人口、基础设施等建设活动的区域冲突问题。

从理论上讲，对于处在不同工业化层次的地区，可以通过配套性垂直分工来加强产业联系，而对于处在同一层次的地区，则可通过地区之间的互补性水平分工来加强产业联系，从而建立和谐融洽的区域竞争和合作关系，保障区域经济持续协调发展，而且这种分工只能遵循市场规律，不能用行政命令来实现。也就是说，只要坚持市场主导，通过"看不见的手"，在追求效益最大化的规律作用下，各地将会趋向于按比较优势来确定本地的产业定位，形成大城市连绵区内整体产业发展的共识，并通过协同产业优势，培养出若干具有国际竞争力的产业群落，从而最终实现资源优化配置的目标。但由于我国目前经济环境的特殊性，大城市连绵区区域产业结构和生产力布局的优化又时不我待，任务紧迫，因此充分发挥政府干预调控作用就显得十分必要。

大城市连绵区各地要实现经济的协调发展，首先必须实施从封闭型、自我完善型的产业结构向开放型、相互依存型的产业结构转变。必须根据各个城市的工业化水平、要素禀赋、比较优势，优化产业的垂直和水平分工，形成优势互补、产业互动、资源共享、差别竞争、错位发展的高效率的区域分工合作体系，实现区域内产业向更高层次整合发展，以提升产业的整体竞争力，实现乘数的集聚经济效应。

**2. 加快建设区域性要素市场，实现区域市场体系的网络化**

在市场经济条件下，市场机制通过"无形的手"自发调节资源分配和商品供求，通过平均利润调节资本在各生产部门的分布。虽然在我国经济发达、市场活跃的大城市连绵区内的各类市场分布较为广泛，市场交易额也较大，但大多数市场主要局限于各行政区的范围内，尚未以整个区域为载体来运行，各城市间市场关联度不高，对区外要素仍存在一定的市场歧视和无形壁垒，制约着区域市场一体化的深度发育。

为促使大城市连绵区内商品在区域内自由流动和实现生产要素的优化配置，必须尽快消除各种形式的地方壁垒，以发育完善的市场体系和统一市场为基础，并运用现代信息技术推动各种要素市场的联网，形成开放、规范的区域共同市场网络，包括一体化的共同物流市场、资本市场、技术市场、人力资源市场、产权交易市场、信用资信市场、旅游市场和文化市场等。

**3. 构建区域性公共基础设施建设的协调机制**

加强大城市连绵区区域内各省市间的基础设施连接，形成发达的地区交通通信枢纽和网络，强化区域内生态环境的保护，这不仅是本区域经济社会运行的支撑条件，也是本区域经济协调发展的重要内容和加强经济联合的重要领域。因此，目前就必须统一规划和协调我国大城市连绵区区域内交通运输、通信、江河治理、能源保障、生态环境保护等重大公共基础设施建设，以便早日形成大城市连绵区区域内完善的综合交通体系、信息网络体系（包括个人和企业的资信网络体系）、物流网络体系，实现资源共享、信息共用和环境共护。

在积极构筑本区域内交通、信息、物流网络等硬件设施和治理生态环境过程中，政府必须承担起统一规划和协调的职责，发挥区域共同发展基金和区域财政投资机制的作用，以避免重复建设和系统性差、网络化差的状况。大城市连绵区内各种基础设施建成之后，如何提高其利用率和最大限度地发挥其效用，也是一个必须主要由政府出面协调解决的问题。

## （四）区域协调政策：利益平衡的一体化

作为公共政策的组成部分，区域政策实质上是政府对一定范围内经济资源的空间配置所实施的公共干预行为。区域政策是针对区域问题而出现的，区域问题是有阶段性变化的，区域政策的重点也会随着主要区域问题的变化而改变。

区域协调政策的核心就是在一定时期内权衡区域内不同发展主体、不同地方政府、不同社会阶层之间的利益，通过政府的宏观干预，使得在区域一体化过程中受损的利益方能够得到合法有效的保护，促进一定区域内的社会经济与生态的和谐发展。区域协调政策包括区域补贴、税收、财政、产业、土地、投资等各个方面，现在重点阐述以下几个方面：

**1. 区域补偿政策**

区域补偿政策是上级政府协调大城市连绵区的区域发展问题常用的一种政策途径，

也是政府强势干预的重要手段，也是促进区域规划有效实施的重要保障。其核心就是通过上级政府的转移支付手段，或者通过同级政府之间组建的区域合作政府的转移支付手段，支持在区域一体化进程中利益受损的地方区域，以缩小地区差距，保障地区相对均衡发展。

### 2. 发展政策一体化

从前述分析可知，我国大城市连绵区区域发展的一个重要问题是政策壁垒较为严重，区域内各个地方政府制定的产业、财税、土地、投资等各个方面的政策差异较大，严重影响了区域经济发展的正常市场秩序。因此，发展政策一体化是推进区域一体化、实现区域协调发展的重要环节，是营造区域公平竞争环境氛围的根本所在，预防区域内的资源过度竞争、基础设施的重复建设等。发展政策一体化主要包括税收、财政、产业、土地、投资、贸易等各个方面，尤其是外资引入、民营经济发展等都应该在公平竞争的发展政策体系中，否则，区域协调目标很难实现。

建立大城市连绵区内一体化的投资制度安排，就跨行政区域的基础设施投资、项目投资等进行统一磋商与落位，以创造共赢的一体化硬件投资环境。建立和完善大城市连绵区联合对外招商机制。对外招商（包括会展）计划制定和工作开展要打一体化的区域品牌，应该采取联合行动，根据区域规划，按各自的功能定位和产业发展取向进行合理配置。

建立大城市连绵区一体化的外资优惠政策安排，树立一体化的、共赢对外的招商机制，共同提升区域竞争力。建立外贸与对外开放政策，统一海关、联检制度、旅游线路等，促进外贸经济活动的一体化。

按照大城市连绵区的区域规划，由政府统筹安排区域内的工业区布局以及物流业、旅游业、传统服务业、现代服务业等第三产业布局，以此为基础，建立相应的产业政策保障体系，即对不同区位的产业布局制定相应的产业政策与门槛，追求大城市连绵区一体化的共赢产业发展目标。

## 六、基于区域协调发展的政府管理体制创新

通过上述的分析判断，我国大城市连绵区的区域协调发展，应该选择的区域合作政府管理体制是什么，我国现阶段的政府管理体制应该如何创新和改革，是当前急需解决的重大课题。本专题从区域协调发展对区域合作政府管理体制的基本要求分析入手，结合我国实现区域合作政府组织具有可操作性的可能性，来探讨我国大城市连绵区区域协调管理之模式。

### （一）区域协调发展对政府管理体制的基本要求

#### 1. 政府管理体制改革的可能性分析

1）区域协调发展的客观需求分析

根据前述的分析判断，借鉴国外经验和教训，大城市连绵区区域协调急需建立一

个具有公共行政职能的区域协调组织，可以是政府性质的，也可以是非政府性质的，核心是要赋予该组织法定行使跨区域协调的职能。

据调查，当区域系统内的"经济单元"处于自然状态下，各个城市间若没有人为地创造条件，其协同效率最大值仅为40％。因此，要进行大城市连绵区内城市之间的整合，区域性权威协调机构乃是不可或缺的组织保障。必须尽快建立和完善能发挥协调作用及各利益主体参与的多层次的全面协商机制，特别是官方机构的协调、政府政策的协调。

2）区域协调组织载体的可能性分析

既然大城市连绵区的区域协调发展需要一个权威性的协调机构，那么，在我国的行政层级体系中，哪一层级的政府可以承担此功能？这是政府管理体制创新直接面对的问题。

（1）行政区划调整途径不现实

目前，我国是实行单一制中央集权制的国家，地方政府是由中央政府设立的，其权力是中央政府授予的。按照宪法规定，我国行政区域层级为省、自治区、直辖市－自治州、县、自治县、市－乡、民族乡、镇三级。地方各级政府是地方各级国家权力机关的执行机关，是地方各级国家行政机关。地方各级政府对上一级国家行政机关负责并报告工作。全国地方各级政府都是国务院统一领导下的国家行政机关，都服从国务院。

因此，目前实行的地方政府制度，决定了中国地方政府主要是代表中央政府全面控制和管理地方社会，客观上形成了政府强于社会、统制多于服务的基本格局。通过行政区划调整来管理大城市连绵区，来处理协调当前的重大区域性问题，在目前的中国政府管理体制现状和趋势来看，具有较大的难度且是不现实的。

（2）另外构建一个跨区域的行政层级不现实

我国由于现在已经存在省、自治区、直辖市－自治州、县、自治县、市－乡、民族乡、镇三级政府，再加上目前的地级市政府，共有四级政府；独立再构建一个跨地市的、具有完整行政地位的政府，其可能性较小。

（3）强化省级、中央等区域政府的跨区域协调职能也不现实

对于省域（自治区域）范围内的大城市连绵区，虽然可以通过省级政府的区域协调功能，来实现省域内大城市连绵区的区域协调发展；但是，省级政府所管理的公共事务包括全省范围，而不是针对某一大城市连绵区。因此，即使省级政府行使区域协调职能，必需成立一个专门的区域协调机构，专门负责大城市连绵区内的区域协调，譬如珠三角办公室、长株潭办公室等。那么，这些办公室是什么性质的机构，与省政府什么关系、与省政府各个职能部门是什么关系，职能如何划分，都没有明确的法律界定。

对于跨省域（自治区、直辖市）范围的大城市连绵区，虽然也可以通过中央政府的强势的行政干预，但是，各级政府只对上级政府负责，在不违反国家方针政策、法律法规的前提下，核心是完成上级政府下达的任务目标，更多的是考虑自身的地方利益，而不是区域协调的整体利益。因此，当前的中央政府对跨省域（自治区、直辖市）

的大城市连绵区的区域协调问题，也很难有强有力的调控手段，譬如京津唐、长三角、成渝等。

因此，依靠省级、中央等区域政府来解决我国大城市连绵区的区域协调问题也是不现实的，但这并不等于不需要省级政府、中央政府的强势的行政干预。大城市连绵区的区域协调发展是需要政府强有力支持的。

3）现实途径：组建联合管治的区域协调组织机构

通过国外经验以及我国国情分析，在大城市连绵区内，组建各个城市政府联合管治的组织机构的可能性较大。多个城市政府组成的联合管治组织不是一个综合职能的政府，而应该是针对若干区域重大问题的专门性协调解决机构和企业化的执行组织，它主要致力于解决更大区域内的协调发展问题（江海港口、高速公路、铁路、机场、大区域环境整治等）。而为了促成这一区域性机构的政府管理体制的有效运作，可以赋予它以区域环境整治、交通建设等资金的分配权、区域性空间协调发展的审批权或实施监督权、区域性贷款投资的倡议权等。

综上所述，解决大城市连绵区的区域协调发展问题，不仅仅需要依靠当前的宪法规定的三级政府的有效干预，而且，更为重要的是需要组建一个联合管治的区域协调组织机构，为各个城市政府解决大城市连绵区的区域协调问题提供一个载体平台。至于当前法定的政府层级的管理体制改革与创新在此不予讨论，本专题重点讨论基于大城市连绵区区域协调发展的政府管理体制改革与创新，即联合管治的区域协调组织机构的体制创新。

因此，联合管治的区域协调组织机构是一个复合行政事权、区域公共管理型的政府组织，不是宪法规定政府层级的行政管理机构，而是为了解决区域协调问题而组建的战略伙伴协调关系的公共社会管理组织；它与地方政府层级没有等级地位之分，而只有行政服务职权之分。

2. 基本要求分析

大城市连绵区联合管治的区域协调组织机构管理体制，不是单纯的某一政府的管理体制问题，而是区域内所有政府之间的合作管理体制问题。建立区域合作政府管理体制是实现大城市连绵区区域协调发展的重要举措，区域协调发展客观要求政府之间的区域合作，而联合管治的区域协调组织机构的建设就必须以区域协调发展为目的。

1）行政管理体制要求：政府与市场、社会的关系

从国外几次较大规模的区域调控政策来看，都是在过分依赖市场后推出的，且这一时期的区域协调制度、区域协调理念、区域协调体制等都会向前推进。其中核心问题就是如何处理政府与市场之间的关系。在大城市连绵区的区域协调发展过程中，实质上是区域一体化的过程，而这个过程需要通过市场机制来完成，但是，对于区域一体化过程中市场机制很难奏效的公共基础设施建设领域、社会公平领域等，就需要政府的干预和制度安排来促进区域一体化的健康发展。这不仅是发达国家普遍考虑的问题，更是中国未来大城市连绵区区域政策需要关注的问题。

因此，区域一体化主要推动力量来自政府、社会与市场。尽管这三股推动力量的着力点有差异，作用的方式有差异，作用的结果也有差异，但只要这三股力量方向一致，形成合力，就能共同推进大城市连绵区区域一体化，就能增强大城市连绵区的综合实力与国际竞争力。大城市连绵区内的联合管治的区域协调组织机构，需要建立与世界接轨的"政府—市场—社会"结构性协同机制的行政管理体制，提高联合管治的区域协调组织机构的管理水平，这不仅是我国大城市连绵区各个城市政府决策者和管理者面临的重要课题，也是我国未来区域政策必须关注的一个重要问题。

2）目标考核体制要求：效率与公平的关系

区域协调发展目标考核的重点是区域发展效率与区域社会公平之间的关系，主要是提高综合竞争力，更有效的管理土地，促进环境可持续发展，增强基础设施建设能力等。要实现大城市连绵区内的区域协调发展，就会有某些地方区域的发展受到限制，为了整个区域协调发展，该区域地方利益就会受到损害，这就出现了区域内的发展不公平。因此，联合管治的区域协调组织管理体制设计必须高度关注在大城市连绵区区域一体化过程中的效率与公平的关系，必须建立相应的体制制度，保障区域协调发展。

3）公共权力体制要求：社会化管理与制度化管理的关系

由于当前法定的政府管理的权力都是中央政府赋予的，都是制度化的管理权限，是建立在严格法律基础上的公共行政管理体系。而大城市连绵区联合管治的区域协调组织机构是非法定的区域协调组织机构，既有各个地方政府为了区域协调发展而剥离出来的公共行政管理权力，也有各个地方政府共同认可赋予的社会化公共管理权力，还有上级政府或民间社会赋予的项目投资许可权力、重大项目审批权力等。因此，此联合管治的区域协调组织机构是一个社会化、制度化、公益化管理相结合的公共权力体制。处理好社会化管理和制度化管理的关系是大城市连绵区联合管治的区域协调组织机构公共权力管理体制必须关注的重要问题。

4）资源配置体制要求：强制性管理与引导性管理的关系

由于严格的行政区划，大城市连绵区各地方政府为了达到本区域经济利益最大化，展开了对区域内有限资源的争夺，这不仅严重影响了区域内的经济、社会要素的自由流动，而且导致了产业结构趋同、基础设施建设重复、区域环境污染日趋严重等一系列问题。

大城市连绵区区域协调发展需要解决的一个重要问题是如何合理配置区域内的各项资源。一般来说，区域内的各种区域性矛盾几乎都与资源配置不公平、不合理有关。因此，联合管治的区域协调组织机构的一个重要职能就是合理高效配置区域空间资源，这是区域协调发展的客观要求和关键所在。

但是，在大城市连绵区内，不是区域内资源的完全配置，而是有序合理配置；其中有些空间资源将会重点优化鼓励发展，而有些空间资源将会禁止限制发展。所以，大城市连绵区联合管治的区域协调组织机构管理体制，必须重点考虑区域空间资源配置体制要求，高度关注强制性管理和引导性管理的关系。

## （二）联合管治的区域协调组织机构的类型分析

### 1. 基本前提分析

1）基本原则

大城市连绵区联合管治的区域协调组织机构建设的基本原则有两条：区域价值最大化和交易费用最小化。在区域协调组织的构建中，交易费用主要包括：（1）签约费用，主要指各个城市主体间为签订契约而花费的成本；（2）监督费用，主要指委托人、监督代理人的费用；（3）组织运行成本，尤其是城市政府运行成本；（4）资产专用的机会成本，跨国公司投资于某城市意味着其专用资产于城市，这种投资具有机会成本性质；（5）制度变迁成本（组织转变成本）。

2）区域合作协调机制类型

在上述原则指导下，联合管治的区域协调组织机构的区域合作与发展的协调机制设计，大致有两种类型可供选择：一是制度化的协调机制；二是非制度化的协调机制。这两种协调机制的运行方式、内容不同，其成效也有所不同（表3-8-6-1）。

<table>
<tr><td colspan="2" align="center">区域合作协调机制的比较</td><td align="right">表3-8-6-1</td></tr>
</table>

| 制度化 | 非制度化 |
| --- | --- |
| 缔结条约或协议，具有法律强制性 | 由领导人作出承诺，缺乏法律效力 |
| 进行集体谈判 | 采取集体磋商的形式 |
| 组成严密的组织 | 松散的组织形式 |

一般来说，制度化的协调机制更有利于推进区域紧密型合作与发展，但这需要具备相应的条件，如中央与地方关系、行政体制框架、外部竞争环境、内部经济关联等。从目前我国实际情况来看，实行制度化的协调机制条件尚未具备，宜采取二者结合的办法，不断扩大区域合作的范围，也可视大城市连绵区不同发展阶段，不同层次逐步建立和完善。

3）区域合作阶段划分

区域合作一般分为四个阶段：一是舆论引导，统一思想；二是项目合作，点上突破；三是形成自动的衔接，这也是一体化的开始；四是全面的合作，包括制度上的衔接，实现真正的一体化。现在，长三角、珠三角的合作已经处在由第二阶段向第三阶段过渡的水平了，正步入从务虚到务实、从议事到做事的阶段；而京津唐等大部分大城市连绵区都处于第一、第二阶段上。

### 2. 形式类型

在大城市连绵区区域协调组织的构建中，根据区域合作的阶段差异，我国联合管治的区域协调组织机构类型主要有：

1）联席会议性质的区域协调组织机构

在区域合作意识形成初期，大城市连绵区各级政府的区域合作和协调尚未进入实质性的认同层面，需要一个舆论引导、统一思想的过程。因此，对于此阶段的大城市连绵区，可以组建区域合作研究联席会议组织机构，主要以城市联席会议制度为基础，目标是形成对区域协调发展形成框架性的区域合作协议，基本上没有公共事务的职能，主要任务是召集城市联席会议，为下一步的区域合作奠定基础。目前，我国大部分大城市连绵区都处于这一阶段。

2）委员会性质的区域协调组织机构

委员会性质的区域协调组织机构主要是指由政府、社会、团体、企业、公众等不同社会阶层组成的、具有公共管理权力的半官方政府组织机构。譬如大城市委员会、区域规划协会、区域规划委员会、区域立法委员会等。目前，我国比较典型的是城市规划委员会，但是缺乏广泛的公众参与机制。但是，这说明委员会性质的区域协调组织机构可以作为大城市连绵区联合管治的一种区域协调组织机构形式。

3）合作伙伴性质的联合管治政府或专业化部门

合作伙伴性质的联合管治政府或专业化部门是国外大城市连绵区常用的形式。由于我国大城市连绵区形成发育尚未成熟，目前大部分都处于联席会议性质的区域协调组织机构阶段。随着我国大城市连绵区区域协调发展要求的日益迫切，政府管理体制的改革创新的突破，合作伙伴性质的联合管治政府或专业化部门应该是我国大城市连绵区进行区域合作与协调的主导方向。

4）企业性质的政府董事会

企业性质的政府董事会是加拿大温哥华、蒙特利尔大城市连绵区采用的一种区域协调组织机构形式。由于我国目前地方政府管理权限非常有限，且重大项目投资的权力主要集中在上一级政府，因此，企业性质的政府董事会不适合在我国推广。

综上所述，我国总体来说适合采用自上而下的联合管治的区域协调组织机构形式，而自下而上的联合管治的区域协调组织机构形式不适宜我国的国家社会经济制度；也就是说，联合管治的区域协调组织机构的建设，需要上级政府的强烈的行政干预。

## （三）联合管治的区域协调组织机构的管理体制建设

### 1. 层级体制

根据我国国情，我国的大城市连绵区可以通过建立由二级双层管理体制组合成的三层管理系统来进行管理：

第一层次：区域性协调机构，是多个大城市政府的联合层面；

第二层次：各地方政府机构，按照国家宪法赋予事权进行本区域事务管理；

第三层次：各基层政府机构，按照上级政府的法律规定进行本基层范围内的日常事务管理。

### 2. 职能体制

首先，要改变传统市管县的等级化行政管理模式，地方城市政府应该将具体的城市管理职能交给区级政府负责，而重新恢复其作为一级区域性政府职能。

其次，随着城市政府职能的改革将经济运行、管理职能淡化，进而逐步将宏观经济协调职能转移到多个城市政府联合组织或省级、国家级层次，以此共同组成一个空间一体化管理的大城市连绵区双层政府管理体制。

处于下层的县（市）、区的政府负责所在城市的日常社会服务职能，譬如教育、住房、城市卫生、社会福利、城市建设，小城镇政府更加强调社区生活服务功能，而将交通、水利、土地、环境等条条性的规划管理职权交给上层政府，但可以在本级政府内设置具体实施的机构。

处于上层的大城市连绵区的区域性机构负责本区域的区域性服务职能，譬如区域供水和排水、垃圾处理、公路交通等基础设施的协调建设、环境保护、农业发展、区域空间开发管理、战略规划编制及实施监督等，以条条性的管理职能为主。

无论是采用哪种形式的联合管治的区域协调组织机构，都可以按照大城市连绵区所处的区域合作阶段，适时的调整不同层次的公共管理与公共行政职能的权限范围，以适应大城市连绵区区域协调发展的客观要求，适应整个区域一体化的战略要求。

3. 运作体制

大城市连绵区一般都是跨多个行政主体，因此它的管理模式设计应该本着"沟通协调"的原则，在尊重区域内各个利益方面的基础上，以追求区域整体利益和长远最优为准则，互惠互利，共同发展，倡导城市各个政府机构之间的对话与合作，通过对跨区域基础设施、大型骨干工程的建设和城乡空间开发与保护的引导，保证重点开发地区的建设效益，协调利用区域资源，有效保障生态环境。因此，大城市连绵区联合管治的区域协调组织机构运作体制就是沟通协商制度。

沟通协商制度建设，应该遵循依据法规、方向明确，统筹兼顾、平衡冲突，求同存异、灵活权变，客观公正、实事求是的原则。沟通协商制度包括律令式协调制度、建议式协调制度、紧急式协调制度、缓冲式协调制度等。

沟通协商制度包括各个地方政府的内外、上下、平行之间，在认识和工作上的信息沟通、联系密切、融会交流，就不容易产生冲突，即使产生了也易于消除。

4. 政策体制

大城市连绵区内不同行政主体在政策和制度方面的冲突和矛盾，是区域经济协调发展的交易成本居高不下的重要因素。因为缺乏统一的区域性规划、政策和制度，所以大城市连绵区内的经济合作至今还只具有形式上的发展而缺乏内在机制上的进展。譬如对异地投资企业实行双重征税、对区域内合作双方的合法权益的法律保障不力等现象，大大增加了区域经济的运行成本。因此，要解决好大城市连绵区区域经济协调发展中所面临的主要问题，调整、补充与完善现行的区域政策体系，促进区域政策的法规化及区域经济管理和调控的法制化，积极促进公共政策一体化建设，就成了当前的重大任务。

一是各地要清理和废除妨碍本区域经济互动发展的旧的政策、制度，在户籍、就业、住房、教育、医疗、社保制度等方面，加强行政协调，联手构建统一的制度框架和实施细则。

二是要克服各自为政的倾向，联手制定与协调各地产业、财政、贸易政策等，通过产业整合、资本市场、税收调节、物流网络等手段，重建区域经济新秩序，为多元化市场主体创造公平竞争的环境。

三是要协调招商引资、土地批租、外贸出口、人才流动、技术开发、信息共享等方面的政策，着力营造一种区域经济发展无差异的政策环境，对各类经济主体实行国民待遇。在条件成熟时，应制定一个本区域内各地共同遵守的区域经济一体化公约，内容包括：区域生产力布局原则、区域产业发展准则、开放共同市场、促进人才交流、建立一体化的基础设施网络、统一开发自然资源、统一整治和保护环境、建立协调的管理制度等，作为促进本区域经济协调发展的共同行为准则，以强化地方政府调控政策的规范化和法制化。

# 七、长三角、珠三角、京津冀区域协调与政府管理体制改革建议

## （一）长三角

### 1.区域协调建议

1）积极扩大政府引导、民间参与的区域协调发展模式效应

当前长三角大城市连绵区内地方政府区域合作意识比较强烈，同时，民间企业的区域经济合作意识也较旺盛。虽然目前的政府管理体制和国家社会经济制度不利于大区域的合作与协调，但是，作为经济发达的长三角大城市连绵区，应该有能力也必须走区域一体化的道路。因此，建议长三角大城市连绵区的各个地方政府应该充分利用民间企业参与意识以及行业协会组织，加强政府合作的引导，继续扩大政府引导、民间参与的区域协调发展模式的效应。

2）尽快编制完成长三角大城市连绵区区域规划，强化中央政府的干预

当前，在住建部的倡导下，长三角大城市连绵区的沪、浙、苏三个省级政府和安徽省政府正在编制长三角城镇群区域规划。这是长三角大城市连绵区区域合作与协调的重要步骤，需要继续强化中央政府对沪、浙、苏、皖四个省市区域协调的行政干预力度，尽快编制完成具有中央政府间接调控影响力的长三角大城市连绵区的区域协调规划。

3）进一步促进区域经济一体化进程，突破和消除行政壁垒

长三角大城市连绵区内产业结构比较完善，区域经济比较发达，区域合作的潜力空间较大。因此，通过区域经济一体化来推动整个区域政策、区域管治一体化进程，是比较现实的途径。当前长三角大城市连绵区当务之急就是加强出台促进本区域经济一体化进程的措施和制度，为长三角的区域全面合作奠定坚实基础。

4）尽快完善和统一区域管治法律法规

目前，长三角大城市连绵区内不同层级政府出台的各项招商引资、土地使用、产业税收等方面的政策制度差异较大，极大妨碍了长三角大城市连绵区区域一体化进程。而健全完善的法律法规体系是推进区域协调发展的根本保障。因此，尽快理顺、完善和统一区域管治的法律法规体系也是当务之急。

5）重视区域合作的制度建设，建立区域协调机制

建立和维持区域合作组织运作的一个基本前提就是必须建立一个具有广泛代表性、各个利益群体能够平等协商的区域性协调组织，这就是目前国外大城市连绵区区域管治协调最基本的成功经验。目前，长三角城市经济协调会、长三角政府高层领导座谈会是处于比较低层次的区域合作组织，对长三角各个地方政府之间统一思想具有较大的推动作用，但是，对于实质性的区域合作制度安排起不到根本性作用。而长三角大城市连绵区区域合作已经成为必然趋势，已经突破了统一思想的阶段，应该通过成立具有区域管治事权的区域协调机构，高度重视区域合作制度建设，尽早把长三角大城市连绵区的区域合作和协调往前推进。

2. 政府管理体制建议

多年以来，企业和民间自发、分散的合作意愿和经济要素的流动，全面推进了长三角政府间的合作。但目前政府间的合作机制难以从根本上消除长三角一体化进程中一些体制性难题。所以，根据前述国情分析，可以在政府主导以外寻求建立一个长三角"第二合作平台"，通过组建区域性协调组织机构，形成市场力量的利益共同体，建立市场与政府间相对均衡的沟通和对话渠道，以此推动政府合作向纵深发展，加快区域一体化进程。根据当前长三角区域协调组织机构建设情况，结合长三角区域协调与合作的现实问题和优势，提出长三角大城市连绵区联合管治的区域协调组织机构管理体制建议：

1）区域规划与咨询机构：组建区域发展规划委员会

组建由中央政府相关部门、省级政府、长三角各个城市行政首脑、工商代表、市民代表、社会团体等为成员的区域发展规划委员会，根据沟通协商一致的原则，负责审核、确立长三角大城市连绵区的发展规划方案（含大型基础设施规划、功能区规划、水资源利用保护规划、生态环境保护规划等内容），制定区域政策（含区域组织结构、行为议事规程、区域经济政策等内容）。在区域发展规划委员会下，可以根据协调需求分设若干个委员会。

譬如，通过兼职的形式，设立由国内外知名专家学者、企业家组成的长江三角洲咨询委员会，负责向区域发展规划委员会提供长江三角洲区域发展规划方案的咨询建议。此外，应设立独立的、具有秘书处性质的长江三角洲协调办公室，负责组织安排会议、收集与发布信息、组织相关课题研究。

再如，以苏浙沪三省市和长三角16城市的发改委为主体，会同有关政府规划管理部门，共同成立"长三角城市规划与协调发展委员会"。

2）区域决策与管理机构：组建区域联合管治政府机构

强化现已形成的、建立在长三角城市经济协调会基础之上的16城市市长联席会议制度，设立常设的专门管理机构，即区域联合管治政府机构，变每两年召开一届会议为一年召开一届，并使其与一年一度的沪苏浙经济合作与发展座谈会制度相衔接，促使长三角区域一体化发展模式从过去省市之间、地区之间的对话、交流、协商等非制度性安排，向着组织、协议、地方立法等制度性安排转变。

加强联合管治政府机构与各个地方政府区域协作办公室的工作联系，尽快完善相应的沟通协调制度，强化各地政府协作办公室特别是中心城市政府协作办公室的窗口作用与管理职能，同时巩固、落实与完善各地政府职能部门开展的对口合作交流。

加强联合管治政府机构与中央政府派驻长三角的一些管理职能部门的协调分工与合作，建议以中央政府行政干预的途径加入联合管治政府机构的职能分工体系，强化它们在涉及区域公共产品和公共资源的一些局部领域实施统一规划、统一建设、统一管理的职能和权力。

3）区域立法与制度协调：组建长三角立法协调委员会

建立长三角立法协调联席会议制度，定期就有关立法事宜进行交流协调。条件成熟时可以设立一个常设的机构，如"长三角立法协调委员会"，由江浙沪人大常委会法制委员会主任或政府法制办主任以及有关法律专家组成，主要职能包括听取意见制度、交叉备案制度和跟踪评价制度等，完善长三角立法预防机制，端正立法指导思想和加强立法理论研究，提高立法技术，培养高素质立法人员和完善立法体制及确立区域立法的选择适用机制，建立长三角区域法律的相互认可和法律资源共享机制，以解决目前长三角区域法律不统一的问题。

构筑长三角立法信息交流平台。江浙沪对有关长三角地区的地方性法规和法规性决定的制定和修改信息，事先进行沟通，建立一个立法信息交流平台，将协调的意见反映在各省市的立法活动中，沟通协调省级、较大市级的地方立法主体的立法活动，更好地促进区域经济的一体化发展。

长三角区域一体化进程需要立法支持，不少跨省市立法事项属于中央立法的范围，例如行政区划、重大基础设施建设、财政体制、金融体制，均需要由中央立法。而为促进和保障长三角区域统筹、协调发展，江浙沪两省一市的立法机构也需要积极推动和协助中央立法机构制定诸如《长三角区域开发与管理条例》、《长三角区域经济合作规定》等规范性文件。

4）行业组织与管理协调：组建跨区域的长三角同业行业协会

建立跨区域的长三角同业行业协会，可进一步协调长三角区域内的竞争机制，通过同业企业的联合，通过自治和自律的方式规范企业，倡导企业间的良性竞争，达到全区域内行业资源的优化配置；可承担区域内相关标准、资格认证和质量检测方面的统一制定和执行工作，消除地方政府的行政干预，消除社会对相关公正性的顾虑。譬如长三角内中高级口译资格证书的通用，开了区域内职业资格互认的先河；还可在长三角建立分类信息平台，实现区域内信息的共享。

同时，国家应制定区域性行业协会操作细则，建立风险分担机制，明确区域性行业协会注册、运作、监管等一整套程序，规范对区域性行业协会的具体管理，并形成制度。可建立有国家主管部门和注册地政府共同参与的二级管理制度，对区域性行业协会的管理实行管理风险分级负担机制。同时处理好全国性行业协会与区域性行业协会之间的利益关系，在交纳会费和参加活动方面，区域性行业协会可以集体会员的形式加入全国性行业协会，服从全国性协会的统一指导。

## （二）珠三角

### 1. 区域协调建议

1）尽快建立区域规划实施的监督机制，完善区域管治法律体系

当前，珠三角城镇群区域协调规划已经以立法途径颁布实施，但是，只有规划没有实施监督机制的法律，是很难有成效的。因此，珠三角的区域规划已经迈出了较为重要的一步，目前当务之急就是建立完善的区域规划实施监督机制。

2）充分利用省政府作用，尽快建立区域投资机制和区域联合基金机制

珠三角大城市连绵区不涉及跨省的区域协调问题，在当前我国行政管理体制下，省级政府是有条件、有能力来进行区域协调和管理的。因此，珠三角大城市连绵区的区域协调与合作，应该充分利用省政府的行政平台，尽快赋予区域协调组织机构的部分公共行政职权，建立高效的、畅通的区域投资机制和区域联合基金机制，通过政府的财政投资调控手段，推进珠三角区域一体化进程。

3）尽快完善区域协调组织机构，扩大职权范围

珠三角区域性组织的协调往往仅表现为地区领导人之间的一种承诺，缺乏法律效力和刚性约束，难免出现很大的局限性。虽然已经有珠三角城镇群区域协调规划领导办公室，但是，由于赋予职能有限，且仅有职权限于建设范畴，面对纷繁复杂的区域性问题，该机构无能为力。因此，目前珠三角大城市连绵区的区域协调发展，应该尽快提升该机构的地位，扩大职权范围，由单一的区域协调组织机构转变为综合性的区域协调组织机构，并建立完善的与各个省直部门之间沟通协商的机制。

4）要完善泛珠三角与珠三角大城市连绵区之间的区域协调机制

当前泛珠三角的区域合作与协调涉及9个省、自治区和2个特别行政区，而珠三角大城市连绵区的区域协调发展是在泛珠三角区域合作与协调的过程中进行的。因此，需要积极完善泛珠三角与珠三角大城市连绵区之间的区域协调机制，主要在区域贸易政策、区域能源政策、区域基础设施建设、区域生态等各个方面。

### 2. 政府管理体制建议

与长三角不一样，泛珠三角区域中各级政府的行政等级类型较多，有特别行政区、省级政府、经济特区、副省级城市、地级市等。就目前行政权限来看，由于香港、澳门两个特别行政区是高度自治的，因此，珠三角大城市连绵区的地方政府都是在省政

府领导下行使中央赋予的行政管理职权。从这个角度来说，珠三角大城市连绵区的政府管理体制相对比较简单。

1）珠三角区域联合管治政府机构

由于在中山、东莞等县级市升级为地级市的城市管理系统中，没有县级行政管理单元，精简的行政层级就为珠三角大城市连绵区的政府管理体制改革创新提供了前提条件。在省政府的行政干预下，组建珠三角区域联合管治政府机构是有条件的，也是可能的；进而形成两级政府三层管理的政府管理体制，即珠三角区域联合管治政府—地级市政府—区政府、镇政府。

珠三角区域联合管治政府机构由广东省政府牵头，主要由珠三角大城市连绵区内的各个城市政府代表、企业代表、市民代表、社会团体代表等组成，必须赋予一定的法定资格，赋予一定的规划和投资的职能，并给予一定的社会公共行政管理的职权。在区域联合管治政府机构中，根据区域协调需求，下设各个委员会、办公室等。

譬如，组建"珠三角区域经济协调发展指导委员会"，对珠三角地区经济协调发展提出战略性、方向性的指导意见，并协助解决与国家规划、有关政策的衔接事宜。

再如，组建"珠三角区域市长联席决策会议"，使其真正成为珠三角区域一体化发展的有效协调机构。就区域内经济发展的重大问题进行协商，通过构建区域发展政策协调和磋商机制，对关系共同利益的产业结构布局、基础设施建设、公共资源利用、生态环境保护、技术创新体系培育、经济犯罪打击、市场秩序维护等作出统一规划或决定。

另外，组建"珠三角区域协作办公室"，贯彻落实珠三角联合管治政府机构作出的相关规划和决定，并负责组织区域内经济联系和合作的相关具体事务。

2）泛珠三角区域合作委员会

对于珠三角大城市连绵区与泛珠三角的区域合作与协调，主要以广东省政府与其他省区政府进行协调与合作，在"9 + 2"区域合作框架协议基础上，建立泛珠三角区域合作委员会，将论坛、座谈性质的、松散性质的高层领导会晤机制制度化，定期针对跨区域合作的重大问题进行磋商与协调，积极促进泛珠三角区域协调发展。

泛珠三角区域合作委员会由中央政府牵头，9省（自治区）、港澳共同参加的联席协调会议制度化的常设机构。随着区域经济一体化的发展，泛珠三角应逐步将协调重点从微观调向宏观，从自发走向自觉，最终建立统一的、由11个政府参与的泛珠三角区域经济协调机制。

3）珠三角区域性行业协会

与长三角地区一样，区域性行业协会对地方产业经济发展具有较大的支撑作用。除政府之外，民间组织是区域经济合作的多层协调组织中一个重要的层面。区域内企业间的民间协调机构应当主要是行业协会。行业协会具有内外协调、信息沟通、参政议政、行内监督、行内管理等多种功能。这些功能的充分发挥，对珠三角区域协调发展能起积极作用。

跨省市的行业协会在区域内企业间开展技术合作、制定行业标准、交流沟通信息、避免恶性竞争、完善信用环境、利用民间资金、仲裁商务纠纷等方面可以发挥极为重要的作用。因此在政府和企业之间构建一层强有力的行业协会，并使之充分发挥应有的作用，应成为加速珠三角区域协调发展的重要条件。

## （三）京津冀

### 1. 区域协调建议

1）继续强化中央政府的行政干预和国家级项目的推动

当前，京津唐大城市连绵区区域合作进程相对迟缓，但是，在北京奥运会的推动下，以及中央政府有关部门的强烈干预推动下，京津唐大城市连绵区的高层领导开始跨入区域合作进程，但区域合作不是全地域的政府之间的合作，是具有影响力的城市政府之间的合作。因此，对于京津冀区域，中央政府还需加大行政干预的力度，加大国家级投资建设项目的力度，走自上而下的区域合作道路。

2）尽快编制完成京津冀城镇群区域协调规划，统一区域合作思想认识

在国家发改委、住建部的指导倡议下，目前正在分别编制京津冀区域发展规划、京津冀城镇群区域协调规划。这两个规划的出台，对于统一京津冀地区各个城市之间的区域合作意识将起到重大的推动作用。但是，由于京津冀区域合作层次较低，这种缺乏区域协调组织机构的区域规划先行的做法，将很难作为实施京津冀区域合作与协调的重要依据。

3）尽快提升区域合作的层次，建立京津冀区域合作机制

京津唐大城市连绵区内的区域合作研究联席会议是框架协议性质的，且是在发改委、商务部门等专业部门的倡导下发起的，因此，目前尚未上升到真正意义上的政府合作层面，仅仅是部门合作的层面。因此，京津唐大城市连绵区应该尽快建立各个城市政府市长层面的区域合作磋商机制制度，提升区域合作的级别，建立常设的京津冀区域合作机制框架。

4）充分调动区域中心城市参与区域协调发展的积极性

京津唐大城市连绵区城乡二元结构显著，大城市、特大城市较为集中，而中小城市发育不完善。区域中心城市尤其是北京、天津、唐山等城市是京津唐大城市连绵区的核心。因此，充分调动这些区域中心城市参与区域协调发展的积极性，是建立京津冀区域合作机制的关键所在。

### 2. 政府管理体制建议

京津唐大城市连绵区的区域协调管理体制具有较强的特殊性，一是北京是首都城市；二是中心城市与下一级别城市之间的差距较大，二元结构显著，是典型的自上而下的城市化模式；三是具有两个较强经济功能的直辖市。因此，京津唐大城市连绵区的区域政府管理体制也相应具有较强的特殊性。

1）城市联盟委员会

在京津唐大城市连绵区内，组建城市联盟委员会是一个比较现实的选择，根据各

个城市的经济发展实际，采取逐步加入城市联盟委员会的途径，来扩大和推进京津冀的区域协调发展。

目前，比较现实的做法是，由北京、天津、唐山、秦皇岛、廊坊、承德、沧州、保定等城市组建京津冀城市联盟委员会，首先解决大城市连绵区内局部区域的区域协调发展问题。它的职能就是就区域协调发展过程中的重大区域性问题进行磋商协调，譬如交通基础设施建设、生态防沙建设、环境保护整治、能源水利设施建设、公共资源配置等。根据问题需求，城市联盟委员会设置专门的办公室，来行使区域协调职能，譬如召集会议、研究咨询等。在条件成熟的时候，可以赋予城市联盟委员会某些方面的公共管理职权，尤其是项目资金贷款、财政转移等方面的表决权力。

因此，城市联盟委员会是京津冀未来区域联合管治政府机构的雏形，也是主要的具有实质性公共行政权力的区域协调组织机构。

2）城市联席会议和区域合作指导委员会

在当前的《廊坊共识》和《环渤海区域合作框架协议》的基础上，继续完善深化城市联席会议制度，并设置日常协调机构，专门负责落实这些共识和协议。在条件的成熟的时候，可以提升为京津冀区域合作指导委员会，配合城市联盟委员会，负责高层领导甚至更大区域范围内的政府首长的磋商协调会议的召开。

3）区域合作发展论坛机构

由于京津冀区域合作与协调仍然处于区域合作的初级阶段，因此，区域合作发展论坛机构仍然具有不可替代的作用，具有统一思想的功能效应。因此，在有条件的局部地区，加强城市联盟委员会的区域协调职能作用；而对于条件不具备的地区，也就是区域合作落后地区，初期阶段仍然要采用区域合作发展论坛机构的形式，来促进京津冀的区域一体化进程。但是，随着区域合作的不断推进，区域合作发展论坛机构将成为城市联盟委员会一个日常性的活动开展方式，起到的作用将不是统一思想的作用，而是研究性、学术性的、探讨性的机构。

# 参考文献

[1]　王郡华 . 初探地市区域协调政府的构建 [J]. 集团经济研究 .2006.5.Vol.197.11-12.

[2]　杨保军 . 区域协调发展析论 [J]. 城市规划 .2004.（5）.Voll.28.20-24.

[3]　刘水林、雷兴虎 . 论区域协调发展的基本理念 [J]. 中南财政大学学报 .2006.（1）.Vol.154.13-19.

[4]　中国城市规划设计研究院 :《珠江三角洲城镇群协调发展规划（2004—2020）》文本，2004.

[5]　吴良镛等著 . 京津冀北地区城乡空间发展规划研究 [M]. 北京 : 清华大学出版社，2002.

# 专题报告九
# 国外大城市连绵区案例研究

# 目　录

## 第一部分　美国东北海岸大城市连绵区

# 第一部分　美国东北海岸大城市连绵区

## 引　言

　　众所周知，现代意义上国际范围内关于大城市连绵区的研究工作，起源于1957年美籍法国城市地理学家戈特曼（Jean Gottman）在美国《经济地理》杂志上发表的《大城市连绵区：美国东北海岸的城市化》（Megalopolis: or the Urbanization of the Northeastern Seaboard）一文，这篇论文着重分析美国东北海岸大城市连绵区的发展概况，同时也对世界上其他地区的大城市连绵区作了展望，成为国际上大城市连绵区研究的经典之作。目前，美国东北海岸大城市连绵区已成为举世公认的最早发育成型、规模最大、极具代表性的大城市连绵区。从1957年戈特曼开创著名的大城市连绵区（Megalopolis）研究领域至今，已经过去整整50年，这半个世纪的时间差，恰好也基本上是我国大城市连绵区发展与美国的"滞后期"。剖析美国东北海岸大城市连绵区发展的经验和教训，对我国当前的大城市连绵区规划和建设工作是十分有益的。

## 一、美国东北海岸大城市连绵区的区域范围及社会经济概况

　　关于美国东北海岸大城市连绵区的范围，一般被认为是指美国东北部大西洋沿海地区自波士顿至华盛顿的一个狭长区域，包括波士顿、纽约、费城、巴尔的摩、华盛顿等5个大城市，但具体而言，其区域范围处于不断变化之中，图3-9-1-1为1950年时东北海岸大城市连绵区的范围，图3-9-1-2则显示了1950—1960年间该区域范围的变化情况。之所以会有这样的变化，是因为美国大城市连绵区是以大城市区[①]为主要功能单元的，而大城市区的数量和范围则随着地方社会经济的发展而增长，这就导致作为诸多大城市区的集合体的大城市连绵区的范围也处在动态的增长之中。

---

　　① 大城市区是目前美国联邦统计标准中用于描述城市功能地域的一个重要类型，指一个大的人口核心以及与这个核心具有高度社会经济一体化的邻接社区的组合。根据美国人口普查局的定义，"核心基础统计区"（CBSA，Core Based Statistical Area，即"都市区"）是拥有至少一个人口在1万或1万以上的城市区域和与之有较高经济和社会整合度（主要标准为通勤联系）的周边地区组成的地域实体。包括"大城市统计区"和"小都市统计区"两种类型。其中，每一个"大城市统计区"必须包括至少一个人口在5万或5万以上的城市化地区（Urbanized Area）；每一个"小都市统计区"必须包括至少一个人口在1万到5万的城市集聚区（Urban Cluster）。参见：Office of Management and Budget. Standards for Defining Metropolitan and Micropolitan Statistical Areas，2000.

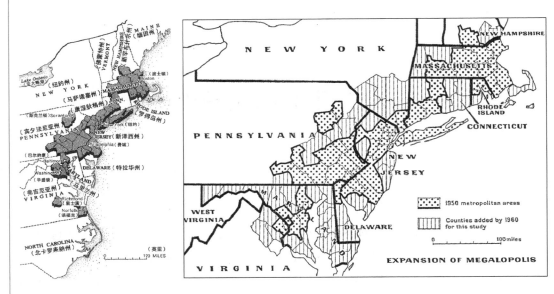

根据 2005 年 7 月弗吉尼亚工学院大城市连绵区学会（Metropolitan Institute at Virginia Tech）所公布的一项研究报告，报告显示，美国在 2040 之前将形成 10 个大城市连绵区（Megapolitan Areas，目前已形成 8 个），这 10 个大城市连绵区的面积占美国国土面积的近 20%，容纳了 1.76 亿人口（2000 年，占美国人口总数的 62%），汇聚了美国 70% 的 GDP（图 3-9-1-3）。

在美国的 10 个大城市连绵区中，东北海岸大城市连绵区以其首屈一指的人口规模和经济发展水平，保持着全国信息经济的控制中心和经济发展的"主干道"（Main Street）地位。这个位于阿巴拉契亚山脉与大西洋之间，以 95 号州际高速公路（I-95）为脊梁，以各大航空港和海港为对外口岸，以波士顿、纽约、费城、巴尔的摩、华盛顿大城市区为核心的连绵区在空间上跨越了 12 个州和 1 个特区（图 3-9-1-4、图 3-9-1-5，表 3-9-1-1），南北绵延的距离长达 800 公里。根据最新的统计数据，该区域土地面积仅占全国不到 2%（18 万平方公里），却集聚了全国近 18% 的人口（5200 万）和 25% 以上的 GDP（3.2 万亿美元），在世界经济中占据 6% 的份额（University of Pennsylvania，2006）。当前，该区域已经形成了以金融、保险、房地产、教育、医疗、信息、专业和技术服务等知识密集型产业为核心的产业体系。"美国 2050"研究显示，未来 30 年，美国东北海岸大城市连绵区人口还将增加 1800 万，对各种社会要素的凝聚力量将持续增强，是美国名副其实的枢纽地区（Regional Plan Association，2006）。

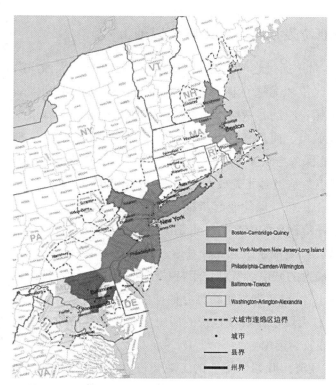

图 3-9-1-4 美国东北海岸大城市连绵区空间组织形态（左）
资料来源：根据 U.S. Census Bureau，Census 2000 绘制。

图 3-9-1-5 美国东北海岸大城市连绵区综合交通系统（右）
资料来源：根据文献 [26]、[30]、[31] 绘制。

美国东北海岸大城市连绵区五个主要大城市区概况 　　表 3-9-1-1

| 主要大城市区 | 2000 年人口（全美国排序） | 州 | 主要城市 |
|---|---|---|---|
| New York–Northern New Jersey–Long Island | 1832 万（第 1 位） | NY–NJ–PA | New York，Newark，Edison，White Plains，Union，Wayne |
| Philadelphia–Camden–Wilmington | 569 万（第 4 位） | PA–NJ–DE–MD | Philadelphia，Camden，Wilmington |
| Washington–Arlington–Alexandria | 480 万（第 7 位） | DC–VA–MD–WV | Washington，DC，Arlington，Alexandria，Reston，Bethesda，Gaithersburg，Frederick，Rockville |
| Boston–Cambridge–Quincy | 439 万（第 10 位） | MA–NH | Boston，Cambridge，Quincy，Newton，Framingham，Waltham，Peabody |
| Baltimore–Towson | 255 万（第 19 位） | MD | Baltimore，Towson |

注：DC- 华盛顿特区；MD- 马里兰州；MA- 马萨诸塞州；NH- 新罕布什尔州；NY- 纽约州；NJ- 新泽西州；PA- 宾夕法尼亚州；DE- 特拉华州；VA- 弗吉尼亚州；WV- 西弗吉尼亚州。

资料来源：U.S. Census Bureau，Census 2000.

## 二、美国东北海岸大城市连绵区发展的基本历程

美国东北海岸最早见证了美国城镇产生、兴起、发展和完善的成长过程，其形成的大城市连绵区是城市化历史进程在工业社会和后工业社会的空间表现形式。回顾美国东北海岸城市化的发展历程，大致可划分为以下四个阶段：

## （一）重商主义时期城镇间孤立发展阶段（1845 年以前）

在《独立宣言》（1776 年 7 月 4 日）通过之前的殖民地时期，美国东北部大西洋沿岸依托邻近欧洲大陆和英国的门户区位和优越的港口条件，诞生了一批以与欧洲大陆贸易活动为主的商业性城市，波士顿、纽约、费城、纽波特和查尔斯顿等海港城市脱颖而出，不仅人口规模远胜于其他城市，而且其影响也扩展到广阔的腹地，成为"推动农业发展和向内陆开发的同时又能保持与欧洲大陆联系的枢纽"[①]。其中，波士顿是殖民地历史最悠久、经济最兴盛的城市，是当时北美最大的造船中心和美洲最大的港口，商业贸易、渔业、造船业十分发达，银行、保险业起步很早，文化设施、市政设施都比较健全。纽约（当时主要分布在曼哈顿岛的南半部）也是欧洲人到达较早的殖民地，商务和金融业性质非常突出，远洋贸易、食品手工业比较发达，1800 年人口突破 6 万人，超过费城、波士顿成为大西洋沿岸最大的城市。费城位于特拉华河入海处，港口贸易、金融业比较发达，其银行系统直到 19 世纪初都与纽约难分伯仲。作为美利坚合众国的诞生地，以及美国革命前的全美第二大城市，费城独特的历史文化对其城市的发展具有深远影响，教育、文化传播等功能较为突出。

独立战争后，美国为发展国家经济，开始了早期的工业化进程。那些资金充足、劳动力丰富、市场庞大的大城市如费城、波士顿、贝佛利和普罗维登斯等，成为美国早期工厂的诞生地。伴随以水能为主的能源需求的不断上涨，工厂的地点不再只是簇拥在重要的港口附近，而是转移到水力丰富的山谷地带，但与这些大城市的距离保持在一天行程的范围内，以便于接受资本家的监督和获得城市提供的商业服务。这种"半城市化"的乡村工业发展模式，使得纽约、费城、巴尔的摩、波士顿等由殖民港口发展而来的大城市开始承担行政管理和金融的功能，成为辐射广大工业区、主宰海内外贸易的商贸中心，在全国城镇规模等级体系中独占鳌头[②]。但此时城镇间的联系主要发生在港口城市与内陆资源型城镇和乡村腹地之间，各港口城市间的关系相对孤立，地域空间结构十分松散。

## （二）早期工业资本主义时期区域城镇体系形成阶段（1845—1895 年）

美国内战时期（1861—1865 年）可视为美国工业城市时代的开端（Vance，1990）。19 世纪后半期，伴随着蒸汽动力在生产领域和交通领域的应用，东北海岸运河、汽船和铁路等交通运输网逐步形成，工厂制相应建立，在农业机械化革命释放出大量剩余劳动力、由欧洲饥荒和政治动乱引发的移民美国浪潮的推动下，东北部开始了大规模的工业化和城市化进程，工业发展的主要阵地由原先的乡村水源地区转移到城市及其周边。

---

[①] 参见：Glaab，C and Brown，A. A History of Urban Amercia[M]. New York: Macmillan Company，1967: 3. 转引自：王旭. 美国城市发展模式——从城市化到大城市区化[M]. 北京：清华大学出版社，2006.

[②] 据 1830—1931 年数据，当时美国人口规模最大的四个城市为：纽约市人口 202600 人，费城 161400 人，巴尔的摩 80600 人，波士顿 61400 人。参见：Yeates，M. The North American City[M]. Addison-Wesley Educational Publishers，1998.

到 19 世纪 80—90 年代，伴随着东北部以纺织、皮革、制鞋、服装等支柱产业体系的发展和成熟，东北部的城市化也进入了鼎盛时期，被历史学家称为"城市的兴起"（rise of the city）[①]。该时期东北部的城市化率达到 50%，主要港口城市成为重要的人口集聚中心和生产服务中心，与分布在其周边 80—160 公里、有铁路相连、在文化、政治和服务功能上受其支配的工业卫星城一起组成完整的城市系统。1890 年的一项人口统计数据显示[②]，从波士顿到巴尔的摩沿线一带正在形成一个巨大的"集合城市"，该区域分布有美国六个人口超过 50 万人城市中的四个（分别为纽约、费城、波士顿和巴尔的摩），和 50 个人口超过 2 万的城市，空间上也逐渐从沿海向内陆地区延展，逐步形成绵延 800 公里长的区域城市发展轴线。

随着铁路网络向内陆地区的长距离延伸，工业化逐步从东北部沿海向中西部内陆地区推进。在 1825 年开通的伊利运河及 1851 年通车的运河沿线铁路的支撑下，纽约不断向西扩展"势力范围"，带动了五大湖沿线制造业城镇的兴起。依托着广阔的内陆腹地，纽约一跃成为全美头号商业大埠和金融中心，服装业、印刷业等工业部门也有了长足发展。1870 年纽约市（含曼哈顿和布鲁克林）人口超过 120 万，成为全美名副其实的首位城市[③]。波士顿由于国外贸易受到纽约的挑战，国内贸易又受到远离西部和南部腹地的限制，商业优势不复存在，转而侧重发展自身的工业基础，在城市周边建设了诸如纺织城"洛厄尔"（Lowell）等一系列经过规划和管理的工业城镇。费城也在港口城市基础上发展成重要的工业城市，除了发展纺织业外，与西部煤田铁矿等资源的铁路联系，使其冶金业、机械制造业也有较大的发展。由于纽约的崛起，改变了大西洋沿岸城市"群雄并起"的局面，东北部成为全美经济发展的核心区，其辐射范围以纽约为中心呈扇形向美国大陆全面展开，并逐步形成由全国性综合中心城市纽约，地方性中心城市费城、波士顿等及大批中小型专业化城市构成的，相互依存、有机联系的城镇体系，全美城镇体系的规模分布趋于合理。

## （三）国家工业资本主义时期大城市区化发展阶段（1895—1945 年）

伴随着以钢铁、电力技术为标志的第二次技术革命高潮的到来，美国城镇等级体系在工业大生产组织的作用下被重新建构，大城市逐渐形成并占据了主导地位，一些以大规模制造业和金融业为主导的城市增长最为明显。以钢铁为主的重工业的发展和铁路交通网络的形成大大加强了城市之间的联系，在纽约保持着全国金融枢纽的同时，芝加哥成长为服务于中西部和西部的主要区域中心，东北部及与其紧密联系的中西部共同成为全美制造业心脏地带，与内陆的其他资源型地区形成了明显的"核心－边缘"关系。这一时期东北海岸人口得到快速的增长，纽约大城市区人口规模增长了三倍，

---

① 参见：Gottmann, J. Megalopolis: The Urbanized Northeastern Seaboard of the United States [M]. New York: The Twentith Century Fund, 1961.

② 参见：Gottmann, J. Megalopolis: The Urbanized Northeastern Seaboard of the United States [M]. New York: The Twentith Century Fund, 1961.

③ 参见：Yeates, M. The North American City[M]. Addison—Wesley Educational Publishers, 1998.

1920 年达到 530 万。费城增长了两倍，1920 年达 180 万。1920 年，东北海岸人口在 10 万以上的城市就有 28 个[1]。

19 世纪 90 年代电车和火车组成的快速、大容量交通系统结束了"步行城镇"（Pedestrian City）向心集中的紧凑布局方式，为城市放射状的向外扩展提供了可能。由于人们的居住、工作可以在空间上实现分离，经济活动和社会阶层的空间分布出现明显的分化，郊区有特殊经济地理意义的活动中心逐渐形成。20 世纪早期，关于城市内部空间结构的研究模型如同心圆模式、扇形模式、多核心模式等很好地描述了这一时期的城市空间扩展状态。由于城市化地域范围的扩大和城市功能的外延，美国 1910 年人口统计中首次使用了大城市区概念反映城市化发展的新现象。到 1940 年，美国大城市区的数量已增加到 140 个，占全美总人口的比例为 47.6%，接近全美人口总数的一半。

### （四）成熟工业资本主义时期大城市连绵区形成阶段（1945 年至今）

如果说第一次世界大战加速了美国制造业的增长，美国在世界经济的金融地位因此大大增强的话，第二次世界大战则成功地带领美国经济走出大萧条，开始经济增长的一段"黄金时期"。战后，科学技术的迅猛发展带来的交通通信革命及劳动力结构的"白领革命"使城市的产业升级换代成为可能，直接由第二产业发展起来的以信息采集、处理、传输为主的第四产业[2]逐渐在社会经济生活中扮演重要的角色。20 世纪 70 年代以后，伴随着被称为"阳光带"[3]的西部和南部等新兴地区的蓬勃发展，以及经济全球化下日本、东南亚和欧盟等地区经济实力的增强，作为美国传统工业区心脏地带的东北部，其制造业经济受到不同程度的结构性冲击，一些以制造业活动为主的城市如费城、巴尔的摩等，城市经济大幅下降，而一些呈现传统制造业与新兴经济部门如服务业或高科技行业共同发展的混合式经济特点的城市，如纽约、波士顿等，则增长与衰退并存。这些城市主要的经济和就业增长大部分来自商务服务业（business service）[4]、金融保险和不动产业（finance, insurance and real estate, FIRE）等生产服务业（producer service）。这一时期，除纽约、芝加哥外，旧金山、洛杉矶、迈阿密和达拉斯 – 沃思堡等西部和南部大城市区也逐渐发展成连接国内、国际资本市场的区域性交易中心。东北部仍是全美规模最大的大城市连绵区，与此同时，西部太平洋沿岸旧金山到洛杉矶一带确立了其作为美国技术和文化创新中心的地位，墨西哥湾沿岸以石化工业、新信息处理和空间技术为基础的区域中心也开始蓬勃发展起来。

在美国人口重心持续西移的同时，东北部大城市连绵区自身的形态演化和枢纽功

---

[1] 参见：Yeates, M. The North American City[M]. Addison-Wesley Educational Publishers，1998.

[2] 1977 年，美国经济学家、信息专家马克·波拉特等人撰写的《信息经济》一书，提出了国民经济活动的"四产业划分法"，即农业、工业、服务业和信息业，并分别采用了第一产业、第二产业、第三产业、第四产业的提法。

[3] 泛指美国本土北纬 37° 以南的地带，以气候温和、光照充足而闻名。人们用"阳光带"这一形象的称谓形容日趋强盛的西部和南部，20 世纪 70 年代中期起人口和工业大规模从东北部和中西部向这个地带迁移。

[4] 商务服务业包括广告、管理咨询、计算机和数据处理、法律服务以及研究与开发部门等。

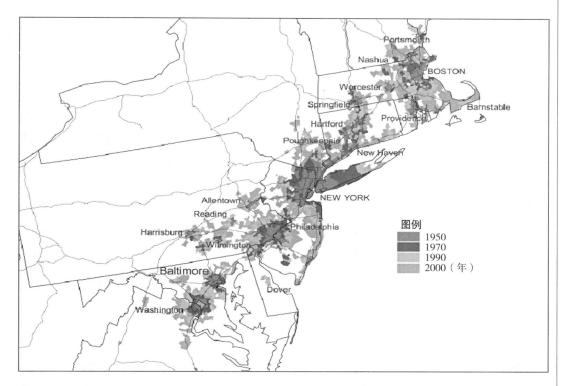

**图 3-9-1-6　东北海岸城镇密集地区建设用地扩张态势**
资料来源：根据《Reinventing Megalopolis》编译改绘。
University of Pennsylvania. Reinventing Megalopolis: The northeast Megaregion[R]. 2005: 21.

能逐渐走向成熟。第二次世界大战后，伴随着经济的持续高涨和人口的大量增加，东北部结束了以中心城市为主导、城市密集发展的时代，在私人汽车的驱动下开始了大城市区持续扩展、郊区低密度连绵化发展的新时代。1950—2000 年，东北部人口增长不到一倍，但城市化地区的土地面积却翻了两番，城市化地区的平均密度由 2824 人/平方公里下降到 1218 人/平方公里，整体的空间形态已从原先"串珠状"发展到连绵成片（图 3-9-1-6、表 3-9-1-2）。

美国东北部大城市连绵区城市化地区的人口增长　表 3-9-1-2

| 年份 | 人口（百万） | 面积（平方公里） | 密度（人/平方公里） | 年份 | 人口（百万） | 面积（平方公里） | 密度（人/平方公里） |
|---|---|---|---|---|---|---|---|
| 1950 | 24.5 | 8503 | 2824 | 1980 | 34.4 | 21730 | 1583 |
| 1960 | 29.4 | 13851 | 2041 | 1990 | 36.6 | 26379 | 1386 |
| 1970 | 34.0 | 18146 | 1841 | 2000 | 42.4 | 34939 | 1218 |

注：城市化地区（Urbanized Area）指人口密度大于 386 人/平方公里、人口超过 5 万人的连片地区，以人口普查区（Census Tract）为基本单元。人口普查区是根据全美统一标准定义的，人口规模相对稳定的次县级统计单元，比县具有更大精确性。因此，城市化地区相比大城市区更能准确反映城市人口的分布状况。
资料来源：Richard Morrill. Classic Map Revisited: The Growth of Megalopolis[J]. The Professional Geographer, 2006, 58（2）.

## 三、美国东北海岸大城市连绵区发展的动力机制

在美国东北海岸大城市连绵区的形成与发展过程中，其动力机制主要表现在下述方面：

## （一）巨大的住房需求引发城市化地区的急剧扩张

美国在 1941—1945 年作为第二次世界大战的参战国，大量的资源被集中到军工生产中，民用建筑被迫停工，民用汽车生产被推迟，汽油限量供应，城市发展被暂时终止。战后，伴随着美国经济的繁荣、人口的高速增长、新家庭的大量建立，住房需求持续高涨，全国进入一个持久的城市建设膨胀期，郊区住房建设涌现出三个周期式浪潮。第一个浪潮从战争结束一直持续到 20 世纪 50 年代中期，大量被大萧条和战时需要所抑制的住房需求被释放出来；第二个浪潮是由 60 年代"婴儿潮"（baby boom）导致的大量住房需求，郊区对以家庭结构为主的夫妇具有很大的吸引力；伴随着 80 年代"婴儿潮"一代的成年，又引发了新一轮住房需求浪潮，这一时期既有大量的新家庭被组建，也出现了单身住宅不断增长的趋势。与此同时，人均收入的增长推动了住宅单元面积的扩大，不断增长的建设量和住宅占地规模导致了城市化地区向郊区的急剧扩张。

## （二）技术创新解放了城市布局的时空约束

战后对于城市形态影响最大的技术创新是机动车的大量使用。尽管从 20 世纪 20 年代开始，机动车拥有量便逐年猛增，但 30 年代中期以前，人们使用小汽车更多的是出于社交和娱乐的目的，以纽约为首的城市纷纷建设仅限于小汽车使用、便于城市居民接近郊区自然景观的娱乐性高速公路"林荫大道"（Parkway）。直到 1945 年，当美国机动车拥有率达到每 4 人拥有 1 辆后，大规模的小汽车通勤才开始出现。1990 年，美国已成为名副其实的"行驶在车轮上的国家"，约 40% 家庭拥有两部以上机动车，小汽车出行比例占到所有城市内部与城市间交通出行量的 2/3 以上[1]。另一方面，战后卡车的大规模运用大大提高了货物运输的灵活性，也极大地促进了商业和工业活动的郊区化扩散。

20 世纪 60 年代的高速公路建设有力地推动了机动车的使用与普及，也无疑加速了电车、铁路等公共交通的衰落。在东北部连绵区，除了纽约、波士顿、华盛顿等具有一体化公共交通体系的城市外，其他城市的公共交通出行比率大幅度下降。到 80 年代，美国基本建立起以小汽车为导向的交通基础设施网络[2]。伴随着各种通信手段的出现，传统的"工作 - 居住"之间的有机联系被瓦解，城市的各种功能突破了原有的时空限制，以空前的速度向距原城市核心数十英里以外的边缘地区扩散。

## （三）社会经济结构的演变推动人口和产业的空间重组

第二次世界大战后，美国的产业结构发生很大变化，由于工农业劳动生产率的不断提高，第一、二产业在整个国民经济中所占比重不断缩小，第三产业的比重相对扩大。

---

① 参见：BTS. Transportation Statistics: Annual Report，1994. Washington，D.C.: Bureau of Transportation Statistics，Department of Transport，1994.

② 参见：Cervero，R. America's Suburban Centers: The Land Use–Transportation Link. Boston: Unwin–Hyman，1989.

伴随着经济全球化和信息化发展，先进的商务和生产服务与制造业的分离现象越来越明显。制造业在不同地区的扩散及其国际化，以及信息技术等高科技产业的兴起，致使制造业岗位持续地从东北部连绵区分流出去，金融保险、数据处理、科技研究等以知识为基础的生产服务部门逐渐成长为东北部的主导产业，并支配着全美经济的发展。服务经济的发展促进了连绵区内城市功能在更大空间范围的分散，但同时又使得某些功能向区域内一些特殊节点再集中，从而不断实现产业的结构演变及其在区域内的空间重组。

经济结构变化的同时也引发了重要的社会转型。随着服务经济和信息产业的崛起，不直接从事生产而进行管理、办公室和技术工作的白领职员的人数急剧增加，这一社会阶层的价值行为取向对城市发展政策和空间形态特征产生了重要影响。一方面，不断壮大的白领群体逐渐发展成为一个具有强烈阶级意识和独特价值观的阶层，他们为了追求和维护自身的中产阶级地位，纷纷到环境优美的郊区安家落户，郊区的生活方式和同质化的社区环境成为显示其社会经济地位的重要标志；另一方面，为了获得充足的高技能人力资源，许多企业追随白领阶层的郊区化，将大量的办公室和配套服务转移到交通便利、景观优美的郊区。

此外，第二次世界大战结束以来，在备受争议的"城市更新"计划的影响下，以及 70 年代以来联邦对"棕地"（brownfield）[①]再开发项目的支持，东北部许多城市中心破旧的街区结构和老化的基础设施得以获得重建和改善，取而代之的是颇具吸引力的商业、娱乐、旅游等文化服务设施，新的豪华公寓陆续在中央商务区边缘建成，吸引了不少喜欢城市中心生活的中产阶级从郊区迁入，一些过去人口持续减少的大城市出现了人口反弹趋势。一些研究指出，与这一"绅士化"过程紧密联系在一起的是美国社会中"创造阶层"（creative class）[②]的兴起。伴随着创造阶层的兴起，他们的生活方式和价值取向将对未来城市和社区的发展方向产生重要的影响。相比工资等经济条件，这些阶层对城市的音乐、艺术等人文环境，气候、湿度，以及绿化等各种城市生活的便利条件（urban amenities）的需求会越来越高。因此，像纽约、波士顿等在交通、餐饮、娱乐、休闲、艺术和体育等方面都拥有较高便利性和多样化的高密度城市，将牢牢吸引着受过高等教育的创造阶层，从而也吸引着大量依赖这些劳动力的高等级企业，这也正是这些城市近年来经济复兴、人口增长的重要原因。

---

① 根据 1980 年美国《环境应对、赔偿和责任综合法》的规定，棕地是一些不动产，这些不动产因为现实的或潜在的有害和危险物的污染而影响到它们的扩展、振兴和重新利用。20 多年来，棕地的清洁、利用和再开发问题越来越受到美国联邦、州、各地方政府以及企业和民间非营利组织的极大关注。

② 根据卡内基·梅隆大学的城市社会学专家佛罗里达的研究，创造阶层是有别于劳动者阶层（working class）、服务业阶层（service class）以外的一个新兴阶层，他们从事各种不同的行业，共同之处是经常会有创新的想法，发明新技术，从事创造性的工作。据其推测，2002 年美国的创造阶层人数已达 3000 万人，占劳动力市场的 30%（Florida，2002）。有研究者认为，这些高质量的人力资本是后工业时期资本主义经济成长的新的推动力。

## （四）少数族裔迁移与"白人航班"改写美国城市人口地图

美国城市的郊区化之所以遥遥领先于西欧及其他发达资本主义国家，一个重要社会原因是美国城市中存在着庞大的少数族裔群体。由于"种族和种族恐惧在美国社会中一直拥有强有力的解释力量"，因此在战后几十年间，伴随着少数族裔的城市化和中心城市民族矛盾的加剧，白人主体民族加速向郊区迁移，美国城市种族变迁的规模和速度急剧增大，从而"重新改写了美国城市的人口地图"[①]。

在各个少数族裔中，白人对黑人族群的种族歧视最为根深蒂固，两者间尖锐的民族矛盾是美国城市种族变迁的主要推动因素。20世纪30年代末到40年代，北方在战时工业和机动车、食品加工等消费经济蓬勃发展下出现劳动力紧缺，从而推动南方乡村的非洲裔族群向东北部和中西部的大规模迁徙。这些黑人大多跟随先前移民的足迹，首先选择到纽约、波士顿等大城市中谋生。最初黑人的城市化遭到了白人的强烈抵制，后者通过各种隔离法令遏制黑人社区的扩大。但随着公平住房法案（1966）、公民权利法案（1968）的颁布，住房市场的种族歧视被迫减少，加上部分黑人社会经济地位的持续提高，70年代黑人群体开始迁入白人占主导的郊区，尤其是一些临近中心城市、发展较早、被城市公共交通线覆盖的郊区。对于白人而言，由于私人汽车的普及、郊区相对低廉的土地开发和独户住宅的批量生产，使得远距离迁居的成本大大降低，他们在无法抵制黑人向自己社区入侵的情况下，纷纷抛弃原来的社区而向远离城市、黑人难以企及的郊区迁移。少数族裔的郊区化，加上70年代以来亚裔和西班牙裔族群的持续增加，大大提高了城市地区的民族多样性，但直到90年代中期，美国城市中的种族隔离问题仍非常突出，大量逃避往郊区的"白人航班"（White Flight）使得中心城市日益成为少数族裔聚居的地区，并长期处于衰退状态。于是，东北部连绵区的人口分布基本呈现出远郊的白人居民日益增加，近郊或内环郊区的人口构成日益多民族化，而中心城市的居民日趋非白人化的特点（表3-9-1-3）。

美国东北部大城市连绵区种族人口的空间分布比例 　　　表3-9-1-3

| 年份 | 地区 | 白人 | 黑人 | 亚裔 | 西班牙裔 |
| --- | --- | --- | --- | --- | --- |
| 1960 | 中心城市 | 83.8 | 15.7 | 0.3 | — |
| | 郊区 | 96.2 | 3.7 | 0.1 | — |
| 1980 | 中心城市 | 69.8 | 22.5 | 1.4 | 10.6 |
| | 郊区 | 90.7 | 6.8 | 0.7 | 2.5 |
| 2000 | 中心城市 | 42.6 | 27.4 | 7.4 | 20.3 |
| | 郊区 | 78.7 | 9.5 | 4.4 | 6.8 |

注：1980年和2000年的行数据加总不为100%，原因是存在其他种族类别，以及西班牙裔人口在黑、白人种分类中被重复计算。

资料来源：Short, J.R. Liquid City: Megalopolis and the Contemporary Northeast[M]. Washington, DC: Resources for the Future, 2007.

---

[①] 参见：W. Edward Orser. Secondhand Suburbs: Black Pioneers in Baltimore's Edmondson Village, 1955—1980. Journal of Urban History, Vol.16 No.3, May 1990, p.227.

## （五）大型开发集团主导郊区的成片开发和横向扩展

第二次世界大战以前，东北部大部分城市开发活动是由分散的、小规模的建筑公司承担的。战后巨大的住宅需求和一系列联邦住宅计划使得某些住宅开发商迅速发展壮大，并且通过与金融机构和地方政府的密切合作，逐渐主导了城市开发的整个过程，成为城市空间扩展的重要决定力量。莱维特父子公司就是其中最具代表性的例子，他们在东北部建造的郊区社区"莱维敦"（Levittown），塑造了战后郊区的典型样板。该公司在第二次世界大战期间承揽了一份政府合同，为在弗吉尼亚的诺福克造船工人建造住房，首次尝试用组装预制部件的方法建造经济型住房，为日后的大批量生产积累了经验。从 1947 年开始，其运用装配线和批量生产技术在纽约长岛一片 4000 英亩的土地上为 8.2 万人建造了 1.74 万套配备基本设施、风格单一、售价低廉的独户住宅，并采用一条龙销售服务，大大简化了住房购买的程序。该公司随后又在宾夕法尼亚州和新泽西州建造了相同类型的莱维敦。在当时联邦住宅抵押政策的保障下，这种"速成式郊区"（instant suburb）极大地适应了不断壮大的白领阶层的住房需求和购买能力，在 20 世纪 40—50 年代的美国掀起了一场"置房革命"运动，有力地推动了战后的郊区化进程。然而，这种以市场为导向的郊区建设为了迎合消费者的价值取向，在住房类型、社区风格、居民构成等方面都极力保持同质性，并通过销售合同中的歧视性条款排斥黑人和其他少数民族住户的购买，60 年代以前莱维敦的居民都是清一色的具有较高社会经济地位的白人群体。直到今天，莱维敦内的黑人居民也不到其居民总数的 2%[①]。

## （六）联邦政府的政策导向

前述的各种因素就像一只只"无形的手"，分散地作用着大城市连绵区的发展过程，使其发展呈现出一种类似于自然机体生长的"自构"过程。然而在这些因素以外，还有一只"有形的手"在引导着大城市连绵区空间的发展，这就是联邦政府的政策导向，包括对公路建设的支持政策，如 1916 年颁布的《联邦资助道路建设法案》（Federal Aid Road Act）和 1956 年的《联邦资助高速公路法案》（Federal Aid Highway Act）等，以及对城镇发展必需的基础设施建设的补贴政策、第二次世界大战后政府机构向城郊迁移的政策、高速公路的免费使用政策、鼓励在中心城区以外建设新厂的国防政策、新住宅建设的信贷支持政策、申请住房贷款家庭的所得税减免政策和能源补贴政策等等。

以住房政策为例，为了缓解经济危机和城市问题，20 世纪 30 年代罗斯福政府开始大刀阔斧地改革联邦住宅政策，对私人住宅市场进行积极的干预。于是，旨在提高住房拥有率的一系列政策手段应运而生。1935 年，刚建立一年的联邦住宅管理局（FHA）

---

① 参见：王旭.美国城市发展模式——从城市化到大城市区化 [M]. 北京：清华大学出版社，2006.

开始提供抵押贷款担保，有效降低了贷款违约的风险，使银行愿意发放首付比例很低、偿还年限较长的贷款。1938 年又成立了联邦国家抵押贷款协会（FNMA），向银行购买抵押贷款，通过抵押贷款二级市场的创建，加快贷款机构的资金运转，增加住宅市场的资本。第二次世界大战后，针对声势浩大的退伍军人，联邦政府又制定了更加优惠的抵押贷款担保政策，进一步鼓励购买住房。除了抵押贷款制度以外，联邦政府还对抵押贷款的利息税和私人住宅的财产税实行了减税政策。1997 年，根据联邦政府管理与预算办公室的估计，对于自有自住房产的税收优惠额度竟然高达 738 亿美元。尽管这些政策的背后并没有空间方面的意图，但它们对于郊区化的强劲推动力量是显而易见的：由于郊区比市区更易获得新建住房的大面积廉价土地，并且人们的消费偏好和贷款担保制度具有明显的独户住宅倾向，促进住房私有化的结果就是有力推动了快速而又广泛的郊区化进程。20 世纪 80 年代，由于贷款方面的放松管制和金融行业的缺乏监管，美国掀起了新一轮的房地产热，新的办公楼和零售商厦、整体规划（master-planned）的居住社区在大城市区边缘大量兴建起来，进一步加速了大城市区的分散化趋势。

在交通建设方面，20 世纪 20—30 年代时，伴随着私人汽车的逐渐普及，由于道路建设滞后而引起的交通拥堵和城市之间缺乏联系公路成为当时美国人生活中的主要问题。虽然早在 1938 年，国会就敦促当时的国土资源规划委员会（NRPB，1943 年被撤销）和公共道路管理局（BPR，即后来的联邦公路管理局）研究并提出建设国家公路网的设想。但直到 1956 年《联邦资助高速公路法案》（Federal Aid Highway Act）的出台，提出了联邦与各州为公路出资的可行的分配方式（联邦出资 90%），才促成了长度达 6.7 万公里高速公路网络的快速建成，连接人口在 5 万以上的所有城市的 90% 以上，覆盖了780 万平方公里的国土面积，堪称"历史上最伟大的公共工程计划"（图 3-9-1-7）。建成后的州际高速公路很快便成为区域间联系的大动脉，促使社会经济要素的集聚和扩散在更大空间尺度展开，并且奠定了美国若干主要大城市连绵区的形态架构（图 3-9-1-8）。

**图 3-9-1-7　美国州际高速公路网络**

资料来源：[ 美 ] 约翰·M·利维 . 现代城市规划 [M]. 孙景秋等译 . 北京：中国人民大学出版社，2003.

图 3-9-1-8 美国大城市连绵区空间形态与高速公路走廊的分布
资料来源：Lang, R., and Dhavale, D. Beyond Megalopolis: Exploring America's New "Megapolitan" Geography[J]. Metropolitan Institute Census Report, 2005:1.

## 四、当前美国东北海岸大城市连绵区发展所面临的主要问题

尽管美国东北海岸大城市连绵区是世界上发育最为成熟的大城市连绵区，但不可否认的是，在其发展过程中也面临着一些相当突出的问题，主要表现在以下几方面。

### （一）社会经济首位度下降

1950—2000 年的 50 年间，尽管美国东北部大城市连绵区的人口绝对量从 3200 万增加至 4900 万，但其占全美人口的比重却从 21% 下降到 17%。近 20 年来，该区域在全美就业和 GDP 总量中所占的分量也呈现下降的趋势。1990—2000 年，东北部 GDP 占全国比重从 20.16% 下降到 19.48%，与此同时，美国所有大城市区的 GDP 占全美比重从 84.3% 增加到 84.7%，特别是在加利福尼亚州南部、墨西哥湾区等地区，经济增长速度比东北部要快得多。这表明，美国经济和人口分布的重心已逐渐从东北部和中西部的"冰雪地带"向西部和南部的"阳光地带"转移。尽管仍是全美规模最大、最发达的人口集聚地，显然东北部大城市连绵区在国家社会经济中的地位已有所下降。

### （二）土地资源的巨大浪费

受到汽车普及的影响，美国大城市连绵区发展的过程基本上也是一个郊区迅猛发展（或称郊区化）的过程，城镇的发展呈现出低密度的"蔓延式"扩张态势，大城市区及其中心城区和郊区的人口密度都远远低于欧洲和亚洲的其他国家，此种态势至今仍在继续。根据宾夕法尼亚大学对东北海岸大城市连绵区的一项研究，1982—1997 年间，该地区的人口增长了 7%，然而城镇建设用地增长了 39%，致使区域整体人口密度下降了 23%[1]。按照当前的发展态势，2000—2050 年该地区的人口将增长 40%，城镇建设用

---

[1] W.Fulton, R.Pendal, M.Nguyen, A.Harrison. Who Sprawls Most?——How Growth Patterns Differ Across the U.S.[R] The Brookings Institution, 2001. 转引自：University of Pennsylvania. Reinventing Megalopolis: The northeast Megaregion[R]. 2005: 10.

**图 3-9-1-9 东北海岸城镇密集地区建设用地扩张态势（左）**
资料来源：根据《Reinventing Megalopolis》编译绘制。University of Pennsylvania.Reinventing Megalopolis:The northeast Megaregion[R].2005:21.

**图 3-9-1-10 美国东北海岸大城市连绵区环境质量状况（右）**
资料来源：University of Pennsylvania.Reinventing Megalopolis:The Northeast Megaregion[R].2005:11.

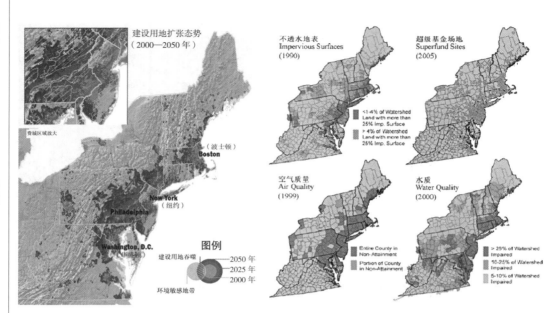

地将增长 154%，即约 10.45 万平方公里，这将是该地区土地总面积的 16%，约为弗吉尼亚一个州的面积（图 3-9-1-9）。

美国大城市连绵区的低密度发展，其结果是吞噬了许多肥沃的农田和旷野，并造成土地资源利用的低效率乃至巨大的浪费。在 1950—1957 年的短短 7 年间，仅仅在底特律的一个郊区县——奥克兰，就有约 117 平方公里的土地被占用，大约相当于两个曼哈顿的面积。据统计，1970—1980 年的 10 年间，美国被占用的农业用地面积相当于佛蒙特、新罕布什尔、马萨诸塞、罗得岛、康涅狄格、新泽西、特拉华等 7 个州面积的总和①。

## （三）生态环境的污染与破坏

美国大城市连绵区的发展造成对生态环境的严重破坏，表现在几个方面：首先，汽车的大量使用造成严重的空气污染，美国是温室气体排放量最大的国家，每年排放的温室气体占世界总量的 1/5②；其次，市政设施建设跟不上城镇大范围迅猛扩张的步伐，例如，由于污水处理设施不可能在整个大城市连绵区大规模兴建，化粪池的过度使用造成了严重的水源污染；再次，大规模开发建设活动使得绿色植被大量减少，导致了严重的水土流失及洪涝灾害，荒野的缩减尤其是森林和沼泽地的减少，造成野生动物栖息地的急剧减少，鸟类、水禽、乌龟、蛇类、青蛙和鱼类等的种类和数量都在减少。

以美国东北海岸大城市连绵区为例，该区域已经面临水、土地和空气等多方面的严重污染（图 3-9-1-10）：这一地区有超级基金场地（Superfund Sites）③ 480 个，占美

① John Herbeis. The new heartland: America's flight beyond the suburbs and how it is changing our future[M]. New York: Times Books，1978: 138. 转引自：孙群郎 . 美国城市郊区化研究 [M]. 北京：商务印书馆，2005: 421.

② （美）D.Kelbaugh. 共享空间——关于邻里和区域设计 [M]. 吕斌等译 . 北京：中国建筑工业出版社，2007: 13.

③ 根据美国《环境综合治理、赔偿和责任法》（Comprehensive Environmental Response，Compensation and Liability Act，CERCLA）授权政府清除污染点。

国超级基金场地总数的 37%；80% 的中心城市空气质量未达到标准，主要源于工业的密集和汽车的大量使用；区域的地表水和地下水均受到了大量污染，威胁到城镇生产和生活用水的安全，例如境内的萨斯奎汉纳河是美国汇入大西洋的最大河流，2005 年时它已被确定为美国最危险的河流；此外，该地区已经形成了大面积的不透水地表（impervious surfaces）——即建筑物屋顶、人行道、停车场等覆盖了混凝土、石头、沥青等不透水材料的地表层，1990—2000 年弗吉尼亚州切萨皮克流域的不透水地表面积增长了 1012 平方公里，相当于华盛顿面积的 5 倍[①]。

### （四）中心城区的衰落

美国大城市连绵区的区域空间结构大体上是由两部分所构成：一部分是外围大规模的郊区，以建设用地的低密度蔓延为其鲜明特征；另一部分则是作为低收入内核（low-income inner core）的中心城区，这些地区已经长期陷于衰落的处境。对于大多数城镇而言，虽然中心城区的商业和办公机构集中了一些具有较高工资水平的管理性或专业性职业，但这些职业已经逐渐地被疏散到郊区，即使有一部分职业岗位仍然保留在中心城区，但是从事这些职业的人们却大多住在郊区。大量人口和就业岗位的外迁致使中心城区的人口规模大幅度骤减，尤其在一些传统的工业城市中更是如此，据统计，仅在 1950—1990 年间，芝加哥、费城、巴尔的摩、华盛顿等城市的人口减少了近 1/4，波士顿的人口减少超过了 1/4，而底特律的人口减少则几乎接近一半[②]。受此影响，中心城区的就业机会逐渐减少，就业结构和就业规模也发生了巨大改变。中心城区内的大量黑人移民在试图向郊区迁移时遭受到种族歧视，其人口结构无法扭转。加之税收基础逐渐萎缩，中心城区陷入一个贫困和缺少就业机会的恶性循环之中（图 3-9-1-11），致使联邦政府不得不加大援助力度，据统计，1957—1978 年间，联邦政府对于大城市中心城区的直接援助，已经从 1% 的平均水平上升到了令人震惊的 47.5%[③]。

### （五）郊区建设的非人性化

美国的郊区主要是在一些尚未开发的土地上建设新住宅。由于化粪池的广泛使用以及普遍地拥有汽车，住宅建设的选址和布局具有很大的随意性，这导致了 2 个直接的后果：一是住宅建设大量占地，居住净密度从每英亩 10 户下降到目前的 1-4 户[④]；二是，单栋住宅的分布呈

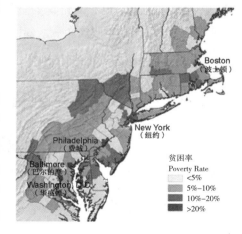

**图 3-9-1-11　美国东北海岸城镇密集地区的贫困区域（2000）**
资料来源：University of Pennsylvania.Reinventing Megalopolis:The northeast Megaregion[R].2005:17.

① University of Pennsylvania. Reinventing Megalopolis: The northeast Megaregion[R]. 2005: 11.
② 孙群郎 . 美国城市郊区化研究 [M]. 北京 : 商务印书馆，2005: 390–391.
③ Hall P. Urban and Regional Planning[M]. London: Routledge，2002: 200.
④ Hall P. Urban and Regional Planning[M]. London: Routledge，2002: 195.

"天女散花"状，其间许多未发展用地被荒废（图3-9-1-12、图3-9-1-13）。对于这种低密度的、漫无边际的发展方式，不大量依赖私人汽车是不可想象的，实际上美国的郊区中也并没有任何其他的交通方式能够与私人汽车抗衡。然而，大量的依赖私人汽车则进一步导致了郊区的低密度蔓延，其范围和规模不断膨胀，分散化程度日益加剧，致使郊区和中心城区、居住地和工作地之间的通勤距离被肆意拉大，其结果是既无法使用中心城区的商业和服务设施，又加大了私人汽车的出行负担及消费支出，并且大批量、快捷、安全的公共交通方式难以发展起来，导致了郊区发展的恶性循环。

不仅如此，由于对私人汽车的完全依赖，美国的郊区是一种典型的机动车空间尺度，建筑的基地面积一般很大，并附带有大量的停车场用地，另外建筑的间距也被拉大。这种郊区的建筑设计与传统的以行人为尺度的城市设计概念完全不同：毫无尺度感、缺少细部、模式化和种类单一，郊区的建筑日益变得单调、乏味，生活空间逐渐丧失了宜人的品质。同时，机动车的空间尺度极大地削弱了邻里之间的关系，对私人汽车的依赖性致使人们不可能以步行方式去往很多目的地。同样，由于没有邻里小学或者小学的距离很远，孩子们的上下学也只能依赖汽车，孩子们的活动和自由都被严重地限制起来。可笑的是，很多父母都已发现他们中的其中一个不得不成为孩子们的日常交通司机。总而言之，尽管郊区有着各种各样的生活自由，但作为生活最本质的内容正在丧失。

### （六）交通拥堵的加重与能源压力的激增

低密度的土地利用方式形成了大片功能单一、形态单调、彼此隔离的郊区组团，由于缺乏有效的公交服务和适宜的步行环境，居民出行极度依赖私人小汽车，极大地增加了人们的出行时间、距离和频率（图3-9-1-14），由此引发严重交通堵塞问题。据统计，美国大城市区车行道平均每日拥堵时段已从1982年2-3小时增加到1999

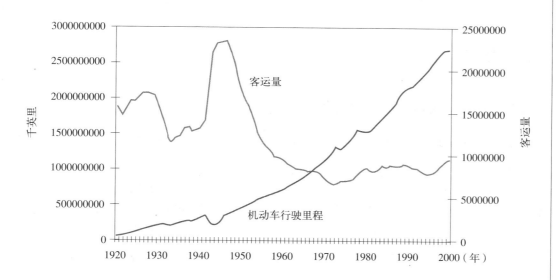

图 3-9-1-14　美国公交客运量和机动车行驶里程的变化（1920-2000 年）
资料来源：American Public Transit Association，USDOT，from the Surface Transportation Policy Project.

年 5-6 小时。这不仅大大降低了居民的生活质量，而且带来了数以百亿计的经济损失。有研究表明，2004 年东北部由高速公路交通堵塞引发的生产率降低和能源浪费的拥挤已造成大约 149 亿美元的经济损失，是全国 630 亿美元经济损失总量的四分之一①。

机动车行驶里程的快速增加，还造成能源的大量消耗、温室气体排放的增加和空气污染的日趋严重，并对人们的生活质量和身体健康造成伤害。以能源消耗为例，美国在交通方面的石油消耗占到总量的 2/3，其中一半是被私人汽车所消耗。美国汽油消费总量占世界 11%，而人均消费是欧洲的 4 倍，亚洲城市的 9 倍。美国对能源的高度依赖不仅对本国石油开采和进口造成了巨大的压力，而且已经影响到国际政治安全格局。

## （七）社会问题的恶化

美国大城市连绵区发展所出现的另一个突出问题是社会问题的恶化。一方面，由于人口迁移的"过滤"效应，到郊区定居的人口主要是白人富裕阶层和中产阶级，而贫困阶层和少数民族则不断地向城市集聚，中心城区的贫困化日益加剧，社会福利不堪重负，从而引发居住条件恶化，贫民窟大量存在，加上种族歧视和居住分离的影响，造成各种社会矛盾激化，导致犯罪活动的猖獗。另一方面，由于郊区环境的非人性化，也滋生了一系列社会问题，仅以暴力犯罪为例，郊区青少年暴力和物质泛滥的现象似乎比中心城区更为普遍，曾经有人敏锐地指出，"我们的地方特色彻底消失了，我们无法将两个地方区分开来。讽刺的是当我们牺牲掉一致性和地域性的时候，青少年们的首要意识就是要划分区域并确定属于他们的'地方'"②。

① 参 见：Texas Transportation Institute. 2005. Urban Mobility Report. National Congestion Tables. Table 4: Trends Annual Delay per Traveler，1982-2003.
② 李浩 . 美国城镇密集地区发展及其对我国的启示 [J]. 规划师，2007（12）：9-14.

## 五、美国东北海岸大城市连绵区的发展策略

### （一）应对大城市连绵区发展问题的一些改革探索

针对美国大城市连绵区发展的一些问题，美国的一些有识之士已经开展了不少的探索和努力。首先是 20 世纪 70、80 年代所兴起的城市更新运动，通过发展公私合作关系，联邦和州政府以及私营组织共同对中心城区的衰败区域实施重建计划，例如对旧的港口或铁路枢纽地区所开展的复兴计划，典型案例包括巴尔的摩的内港（Baltimore Inner Harbor）、波士顿的昆西市场和码头区（Boston Quincy Market and Waterfront）、圣迭戈的荷顿广场（San Diego Horton Plaza）等，这些地区通过制造服务业、娱乐性主题公园、休闲购物和街区影剧院的综合开发，转型而成为新型的经济中心。其次是 20 世纪 90 年代的商业促进区域（Business Improvement Districts，BIDs）改革，即对中心城区的商业环境进行改善，这项改革首先在费城进行试点，后被一些其他城市所广泛效仿，目前很多城市的商业促进区域已经获得了一定的拓展，然而遗憾的是，这些地区正慢慢变成了被衰败区域所包围的孤岛。

上述两项改革措施对于城镇密集地区的发展而言都只是局部性的，旨在较为全面地推动城镇密集地区可持续发展的改革措施，是 20 世纪 90 年代开始兴起的精明增长（Smart Growth）和新城市主义（New Urbanism）运动。精明增长始于 70 年代，起初主要是一些增长管理计划（growth management programmes），精明增长的倡导者指出，必须对郊区发展实施控制，尤其是在城市扩展的边界地区，应当基于承载人口增长的土地容量而确定一个大城市边缘的界限：一个比较直接的做法是建设连续性的绿带，典型的案例是旧金山海湾地区的区域公园系统，以及科罗拉多州的博尔德，不过绿带的建设却引发了住房短缺、低收入者的迫使迁出以及日常通勤时间的增加等问题；另一种做法是"城市服务边界"（urban service boundary），在该边界以外，州政府不再负担基础设施发展所需的资金，这一做法目前在佛罗里达、马里兰和新泽西州被广泛采用。新城市主义者则主张一个区别于田园城市（garden cities）或新城（new towns）的新的城镇形态：以人的步行尺度进行设计，多种土地的混合利用以及良好的公共空间，并强调通过立法途径重新引入传统的邻里（neighbourhood）概念。非常著名的是 P·卡尔索普（Peter Calthorpe）所提出的一个交通导向式的发展模式（a transit-oriented development，TOD），旨在运用多种手段来鼓励公共交通的使用，一个典型的 TOD 邻里中心通常在其中心位置有一个公交枢纽，周围则被相对高密度的土地开发所包围。对于城镇密集地区发展所出现的问题，尽管已经有各种各样的一些改革措施，然而就其实施情况而言，正如 P·霍尔所言，"迄今为止，仍然成效甚微"[1]。

---

[1] Hall P. Urban and Regional Planning[M]. London: Routledge，2002: 202.

## （二）美国东北海岸大城市连绵区的空间规划策略

根据目前美国学术界对东北海岸大城市连绵区发展的讨论，未来该区域发展的目标和策略主要集中在经济、空间、交通、环境、社会、管理等方面（表3-9-1-4）。

美国东北海岸大城市连绵区规划的目标与策略点　　　　表3-9-1-4

| 目标 | 策略点 |
|---|---|
| 增强经济 | 保护城乡文化景观，增强区域个性，发展旅游<br>促进经济发达城市与经济衰退城市的一体化发展<br>鼓励公共、私人等多投资主体的合作 |
| 管理增长 | 强调内充式发展（infill）与精明增长<br>指导内城复兴与改造<br>改善城市基础设施和服务<br>鼓励公交导向开发 |
| 改善交通 | 建设高速铁路<br>增强公共交通<br>改善货运铁路<br>扩展职能交通系统<br>增强多式联运 |
| 保护环境 | 营造开敞空间网络<br>在城市改造中实行开发权转移<br>改善水质<br>开发可再生能源 |
| 促进平衡 | 增加低收入住宅<br>吸引高收入人群迁入贫困地区 |
| 完善管治 | 促进多部门联合<br>创造新的、强有力的区域性组织或联盟<br>地方（州或城市）政府共建区域规划基金 |

资料来源：根据参考文献[26]、[30]、[31]整理。

从某种意义上，区域规划的作用就是通过在区域中插入几个关键性的战略点以改变整个区域的运作机制。它有别于传统的面面俱到的空间体系规划，而是具有明确的问题导向和战略导向。在美国高度私有化的以商业为导向的社会环境中，私人部门主宰经济发展的各个领域，而规划是作为公共部门引导和限制市场力量的工具而存在的，其核心任务之一便是向私人部门提供各种基础设施服务。因此，对区域发展具有重要战略意义的各种大型交通、环境基础设施，就成为区域规划的主要关注对象。区域大容量快速交通系统就是其中非常重要的一种类型。作为区域重要的生命线工程，区域大容量快速交通系统适应了提高区域通达性的战略需求，同时由于需要超前的规划和巨额的投资，既需要自上而下的法律、财政等制度支持，也需要充分发挥私人部门的自主性和积极性，因此也成为促进区域内各种公共和私人团体共同合作的切入点。

当前，美国规划界普遍认为，美国的空间增长已经到了一个新的阶段，未来的增长不再是简单的填充新土地、扩充新道路，而应重点关注大城市连绵区，尤其应增强大城市连绵区基础设施的承载力。因此,他们呼吁对国家基础设施投资进行全局的规划,重点建设贯穿大城市连绵区的高速铁路系统,并将铁路、机场、地方公交等系统有机衔接起来,以提供包括高速公路、航空、高速铁路、地方公交系统在内的平衡的交通系统,使人们能根据旅程的特点自由地选择交通方式。建设城市间快速联系的高速铁路网络是这种多模式交通体系的核心。

由于大城市连绵区的两个关键性特点——人口稠密以及走廊式分布形态,使其成为非常适合建设快速交通的地域单元。过去几十年,美国基础设施的投资过度倾向了高速公路和航空,高速铁路建设相比欧洲、日本等国家则落后许多。研究表明,当旅行距离在160—800公里时,时速至少在120公里以上的高铁在时间和成本上可与航空或机动车相竞争。一方面,高速铁路每公里的平均建设成本比高速公路少,在节约能源、每公里运量上都大大优于后者。另一方面,对于800公里内的短途航空旅行,高铁相比航空能提供更安全便捷的门到门服务、产生更少的环境污染和能源消耗。当前,东北部的航空和高速公路正经历着日益严重的拥堵和超负荷运转,这为高速铁路的建设提供了难得的机遇。如果通过提高铁路运输的可靠性、价格竞争力,并且建立起衔接高速铁路、航空、地方公交的多式联运系统,将航空、公路乘客的一部分转移到铁路中,将大大缓解航空运输和公路运输的交通压力,有效提高地区的可达性。

然而,由于缺乏投资和政治支持,目前东北部客运铁路尚未完全发挥运行潜力,在速度的提升上存在很大空间。当前东北部速度最高的铁路线 Acela 运行速度仅 114 公里 / 小时,还不到其设计时速 240 公里 / 小时的一半。研究指出,如果将其速度提高到与法国 TGV 一样,达到 232 公里 / 小时,将为现有乘客节约 2.26 亿美元的时间支出(表 3-9-1-5)。

**东北部现状铁路与拟建高铁效率比较**　　　　　　　　　表 3-9-1-5

| | 距离(英里) | Acela 时间(分) | 高铁时间(分) | 时间节约(分) |
|---|---|---|---|---|
| 波士顿 - 华盛顿 | 457 | 387 | 196 | 191 |
| 波士顿 - 纽黑文 | 156 | 120 | 67 | 53 |
| 纽黑文 - 纽约 | 75 | 85 | 32 | 53 |
| 纽约 - 费城 | 91 | 72 | 39 | 33 |
| 费城 - 巴尔的摩 | 94 | 60 | 40 | 20 |
| 巴尔的摩 - 华盛顿 | 41 | 42 | 18 | 24 |

资料来源:Amtrak 时刻表

如果将高铁系统建设与城市发展结合起来,则将为地区经济竞争力和居民生活质量的提高带来更多的好处,有力地支持区域的精明增长。从区域的角度出发,时速 232 公里 / 小时以上的高铁将增强连绵区内各城市间的经济联系,从而发挥发达地区的辐射带动作用,促进落后地区的发展。东北部连绵区的主要"冷区"——费城、巴尔的摩、哈特福德、纽黑文、布里奇港等距离纽约、波士顿等"热区"都仅在 240 公里左

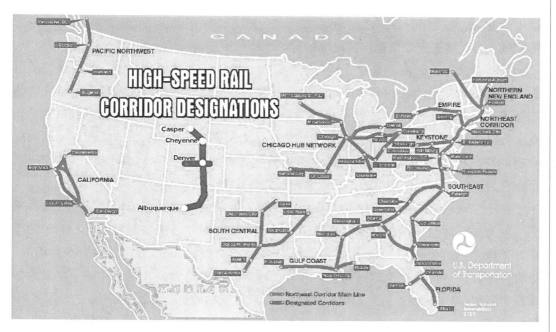

图 3-9-1-15 美国联邦铁路管理局规划建设 11 条高速铁路走廊
资料来源：Barnett，J.（edited）. Smart Growth in a Changing World[M]. American Planning Association，2007.

右，高铁的建设正好将它们纳入经济较发达城市的一小时交通圈内，便于吸引后台办公、商务服务等功能，提高大城市地区产业布局的灵活性；另一方面利于吸引邻近铁路站场的房地产开发，通过与大城市建立统一的住房市场，为大城市区就业人员提供更多的住房选择。对于城市内部而言，通过高速铁路系统与城市内部公交系统相衔接，将有力地推动高铁站点地区的发展，并促进公交沿线站点发展紧凑、混合使用、适宜步行的社区，也适合可承受住宅的发展。

目前，全美有 34 个州政府正与"美铁"（Amtrak）、联邦铁路管理署展开合作，积极规划和筹建铁路走廊。联邦铁路管理署在全国共规划 11 条高速铁路走廊，空间上覆盖大部分的大城市连绵区（图 3-9-1-15）。研究表明，东北部走廊的高铁建设短期内可以通过提高现有 Amtrak 铁路线的等级和容量实现，但长远看来需要大量新的投资，沿现有铁路走廊建立新的更加可靠、价格合理、世界一流的高速铁路系统。目前，联邦已在 2007 年通过的《客运铁路投资和改善法案》中，同意在未来六年对美国铁路公司 Amtrak 进行持续资金补助。同时，为了规避私人投资的风险，提高公共运作效率，国会也在考虑立法将 Amtrak 铁路服务转变为某种公私合作关系（Public Private Partnership，PPP）。可以预见，在相关法律和财政安排的支持下，未来东北部将围绕这些项目产生大量的公共部门、企业、市民和非政府组织之间的合作。

## （三）美国东北海岸大城市连绵区的管治途径

在美国联邦体制下，是不可能建立基于东北部大城市连绵区这一层次的政府结构的。那么，如何促使连绵区中的各个州、城镇、县和其他私人团体为整个区域共同、长期的利益而合作，将各种区域规划理念和原则付诸实施，就成为影响大城市连绵区未来能否健康持续发展的关键性问题。就美国过去的实践看来，跨大城市区的管治手段十分有限，效果也不甚明显。但近几年来，随着跨区域问题的凸显和国际竞争压力的剧增，各种基于大城市连绵区尺度的管治途径开始逐渐形成，并且取得一定的成效。

这些管治方式的核心是建立拥有某些职能、吸引相关利益主体参与的区域管治组织。这些组织建立的目的通常针对区域内各地方共同面对的制约区域经济持续发展的问题（如森林、河流流域、气候变化等），或者为了规划和建设区域的重大基础设施（如高速公路或高速铁路）。而参与这些组织的主体力量则五花八门，既有来源于不同层次政府的行政机构、私营经济部门，也有来自地方民间团体，他们组建成区域内互惠、合作和共同发展的合作性组织，采取多种形式来解决公共问题。

基于区域内现有的半官方和非政府组织建立起新的区域联盟组织，是目前较常见的一种方式。面对美国在区域规划和区域行动方面相对于欧洲和亚洲国家和地区的滞后，美国学术界提出了"全球范围思考，区域范围行动"的口号，并联合来自商界、教育界、社区、环保组织等民间团体和有关政府官员的力量，共同组建了一些新的区域联盟组织，其中比较重要的是倡导全国性、区域性规划的"美国2050国家委员会"（the National Committee for America 2050）。该委员会于2006年在美国区域规划协会和林肯土地政策研究院的联合下成立，这个全国性的战略研究组织汇聚了众多科研院校、规划组织、政府机构以及商业界的代表，其主要目的在于构建全美的空间战略框架，通过创新性的协调政策和投资策略增强大城市连绵区在全球经济中的竞争力。他们提出了以下六项具体目标：辨识形成中的大城市连绵区；分析大城市连绵区面临的机遇和挑战，并提出应对的政策措施；改革大城市连绵区的管治机制和区域性基础设施融资方式；培育大城市连绵区的合作机制；为衰败地区提供有机更新的政策；影响联邦政策以支持大城市连绵区的协作和规划。在这个组织的倡导下，美国以往缺乏国家层面的规划，州和地方规划相互孤立的尴尬局面正逐渐改观，全美上下正兴起一股关于大城市连绵区的研究热潮。东北部通达性商业联盟（Business Alliance for Northeast Mobility）是另一个主要在商界倡导下形成的区域联盟组织。2007年国会通过了《客运铁路投资和改善法案》，规定联邦在未来六年将对美国铁路公司Amtrak进行连续投资补助，包括用于维护改善东北部走廊的高达每年8—12亿美元的补助金。作为对这一重要政策的响应，来自纽约、费城、罗得岛、康涅狄格、纽瓦克等地区的主要商业组织、研究机构和其他群体组成了"东北部机动性商业联盟"，其主要目标包括为东北部走廊制订长期的投资计划、改善铁路运输的服务和管理、促进各投资者的协调和合作等。此外，还有一些区域联盟组织是由环境保护组织倡导起来的。为了保护作为阿巴拉契亚山脉一部分的高地地区，由150个保护团体组成了高地联盟组织（Highlands Coalition）。其积极倡导区域性的增长管理政策，教育社区居民保护资源的重要性，努力为土地保护赢得资金支持，以防止从宾夕法尼亚州东部绵延到康涅狄格州西北部的自然开敞空间、水源保护地和生物廊道被郊区蔓延所侵蚀。尽管这些非官方的联盟本质上不具备决策的权力，但其一旦建立起来，就可以利用组织间丰富的社会网络资本，通过向政府官员进行游说，向社会大众进行宣传教育等，促使区域性共识的形成，达到向各级政府提供政策建议的目的；此外，其还可以成为联邦、州政府与地方政府之间的重要联系纽带，为不同主体提供协商的平台，将联邦、州、地方等不同层面的规划、政策协调、衔接起来。

　　美国缺乏促进地方政府之间进行合作的系统的机制安排，现有的合作方式通常都是非正式的、针对特定问题而进行的，政府间签订合约是较为常见的一种方式。2005年，东北部七个州（后来发展到十个州）共同签署了"区域温室气体行动协定"（RGGI，Regional Greenhouse Gas Initiative），目标是使发电厂的二氧化碳排放量在2015年以前保持在当前水平，并在2019年之前减排15%。此外，该协定还允许二氧化碳排放量较少的发电厂将排放额度出售给污染较严重的厂商。这是美国第一个由政府授权的总量管制与排放交易制度（cap-and-trade），尽管该协定由于仅针对发电厂而未将机动车和其他来源纳入减排管制对象而受到不少争议，但一些学者对此更倾向于采取乐观的态度，认为这一协定为州政府间基于重要议题进行合作提供了一个创新性的制度框架，通过将市场法则引入行政管理领域，诸如气候变化等一些跨区域问题可能得以解决。针对特定问题成立半官方性质的联盟是另一种较普遍的政府间合作方式。针对95号州际高速公路日益严重的交通堵塞问题，相关的州交通部门、大城市区规划组织、联邦机构、执法部门以及交通产业组织等团体于1993年成立了I-95走廊联盟（I-95 Corridor Coalition），旨在改善高速走廊客货运输的机动性。其任务主要集中在智能交通系统、电子收费系统（E-Z Pass）等通信技术、为行驶者提供各种即时信息和数据、应急措施和高速公路管理等领域。尽管该组织目前的活动仅限于数据收集和信息共享，但他们已将视角扩大到高速公路以外的铁路货运和客运等方面，伴随着日益壮大的专业技能和影响力，该组织可望在未来增强东北部交通通达性方面发挥更重要的作用。

# 六、对我国大城市连绵区发展的借鉴

## （一）大城市连绵区发展的规律性与特殊性

### 1. 透过现象看本质

　　虽然学术界对大城市连绵区的内涵界定、发展前景、作用地位以及生态、文化价值判断都存在巨大的争论，但大城市连绵区越来越多地在世界各地出现并迅速成长，已经成为无法回避的事实。国内外经验表明，大城市连绵区是在长期的城市化进程中，依托特定的地域环境，社会经济发展到一定程度所形成的一种城市地域空间组织形式。其本质特点是城镇之间、城乡之间由于在空间、经济、社会、历史及文化等方面强烈的相互作用而结成紧密而高强度的网络。因此，空间结构多呈现多中心的特点，综合快速交通走廊和重要的对外口岸（海港或航空港）成为加速区域内外联系的关键要素。对这些特点的认识有利于我们更好地分析和研究大城市连绵区的发展现象。

### 2. 相同的形态背后有不同的故事

　　尽管大城市连绵区的发展有一定的规律可循，但其具体特征仍然由于不同国家或地区在地理环境、社会文化、政策手段等方面的不同而存在差异。从美国东北海岸大城市连绵区的发展过程看，在其形成初期，有利于通航欧洲大陆、拥有临海港口等特定地域环境条件大大提高了美国东北大西洋沿岸的"生态优势"，这些城镇获得了最早产生、发展的契机，从而奠定了大城市连绵区初期的基本空间格局。与美国西部和南部"阳光带"的发展受益于联邦政府的重大工程和军工产业布局的支撑和引导不同，美国东北海岸大城市连绵区基本是在高度自由市场经济背景下，伴随着工业区位的集中、各种社会经济要素的自由流动而发展起来的，并引发了人口和经济活动向城市大规模的迁移和集聚，规模较大的中心城市在城市化过程中始终占据绝对的支配地位。进入工业化后期以后，伴随着社会关系的变革和技术领域的创新，尽管社会经济要素在区域层面的集聚仍在继续，但在大城市区层面，居住和经济活动开始出现了离心式扩散，中心城市以外的活动中心不断涌现，这种分散式的城市化（或称郊区化）对美国大城市连绵区网络化空间形态的最终形成发挥了关键作用。

当前，伴随着市场化和城市化的推进，我国正在形成若干社会经济要素分布密集、城市化水平较高、交通网络发达、区域内社会经济联系紧密、对外围区域有较大辐射影响的城镇密集地区。根据全国城镇体系规划（2006—2020），我国将重点形成三个大城市连绵区和八个城镇群①，以实现参与国际竞争、带动区域发展的战略目标。这些地区，特别是珠三角、长三角、京津唐等，尽管形态上已趋于连绵成片，看似与美国大城市连绵区有很多共同之处，然而它们背后的影响因素和推动力量实际是很不相同的。与美国基本完成工业化、城市化进入高级阶段不同，我国正处在工业化和城市化的加速发展期，虽然土地有偿使用制度的改革使某些大城市出现了人口、产业向郊区的迁移，但全球化的产业资本集中使得城市对各种要素的集聚作用和规模效应仍占据主导。因此，郊区化并非我国大城市连绵区形成的关键过程。相反，我国大城市连绵区的形成与发展过程具有鲜明的中国特色。相比美国大城市连绵区的形成是受区外人口的大规模迁入所推动，我国大城市连绵区城镇与人口密集分布的起始形态是在长期发达的农业社会中奠定的。人多地少的矛盾、经济发展水平不高和较低的农业生产率决定了我们城市化道路的"非完全集聚"特点，即人口除了向大城市集聚外，周边的中小城镇在大城市的带动和工业化的推动下也就近吸纳了相当一部分的农村剩余人口。因此，我国大城市连绵区的形成与大城市周边的乡镇地区自下而上地自主发展并由此带来的乡镇建设用地快速增长是紧密相关的。

除了在自然历史条件、城市化阶段和模式的差异外，我国大城市连绵区的发展还面临着与美国截然不同的制度约束和政策驱动。对于人均自然资源充裕、个人主义文化盛行、缺乏区域规划传统的美国，各种政策的制定多从顺应市场发展出发，因此某种程度上对大城市连绵区"激进"的蔓延形态起了推波助澜的作用。这虽然满足了个

---

① 三个大城市连绵区指以北京、天津为中心的京津唐大城市连绵区，以上海为中心的长三角大城市连绵区，以广州、深圳为中心的珠三角大城市连绵区。八个城镇群包括武汉城镇群、成渝城镇群、西安城镇群、辽中南城镇群、山东半岛城镇群、郑州城镇群、长株潭城镇群、海峡西岸城镇群。

人对居住质量的期望，但却使许多环境、社会问题积重难返，甚至造成一些颇具远见卓识的规划方案的失效，上文提及的美国应用"田园城市"理念进行新城规划的失败就是一个典型的例子。反观我国，改革开放以后，地方政府尤其是沿海城市政府从中央政府那里获得了相当的决策权和资源配置权，他们往往通过建立于行政区划之上的各种政治、经济的政策壁垒以谋取本地利益的最大化，严重地危害了市场作为资源配置主体作用的发挥。近年来，以各种城镇群规划为代表的区域性规划的复兴、在这些规划框架下地方政府间的利益协商、行政区划的调整等积极措施的出现，使上述负面现象有了一些改观，但体制改革的道路仍任重道远，特别是如何建立有效的区域规划实施机制成为迫切需要解决的问题。

正是由于不同国家或地区在大城市连绵区发展过程中呈现的特殊性，为我们全面认识大城市连绵区的发展现象，综合评价各种规划手段的适用环境、作用范围、实施效果提供了重要的突破口，也为我们在比较研究基础上、因地制宜地制定区域规划政策提供了富有意义的借鉴和启发。

## （二）大城市连绵区的规划策略

### 1. 确立"城乡统筹"的指导思想

在美国大城市连绵区的发展过程中，分散决策的市场机制始终对空间的扩展和重组起着支配性的作用，一方面产生了大量的资源浪费和巨额的能源消耗；另一方面由于缺乏区域层面的整体引导而导致严重的"城郊失衡"、"城乡割裂"等问题。我国的基本国情决定了如果我国大城市连绵区的发展也照搬这种发展模式，不仅将面临较之美国更为严峻的局面，而且可能引发灾难性的后果。从地域条件看，我国人均国土面积不到美国的 1/4，涉及可利用土地则差异更为悬殊。美国的地形特征是平原广阔，山地较少，土地资源非常丰富，本土内无法利用的"荒地"只有 10%，平均每人可占有土地达 54 亩之多[①]；我国国土则呈阶梯状分布，山地面积占国土面积的 2/3 以上，适宜城镇空间发展的地区仅占国土面积的 19%[②]，据此估计，我国平均每人可占有土地 2.1 亩，还不到美国人均水平的 4%。这些地区同时也基本上是国家的耕地保护区，城镇发展与耕地保护的矛盾非常尖锐。我国大城市连绵区的发展除了受到这些资源环境的阻力外，还面临繁重的社会压力。美国是一个典型的移民国家，城镇发展基本上没有什么历史包袱，我国则是一个历史悠久的农业大国，农业、农村和农民问题是关系中国改革开放和经济社会发展全局的重大战略问题，加之我国正处于农村改革和城市化发展的关键时期，这决定了我国大城市连绵区的发展必须走"城乡统筹"、"集约发展"的道路。

### 2. 以明确的空间界定为前提

大城市连绵区不是一种行政地域，而是广域化的城市功能地域空间，这个概念的建立有利于超越行政界限的樊篱，通过区内基础设施、资源环境的有效组织和共享，

---

① 参见：汪尧田. 美国土地利用情况 [J]. 世界农业，1981（11）：53–54.
② 参见：建设部. 全国城镇体系规划（2006—2020）说明书 [M]. 2006.

实现经济与环境功能的整合。因此，大城市连绵区空间边界的界定，不仅应符合区内人口密集、社会经济联系紧密、要素流通便捷等条件，还必须以便于区域内各主体达成共识为前提，这样才有利于区域性政策措施的制订和实施。当前，大城市连绵区的空间边界划定虽然大多只是一种学术性的探讨，不具备任何行政意义，但一旦成为编制规划的依据或某种法定范围，就具有了明显的政策涵义，对规划的有效实施和区域整体的健康发展产生积极的推动作用。例如，在美国，大城市区作为联邦人口统计标准，其作用不仅是用于数据的分析和比较，而且是美国联邦和州政府机构分配项目基金、制订项目标准和实施项目的空间单元，这就促成了许多都市区规划和地方间合作的形成。美国学术界研究大城市连绵区的目的之一，也是希望通过对这一新的地理现象的深入研究，形成大城市连绵区的界定标准，进而成为正式的官方统计概念，将针对大城市连绵区的大规模交通、经济发展和环境规划的合法化，从而能引导联邦和州基于大城市连绵区这个区域尺度制订政策和分配项目基金。因此，大城市连绵区在规划之初就必须明确其空间界定范围，并通过一定的法定程序与其他空间政策联系起来，通过这种方式推动区域共识的形成和地方合作的开展，从而提高规划实施过程的效率，促进规划整体目标的实现。

### 3. 战略核心的选择

大城市连绵区的规划对象往往是一国经济最发达、参与全球竞争最前沿的地区，因此规划的目标和策略往往不同于一般的空间规划，其目标不应只从现实问题出发，而是具有充分的前瞻性和战略性，着眼于区域综合实力的提升和国家竞争优势的增强；其内容上也不应面面俱到，而是寻找最切合区域未来发展方向、最能调动区域发展能动性的关键战略点，以此带动整个区域运作机制的转变和重组，从而保证规划作为引导和调控区域发展手段的有效性。那么，这种战略核心该如何选择呢？从美国东北海岸发展的经验来看，区域大容量快速交通系统是大城市连绵区规划内容体系的重要核心之一。

大城市连绵区的发展规律证明，城镇之间、城乡之间由于在地理、经济、社会、历史及文化等方面强烈的相互作用而结成紧密而高强度的网络，对于大城市连绵区的形成、发展与完善发挥了重要作用。网络的形成，直接的好处是促进大型公共设施和基础设施的共建共享，增强了区域经济发展的集聚效应；此外还有利于网络中各成员的竞争性合作、创新和相互模仿，后者是一种对区域发展更为重要的"无形资产"。因此，要培育大城市连绵区的综合竞争力，一方面需要通过物质性手段增强区域的通达性，提高要素在网络中流动的容量和速度，更好地发挥网络的集聚效应；另一方面还需要采取积极的社会手段培育区域各主体基于共同利益的协商合作机制，从而提高网络的绩效，实现各主体的互惠互利。以高速铁路、轻轨等为代表的区域大容量快速交通系统，一方面适应了提高区域通达性、引导区域空间合理高效扩展的战略需求，另一方面由于需要超前的规划和巨额的投资，不仅需要自上而下的法律、财政等制度支持，也需要充分发挥私人部门的自主性和积极性，因此也成为促进区域内各种公共和私人团体共同合作的切入点。从这个意义上说，区域大容量快速交通系统就成为大城市连绵区规划政策的战略核心之一。

## （三）大城市连绵区的区域管治

### 1. 完善的市场体制和合理的政府职能分配是区域管治的制度前提

在美国，由于长期的分权制衡和市镇自治，不同级别的地方政府之间有比较明确的职能分工。通常将一些贴近市民的职能下放到社区和县一级，如社会支持、基本教育和培训、基础医疗设施等，同时战略规划、区域性的重大基础设施等则交由大城市区的相应机构负责。因此，上一级政府的存在并没有削弱地方政府的权力，从而减少了不同行政区域之间的竞争。在明确分工的基础上，地方政府之间经常会从各自的经济利益出发，针对区域内的共同事务展开非正式的、从问题出发的合作。为了提高效率，还经常将市场机制引入行政管理领域，根据市场原则相互签订协议，体现了一贯的实用主义作风。比较于西方国家，我国的文化与制度传统更加讲求权力的集中与自上而下的干预，政府间职能的重叠增大了彼此协调与合作的难度，地方和部门分割对经济发展形成了严重的行政壁垒，相邻城镇之间以邻为壑、重复建设的现象时有发生，行政体制与市场机制的碰撞也已十分严重。因此，继续深化市场化改革，加快政府机构的改革，形成分工合理的垂直行政体系，无疑是增进区际合作，强化区域协调管理的重要前提。

### 2. 区域规划是协调各种跨区域重大问题的重要管治手段

从美国大城市区实行区域协调管理的做法看，成效最为明显的一种协调手段是区域规划。由于区域规划涉及的一般都是全局性、战略性、长远性、单一地方政府无力解决的重大问题，不参与地方事务的具体管理，易被地方政府所接受，因此各类跨区域行政组织都把区域规划作为主要政策工具。

从美国经验看，区域规划能否顺利实施，关键在于自上而下的法律保障。虽然美国联邦政府实际上没有多少权限管理区域事务，但却能采取一些诱导措施来刺激建立一些大城市区的组织机构，例如，通过联邦环境立法迫使地方政府加入大城市区联合组织，或者将环境整治、交通运输等的资金分配给大城市区联合组织来吸引地方政府的加入。鉴于我国行政体制有别于美国，国家层面的推动在区域管治中的重要性更不应低估，特别是通过适当的行政和经济手段的运用，例如将跨区域项目统一纳入区域规划内容，并由上一级政府给予一定的经费补助等，以此促进区域规划的有效实施。

### 3. 建立跨区域行政组织强化区域协调管理

随着我国城市化进程的加快推进，长三角和珠三角等大城市连绵区已面临大量类似于美国的区域性矛盾和问题。这些区域可以率先通过设立跨区域的行政组织来强化区域的协调管理。借鉴美国经验，这类行政组织可以是综合性的，例如全面负责区域性规划的"超级都市区规划组织"；也可以是专门性的，例如类似纽约和新泽西港务局的专门负责重大交通基础设施建设的权力组织。鉴于我国行政体制有别于美国，垂直领导体系比较完善,因此可以将区域协调职能赋予现有相应的政府部门,由该部门牵头,会同下层级政府的对应部门共同履行协调职能,而不必另起炉灶设立机构。在各方分歧较大,协商失效时,上一级政府拥有裁决权。

4. 重视多利益群体协商的管治方式

美国的区域管治非常重视地方政府、社会团体和大众等利益相关方基于自愿原则的参与和协商,通过充满弹性的机制安排,使政府机构、私营部门、非营利组织、市民团体之间建立广泛的社会网络,从而达到共享权利和资源,实现区域利益和目标的过程。在这些团体中,一系列公共或私有的非政府组织是参与区域管治重要主体,在不同利益集团之间充当着沟通的媒介与桥梁,纽约区域规划协会是其中业绩较为突出的典范。纽约大城市区并没有"官方的"区域性规划组织,但成立于1922年的纽约区域规划协会作为一个独立的非营利组织在区域规划方面发挥着举足轻重的作用。该组织的战略是建立一个包括地方政府、专业团体(如美国建筑学会、美国规划协会、美国公共行政学会等)、商业社区、民间团体(如环保组织等)等关键利益相关方的联盟,通过跨学科的交叉和团体间的合作推动协作式规划模式的开展。特别是他们自1929年以来发表的三份纽约大城市区规划,在构建纽约大城市区的交通系统、保护公共空间以及推进高质量的城市开发上发挥了十分关键的作用。当前,纽约区域规划协会正致力于与其他研究机构合作,共同推进美国大城市连绵区的研究与规划工作。当然,规划过程的结果最后还是需要由政府部门来法规化,因此他们非常重视与纽约和新泽西州港务局等权力机构建立长期合作关系,高度关注实际政策的制订和实施过程。这使得纽约区域规划协会的社会影响力不断增强。

对于中国这样正从集权传统转向分权管治的国家,在区域管治的进程中,如何在地方政府、企业、非政府组织甚至国际机构的纷纷介入下,既保持各级政府的管治能力,又发挥各方力量的主动性,有效平衡各自的利益,是需要长期探索和实践的主要方向。

# 第二部分　英格兰东南部大城市连绵区区域空间战略及管治机制

## 一、引言

### （一）东南部地区的概念的变迁

第二次世界大战后，英国政府对于区域的划分做过几次调整。最主要的有两次，一次是 20 世纪 60 年代的"标准统计区"（standard statistical regions），把整个英格兰划分为 8 个区域（regions）（图 3-9-2-1）：北部、西北部、约克郡和亨伯赛德郡、中西部、中东部、东英吉利亚、西南部、东南部（包括伦敦）。苏格兰、威尔士和北爱尔兰各为一个独立的区域。这次的划分影响很大，不少研究文献一直采用这个划分方式。另一次就是从 1998 年至今，将英格兰划分为 9 个区域：西北部、东北部、约克郡和亨伯赛德郡、中西部、中东部、西南部、东南部、伦敦、东部（图 3-9-2-2）。这次的划分主要具有行政格局的意义。

英格兰东南部地区目前的地域范围与"标准统计区"所划分的范围相比有两个较大的变化，一是将伦敦分离出去，成为独立的区域；二是将贝德福德、赫特福德和埃

图 3-9-2-1　英格兰 8 个区域划分（左）

图 3-9-2-2　英格兰 9 个区域划分（右）

图 3-9-2-3 英格兰东南部大城市连绵区人口密度

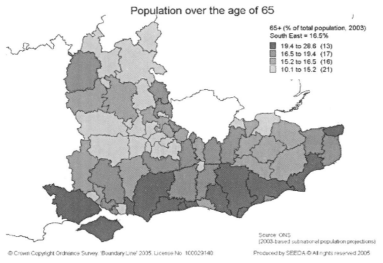

图 3-9-2-4 英格兰东南部大城市连绵区 2003 年人口老龄化调查

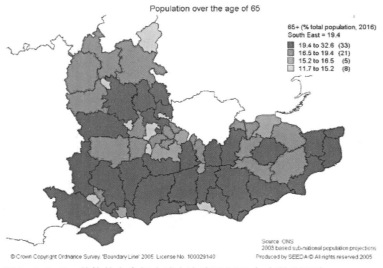

图 3-9-2-5 英格兰东南部大城市连绵区 2016 年老龄化预计

塞克斯这三个郡划给东部地区。因此，目前的东南部地区的概念比以前的缩小，包括 7 个郡和 12 个"地方自治政府"（Unitary Authority）。东南部地区是英格兰、也是全英国人口最多的区域。这里拥有 840 年历史的牛津大学、英国通往西欧大陆的门户——肯特郡、英国经济发展良好，并成为主要的经济发展节点的新城——米尔顿凯恩斯，以及有"小英格兰"之称的怀特岛，也是仅次于伦敦的旅游胜地。

## （二）人口与面积

东南部区域是英格兰各区域中最大的一个区域，按"标准统计区"计算（即包括伦敦），总面积为 27300 平方公里。第二次区域行政格局调整后，其区域面积为 19069 平方公里，比调整前少了 8231 平方公里。

1951 年英格兰东南部地区的人口为 1520 万，1969 年人口增长到 1630 万。2004 年底总人口为 812 万人（不包括伦敦的人口）。根据 2006—2016 年英格兰东南区域经济战略，城市连绵区整个区域的平均人口密度在每公顷 1—10 人左右。少数人口密度比较高的地区在南安普敦，每公顷的人口密度达到 41—50 人。在伦敦的边沿地区，例如泰晤士河谷廊道（Thames Gateway 地区），萨塞克斯海滨地区和西部走廊的人口密度略低于这个密度，但高于平均数（图 3-9-2-3）。

与欧洲各国，英国各地一样，英格兰东南部人口老龄化现象日趋严重。2003 年曾经对这个地区的人口老龄化进行过分析发现，这个区域 65 岁以上的人口，占 16.5%（图 3-9-2-4）。根据预测，英格兰东南部地区的老龄化还将继续下去，预计到 2016 年，这个区域 65 岁以上的人口将增长到 19.4%，同时，整个区域人口老龄化的现象将比 2003 年的调查时更为普遍（图 3-9-2-5）。

## 二、英国的区域政策演变及其对英格兰东南区域规划的影响

20 世纪 20—70 年代之间，英国区域规划和区域发展政策的主要目标是解决区域之间发展不平衡问题，致力于减少区域之间的差距，政策更多地倾向扶持衰败地区。这种区域规划和发展政策观的产生有深刻的历史背景。在 20 世纪 20 年代以后很长的一段时间，英格兰北部地区由于出口外向型的经济遭受严重的冲击，特别是在纺织业、煤炭、造船和钢铁业等领域，失业人口大量增加，贫困问题日趋严重，1932 年英格兰北部的失业远高于全国失业率 22% 的水平。但在伦敦和英格兰的东南部地区，因为经济发展主要依赖国内市场，对全球经济萧条所带来的冲击具有较高的免疫力，因此其失业率相对比较低，如 1932 年伦敦的失业率为 13.5%，东南部地区为 14.3%。解决区域之间的不平衡发展，支持落后地区的发展成为英国区域规划和发展政策的主线。

到 20 世纪中期，许多西方国家经历了人口和工业活动的快速增长，因此造成城市地区的扩展，也刺激形成新的政策制定模式。在英格兰，"巴洛报告"（Barlow Report）提出了英国远期的区域发展战略，而在英格兰的东南部地区，1944 年大伦敦规划提供了一个整体思路方式。这两个规划的研究和文件对英国第二次世界大战后的区域规划和区域政策产生了深远的影响，为英国区域发展确定了主要的目标：即建立一个工业活动的平衡结构，停止大城市的蔓延，建设新城解决城市的增长。

为了协调和平衡经济的发展，1945 年英国政府颁布了《产业分配法》，规定任何工业的发展或现有工业的扩展必须首先获得"工业发展许可证"（IDC）。实际上在整个 20 世纪 50 年代和 60 年代英国区域发展政策基本采取了"大棒加胡萝卜"的做法，区域政策持续关注的问题一直是鼓励就业岗位迁离富裕地区，以便提高那些高失业率地区的就业机会。政府采取的措施包括：增加产业在富裕地区进行扩充或新开发建设的难度，例如，若想在富裕的地区进行产业的发展，必须首先得到政府颁发的"产业发展证书"。对那些投资高失业率地区的产业提供优惠政策。为此，政府出台了一系列的法规政策：

1960 年的《就业法》，对实行优惠政策发展地区的定义进行修订，将这类地区的失业率的标准提高了 4 个百分点；1966 年《产业发展法》，在费用的优惠政策上重新回到以区域为基础的发展地区的定义；1967 年开始实行发展特区的概念，允许实施更为优惠的政策；1969 年对中间地区进行定义，因为这种地区面临衰败的问题。

20 世纪 60 年代，这种确定产业布局的政策延伸到商业办公领域，特别是针对伦敦和伯明翰地区。1965 年的《办公与产业发展法》要求在某些特定的地区进行商业办公开发建设之前，必须申请"办公开发许可"。但是这种政策所产生的结果是大多数受到区域政策影响、实行区位安置的企业都没有逃脱倒闭的命运，例如，60 年代 BMW 公司的卡车厂建厂计划被安排到苏格兰西洛锡安郡的巴斯盖特，Rootes 公司的小汽车建厂计划被安置到格拉斯哥。这两个公司发现，到分配地区进行建厂和经营的成本太高，企业的经济效益很不好，最终这两家厂被迫关闭。钢铁产业方面同样面临区位安置的

问题。有两家钢铁厂被安置在失业率比较高的地区，一家在威尔士的纽波特，另外一家在苏格兰的马瑟韦尔。最终这两家厂也都不得不关闭，没能逃脱倒闭的命运。

20世纪60年代和70年代期间，英格兰东南部地区完成了一系列战略部署，对以伦敦为核心的英格兰东南部地区的空间发展进行了研究，再次明确了需要重点发展和保护的空间层次，以及相应的规划政策。根据这些战略，英格兰东南地区的区域规划和政策基本上是鼓励和促进人口和经济活动从大伦敦地区的外迁，在东南部地区建立新城和扩展原有的小城镇，以安置伦敦迁出的人口和经济活动，形成英格兰东南地区发展的中心和节点。

这些战略使得阿伯克龙比（Abercrombie）主持编制的1944年"大伦敦规划"在50年后对英格兰东南部地区的影响在规划和发展中得到了体现。根据1944年"大伦敦规划"的意见，应当在远离伦敦34-56公里之处建立新城，同时在伦敦周边外围地区进行绿化带的设置。这些政策都得到实现，并长期影响英格兰东南区域的规划政策。根据"大伦敦规划"的政策，1964年为了解决伦敦快速增长的人口问题，英国政府的住宅与地方政府部颁布了"1961—1981年东南部地区研究"报告［简称"1964东南部研究"（South East Study）］。该报告预测英格兰东南部地区的人口将增加350万。从伦敦外迁出来的人口预计将达到100万。为此需要发展第三代新城。新城的发展必须有一定的规模，使其具有对伦敦的"反磁力"作用。这些新城将主要设置在南安普敦 – 朴次茅斯，贝尔切利（密尔顿凯恩斯）地区。"1964年东南部研究"仍然是以解决物质形态的问题为主。另外，这个研究存在的主要问题是没有详细提出区域内人口和就业的分布，规划实施人员觉得这样的研究很难实施，需要一个更为详细的战略规划。为此，1967年英格兰东南区域经济规划委员会编制了"英格兰东南部战略"。这个战略所涉及的内容比"1964年东南部研究"更为广泛。战略重视和强调灵活性。战略确定了根据现有的交通道路网络选择放射性的发展模式，但将发展的区位集中在少数几个主要的地区。这两个区域规划和研究文件确定了伦敦外围新城的发展区位及其定区位。1968年，密尔顿凯恩斯、北安普敦和彼得伯勒等新城开始建设。同期，伦敦绿化带进行了扩展。

为了使1967年的"英格兰东南部战略"与1968年英格兰东南部地区各地方政府编制的"区域规划框架草案"协调起来，形成一致的区域规划政策，英格兰东南部地区的各地方政府在1970年成立了"英格兰东南部联合规划队伍"（The South East Joint Planning Team）。这个队伍由各地方政府和中央政府选派的规划师组成，由中央政府委派的总规划师负责。他们编制了"1970年东南部战略规划"（Strategic Plan For The South East of 1970），提出了需要重点发展和保护的空间层次，以及相应的规划政策。1976年中央政府对该战略规划进行评估和审核，基本同意并批准了战略规划的政策建议，但对人口和经济增长率进行了控制，目的是设法减缓这个区域的人口增加和经济的增长率，同时不再提出发展新城。

但是随着发展和时代的变革，特别是进入20世纪70年代和80年代以来，区域规划和发展政策的倾向及基本原理有了很大的变化，在理论和方法论上产生了不少的波动。不少人质疑平衡发展政策所能发挥的积极作用。带有怀疑态度的不仅仅是自由市场经济的拥护者，其他领域的不少学者都开始认为传统的、以解决地区差距的区域发展规划政策能取得的成就有限。TCPA（Town and Country Planning Association）的研究表明，从长远角度看，传统的区域政策并没有从根本上逆转落后地区的状况。例如，传统的区域政策主要针对存在大量失业率的制造业。1972—1984 年，全英国四分之三的援助基本上投入到石化、钢铁和冶金等行业，但是这些行业至今仍然不景气。

进入 20 世纪 70 年代中、后期，随着英国撒切尔夫人领导的保守党执政，开始奉行自由主义的经济政策。第二次世界大战以后一直推行的区域平衡发展、扶持落后地区的政策被废止，城市规划和区域规划不受重视。1979 年英格兰东南地区经济规划委员会被取消，同时也造成"东南部战略规划"被摒弃，使这个地区的区域规划出现真空。1980 年英格兰区域规划仅两页纸的内容。虽然规划的权力部分由郡政府和地区政府分别编制的结构规划和地方规划所填补，但 20 世纪 80 年代，包括英格兰东南地区在内的英国区域规划整体缺失。在英格兰东南部地区，20 世纪 80 年代对绿化带的严格控制是这个地区公共政策规划的主要目标。

20 世纪 90 年代，英国政府重新认识了规划的重要性。恢复了区域规划的工作。这个时期英国的区域规划以"区域规划导则"（Regional Planning Guidance）的形式出现。早期的"区域规划导则"由中央政府的规划管理部门编制和颁布。地方政府和地方规划部门、规划师参加相关的会议，但主要的作用是为主管规划工作的国务大臣和中央政府的规划部门提供咨询意见。"区域规划导则"在内容上包括许多对某一个具体区域的分析和相关的战略政策，有的甚至细致到具体的土地利用政策和资金问题。与英格兰东南地区相关的第一个"第九号区域规划导则"（RPG9）于 1994 年颁布。

1998 年英国政府规定了"区域规划导则"的编制要求。根据要求，"区域规划导则"应当具有一个明确的战略内容，需要与区域的相关利益团体进行广泛的协商和咨询。"区域规划导则"的内容应涉及环境，社会，经济和土地利用问题。同时还需要包括"区域交通规划"的主要内容，以保证各领域和各专业之间的协调。这一期间，一个重要的变化是"区域规划导则"的草案是由各地方政府组成的"区域规划机构"[Regional Planning Bodies，也可以是区域议会（Regional Assembly）]编制，经过相关利益团体的广泛咨询和公众参与之后，通过中央政府派驻区域办公室（Government Office for the Region）上报中央政府，经中央政府修正、调整后，由负责规划的国务大臣正式颁布执行。2001 年第二版英格兰东南地区"第九号区域规划导则"由中央政府颁布，其内容包括：发展战略和主要的发展原则；区域核心战略；城乡生活质量，环境战略和乡村发展；区域经济、住宅、区域交通战略、基础设施、次区域等；实施与监控政策等。

与"第九号区域规划导则"同期，在 20 世纪 90 年代末"伦敦和东南部地区区域规划协商会议"组织编制了"东南部地区可持续发展战略"，这个战略的目的是为地方政府的发展规划提供宏观指导意见，同时为"区域发展机构"提供区域规划导则编制的总体框架。其目标是创造一个可持续发展的模式，促进城市的复兴和经济、社会、环境的协调发展。这次区域空间战略是最后一次采用"标准统计区"所确定的范围。

1997 年工党政府上台后加强了区域规划的作用。1998 年 2 月，中央政府颁布了"规划的现代化"和"区域规划导则的前景"两个文件。文件指出，"区域规划导则"并没有起到一个真正意义上的战略指导作用。文件提出加强区域层面和次区域层面的战略规划。2004 年《规划与强制收购法》的颁布使英国的区域规划成为一个法定的规划。

2004 年《规划与强制收购法》提出了一套新的法定的区域规划体系，新的地方规划体系，改革了发展控制系统。以此为基础，英国中央政府的规划主管部门——住区与地方政府部（原名 ODPM）出版了《规划政策指令》（Planning Policy Statement），取代原有的"规划政策导则"（Planning Policy Guidelines），适用范围是英格兰除伦敦外的其他所有区域，伦敦则由市长制订空间发展战略。其中"第 11 号规划政策指令：区域空间战略"对区域空间战略的概念、修订和实施监测等都作出了详细说明。区域空间战略把重点放在区域层面，同时用次区域战略取代结构规划（structure plan）。在 2004 年英国新的规划框架中，区域规划的地位得到了空前的加强。

法定的区域空间战略的主要目的是在区域空间层面上更好地贯彻"政府可持续发展住区规划"，指导法定规划"地方发展框架"（Local Development Framework）的编制。区域空间战略由区域规划机构（Regional Planning Bodies）和中央政府区域办公室（Government Office for the Region）紧密合作，协同区域其他机构和地方政府组织编制，期限为 15—20 年。编制周期大致为两年半至两年 11 个月。区域空间战略经住区与地方政府部大臣批准实施。期间区域空间战略要在每年的 2 月前提出上一年度的监测报告，并根据实际需要进行修订。

根据英国中央政府的《规划政策指令》要求，区域空间战略的制订和修订要考虑到欧盟（EU）的空间政策、贯彻政府在"区域可持续发展框架"（Regional Sustainable Development Framework）中提出的核心理念，并与区域经济战略（Regional Economic Strategy）、区域住房战略（Regional Housing Strategy）等协调一致。区域空间战略内容应该包括：提出规划期末明确的空间意向和如何达到可持续发展的目标；用表达意向的主要图纸和明确的政策提供协调一致的区域空间战略；说明跨郡或跨地方政府之间的次区域主要问题，以及需要在地方发展文件中解决的问题；把重点放在执行的机制上来，明确做什么、由谁来做、什么时候做；提出目标与优先考虑事情的明确联系，每年监测目标的执行情况，等等。

区域空间战略编制过程中要经过公众的检验（EiP），并在充分征求地方政府和专家的意见之后，才能上报中央政府审批。区域交通战略（Regional Transport Strategy）、可持续发展评价（Sustainable Appraisal）报告要随区域空间战略一同上报。

根据新的规划法，英格兰东南部地区开始了新的区域规划的编制。希望通过积极的经济和空间规划再次发挥四个重要的责任。第一，减缓经济发展过热所带来的一些成本和负面的影响；第二，进一步促进发展，但不仅仅是为了这个地区的发展，而是如何带动整个英国经济的发展；第三，在尽可能考虑平等的条件下，以及争取高效率的前提下，将富裕的、快速发展的东南部地区的部分资源转移到相对落后的区域；第四，能够有效解决伦敦的一系列问题。

英格兰区域规划的沿革和发展证明这个地区必须具备一个有效的区域规划体系。这个体系不仅是这个地区发展的基础，同时是实现全国宏观发展目标的条件。英格兰东南部合理的资源分配可以促进发展并减少区域通货膨胀的风险。高层次的东南部富裕的水平能够为国家增加财政，增加落后地区发展的能力，减少落后地区的失业率。另外更为重要的是如果缺乏有效的资源和收入分配的财政机制，财富将很难有效地输往相对贫困的地区。而英格兰东南部地区的持续经济过热将对宏观经济产生影响，可能造成通货膨胀率的增长。

# 三、英国区域协调管治机制

长期以来，英格兰区域一直都没有选举产生的政府。1966 年之前和 1979 年 9 月份之后，英格兰的区域机构仅仅承担统计的功能和一些咨询作用。进入 21 世纪，英国区域机构的功能和作用才逐步得到加强。

## （一）区域经济规划委员会（Regional Economic Planning Council）

1964 年中央政府的经济事务部成立。这个机构虽然存在的时间不长，但却积极主动地做了许多的工作。经济事务部编制了全国的经济发展规划，对区域规划与发展做了一个重要的决定，即 1966 年在英国每个区域都设立区域经济规划委员会。委员会中 28 名无工资的成员由中央政府负责规划工作的部长直接任命，另外一些成员来自商业、经济、工业组织以及地方政府、学术界的代表。委员会的主要工作是发挥咨询顾问的作用，主要的功能是协助编制区域规划并为规划的实施提供咨询服务。委员会没有行政权力，因此对区域规划的实施影响有限。区域规划即使得到中央政府的批准也缺乏法定效应。区域规划的效力取决于各地方政府是否愿意将规划的政策纳入他们自己的发展规划之中。1965 年成立的英格兰东南地区经济规划委员会负责这个区域的规划工作，但该委员会于 1979 年被撒切尔政府撤销。

## （二）中央政府区域办公室（Government Office for the Region）

1994 年 4 月，保守党梅杰政府为了加强中央政府各部门设在各区域的机构之间的协调与合作，在英国各区域建立了"中央政府区域办公室"（Government Office for the Region）。这个机构代表着中央政府，迄今为止，仍然是英格兰区域一级制度的主要架构，在区域规划的制订上发挥着重要的作用。不过自 1997 年之后，随着"区域发展署"（Regional Development Agent）的建立，中央政府区域办公室的作用降低。

## （三）区域发展署（Regional Development Agency）

1997 年英国工党政府颁布了标题为《为了富裕建立合作伙伴》（Building Partnership for Prosperity）的白皮书。1998 年颁布了《区域发展署法》（Regional Development Agencies Act）。1998 年，英格兰 8 个标准区各自设立了"区域发展署"。"区域发展署"的主要目的是促进所在地区经济的发展。根据英国政府的要求，每个"区域发展署"都需要为所在的区域编制"区域经济战略"（Regional Economic Strategy）。在制订"区域经济战略"时，必须考虑和遵循可持续发展的原则和中央政府的有关政策。在编制战略的过程中需要与区域内的利益团体共同协商，咨询他们的意见。编制完毕的"区域经济战略"需要报中央政府备案。

区域发展署的理事会由私营机构、地方政府、教育学术部门和非政府组织等组成，但所有成员名单需要得到中央政府的批准。在区域这一级的民选政府缺失时，区域发展署应向区域议会负责。

## （四）区域议会

1997 年工党政府执政之后实行权力下放的政策。到 1999 年，苏格兰，威尔士和北爱尔兰都成立了自己的议会政府，在规划、发展、教育、医疗卫生等领域具有自主权。伦敦也成立了大伦敦政府。英格兰各区域均成立了"区域议会"，有的称为"Regional Chamber"，也有的称为"Regional Assembly"。但迄今为止都还不是选举产生的、真正意义上的议会政府。区域议会的成员主要来自各地方议会政府的议员和区域内其他的主要利益相关机构的人员，有部分成员来自私营机构。这些机构的作用在过去几年得到很大的提升，特别是承担的任务和控制的资源得到很大的扩展。

在区域议会建立初期，这个机构的主要职能是对各种类型的区域战略提供咨询意见，但没有任何的否决权。最近几年区域议会的权力得到扩展，特别是在区域发展政策文件的制定方面（图 3-9-2-6）。中央政府授权区域议会作为区域的主要机构，管理新建立的区域机构，例如区域经济发展署。

2002 年，英国中央政府开始推行英格兰民选区域议会政府的建立。将选举产生的"区域议会"称为"Assembly"。是否建立选举产生的区域一级政府，由各区域的人民自己

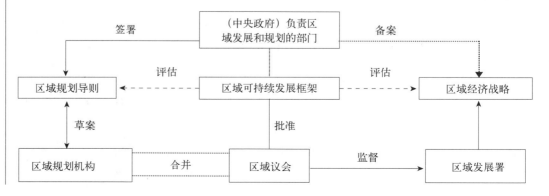

**图 3-9-2-6 1998 年以后英格兰区域规划主要的参与机构和相关各种区域战略**

决定。曾发生过区域全民投票否决通过选举建立区域议会政府的例子。

所有的区域议会都有责任改善本区域生活的质量，有责任在提高本区域经济绩效方面制定战略发展目标。这些区域议会都可以从中央政府获得一定资金拨款的资助。若是一个选举产生的区域议会政府，在得到所有地方政府同意的前提下，它还有权力在辖区内增收一定比例的地方税收，用于区域的发展和建设。各区域议会的主要职能为：促进经济的发展，提高劳动力的技能和就业能力，提出住宅政策，促进体育和旅游发展，进行土地利用规划，实施环境保护，维护生态多样化，改善交通等。

# 四、英格兰东南部地区区域空间战略要点

## （一）规划编制依据与进程

按照英国《规划与强制收购法案》和《规划政策指令》（Planning Policy Statement）的要求，"英格兰东南部区域议会"（the South East England Regional Assembly）组织编制了东南部地区的法定区域规划——区域空间战略。英格兰东南区域空间战略草案（A Clear Vision for the South East）已于 2006 年 3 月提交中央政府，2008 年获正式批复。规划的期限是 2006—2026 年。

## （二）空间战略的主要框架

草案的核心文件（The South East Plan Core Document）分为五个部分，第一部分明确了战略的任务，分析了东南部地区发展面临的挑战，提出了战略的目标和原则。第二部分全面分析了战略编制背景、环境及其他重要因素。包括对全球层面、国家层面、相邻区域的关系进行了分析；对区域内部，提出不仅要重视城市的发展，还要注重乡村的发展；为保证区域的可持续发展，提出区域发展的整体框架和目标；对区域未来的人口、就业以及住房规模进行了预测；提出了诸如气候变化、人口变化、技术进步以及全球化等后续需要继续研究的问题；对如何征求公众的意见，区域空间战略如何与区域经济战略（RES）和区域住房战略（RHS）等相关规划相衔接做出了说明。

文件的第三部分是战略选择与可持续发展。包括：提出区域发展的整体"愿景"（Vision）和核心战略；说明规划政策需要涉及的主要内容；提出了区域层面、次区域（sub-regions）层面所面临的诸多选择；最后对可持续发展评价作出了说明。

第四部分提出了区域层面的规划政策框架，是战略的主要内容，也是篇幅最多的部分。首先提出了区域的综合性政策和特殊地区的政策；然后对区域空间战略所涉及的 10 个方面分别提出了相应的规划政策，包括：经济发展、住房、社区与交通、自然资源的可持续利用、废弃物处理与矿产资源、乡村与自然景观的保护、建设与历史环境保护、城镇中心、旅游及相关的休闲、社会、文化与健康等规划政策。

第五部分提出了次区域层面的规划政策框架，也是战略的主要内容之一，是《规

划政策指令》要求必须具备的内容。规划提出了 10 个次区域的规划政策，包括南安普郡、萨塞克斯海岸地区、肯特东部与阿什福德、肯特泰晤士河河口地区、伦敦边缘地区、西部走廊与布莱克沃特河谷地区、牛津郡中心地区、米尔顿凯恩斯与艾尔斯伯里山谷地区、盖特威克地区和怀特岛特殊政策地区。

### （三）战略的总体目标和政策

英格兰东南部地区由于其独特的地理区位和经济原因，在世界范围内占有重要地位。这不仅源于它和伦敦等地区的联系，同时也是因为它与欧洲以及更大范围地区的联系。无论是从经济活动还是旅游的角度来看，这个地区都是英国最重要的门户。

区域空间战略引述了英格兰东南部区域经济战略（RES）的内容，该战略指出，到 2016 年，东南部地区将成为持续繁荣的世界级区域，每人年均 GVA[①] 增长率达到 3.2%；到 2026 年，年均生产力提高 5%，共增加 25 万劳动人口。

区域空间战略还提出区域的未来愿景是一个健康发展的区域（The Healthy Region）。未来 20 年，英格兰东南部地区要在公民福利、经济活力、环境保护和资源节约等方面，在整体生活质量上体现出可持续发展。规划期内，区域年均要提供 28900 套住房。

区域空间发展的总体战略是：在城市和乡村的全区域范围内，全面提升可持续发展的水平；将"城市复兴"作为城市发展的重点；提出适合的乡村发展模式；对区域内经济和社会发展不同的地区加以区分；支持规划已经批准的地区的住房和经济发展；促进其他次区域和特殊政策地区的发展；尽量减少对土地、劳动力资源的压力等途径支持经济发展，尤其是在那些资源受到限制的地区；保护区域内尤其是那些正式列入计划的国际、国家和区域层面重要的自然环境和文化遗产；继续采用已经规划的"绿化带"（Green Belt）作为重要工具，在区域层面上控制城市的蔓延。

战略提出了区域总体的政策框架，其中空间政策方面，提出了相邻区域保持"连通性"的政策，以加强东南部地区与周边区域如伦敦、东部地区、中东部地区特别是与伦敦在经济、住房和交通等方面的合作；重点地区和城市复兴以及区域中心（Hubs）政策，强调发展的重点应该在城市地区内，为工作、生活、购物提供方便，减少不必要的出行，提高土地的使用效率和经济活力，以及区域内交通的可达性；划分区域内不同发展地区的政策，以支持具有不同特点和问题的地区的合理发展；绿带政策；支持老龄化人口政策，以及保护环境和生活质量的政策。

## 五、英格兰东南部地区经济发展及相关的经济发展战略

英格兰东南部大城市连绵区是英国经济和社会发展最快的地区，也是整个英国最具有重要发展前景的区域，其地区生产总值达到 1008 亿英镑，占全英国 15% 的份额。

---

① （Gross Value Added）总增加值（购买者价格，或者生产者价格），是产出和中间品消耗的差。GVA= 总产出（基本价格）－ 总中间产品消耗（购买者价格）。

它是除伦敦以外全国经济绩效最好的区域。人均 GVA（Gross Value Added）19500 英镑。目前这里有 245000 家以中、小企业为主的各种类型的公司，是全英国公司数量最高的地区。更为重要的是，这里集聚了全英国约四分之一的研发活动，集中了 24 所大学和高等教育机构，以及 71 所学院和再教育机

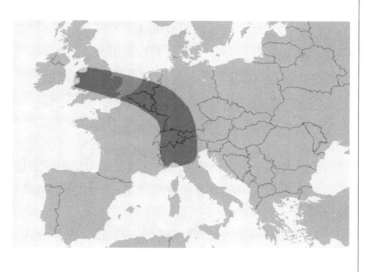

图 3-9-2-7　欧洲主要的经济发展地区——"蓝香蕉"地区

构。同时这个地区具有丰富的文化与历史遗产资源、高质量的农村、海岸带和建成环境。区域内有 11 处"国家杰出自然景观保护区"。

英格兰东南部大城市连绵区是英国与欧洲联系的桥头堡，与欧洲具有密切的联系。这个区域处在欧洲西北黄金三角地带，即欧洲最主要的经济发展地区——"蓝香蕉"的区域范围内（图 3-9-2-7）。由于其良好的地理位置，它是英国通往欧洲的主要商务通道和英法海峡的主要联系走廊，通过英格兰东南部大城市连绵区的客流和物流的数量很大。目前 100 多家最具世界影响力公司的在英机构中有半数以上设置在这个区域。

历史上，英格兰东南部经济的发展一直就领先英国的其他地区。当英格兰北部地区经济和工业发展依然依赖劳动密集型和不稳定的出口导向型产业时，英格兰东南部地区的经济已经逐步转型，向开发国内市场的方向发展。伦敦成为了英国全国的商业中心和金融中心。19 世纪中后期和 20 世纪初期，英国的高失业率基本上发生在英格兰的北部地区。长期以来，英格兰东南部地区的人均收入就一直是全英国最高的。

1984 年英国工商部对英格兰东南部地区进行评估，认为这个地区发展的强项主要体现在集聚了跨国公司在英国的总部，聚集了大量的研发机构。这里具备良好的企业发展环境和高质量的商业服务。作为英国与欧洲联系的桥头堡，非常适合欧洲大陆的投资。因此，英格兰东南部地区的经济得以迅速发展。正如一些专家学者研究中所提到的，"英国未来的产业发展……将位于牛津到温切斯特到泰晤士河谷，从密尔顿凯恩斯到剑桥的这个地区"（Hall，1981）；Keeble 和 Could（1986）认为这个地区之所以能够快速发展的一个原因是东南部地区具备良好的宜居环境，因此这个区域对居民具有非凡的吸引力。Marsh（1983）则认为这个地区充裕的大学和政府研究机构的研究资源，为高科技产业在这里的发展提供了坚实的基础。

东南部地区高科技产业的主要发展轴布局在 M3 和 M4 高速公路和剑桥周边地区。伦敦各种公司总部对计算机和软件的需求是高科技产业布局的重要影响因素（Hall 等，1987）。此外，英格兰东南部地区历史上一直是研发机构的集聚地，集聚着约占全英国的 57% 的研发就业岗位。

英格兰东南部地区的服务业主要集中在三个领域：一是物流、宾馆和餐饮服务；二是商业和金融服务；三是公共行政服务。在物流、宾馆和餐饮服务这个领域，东南部地区不仅占有绝对的数量优势，还有继续上升的趋势。

英格兰东南部地区与伦敦的密切关系是其成功的一个至关重要的因素。当然这种关系是双向的。作为世界城市的伦敦同样需要得到来自整个英格兰东南部地区的支持和协助。

伦敦与英格兰东南部区域的主要关系可以总结为以下几点：

1. 进入伦敦国际服务经济的通道——伦敦是英格兰东南部区域的服务和产品的主要市场；

2. 伦敦所需要的各种经济服务为英格兰东南部区域的公司提供了发展机遇，而伦敦各种娱乐设施为东南部地区居民提供了服务的条件；

3. 通勤：伦敦 20% 的就业人员生活、居住在英格兰东南部地区；

4. 互补性的商务网络与领域。

应当指出，英格兰东南部区域还没有充分利用和发挥与伦敦的密切关系。例如在伦敦周边地区的高科技朝阳产业，由于没有充分利用与伦敦的密切关系，发展速度还不尽如人意，在高科技领域所取得的发展成果仅处于中等水平，与世界其他类似的城市地区，例如巴黎和东京相比，成效并不突出。

整体而言，作为整个英国经济增长的发动机，英格兰东南部地区的经济发展从初期开始到形成规模成为一个成熟的经济体，一直保持高速的增长，能够应对市场的需求。这说明了这个地区掌握了未来发展的关键要素。然而，要持续保持这种增长的势头，需要有效地利用现有的条件，进一步培育现有的企业和公司，将这些企业和公司做大、做强，使他们成为世界级的企业和公司。

为了提高整个区域经济的绩效，2000 年英格兰东南部地区制订了题目为"建立一个世界级的区域英格兰东南部区域"的区域经济发展战略。该区域经济发展战略提出了以下发展政策：

1. 建立和提供具有参与世界竞争和适宜企业发展的环境与基础设施；

2. 增强技术转移和创新能力；

3. 确定主要的发展领域和商业产业簇链；

4. 鼓励和促进拥有领先地位的产业和研究机构与国内、外网络持续联系。

为了提高英格兰东南部区域的竞争能力，区域经济发展战略认为：

1. 这个区域内所有的企业都需要得到最高质量的支持，使它们能够在全球市场中具有竞争力。

2. 建立以高新技术和知识经济为基础的研发基础设施。政府和私营研发机构都应当具备商业潜力，实现科研与产业发展的结合，实现创新和技术转移能力的提高。

3. 重点支持主要领域内重要公司的产业簇链，继续加大吸引能够促进本地区经济发展的公司和产业，同时重视扶持已在本地区建立的各种类型和规模的企业。战略认为，英格兰东南部区域的繁荣昌盛要依靠各种类型和各种规模的企业共同发展。它们有的是具有国际竞争能力的企业，但更多的是本地区的中、小型企业。战略必须解决这些企业和机构在世界竞争市场中可能遇到的机会和挑战，应当建立和加强国际联系和网络。

为了使英格兰东南部区域成为欧洲前 10 个主要的区域之一，政府采取了一系列的措施促进企业的增长，增加企业的市场份额。为了使新、老企业为这个目标共同努力，并通过提升创新能力和技术转移的质量和数量的方式提高生产力，政府一直在设法创建适宜企业生存和发展的环境。为此，英格兰东南区域发展署（SEEDA）通过实施"旗舰型"的项目，在区域范围内建立了 25—30 个产业中心。创业中心的目标是推进创新和企业经营活动，协助成功的商业人士创立网络。

2000 年，题为"建立一个世界级的区域——英格兰东南部区域"的经济发展战略指出，若希望在世界的竞争中能够长期占据不败位置，必须加大对区域基础设施、人力资源和商业的支持。战略提出竞争力的提高取决于整个区域经济中各类要素整体竞争力的提升。在英格兰东南部地区需要考虑三种促进的动力：

1. 首先这个区域是全球交通和商务的通道——英格兰东南部区域已经为世界提供了一个可以创造各种机会的通道。从伦敦的希思罗机场或格特维克机场出发，一日之内可以抵达创造全世界 95% 以上 GDP 的所有地区。作为欧洲一些国际公司总部的所在地，英格兰东南部地区是通往欧洲的一个国际性的商务通道。而这个作用在欧洲的其他区域是不具备的。

2. 这是一个具备杰出的、有创新能力的领导中心——特别是从传统的制造业向以知识为基础的、高科技未来的转型过程。

3. 这是一个领导着明天的商务的区域—— 一个与生物技术、健康工程、环境与土地相关联的商务区域，一个与海洋工程技术和多媒体相关公司密切衔接的区域。

区域经济发展战略认为要促进这个区域的发展，还需要使这个区域具备一些其他重要的要素，因为这些要素将在未来的 30 年推动经济和社会的变革。例如，国际的竞争带来了一个全球规模的知识经济和市场，这也代表了很大的一个消费群体的选择。它们影响了技术快速的变革、商务的变化和日常的实践和运作，同时还影响着更为复杂的商务架构和独立的金融市场。区域经济的发展不能独立于这些变化之外，必须在各区域经济之间加强联系和合作。

应当引起重视的是：这个战略认为，未来的 10 年将是全球经济快速转型的时代。实际上这个转型过程已经开始了。没有什么能够比中国和印度的崛起更能说明问题的。目前中国制造业的出口是 1980 年的 23 倍，而印度服务业的出口年增长率已经达到 20%。因此，可以预计到 2015 年，中国的出口额将占全世界的 19%，与美国持平，并超过欧洲。到 2015 年，四个新兴的经济体，中国、印度、巴西和俄国将从目前分享全球生产总值的 25% 增长到能够占有全球生产总值的 32%，而 G7 国家的生产总值将从目前的 43% 减少到 36%。

仅仅过去了 6 年的时间，英格兰东南区域经济发展署认为，2000 年 题为"建立一个世界级的区域英格兰东南部区域"的经济发展战略已经无法适应快速全球经济社会的变化。为了提高竞争能力，融入世界主要的发展区域，英格兰东南区域经济发展署编制了"2006—2016 英格兰东南部区域经济发展战略：建立一个持续繁荣的架构"。这个经济发展战略更强调发展的可持续性，同时强调与新的法定规划——区域空间战略的内容密切结合起来。

"2006—2016 英格兰东南区域经济发展战略"指出，过去的发展使英格兰东南部地区已经成为欧洲最成功的区域之一，但这并不意味着它的繁荣和成功是可持续的，英格兰东南部的发展还面临着种种的挑战，其中三种挑战尤其严峻。针对这三种挑战，区域经济发展战略相应提出三个发展的目标：

1. 全球性的挑战。英格兰东南部地区必须保持和加强其在国际上的竞争能力，特别是在全球总部经济、研发机构的设立和产出、劳动密集型的工厂和办公室经济等领域。目前世界上出现的一些新兴的经济力量，例如中国和印度，能够借鉴现有的国际科技力量获得更具发展潜力和创新的技术能力。为了能够继续保持成功水平，英格兰东南部必须增加投入。

面对这个挑战，英格兰东南部的发展目标是：通过支持更多的企业和商务参与国际的运作和竞争，提高英格兰东南部地区国外直接投资的比例；鼓励更多的企业加大对研发的投入，加强区域内知识经济的合作；增强东南部区域的商业营业额；确保基础设施的建设能够满足财富持续增长的需求。

2. 精明增长（Smart Growth）的挑战。需要使英格兰东南部地区在获得人均高水平财富的同时，避免对这个区域的生态环境造成破坏性影响。为了能够继续保持原生态的足迹，需要通过提高生产力和使更多的居民参与经济活动。要实现这个目标应当采取精明增长方式，提高企业的生产水平，提高整个区域的生产力和经济活动。因此，区域必须加大对经济绩效不好的地区、社区和个人的投入。

为了应对这个挑战，确定的发展目标为：提高不同类型劳动力的技能，满足就业需求，确保这些劳动力具有足够的技能进入劳动力市场；鼓励东南部的商业和企业参与政府的招标合同项目；减少道路的拥挤和污染，提供更多的交通出行方式，鼓励发展公共交通；确保提供足够的和适宜的低价住房，以及合适的就业空间和规模，保证满足区域发展的需要；通过有效地利用土地资源，创建具有长远效益的投资环境，实现混合使用型的发展模式；改善劳动力的生产能力，增加经济活动。

3. 可持续的、繁荣发展的挑战。要获得区域经济长远的繁荣，需要确保可持续发展的原则得以实施。这意味着促进经济的发展应当是在环境容量的控制水平之内进行。这种发展模式有助于增加创新的机会和提高竞争能力，应当为提高生活质量而投资，这是英格兰东南部地区具有竞争力的主要源泉。

针对这个挑战，发展目标确定为：通过减少 $CO_2$ 的排放，提高东南部区域生活水平，通过可再生资源的利用提高区域资源的供给；减少人均水资源的消耗；提高生态多样化，建设通达性高的绿色基础设施；使更多的人从整个区域可持续的财富增长中获益；

减少社区之间的分化。

在确定了三个主要目标后，战略明确了八个变革的行动计划，目的是提高整体战略的有效实施水平：

1. 新一代通信宽带 100% 覆盖率——改善商业和企业的效率，变革人们工作与学习的方式；

2. 科学和创新园区——建立英格兰东南部区域全新的、世界级的研究机构；

3. 技术水平的提升——保证各层次技术水平的人能够根据劳动力市场的变化和发展持续提升技术能力；

4. 区域基础设施基金——为基础设施投资建立新的基金资源；

5. 提高经济活动的比例——解决就业的各种障碍，提高和鼓励人们参与工作；

6. 具备环境技术全球的领先地位——通过减少碳化物的排放和废弃物的生成，创造各种商机；

7. 教育引导的复兴和更新——充分发挥继续教育和高等教育机构的孵化效果，避免和减少未来发展的负面影响；

8. 有效利用 2012 年的机会——确保 2012 年奥运会和残奥会为英格兰东南部带来积极的和永久的记忆。

# 六、几点启示

## （一）区域规划得到空前重视

1997 年工党政府上台执政之后，区域规划更多地受到英国政府的重视。2004 年规划体系调整的一个重要特征就是区域空间战略具有了法定地位。在原有的发展规划体系中，区域规划导则（RPG）不是法定规划，当时法定的发展规划的主体是结构规划和地方规划。调整后，法定规划以"区域空间战略"和地方政府的"发展规划框架"为主体，目的显然是要加强区域层面的指导作用。同时，从法规到政府的说明，从成果要求到报审的程序等，内容翔实、严谨，组织机制相当完备。

## （二）相关规划之间的层次关系清晰

《规划政策指令》非常重视区域空间战略与其他各层次，以及同层次不同规划之间的关系。区域空间战略要符合各项法规，考虑到欧盟的发展战略，既要符合区域可持续发展框架（Regional Sustainable Development Framework）的要求，同时要对下位的地方发展框架提出要求。在同层次规划中，要与区域经济发展战略、区域交通战略和区域住房战略协调一致，从而形成结构完整、清晰的系统。这在英格兰东南部区域空间战略中得到了很好体现。

### （三）可持续发展得到充分体现

可持续发展理念得到了突出重视。从英格兰东南区域空间战略的目标、战略、政策，以及各个次区域发展的规划政策，到经济发展、住房、交通、旅游、文化等方面，可持续发展的原则无处不在。同时，类似中国的环境影响评价，区域空间战略必须有可持续发展评价（Sustainable Appraisal），这一点也得到了突出的强调。区域可持续发展是整个区域规划的核心。无论是法定的"区域空间战略"还是指导区域经济发展的"区域经济发展战略"都需根据这个框架的指导原则进行编制。

### （四）住房问题是核心内容之一

在英国城市规划的文献中，人口、就业和住房是相当多的。在区域空间战略中，住房是非常重要的内容，也是规划的前提之一，类似于国内城市规划中的城市人口和用地规模。分析经济发展、就业人口，最后还是要落实到住房问题上。英国规划人员在东南部区域空间战略中，把未来20年年均住房供应量计算得一清二楚，并准确地分解到70个发展地区中，并要求地方政府执行。而且，英格兰东南部区域住房战略（2006—2009）是中央政府驻东南部区域政府办公室签署的，足见住房问题的重要性。虽然中国和英国的国情不同，但英国政府对住房问题的研究和重视值得我们借鉴。

### （五）区域空间战略是一个空间网络系统

"区域空间战略" 是英格兰东南部区域各地方政府之间建立的共识，在不同的组织和政府之间，为实现可持续发展而共同确定的一种目标。《规划政策指令》要求，区域空间战略要有一张与政策协调一致的规划图（图3-9-2-8）。从东南部地区区域空间

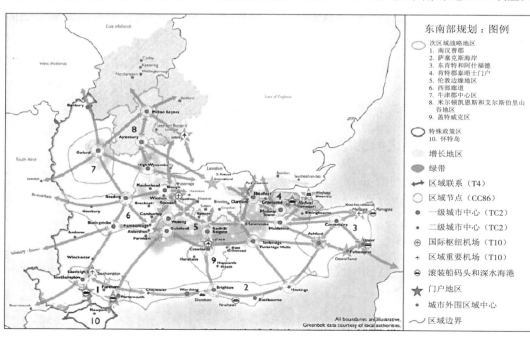

**图3-9-2-8 英格兰区域空间战略规划图**

战略提供的图上来看，空间系统网络化特征很鲜明。既包括次区域战略地区、特殊政策地区、发展地区和绿带，也包括区域中心、主要城镇中心、次要城镇中心。既有国际枢纽机场、区域主要机场、深水港口、区域主要港口，还有"门户地区"（Gateway）和相邻区域城市中心。所有这些，通过区域辐射线有机地联系起来。图纸并不复杂，但是结合规划的内容来考虑，显得很充分，与国内的城镇体系或轴带的理念并不相同，值得借鉴。

另外还重视与相邻区域在经济、住房、交通、自然资源等方面进行联系与合作，特别是强调与伦敦和英格兰东部和中部的合作。这种合作与联系并不仅仅着眼于短期的效益，而是与其他区域之间保持长期和深远的合作，争取实现共赢的局面。

## （六）规划政策是主体

英格兰东南部区域空间战略的成果主体是一系列的规划政策表述，这也是英国规划的特点，规划就是公共政策。区域空间战略的政策有两个主要特点：一是每一条政策都有分析过程提供支撑；二是表述政策的同时，一定要对下一层次的规划提出明确的要求。也就是《规划政策指令》所要求的"把重点放在执行的机制上来，明确做什么、由谁来做、什么时候做"。

## （七）规划需要不断创新

与中国目前迅猛的城市化进程不同，英国的城市已经进入成熟的发展阶段，变化并不剧烈。但是英国的规划体系包括法规一直处于反思、改革、创新之中，适应条件的变化不断做出调整，不仅不是一成不变而且变化还很快，同样值得学习与借鉴。

# 第三部分　德国鲁尔大城市连绵区

## 一、对鲁尔区的基本认识

"鲁尔"这个名称来自下莱茵河的一条重要支流——鲁尔河。她流经海姆、多特蒙德、博胡姆、埃森、米尔海姆等重要城市，并最终在杜伊斯堡境内并入莱茵河。而令这个名字举世皆知的则是它著名的煤矿。鲁尔煤矿是世界上最大的煤矿之一，几乎德国所有的焦煤都产自于此。除此之外，该地区的支柱产业还包括钢铁和化学工业等重工业部门。在以煤炭和钢铁为支柱的工业时代，该地区几乎成为了欧洲的能源库和武器库，在两次世界大战中，鲁尔煤矿所在地区都成为战后利益分肥的焦点。

以莱茵河、鲁尔河为纽带，形成了一个欧洲著名的城市聚集区域，发达的水上运输体系和铁路交通网络将该地区紧密地联系在一起，这个区域早在中世纪时期就形成了比较密集的居民点，现在依然是世界上最大的工业地区之一。

需要指出的是，鲁尔城市群所指的是鲁尔河沿岸的一个并不很确定的区域，本身的边界就非常模糊，而且由于语言的转译造成的偏差，我们所谈的鲁尔城市群更可能是几个不同尺度上的概念复合体。

### （一）作为"莱茵 – 鲁尔"（Rhein–Rhur）大城市连绵区的简称

由于历史和现实中存在的紧密联系，西方传统上往往将下莱茵河流域的主要城市和鲁尔河流域的主要城市作为一个整体来对待，在这个尺度上，研究者主要持的是"欧洲视角"甚或"世界视角",将其作为世界大城市连绵区（Metropolitan area）的一个典型。

在官方文件上，莱茵 – 鲁尔是由德国空间规划部长会议（MKRO：Ministerkonferenz für Raumordnung，联邦与各州的空间管理协调机构，但作出的决定往往是决定性的）正式确认的全德人口最密集的 11 个大城市区之一，全称是"莱茵 – 鲁尔欧洲大城市连绵区"（EMR Rhein–Ruhr:Europäisches Metropolregion Rhein–Ruhr）。该地区包括 20 个市（Kreisfreie Städt），11 个地区（Kreis，面积和人口都比 Städt 大，但行政级别相等，相当于我国地改市前的地区概念，包含许多小城市），总面积 7110 平方公里[①]。

根据德国 1970 年的人口普查，该地区有 1075 万人口，接近全德总人口的 20%；2001 年，尽管煤钢经济已经经历长时间大面积衰退，但该地区的人口仍然增长到了

---

① 资料来源：德国联邦议院官方网站 http://www.bundesrat.de/cln_050/nn_8758/DE/ remien-konf/fachministerkonf/mkro/mkro–node.html.

1170 万人，2004 年，该地区的人口下降到 1150 万。占全德国人口的 13% 左右。

根据欧盟官方的欧洲大城市连绵区网络组织（METREX:The Network of European Metropolitan Regions and Areas）定义，莱茵 – 鲁尔是继莫斯科、大伦敦、大马德里和巴黎之后的欧洲第五大城市区域[①]（表 3-9-3-1）。

METREX 确认的欧洲 8 大大城市连绵区　　　　表 3-9-3-1

| 大城市连绵区 | 城市 | 人口（百万） |
| --- | --- | --- |
| 莫斯科 | 莫斯科 | 17.1 |
| 伦敦 | 伦敦 | 16.8 |
| 法国 | 巴黎 | 12.2 |
| 伊斯坦布尔 | 伊斯坦布尔 | 12 |
| 莱茵 – 鲁尔 | 科隆，多特蒙德，埃森，杜塞尔多夫 | 10 |
| 伦巴第 | 米兰 | 9.8 |
| 兰斯塔德 | 阿姆斯特丹，海牙，鹿特丹 | 8 |

在学术上，西方学者不断在探讨如何确定这个大城市连绵区的真实边界和功能规划，也存在不同的争论。

在 P.Hall 2005 年主持的一个欧盟研究项目中，将莱茵 – 鲁尔城市群定义为一个由 11 个主要经济中心（城市）构成的区域：多特蒙德、波鸿、埃森、杜伊斯堡、哈根、克雷菲尔德、杜塞尔多夫、武珀塔尔（Wuppertal）、门兴格拉德巴赫、科隆和波恩。他所界定的这个边界超出了行政上的莱茵，在学术研究中也算边界比较大的一种[②]，从欧洲尺度上看，这个区域是欧洲的超级城市区域（Mega City Region）之一。当言及鲁尔区之庞大、重要时，研究者往往引用这个尺度上的数据。

## （二）鲁尔区（Ruhrgebiet）—— 一个城市联盟

在近年的政策研究中频繁提及的转型中的鲁尔区，大部分针对的是一个具有明确边界的城镇联盟地区。

2004 年 10 月 1 日，鲁尔煤矿地区的 11 个城市和 5 个地区的政府聚集到一起，组建了一个超越各个行政界限的区域性城市管理组织：鲁尔区域协会（Regionalverbandes Ruhr，简称 RVR），这些联盟的城市和地区合称为"Ruhrgebiet"（鲁尔区）。RVR 并非凭空出现，其最早可以追溯到 1920 年成立的鲁尔矿区住区联盟（SVR: Siedlungsverband Ruhrkohlenbezirk）。这个区域规划组织的演变在后文会有说明。

鲁尔区中的 11 个成员城市从西向东依次是：杜伊斯堡、奥伯豪森、博特罗普、鲁尔河畔米尔海姆、埃森、盖尔森基兴、波鸿、黑尔讷、哈姆、哈根和多特蒙德；4 个地

---

① 关于欧洲大城市区域的界定和规模统计一直有多个口径，下表仅反映了其中一种统计方式。转引自维基百科 Metropolregion 词条。http://de.wikipedia.org/wiki/Metropolregion#cite_ref-8.

② Institute of Community Studies/ The Young Foundation & Polynet Partners. POLYNET Action Rhein Ruhr[R]:3.

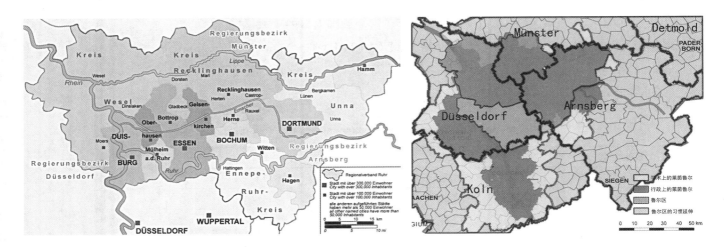

图 3-9-3-1　RVR 的 行政边界（左）

图 3-9-3-2　各种鲁尔的概念边界关系（右）

区是韦瑟尔、雷克灵豪森、翁纳和恩讷珀 – 鲁尔[①]。

显而易见，其中的大部分并非是什么有分量的都市，但从空间上看，这些城市（地区）是最传统、最核心的鲁尔煤矿地区，其产业类型、人口构成以及在新经济时代面临的问题都是雷同的。其试图通过紧密合作的方式来解决共同的环境、住房和产业等问题。该范围内现有人口 530 万人，总面积 4434 平方公里。

当言及产业转型和区域统筹规划的问题时，绝大部分是针对该尺度上的鲁尔。

### （三）"鲁尔区城市"——广泛而模糊的概念

还存在一个习惯意义上的"鲁尔区城市"的概念。这个概念将与鲁尔煤矿区产业和人口构成具有紧密关系的城市都包含在内，没有非常明确的边界定义。

与"鲁尔区"概念相比较，"鲁尔区城市"至少还多包括了莱茵河流域的城市克雷菲尔德、杜塞尔多夫，以及从杜塞尔多夫经过武珀塔尔一直到哈根的城市带。

尽管广义的"鲁尔区"的边界很不确定，但一些历史资料中很可能是以广义的鲁尔为单位进行讨论的。由于很难将个别城市的数据分离出来，所以造成了一些统计上难以避免的误差。

由于资料来源的制约，在后文中我们对"鲁尔"的描述和分析可能会是基于不同尺度的。以下我们使用"莱茵 – 鲁尔"和"鲁尔区"区分两个尺度上的概念，保证特大城市连绵区与传统煤矿城市区两种迥异的城市地理现象不至于混淆。

## 二、鲁尔城市群的形成与发展

### （一）城市的萌芽——商业时代（10 世纪—1800 年）

尽管中世纪以前，鲁尔河谷地区煤炭开采的工作就已经进行，但远远不足以支撑

---

① 资料来源：RVR online。http://www.metropoleruhr.de/?p=.

地区的发展，因此在很长的时间中，鲁尔区都是作为荒蛮的未开发之地的面貌出现的。但时间到了中世纪，一条西欧重要商路的形成使鲁尔区许多处于商路节点上的大城市得以创建和发展。这就是著名的"光辉之路"（Hellweg）。

光辉之路，又称圣路，是中世纪时期德国境内一条最重要，也是最著名的联系东西方之间的商业交通走廊。如果忽略那些昙花一现的小规模商业联系的话，甚至可以说这是 10 到 12 世纪欧洲北部地区唯一的商业走廊。考虑到当时欧洲封建小王国星罗棋布的状况，这条商路不折不扣地是一条国际间的贸易通道。

光辉之路起源于杜伊斯堡，沿着鲁尔河和利珀河（鲁尔河以北的一条河流）之间的峡谷，经过多特蒙德和索斯特，进入萨克森州威悉河谷，其一头连接着繁忙的波罗的海港口，另一端则深入斯拉夫地区的东部，被认为是带动东欧商业贸易的龙头。从空间上看，光辉之路确定了今天鲁尔区的大城市的东西向结构布局。

现在看起来，对整个欧洲地区城市的进步，商人们都起到了极其重要的作用，他们穿梭在条条大路上，使那些节点上的城市得到养分和资源，编织成了整体的网络。在这个时期，欧洲大陆上形成了一种特殊的跨国界城市组织"城市联盟"（City alliance）。这个以保护自由商业为目的的自由城市组织兴旺一时，甚至开始行使一些国家才具有的主权，例如外交权和交战权。

在光辉之路上最早穿行的是著名的莱茵河流域的科隆商人，而后才有越来越多的其他商旅加入到这个行列，形成了一个庞大的商业集群，伴随着商业的活动而来的是商人、王子、地主们的大规模移民（殖民），鲁尔地区也作为当时的城市密集地区而发展起来。

从这里，我们可以间接地理解为什么以科隆为代表的莱茵河流域城市与鲁尔河流域的城市具有如此紧密的联系，这种人缘、地缘上的紧密联系甚至可以用于解读 1946 年德国将原先的南部莱茵河流域的莱茵兰州与鲁尔河流域的威斯特法伦州合并为北莱茵威斯特法伦州的区划调整。

而 1500—1800 年，政治上的激烈斗争使德国形成了许多小政权，这些小政权的首府，在今天都是著名的大城市，比如波恩和杜塞尔多夫，而在当时，多特蒙德和科隆甚至是实际上的国家。这些独立政权之间的竞争，伴随着东西方其他贸易方式的兴旺以及中亚国家的崛起，最终导致了欧洲内陆商业的活动的萧条，导致了这条"光辉之路"上城市群的渐趋衰落。

## （二）煤与铁的辉煌——工业时代（1800 年—第二次世界大战）

在 1837 年以前，莱茵 - 鲁尔地区还没有任何一座穿透地表覆盖层达到地下丰富煤田的深井。1846 年以前，还没有一条铁路通往鲁尔地区。1871 年，统一的德意志帝国进行第一次人口普查的时候，该地区还没有任何一座城市人口达到 6 万，今天的许多大城市在当时还仅仅是农村。

但煤田的大规模开采改变了这一切。煤炭开采业中蒸汽机技术的引入，有效地解决了煤炭开采过程中的排水和运输问题，极大地促进了当地煤炭开采业的迅速发展。由此，鲁尔区开始进入快速工业化时期，具有标志性的事件是，Krupp 和 Thyssen 公司在该地区开始了大规模的煤炭采掘和钢铁冶炼。

20 世纪 20 年代以后，煤炭采掘从浅井到深井的技术进步使鲁尔区的城市发展呈现了从南到北的梯度，从而形成了三条明显的产业带，最南端的是传统的"光辉之路"地区，位于鲁尔河和埃姆舍尔河之间，向北则是以河流命名的埃姆歇地区和里皮地区。此时的鲁尔区城市群已经体现出了南、北两种不同的城市面貌：

在鲁尔区南部，靠近鲁尔河的"光辉之路"古道上古老城市的发展则相对完善，其仍然保留了中世纪古老城市的城墙，城墙以内依然林立着商店和传统住宅。城墙以外才是重型工业厂房和各种机构。由于这里的工业区建设迟于英国和比利时等国家，也因为在传统上，德国企业家与工人有更亲密的劳资关系，所以这里的工人住宅质量在欧洲属于高水平的，城市环境也大大优于恩格斯所描述的工业化的伦敦。这吸引了更多的中产阶级入住，在城市中心催生更多样全面的服务功能，也包括一些奢侈品的生产和销售。

鲁尔区北部的村子发展成为分散着矿工住宅的居民聚居点，他们都是单一产业、单一等级的市镇，收容了 1870—1914 年期间大规模涌入鲁尔区的劳工，即使到了工业衰退的 20 世纪 60 年代中期，这些城镇的工业人口仍然占 60% 以上。有些市镇不过是几个分散的聚居区的行政结合体，为行政方便起见，许多村镇仅仅是被命名为"城市"而已。

第一个增长高峰期间鲁尔煤矿的人口变化      表 3-9-3-2

| 年份 | 1871 年 | 1910 年 | 1925 年 | 1939 年 |
|---|---|---|---|---|
| 总人口（万人） | 91.3 | 352.1 | 380 | 432.4 |

这个时间段内的飞速增长显然超出所有人的意料，许多城市的面积成倍扩展（例如杜伊斯堡和奥伯豪森），在欧洲的发展背景下，这已经是十分恐怖的了。大量的城市用地是通过侵占农业和林带而获得的，而缺乏有效的规划使分散的鲁尔矿区饱受交通设施分割和服务网点分散的困扰。同样显而易见的是，重型工业和矿工居民点的布局也很难协调。在工业化的头十年中，住区发展的模式是以大量互不相关的决策为基础的。每个人都竭尽所能来分得区域生产发展的一杯羹。然而，个体选择的放任自由导致了相互矛盾的土地用途。

在这个时间段内，在鲁尔区成立了一个具有历史意义的区域管理组织，鲁尔矿区住区联盟（SVR）。这标志着鲁尔区的规划工作由一个独家机构掌握。这在世界上任何地方都是一件了不起的事。

鲁尔矿区住区联盟（SVR）是根据 1920 年 5 月 5 日颁布的一项普鲁士法令而成立的。该法令认为，鲁尔区的许多严重问题已经不是单个城镇所能解决的，分散的规划只能导致一个矛盾百出的大杂烩。为了全区发展的共同利益，必须将各个城镇的相关权力集中起来，这些权力包括对城镇进行协调规划、公路和铁路规划、造林、为保护公共利益而征购土地以及对地方权力机关发放津贴和贷款。法律规定，各个地方权力机关在制订本地方的规划时必须充分尊重SVR的区域政策。

从管理范围上看，1920年SVR已经很接近于今天RVR了。但是，这个机构实际权力的确立并非随着法律的颁布一蹴而就，而是经历了一个长期的演变过程。

在该组织建立的初期，省级政府极力主张废弃这个"赘生"出来的规划机构，但是由于得到当时德国最高规划部门国土规划办公室（Reichsstelle für Raumordnung）的大力支持，SVR最终还是在1936年成为其下的法定区域国土规划部门。

> "鲁尔矿区住区联盟（SVR）的任务是要使一个经历70年经济自由发展形成的工业区适应以福特理论为基础的新物质空间规划；由于选址只是孤立行为并且缺乏协调而产生的城镇化无序发展，被以效率为基础原则的选址政策所取代。此外，这种规划政策的目标是为了改变经济利益与社会损失间的不平衡。"
>
> ——Ursula von Petz

SVR在大多数情况下能够在区域物质空间规划中排除政治利益。但事实是，政治动荡和地区各个部门的利益分散使他能够发挥的作用非常有限。这一时期SRV制订了少量的区域法规，例如1933年的住宅政策。这一政策成为后来经济发展规划（Wirtschaftsplane）的基础。

SVR的区域和经济物质空间规划大部分是在1937年左右制订的（图3-9-3-3）。它适用于以同一价值观为基础的城市经济发展规划。在这种政策背景下产生的规划反映了功能分区的理念，包括其现有和未来的居住、就业和休闲设施的空间利用分布以及联系各种功能空间的交通网络。

可以想见，在两次世界大战的背景下，SVR的空间规划不可能发挥出多少作用。SVR主张的道路交通网络和带状产业布局到1945年左右仍然没有实现的迹象，当地住区结构也没有发生根本性的变化。

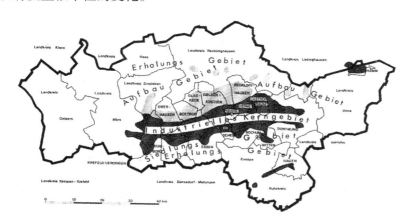

图3-9-3-3 1937年SVR所做的鲁尔发展规划概念图
注：最南部是游憩带，它北面是依次是居住带、工业带（黑色），重建带和游憩带。
资料来源：nstitut für Landes- und Stadtentwicklungsforschung und Bauwesen des Landes Nordrhein-Westfalen. Das Ruhrgebiet-ein besonderer Teil der Metropolregion Rhein-Ruhr. 2003.

同时，应当意识到的是，在联邦德国 1960 年颁布《城镇规划和建筑基本法》以前，地方土地利用规划并非是地方当局的法定工作。第一次世界大战结束后的重建时期，德国中央政府职能部门根据地区发展的实际状况，创造并扶植了这样一个区域规划部门，无疑是具有远见的。这个组织在当时几乎毫无作为，但这个制度创新的前瞻性和必要性在第二次世界大战后得到了充分的显现。

### （三）联邦的重建——第二次辉煌时代（1945—1970 年）

鲁尔区在德国经济中的重要地位直接导致了它在第二次世界大战中遭受到盟国的毁灭性打击。战后，鲁尔区重建工作的艰巨性可能远远超过欧洲其他国家和地区。在这个时间段内有几件国际重大的政治经济事件对鲁尔区产生了深远的影响：

1. 欧洲煤钢委员会（ECSC）的建立

起先为彻底摧毁德国的战争潜力，盟国曾经一度试图将鲁尔的重工业基础毁灭（1944 年提出的 Morgenthau 计划试图将鲁尔区的所有工人全部疏散，706 间工厂的设备也被转移了出去），但实际问题和国际政治环境证明这样的想法并不切实际。这直接导致了 1949 年建立的鲁尔国际共管局（The International Authority for the Ruhr）最终被欧洲煤钢委员会所取代（European Coal and Steel Community）。1954 年，这个机构几乎清除了所有在煤、焦炭、钢、生铁和铁屑领域的贸易壁垒，这导致了 20 世纪 50 年代各个成员体之间的相关产品交易得到了飞速的发展。鲁尔区的第二次辉煌伴随着产业的勃兴而到来了。不仅仅如此，这次鲁尔区的辉煌是与莱茵鲁尔的蓬勃发展捆绑在一起的。

> 欧洲煤钢委员会（European Coal and Steel Community，简称 ECSC）是建立在 1952 年的一份国际条约的基础上的。当时的目标是将西欧的煤钢产业整合起来，最初的成员国包括法国、联邦德国、意大利、比利时、荷兰和卢森堡（后三者本身就存在一个经济联盟，称为 Benelux Economic Union），最终这个组织扩张成为包括了欧洲经济共同体（欧盟的前身）所有国家在内的庞大组织。当 2002 年条约失效，这个组织也寿终正寝。
>
> ECSC 计划最早由法国经济学家 Jean Monnet 提出，所以首先被称为"Monnet 计划"，目的是建立一个独立于各国经济管理机构以外的共同煤钢市场。但作为一个政治提案，是 1950 年由法国外交部部长 Robert Schuman 提出的，因此也被称为"Schuman 计划"。提出这样的设想不仅仅有经济上的目的，也同时存在政治上的考虑，法国认为，这样的组织可以避免法德之间几乎是贯穿了两国发展史的冲突。

在 1950—1961 年两次人口普查期间，莱茵 - 鲁尔地区的总人口增加了 210 万，相当于该地区人口的 25%，占全德纯增加人口的 1/3，而其中的 2/3 又是纯增加的迁入人口，主要来自前民主德国地区，这样的人口增长在整个西欧都是鹤立鸡群的。而鲁尔区平

均每年的增长人口都超过 10 万人，也就是说，这 10 年间，鲁尔区增加的人口占据莱茵 -
鲁尔都市群增加人口的 50% 以上。

如果我们能够注意到那另外 50% 的增长发生在多么庞大和多么重要的城市中（波
恩，联邦的政治首都；科隆，国家经济金融中心；杜塞尔多夫，州首府），我们就可以
感受到鲁尔区这块黑色的土地上承受了多么巨大的开发压力。1949—1960 年期间，鲁
尔区的空地减少了 89 平方英里，差不多等于一个多特蒙德的面积。

形势转变非常快，1960 年开始，工业燃料转向石油，雪上加霜的是来自日本等新
兴工业国家的廉价钢材开始进入市场，欧洲的煤钢产业开始处于全面的下风，许多矿
井和工厂被迫停产。欧洲煤钢委员会的目标也开始转向监督和控制欧洲过剩的相关企
业逐步减产和关闭。而由于柏林墙的兴建，1961 年人口普查之后的两个月，民主德国
的大规模移民活动就一下子停滞下来。

1961—1970 年，莱茵 - 鲁尔区的人口仅仅增加了 65.9 万人，即增长 6%，占全德
总人口增长的 12%。而同期鲁尔区的人口则减少了 2 万人（实际上，这种减少的趋势
从 1959 年就开始了）。

2. 北莱茵威斯特法伦州的建立和《联邦城镇规划和建筑基本法》的颁布

1946 年德国将原先的南部莱茵河流域的莱茵兰州与鲁尔河流域的威斯特法伦州合
并为北莱茵威斯特法伦州，首府杜塞尔多夫，这是德国最大的一个州，占德国经济总
量的 20% 以上。

行政调整打破了原先的行政界限，促进了莱茵 - 鲁尔地区的合作。但是由于传
统两州存在较大的文化差异，北威州还存在一个全德独一无二的管理层次，即地区联
合会（Landschaftsverbände），一个叫莱茵兰（Rhineland），一个叫威斯特法伦 - 利珀
（Westphalia-Lippe）。这种划分在 1960 年的区域规划中有所影响，但今天地区联合会能
发挥的作用已经微乎其微了。

1960 年联邦德国颁布了《城镇规划和建筑基本法》。该法令明确土地利用
规划是各个市政当局和乡镇政府的必要职能，由此确定了北威州城市规划体系
中的 LEP-GEP-FPlan 三重空间规划体系，也就是由联邦州政府编制州域发展规
划（LEP：landesentwicklungsplan）；管区（Regierungsbezirke，一级行政机构，有
逐渐被取消的趋势）或者市 / 地区（Kreisfreie Städt 和 Kreis）负责编制地区发展规
划（GEP：Gebietsentwicklungsplan，在其他联邦州有直接成为区域规划 Regionalplan
的）；而更低一级的市镇和社区则编制更具有实际可行性的土地利用规划（FPlan：
Flächennutzungsplan）。

受该法令的授权，北莱茵威斯特法伦州政府在 1960 年前后组织编制了第一部州域
发展规划（图 3-9-3-4）。

1960 年 LEP 规划编制的目标是：支持建立商业和工业中心，根据已经高度郊区化
的商业和工业中心的功能进行系统分类。建立完整的休闲设施，提高区域的教育基础
设施水平，由网格化、分等级的道路网络和连接战略节点的铁路网络构成公私兼顾的

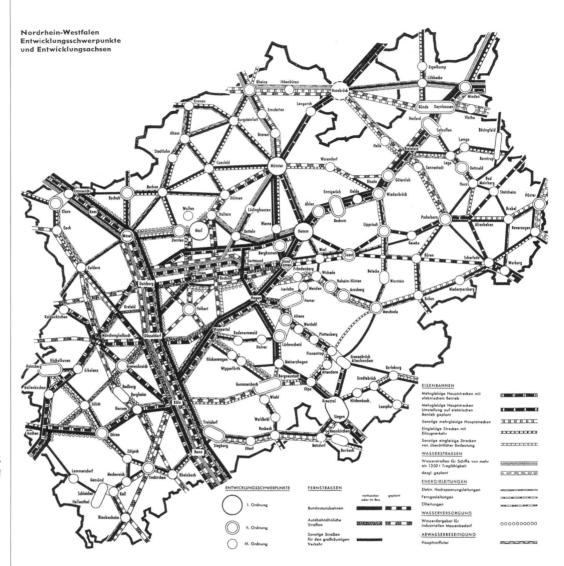

图 3-9-3-4 1960 年北莱茵威斯特法伦州编制的州域发展规划（LEP）

图片来源：北威州建筑数据网站 http://nrw-architekturdatenbank.tu-dortmund.de/.

交通系统。莱茵 – 鲁尔城市群在 LEP 中是规划重点发展地区。

对莱茵 – 鲁尔城市群的系统研究可以上溯到 1955 年。学者 Gerhard Isenberg 最早提出了"莱茵 – 鲁尔城市群"这个名称。他观察到在一个半径 40 英里的范围内，有 12 座城市，每座城市的人口都超过 20 万，另外 10 座城市，每个城市的人口规模在 10 万—20 万之间，有许多城市首尾相连。与欧洲其他大城市区域的根本不同是，这个地区并没有明显居于首位的大城市，而是一个有众多城市构成的区域网络。

国际城市研究小组在 1959 年主要根据通勤量确定了该地区存在 7 个连接在一起的大城市区域：波恩、科隆、杜塞尔多夫、武珀塔尔 – 佐林根 – 雷姆沙伊德、克雷菲尔德 – 门兴格拉德巴赫 – 赖特 – 菲尔森、鲁尔和哈姆。按照 1961 年的普查，该地区的人口是 1026.5 万。

德国空间规划部长会议（MKRO）随后（1968 年）正式确认了这个城市聚集区，但是补充了一个原先在国际城市研究小组划定范围之外的城市，勒沃库森。1967 年，新划定的莱茵－鲁尔大城市连绵区的总人口是 1092.4 万。

1962 年，州政府希望对莱茵－鲁尔地区编制更详细的区域规划，受当时的"地区联合会"体制的影响，州政府对规划范围进行了细分。莱茵河流域区域规划准备工作被委托给了莱茵兰地区联合会的规划组织（Landesplanungsgemeinschaften）。而鲁尔河流域由于传统上就是由鲁尔矿区住区联盟（SVR）自己管理，而且 1960 年，SVR 就已经编制了自己的地区发展规划（GEP：Gebietsentwicklungsplan），该规划已经是承接了州发展规划（LEP）的要求的，因此被独立于威斯特法伦－里皮地区联合会以外而单独规划。这样，虽然 SVR 是一个跨管区和市／地区级区域管理单位，却编制了相对比较详细的地区发展规划（GEP）。

表面上看，在北威州的 LEP－GEP－FPlan 等级体系中，层级越靠上的规划越高级，但在德国的联邦制国家体制下，其实越靠下的规划才越有实际的权威。而作为一个区域组织，被授予编制 GEP 的权力，则体现出了 SVR 的权力和影响力。

3. 联邦德国区域规划史上的第一个法定规划的诞生——1966 年鲁尔区发展规划

1966 年，鲁尔矿区住区联盟（SVR）编制了鲁尔区的地区发展规划（GEP）（图 3-9-3-5）。这成为联邦德国区域规划史上第一个具有法律效力的区域性总体规划。此方案于 1969 年又进行补充，确定了 41 个中心城市。

1966 年规划是基于对 1960 年发展规划（当时还没有法律效力）的调整基础上的。

1960 年，协会提出了把鲁尔区划分三个地带的设想：第一个地带是"南方饱和区"，主要是指鲁尔河谷地带，这里是早期的矿业集中地区，随着采煤业的北移，地位已大大下降，但经济结构相对比较协调，今后的发展是继续保持其稳定性。

第二个地带是"重新规划区"，这是鲁尔的核心地区，该区包括鲁尔区的重要城镇及埃姆舍河沿岸城镇，是人口和城市高度集中的地区，存在着许多社会和经济问题。控制人口的增长，合理布局工业企业已是迫在眉睫的问题。

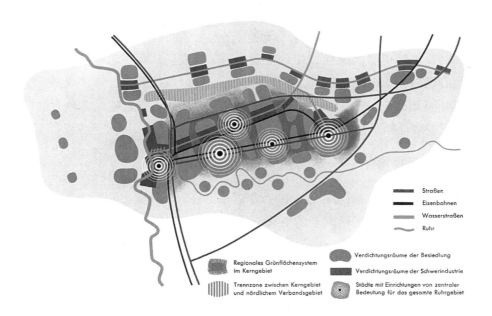

图例：
Straßen
Eisenbahnen
Wasserstraßen
Ruhr

Regionales Grünflächensystem im Kerngebiet
Trennzone zwischen Kerngebiet und nördlichem Verbandsgebiet
Verdichtungsräume der Besiedlung
Verdichtungsräume der Schwerindustrie
Städte mit Einrichtungen von zentraler Bedeutung für das gesamte Ruhrgebiet

**图 3-9-3-5　1966 年鲁尔区发展规划的规划结构**
资料来源：nstitut für Landes- und Stadtentwicklungsforschung und Bauwesen des Landes Nordrhein-Westfalen. Das Ruhrgebiet–ein besonderer Teil der.

第三地带是"发展地区"，包括鲁尔西部、东部和北部正在发展的新区，其中北部是重点发展地区。

这一设想为1966年鲁尔区的总体规划打下了基础。

1966年总体规划的主要宗旨是发展新兴工业，改善区域经济部门结构和扩建交通运输网；在核心地区以及主要城市中控制工业和人口的增长；在具有全区意义的中心地区增设服务性部门；在工业中心和城镇间营造绿地或保持开敞的空间；在边缘地带迁入商业；并在利伯河以北和鲁尔河谷地及其周围丘陵地带开辟旅游和休息点，为人们提供休息和娱乐的场所。

这一次区域总体规划的三个要素构成了该规划的主要特征：

（1）确定发展的中心城镇构成了区域规划的基本因素

1966年规划很大程度上是继承了1920年没能实施的规划的思想，但在功能规划的同时，着重提出了开发强度的控制。试图通过中心城镇的设定，带动北部和东部这些不太发达的地区，实现区域的均衡发展。这样的做法或许也是无奈之举，毕竟在"边缘地区"才有可能进行确实的规划，而要实现开发边缘地带的规划设想，SVR最有力的工具就是交通运输规划权。

（2）交通运输规划是区域规划的实施保证

国家法令授权SVR决定交通运输规划，甚至可以否决国家交通部的意见。只要得到乡镇地方政府的支持，SVR规划的公路网基本都能够得以实现。1958年，SVR经过与相关政党团体和莱茵规划联合会深入沟通，拟定了新的道路交通规划，这些规划中的大部分在20世纪70年代都得到了实施，这使其后的1966年规划具有了实在的效果。

（3）规划起到屏障作用的绿地是区域规划的传统特色

从1920年成立开始，保护绿地一直是SVR的杰出成就和显著特点（鲁尔区的规划开拓者是田园城市理论的信徒）。他们设计了最低限度的绿地，来分割密集的大城市和保护主要的居民区，同时也在大城市边缘形成大面积的游憩区。南北向分布的链状绿地与常年风向垂直，可以减轻鲁尔区严重的空气污染问题。即使是在发展最迅速的战后年代，SVR地区仍然仅仅有22%的土地成为了建成区，而农地和林地仍然占到71%以上（核心区内，这个数字是47.7%）。为保证这样绿地的面积，SVR规定，这个数字必须每三年重新测定一次，而在划定的绿地范围内，SVR有超越地方政府的权限来制止新的建设或者征购现有建筑。

## （四）转型的鲁尔——动荡和调整时代（1970—）

1970年以来，或者准确地说是1960年以来，鲁尔区所面临的产业衰退问题和产业转型问题已经得到了广大研究者的重视，这里不多做阐述。我们将主要的注意力用于区域管理方法的转变。

### 1. 区域规划制度的调整

1975年，北威州颁布州规划法（LPlG：Landesplanungsgesetzes Nordrhein-

Westfalen），调整了规划权限，将编制地区
发展规划（GEP）的权力赋予全州 5 个管区
（Regierungsbezirk）的"区域议会"（Regionalrat），
取消了 SVR 的编制发展规划（GEP）的权力。
5 个管区是：阿恩斯贝格、代特莫尔德、杜塞
尔多夫、科隆和明斯特，莱茵－鲁尔城市群被
阿恩斯贝格、杜塞尔多夫、科隆和明斯特四个
管区所分割，而鲁尔区则分属于阿恩斯贝格、
杜塞尔多夫和明斯特三个管区。

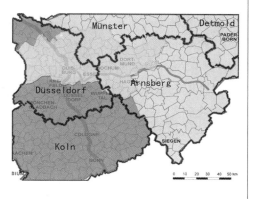

**图 3-9-3-6　被管区分割的莱茵－鲁尔（深色）和鲁尔区（浅色）**
注：这意味着他们要服从于不同的 GEP。

　　这个法令将 SVR 界定为一个承担空间和建设管理的任务组织，更类似于一个鲁尔
项目代表处。同时，调整了 SVR 的工作内容和权力范围。从 1975 年开始酝酿，1979
年 SVR 正式更名为鲁尔区城镇联盟（KVR：Kommunalverband Ruhrgebiet）。在 KVR 时期，
这个组织丧失了编制具有经济影响力的地区发展规划和交通总体规划的能力，主要工
作仅剩下了传统的区域开敞空间的规划和设计了[①]。尽管这个时期 KVR 的绿地规划工作
也获得颇多赞扬，但实际影响力却肯定是下降了（图 3-9-3-6）。

　　实施这样的改革，一方面是为了减少区域规划的层级，明确各个行政区域的责权
范围，使管理区划与规划区划明确、统一，但另一方面，我们也可以隐约感觉到各个
地方行政单位对区域规划管理造成的颇多掣肘的反弹（表 3-9-3-3）。

**各个时期鲁尔区区域管理部门的工作[②]**　　　　　表 3-9-3-3

| 年份 | 组织名称 | 主要工作成果 |
| --- | --- | --- |
| 1920—1933 | SVR | 为安全和防止侵占的绿化空间规划<br>区域道路和交通规划<br>交通总体规划<br>经济规划 |
| 1933—1945 | SVR | 实施机动车道路系统（Autobahntrassen）<br>经济规划<br>空间规划（Raumordnungsplan）<br>鲁尔区交通总体规划 |
| 1945—1975 | SVR | 防止衰落的概念<br>1966 年鲁尔区发展规划（GEP）<br>居民点发展概念<br>区域交通总体规划<br>滨河公园和游憩规划 |
| 1975—2004 | KVR | 鲁尔区区域开敞空间系统<br>国际建筑展 IBA 埃姆歇公园规划<br>形象运动（Imagekampagnen） |

---

　　① 其中最著名的大概就是埃姆歇区域公园规划，该规划是 KVR 最引以为傲的成就，但从区域管理制度看，
很难说是进步。

　　② 本表是根据 Institut für Landes- und Stadtentwicklungsforschung und Bauwesen des Landes Nordrhein-Westfalen
所做的 Das Ruhrgebiet-ein besonderer Teil der Metropolregion Rhein-Ruhr. 2003 专题报告第 55 页图翻译整理。

2. 夹缝中的"莱茵－鲁尔欧洲大城市连绵区"

统一的联邦德国在 1995 年发布了指导性的空间规划文件"国家空间发展联邦行动计划"（Raumordnungspolitischer Handlungsrahmen）。在这个政策授意下，德国空间规划部长会议（MKRO）于同年重新确认了全德国 7 个大城市连绵区（EMR）的特殊地位（2005年扩展到 11 个），莱茵－鲁尔大城市连绵区是其中最重要的一个。从法律上，联邦政府认为，统一的规划可以形成一种合作优势，因此各个大城市连绵区有独立编制规划和制订空间政策的权力。但是实践中，这样的规划面临着区划的强大阻力，因此几乎没有哪个大城市连绵区成立本范围内的管理实体。

在州域发展规划（LEP）层次，北威州是第一个响应"行动计划"的州政府，他们在 1995 年就公布了新版的州域发展规划（LEP），并将 EMR 作为一个规划层级体现出来。但是令人失望的是,北威州的州域规划对莱茵－鲁尔区并没有作出特殊的规划考虑，北威州的规划对莱茵－鲁尔的阐述更像是对现状特征的说明：

> 由于莱茵－鲁尔大城市连绵区在欧洲中部的地位，它应该在发展轴线上提供欧洲级的交通设施。
> 洲际交通可达性将通过两个国际机场得以保证。
> 鉴于人口规模、人口密度、经济实力和明显的国际贸易，该地区可以同欧洲其他聚居区，例如巴黎和伦敦相提并论。
> 莱茵－鲁尔大城市连绵区是欧洲的服务和金融中心。
> 由于具有网络状的展览设施和媒体中心，因此他具有更广泛的重要性。
> 北威州的科学和研究功能强大，莱茵－鲁尔大城市连绵区是这些功能汇集之地，因此在国际上具有领导地位。
> 莱茵－鲁尔大城市连绵区聚集了众多国际机构，外国贸易代表，全球运作的大型企业和核心组织，因此是政治和经济决策中心。（LEP 1995:17）

从我们的观点看，LEP 更像是一份政治纲领文件，原则性内容多于实施性内容，从公布的规划图纸看，莱茵－鲁尔大城市连绵区除了具有了一条明显的边界线以外，在规划的深度、内容和尺度上都与其他地区没有明显的差别。

在各个管区（Regierungsbezirke）的发展规划（GEP）层次，这个层次是衔接上下两个层次规划的桥梁，它体现州域发展规划的区域意图，但也需要反映出地方政府对房地产和工业用地的需求。但从管区的 GEP 上看，除杜塞尔多夫外，其他管区都没有将莱茵－鲁尔大城市连绵区作为一个规划和管理整体。

在各个地方政治实体的土地利用规划（FPlan：Flächennutzungsplan）层次，就更谈不到对莱茵－鲁尔的区域规划和管理有什么重大的贡献。

联邦政府出台这一规定的目的是强化各个城市密集区的特征，发挥他们各自的特色，以便于在全球化竞争时代为德国城市区域的竞争力增添一个有力的砝码。但是在实际操作中，这样的制度设计并没有发挥出立竿见影的作用，积极的看法是，大城市连绵区还需要更多的文化和经济交流，需要不断磨合；但消极者认为，这样的制度设计相当于对区域管理的不作为。由于对大的莱茵-鲁尔地区整体发展不抱期望，鲁尔区自己在寻找区域协同发展的道路。

3. 探索求变的"鲁尔区"

对鲁尔区城镇联盟（KVR）职能、定位的反思一直没有终止过。2000年，原先KVR直接操作的几个项目和编制规划的功能被转交给了一个企业性质的单位鲁尔项目公司（Projekt Ruhr GmbH）。如此一来，作为"项目代表处"的KVR其地位岌岌可危。

2004年10月1日，根据北威州议会的"协会法"（Verbandsgesetzes），11个市，4个区共同组成了鲁尔区域协会（Regionalverbandes Ruhr，简称RVR）。这个组织的职能是统筹管理鲁尔区的市场，公共环境和休憩设施的秩序，制订所谓的空间秩序规划，并负责地区的地理测绘和地理信息系统管理。但RVR的目标显然不在于发布这些规划（具体编制工作是鲁尔项目公司承担的），RVR的终极目标是形成一个政治实体（图3-9-3-7）。

与以前的区域管理机构不同的是，RVR从组建开始就仿佛一个权力机构，其最高决策机构是由各个地区代表中选举出的多党派"代表大会"（RVR-Verbandsversammlung），有固定的组织和固定的职位，有非常严格的选举办法，每5年进行一次改选。RVR希望实现一个可能是1920年SVR初建时就存在的梦想——将鲁尔区变成一个统一的行政管区（Regierungsbezirke），行使统一的区域规划（主要是编制GEP）和管理权。目前已经有呼声建议对RVR的代表大会代表进行全民直选——那就真成为一个事实上的地方政权了。

1975年，州规划法（LPlG）造成的消极影响也为州政府所深切地体会。2007年5月24日，北威州议会已经通过新的法律，2009年RVR将收回分散到目前三个管区的规划权。目前正酝酿的是2012年将鲁尔区变成真正成为一个地方政权。

当前，鲁尔区的城市正在为体制转变和地区融合而进行紧张的筹备和铺垫。在空间管理领域，目前推进的主要工作就是鲁尔区域土地利用规划（RegFNP或RFNP：Regionale Flächennutzungsplan）。这个规划并不覆盖整个鲁尔，它的地理边界仅仅是波鸿、埃森、盖尔森基兴、黑尔讷、鲁尔河畔米尔海姆和奥伯豪森这6个连绵在一起的城市，称为"鲁尔城市地区"（Städteregion Ruhr）。这些城市的地方规划部门组成联合体（Planungsgemeinschaft）共同推进区域土地使用规划。

区域土地使用规划（RFNP）是根据联邦建设法（BauGB）和空间秩序法（ROG：Raumordnungsgesetz）的共同规定，

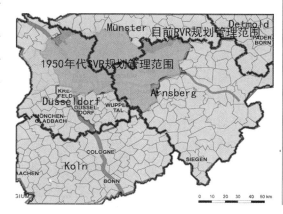

图3-9-3-7　从SVR到RVR

由各个地方政府共同组织的土地规划，其主要功能是将区域规划与地方层面的土地使用规划整合到一个工作框架中，形成一个完整的规划。

这样编制规划的好处是显而易见的。第一可以将地区内的城市捆绑在一起，形成合力，对外与欧洲其他的重量级选手竞争，其次可以将区域规划的宏观性与地方规划的操作性结合到一起，让规划真正得到地方政府实际项目的支撑。但它所面临的困难也同样巨大。这样的规划内容细致，对土地使用性质、总量和空间布局都有清晰的描述，并具有法律效力，需要那些一贯自主的地方政府谨慎对待。

联邦德国第一个编制的区域土地使用规划是法兰克福／莱茵美茵空间密集带规划协会（Planungsverband Ballungsraum Frankfurt/Rhein–Main）组织的莱茵美茵规划，但到目前还没有获得批准实施。"鲁尔城市地区"是第二个在筹备编制这一规划的地区。目前北威州已经正式承认了这个规划完成后的地位，它将取代这些城市的区域规划和土地使用规划，这在空间管理上相当于组织了新的一个大城市。

尽管对这样一个"新大城市"还存在很多争议，但编制这个规划的意义在于：改变了该地区被三个"管区"的区域规划所割裂的局面，可以整合地区资源，并且探索地区的深入合作机制，为未来的区域管理改革做好准备工作。

# 三、可以借鉴的经验

区域发展的成熟与否不能单纯用经济发展水平来衡量。由于莱茵－鲁尔和鲁尔区区域发展政策和管理模式一直处于变化和震动之中，其制度产出也难以评价，客观地说，迄今为止，我们还不能用好或不好来评价这两个区域的发展途径。我们站在今天的认识水平上，尝试对鲁尔区和莱茵－鲁尔的城市群发展做一个简单评价，发掘其中值得借鉴的经验。

## （一）"自下而上"的保障和"自上而下"的机制应当并重

莱茵－鲁尔的城市群有历史和现实上的紧密联系，是一个在地理上存在的大城市连绵区，它得到了德国联邦政府、州政府甚至欧盟的官方承认，并在官方规划文件中反复述及。但是这种自上而下的法定地位在实际的空间管理上并不成功。它并没有形成一个有力的规划和管理组织，到目前也没有任何一个共同发展的规划（如果不算州域发展规划 LEP 的话）。所谓"欧洲的莱茵－鲁尔"，更多的是对其目前经济地位的承认，而不是整个地区对未来发展图景的共识，莱茵－鲁尔的概念对区域城市在全球竞争中的竞争力没能产生什么实际的提高。这一点受到了学者们的颇多诟病。

严格意义上说，鲁尔区也是在国家法律的推动下组织成型的。但在后期发展中，鲁尔区的区域发展体现出了更多的自主性和积极性，从 SVR 到 RVR，尽管中途州的规划政策有所反复，但最终鲁尔区还是选择了整体规划、整体管理的道路。甚至即使没有法律地位的保障，鲁尔区还是尝试编制了地区的总体规划（Masterplan）来探讨共同发展的可能性。因此，一旦环境发生有利的变化，鲁尔区总能迅速，甚至是提前作出反应（例如 1966 年的地区发展规划）。这种以区域合作组织为载体，自下而上的区域合作机制体现出了更强的生命力。

但同样需要重视的是，鲁尔区区域合作组织能够顽强生存下来，同样应该感谢联邦中央政府和州政府的制度设计。其通过法律的形式（例如 1920 年的普鲁士法令和 20 世纪 90 年代的北威州协会法 Verbandsgesetzes），给区域的组织合作保留了很大的空间。另一个上层制度支撑的例子是，虽然德国还没有任何一个类似区域土地利用规划（RFNP）正式投入使用，也还不知道是否真正可行，但联邦建设法（BauGB）和空间秩序法（ROG）中还是保障城市可以组织起来编制这个规划。鲁尔区今天所做的工作无疑是一种在超前的制度刺激下的地方回应。

总之，区域协同发展需要自上而下的制度支持，而最终成功则依靠自下而上形成的共识和行动。在这个过程中，一个受到上层制度保障、能够组织和沟通下层各个利益团体的区域空间管理组织，可以衔接两个环节，发挥出巨大作用。

### （二）制度是在不断的磨合中得以成熟和完善的，不能期望立竿见影

区域制度需要时间来统一各个地方政权的思想，最终形成自下而上的共识和动力。鲁尔矿区住区联盟（SVR）建立初期除了公布几张图纸和设想，在实施层面几乎乏善可陈，但它给地区创造了一种合作的传统和文化。到 20 世纪末，反而是这种合作传统促使鲁尔千方百计地寻求机构合作的形式和途径，这使 SVR 的历史意义受到后来研究者的高度评价。而这个传统的形成花费了半个世纪的时间。

而一个制度创新都需要时间来完善，尽管从 1920 年开始，鲁尔区就有一个形成真正统一城市地区的梦想，但今天的鲁尔区城市群合作制度还随着外界制度环境的变化，依然处于不断调整的过程，向最终梦想不断前进。这个制度完善的过程花费了 80 年的时间，但依然没有终结。

出于同样的理由，我们也不需要对莱茵鲁尔大城市区一体化的不力局面一味批判，毕竟近年来德国中央政府和联邦州都为这个大城市区的真正一体化创造了制度空间，欧盟也进行了积极的相关研究，这个城市群的合作还是在不断的推进中。

### （三）利益博弈导致的给区域管理制度造成的困难中外皆同

1975 年，北威州颁布州规划法（LPlG：Landesplanungsgesetzes Nordrhein-Westfalen）是联邦州对承接国家规划制度的一次清理和重整，地方完整利益的迁就造成了原本是一个规划整体的鲁尔区被肢解为三个区域规划（GEP）的拼接体。

鲁尔区从 20 世纪初开始就开始出现城市蔓延和连绵发展的状况，并开始统一管理，但是在一个世纪后还遭遇了如此猛烈的制度反弹。从中，我们可以看到要管理一个跨行政区域的一体化城市群所面临的巨大困难。中国出现大城市群和大城市连绵带现象才十年左右时间，要充分估计到管理制度设计和实施的艰巨性。

## （四）技术层面上，SVR 的区域发展规划将道路设施和公共空间作为制度硬核，取得不错效果

区域层面的规划规定了许多区域发展的设想、建议和措施，但是在地方博弈的背景下，过多刚性的规定会造成地方的抵触，而实施性的下降又将损害规划的严肃性。

20 世纪 60 年代的鲁尔区区域发展规划（GEP）获得了比较显著的效果，则归功于它将道路设施和公共开敞空间的建设作为刚性核心，而其他部分（比如重点城镇的规划）保持了一定弹性。道路设施规划可以决定城镇的发展能力，而开敞空间建设则保证了城市的健康和生态的持续，这都是当时区域规划的核心概念。

如同前文所述，SVR 从联邦政府获得了对区域道路交通设施审批的绝对权力，而且从地方政府手中获得了那些当时还不十分受到重视的未开发用地的管理权，SVR 甚至可以通过银行贷款对规划绿化隔离带内的建筑进行赎买，并开展大规模的景观建设。这个制度惠及后来受到好评的埃姆歇公园，直到今天，开敞空间规划仍然是 RVR 的重点工作内容。

找到实现核心概念的最关键要素，并对其进行法律和财政方面的有效保障，构成一个难以动摇的制度硬核，这可能是我们的区域规划和管理中值得借鉴的一点。

## （五）所谓超前规划可能适得其反

"好"的规划也不是全知全能，关于 1960 年的鲁尔区发展规划还有一个小插曲。

从 20 世纪以来，鲁尔区的人口增长就保持了一个强劲的势头。据此，规划者和决策者毫不犹豫地就判定鲁尔区人口将轻松超过 800 万，于是以 800 万为标准编制了区域发展规划。

但谁也没有想到，编制规划的次年，1961 年，竟然是鲁尔区人口的历史高峰值，以后就一路下滑。于是在 1966 年的法定区域规划中，规划书补充到，如果规划实施良好，那么人口还是会增加到 800 万，只是早晚问题。其依据是，如果人口出生率保持不变，而人口迁出能够与迁入保持平衡，那么绝对可以肯定地说，2020 年，人口还将达到 800 万。但是，不但机械人口变动没有保持平衡，欧洲还迅速出现了丁克化的趋势，照目前的趋势，这个 800 万的人口配额不知道何时才能达到（图 3-9-3-8）。

中国的快速发展进程使人们习惯了发展等于增长的观点，线性外推成为了规划师的习惯，决策者期望的超前规划几乎等同于超大规划。希望鲁尔区的区域发展状况能够对我们思维方式的改变有所裨益。

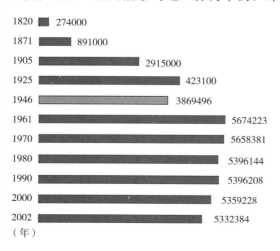

| 1820 | 274000 |
| 1871 | 891000 |
| 1905 | 2915000 |
| 1925 | 423100 |
| 1946 | 3869496 |
| 1961 | 5674223 |
| 1970 | 5658381 |
| 1980 | 5396144 |
| 1990 | 5396208 |
| 2000 | 5359228 |
| 2002 | 5332384 |
| （年） | |

图 3-9-3-8 鲁尔区人口的变化

# 第四部分　日本东海道大城市连绵区的发展与规划

## 一、日本东海道大城市连绵区的基本情况

### （一）东海道大城市连绵区在日本的地位与范围界定

东海道大城市连绵区，在国际上也称"日本大城市连绵区"。它是日本的管理中枢、经济核心、资本和劳动力集聚区。正是这一地带的成长使日本战后成为世界第二经济强国。此外，该带也是世界上三大最发达的经济带之一，并被作为临海型生产力布局的成功典范为众多国家和地区所效仿。

东海道大城市连绵区的范围大致上相当于"从东京到大阪"的太平洋沿岸带状地域，但具体的边界尚未明确界定，一般是指从京叶（千叶县西部），京埼（埼玉县南部）地区，经由东京、横滨、静冈、名古屋、岐阜等地，直到京都大阪地区的连续的、城市化程度高的地域，包括了 14 个都府县。其形态为长约 600 公里、平均宽度 30—40 公里的狭长地域（图 3-9-4-1）。

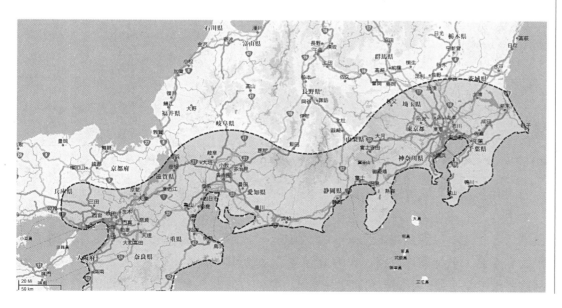

图 3-9-4-1　东海道大城市连绵区的范围示意
资料来源：根据东海道范围自绘。

## （二）东海道大城市连绵区的社会经济情况

东海道大城市连绵区是日本政治、经济、文化等的中枢地带，集中了日本全国工业企业和工业就业人数的 2/3，工业产值的 3/4 和国民收入的 2/3，日本 80% 以上的金融、教育、出版、信息和研发机构分布在这个大城市连绵区内。

以东海道大城市连绵区地位下降的 20 世纪 70—80 年代为例（表 3-9-4-1），虽然整个 70 年代三大都市圈大学生数、工业出口额等各项指标都有所下降，但到 70 年代末三大都市圈的功能集聚度仍然很高：以大学生数为代表教育机能在三大都市圈集聚度高达 72%，其中东京圈占 45%；而关于业务管理机能，三大城市圈内，注册资本在 10 亿日元以上的大企业总部数占日本全国的 84%，其中东京占了将近 60%；信息处理服务和等国际性、高级功能的聚集也令人瞩目；此外其他就业者人数等指标所显示的集聚度也非常高。

**大都市圈各功能集聚状况（对日本全国）（单位：%，日本全国 ＝100）**　　　表 3-9-4-1

| | 年份 | 地点 | | | | |
|---|---|---|---|---|---|---|
| | | 东京圈 | 大阪圈 | 名古屋圈 | 3 大城市圈 | 地方圈 |
| 大学生数（4 年制） | 1970 | 50.6 | 19.9 | 6.3 | 76.8 | 23.2 |
| | 1975 | 48.2 | 20.4 | 6.5 | 75.1 | 24.9 |
| | 1979 | 45.4 | 19.7 | 6.6 | 71.7 | 28.3 |
| 工业出口额 | 1970 | 29.6 | 19.8 | 11.1 | 60.5 | 39.5 |
| | 1975 | 26.7 | 17.4 | 11.2 | 55.5 | 44.5 |
| | 1978 | 26.6 | 16.5 | 11.8 | 54.9 | 45.1 |
| 银行预金残高 | 1970 | 42.4 | 20.9 | 6.8 | 70.1 | 29.9 |
| | 1975 | 44.0 | 19.2 | 6.1 | 69.3 | 30.7 |
| | 1979 | 43.1 | 18.1 | 5.7 | 66.9 | 33.1 |
| 就业者数 | 1970 | 30.4 | 15.0 | 6.5 | 52.8 | 7.34 |
| | 1975 | 30.1 | 15.1 | 6.5 | 51.7 | 8.3 |
| | 1980 | 30.1 | 14.5 | 6.5 | 51.1 | 48.9 |
| 大企业本社数（资本金 10 亿以上） | 1970 | 59.5 | 22.0 | 5.3 | 86.8 | 13.2 |
| | 1975 | 58.4 | 19.9 | 4.9 | 83.2 | 16.8 |
| | 1979 | 59.5 | 18.8 | 5.2 | 83.5 | 16.5 |
| 输出入额 | 1975 | 52.1 | 42.0 | 3.6 | 97.7 | 2.3 |
| | 1976 | 53.3 | 40.0 | 4.0 | 97.3 | 2.7 |
| | 1977 | 54.5 | 38.1 | 4.6 | 97.1 | 2.9 |
| | 1978 | 56.0 | 37.3 | 4.2 | 97.6 | 2.4 |

资料来源：大都市地域 / 山鹿诚次编 . —鹿岛研究所出版会，1971.3. —（讲座都市与国土；1）.

同时东海道大城市连绵区通信与交通十分发达。在两端分别有东京和大阪这两个巨大中心，中间有名古屋等副中心。东西间由铁路、公路、空中航线、海上航线、电信电话等相连。特别是在东海道本线、国道一号线等大动脉的基础上开通了东海道新干线和东名·名神高速公路，大力地促进了大型都市群化。此外还有京滨·中京·阪神这些大工业地带，中间有东海工业地区，它们行使着日本工业中心的职能。

## （三）东海道大城市连绵区的人口情况

东海道大城市连绵区约占日本国土面积的 20%，却集中了一半以上的日本人口。现在都市带内的居住人口已超过 6000 万人，全日本 12 座人口在 100 万以上的大城市中有 11 座分布在大城市连绵区内。超过美国东北海岸大城市连绵区成为世界上规模最大的大城市连绵区，并且人口密度大约是美国东北海岸大城市连绵区的 4~5 倍。从内部结构来看，东海道都市带内城市地域几乎连成一片，而美国东北海岸大城市连绵区之间有着广阔的田地带。

东海道大城市连绵区的人口集聚又表现为向东京、大阪和名古屋这三大城市集中，大城市连绵区的人口密度是日本全国的 2 倍多；而东京、大阪两市的人口密度则达到了日本全国的 16 倍和 14 倍之多。人口规模上，如果以东京都厅、大阪市役所和名古屋市役所为中心，那么其各自半径 50 公里内的地区的人口从 1960 年到 1980 年都在稳步增加，人口占日本全国总人口的比例也在不断上升，到了 1980 年东京、大阪和名古屋分别达到 2634、1542 和 783 万人，合计 4959 万人，日本全国 42.4% 的人口居住在仅占日本土地面积 6% 的区域内（表 3-9-4-2）。

东京、大阪、名古屋的 50 公里圈的人口与人口密度　　表 3-9-4-2

| 地域 | 1980 年人口（1000 人） | 1980 年人口密度（人 / 平方公里） |
| --- | --- | --- |
| 东京 50 公里圈 | 26339 | 3439 |
| 大阪 50 公里圈 | 15422 | 2082 |
| 名古屋 50 公里圈 | 7828 | 1069 |
| 50 公里圈计 | 49589 | 2215 |
| 其他地域 | 67468 | 193 |
| 日本全国 | 117057 | 314 |

资料来源：大城市地域 / 山鹿诚次编 .—鹿岛研究所出版会，1971.3.—（讲座都市と国土；1）.

## （四）东海道大城市连绵区内部的分工与合作

东海道大城市连绵区的分工与合作表现为其三大核心东京、大阪和名古屋都市圈之间的职能分工。东京都市圈在日本经济中主要有金融管理中心、工业中心、商业中心、政治文化中心和交通中心五大功能。大阪都市圈是日本第二大经济中心，素以商业资本雄厚著称，同时也是日本的交通、工业和文化旅游的中心。名古屋都市圈则拥有日本第三大的工业地带和排名第四的港口。具体来说，三大都市圈具有以下特征：

地域上：连区成带，有力地推动了区域经济一体化。重点表现在工业区到工业地带的发展上。

职能上：各城市在加强原有特色的基础上，扬长避短，强化地域职能分工与合作。东京圈进一步突出其全国中枢与国际金融中心的职能，拓展与国内外的交通联系，使其向国际化大城市方向发展，并有选择地向圈外分散职能；大阪圈三大城市各有特色，有"商业的大阪、港口的神户，文化的京都"之称。第三产业十分发达，其发展目标是成为仅次于东京的日本第二大国际大都市；名古屋圈内中小城市较多，由多个专业化的工业城市组成了相互联系的集聚体，外缘地区农林产业发达。

产业结构上：从总体上看，整个大城市连绵区的产业结构都具有重化工业比重高、机械工业占优势的同构性特点。但从深层次分析，京滨工业区重化工业中最大的部门是炼油，阪神工业区最大的重化工业部门是钢铁，中京工业区则以钢铁和金属加工为主。同为机械工业，京滨工业区的电气占首位，阪神工业区电气和普通机械各占 14.4% 和 12.0%，汽车仅占 4.8%，名古屋则是汽车工业高居榜首，占 34.1%。

在港口上：六大港口各司其职。千叶港因其吞吐量大，为日本最大的原料输入港。横滨港为东京的外港，是日本国内最重要的对外贸易港。川崎港是多用作大企业运输原料和成品的港口，东京港被视作内贸港，横须贺港兼有军港和贸易港的功能，木更津港则具有旅游和商港的性质。

## 二、东海道大城市连绵区的发展阶段与发展中的问题和对策

### （一）东海道大城市连绵区的形成与发展

东海道大城市连绵区并非太平洋战争后新产生的地区。正如"东海道"的名字所示，这一地区在德川幕府在江户（现东京）确定霸权时就开始形成了。因此可以说 300 年前就有了东海道大城市连绵区形成的基础。但实际上打下基础的是战后的城市化进程。

战后日本经济的高速增长，以及城市化进程的加速化等，导致了人口与产业向太平洋沿岸地域不断集聚，形成了太平洋沿岸的京滨、中京、阪神等大工业地带。并且随着产业结构、交通运输方式改变出现的临海、临空型产业布局模式，大大促进了东海道大都市带的形成。但在学术上并没有对东海道都市带发展阶段进行明确划分，只能根据日本战后的经济发展和五次全国综合开发计划阶段大致分为三个阶段：

1. 大城市连绵区的形成和大发展时期（1945—20 世纪 70 年代初）

战后日本经济经历了恢复时期（1945—1955 年）和经济高速增长时期（1955—1973 年）。在这两个时期，日本进行了大规模的基础设施建设和工业项目的开发，这些开发集中在具有区位优势和历史发展基础的太平洋沿岸地区，从而促使人口和产业的集聚向这些地带集聚，形成了东海道大城市连绵区。到了 20 世纪 60 年代末，东海道大城市连绵区的人口与产业集聚达到了一个高峰（表 3-9-4-3）。

需要指出的是交通通讯网络体系的不断完善是东海道大城市连绵区形成的必要条件。"一全综"时（1962 年），面对经济快速发展而交通设施严重滞后的局面，日本优先在已有工业地带（京滨、中京、阪神及北九州）之间建设了干线道路网。其中高速公路以东京－大阪线的建设为重点，形成与地方大城市间的交通网体系；铁路以东海道新干

东海道大城市连绵区的人口与产业集聚情况 表 3-9-4-3

| 指标 | 占日本全国比重（%） | 时间（年） |
| --- | --- | --- |
| 面积 | 18.9 | 1969 |
| 人口 | 50.6 | 1969 |
| 工业就业人数 | 63 | 1968 |
| 工业生产额 | 58.1 | 1965 |
| 国民生产总值 | 69.6 | 1968 |
| 产业基础设施投资额 | 49.7 | 1968 |
| 道路投资额 | 57.3 | 1968 |
| 商品流通额（包括与带外的流通） | 83 | 1966 |
| 货物流动量（包括与带外的流通） | 50.1 | 1967 |
| 旅客流动量（包括与带外的流通） | 73.2 | 1967 |

资料来源：大城市地域 / 山鹿诚次编 .—鹿岛研究所出版会，1971.3.—（講座都市と国土；1）.

线的建设为主，辅以干线的复线化；通信设施则以电话的自动化为主要方向。与此同时，大城市内部的交通基础设施也得到不断改善，修建了大量的地铁、私铁、城市高速公路等，并与城市间交通体系网相连接。因此出现了原材料指向的重化工业向太平洋沿岸工业地域不断集聚的特征。这其中 1964 年的东京奥运会和同年建成的新干线及随后完成的东京－大阪高速公路起到了关键作用，促使东海道大城市连绵区基本成型。

2. 大城市连绵区低速稳步发展与郊区化（20 世纪 70 年代初—20 世纪 80 年代中）

以 1973 年石油危机为标志，日本经济进入了低速增长阶段。这一时期大规模工业项目的开发基本结束，进入了科技开发阶段。人口与产业向东海道大城市连绵区集聚的速度放缓，都市带各项功能占全国的比重开始下降，但大城市连绵区一直都处于低速稳步发展阶段，在日本全国的地位并没有下降。

以交通和基础设施建设为例，"二全综"（1969 年）和"三全综"（1977 年）时，尽管为了减少太平洋沿岸地带与其他地域的经济差距，日本积极建设了地方中心城市之间及其与太平洋沿岸地带的高速交通通信体系，但交通通信网的建设并没有实现国土的均衡发展，反而增强了都市带的辐射力，尤其是东京为中心的向心结构不断加强。与此同时，大城市连绵区的内部结构开始发生变化，出现了郊区化的倾向。

从三大都市圈各距离带的人口增长率变化的情况来看（表 3-9-4-4），30 公里圈内（中心部）的人口增长率都在降低，继而转为负增长，人口增长率高的距离带则逐渐向外侧转移。这说明空心化现象正在发生。从 1975—1980 年的人口增长率来看，东京、大阪、名古屋的 0—10 公里带（核心区）的人口都在减少。而人口增长率最高的距离带，在东京最外侧的 40—50 公里带（16.1%），大阪是 30—40 公里带（8.6%），名古屋为 20—30 公里带（11.1%）。

3. 大城市连绵区缓慢发展阶段（20 世纪 80 年代中—）

到了 1989 年日本泡沫经济破裂后，日本进入了长期经济停滞时期。东海道大都市带处于缓慢发展的阶段，但在全球化和信息化的时代背景下，都市带具有的整体优势

**东京、大阪、名古屋的 50 公里圈的距离带内的人口增长率**　　　　表 3-9-4-4

| 离都心距离（公里） | | 人口增减率（%） | | | |
|---|---|---|---|---|---|
| | | 1960—1965 年 | 1965—1970 年 | 1970—1975 年 | 1975—1980 年 |
| 东京 50 公里圈 | 0—10 | △ 1.4 | △ 6.5 | △ 6.5 | △ 6.3 |
| | 10—20 | 25.3 | 11.9 | 6.2 | 2.1 |
| | 20—30 | 40.4 | 31.6 | 22.5 | 9.2 |
| | 30—40 | 37.0 | 43.6 | 29.7 | 14.2 |
| | 40—50 | 14.9 | 19.6 | 22.1 | 16.1 |
| | 50 公里圈计 | 19.7 | 15.9 | 12.7 | 6.4 |
| 大阪 50 公里圈 | 0—10 | 12.3 | 2.2 | △ 3.4 | △ 3.7 |
| | 10—20 | 41.3 | 32.5 | 19.5 | 7.2 |
| | 20—30 | 20.7 | 25.0 | 22.3 | 8.4 |
| | 30—40 | 14.0 | 15.5 | 13.2 | 8.6 |
| | 40—50 | 4.5 | 5.2 | 6.7 | 3.0 |
| | 50 公里圈计 | 16.9 | 13.0 | 9.0 | 3.6 |
| 名古屋 50 公里圈 | 0—10 | 13.8 | 6.3 | 2.5 | △ 0.3 |
| | 10—20 | 24.3 | 23.4 | 19.6 | 9.3 |
| | 20—30 | 14.0 | 19.0 | 15.7 | 11.1 |
| | 30—40 | 8.6 | 6.5 | 7.5 | 4.7 |
| | 40—50 | 1.0 | 3.3 | 6.7 | 4.6 |
| | 50 公里圈计 | 12.9 | 11.1 | 9.7 | 5.4 |

注：△代表人口减少。

资料来源：大都市地域 / 山鹿誠次编 . —鹿岛研究所出版会，1971.3. —（讲座都市と国土；1）.

对于各国在世界城市体系内的竞争具有重要意义，因此在产业结构调整的基础上（退二进三）其地位是在不断上升。

在基础设施建设上，"四全综"（1987 年）为了纠正人口和产业在东京地区过度集中出现的弊病，实现多极分散型的国土结构，日本继续将交通网络的建设当做国土整治的重要手段，把高规格干线道路延伸到 14000 公里，整顿新干线和机场，强调在全国主要城市间构建"当天返回 1 日交通圈"。但是，处于首都地区的东京圈，因为要发挥其国际性作用以保证日本经济的领先地位，不仅发展成为本国的金融和信息中心，并且进一步成长为国际性的世界城市，其地域范围不断扩大。东京的通勤范围已超过 100 公里，而利用新干线其通勤范围则可达 200 公里以上。

可见，以东京为中心的日本东海道大都市带，尽管在 20 世纪 70 年代的人口地方回流中其地位有所下降，但进入 80 年代后由于经济全球化和信息化，又加强了其作为日本国土结构核心地带的作用。

## （二）东海道大城市连绵区存在的问题与对策

1. 存在问题与原因分析

（1）土地与功能问题

人口和产业的集聚使得东海道大城市连绵区中的大城市中心区地价的高涨，1960—1990 年的 30 年里，东海道大城市连绵区内 6 大城市的地价上涨了 56.1 倍，年平均高涨 14% 以上，并带动房价和其他房地产价格相应高涨。30 年里，6 大城市的国民生产总值上升了 17.4 倍，年平均增长 6%—10%。尽管增长速度也很快，但与地价和房地产价格的持续高涨相比，还是形成了惊人的差距，从而形成世界所公认的房地产泡沫经济。

地价上涨以及由此导致的城市中心地区职能单一化、空洞化以商务、商业职能在空间上的扩展。如东京的原有商务、商业中心（丸之内地区、银座地区）的容量达到极限时，商务、商业功能开始向邻近的中央 3 区以及新宿、池袋、涩谷等山手线沿线城市副中心地区扩散，而商务、商业地区的扩大又迫使居住功能转向半径 10—15 公里之外的城市周边地区及远郊地区，城市用地范围进一步扩大的同时，城市职能的单一化又使得城市中心区昼夜人口差距急剧扩大。

（2）住房与交通拥挤

在日本城市化高速前进的过程中，由于注重工业发展的速度，城市人口过于密集，城市"拥挤病"便显现出来。城市化过程中大量农村人口转移到都市带内东京、大阪等大城市，结果人满为患，穷人只能居在环境相当恶劣的贫民区。即使在工业化高峰的 20 世纪 60 年代，仍然有相当大一部分人生活在很差的居住环境中。狭小的房间加上高昂的房价，迫使大批市民搬到地价较便宜的郊外居住，这又反过来加剧了大城市中已经很严重的交通问题。

对于都市带的居民来说，由于居住用地的外延和城市用地的整体扩展所造成的通勤长距离化，同时交通拥挤和堵塞使得通勤时间过长，带来了居民生活质量的下降和社会生产成本的提高。

（3）生态与环境问题

20 世纪 50 年代，在经济高速增长过程中，由于追求生产第一主义，日本的公害问题日趋严重起。光污染、交通噪声、废气污染、城市生活垃圾等现象也很严重。这个时期的污染源主要是企业。到了 70 年代，公共事业的公害也开始增长。高速道路、新干线、港口、大城市中产生的汽车废气、噪声、垃圾、合成洗涤剂等污染源不断增加。进入 80 年代，在大量生产、大量消费生活理念引导下，日本人开始追求便利和丰富的物质生活，其结果是堆积成山的生活垃圾难以清理，污染现象不断出现。

无论是 60 年代的公害病还是以后的各种环境污染，东海道大都市带都是这些污染现象发生最为频繁的地区。这些污染不仅使得都市带的居民生活环境遭到了很大的破坏，同时也搅乱了自然生态环境的平衡，破坏了地球环境。

（4）大城市连绵区的"一极集中"与过疏问题

大城市连绵区的一极集中除了带来了以上所提到自身问题，也带来了周边农村地域的过疏问题。农村人口向都市带的急剧外流大幅度改变了农村人口构成和社会的基础，导致其地域居民生产缩小，生活发生困难，最终使得村落社会自身崩坏。城市（都市带）过密、周边农村过疏问题严重制约了日本经济的进一步发展，也影响了人们生活质量的提高。

造成这些问题根本原因是东海道大城市连绵区的特殊地位，城市诸功能在地理空间上的过度聚集导致了单一中心的国土结构。因此象征日本战后经济高速增长的东海道大城市带成为日本公害和交通事故最为集中的危险地带，而其外围乡村地带却存在荒废和过疏问题。

但同时应该看到，由于历史文化传统以及经济发展阶段、水平等原因，日本的城市问题较之于欧美或亚洲、拉丁美洲某些大城市中的问题而言，尚未充分显现和激化。另外，以城市轨道交通建设为代表，现代城市建设、管理技术的应用也在相当程度上缓解了矛盾，扩大了城市承受能力的极限。

2. 采取的对策

（1）土地与功能问题的对策

对于人口和产业过于集中产生的地价飞涨和功能单一的问题，最根本的办法是进行人口和产业的疏散。在多次的国土综合开发计划中，都将多极分散和多轴型的国土结构列为基本目标，2000年的"五全综"更是提出了建设四大新国土轴的构想。在大城市连绵区内部，三大都市圈尤其是首都圈强调，改变以东京为中心的金字塔形城市体系结构现状，分散东京都的功能，形成水平网络型的城市结构关系。同时土地混合使用的理念也在规划中得到了体现。

从实施情况来看，大都市的极化作用难以抑制，地价问题一直没有得到很好的解决，加上一系列政策和制度设计上的失误最终造成了房地产泡沫的崩溃。但在功能疏解上取得了一定的成效，尤其是特大城市外围独立的业务核心城市的培育对功能的疏散十分有效。

（2）住房与交通拥挤的对策

以上提到疏散政策同样也是解决住房和交通问题的根本方法。除此之外，提高用地效率（容积率）也是解决的方法之一。但这与交通拥挤的解决方法一样，都需要有高效的交通系统来支撑。日本在这方面卓有成效。

日本认识到小汽车交通无法解决城市交通的根本问题。因此，较早地提出了城市交通应以公共交通为主，大城市交通又以轨道交通为主的方针和策略。实践证明，该对策能有效缓解都市带的交通问题。

以日本三大都市圈为例，1994年东京圈、大阪圈各种公共交通与小汽车（出租和私人小汽车）完成的客运量之间的比例分别为64.6 : 35.4和61 : 39；名古屋因为是汽车城，情况有些特殊，比例为30.6 : 69.4。而东海道都市带三大城市圈以外的大城市中，公共交通与私人小汽车之间的比例约为60比40，并且公共交通所占比例有增加的趋势。

（3）生态与环境问题对策

日本自1967年颁布第一部《环境污染控制基本法》以来，仅就污染防治方面，先后就颁布了近30部法律法规，并依据形势的发展，不断对现有的法律进行修改、完善和补充。日本现行的环境政策几乎都可从中找到相应的法律依据，而法律也细化到可以直接操作应用的程度。在法律的有力保障下，日本在水污染治理、汽车尾气控制和城市垃圾的再利用等方面都达到了很高的水平并成为各国学习的范例。

产业方面，东海道大城市连绵区选择由重化工业转型为以组装业和高层次加工业为主的都市产业与知识信息道路，提出在现有工厂外围设置遮断绿地或城市林带、在工厂和市民的生活圈间添加缓冲地带等具体建议，并对城市计划、工厂配置、港湾道路、铁道、机场等各项目进行再检讨，这些都是日本从增长追求型转型为增长活动型的试金石。

（4）大城市连绵区的"一极集中"与过疏问题

对于"过疏"的问题，在历次规划中提出了一系列建议。如"二全综"时提出的国土开发新骨骼的建设和大规模的产业开发项目来解决地区差异问题；"三全综"提出的"定居构想"，通过"生活圈"的建设来振兴地方经济，控制人口和产业向大城市集中，推进国土的均衡发展等等。

但从实施效果来说并不理想。过疏化村占村总数的比例由 1985 年的 62.7% 提高到 1990 年的 64.2% 和 1995 年的 66.6%。同时过疏化地区市町村人口减少、面积扩大，这说明日本的过疏化问题仍在恶化。

## 三、东海道大城市连绵区的相关规划

在日本的规划体系中，没有专门针对东海道大城市连绵区的规划。而与之相关的有"全国综合开发计划"和东海道大城市连绵区内的首都圈、中部圈和近畿圈的三大都市圈规划（三大都市圈规划在编制时间上在全国开发计划之后，与全国开发计划相衔接）。

### （一）五次全国综合开发计划

1. 第一次全国综合开发计划（1961—1968 年）

（1）开发计划的背景

一是工业分布过度集中带来的基础设施不堪重负、生活环境恶化、沿海地区与欠发达地区差距扩大等问题；二是 1960 年，日本政府制订了著名的《国民收入倍增计划》，提出"十年内人均国民生产总值增加一倍"的目标。为了达到这一目标，需要工业生产在 10 年内增长 3—4 倍，但原有的四大工业区已达到饱和状态，因此提出了《太平洋沿岸带状产业布局构想》。

（2）规划目标

有效地利用日本的自然资源和实行资本、劳动、技术等资源的适当的区域分配，谋求地区间的均衡发展。

（3）开发方式

针对当时日本经济过分偏重于东京、大阪、名古屋和北九州四大工业基地的问题，提出把工业向地方扩散。但考虑到财力、物力的制约，提出"据点式"开发方式，建设

"新产业城市"和"工业建设特别地区"。前者是在太平洋沿岸原有四大工业区的外围区，选择了 15 个地区作为"新产业城市"。后者是在原有 15 个新产业城市基础上，侧重于重工业开发而确立的 6 个地区。各地区所采取的方式都是吸引重化工业企业前来设厂，通过这些企业的集中布局建成具有相互联系的大规模联合企业。然后再以其为核心吸收更多的相关产业，最终培育具有相当规模的产业群，使之成为区域开发的据点，国家给予政策和资金的支持。

（4）意义

"一全综"的颁布使日本国土开发规划及相关法律体系化，同时标志着日本从过去只注重经济合理性和经济效益转向注重国土的均衡发展。解决东海道都市带以极集中的问题，缩小地区差距、谋求国土的均衡发展成为日本历次国土综合开发的主题。

2. 第二次全国综合开发计划（1969—1976 年）

（1）背景

"一全综"颁布并执行后，日本经济出现持续高速增长，但也加剧了各种资源向太平洋沿岸地区城市的集中，出现了"过密过疏"的问题。这要求解决国土开发问题必须与解决生活环境、公害以及福利社会问题结合在一起。

（2）目标

将日本列岛划分为东北地带、中央地带和西南地带三大块，中央地带为中枢管理功能地区，东北和西南地带为工业基地和农业基地。同时将全国从北到南划分为北海道圈、东北圈、首都圈、中部圈、近畿圈、中四国圈和九州圈等七个经济圈，通过高速通信网络和高速交通网络的建设将相隔 2000 公里的札幌和福冈贯通起来，构成国土主轴，使日本列岛成为一个整体，并提出道路面积、工厂用地的增加幅度等具体指标。

（3）开发方式

采用"大规模项目"开发模式，具体指在该规划实施期间确定的骨干建设项目，具体包括以下三种类型：一是形成信息网、新干线铁路网、高速公路网、航空网络和航运网等日本新的空间结构基础；二是建设大规模农业基地、工业基地、高产基地等；三是以环境保护为目的，完善社会生产和生活基本保障系统的大型建设项目。

（4）广域生活圈构想

将整个国土划分为三个大圈，其中整个日本列岛为"三次圈"；城市圈与地方圈，即首都圈、中部圈、近畿圈等七个大经济区为"二次圈"；"广区域生活圈"为"一次圈"。

（5）意义与问题

大规模开发的模式与经济发展相适应，同时标志着日本的国土开发，从"点"式开发，走向以"点"连线，以"点"带面的全面开发。交通和基础设施的建设为东海道大城市连绵区发展的提供了良好的支撑。

但"一全综"与"二全综"是在经济增长中心主义路线主导下制订的，忽视了环境保护和生态效益，东海道大城市连绵区的环境污染问题进一步加剧，同时在日本列岛改造论的影响下，人们期待着大型项目的上马，土地投机蔓延全国，大城市连绵区各大城市地价暴涨，土地问题变成内政的"癌症"，并一直延续到现在。

3. 第三次全国综合开发计划（1977—1987年）

（1）背景

到了20世纪70年代初，公害问题凸显，日本各地的反公害居民运动此起彼伏，这意味着今后的国土开发已经不能抛开环境问题，而单纯追求经济利益。同时"过密过疏"问题不但没有得到解决，而且日趋突出。石油危机的爆发也使得"二全综"和"列岛改造论"所确定重化工业项目很难实现，国土开发理念必须从重视经济开发转向重视国民生活的开发。

（2）目标

一是以有限的国土资源为前提，不断提高地方的活力，植根于历史和传统文化，追求人与自然的和谐，最终实现自然环境、生活环境和生产环境相和谐的人居综合环境。二是抑制人口向大城市集中，通过振兴地方经济解决"过密过疏"问题，确立新的生活圈。

（3）开发方式

提出"定居构想"开发模式。其目的在于通过"生活圈"的建设来振兴地方经济，控制人口和产业向大城市集中，解决过密过疏问题。确立这种新的生活圈，要以人们的自发创意和努力为基础，要求地方政府根据本地区的特色，编制建立安全、综合居住环境的相关计划。在该规划中，还提出了"居住区"、"定居区"和"定居圈"三种概念。

（4）田园城市构想与"示范定居圈"

"田园城市构想"的基本内容是将田园的闲适和城市的活力结合在一起并促进这种稳定的交流，将区域社会与世界联系起来，建立一个自由的、和平的、开放的社会。日本政府在定居圈的基础上结合"田园城市构想"的内容，提出了"示范定居圈"的建设计划，并在日本全国范围内选定了44个"示范定居圈"，这些地区选在县政府所在地的城市以外的该县第二大或第三大城市。"示范定居圈"的特点是既能起到吸收人口的作用，又能通过一定规模的城市聚集功能，将经济效果辐射周边地区形成城乡一体化的新区域。

（5）"技术聚集城市构想"

在"科技立国"的国家战略背景下，日本提出以"硅谷模式"建立技术聚集城市。以这一构想为基础，1983年进一步明确了建立技术聚集城市的目的、意义以及技术聚集城市地区指定的条件等，有26个城市被指定为技术聚集城市。国家放松有关政策，利用民间活力是技术聚集城市建设的支柱。实际上，这一计划仅仅是通过资助和融资等手段，由地方政府推动实施。

（6）意义

"三全综"继承"二全综"开发项目的构想，提出了"定居构想"的开发模式作为解决"过密过疏"的对策，但上述计划均由地方自主建设，而地方的财力有限，几乎没有见到明显的成效。但技术聚集城市构想实施以后，企业向各地的分散出现了高潮，并对促进地方的技术革新起到了很大的推动作用，这对于缓解东海道大城市带的过度集聚有所帮助。

4. 第四次全国综合开发计划（1987—1998 年）

（1）背景

从 1985 年开始日本经济发生了很大变化。广场协议后，日元升值，经济迅速国际化，经济重心不断向东京倾斜。同时东京一极集中，产业结构的转换和就业问题，国际化问题，因人口老龄化、信息化、自由时间的增加而引起的社会问题以及地球环境问题等 5 大问题日益突出。放宽各种规制、扩大内需已成为日本经济的优先课题。

（2）目标

打造"多极分散型国土"。

（3）开发方式与战略重点

提出"交流网络"构想。它以"三全综"的"定居构想"为前提，建设和完善交通、信息、通信体系等社会基础建设，扩大交流的机会。"交流网络构想"与"二全综"的"大规模项目"开发模式很相近，但又增添了城市与农村交流等时代特色。

战略重点集中在首都圈的再开发和在农、山、渔村兴建大规模"休息娱乐区"（resort）。其中休闲娱乐区建设是战后日本综合国土开发过程中，由国家立法，并由国家制定基本方针的最后一次全国性大规模开发项目，出现了继"新产业城市建设"和"技术聚集城市建设"之后的又一次开发热。

（4）意义

"四全综"在重视东京世界城市功能的同时，提出将世界城市功能向地方的中枢城市分散；认为缩小大城市连绵区与其他地区的差异不能单纯地依靠大城市工业的分散，而应当采取多样化的综合产业振兴政策，提供更多的就业机会来解决，同时"四全综"仍然重视全国骨干交通、信息、通信体系的建设与完善。

5. 第五次全国综合开发计划（1998 年—）

（1）背景

经过 50 多年的国土开发，日本的综合高速交通体系——国土基础骨骼已经形成，这标志着日本大规模国土开发已基本结束。今后的日本国土开发主要是小规模的、局部的和补充性但又是更深化的开发。另外，"泡沫经济"崩溃后，日本经济陷入战后以来最严重的长期萧条之中，国家的财政状况已经不允许日本继续采取过去的那种国家主导的国土开发。经济全球化、人口的老龄化、地方分权势头的高涨以及国民意识发生的重大变化，都要求日本的国土开发理念必须进行彻底的转变。1998 年 3 月，日本政府出台了《21 世纪国土宏伟蓝图——促进区域自立与创造美丽的国土》的新规划。本文将其称为"第五次全国综合开发计划"。

（2）目标

以 2010—2015 年为目标，奠定"多轴型国土开发利用格局的基础"。

（3）开发方式

提出"参与和协作"方式。所谓"参与"，不仅是国家和地方政府要积极参与，而且还要通过当地居民、志愿团体、民间企业等各种团体的积极参与来推动国土开发和区域开发活动。所谓"协作"是指通过不同地区间的紧密协作来推动国土开发和区域开发事业，其中起中心作用的是各级地方政府。

（4）规划构想

建构"东北国土轴"、"日本海国土轴"、"太平洋新国土轴"和"西日本国土轴"四个国土轴，以取代现在的"一极一轴"国土结构。

"西日本国土轴"为原来的太平洋沿岸工业地带及其周边地区（与东海道都市带范围基本一致）。规划形成城市色彩浓厚的工业集中地带与内海、内湾、内流、人工林以及农地相和谐的、有魅力的居住地区。此外还要与亚太地区所形成的其他世界性城市圈进行竞争，分担国际功能。

"东北国土轴"是从日本中央高地经过关东北部以及东北面向太平洋的地区，一直到北海道及其周边地区。规划建立城市网络和自然网络之间的多层交流网络，在加深与亚太地区和北方地区交流的同时打造以北海道为中心的"北方圈国际交流据点"。

"日本海国土轴"包括从九州到本州的面向日本海的地区，一直到北海道面向日本海的地区以及周边地区。规划形成城市与自然多层次的交流网络，并与日本海周围的朝鲜半岛、中国东北地区、俄罗斯边疆地区加强经济、文化等方面的交流、推动日本海经济圈、交流圈的形成。

"太平洋新国土轴"包括从冲绳到九州中南部、四国，经纪伊半岛到伊势湾沿岸地区以及周边地区。规划强调在加深与亚太地区交流的基础上，打造以冲绳为中心的国际交流据点。

（5）意义

"五全综"不再以追求经济增长率为重心，而是以人为中心，改善环境质量，侧重精神、文化、生活质量。

规划中提出的纵横海陆的多轴型国土结构，是从日本现状出发，根据每个地区的特质来制定发展方向。政府希望日本所有的地方城市都能至少承担一个代表日本的政治、经济、文化机能，成为有个性有荣耀的城市，这是从更高层次的地方分散来解决东海道大城市带的过密问题。

## （二）三大都市圈规划

### 1.首都圈整备计划

首都圈整备计划是内阁总理大臣基于 1957 年的首都圈整备法，在听取相关都、县知事以及国土审议的意见后制订的计划。这个计划由基本计划、整备计划、事业计划三部分构成。而基本计划则经过了四次商定（表3-9-4-5）。

首都圈整备的目的是谋求建设一个适合成为日本政治、经济、文化等中心的首都圈，

| 首都圈整备计划的内容 | | 表 3-9-4-5 |
|---|---|---|
| 基本计划 | 对首都圈内人口规模、土地利用等整备计划的基本事项作出规定 | |
| 整备计划 | 对于（一）和（二）各事项的基本内容，都制订了整备的基本方针及事业概要<br>（一）有关既成市区、近郊整备地带及城市开发区域整备的事项<br>（二）有关有必要进行广域整备的交通通信体系及供水体系的事项 | |
| 事业计划 | 为实施整备计划所必要的每年度由国家、地方公共团体、社团等开展的事业 | |

资料来源：大都市地域 / 山鹿诚次编 .—鹿岛研究所出版会，1971.3.—（讲座都市と国土；1）.

并使其有秩序地发展。尤其是在人口产业集中现象非常显著的高度增长期，消除首都及其周边地区过密引起的弊病和其他各种大城市问题的应对措施就成为了基本的课题。

为此第一次基本计划（1959 年）模仿大伦敦计划（1944 年），在既有市区周围设置宽约为 5—10 公里的近郊地带，在其外侧开发卫星城，抑制工厂在既成市区的布局而疏导进卫星城中，想借此来防止东京的过大化与过密化。

但由于 20 世纪 60 年代人口急剧集中，东京用地急速扩张，近郊地带遭到了无序地开发，导致计划难以达成，因此在 1965 年修改了法律，重新划分了政策区域。第二次基本计划之后，都以抑制和分散市区的人口及各种机能为基调，尝试在其周围 40—50 公里的近郊整备地带进行有计划的市街地整备和绿地的保全，并在外侧开展工业城市、研究学院城市等都市开发区域的整备。

在此期间，首都圈随着日本经济的增长而急速发展，1990 年人口已达到 3940 万人，尤其是南关东地域形成了以东京为中心的巨大城市，有约 3000 万人生活于其间，这是世界上也没有先例的。

在第四次基本计划（1986 年）中，由于预想今后不会出现过去那样的剧激的人口集中现象，人口将以自然增长为主而放缓增长速度，因此预测 2000 年的人口为 4150 万人。同时计划在以东京为中心的东京大都市圈中形成拥有数个核与圈域的多核多圈域区域构造，并作为联合都市圈进行再构筑。与此同时，在周边区域育成聚积以高次都市机能为中心的各种机能的中核都市圈和拥有各种特色的高度自立的都市群。

第五次基本计划（1999 年）则在第三、四次计划的基础上再次强调建设区域多中心城市"分散型网络结构"的空间模式（图 3-9-4-2），进一步提出了 SOHO、TELEWORK 等职住模式的设想。

2. 近畿圈和中部圈整备计划

（1）近畿圈整备计划

由基本整备计划和事业计划构成，计划

图 3-9-4-2 空间结构示意图
资料来源：日本国土厅大城市建设局规划科，《第五次首都圈基本规划》.

的对象区域为福井、三重、滋贺、京都、大阪、兵库、奈良和歌山这二府六县（约 3.7 万平方公里），在 1990 年人口已达到了约 2300 万人。而政策区域则定为既成都市区域、近郊整备区域、都市开发区域以及保全区域这四区域。

近畿圈的政策体系和首都圈一样，在既成都市区域内限制工业等产业，在近郊整备区域和都市开发区域造成工业厂区建造等事业。而近郊整备区域和都市开发区域的建设计划则由府、县知事以"近畿圈近郊整备区域与都市开发区域的整备及开发的相关法律"为基准而制定。

近畿圈的第四次基本整备计划（1988 年）大致以 15 年为一个计划周期，把目标定为将近畿圈整备为与首都圈平起平坐的、负担全国性、世界性的中枢机能的圈域，建立创造性的、充满个性化的自由活动的社会，并由此令近畿地区得到新生。

（2）中部圈开发计划

中部圈开发计划由基本开发计划和事业计划构成，计划的对象区域为富山、石川、福井、长野、岐阜、静冈、爱知、三重、滋贺这九个县（约 6 万平方公里），在 1990 年人口已达到约 2070 万人（福井、三重、滋贺三县也包含在近畿圈内）。政策区域则分为都市整备区域、都市开发区域以及保全区域这三区域。

由于中部圈没有产生首都圈既成市区或近畿圈既成都市区域那样的过密现象，所以没有实行工业限制和工业厂区建造事业。而与近畿圈相同，都市整备区域建设计划、都市开发区域计划以及保全区域整备计划等是由相关县知事依据"中部圈的都市整备区域、都市开发区域以及保全区域的整备等相关法律"而制定的。

中部圈的第三次基本开发整备计划（1988 年）将目标定为形成产业与技术的中枢圈域，构筑有活力有创造性的社会，创造多样的交流机会。

# 四、结语

通过以上对日本东海道大城市连绵区的介绍和分析，可以看出东海道都市带经历了形成和大发展（1945 年—20 世纪 70 年代初）、低速稳步发展与郊区化（20 世纪 70 年代初—80 年代中）、缓慢发展（20 世纪 80 年代中—）三个阶段，到现在已成为一个人口和产业（尤其是第三产业）高度集聚的地带，在全球化和信息化的时代背景下，高层次的生产要素和城市功能集聚的东海道都市带对日本参与世界城市体系的竞争有着举足轻重的作用。但与此同时，人口和产业的过度集聚也带来了土地与功能、住房和交通拥挤、生态环境、都市带的"一极集中"与过疏等问题，针对这些问题，日本政府采取了疏散人口和产业疏散、建设快速公交系统、推动环境治理和振兴地方经济等措施，并取得了一定的成效。

在日本的规划体系中，没有专门针对东海道大城市连绵区的规划。东海道大城市连绵区本身更多的是作为学术上的研究和探讨。但与之相关的规划有日本的五次全国综合开发计划和首都圈、近畿圈和中部圈的历次整备计划。全国综合开发计划强调在日本全国范围内平衡东海道都市带和其他地域之间的关系，改变"一极一轴"所带来的过密过疏等问题，三大都市圈整备计划则主要从内部结构上进行优化。

## 参考文献

[1] Barnett，J.（edited）. Smart Growth in a Changing World[M]. American Planning Association，2007.

[2] Calthorpe，P.，and Fulton，W. The Regional City: Planning for the End of Sprawl [M]. Island Press，2001.

[3] Castells，M. The Rise of the Network Society[M]. Cambridge，MA: Blackwell Publishers，1996.

[4] Castells，M.，and Hall，P. Technopoles of the World: the Making of Twenty–First Century Industrial Complexes[M]. London；New York: Routledge，1994.

[5] Florida，R. The Rise of the Creative Class[M]. Basic Books，2002.

[6] Fishman，R. Bourgeois Utopias: The Rise and Fall of Suburbia[M]. New York: Basic Books，1987.

[7] Fishman，R. 1808–1908–2008: National Planning for America[R]. Regional Plan Association: America 2050，July 8–13，2007.

[8] Garreau，J. Edge city: Life on the new frontier[M]. New York: Doubleday. 1991.

[9] Gottmann，J. Megalopolis：or the urbanization of the northeastern seaboard[J]. economic geography，1957（3）:189–200.

[10] Gottmann，J. Megalopolis: The Urbanized Northeastern Seaboard of the United States [M]. New York: The Twentieth Century Fund，1961.

[11] Gottmann，J. Megalopolis system around the world[J]，Ekistics，243，109–113，1976.

[12] Gottmann，J. Megalopolis Revisited: Twenty–Five Years Later[M]. Maryland: University of Maryland，Institute for Urban Studies，1987.

[13] Gottmann，J. Metropolis on the move: Geographers look at Urban sprawl[M]. New York，John Wiley，1967.

[14] Hall，P. Urban and Regional Planning[M]. London: Routledge，2002.

[15] Hall，P. World Cities，Mega–Cities and Global Mega–City–Regions. GaWC Annual Lecture，2004（http://www.lboro.ac.uk/gawc/rb/al6.html）.

[16] Hall，P.，and Pain，K. Polycentric Metropolis: Learning From Mega–city Regions In Europe[M]. UK: Earthscan，2006.

[17] Konx，P.L. The Restless Urban Landscape: Economic and Sociocultural Change and the Transformation of Metropolitan Washington，D.C[J]. Annals of the Association of American Geographers，1991（81/2）:181–209.

[18] Lang，R.，and Dhavale，D. Beyond Megalopolis: Exploring America's New "Megapolitan" Geography[J]. Metropolitan Institute Census Report，2005:1.

[19] Lang，R.E. Edgeless Cities: Exploring the Elusive Metropolis[M].Washington，D.C. : Brookings Institution Press，2003.

[20] Morrill，R. Classic Map Revisited: The Growth of Megalopolis[J]. The Professional Geographer，2006，58（2）.

[21] Margaret Dewar，David Epstein. Planning for "Megaregions" in the United States[R]. University of Michigan，2006.

[22] Office of Management and Budget. Standards for Defining Metropolitan and Micropolitan Statistical Areas[R]，2000.

[23] Orfield，M. American Metropolitics: The New Suburban Reality. Washington，DC: Brookings Institution Press，2002.

[24] Pressman，N. Forces for Spatial Change. In The Future of Urban Form: The Impact of New Technology[M]，ed. John Brotchie. London: Croom Helm，1985.

[25] Regional Plan Association. America 2050: A Prospectus[R]. New York，2006.

[26] Regional Plan Association. Northeast Mega-region 2050[R]. November 2007.

[27] Scott，A.J.（ed.）Global City-Regions: Trends，Theory，Policy. Oxford: Oxford University Press，2001.

[28] Short，J.R. Liquid City: Megalopolis and the Contemporary Northeast[M]. Washington，DC: Resources for the Future，2007.

[29] Taylor，P.J.，and Aranya，R. A Global 'Urban Roller Coaster'? Connectivity Changes in the World City Network，2000-04. GAWC Research Bulletin 192.（http://www.lboro.ac.uk/gawc/rb/rb192.html）

[30] University of Pennsylvania，Department of City and Regional Planning. Reinventing Megalopolis[R]，2005.

[31] University of Pennsylvania，Department of City and Regional Planning. Uniting People，Places and Systems: Megalopolis Unbound[R]，2006.

[32] Vance，J.E. The Continuing City: Urban Morphology in Western Civilization[M]. The Johns Hopkins University Press，1990.

[33] Yeates，M. The North American City[M]. Harper Collins Publishier，1989.

[34]（美）Jane Jacobs 著 . 美国大城市的死与生 [M]. 金衡山译 . 南京：译林出版社，2005.

[35]（美）John M. Levy 著 . 现代城市规划 [M]. 孙景秋等译 . 北京：中国人民大学出版社，2003.

[36]（美）Lewis Mumford 著 . 城市发展史——起源、演变和前景 [M]. 宋俊岭、倪文彦译 . 北京：中国建筑工业出版社，2005.

[37]（英）Peter Hall 著 . 城市和区域规划 [M]. 邹德慈，金经元译 . 北京：中国建筑工业出版社，1985.

[38] 陈熳莎 . 当前美国大城市连绵区规划研究的新动向 [J]. 国际城市规划，2007（5）.

[39] 胡序威，周一星，顾朝林等 . 中国沿海城镇密集地区空间集聚与扩散研究 [M]. 北京：科学出版社，2000.

[40] 黄勇 . 美国大城市区的协调与管理 [J]. 城市规划，2003（3）.

[41] 金经元. 近现代西方人本主义城市规划思想家（霍华德、格迪斯、芒福德）[M]. 北京：中国城市出版社，1998.

[42] 李浩. 美国城镇密集地区发展及其对我国的启示 [J]. 规划师，2008（1）.

[43] 孙群郎. 美国城市郊区化研究 [M]. 北京：商务印书馆，2005.

[44] 王旭. 美国城市发展模式——从城市化到大都市区化 [M]. 北京：清华大学出版社，2006.

[45] 张京祥. 城镇群体空间组合 [M]. 南京：东南大学出版社，2000.

[46] 张京祥，吴缚龙. 从行政区兼并到区域管治——长江三角洲的实证与思考 [J]. 城市规划，2004（5）.

[47] 邹德慈. 城市规划导论 [M]. 北京：中国建筑工业出版社，2002.

[48] Balchin，P.（1990），Regional Policy in Britain: The North-South Divide，London: Paul Chapman Publishing Ltd

[49] Haughton，G and Counsell，D.（2004），Regions，Spatial Strategies and Sustainable Development，London: Routledge

[50] Hall，P.（1981），The geography of the fifth Kondratieff Cycle，New Society，26，March

[51] Keeble，D and Could A.（1986），Entrepreneurship and manufacturing firm formation in rural region: the East Anglian case，in M.J. Healey and B.W. Ilbery（eds）Industrialisation of the Countryside，Geobooks，Norwich

[52] Marsh P.（1983），British；'s high technology entrepreneurs，New Statesmen，10 Nov.

[53] SEE-iN（The South East England Intelligence Network），（2004）South East Regional Monitoring Report

[54] SERA（South East Regional Assembly），（2006），The South East Plan: A Clear Vision for the South East.

[55] 東海道メガロポリスにおける都市の変貌と今後の政策課題：昭和四十五年度総合実態調査報告 / 国立国会図書館調査立法考査局 [ 編 ]. —国立国会図書館調査立法考査局，1971.

[56] 大城市地域 / 山鹿誠次編 .—鹿島研究所出版会，1971.3.—（講座都市と国土；1）.

[57] 日本のメガロポリス：その実態と未来像 / 磯村英一著 .—日本経済新聞社 .

[58] 孟凡柳. 论战后日本的国土综合开发. 万方数据，2006.

[59] 柴彦威,史育龙. 日本东海道大都市带的形成、特征及其研究动态 [J]. 国外城市规划，1997( 2 ).

[60] 冯春萍，宁越敏. 美日大城市带内部的分工与合作 [J]. 城市问题，1998（2）.

[61] 张甲雄. 日本的城市交通，国外城市运输 [J].1998（9）.

[62] 刘长庚. 日本城市化问题及带给我们的启示 [J]. 决策管理，2007（9）.

[63] 谭纵波. 东京大城市圈的形成、问题与对策 [J]. 国外城市规划，2000（2）.

# 专题报告十

# 大城市连绵区相关概念研究

# 目　录

# 一、引言

学术概念的使用是科学研究工作中一件十分严肃的事情。准确、合理地使用学术概念，可以最大限度地消除歧义、避免不必要的争议，有利于促进科学研究工作朝着正确的方向不断发展。在中国工程院咨询项目"我国大城市连绵区的规划与建设问题研究"①工作过程中，对"大城市连绵区"概念曾一度引起课题组成员的争议：什么是大城市连绵区？大城市连绵区与其他的一些概念如城镇（市）群、都市圈、都市连绵区等有何区别？实际上，一些相似概念在学术研究中的混乱现象早已存在，并不是本次研究工作中所出现的新情况。近年来，区域协调发展问题在我国得到空前的重视，但由于缺乏对相关概念理解的必要共识，有关研究工作中的各种新概念、新名词层出不穷，相关研究成果也不断问世，似乎是一派百家争鸣的学术繁荣景象；而在不少情况下，一些学术探讨和争论往往仅停留于概念层面，其核心性内容的研究则进展缓慢；由于概念研究所存在的众所周知的难度，很多课题研究和规划实践工作甚至采取了回避的做法……这种状况不利于我国城市和区域规划学科的健康发展。本文试结合参与咨询项目工作的体会，就此问题进行初步探讨。

# 二、对相关概念的简要回顾

"大城市连绵区"一词，见于《中国大百科全书·建筑园林城市规划卷》，其定义为"以若干个几十万以至百万以上人口的大城市为中心，大小城镇呈连绵状分布的高度城市化地带。大城市连绵区一般都拥有国际性的大港口，它的职能和作用往往具有国际意义"（叶舜赞，1988）。这一定义主要源于对美籍法裔城市地理学家戈特曼（Jean Gottman）有关"Megalopolis"学术思想的介绍。戈氏于1957年在美国《经济地理》杂志上发表《大城市连绵区：美国东北海岸的城市化》一文（J. Gottmann，1957），被大量学者公认为世界范围内大城市连绵区研究的开篇之作。实际上，早在戈特曼之前，国际上已经出现类似学术思想的萌芽，如E·霍华德关于Town Cluster（城镇群体）的研究、P·格迪斯关于urban agglomerations（城市聚集区）的研究等。在戈氏的同一时期，P·霍尔、J·弗里德曼、C·A·道萨迪亚斯和T·G·麦吉等也进行了相类似的研究。我国自20世纪80年代开始，随着改革开放的深入推进，在全球化、工业化、市场化等的推动下，也兴起了大城市连绵区研究的热潮，相关的一些概念也开始在学术研究中频频出现②。

为何会出现大城市连绵区相关概念的混乱现象呢？客观地讲，是与该领域研究的学术渊源直接相关的。我国关于大城市连绵区的研究，始于1983年于洪俊、宁越敏在《城

---

① 该项目由邹德慈院士和周干峙院士负责，自2006年6月启动研究工作，目前已通过专家评议及中国工程院审议。

② 请见拙著对相关概念的总结：李浩. 生态学视角的城镇密集地区发展研究 [M]. 北京：中国建筑工业出版社，2009: 77–82.

市地理概论》一书中首次用"巨大城市带"的译名向国内介绍戈特曼的学术思想（于洪俊、宁越敏，1983）。在戈特曼学术思想的"中国化"过程中，由于语言翻译的理解或用词的不同，直接导致了相关概念的混乱。例如，同样是引介戈特曼的 Megalopolis 学术思想，国内不同学者所采用的译名是多种多样的：叶舜赞（1988）在《中国大百科全书·建筑园林城市规划卷》中使用的是"大城市连绵区"；严重敏、张务栋（1988）在《中国大百科全书·地理学卷》中使用的是"大城市集群区"；于洪俊、宁越敏（1983）在《城市地理概论》一书中使用的是"巨大城市带"；周一星（1986）在《中国土木建筑百科辞典·城市规划与风景园林》中使用的则是"大城市带"；等等。另一方面，尽管国内学者所提出的概念大部分是源自戈特曼的 Megalopolis 学术思想，但在国际范围内，有关大城市连绵区的研究还有其他一些流派；除了 Megalopolis 一词外，国际上的其他学者还使用了一些包括 Town Cluster（E. Howard，1898）、Urban Agglomerations（P. Geddes，1915）、Urban Field（J. Friedmann，1965）、World City（P. Hall，1966）、Desakota（T. G. McGee，1985）等相近似的概念；同时，英语中也存在一些 Megalopolis 的近义词如 Metropolis、Metropolitan Region、Megas（Megapolitan Areas）、Mega-City、Megacomplex、Mega-Urban Region 等，这样，在我国学者对国外学术思想的相关研究中，不可避免地会出现一些各不相同的中文译名。由于汉语在语言方面所固有的语意特点（容易产生歧义），诸多中文译名之间自然就容易造成混淆。当然，由于科学研究工作非常注重创新性，而提出或使用一些新名词、新概念常常是"科研创新的重要体现"，这就使得不少人都会自觉或不自觉地产生提出某一"新概念"的冲动，这也是造成相关概念较为混乱的另一原因。

# 三、需要关注的三个基本问题

在实际工作中，大城市连绵区相关概念的使用情况如何呢？笔者利用权威数据库"中国期刊网"进行了统计分析（图 3-10-1）。不难看出，近年来使用频率较高的几个概念即"城镇（市）群"、"城镇（市）体系"和"都（城）市圈"，其原因不难理解，这些概念都比较简明、"上口"，因而得到了较广泛的使用。但是，以一些权威学者的观点，却并不认同这些概念[①]。那么，究竟该如何认识相关概念的混乱现象？本文认为，有三个基本的问题应当引起关注。

## （一）语词使用问题

概念研究的一个首要难题是，应该依据哪些理论或原则来认识某一概念？实际上就是概念研究的方法论问题。这必然要从概念的本质出发。从本质上讲，概念是对客观事物的反映，是人们进行思想交流的语言工具，它属于逻辑学的范畴。在逻辑学看来，概念是借助词语反映对象的本质或特有属性及其范围的思维形式，是形成判断和推理的逻

---

① 参见 2005 年 8 月 27 日周一星教授在中国城市规划学会区域规划专业委员会学术年会上的发言。

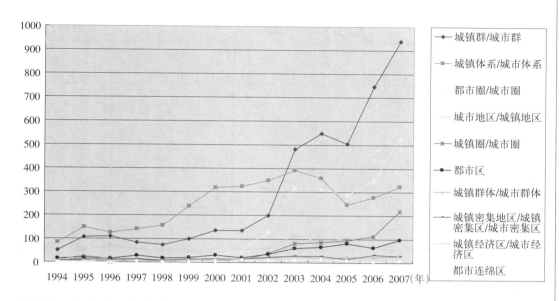

1994 1995 1996 1997 1998 1999 2000 2001 2002 2003 2004 2005 2006 2007(年)

- 城镇群/城市群
- 城镇体系/城市体系
- 都市圈/城市圈
- 城市地区/城镇地区
- 城镇圈/城市圈
- 都市区
- 城镇群体/城市群体
- 城镇密集地区/城镇密集区/城市密集区
- 城镇经济区/城市经济区
- 都市连绵区

图3-10-1　1994—2007年大城市连绵区相关概念的使用频率统计图

注：检索项为"主题"方式，即题名、摘要或者关键词中出现检索内容均视为有效论文，匹配方式为"精确"。

辑基础，它之所以具有高度的抽象性，在于它借助了词语。在以自然语言为基础的普通逻辑中，由于语词与概念的密切联系，在研究概念时必然要涉及语词问题，同时，语言表达或交流中的一些所谓语词问题，也常常就是逻辑中的概念问题，语词运用上的混乱，也就是概念上的混乱（刘韵冀，2006）。实际上，就语词问题而言，一门新兴的独立学科——术语学已于20世纪80年代末诞生，它是以术语为研究对象的一门学科。所谓术语，即指称某一专业学科领域内概念的语言符号，换句话说，术语背后一定有一个严格的科学概念（郑述谱，2006）。因而，概念研究也是术语学研究的重要内容，如分析概念的形成和发展规律，揭示构成概念系统的原则与方法，界定概念的内涵以及选择命名概念的方法等。认识大城市连绵区的相关概念，必然也离不开对相关语词使用的探讨。

根据逻辑学和术语学，概念研究的基本原则，即科学语言的准确性、规范化和标准化。不同语言、不同国家、不同流派对术语标准化的要求大致有11个方面（表3-10-1），最突出地体现在术语的单义性、简短性和理据性等3个方面。所谓单义性，即要求术语只能有一个意义，一个概念只能对应于一个术语，这是容易理解的。所谓简短性，即要求术语应该尽可能简短，但简短也是相对而言的。学科的发展过程，其实也是对相关概念逐步加以区别的过程，为此，使用多词素词或多词的词组，也就成为不得已的事情。据有关学者对1万个抽样术语的分析，一个词的术语仅占10.2%，两个词的术语占36.2%，而53.6%的术语都是三个词以上（郑述谱，2008）。就大城市连绵区相关概念而言，其语词构成大致是4个部分（图3-10-2）：前置形容词——大、巨大、巨型、超级、国际性、全球等，要素词——城市、城镇、大城市、都市、都会等，特征词——连绵、（高）密集、聚集、集聚、集群等，对象词——群（体）、带、圈、（地）区、联盟等。应该讲，特征词是描述概念内涵的重要体现，城市（镇）群、都（城）市圈等缺少特征词，对概念的表述过于笼统，是不够严谨的，这也是它们备受争议的重要原因；而科学语言讲究客观实在，前置的形容词则略显夸张；基于相对简短的原则，相关概念在语词使用上宜以要素词、特征词和对象词等3部分语词的组合使用为妥。

代表性文献对术语的要求一览表　　　　　　　　表 3-10-1

| 序号 | 要求 | 文献来源 | | | | | | | | | | | | | |
|---|---|---|---|---|---|---|---|---|---|---|---|---|---|---|---|
| | | [1] | [2] | [3] | [4] | [5] | [6] | [7] | [8] | [9] | [10] | [11] | [12] | [13] | [14] |
| 1 | 单义性 | + | + | + | + | + | + | + | + | + | + | + | + | + | + |
| 2 | 简短性 | + | + | + | + | + | + | + | + | + | + | + | + | + | − |
| 3 | 理据性 | + | + | + | + | + | + | − | + | + | + | + | + | + | + |
| 4 | 系统性 | + | + | + | + | + | + | + | + | + | − | − | + | + | + |
| 5 | 构词能力 | − | + | + | + | + | + | + | + | + | + | + | + | − | − |
| 6 | 通行性 | + | + | + | + | − | − | + | + | + | | | | | |
| 7 | 慎用外来词 | + | − | − | + | − | | | | | | | − | | + |
| 8 | 语言正确性 | − | − | − | − | − | | + | + | + | | + | + | + | + |
| 9 | 简明易懂性 | + | − | − | − | + | + | − | − | | + | | | | |
| 10 | 国际性 | − | − | − | − | − | + | | − | + | + | | | | − |
| 11 | 语境独立性 | + | + | | | | | | | | | | | | |

注：14 处文献来源分别代表了不同语言、不同国家、不同流派及相关国际组织的文件与著述中对术语标准化的要求。
参见：郑述谱. 试论术语标准化的辩证法 [J]. 中国科技术语，2008（3）5-10.

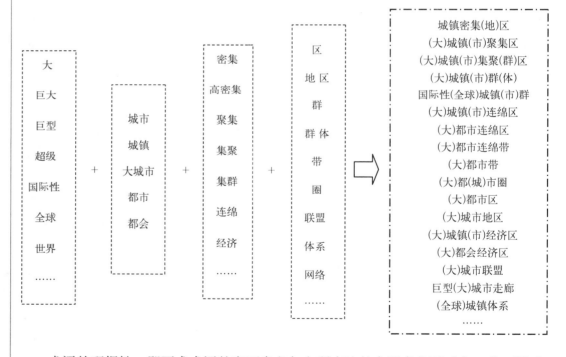

图 3-10-2　大城市连绵区相关概念的构词分析

　　术语的理据性，即要求术语的字面意义与它所表达的实际意义要对应一致。同时，语词使用必须充分考虑到本民族语言（汉语）的文化传统和习惯，术语才能具有生命力。对大城市连绵区相关概念的探讨，需要对各部分语词的含义作深入的分析。简要归纳而言：①关于要素词，城市和城镇一般可认为是等同的概念；都市、都会一词，多在日本和中国台湾使用，和城市的概念等同，但国内一般不提倡使用（胡序威，2003）；使用大城市一词，更有利于强调大城市在区域空间组织中的重要作用；②关于特征词，连绵、密集、聚集、集聚、集群等含义较为接近，但聚集、集聚、集群的动态感较强，而连绵和密集侧重于空间状态描述，相比较后者更适合城市和区域规划工作中对空间对象的客观描述；③关于对象词，在对空间形态的描述方面，群（体）、联盟等的空间感偏弱，圈、带、走廊等多暗示某一种类型（如圆形、带形），只有（地）区的概括性较强。因此，在语词使用问题上，本文倾向于将"大城市"、"连绵、密集"和"（地）区"等组合使用。

### （二）概念属性问题

大城市连绵区相关概念非常之多，一个重要原因是这些概念在属性上是有所不同的。就西方而言，"Metropolitan District"（MD，都市区）、"Metropolitan Area"（MA，大城市区）、"Aggregates of Local Authority Area"（地方行政区域结合体）、"Urbanized Area"（UA，城市化地区）、都市圈（日本）、"Canadian Metropolitan Area"（CMA，国情调查大都市区）等，更多的是出于行政管理和统计分析的需要而提出，联合国在发布有关城市化统计数据时，习惯于使用"Mega-City"一词；而"Megalopolis"、"Town Cluster"、"Urban Agglomerations"、"Urban Field"、"World City"、"Desakota"、"Metropolis"、"Mega-Urban Region"等，则主要是在学术研究中使用。此外，不同学科的专家学者出于视角的不同，倾向于使用一些带有"学科特色"的概念，如城市经济区（经济学）、城市联盟（政治学、管理学）等。应该承认，对于统计部门所用的概念，与国家的基本制度密切相关（如西方国家惯用的通勤概念，在我国则一直是不存在的），需要由国家权威部门加以规范，非一般的学术性探讨所能解决；对于不同学科视角的一些概念，大都出于各学科研究的客观需要，基于百家争鸣的学术繁荣考虑，没有必要对其强求统一。这样，问题的关键也就集中在如何规范和统一各类研究所普遍接受的"通用概念"上。接下来的问题是：通用概念需要确定几个呢？1个、2个，还是更多？

基于国家战略需要的考虑，笔者主张规范两类最基本的通用概念。一类着眼于国际视野，具有较高的外向型经济特征，在世界经济和政治体系中的地位举足轻重，是我国参与国际竞争的主要舞台。对于这类概念，应尽可能与国际接轨，与戈特曼的"Megalopolis"概念一脉相承。另一类则应着眼于国家视野。这是因为，按照戈特曼对"Megalopolis"的定义，我国的成渝地区、中原地区等都还称不上是"Megalopolis"（缺乏国际性海港等必要条件），但这些地区的城镇分布已相当密集，一体化发展程度显著提高，对我国的城镇空间组织具有重大意义。特别是在当前国际金融危机持续蔓延的形势下，我国的城镇空间发展要从重点面对国际市场转向重点面对国内市场，中西部城镇密集地区的健康协调发展对国家整体发展是至关重要的，其规划和建设问题应当引起学术研究及有关部门足够的重视。对于这类地区，有一个从国家层面考虑的通用概念与之相对应，是十分必要的。至于更细、更深入的类型和层次划分，虽然对区域空间科学研究是有益的，但却不必要在通用概念的层面上予以深究，否则只会加剧相关概念的混乱。结合上文关于语词使用问题的讨论，主张将国际视野和国家视野的两类通用概念分别定名为"大城市连绵区"和"城镇密集区"[①]。

## （三）范围划定问题

人们对大城市连绵区相关概念的争议，一个重要的方面在于其标准如何界定，或者说其空间范围如何划定？就声名远扬的戈特曼而言，尽管他是"Megalopolis"概念的重要提出者，在世界范围内具有重要影响力，但在实际上，戈特曼从早期开始就因为对这一概念的属性和界定标准未作出足够详细的说明而受到地理学派的批评。著名城市学者 P·霍尔（Peter Hall）曾质疑戈特曼的"Megalopolis"概念"仅仅是一个方便的虚构、一个用来分析的工具，还是具有深刻的作用或物质性的实体？"；戈特曼将"Megalopolis"定义为"城市和郊区连续的延伸，从新罕布什尔州的南部到弗吉尼亚州的北部，从大西洋沿岸到阿巴拉契亚山麓"，霍尔则认为这一定义"在物质空间意义上，是明显不真实的"，"戈特曼不久解释说尽管他没有精确地定义'Megalopolis'，但他所考虑的不是一个物质空间的概念，而是……城市化和城市增长的一个功能性定义"（E. Baigent, 2007）。显然，这是一个极其复杂的问题，在一篇有限的论文中不可能彻底剖析。这里只能谈几点粗浅的认识。

其一，城市地域概念主要包括三种类型，即城市的行政地域、实体地域（或称景观地域）和功能地域：行政地域是根据国家行政区划规定的城市的法定管辖区域；实体地域是集中了各种城市设施、以非农业用地和非农业经济活动为主体的城市型景观分布范围，相当于城市建成区；城市的功能地域则一般是以一日为周期的城市工作、居住、教育、商业、娱乐、医疗等功能所波及的范围，它以建成区为核心，包括与城市建成区存在密切社会经济联系并有一体化倾向的城市外围地区（周一星、史育龙，1995）。就大城市连绵区和城镇密集区而言，由于它们常常跨越城市及地区的行政边界，显然并不是行政地域的概念；由于其区域范围内通常存在着幅员辽阔的乡村型景观，必定也不是实体地域的概念；它们只能是一种功能性地域的概念。这是讨论区域范围划定问题应明确的一个前提。

其二，就相关概念而言，所表述的空间对象是有明显差别的，大致可分为两种情况：一种是"单核心"的地域空间概念，即以某一中心城市为中心的城市影响范围，如上文所谈及的 MD、UA、CMA、都市圈等概念，我国学者周一星提出的都市区概念、刘兆德等对城市经济区的界定以及王德对一日交流圈的界定等也是如此；另一种是"多核心"的地域空间概念，如周一星提出的都市连绵区概念、孙一飞提出的城镇密集区概念、姚士谋提出的城市群概念等，这一类概念与戈特曼的"Megalopolis"学术思想一脉相承或有所发展，在区域空间结构上突出强调多核心的结构特征。从概念研究的角度，

---

[①] 连绵和密集在描述城镇之间联系方面具有一致性，但在相关研究中，多习惯于使用连绵一词指代城镇化发展的高级阶段，如姚士谋（2001）认为城市连绵区较城市群、城市地带或大城市地区的空间范围更大，徐清梅等（2002）指出城市连绵区是城市群发展的更高级阶段，胡序威（2003）主张都市连绵区是城镇密集地区的城市化向高级阶段发展后所出现的空间结构形态等。

前者是相对单一的城市功能地域概念，属于单一概念，后者则是多个城市功能地域的区域整合，属于集合概念。正如森林的属性并不为单株树木所具有的道理一样，集合概念的功能显然不能为单一概念所具备。因此，应当合理区分这两类概念，大城市连绵区和城镇密集区的范围界定必须强调其多核心的空间结构特征，不能将其与单核心的区域空间概念相混淆。

其三，在范围划定方法和操作程序上，相关研究中实际上有两种情况：一种情况是"指标直接检验"，即以区县为基本分析单元，直接使用给定的验证指标加以判定，符合条件的区县即被纳入，如姚士谋等（1992）和代合治（1998）对城市群的范围划定，以及《全国城镇体系规划（2006—2020）》对城镇群和大城市连绵区的范围划定。另一种情况是"结构分析"的方法，如周一星（1991，2000）、于涛方（2005）等对"都市连绵区"的界定，孙一飞（1995）、刘荣增（2003）等对"城镇密集区"的界定，均强调"分步走"的界定步骤，即首先选定区域的中心城市，然后以区县为基本分析单元划定其周边地区（或称周围县、城市化地区、影响腹地等）从而建构"都市区"或"城市化地区"，再以此为二次分析单元来进一步划定整体的区域空间范围。从概念的内涵出发，大城市连绵区和城镇密集区的范围界定显然应当采取结构分析的分步界定程序。

其四，在评价内容方面，应该讲，大量的已有研究成果多是一些定性的描述。在当代科学日益呈现出定量化发展趋势的情况下，对大城市连绵区和城镇密集区的范围界定自然不能仅局限于定性分析方法，必须尽可能地选取一些可以量化的评价指标。大城市连绵区和城镇密集区的本质，在于一定区域范围内一系列城镇之间存在着紧密的社会经济联系。在西方比较完善的市场经济体制下，居民对就业和居住地的选择基本上都是通过市场调节来完成的，通勤是反映城乡社会经济联系最重要的指标。遗憾的是中国的统计数据中并没有通勤指标。但周一星认为通勤并不是我国城乡间联系的主要方式，他假设城市与它周围县的社会经济联系强度同其非农化水平有密切联系并得到了验证，从而提出用区县的非农化水平来替代通勤流的指标（胡序威、周一星、顾朝林等，2000）。而一些相关研究中，将经济发展水平（GDP）、工业产值比重、固定资产投资等作为界定指标，在反映空间概念的内涵方面则显得牵强。通过深入分析应当承认，就国内已有研究而言（表 3-10-2），周一星教授关于都市连绵区的界定标准[①]是科学严谨的，也十分具体、便于操作，理应得到广大同行的认可。目前这一标准的普及尚不够，今后应进一步加强宣传和推广。当然，周一星教授关于都市连绵区的

---

① 周一星所提出的都市连绵区概念强调"都市区的连绵发展"，因此，都市区的判别是界定都市连绵区的基础和前提。周一星于 1991 年提出都市连绵区形成的五个必要条件，1995 年提出都市区的界定指标，2000 年进一步确定了都市连绵区的成形指标：（1）具有两个以上人口超过百万的特大城市作为发展极且其中至少一个城市具有相对较高的对外开放程度，具有国际性城市的主要特征；（2）有相当规模和技术水平领先的大型海港（年货物吞吐量在 1 亿吨以上）和空港，并有多条定期国际航线运营；（3）区域内拥有由多种现代运输方式叠加形成的综合交通走廊，区内各级发展极与走廊之间有便捷的陆上手段；（4）区内有较多的中小城市，且多个都市区沿交通走廊相连，总人口规模达到 2500 万以上，人口密度达到 700 人 / 平方公里以上；（5）组成连绵区的各个都市区之间、都市区内部中心市与外围县之间存在密切的社会经济联系。具体参见：胡序威，周一星，顾朝林等 . 中国沿海城镇密集地区空间集聚与扩散研究 [M]. 北京：科学出版社，2000.

表 3-10-2

## 国内外关于大城市连绵区（及相关概念）的界定指标

| 概念名称 提出者（来源） | | Megalopolis Gottman, 1961 | Megas Lang 等, 2006 | 都市连绵区 周一星, 2000 | 超大型城市群 姚士谋等, 2000 | 特大型城市群 代合治, 1998 | 城镇密集区成熟阶段 刘荣增, 2003 | 大城市连绵区 "全国城镇体系规划", 2006 |
|---|---|---|---|---|---|---|---|---|
| 规模 | 总人口（万） | ≥ 2500 | ≥ 1000 | ≥ 2500 | 2400～3000 | ≥ 5000 | — | ≥ 3000 |
| | 总用地 | — | 适合于大尺度区域规划 | — | — | ≥ 10 万平方公里 | — | 数百万平方公里 |
| 密度 | 城镇数量 | 城镇密集；多个都市区 | 大城市市区（MA）数量 ≥ 2 | 较多的中小城市；多个都市区 | — | ≥ 40 座 | — | ≥ 十几座 |
| | 人口密度（人/平方公里） | ≥ 250 | — | ≥ 700 | — | 城市人口密度 ≥ 2000/万人 | ≥ 700 | ≥ 800 |
| | 城镇密度（个/1000平方公里） | — | — | — | — | — | ≥ 10 | — |
| 通勤指标 | | — | 货物流和服务流网络 | — | — | — | 任意点到邻近城市的时间 ≤ 0.5 小时 | 与核心城市的通勤时间 ≤ 2 小时 |
| 城镇化水平 | | — | — | — | > 40% | — | 50% | ≥ 50% |
| 基础设施 | 交通网密度（公里/万平方公里） | 便捷的交通走廊 | 主要的交通设施相连 | 大型海港（年货物吞吐量 ≥ 1 亿吨）和空港 国际航线 | 公路：2000～2500；铁路：350～550 | — | 公路 ≥ 2500；铁路 ≥ 3500；电话拥有率 ≥ 50 部/百人 | — |
| | 数量（座） | — | — | ≥ 2 | ≥ 2 | — | — | ≥ 1 |
| 核心城市要求 | 人口规模（万） | — | — | ≥ 100 | 特大超级大城市 | — | 全球性城市 | — |
| | 经济规模 | — | — | — | — | — | — | — |
| | 交通状况 | — | — | — | — | — | — | 国家综合交通枢纽 |
| | 科技创新 | — | — | — | — | — | — | — |
| 县级单元要求 | | 都市区标准 | 都市区标准 | 非农产业 GDP 比重 > 77% 且非农劳动力比重 > 60% | 城镇等级规模结构较完整；社会商品零售占全省区比 > 45%；工业总产值占全省区比 > 75%；等 | 城市等级结构完整 | 城镇等级规模结构完整 | — |
| 其他 | | 国家的核心区域，文化区域，国际交往的枢纽 | 文化区域，自然环境相似；美国境内 | 中心市为实体地域内非农业人口 ≥ 20 万的地级市 | | | 人均 GDP ≥ 2 万元/人；人均固定投资额 ≥ 6000；实际利用外资 ≥ 30 亿美元；国际旅游收入 ≥ 5 亿美元；等 | 城乡界限模糊，城乡差别小；经济高度发达，国家的经济核心地区 |

界定标准，实际对应于本文所讨论的国际视野的大城市连绵区概念。至于国家视野的城镇密集区概念，现有相关研究成果均有这样或那样的不足，应及时加以修正[①]。

此外，界定指标及其标准取值（如非农产业 GDP 比重、人口密度等）的差异，也是诸多学者对大城市连绵区相关概念争议不断的重要方面。篇幅所限，对此不能作深入的讨论。但笔者认为，作为一种特殊的城镇化发展现象，大城市连绵区（城镇密集区）一直处于动态的发展和演化过程中，不可能永远保持其基本结构、特性和行为不变，其区域范围作为一种人为划分的结果，只能是一定时期内的某种暂时状态，具有不断发展演变的动态发展趋势。因此，相关的界定标准也只能是相对的，能满足研究目的、大致合理即可，不必过于计较其精确性。

需要注意的是，关于大城市连绵区（城镇密集区）的范围，不能把学术研究中的区域边界划分同规划实践或区域协作中的区域范围混淆起来。规划实践侧重于解决地区发展中的实际问题，其规划范围可依规划目的或组织者的意愿灵活确定，范围可大可小，既可以跨越行政边界，也可以局限于地区乃至城市的行政辖区之内，因此对于长三角地区而言，在规划实践中既可以有传统的"15+1"[②]的规划范围，也可以有上海、江苏、浙江和安徽等"3 省 1 市"的规划范围。区域协作也是同样的道理，所以"9 + 2"[③]的"泛珠三角"区域范围等的出现，大大突破了传统意义上的"珠三角"概念，也是无可厚非的。在讨论相关概念的区域范围时，应就其目的、意义进行必要的阐释，将有助于消除人们的误解。

# 四、结语

总之，概念是科学研究工作的基础和起点，大城市连绵区相关概念研究的重要性和必要性不言而喻。正因如此，笔者在承担咨询项目的专题研究工作中，试图尽己所能，对此问题作系统梳理。研究之初，期望最终能得出一些明确的结论。但随着讨论的深入，愈发感到，似乎并不存在所谓科学的结论。只因大城市连绵区概念所涉及的问题过于复杂，它所反映的城镇化发展现象包罗万象，在人们试图用一些虚构的抽象概念

---

① 城镇密集区主要基于国家的视角，强调在国家发展战略中的重要地位，是国家层面上城镇和人口的分布较为密集的一种城镇化空间形态，其界定标准应略低于大城市连绵区。参考周一星教授对都市连绵区的界定，笔者初步设想城镇密集区的界定可采取下述标准：（1）选择区域分析的大致地域范围，主要以主观判断为主，就如成渝城镇密集区而言，可选择四川省和重庆市的全部行政区域；（2）识别"中心城市"，标准为"城市实体地域内非农业人口 ≥ 20 万"；（3）分析各个中心城市的外围地区，以区县级行政地域作为基本的分析单元，各单元须达到"非农产业 GDP 比例 ≥ 70%"且"城镇人口密度 ≥ 60 人 / 平方公里"的要求。根据（2）、（3）可得到"大城市地区"的范围。（4）判断不同的"大城市地区"之间空间联系的紧密程度，依据中心城市之间的"城镇间距"指标进行判别，要求"中心城市 [ 市中心 ] 之间的直线距离 ≤ 100km"，达到要求的两个大城市地区可划入同一区域。当同一区域内大城市地区数量（即中心城市数量）≥ 3 个时，可称作"城镇密集区"。考虑到城镇密集区应是一连片的区域，如果多个大城市地区之间存在有一些未达到中心城市外围地区要求的区县，可以将其划入城镇密集区。关于城镇密集区界定中具体指标选择及标准值确定的依据和原则，详见：李浩 . 生态学视角的城镇密集地区发展研究 [M]. 北京：中国建筑工业出版社，2009: 97–129.

② 上海、南京、无锡、常州、苏州、南通、扬州、镇江、杭州、宁波、温州、绍兴、嘉兴、湖州、舟山和黄山市。

③ 广东、福建、江西、广西、海南、湖南、四川、云南、贵州等 9 个省（区）再加上香港和澳门。

加以描绘时，它又处在不断发展和演化之中。也许，大城市连绵区相关概念研究的意义并不在于具体的结论，而在于对概念进行认识和分析的过程。相信随着该领域研究的不断深入，人们对相关概念的认识必然会从分歧走向认同。

## 参考文献

[1] Friedmann, J., Miller, J. The Urban Field[J]. Journal of the American Institute of Planners, 1965(31): 312–320.

[2] Geddes, P. Cities in evolution: an introduction to the town–planning movement and the study of cities[M]. London: Williams and Norgate, 1915.

[3] Gottmann, J. Mealopolis : or the urbanization of the northeastern seaboard[J]. economic geography, 1957（3）:189–200.

[4] Hall, P. The World Cities[M]. London: Heinemann, 1966.

[5] Howard, E. To–morrow : A Peaceful Path to Real Reform[M]. London: Routledge, 1898.

[6] Mcgee, T.G. The emergence of Desakota region in Aisa: Expanding a Hypothesis[A]. //N.Ginburg, B.Koppel, T.G.McGee. The extended metropolis: Settlement transition in Aisa[M]. Honolulu: University of Hawaii press, 1991.

[7] （英）Baigent, E. 格迪斯、芒福德和戈特曼：关于"Megalopolis"的分歧 [J]. 李浩，华珺译. 国际城市规划, 2007（5）: 8–16.

[8] 代合治. 中国城市群的界定及其分布研究 [J]. 地域研究与开发, 1998, 17（2）: 40–43, 55.

[9] 胡序威，周一星，顾朝林等. 中国沿海城镇密集地区空间集聚与扩散研究 [M]. 北京：科学出版社, 2000.

[10] 胡序威. 对城市化研究中某些城市与区域概念的探讨 [J]. 城市规划, 2003, 27（4）:28–32.

[11] 建设部. 我国城镇群发展研究报告——全国城镇体系规划（2006-2020）专题研究报告七 [R]. 2006-2-22.

[12] 李浩. 生态学视角的城镇密集地区发展研究 [M]. 北京：中国建筑工业出版社, 2009.

[13] 刘荣增. 城镇密集区发展演化机制与整合 [M]. 北京：经济科学出版社, 2003.

[14] 刘韵冀. 普通逻辑学简明教程 [M]. 北京：经济管理出版社, 2006.

[15] 孙一飞. 城镇密集区的界定——以江苏省为例 [J]. 经济地理, 1995（9）: 36–40.

[16] 姚士谋，朱英明，陈振光. 中国城市群 [M]. 合肥：中国科学技术出版社, 2001.

[17] 于洪俊，宁越敏. 城市地理概论 [M]. 合肥：安徽科学出版社, 1983.

[18] 于涛方，吴志强. 长江三角洲都市连绵区边界界定研究 [J]. 长江流域资源与环境, 2005（7）:397.

[19] 郑述谱. 试论术语标准化的辩证法 [J]. 科技术语研究, 2008（3）: 5–10.

[20] 中国大百科全书总编辑委员会《地理学》编辑委员会. 中国大百科全书·地理学 [M]. 北京：中国大百科全书出版社, 1990.

[21] 中国大百科全书总编辑委员会《建筑园林城市规划卷》编辑委员会. 中国大百科全书·建筑园林城市规划卷 [M]. 北京：中国大百科全书出版社, 1988.

[22]《中国土木建筑百科辞典·城市规划与风景园林》编委会. 中国土木建筑百科辞典·城市规划与风景园林 [M]. 北京：中国建筑工业出版社, 2005.

[23] 周一星，史育龙. 建立中国城市的实体地域概念 [J]. 地理学报, 1995（4）:289–301.

# 索　引